U0150647

机械制造
金属加工技术

[德]格哈特·莱姆林等 ————— 编 写

杨祖群 ————— 译

[中文版第一版]

·第 10 版·

湖南科学技术出版社

·长 沙·

图书在版编目（CIP）数据

机械制造金属加工技术.中文版第一版 / ［德]格哈特·莱姆林等编写；杨祖群译. — 长沙:湖南科学技术出版社，2023.2
ISBN 978-7-5710-1827-6

Ⅰ.①机… Ⅱ.①格… ②杨… Ⅲ.①机械制造工艺－研究②金属加工－研究 Ⅳ.①TH16②TG

中国版本图书馆 CIP 数据核字(2022)第 190620 号

Original Title: Metallbautechnik Fachbildung

© 2020 (10th edition): Verlag Europa-Lehrmittel,

Nourney, Vollmer GmbH & Co. KG, 42781 Haan-Gruiten (Germany)

著作权合同登记号：18—2023—022

JIXIE ZHIZAO JINSHU JIAGONG JISHU（ZHONGWENBAN DI YI BAN）
机械制造金属加工技术（中文版第一版）
编　　写：［德]格哈特·莱姆林等
译　　者：杨祖群
出 版 人：潘晓山
责任编辑：杨　林
出版发行：湖南科学技术出版社
社　　址：湖南省长沙市开福区芙蓉中路一段 416 号泊富国际金融中心 40 楼
网　　址：http://www.hnstp.com
湖南科学技术出版社天猫旗舰店网址：
　　　　　http://hnkjcbs.tmall.com
印　　刷：长沙艺铖印刷包装有限公司
　　　　　（印装质重问题请直接与本厂联系）
地　　址：长沙市宁乡高新区金洲南路 350 号亮之星工业园
邮　　编：410604
版　　次：2023 年 2 月第 1 版
印　　次：2023 年 2 月第 1 次印刷
开　　本：710mm×970mm　1/16
印　　张：35
字　　数：896 千字
书　　号：ISBN 978-7-5710-1827-6
定　　价：156.00 元

欧罗巴教材出版社　　机械制造工程专业教材

机械制造金属加工技术

［中文版第一版］

第 10 版，完整改编和扩编版

翻译：杨祖群

欧罗巴教材出版社·诺尔尼，富尔玛股份有限公司及合资公司

杜塞尔博格大街 23 号，　42781 哈恩 – 格鲁腾市

欧洲书号：11311

作者和出版商：

本书作者均为职业教育机构的专业教师和工程师：　　　　　　　　　地区

Mirja Didi（米利亚·迪迪）硕士工程师，金属加工专业参议　　Contwig（康特维西）
教师

Eckhard Ignatowitz（埃克哈特·伊戈纳妥维茨）硕士工程师，　Waldbronn（瓦尔特布隆）
参议教师

Esther Lang（艾斯特·朗）参议教师　　　　　　　　　　　　Waddeweitz（瓦德维茨）

Gerhard Lämmlin（格哈特·莱姆林）硕士工程师，参议　　　　Neustadt/Weinstraße
教师　　　　　　　　　　　　　　　　　　　　　　　　　　（诺伊施塔特/维恩大街）

Roland Marter（罗兰·马特）参议教师　　　　　　　　　　　Tornesch（托内什）

Sven Noack（斯文·诺克）硕士工程师　　　　　　　　　　　Hamburg（汉堡）

Hans-J.Pahl（汉斯·J·帕尔）硕士工程师，高级参议教师　　　Hamburg（汉堡）

Eckhard Thiele（埃克哈特·悌勒）硕士工程师，职校校长　　　Wildau（维尔道）

Armin Steinmüller（阿明·施泰因米勒）硕士工程师　　　　　Hamburg（汉堡）

编撰小组审稿人及领导人：格哈特·莱姆林（Gerhard
Lämmlin）

图片草稿：本书各位作者并借用其他公司和作品的作者（参见附录）
照片处理：欧罗巴教材出版社图像符号办公室，诺尔尼，富尔玛股份有限公司及合资公司，奥斯
　　　　　费尔德恩（Ostfildern）
图像制作：诺依曼（Neumann），利穆帕市（Rimpar）

第 10 版，2020 年出版
第 5 次印刷
本版次的各次印刷均可以在课堂教学中互换使用，因为无论已纠正的印刷错误还是因使用新标准
而做出的相应更动都是相同的。
本书均以 DIN，EN 和 ISO 以及 VDI/VDE 等标准和规范的最新版本为教材依据。但仅有 DIN 活页
和 VDI/VDE 技术规范具有法律约束力。
各标准的出版社：博伊特出版社股份有限公司（Beuth-Verlag GmbH），俾斯麦大街（Bismarckstraße）
33 号，10625 柏林

ISBN 978-3-8085-1780-2

© 2020 年欧罗巴教材出版社·诺尔尼，富尔玛股份有限公司及合资公司出版，42781 哈恩 – 格鲁
腾市
http//www.europa-lehrmittel.de
文　本：尤尔根·诺依曼（J ü rgen Neumann），图像制作，97222 利穆帕市
封　面：布里克·吉克创新两合公司（Blick Kick Kreativ KG），42653 索林格市（Solinge）
封面照片：SAAGE，Netetal-Leth, Sch ü co International KG，比勒菲尔德市（Bielefeld）
　　　　　（C）Tiago Ladira und Phoompiphat-stock.adobe.com
印　刷：媒体印刷信息技术股份有限公司，33100 帕德伯恩市

前　言

本书包含机械设计师和金属加工技工所需专业的全部重要内容以及金属加工相关设备维护人员的绝大部分内容。因此本书重点照顾的是该专业学生的专业课程方向。

从本书第5版开始注重机械制造专业教学框架内教学内容的连贯性，高度重视教学内容结构的逻辑链接。为此，在本次第10版重点照顾到标准方面大范围的改动。此外，在"成型"，"加工安全"，"门"和"质量控制"等章节中，对原有内容进行了更新和协调。本书所述内容涉及该专业职业教育中几乎所有内容和课题。本书也可为所有学生的专业实习场所所用，其内容在诸如钢结构，楼梯，栏杆，锁，立面以及窗，门等章节中均有述及。

本书的第一用户是职业学校的师生，在所有与学生在工厂实习时所遇问题相关的内容，本书也给予高度重视。通过对诸多专业培训内容的深入细化，本书亦适用于工业企业中工长和技术人员的培训教材。

建筑工程师和建筑设计师也可将本书用作金属和钢材料加工技术简单易懂的入门教材。

书中每一个较大课题的单元结尾处均设有知识点复习和理解问答题，专业学习范围阶段性结尾时还有内容丰富的加工任务。这里，有必要且有意义的是，学习工作规则和提示说明有利于防范工伤事故的发生。书中逾1600幅图片和表格对所述内容提供了有力支持。

本书的作者和出版社衷心感谢每一位为本书提供专业说明和改进建议的读者，并建议您继续参与对本书在未来继续出版的改进建议和批评指正。

lektorat@europa-lehrmittel.de

作者和出版社

2020年秋

目 录

学习范围：室内门，大门和格栅的制造

1 成型

成型这种加工方法经常与"无切屑成型加工"的分割法共同命名使用，因为这些加工方法在应用中不产生切屑。

> 成型加工指改变一个固体外部形状（塑性变形）的加工方法。

成型加工法中由外部力或力矩改变零件的形状。例如在台钳上夹紧一个板条，然后将它弯曲，撤除弯曲力后，板条弹回原状。持续反复地来回弯曲将使折弯点断裂。

请回忆材料检验中的拉力试验（图1）。这里将伸缩变形划分为弹性伸长和塑性伸长。如果提高塑性变形范围内的压力使之超出抗拉强度，将破坏材料微粒之间的结合。因此，成型加工时不允许超过规定的压力数值。

金属可以用作成型加工的材料，因为金属的抗变形能力相对较低。其塑性范围足够大（图1）。这里的金属材料主要指不同种类的钢，以及铜，铝，锌及其合金（例如钛锌板材，参见第488页）。

1.1 成型技术的分类

材料的塑性性能随温度的上升而变化，因此，成型加工可分为冷成型和热成型。根据工件的几何形状又可分为体积成型和板材成型。

成型加工方法的标准分类：按照材料横截面出现的力，可分为5组（图2）。

1.2 锻造

锻造是一种改变工件形状的无切屑加工方法，一般将金属工件加热，然后在两个模具之间通过压力使之成型。

1.2.1 锻造工艺基础知识

锻造时，将加热的工件置于压力负荷之下，使材料横截面发生变化，但材料未见损失。工件上出现的压应力和扭转应力对材料微粒同时缓慢地产生作用。因此，材料边缘区域的变形没有材料内部的大（图3）。与此同时，整个材料均发生塑性变形并受到压缩，从而提高了材料的强度。

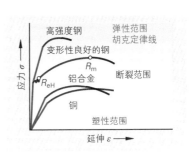

图1 塑性和弹性变形范围明显的金属材料应力－延伸曲线表

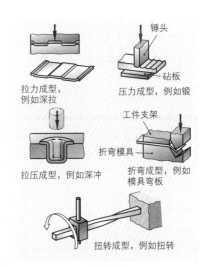

图2 成型加工方法分为5组

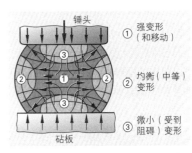

图3 锻造时工件内部不同的应力负荷

■ **材料的可锻性**

几乎所有的金属和金属合金均有可锻性。高强度材料则必须通过较高温度改变其可塑性。那些在固态相与液态相之间具有较大塑性范围的材料尤为适用于锻造。这类材料常常是立方－面心晶格（参见第 472 页）。材料晶体相互之间的滑动性极佳。除钢之外，铜和铝均具有这些优良性能。钢可锻性的最大影响因素是其碳含量（图 1）。

> 随着碳含量的增加，钢的硬度增大，但其可延伸性下降并使材料的可锻性变差。

■ **锻造温度**

可锻性随温度上升而增加。对于钢而言，其可锻性位于一个钢组织由立方－体心晶格转变为立方－面心晶格的温度范围之内。钢材料的可锻性除取决于碳含量之外，还取决于其他合金元素的含量。

锻造过程始于锻造初始温度（表格）。最低的可锻温度，即锻造结束温度，略高于其再结晶温度。这时与热处理相同（参见 476 页），通过拉紧的晶体的冷变形性可重新形成材料组织。

> 钢的碳含量越低，其可锻初始温度越高，且可锻温度范围越大。

钢加热时，从退火颜色上可清晰辨识出各个温度阶段（见右表和图 1）。

■ **锻造的优点**

小型和中型锻件采用轧制方法制造。它具有与纤维类似的组织结构，因此，与铸造材料相比，其强度得到提升（图 2）。锻造时，这种纤维组织基本得以保留，组织得到均匀的细晶化，且强度增强。切削加工方法时，通过成型切断这种纤维的走向，从而降低了材料的强度（图 3）。

此外，工件在锻造后所得形状近似于其最终产品形状，与切削相比，可节约材料。

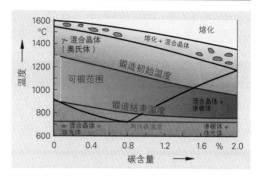

图 1 非合金钢的可锻范围与碳含量的相关关系，上图显示铁－碳曲线图

锻造温度和退火颜色		初始温度	结束温度
结构钢 Fe 360 B		1250℃	780℃
非合金工具钢		1000℃	800℃
高速切削钢		1150℃	900℃
黄铜，铜，青铜		700℃	500℃
铝		500℃	300℃
深红色	650℃	黄红	900℃
樱桃红	750℃	深黄	1050℃
浅樱桃红	800℃	浅黄	1150℃
浅红	850℃	白黄	1300℃

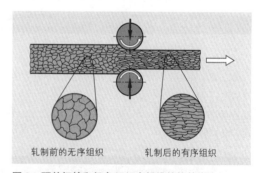

图 2 预轧钢棒和钢条组织中纤维结构的产生

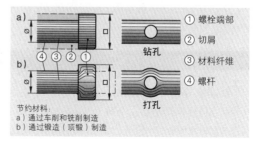

① 螺栓端部
② 切屑
③ 材料纤维
④ 螺杆

钻孔
打孔

节约材料：
a）通过车削和铣削制造
b）通过锻造（顶锻）制造

图 3 对比锻造加工工件与切削加工工件的轧件组织纤维走向

■ 锻件的加热

加热时，材料膨胀延伸，组织微粒的结合力随温度上升而下降，材料变得可塑了（塑性）。加热的"热量"是保证下次加热之前材料可锻性所施加的能量。

锻件的薄区比厚区加热得快。那么对于大型工件而言，存在着边缘区域已加热，但核心区域仍未加热的危险。因此必须避免一个锻件各个不同区域过高的温差，防止产生应力裂纹。

> 必须缓慢均匀地加热锻件，必要时需进行冷却。

敞口锻造炉是将工件加热至锻造温度最简单的解决方法（图1）。锻炉烧煤和焦炭，特殊情况下也可烧木炭。常见采用燃气炉和控温锻炉。

> 加热含碳钢材将导致材料表面氧化。

工件在火焰中加热时产生的氧化皮可缩小工件的体积。

- 从 300℃ 开始产生一层薄氧化色膜。
- 500℃ 至 700℃ 之间形成一个致密的厚腐蚀层，即氧化皮层（锻锤击打）。该层保持至 900℃。
- 从 900℃ 至 1000℃，氧化层剥落，但会立即产生一个新氧化层。
- 从约 1200℃ 开始，钢燃烧。
- 温度过高或加热过慢，钢组织变粗。

■ 锻床

锻压机或锻锤（图2）用于替代人工锻锤。锻锤在德语中又称熊。其质量约 30 千克。锻锤的力产生于降落加速度。通过气动系统可给锻锤补充加力，对于特殊功力要求的锻床，通过液压系统加力。由此可精确控制锻造所需的击打力以及行程次数。电动机通过一个曲轴传动机构产生往复运动，推动气锤的压缩机活塞运动（图3），从而使气锤揭起或空气压缩。气锤的运动由换向阀控制。

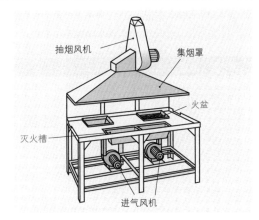

图1 双锻炉

图2 空气锻锤

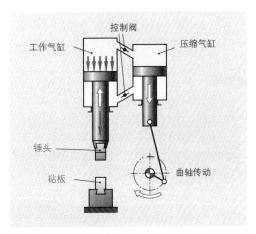

图3 气锤的原理示意图

人工锻床和成型轧机（图1和图2）用于加工指定形状的工件，例如表面结构或棒材端部（图3）。

1.2.2 锻造方法

除成型方法外，锻造亦属于其他的主要加工方法（例如用于"切割"的切断和用于"接合"的锻接）。

在工件形状的多面性方面，自由锻与模锻相比并不是各种加工方法中较为适宜的锐利切割方法。

原则上，锻锤导轨和所使用的锤面限制了锻锤的效果。锤面的压入深度极小。锤头的击打力作为压力分散在工件的整个接触面上。其产生的压强使材料均匀地流向所有方向（图4）。

锤尖击打时产生的压强和压入深度更大。工件材料主要流向两个方向（图4）。如果连续线性击打，可延长工件长度。

工件在锻打时的拉伸主要表现为长度的扩大和高度的缩小。除锤尖外，铁砧边棱和凯尔锤也可使工件拉伸（图5）。

■ 扩宽

可使工件材料垂直于其轧制纤维方向拉伸，与此同时，工件高度降低（图6）。

■ 形成尖部

将工件的横截面在所有方向上均匀变小，最终形成一个尖部（第15页图1）。

■ 做台阶

将工件表面的一部分锻打下沉，在工件上形成一个台阶。形成台阶前，压缩过渡段（第15页图2）。

■ 镦锻

工件镦锻时其横截面增大，长度缩小。一般常用于将凸起部镦锻（第15页图3）。

较大工件宜在略深于砧面的镦砧上镦锻。出于安全原因，锻打时，铁砧位于击打位置与镦砧之间。掌锤工立于侧边。

图1 用于棒材端部的锻造设备

图2 用于锻接棒材端部的成型轧辊

图3 已锻接的棒材端部及其压制的表面

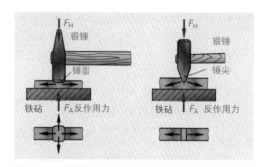

图4 锤头锤面与锤尖的作用

图5 拉伸

图6 扩宽

■ 开槽

开槽可在工件上形成缺口或沟槽形凹陷。可使用凯尔锤在单面或用辅助的开槽砧垫在双面实施开槽。人工锻打时，开槽也可用于装饰目的（图4）。

■ 切断

这种锻造方法用于切除工件的某个部分。除破碎锤外，也可在铁砧上插入一个切断砧垫（图5）。切断工件较小部分时只能用这种工具。

■ 分割

这里指将锻件从端部纵向分割开来（图6）。人工锻打时常常使用这种方法。墙锚栓的支撑钩便是采用分割方法成形的。开槽锤也用作开槽工具（图7b）。

■ 打孔

打孔工艺方法可在锻件上加工出任意形状的通孔，但主要是圆孔。打孔工具采用孔锤和冲子，打出各种形状的横截面（图7）。打孔的准备工序采用开槽锤。然后用冲子在孔板上做出成形孔。

■ 扭转

这是使用最为广泛的装饰棒料的工艺方法（图8）。为沿纵轴方向扭转棒料，一般必须在棒料加热状态下夹紧其一端。扭转工具用于将棒料旋转或扭转。

■ 锻接

首先必须在结合点处制造出尽可能大的接触面。然后将工件加热至几乎接近其熔点温度，用焊剂（砂子）去除氧化层，并用锻锤击打使工件压接，从而将工件锻接起来。

图1　形成尖部

图2　做台阶

图3　镦锻

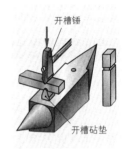

图4　开槽

图5　切断

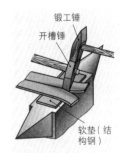

图6　分割

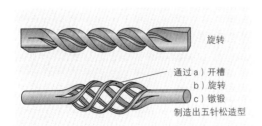

图8　扭转

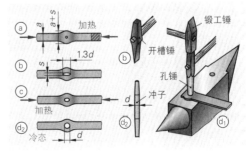

图7　用冲子和开槽锤打孔
　　a. 冲中心孔窝和镦锻，b. 开槽，
　　c. 预打孔和镦锻，d. 已完成的孔

■ 模锻

> 模锻时的工件最终形状应刻在模具内。工件材料只能在模具的有效范围内流动。

模锻是一种大规模工业生产的工艺方法。车间人工锻时，仅使用少量的辅助锻模加相应的锻锤，即可更快更精确地锻造出前几页所述自由锻的简单工件造型（图1和图2）。

1.2.3 锻造模具

铁砧因其极重的重量而具有高惰性，就是说，它可以很好地吸收锻锤击打的能量，且自身不会移动。铁砧因锻锤击打产生反作用力。铁砧砧面已做淬火处理并与砧体接合（图3）。砧面的孔用于装夹辅助锻模（图4）。

锻锤表面轻度凸起，其锤尖已整圆。手工锤单手持握，其重量约为1千克至2千克（图5）。

锻工锤双手持握，其重量约从3千克至15千克。锻工锤的形状类似于手工锤，或做成交错形锻锤（锤尖朝锤柄方向）形状。辅助锤（第15页图6）用于"预锻"，由掌锤工操作。其锤柄未上紧，以防止反弹。

小型锻件仅用夹钳即可稳固夹住。因此，针对不同形状的工件必须具备相应的夹钳（图6）。为避免手臂疲劳，可将夹圈套入钳臂。

锻造的台钳也可用作锻模，它比钳工浇铸的台钳更稳定。

锻工量规是一种专用的检验工具（图7）。由于手工成形锻的精度要求较低，这类量规已够用，更精确的长度尺寸可使用卡规或钢卷尺。

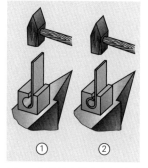

图1 在锻模中卷出大门的活节环

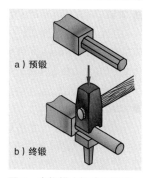

图2 在锻模中锻造圆轴颈

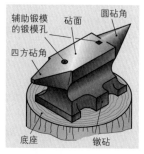

图3 铁砧

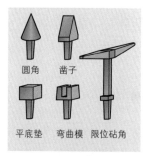

图4 铁砧的辅助锻模

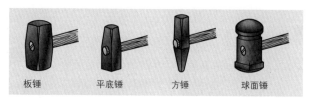

图5 锻锤（小范围选择）

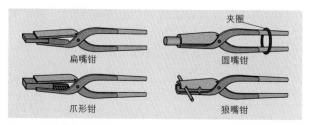

图6 夹钳（小范围选择）

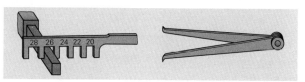

图7 锻工量规和卡规

1.2.4 人工锻造和成型

从众多锻工作坊的历史遗留产品可看出，其产品造型的着眼点不仅仅局限在产品的应用性。产品造型的美学意愿也常常清晰可辨，其产品造型充分体现出烙印着当时时代风格的美学内涵。除纯粹的技术功能性工件外，例如墙锚栓或大门配件，金属加工者在掌握传统锻工技术之余，还必须具备一定的产品造型能力。

> 金属成型指在金属加工场和铁匠铺按照艺术造型的观点对钢以及其他可锻金属实施的加工。

属于此类加工的有，例如制造格栅、栏杆和大门等，但也制造墓地装饰物，小五金制品以及其他各种装置。

此类制造过程从草案到制成均由手工制作且独立完成，如传统的小五金精工作坊，其过程需耗费大量时间，产品价格极其昂贵。这类产品一般仅满足具典型意义的功能，或重复制造历史性的建筑或设施（图 1）。

为满足以可承受价格购买艺术性产品的愿望，如民居住宅的栏杆，工业企业为各类零件甚至全套产品提供了充裕的选择余地。这样的工业企业看上去类似于传统的艺术锻工场，但采用机器制造，由金属加工技工用简单的技术装配出最终产品（图 2）。这里，各种零配件的选择同样以整体装置的艺术风格为准绳。甚至五金精工作坊的制作也以客户意愿为标准（图 3）。一个没有艺术造型要求的加工任务，即所谓的"自由工作"，如制作一个墓碑十字架，但其最终产品仍需与整体设施协调一致。

> 金属加工所选择的造型属于指定历史时代的艺术风格，其应与所属建筑物相互协调。

此外，影响造型的因素还有如下几点：
- 环境也是锻造工件产品的一部分；
- 财政与时间方面可能的投入；
- 锻工工匠的个人能力，工作经验和场地设备；
- 制造和安全方面的规章制度。

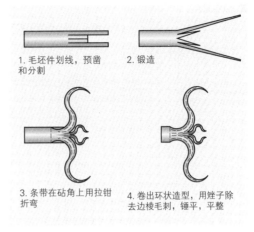

1. 毛坯件划线，预凿和分割
2. 锻造
3. 条带在砧角上用拉钳折弯
4. 卷出环状造型，用锉子除去边棱毛刺，锤平，平整

图 1 锻制的框缘

图 2 工业化制造的锻件

图 3 商店橱窗的圆弧造型

■ 造型元素

格栅的零件以及类似的锻造产品总是不断重复，从而对设备的整体形象产生影响。

线束原本仅是一种线缆固定元件，现在却大多用于装饰目的。线束型材由扁钢或圆钢用锻模制造。借助线束接头的作用，装配时，线束牢固地连接格栅圆棒（图 1）。

莲座用于构成花纹装饰的松散表面。其标志性特征是装饰铆钉位于中心。采用开槽，镦锻和锤击等工艺方法制作表面造型（图 2）。

棒条交叉形成稳定的格栅，与此同时还表现出一定的艺术风格（例如对称交叉或非对称交叉）。棒条交叉可采用相互叠加或相互穿插等方式，如图 3 所示。

棒条端部在篱笆等栅栏上用于强调其上部边缘的艺术风格，同时又可限制自作主张的任意叠加（图 3）。

■ 时代风格

各个时代风格中具有典型特征的造型元素主要在文物修复工作中受到重视。中世纪时代风格浪漫主义（1000—1250 年）和哥特式（1200—1500 年）更多地可追溯到自然造型（图 4）。文艺复兴时期的风格（1500—1650 年）主要追溯到古希腊罗马式造型，与之相比，巴洛克（1650—1750 年）和洛可可（1725—1780 年）风格则以施加茂盛花饰的漩涡形装饰物为其艺术特征（图 5）。古典主义（1779—1850 年）的注意力转向希腊神庙建筑风格（图 6）。历史主义（1850—1900 年）以历史风格为"最佳"，而新艺术风格（1900 年）以圆弧线条作为与其他艺术风格的分水岭（图 7）。从现代主义（始于 1900 年）开始，再难出现统一的艺术风格。从自由造型到过于严格的对称形状，其艺术风格的衡量尺度囊括种种可能性（图 8）。

知识点复习

1. 请描述可锻性的特点。

2. 哪些金属具有良好的可锻性能？为什么？

3. 为什么锻造时其初始温度与最终温度的温差大是有益的？

4. 为什么铸铁不具有可锻性？

5. 请描述四种锻造方法及其工具。

6. 请区分制造格栅时金属加工场与锻工作坊之间的工作差别。

7. 请根据图 3 的棒条端部解释此处可辨认的加工技术及其工作顺序。

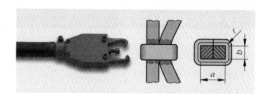

图 1　线束接头和线束

图 2　莲座举例

图 3　棒条交叉和棒条端部

图 4　哥特式格栅

图 5　巴洛克式装饰格栅

图 6　古典主义格栅

图 7　新艺术风格

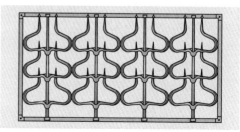

图 8　现代派造型的格栅

1.3 校直

半成品，如圆管，板材或型钢常常出现扭曲，波状表面以及局部凸起等现象。究其原因，是热轧后冷却不均匀，或不符合技术要求的运输过程。工件制成品上残存的焊接应力也会导致出现不应有的变形。工件继续加工之前必须将其平面和边棱重新校直整平。

> 校直指消除因机械应力或热力而对半成品或工件制成品产生的非正常变形。

1.3.1 冷校直

校直的作用是通过拉伸使局部变短，或通过镦锻使局部变长。这些校直方法的应用取决于需校直部位的可接触性以及工件的材料特性。

> 冷校直指不加热借助外力实施的校直。

通过对工件材料的拉伸校直已弯曲的角钢（图 2）。因此，这里必须注意锤尖小心地锤击工件的凹陷处，使之向外拉伸，直至弯曲部位得到消除，型材再次重现正确的直线形状。

扁钢的校直却与之相反，其校直是通过锤面锤击工件凸起部位，使之向对应的凹陷部位延伸（图 3）。在台钳上通过施压折弯附件来校直强度较大的棒材或型材。弯曲的薄壁圆管也可在台钳上校直（图 4）。扭曲的钢棒则必须事先借助拉钳或较大的工具进行旋转校直 [图 4b]。

在车间校直台上通过局部拉伸和镦锻可校直薄板材（图 1）。

机器校直用于较大尺寸的工件。采用一般为液压的专用压力机将变形部位校直（图 5）。更大或更厚的板材或棒材则需使用辊式矫直机恢复材料的平整状态（图 6）。

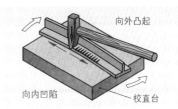

图 2 通过拉伸进行校直

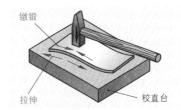

图 3 校直扭曲的扁钢

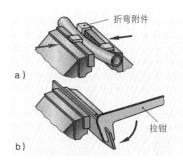

图 4 在台钳上校直

图 5 使用校直梁进行校直

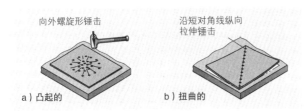

a）凸起的   b）扭曲的

图 1 板材校直

图 6 双校直机，它各有一个可调的校直辊

1.3.2　热校直

金属在加热时膨胀。如果有目的地阻止热膨胀，可产生收缩应力，使材料按所需方式产生扭曲。

> 热校直指通过局部加热产生收缩应力，从而达到校直的目的。

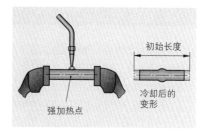

图 1　热膨胀试验

根据热力学理论可知，每种金属都有自己的热膨胀系数。1 m 非合金或铁素体不锈钢在温度升高 1℃时膨胀 0.012 mm。奥氏体不锈钢的热膨胀甚至高出上述材料的 1.5 倍。如果阻止这种热膨胀，将明显产生可使工件扭曲或变粗的力，如下列试验所示（图 1）。将一根钢棒夹紧在两个台钳的钳口上，将其中部位置加热至 700℃。由于台钳钳口阻止了热膨胀，钢棒变粗。如果马上冷却钢棒，钢棒将收缩，并从台钳上掉落。

在该试验中所观察到的效应便是火焰校直的基础（图 2 和图 3）。通过设置一个或多个楔形加热部位可校直扭曲的型材。这种三角形楔形加热的基础必须位于变形最大部位的外部长边处，即在中性纤维的外部。加热应从尖部开始。加热过程中，金属的热膨胀首先导致型材出现较强烈的弯曲。如果材料在楔形加热区之内因强度丧失而变软，工件内产生的应力将使强加热区出现收缩。在楔形加热区对材料实施冷却并紧接着固化，该区材料收缩，工件的长边变短。楔形加热区的尺寸与数量由工件的弯曲程度决定。

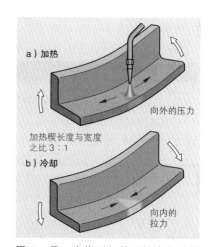

图 2　用一个楔形加热区校直扭曲的角钢

■ **需注意的规则：**

- 不锈钢需事先除脂，轻度氧气燃烧调整表面渗碳；
- 用粉笔标记出火焰校直的形状；
- 通过虎钳夹紧或重物阻止热膨胀；
- 加热范围：板材厚度的 2.5 至 3 倍，铬镍钢的加热范围略小，铝的加热范围则大于非合金钢；
- 不锈钢圆管内部用氢气定形；
- 热镀锌钢用 FH10 焊药涂覆，加热最高至 700℃；
- 界线清晰和迅速向内折弯的局部（图 3）加热至暗红色，并快速冷却；
- 铬镍钢加热至回火色并立即酸洗；
- 灰口铸铁不宜采用火焰校直。

为消除不必要的凹陷，点加热已足够。加热点越大，其热效应越大（图 4）。

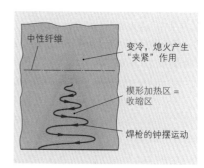

图 3　设置楔形加热区

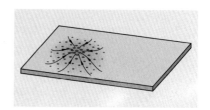

图 4　加热点和椭圆形加热区的作用

波纹状板材也可借助区域加热予以校直。带孔铝板用于定位加热点并夹紧板材（图1）。扭曲板材上的加热点沿最长对角线设置（图2）。

当某方向的收缩大于其他方向，例如冷却后焊缝扭曲的螺纹管接头，宜采用椭圆形加热区（图3）。

长条形加热又称条状加热。校直扭曲的工字梁时宜在法兰处采用条状加热，在梁腹板处则需采用楔形加热（图4）。

加热区的温度需远低于材料熔点，以保持工件的形状和强度。

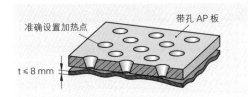

图1 通过设置加热点校直凹陷板材

校直的温度范围		
材料	下列温度时强度降低	火焰校直范围
钢	400℃～500℃	600℃～800℃
铜	450℃	600℃～800℃
铝	200℃	200℃～400℃

首次校直过程后若不足以取得所需效果，需重复该校直过程。准确且快速的校直要求丰富的经验和良好的材料特性。

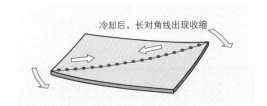

图2 通过一系列加热点校直扭曲板材

1.3.3 振动去除金属应力

降低材料应力以及例如焊接后的扭曲的另一种可能性是振动消应力。即对工件施加指定频率的振动。金属应力消除设备通过频率分析求取合适的振动频率（图5），从而削减现存应力峰值并降低工件扭曲。

移动式振动消应力可替代费时的去应力退火。

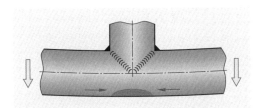

图3 采用椭圆形加热区校直扭曲的圆管管接头

知识点复习

1. 给出工件扭曲变形且因此必须校直的原因。

2. 为什么较厚的工件应通过有目地加热而不是通过锤击进行校直？

3. 工件的哪些变化一方面影响采用压力机的锤击和弯曲，另一方面影响加热和冷却？

4. 加热校直时工件内出现了哪些变化？

5. 加热点加热校直凹陷板材与锤击校直之间有何区别？

6. 火焰校直时需遵循哪些规则？

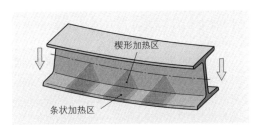

图4 采用楔形加热区和条状加热区校直扭曲的T型材

图5 振动去应力-用虎钳固定工件上的偏心轮

1.4 弯曲成型

在车间和建筑工地常要求将圆管，型材和扁钢以及薄板工件弯曲成各种不同角度。单件零件弯曲成型的工件强度一般均高于多个零件的工件强度，例如管螺纹连接的工件。弯曲不会产生废物。

1.4.1 弯曲成型工艺基础知识

弯曲成型时，工件的绝大部分并未发生变化。变形仅发生在折弯区（图1和图2）。

> 弯曲成型是固体成型，主要通过弯曲力在成型区产生塑性状态。

模型举例显示，与工件横截面全部因压力产生变化的锻造（参见第11页）相反，弯曲时在空间上出现多种不同的应力负荷（图2）。折弯区外侧出现拉伸，这里施加的是拉力。而折弯区内侧的工件材料出现压缩，这里施加的是压力（图2）。

内外侧之间是中性区，其长度不会变化。考虑到工件由各单个材料纤维组成，这部分纤维可称为"中性纤维"。如果工件处于压力区，这里的材料不能自由伸展，中性纤维仅是移动。由于纤维长度在折弯时并未改变，所以纤维相当于未折弯部分的"拉伸长度"（图1）。

弯曲角度和弯曲半径均取决于材料特性和工件尺寸。弯曲半径过小和弯曲角度过大时，工件的外部区域将超过断裂极限并出现折弯裂纹。工件内侧过强的压缩导致出现挤压皱褶（图3）。断裂极限取决于材料的可延展性，例如铜的塑性性能好于钢。此外，工件横截面较大时，必须选择更大的弯曲半径（图4）。

因此，对于非常重要的半成品应确定其最小弯曲半径（参见图表手册）。

> 最小弯曲半径取决于材料的可延展性和工件厚度。

所有折弯过程中均会出现弹性回弹，因为沿中性纤维有一个区域在力的作用下仅出现塑性变形。通过按回弹角度的"过度弯曲"可避免出现这种回弹（图1）。

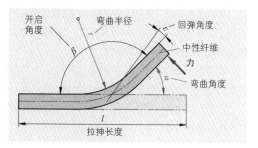

图1 弯曲的各种概念

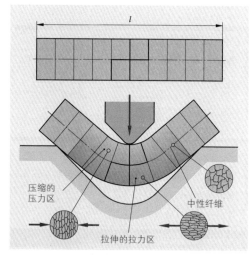

图2 弯曲过程模型

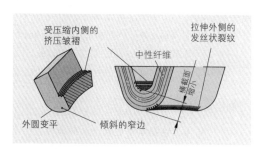

图3 弯曲时的错误

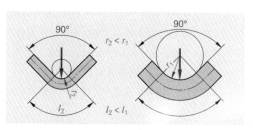

图4 工件强度对弯曲半径的影响

1.4.2 管材和型材的弯曲

管材难以弯曲，因为可能在弯曲内侧产生皱褶，或薄壁在弯曲负荷下出现偏离并使圆管变成椭圆管，甚至折断。通过加热折弯区，管内填充折弯弹簧或砂子，或使用弯曲模，可阻止出现这些非正常现象（图2）。

管材弯曲时，弯曲半径是最重要的特性参数（图1）。它取决于管壁壁厚和管径，弯曲角度，材料和弯曲特性。

原则上应选取最大可能的弯曲半径。

直角横截面型材弯曲时，例如扁钢，其压力区和拉力区应均匀负荷。与之相反，非对称型材应施加不同的负荷（图3）。为阻止外侧区域出现断裂或挤压，必须形成弧形，或拉紧，或采用较大的弯曲半径。

由于扩大了型材边之间的直角，可以先对型材边轻度挤压（图4）。如果角度缩小，则应在弯曲前分开型材边。实施大量同类型材弯曲加工作业时，弯曲模板保证了型材的形状精度。

普通材料锋利边棱型材弯曲时必须先行去除某个部分（图5）。弯曲后，焊接切割的边棱。

带有可更换弯曲辊的弯曲工装用于各种不同的弯曲半径和型材（图6）。偏心角度折弯机的弯曲角度可调保证了精确的弯曲作业（图7）。

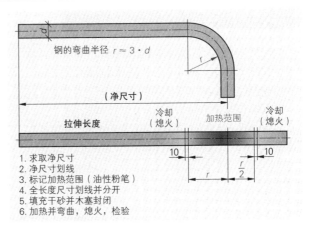

1. 求取净尺寸
2. 净尺寸划线
3. 标记加热范围（油性粉笔）
4. 全长度尺寸划线并分开
5. 填充干砂并木塞封闭
6. 加热并弯曲，熄火，检验

图1 管材的热弯曲

图2 弯曲模

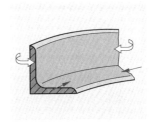

图3 角钢弯曲时变化明显的压力区

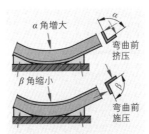

图4 保证弯曲时的直角性

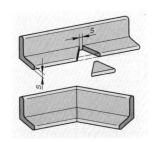

图5 弯曲前切除角钢的某部分

图6 带有可更换弯曲辊的弯曲工装原理示意图

图7 带有快装装置的偏心角度弯曲机

1.4.3 薄板的弯曲

薄板是一种表面积很大但材料厚度很薄的平板制品。弯曲时其边棱处负荷很高。尤其在准备折叠直至必须弯曲180°时。

因此宜采用拉伸性能尽可能好且具有极低最小弯曲半径的薄板。这里需注意薄板制造商的相关材料数据。

此外还需注意薄板的轧制方向（图1）。轧钢厂制造薄板时，原材料的结晶微粒在轧制压力的作用下向轧机运动方向延伸（第12页图2）。薄板在该方向的强度最高。这一特点在镀锌薄板上尤为突出，但在钢板上，其强度和可延展性则与方向相关。

> 弯曲薄板时，弯曲边棱应尽可能垂直于薄板轧制方向。

如无法满足上述要求，需加大最小弯曲半径（图1）。精确折弯较厚薄板时还需考虑因切入角而将材料挤压出去的可能。现代化材料技术和加工方法已经大幅度缩小了轧制方向的问题，但仍未完全解决。

■ 卷边

为制造直角板槽或薄板折叠，必须卷边（图2）。

> 卷边是薄板沿纵向直线边小半径弯曲。

在台钳上用附件或用简单的弯曲工装即可手工执行简单的卷边。

较大尺寸的快速且尺寸精确的薄板卷边也可采用折弯机或卷板机。工件导入由上部模具（阳模）与下部模具（阴模）组成的压模之间。阳模下降，使工件形成模具的形状（图3）。

上下部模具是可互换的，各种形状和尺寸的模具均可通过市售购买。制作最终制品需要多道工序，但常采用同一套模具（图3）。每一道工序均需不同模具的场景一般仅见于大规模系列生产的工厂。采用相应的模具也可对圆管实施圆折弯。

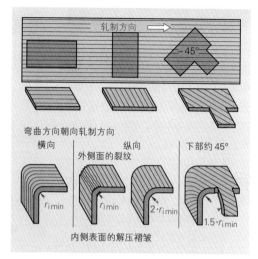

弯曲方向朝向轧制方向

横向　纵向　下部约45°

外侧面的裂纹

$r_i$min　$r_i$min　$2 \cdot r_i$min　$1.5 \cdot r_i$min

内侧表面的解压褶皱

图1　最小弯曲半径取决于弯曲薄板的轧制方向

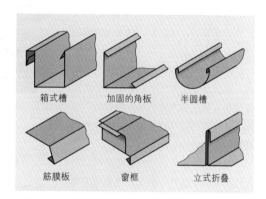

箱式槽　加固的角板　半圆槽

筋膜板　窗框　立式折叠

图2　卷边的薄板工件

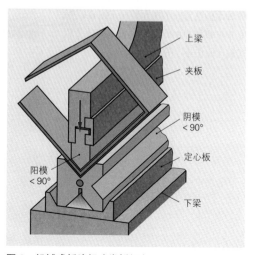

上梁

夹板

阴模 < 90°

定心板

阳模 < 90°

下梁

图3　机械式折边机（卷板机）

■ 折边

　　折边机（图 1）与卷弯机一样可制作相同的薄板，但折边主要用于平面金属薄板。

　　借助主轴，偏心轮或液压系统，通过顶梁下沉将薄板夹紧在顶梁与下梁之间。下部深度止挡块保证待折边薄板边的准确长度。其典型特点是，准确固定平面薄板并在边棱处实施折弯。一个角度止挡块调节必须注意的弯曲角度。折弯梁与顶梁围绕一个假设的铰链轴线旋转。折弯梁的运动可以手动，或电机驱动。手工操作的折边机利用杠杆作用也可产生大折弯力矩。

　　大量各种不同的折弯机也可制造复杂形状；图 2 所示仅为其中一小部分。

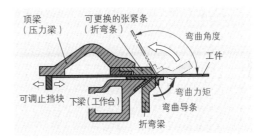

图 1　折边机的作用方式

■ 滚动弯曲

　　采用滚弯机可制造圆形薄板。一般通过三根辊子形成圆形（图 3）。首先由两根送料辊将板材送入可回转的弯曲辊，并由该辊在相应位置轧出圆形。上送料辊为拉出薄板可以回转。为形成漏斗形圆，弯曲辊向其轴线方向倾斜。四辊滚弯机可折弯薄板端部。圆轨折边机和卷边机也可制成圆形。

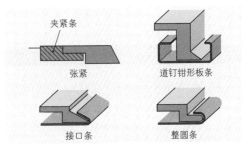

图 2　折弯板条的形状与张紧

■ 薄板的强化

　　由于厚度较薄，薄板可以轻易弯曲。为保护薄板工件不易受到意外扭曲的损坏，需通过强化提高薄板的抗弯曲力。

　　卷边是防止薄板工件边棱扭曲并避免形成锐利边棱的最简单方法（图 4）。

　　弯边是提高较大薄板面积工件造型强度的槽形强化方法，例如立面面板或容器。弯边走向越不均匀，其可达成的强化效果越高。一般采用成形辊进行弯边（图 6）。根据弯边深度，薄板需多次通过相向运行的轧辊。

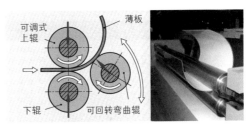

图 3　三辊滚弯机的作用方式

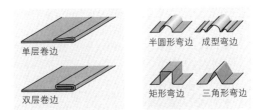

图 4　卷边　　　　　图 5　弯边

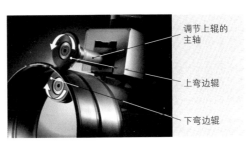

图 6　弯边机

卷直立边（图1和图2）除可强化薄板工件强度外，还可制造容器底板和瓶子。

> 翻边指将窄边直立。

这里指将工件材料的圆弧内侧压缩，外侧拉伸。翻边一般采用板材成型机（图1）或弯边机的专用辊压制而成（图3）。也可用翻边模手工制作。外侧翻边采用截成弧形方法。内侧翻边采用拉紧或滚压方法［图4a）］。

1.5　拉成型和压成型

旋压是一种拉压成型方法。通过旋压制成对称回转体（图4）。在工业化生产中由专用机床实施旋压成型，或使用车床。工件，即薄板，固定在旋压模上面，然后旋转。旋压棒导入工件方向并逐渐形成所需的几何形状。

1.6　通过成型技术进行接合

本标题下已集成所有通过成型技术制成接合件的制作方法，就是说，一般通过形状接合型方式将多个工件接合起来。这种接合方式要求工件具有适宜接合的材料特性。良好适宜的半成品指薄板，一般又称薄钢板。钢板方面，热轧板指1.5至3 mm的薄钢板，冷轧板指0.3至3 mm的薄钢板。与黏接、钎焊或点焊等接合方法相比，成型法接合的优点如下：

- 无须输入热能（黏接法有时需要最低温度硬化黏接位置）；
- 可连接不同材料；
- 可接合涂层材料；
- 无须对材料表面进行预处理；
- 加工时间短；
- 运营成本低；
- 劳动安全方面费用低；
- 无工作岗位和环境方面的要求。

采用这类方法接合的薄板工件若需例如通过黏接或密封作额外保证，则这类方法应称为混合型接合技术。

 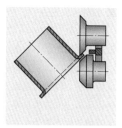

图1　直立一个内侧翻边　　图2　采用截成弧形方法
　　　　　　　　　　　　　　　加工一个外侧翻边

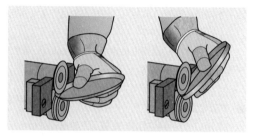

图3　弯边机专用辊为容器底部翻边

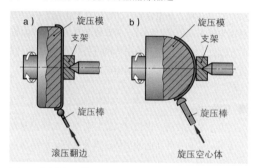

图4　旋压空心体
　　a）内侧翻边　b）大半径

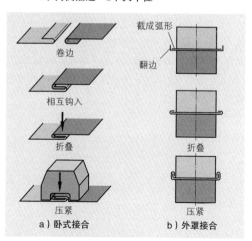

图5　制成接合缝的工作顺序

1.6.1 卷边折叠接合

卷边折叠接合指通过相互钩入并挤压（压紧）工件已翻卷的边棱来连接薄板工件。为此，需将待接合的边棱单次或多次进行冷态卷边，截成弧形或翻边。针对不同的用途现已开发出多种不同的接合类型（图1）。

> 卷边折叠接合指按形状接合形式连接已预成型薄板。

其重要应用领域是原料为金属薄板的圆管，容器和冷却风道以及建筑物屋顶和立面面板的制造。

这种薄板制品在卷边和折叠时的负荷较大，因为卷边折叠接合处的折弯角度从90°至180°不等。与材料和薄板厚度相关的是必须注意必要的最小弯曲半径以及反弹力。此外，还必须考虑薄板的轧制方向。

卷边折叠接合工作步骤的设置与接合的类型无关，它们分别是待接合工件的准备，薄板内部相互的拉伸以及最后的闭合接合。工件连接的闭合又称压紧。符合专业要求的压紧应注意接缝压铁的合适尺寸（图2）。正确的卷边折叠接合应无法再次打开。

如今仅在个例中还使用锤子和接缝压铁成形制作卷边折叠接合。大型容器和冷却风道由工厂采用专用机床制造。在车间和建筑工地则大量使用装有小型电动机的手工接合工具或接缝压钳（人工钳）（图3）。

与摩擦力接合型连接和材料接合型连接相比，卷边折叠接合具有如下优点：

- 不需附加其他连接要素；
- 接合点无须加热，因此未产生扭曲变形；
- 不破坏由金属和薄膜构成的工件表面覆层；
- 提高制成品的抗弯曲强度；
- 通过使用密封胶带或黏接材料提高接合处密封性能。

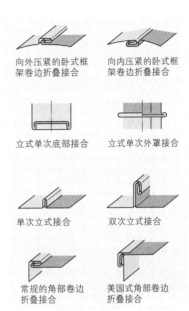

图1　卷边折叠接合类型

向外压紧的卧式框架卷边折叠接合　向内压紧的卧式框架卷边折叠接合

立式单次底部接合　立式单次外罩接合

单次立式接合　双次立式接合

常规的角部卷边折叠接合　美国式角部卷边折叠接合

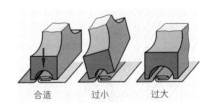

图2　选择正确的接缝压铁

合适　过小　过大

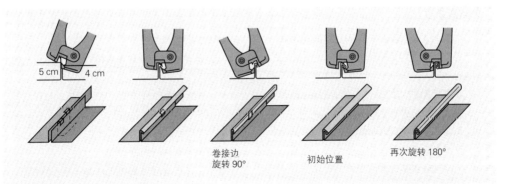

5 cm　4 cm

卷接边旋转90°　初始位置　再次旋转180°

图3　接缝压钳和接合过程的顺序

1.6.2 （钣件）咬合 – 压紧连接

只有通过接合件的成型才能产生咬合连接。这里不需要预打孔，也不需要加装其他连接要素。唯一的前提条件是两个薄板边的可接触性。用阳模压紧材料，即压紧区内的材料压成流动态。对应模具，即阴模的造型应能使薄板工件通过有力压缩相互钩入（图1和图4）。如果阳模与阴模之间的侧边间距很小，将会切除部分工件材料，这是切割型咬合。通过阴模的特殊造型，可在咬合时产生形状接合型连接和摩擦力接合型连接（图1和图2），此类连接可部分地替代点焊，或在黏接剂硬化时保证接合件不出现位移。

图 1　咬合模具

这种接合方法的优点如下：

● 无须添加材料和辅助接合件；

● 适宜接合不同材料以及不同板厚的工件；

● 适宜接合涂层材料；

● 接合点不受热影响；

● 接合工件表面无须预处理；

● 无污损；

● 比点焊便宜；

● 环境友好，节约能源，清洁，低噪；

● 作业时间短。

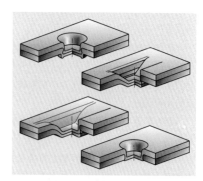

图 2　咬合连接的不同结构

与其他的模具耐用度相比，咬合模具耐用时间更长。这取决于工作条件和所需接合的材料。至少达到200000次接合的耐用时间是模具制造商数据给出的最低极限。达到磨损极限后，仍可压缩阳模和阴模。

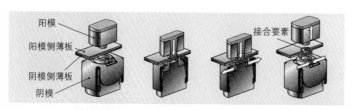

阳模
阳模侧薄板
阴模侧薄板
阴模
接合要素

图 3　咬合连接的工作步骤

图 4　咬合连接的步骤

知识点复习

1. 轧制方向对薄板成型会产生哪些影响？

2. 最小弯曲半径有何意义，哪些要素与之相关？

3. 薄板弯曲时需注意哪些弹性回弹的事项？

4. 请指出折边与卷弯的区别？

5. 薄板工件中弯边可满足哪些功能？

6. 请解释弯边机的工作方式。

7. 请描述滚弯机辊的工作方式。

8. 为什么制造卷边型材时需要先期进行一系列的折弯操作？

9. 请描述外翻边与内翻边的制造以及功能区别。

10. 请解释拉成型，压成型以及拉压成型的区别并具体详述各成型方法。

11. 在镀锌钢薄板举例中，请指出卷边折叠接合比钎焊的优越之处。

12. 在涂层薄钢板工件上，与点焊相比，压力接合有哪些优点？

2 切削

切削属于分割加工方法主组，用于工件的粗加工和精加工。通过分割材料或工件部分以及切屑产生工件形状。

2.1 刀具切削刃

刀具切削刃可以是指定几何形状，例如锯切，钻孔或车削的刀具，也可以是非指定几何形状，例如磨削或抛光。

> 所有的切削加工方法均使用至少一个楔形切削刃的刀具，切削时，切削刃切入工件并切除材料微粒。

如果准确描述指定几何形状切削刃，其基本形状为楔形。楔角 β 的分界处是切削前面与切削后面。切削楔的切削宽度全部切入工件材料，切除的切屑通过切削前面流走并形成一个新表面，又称已加工面（图1）。在切削过程示意图中可见多个不同的角，各角之和是 90°。工件与切削楔之间是后角 α，它决定着工件与刀具之间的摩擦。楔角 β 决定着切削刃的几何形状。切削楔的切削边与垂直面的夹角称为前角 γ（图2）。

2.2 影响切削的参数

切削是一个过程，受不同参数的影响（表1）。这些参数有目的的组合便形成一个优化的切削过程。

切削楔以指定的切削力切入工件材料，即可切除切屑。切入的切削刃压缩工件材料并使之硬化，切削楔的进一步切入将切除这部分材料。如果切削前角为正，可产生切削作用［图2a)］，例如锯切。如果前角为负［图2b)］，则产生刮削作用，例如磨削。切削时出现的运动影响切削过程。在进给运动和横向进给

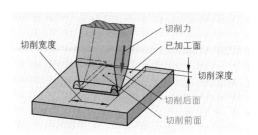

图1 刀具切削刃的各个面和切削参数

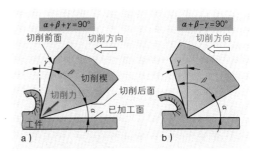

图2 刀具切削刃的各角

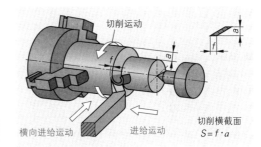

图3 纵向车外圆时的加工运动

表1：切削的影响参数

规定参数：	可选参数：
● 工件	● 加工方法
● 材料	● 切削材料
● 机床，刀具，机床操作工的技能	● 切削速度，切削深度（横向进给），进给

举例中，切削运动切除切屑。根据加工方法的不同，切削运动可以是工件运动［例如车削（图3），刨削（图1）］，或刀具运动（例如铣削，钻孔）。进给运动产生进给 f，横向进给运动产生横向进给 a。进给运动即可由刀具也可由工件执行，它取决于切削方法。进给运动和横向进给运动共同作用，产生切削横截面 S（图3）。

相互影响的过程参数（切削参数）的选择决定着加工工件的表面质量和尺寸精度，加工时长以及刀具耐用度。

2.3 钻孔

钻孔用于在实心材料上制造圆柱状孔或孔的精加工。

> 钻孔是执行圆形切削运动和沿旋转轴线方向进给运动的切削。

最常见的钻头类型是一种双刃螺旋钻头，实际工作中称为麻花钻头（图1）。钻头尖部是主切削刃。它通过进给运动挤入工件材料，然后通过圆形切削运动的切削力切除该部分工件材料。

横刃位于钻头芯部范围内的两个主切削刃之间（图1）。由于横刃不切削工件材料，它增加了钻孔过程的难度。通过铲磨或交叉磨可缩小横刃。钻头材料一般采用工具钢，高速切削钢或硬质合金。许多硬质材料钻头也采用硬质合金切削刃。切削材料越硬，应选择的螺旋角 γ_f 越小。现已将钻头类型分为三类：W（软）型、N（普通）型和H（硬）型。

对于钻孔质量至关重要的是正确的钻头刃磨，它可降低主切削刃，横刃以及导向刃带的磨损。

■ **钻床**

孔和工件的尺寸以及钻床的工作环境是选择合适钻床的重要条件。

手工钻主要用于装配工作，因为装配时的工作地点无法固定。手工钻主要为电驱，但不是通过电网，而是通过机载蓄电池供电。手工钻的转速可通过电子调速系统无级调节。现在也常用压缩空气驱动。

建筑业砌墙工作中，钻孔工具已由手工钻发展到冲击钻和电锤（图2）。

钻孔深度由深度止挡块限制。

在金属加工车间使用台式钻床、立式钻床和摇臂钻床（图3）。借助钻床立柱也可把手工钻改装为台式钻床。如此可在建筑工地实施比手工导向更为精确地钻孔。

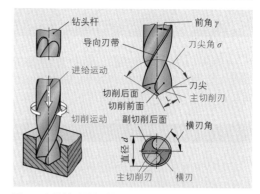

图1 麻花钻头的切削刃，切削面和各角

图2 电锤

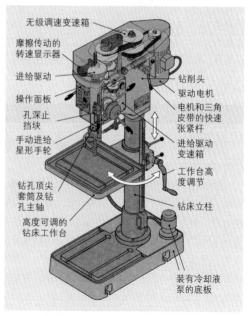

图3 立式钻床

2.4 锯切

在建筑工地手工切割管材和型材时使用弓锯（图1）。若锯切工作量很大或在车间内实施锯切，一般使用锯床。

弓锯锯床（图2），卧式带锯锯床（图3）和圆锯锯床（图4）均可按指定尺寸锯切管材，型材，支梁和棒材。它们适宜用于单件或系列加工生产。弓锯锯床在每次工作行程后需返回原位。

圆锯具有高圆周速度，没有空转行程，因此可达到高切削功率。但对于大型工件需使用极大锯片直径且在合适的锯床上加工。

成型加工和单件加工宜使用立式带锯锯床（图5）。长度无尽的焊接带锯与圆锯一样，可实施连续加工。

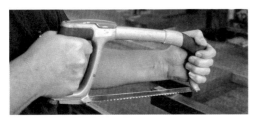

图1 手工弓锯

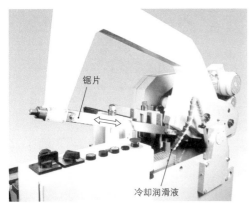

图2 弓锯锯床

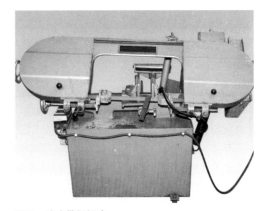

图3 卧式带锯锯床

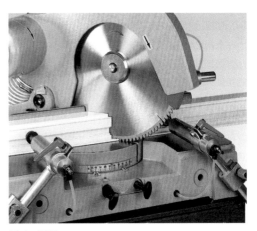

图4 圆锯

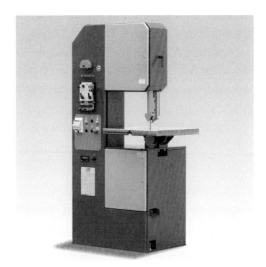

图5 立式带锯锯床

2.5　铣削

铣削是一种制造平面，弯曲面，凹槽和槽的加工方法。

> 铣削是一种采用多刃刀具以圆形或直线进给运动进行的切削加工方法。

由于刀具切削刃连续切入，切屑的切除均匀。横向进给运动调节切削深度，工件或刀具确定切削宽度（图 1）。

工件运动执行进给运动，根据进给方向，进给运动分为顺铣和逆铣。

切削运动由刀具 – 铣刀执行。

根据切削刃切入的方式可将铣削划分三种方法。

面铣刀的铣刀轴线垂直于加工面。位于铣刀端面的切削刃加工工件表面（图 2）。

圆柱平面铣刀用平行的或某个角度朝向铣刀轴线的切削刃加工工件。铣刀轴线平行于加工面（图 1）。

圆柱端面铣刀用主副切削刃同时加工工件表面。这是最为经济的铣削方法。主切削刃切除工件材料的同时，副切削刃修平工件表面。这种方法使机床的负荷均匀平稳（图 2）。

通用铣床是应用最为广泛的机床类型（图 3）。当今，即便小型铣床也已装备数字控制系统。

为使工件不换装夹即可执行滚铣和端面铣，通用铣床装备了卧式主轴和立式主轴，圆锥齿轮传动将两根主轴相互连接。它们均装在可回转的主轴箱内。

铣床升降台在铣床机架正面的垂直导轨上作升降运动。工作台在升降台上作水平纵向运动。卧式主轴单元执行横向运动。工作台常可作 45° 回转和翻转运动。

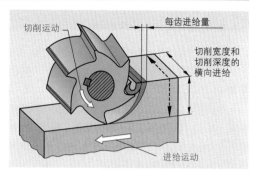

图 1　圆柱平面铣刀逆铣时的加工运动和刀具各角

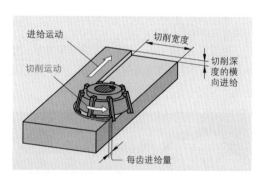

图 2　圆柱端面铣（滚铣）

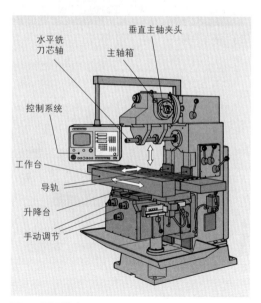

图 3　通用铣床

2.6 螺纹加工

尺寸标准化的螺钉和螺帽均可工业化供货。但孔和螺栓以及管端的螺纹则必须在车间或建筑工地现场加工（图1和图2）。

2.6.1 外螺纹的切削加工

螺栓的螺纹用板牙切削加工。其横截面与螺帽相符。每一种螺纹直径均需不同的板牙。

管螺纹采用丝锥扳手加工。一次切削即可切削出最终尺寸。可调式螺丝板牙可根据不同螺纹直径进行调节。手持电气板牙的板牙套件可按照标准化管螺纹尺寸予以更换（图3）。

2.6.2 管内螺纹的切削加工

内螺纹用于接纳螺钉，使部件的各个零件相互连接。

> 攻丝时，由多刃刀具切削加工孔内螺纹。

这类刀具，即丝攻，其横截面与螺钉相符。手工攻丝时使用成套丝攻，需两到三次加工方能完成螺纹切削（图4）。短通孔（最大至1.5倍螺纹直径）采用螺帽丝攻，一次加工即可完成螺纹切削。

使用螺纹切削头可在钻床上加工螺纹。螺纹切削头固定在钻床主轴上，一旦达到所需螺纹深度，立即返回（图5）。

图1 车螺纹

图2 螺纹切削

图3 手持电动板牙

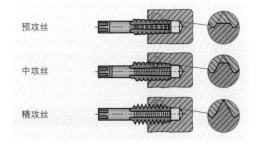
图4 成套丝攻

图5 机床攻丝

知识点复习

1. 材料的硬度对切削刀具的造型有哪些影响？

2. 请列举对切削加工表面质量最重要的影响因素。

3. 哪些工作需要金属加工技工使用铣床？

4. 以前加工平面和直角槽采用刨削和插削。请解释，为什么这些加工方法现被铣削所取代。

5. 为什么钻孔时不需要横向进给？

6. 钻头在孔内如何导向？

7. 为什么手工钻孔的精度比不上立式钻床的精度？

8. 为什么手工攻丝时必须多次使用不同的丝攻？

2.7　磨削和精密加工方法

磨削可将工件加工至最终尺寸，也可对工件实施清整和平整。例如修平焊缝，加工焊缝根部或清除焊接飞溅物。使用磨削刀具可去除边棱毛刺和刀具磨锐。磨削也可以分割材料，如使用回转的薄砂轮可执行磨切加工。各种磨削刀具均由大量极硬的细小磨粒组成。磨粒呈不规则形状，由支承材料和结合剂互相粘牢。磨粒的尺寸决定着工件表面的粗糙度（表1）。

> 磨削是一种采用多刃刀具和不规则几何形状切削刃产生精确工件表面的加工方法。

2.7.1　切削过程

磨削时由刀具执行切削运动。磨削刀具一般称为砂轮。磨削的进给运动和横向进给运动由刀具或工件执行（图1）。横向进给相当于砂轮进入工件的切入深度。磨削可改善工件表面质量，加工时，砂轮仅需轻触工件表面。切入距离取决于砂轮半径。切入距离越长，总切削力必须越大。

2.7.2　磨削刀具

磨具，常指黏接磨粒的砂轮盘，其特性取决于磨料及其粒度，结合剂及其强度（硬度）和组织（图2）。

■ **磨料**

磨料的硬度必须大于待加工工件材料的硬度。

磨粒细小且形状不规则的切削刃切除切屑。将磨粒放大后也可见楔形切削刃（图3）。一般而言，磨粒的楔角 β 与后角 α 之和大于直角（$\alpha + \beta > 90°$），切削前角 γ 为负，所以可设定其刮削作用。磨削产生的切屑极微小，因此可加工出粗糙度极低的工件表面。

现代磨料仅使用人工合成磨粒材料。如电熔刚玉（A），氮化硼（B），碳化硅（C）和金刚石（D），磨粒的分布按 FEPA（欧洲磨料制造联合会）标准规定，该标准已参考 DIN 和 ISO 标准（表1）。

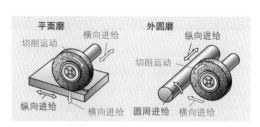

图1　磨削加工方法

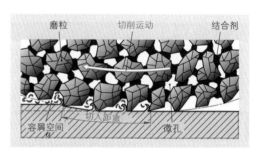

图2　磨具组织的组成成分

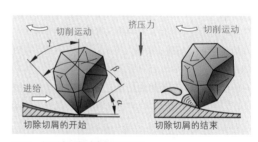

图3　切除切屑时磨粒的各角

表1：粒度的分布	
粗	F4, F5, ~F8, F10, …, F22, F24
中等	F30, F36, F46, …, F60
细	F70, F80, …, F180, F220
极细	F230, F240, …, F1200, F1500, F2000

■ 组织

磨粒，结合剂和微孔的空间分布构成磨具的组织（结构）（表 1 和图 1）。标记数字表示孔隙率，它表示磨具具有闭合还是开放的组织。

组织的选择必须考虑磨掉的切屑量。切屑量越大，微孔必须越大。

密实的砂轮盘硬度更高，磨损更慢。但它们更容易随切屑一起流失，因而必须更频繁地校准（图 1）。

湿磨时，较大的微孔可更多的冷却润滑液输送至磨削点。这将提高磨削功率。

■ 结合剂

结合剂将磨具相互粘牢。有机结合剂富有弹性，但耐热性差。无机结合剂虽然较脆，但可耐受更高温度。如果磨具过快破损，砂轮盘也会迅速报废。如果结合剂过硬，将导致磨粒过钝，温度过高。

> 磨具的硬度是结合剂粘牢磨具的力的衡量尺度。

选择砂轮时，硬度必须与材料相匹配（表 2）。硬脆材料磨损磨粒的速度更快，因此磨粒必须能够更轻易地从结合剂中逸出。对于软韧材料，磨粒应更久地保持锐利。硬结合剂保持磨粒的时间相应更长久。选择砂轮时应遵循的原则如下：

> 硬材料—软砂轮
>
> 软材料—硬砂轮

由于砂轮的结构使它具有相对较低的抗拉强度。为使砂轮不至于因离心力而分崩离析，必须限制圆周速度（表 3）。考虑到转速加倍时离心力增加四倍，许多因工作转速过高导致的事故便可因此而得到理解和阻止。

砂轮标记是制造商采用圆形或矩形标签标明规定数据的（图 2）。

密实组织　　　　　开放组织

图 1　磨具的组织类型

表 1：磨具组织标记数字

0	1	2	3	4	5	6	7	8	9	10	11	12	13	14

密实闭合组织 .... 开放组织

小微孔 .... 大微孔

表 2：砂轮盘硬度标记数字

A	B	C	D	....	M	N	....	W	X	Y	Z

最软　　　　　　　中等　　　　　　　最硬

表 3：砂轮盘最高工作速度

颜色标记条	蓝色	黄色	红色	绿色
速度，单位：m/s	50	63	80	100
颜色标记条	蓝/黄色	蓝/红色	蓝/绿色	黄/红色
速度，单位：m/s	125	140	160	180
颜色标记条	黄/绿色	红/绿色	2×蓝色	2×黄色
速度，单位：m/s	200	225	250	280
颜色标记条	2×红色	2×绿色		
速度，单位：m/s	320	360		

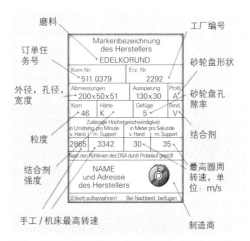

图 2　用于提高圆周速度的磨具标记–粘贴标签样品

2.7.3　使用磨具加工

高速时切入区域的温度最高可逾 1000℃，这种温度可使切屑退火。高温可改变工件材料特性，同时降低砂轮盘的耐用度。因此必须控制摩擦和温度。

> 磨削时必须添加足量冷却液：水或润磨油。

如果无法做到足量冷却，例如手工打磨工具，则必须降低工作速度或适时中断工作。

■ 砂轮盘的装夹和检验

由于砂轮盘的危险性，同业工伤事故保险联合会和德国砂轮协会（DSA）特为此制定规则，对砂轮盘的装夹，法兰规格和检验均作出严格规定（图 1）。

除此之外，检验时还必须考虑结合剂的保持力与允许的圆周速度之间的相关关系。对同步性的检验也非常必要，因为高转速时的不平衡可能导致振动。振动加快磨具的磨损，降低加工质量并增加机床负荷。不仅在首次装夹之前，较长时间运行之后也要进行砂轮盘的平衡检验，避免出现不均匀磨损（图 3）。

■ 预防事故

考虑到允许圆周速度 45 m/s 时，从砂轮盘中飞出的物体速度可达约 160 km/h，磨削工位的危险性可见一斑。因此必须注意：

▶ 砂轮盘装夹之前，必须通过敲击声响检验磨具。清脆声音表示砂轮无裂纹。

▶ 装夹时必须使用属于磨床且尺寸相同的夹紧法兰，必须使用专用钥匙上紧。一段时间运行后，必须再次上紧螺帽。

▶ 新装夹的磨具必须以最高允许转速连续试运行 5 min。

▶ 工件支承和保护罩均必须定期重调（图 2）。

▶ 工件在加工之前必须保证其难以拆除。加工时注意站立位置的安全性。

▶ 操作工在磨削时必须佩戴保护眼镜。

▶ 手工切割砂轮机必须用双手握持，否则可能危及生命。

▶ 切割砂轮不能用于面磨削。

▶ 使用切割砂轮时必须使用听力保护装置。

▶ 如产生危及健康的粉尘，需使用呼吸保护装置。

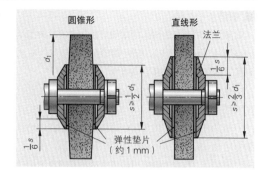

图 1　夹紧砂轮盘

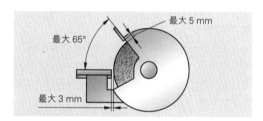

图 2　符合规定的砂轮装夹

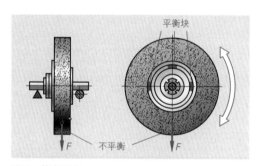

图 3　静态平衡

■ 砂轮盘的修整

　　一定运行时间之后，砂轮磨钝。微孔空间填满磨损的碎屑，由于磨损并不均匀，砂轮盘也因此不再是一个精确的圆形。使用修整工具去除磨钝层，露出锐利的新磨粒（图1）。此外，清除浅沟纹，恢复砂轮盘完整的圆度。

　　修整工具主要采用手工修整装置，修整盘，多颗粒修整器或回转型金刚石修整轮（图1）。

2.7.4　磨削方法和磨床

　　工业化加工使用的是通用磨床和专用磨床。根据工件表面造型的不同，可将磨床划分为外圆磨床，平面磨床和成型磨床。

　　金属加工业中，车间内一般仅装备一个砂轮机（图2）和角磨机。尤其在加工高级钢无锈处理时，还配备磨光机和砂光机。高级钢焊接后应先酸洗其表面，接着进行磨光。为此需使用专用砂轮，因为非合金钢的铁素体微粒可使高级钢生锈。较低挤压力条件下应使用软橡胶结合剂砂轮盘，防止出现剧烈温升和回火色。回火色必须酸洗去除。

■ 刀具刃磨

　　技工应有足够的技术在砂轮机或磨光机上磨锐简单几何形状的刀具，如钻头或车刀（图2）。为避免切削刃过热，刃磨时可用水冷却。否则将会出现"球化退火"。

　　工具磨床通过刃磨可磨出刀上精确的角度，例如钻头专用磨床（图3）。这里也可以湿磨。可以精确调出刀具楔角。检验时使用磨床检验量规（图4），而手工刃磨时必须使用检验量规。

　　锐齿铣刀用碗形砂轮在切削后面刃磨。刃磨将改变铣刀的几何形状和直径。

　　铲背铣刀是成型铣刀。其前角 $\gamma = 0$。这类铣刀只能用特殊的砂轮在切削前面刃磨。

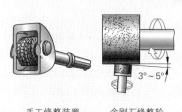

手工修整装置　　金刚石修整轮

图1　修整工具

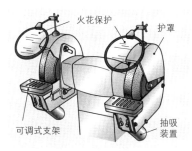

火花保护　护罩

可调式支架　　抽吸装置

图2　砂轮机

角度精确的装夹

图3　钻头磨床

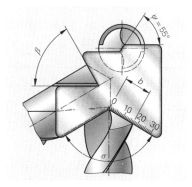

图4　钻头刃磨量规

■ 通用角磨机

无论在车间还是装配现场，角磨机这种手工机械工具都是金属加工技工最重要的生产工具。焊缝的修整和表面处理都采用这种小型装置（功率从 500 瓦起）。较大机床（功率 2000 瓦或更大）常用于粗加工和较厚工件的切割（图 1 和图 2）。

使用角磨机工作存在着身体伤害和健康方面的高风险。电动机产生的振动大于压缩空气马达的振动，持续使用将导致健康损害。佩戴加软垫的劳动防护手套可降低这种振动作用。角磨机不同位置装有侧边把手，操作者正确的握持也有助于减振。同样重要的是手握姿势，防止腕关节受伤（图 3 和图 4）。

 务请遵守使用角磨机工作时的安全规则，因为角磨机的高转速（圆周速度最高可达 80 m/s）在卡住时将产生强烈的回转力矩。

▶ 必须始终佩戴劳动防护手套。
▶ 佩戴听力保护装置和护目镜。
▶ 始终双手握持角磨机，避免机器卡住时飞出伤人。
▶ 避免碰撞砂轮盘。
▶ 不允许使用无护罩的角磨机工作，有生命危险。
▶ 注意火花飞溅 – 火灾危险。
▶ 不要过于强力地压紧角磨机。
▶ 即便使用所谓的单手角磨机时也必须握住侧边把手，减少伤害风险。
▶ 砂轮盘出现不平衡和损伤时必须立即更换。
▶ 拔荒砂轮盘开线后应修整其圆周。
▶ 注意锐边棱。
▶ 只有在砂轮盘停止转动后，才允许放下角磨机。

把手上采用减振材料，强力角磨机采用柔和启动，这些措施均可保护腕关节。

图 1   使用角磨机执行表面处理作业

图 2   使用切割砂轮执行切割作业

图 3   优化切入角度时的正确握姿

图 4   错误握姿 – 腕关节折断

2.8 切断机

通用角磨机作为切断机的名声远超其专业范围，它常被按其某个品牌称为"弗雷克森（Flex）"。由于其用途广泛，已可代替部分锯切功能（图1）。装配现场工作时，若需补加某个凹槽，它常代替气割。

现在的研发趋势是持续变薄的切割砂轮片，因为薄砂轮片可降低切割时间（图2），温升和力度。但薄砂轮片相对脆弱，因此在工作时必须遵守下列切断机专业范围的规定和安全措施：

- 只允许使用无损伤砂轮片；
- 只允许使用原装工具进行装配；
- 检查保护罩和附加把手的固定位置；
- 工件应放置或装夹牢固；
- 注意工位的安全：伸头出去工作时不允许使用梯子；
- 不允许使用切断机执行清理工作，否则可能卡住砂轮片并使之折断；
- 切割砂轮片应始终像振荡器一样作往复运动；
- 不要尝试进行曲线切割；
- 切割砂轮片不宜倾斜，尽量使用切割机支架；
- 由于回转力矩的作用，夹紧的砂轮片特别危险。

2.9 抛光和清整

虽然精细的磨料颗粒和高切削速度，精磨可达到的工件表面质量仍不能满足某些用途的需要（图3）。

采用不同的精密加工，如砂带磨光，可达到更低的表面粗糙度（图4）。工业化加工方法，如珩磨和研磨，相当于金属加工手工业工厂精密加工的抛光和清整。由于此类加工方法中材料的磨耗极低，必须执行两次精磨工序。第二次精磨时，应选最小粒度的砂轮或砂带。

抛光砂轮可由角磨机驱动，刷子和抛光具均固定在顶部，它们由弹性轴驱动（第40页图1）。

图1　切断机的应用

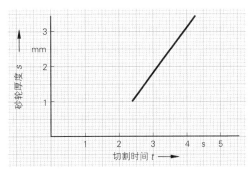

图2　切削时间 t 与切割砂轮厚度 s 之间的关系（制造商数据）

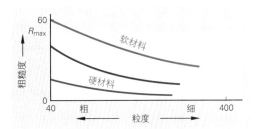

图3　切断时，工件表面质量与磨粒粒度的关系

图4　带磨机

如果工件表面要求特殊防锈功能但涂层又不具优点，与此同时，工件还特别要求较高强度时，一般选用高级不锈钢。在金属加工领域中称之为材料的装饰性外观。

不锈钢是高合金钢，其合金元素的含量决定其各种不同特性（参见第465页和466页）。即便在最小的浅沟纹内已可因潮湿而与其他杂物结合构成足以腐蚀破坏工件表面的局部条件。

抛光可使工件表面粗糙度降低至1 μm。工件表面越平整，腐蚀侵蚀的危险越低（图1）。

抛光时，因高压和抛光磨具之间，抛光磨具与工件表面之间的摩擦产生可能出现回火色的热量。因此，工件表面必须酸洗。

图1　在角磨机上用抛光海绵进行抛光

> 抛光通过摩擦运动和表面压强可整平工件表面的细微不平整，从而形成稳定的光滑表面

抛光磨具由毛毡，西沙尔麻织品，棉花和各种不同的塑料纤维组成。可根据用途进行选择（图2）。

主要由熔融的氧化铝和氧化铬与添加剂构成固态或液态的膏状抛光剂。

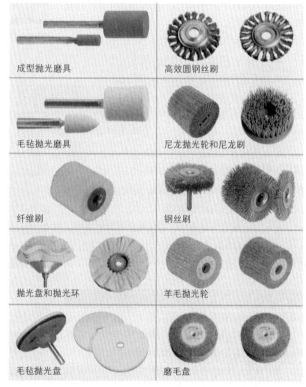

成型抛光磨具　　高效圆钢丝刷

毛毡抛光磨具　　尼龙抛光轮和尼龙刷

纤维刷　　钢丝刷

抛光盘和抛光环　　羊毛抛光轮

毛毡抛光盘　　磨毛盘

图2　用于抛光，清整和做仿大理石花纹的各种抛光磨具

知识点复习

1. 请列举砂轮盘的各种不同用途。

2. 请描述砂轮盘的组织结构与其组织成分的用途。

3. 请解释磨削和切割时的安全要求。

4. 切断机何时优于锯切和气割？

5. 请用毛巾磨擦一个金属表面，并于事前和事后测量温度。检测结果与抛光有何关系？

6. 为什么正常精磨后立即开始清整或抛光并无意义？

7. 请解释为什么抛光可改善高级钢表面的防腐保护。

3 机械切割与热切割

分割，楔形切割和剪切切割以及热切割等加工方法均可执行原材料的无屑切割（表1）。

3.1 楔形切割

楔形切割时，单个或多个楔形切削刃切入工件材料并做相对运动，最后分离材料微粒。

单刃楔形切割的刀具有扁凿，扩展凿，空心冲头和圆片刀（图1）。单刃楔形切割又称刀切割，它从单侧切割工件材料。工件必须固定在一个硬的，但不宜过硬的垫片上，例如由硬木，层压硬纸板或塑料等材料制成，目的是使刀具切削刃保持尽可能高的耐用度。

用于橡胶以及类似材料的切削刃楔角为8°至18°。为保持直角切割面，刀具的切削刃应垂直于可用边。由此在使用各种不同成型刀具时仍可保持内侧和外侧形状（图2）。

双刃楔形切割时，又称咬切，由两个相向运动的楔形切削刃切割工件材料。已知的咬切刀具有手夹钳，斜口钳和铰链式剪线钳（图3）。

3.2 剪切

如果切割过程中切削线的走向是开放的，可称之为开放剪切，其刀具是手工剪或剪床。采用闭合切削线的工件，例如圆形，由闭合剪切完成（图4）。

3.2.1 剪切原理

剪切时，切削刃的相向运动密切相邻，迫使材料微粒分离。

表1：切割		
楔形切割	**剪切切割**	**热切割**
单刃刀具切割，例如凿	开放剪切，例如薄板剪刀	气割
双刃咬切，例如手夹钳	闭合剪切，例如切割刀	熔融切割
		激光射束切割

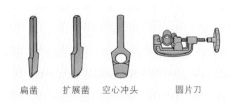

图1 单刃楔形切割刀具

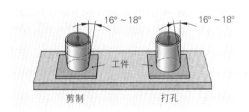

图2 内外侧成形切刀

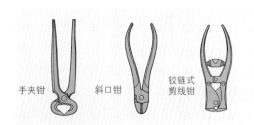

图3 咬切刀具

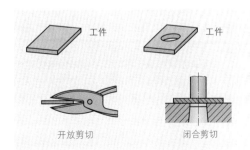

图4 剪切

■ **剪切过程**

剪切时，剪切刃紧密相邻并相向运动，切削力的走向并不在一条直线上（图2）。因此在两个切削刃之间产生一个扭矩。为避免工件翻转，必须用压紧装置使工件保持在固定刀具上（图1）。手工剪切时，这个压紧装置就是人手。

由于直角切削刃必须用大力才能切入工件材料，所以将剪切刀具切削刃与工件之间的后角设为2°至3°，前角设为2°至15°。这样的刀具首先呈楔形切入工件，在第一个变形阶段挤压工件材料（图2）。在力的继续作用下开始剪切过程并切割工件材料。

工件材料微粒受到挤压而分离。横截面越变越小。至第三阶段产生断裂。这里可以清晰地观察到剪切过程中工件切削面的三个阶段（图3）。

■ **切削力**

若需剪切工件，必须破除工件材料的抗剪强度。据此可计算出所需的切削力和剪切力。抗剪强度 τ_B 一般均低于抗拉强度 R_m。可采用数值 $0.8 \cdot R_m$ 计算抗剪强度。根据强度定义，用下列公式计算抗剪强度：

$$抗剪强度 = \frac{切削力}{剪切面积} \qquad \tau_B = \frac{F}{A}$$

由上式推出：$F = \tau_B \cdot A$

■ **切削力 = 抗剪强度·剪切面积**

剪切面积指切削时新产生的面积，它是切削长度乘以工件厚度的积：$A = l \cdot s$（图4）。

■ **剪切空隙**

两个切削刃必须几乎贴合，相向运动。为此要求在两个切削刃之间仍留有一个剪切空隙（图5）。该空隙约为板厚的1/20（≙=5%）。只有在正确调节出剪切空隙的前提下才能得出一个清晰的切削面。剪切空隙的大小取决于工件材料，板厚 s 和预期的刀具耐用度。若剪切空隙过大，工件被拉入两个切削刃之间，并因此形成较大毛刺以及不清晰的粗糙的切削面。

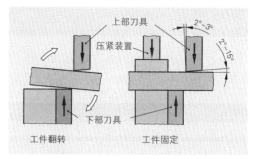

图1　压紧装置

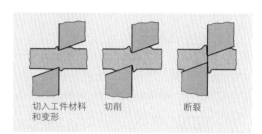

图2　剪切过程

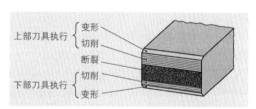

图3　切削图示

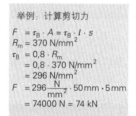

举例：计算剪切力
$F = \tau_B \cdot A = \tau_B \cdot l \cdot s$
$R_m = 370 \text{ N/mm}^2$
$\tau_B = 0.8 \cdot R_m$
$\quad = 0.8 \cdot 370 \text{ N/mm}^2$
$\quad = 296 \text{ N/mm}^2$
$F = 296 \frac{N}{mm^2} \cdot 50 \text{mm} \cdot 5 \text{mm}$
$\quad = 74000 \text{ N} = 74 \text{ kN}$

图4　剪切面积与切削力

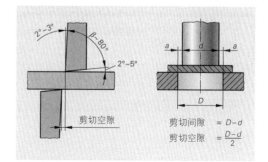

图5　剪切空隙 – 剪切间隙

■ 剪切间隙

在闭合剪切时，刀片与冲剪凸模之间也必须留出一个相应的剪切空隙（第42页图5）。由于闭合剪切的刀具直径，长度和宽度均为剪切加工量身定做，刀片直径与冲剪凸模直径之间的差便是剪切间隙。剪切间隙两倍于剪切空隙，一般为板厚的4%至8%。

3.2.2 开放剪切

手工剪切，杠杆剪切和机床剪切均用于开放剪切。

■ 手工剪切

手持剪刀沿剪切线执行剪切。除电动剪刀外，切削力由人力施加，并通过杠杆作用得到增强。施加切削力的杠杆臂越长，剪切点越接近杠杆旋转支点，切削力 F_s 越大（图1）。因此，剪切时仅使用了内侧三分之一的切削刃。该规律用于计算手工剪切的扭矩公式：

扭矩 = 力·杠杆长度：$M = F \cdot l$

$$\Sigma \widehat{M} \text{左} = \Sigma \widehat{M} \text{右} \rightarrow F_s \cdot l_s = F_H \cdot l_H$$

并用于切削力：

$$F_S = \frac{F_H \cdot l_H}{l_S}$$

剪刀开口过大时，沿切削线的切削力占比也大，导致它将工件挤出剪刀（图1）。适宜的剪刀开口度为10°至20°。

手工剪加工的钢板厚度一般至1 mm。此类剪刀没有剪切间隙。否则工件被拉入两个切削刃之间，形成大毛刺。为避免剪切过程中产生剪切间隙，两个切削刃应相对呈弧形，在预张紧时于杠杆旋转支点处相互连接。这样可使两个切削刃始终无间隙地相向运动。每个时间点上均只有一个接触点。开口状态下，切削刃尖部甚至上下叠加（图2）。右剪刀的下部切削刃位于右边；这类剪刀可剪切直线和左弧（图3）。

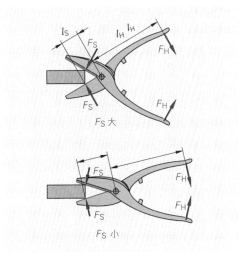

图1 手工剪刀切削刃的位置

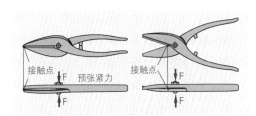

图2 手工剪切时的切削刃形状和预张紧

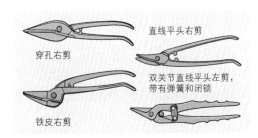

图3 手工剪刀

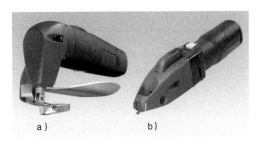

图4 电动手工剪

使用电动手工剪可几乎不费力气便轻松剪开薄板［43 页图 4a）］。

前页图 4b）所示是一种特殊的电动手工剪。与普通电动手工剪相比，其切削刃始终呈弧形，此类电剪剪出的切口边棱平滑。它实施的是两次剪切，两次之间产生一个宽约 5 mm 的条状废料。

电动手工冲剪（冲切机）不会导致板材弯曲，但产生轻度波纹状剪切边。与闭合剪切的刀具一样，它也有一个剪切凸模和剪切刀片。凸模每次行程都从板材上冲切下一块材料（图 1 和图 2）。

图 1 电动手工冲剪（冲切机）

■ **机床剪切**

直线剪切较厚板材需使用剪床。为尽可能减少摩擦和磨损并避免切削刃相互碰撞，两个切削刃之间需留出一个空隙，该空隙的大小取决于工件厚度。工件与切削刃之间，切削刃有一为减少摩擦而设的 2° 至 3° 小后角，和一个 75° 至 85° 的楔角。

剪床装有一个固定刀片，一般是下部刀片，和一个运动刀片，一般是上部刀片。

杠杆式剪切机的上部刀片围绕一个固定支点旋转。旋转也使切削力发生变化。但弧形切削刃可保证在开口角度固定时，切削力在很大范围内几乎是恒定不变的（图 3）。

杠杆式剪切机的上部刀片围绕一个固定支点运动，产生牵拉式剪切，就是说，切削刃并不在总切削线上立即与工件相遇，而是逐步"拉入"工件。平行导轨剪床则根据结构的不同分别产生分割式或牵拉式剪切（图 4）。上部切削刃的走向平行于下部刀具，与此同时，上部切削刃覆盖工件的总宽度，以冲切方式切除工件。这就是分割式剪切。

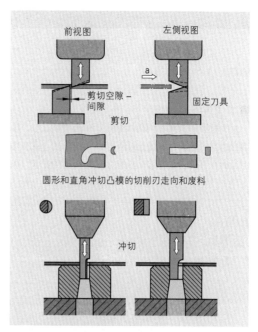

图 2 剪切机与冲切机工作原理

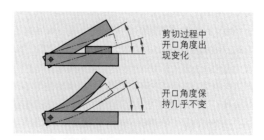

图 3 杠杆式剪切机的切刀形状

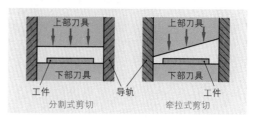

图 4 平行导轨

图 1　台式杠杆剪切机（冲击飞剪）

图 2　双杠杆剪切机

若上部刀具的切削刃走向斜对着下部刀具，平行导轨结构的剪床也可以实施牵拉式剪切。工件尺寸相同时，牵拉式剪切所使用的切削力更小。分割式剪切时，工件部分没有变形。部分平行导轨剪床装有附加刀片，可剪切圆形，矩形以及其他成型材料。为此在上部刀具留出相应的凹槽（图 4）。

■ 制造类型

台式杠杆剪切机或冲击飞剪均仅是简单的杠杆传动（图 1）。它们只适用于薄板。为避免上部刀具脱落且手工轻松提起刀具，需装备一个配重或弹簧。

其他类型的杠杆式剪切机由另一个传动机构增强刀具的杠杆作用。因此这类剪床可剪切最厚至 10 mm 的板材。

双杠杆剪切机（图 2）装备一个双杠杆传动，齿轮传动杠杆式剪切机是在手杆上固定安装一个齿弧。该齿弧在与机架固定连接的对应齿弧上滚动。这种装置可达到极大的传动比，所以能够产生大切削力（图 3）。

平行导轨杠杆式剪切机的上部刀具与杠杆相连，上部刀具可沿导轨平行地向下运行（图 4）。这种用于切割型材的刀具执行分割式剪切，与之相比，倾斜的上部刀具采用牵拉式剪切切割板材。

图 3　齿轮传动杠杆剪切机

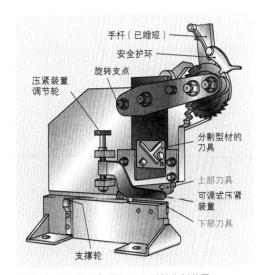

图 4　平行导轨杠杆剪切机和型材分割装置

图1　计算机数控液压台式剪床

图2　液压成型剪床

电机驱动的剪床适宜于剪切大型金属板材。根据剪床结构的不同，可加工板材的长度最大可达4000 mm，厚度最大可达30 mm。这类台式剪床采用电子机械驱动或液压驱动（图1）。可装备数控止挡装置，进给机构和板材反馈装置。

出于安全原因，剪切刀具受护栏、双手操作和光电开关等装置的保护。这些安全装置在任何情况下均不允许拆除或关闭。

在板材处理工厂和钣金工厂必须经常切除边角和类似形状的材料（图3）。为此目的应使用切角剪床。这类剪切机配有相应的可更换的成型剪切刀具。图4所示是一种液压驱动的切角切边剪床。

圆盘剪切机通过圆形切刀无限长度的切削刃可执行极长且任意形状的剪切。使用相应工装后，可以简单方式制造圆形工件（圆片）（图5和图6）。

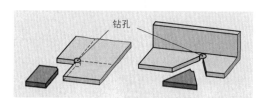

图3　板材和型材的切边切角

图4　液压切角剪床

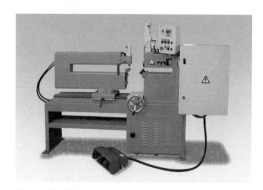

图6　圆盘剪切机

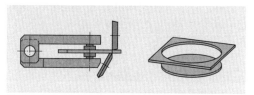

图5　剪切圆片和圆环的圆盘剪切机功能示意图

冲剪机（冲切机）可执行快速连续的冲切（图 2）。它一般剪切出半月形小薄板工件。这类剪床还可通过工件的推移和移动制造任意形状的工件。与圆盘剪切机相同，它配装相应的工装也能制造圆形或任意形状的板材工件。

3.2.3　闭合剪切

压力机用特殊冲切刀具可进行系列产品的制造。此类冲切刀具由一个装有固定榫的上部部件，凸模和脱模器以及装有刀片和底板的下部部件组成（图 3 和图 4）。

若从工件上切除一个部分，可称之为打孔。若与之相反，冲裁一个工件，则是剪切。剪切，这里又指冲裁，由刀片（阴模）切出工件的标称尺寸，打孔时由凸模切出工件的标称尺寸。每次加工不同的工件时必须考虑切削间隙。应时常根据导轨类型调整冲切刀具。

无导轨冲切刀具用于从简单的薄板材冲裁工件，或执行低件数生产。剪切凸模固定在压力机滑块上，刀片（阴模）固定在机架和工作台上。刀具由压力机滑块导引，因此，机床必须精确控制滑块（图 5）。

如果压力机导引精度不能满足切削精度，需使用配装导板的切削刀具（图 1）。

配装圆柱导轨的冲切刀具可达到最精确的导引精度（图 6）。刀片和剪切凸模均装在一个特殊的导轨构件之内，该部件由一个上部部件，一个下部部件和导轨支柱组成。这种昂贵的刀具部件仅用于大批量生产。

图 2　计算机数控冲切冲剪机床

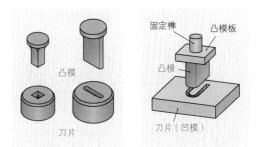

图 3　冲切刀具　　　　图 4　打孔刀具：凸模和凹模

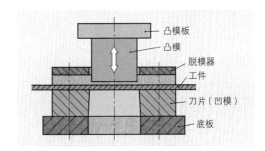

图 5　无导轨冲切刀具

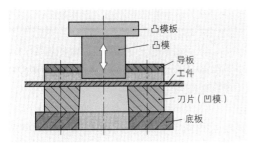

图 1　装有导板的冲切刀具

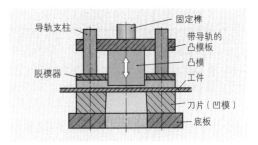

图 6　装有圆柱导轨的冲切刀具

■ **预防事故**

▶ 切割板材时会产生锐利边棱和毛刺（图1和图2）。因此，禁止未佩戴手套时上岗操作和打毛刺。

▶ 只允许使用完好无损的凿和无飞边的板牙。

▶ 淬火的垫板有回弹效应。因此，楔形切割仅允许在相对较软的垫板上执行。

▶ 人工钳和手工剪均设计使用人力。用力过大将损坏刀具。因此禁止在台钳上使用人工钳紧固，或用加长杆延长杠杆臂。

▶ 过厚板材导致机床过载（参见机床铭牌）。

▶ 不允许手接近冲切刀具。

▶ 杠杆式剪床需防止杠杆下坠。

▶ 为防止板材工件被牵拉进入双剪之间，必须正确调节刀片并使用压紧装置（图3）。

▶ 长工件应给予相应支撑，防止工件在剪切后上下跳动。

图1　飞边构成事故危险

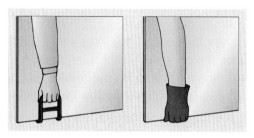

图2　锐利边棱构成事故危险

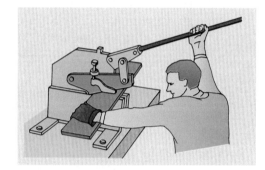

图3　操作剪床时的事故危险

知识点复习

1. 请解释楔形切割的切割过程。
2. 切割时哪些力作用在切削楔上？
3. 切割力与哪些影响参数有关？
4. 哪些工件材料需用大楔角加工？
5. 请列举四种楔形切割刀具。
6. 请解释剪切过程。
7. 如何计算剪切过程所需的各力？
8. 请列举手工剪的制造类型。
9. 您认识哪些剪床？
10. 为什么某些杠杆式剪床的上部刀具需做成弧形？

11. 杠杆式剪床工作时，若用圆管延长杠杆有哪些危险？
12. 杠杆式剪床的安全钩有哪些作用？
13. 为什么不允许使用剪刀剪切圆管？
14. 请区分切割式与牵拉式剪切的区别。
15. 系列生产时，冲切刀具具有哪些优点？
16. 为什么凸模和刀片（凹模）常常通过导轨相互连接？
17. 去除压紧装置将会产生哪些影响？
18. 请区分电动手工剪与电动手工冲剪作用方式的区别。

3.3 热切割

热切割时，切入的热流分割工件。

热切割分为乙炔气割、熔融切割和气化切割。

乙炔气割时，工件材料加热至燃点温度，并向切割点添加氧气助燃。为使切割面整洁，切割时的燃点温度必须保持低于其熔融温度（图1）。

熔融切割时向切割点输送大量能量，使工件材料从固态变为液态。然后从切割缝吹出这些液态材料（图2）。

气化切割时，激光束强烈加热工件材料的切割缝，加热温度如此之高，使切割缝处的工件材料直接从固态变为气态并蒸发。为此，切割时的能量必须高度聚集，金属切割只能采用激光束作为加热能源。

3.3.1 乙炔气割

这种热切割方法采用的燃烧气体是乙炔 – 氧气，它将材料的局部加热至燃点温度。然后输入纯氧助燃切割点的工件材料，并从切割点吹掉由此产生的液态熔渣和熔融残余物（图3）。

碳含量低于1%的低合金结构钢的燃点温度为1200℃，低于该类材料的熔融温度。随着碳含量的增高，钢的熔融温度下降，这种特性在铁 – 碳曲线图中清晰可辨。此外，重要的是，氧化物的熔融温度低于材料本身的熔融温度。

气割过程的能量通过液态熔渣和热射流排出至周边大气，从而产生高耗能。因此，气割过程的加热火焰必须持续保持在燃点温度。

图1　乙炔气割

图2　激光熔融切割

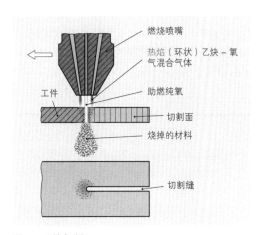

图3　乙炔气割

根据制造类型可将气割喷嘴划分为环状喷嘴，空心喷嘴和前后排列喷嘴。环状喷嘴和空心喷嘴作为气割喷嘴产生较宽切割缝（图1）。环状喷嘴和空心喷嘴可向任何方向切割。切割喷嘴产生整洁锐边直线切缝。

所有的可燃气体均可用作切割燃气，但仅将火焰功率最高的乙炔气体作为切割燃气。

气割过程中，切割面的碳含量增高，若快速冷却会产生淬火效应。

在气割的高温影响下，薄板材料易产生强烈扭曲变形，所以乙炔气割的应用范围是板厚约5 mm至超过200 mm。

气割过程中，通过向切割点添加铁粉可提高能量供给。因此，更高的合金钢和灰口铸铁也能使用气割方法进行切割。

■ 手工气割技术

工件材料的厚度决定着气割喷嘴的规格和切割 – 燃烧气体的气体压力。根据材料厚度，气割火焰锥应位于工件上方2至6 mm处。该间距选择的原则是宜大不宜小。为使气体切割产生更高精度，直线切割时，应将喷嘴装在小车上，而圆形切割时，将喷嘴装在圆规上。

为避免气割错误，需注意正确的切割速度，正确的切割导引和正确的气体混合比例设置（图3）。

■ 机器气割

机器气割已高度取代了手工气割。因为机器气割可形成精确平整的锐利边棱切缝。机器气割的机器结构多种多样，从仅有机械进给装置的气割机到全自动控制的气割机。当今的气割机主要使用仿形自动气割机或数控气割机（图4）。

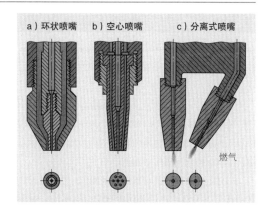

图1　气割喷嘴的制造类型

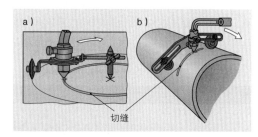

图2　手工气割

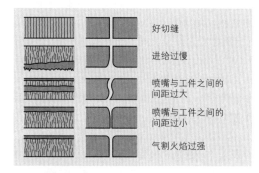

好切缝

进给过慢

喷嘴与工件之间的间距过大

喷嘴与工件之间的间距过小

气割火焰过强

图3　错误的切缝

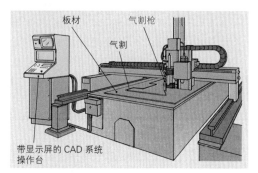

图4　数控气割机

■ 气割刨槽

用气割枪和专用喷嘴可在工件材料上切深。这种加工方法用于清除焊缝，消除焊接错误和裂纹，以及刨削焊缝根部（图 1）。

■ 气割打孔

输入氧气使钢板燃烧，该过程可产生约 2000℃高温并通过熔融切割钢板。这种方法主要用于报废机器设备，大型船舶以及在混凝土上打孔或切割。

给钢管，一般又称喷管，装入钢丝，然后将纯氧吹入空腔。用焊枪点燃喷管一端，并把燃烧的喷管移至待切割点。燃烧钢丝的高温使工件材料熔融并分离（图 2）。

3.3.2 熔融切割

将工件材料局部熔融或加热至可立即气化的高温，从而形成切缝分离工件材料。一般采用等离子电弧或激光射束作为热源。

■ 等离子切割

集束的 WIG（钨极惰性气体保护焊接法）光弧产生等离子，其内核温度高达 20000 K。这种极高温可将工件切割处的材料烧熔，并由等离子射束将烧熔的材料吹离切缝（图 3）。

所有等离子切割方法中均有一个导引光弧。该导引光弧在铜喷嘴与钨电极之间燃烧，它是切割的主光弧。对于非导电材料则仅需导引光弧即可进行切割。

切割质量受等离子气体的组成成分影响。现主要采用混合气体作为切割气体。乙炔易燃且其光弧稳定，因此在混合气体中的占比较大。此外混合气体中还加入氢气和氮气，用于在切割点覆盖比单用乙炔更大的热量。

乙炔与氢气的混合适宜用于不易气割的工件材料，它可产生较高的切割质量，这里的氮气用于降低毛刺的形成。乙炔和氢气的混合气体不适宜对结构钢实施等离子切割。

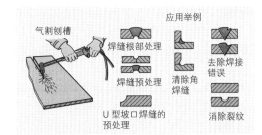

图 1 气割刨槽

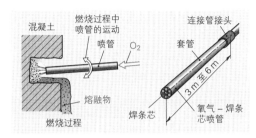

图 2 气割打孔

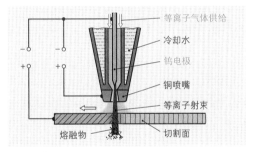

图 3 等离子切割

■ 空气－等离子切割

钨与铈和锆组成合金，可提高钨电极的耐热性。空气与纯氧也可以作为等离子气体进行等离子切割。

空气－等离子切割时，4 bar 的压缩空气强力集束切割电弧。压缩空气的作用是冷却切割喷嘴，将熔融材料从切缝中吹掉（图1）。这种方法使用简单，且不需要保护气体。

空气－等离子切割用于切割板厚 3～5 mm 的结构钢板，以及板厚最大达 6 mm 的铜板，铝板和高合金钢板。其切割质量取决于切割速度，电极尖部形状和切割喷嘴的损耗（图2）。

空气－等离子切割的缺点是金属蒸汽产生的粉尘大，以及切割喷嘴使用时间短。

3.3.3 激光束切割

> 激光束可在局部聚集极高功率，并在小面积范围产生高温。激光的这种特性可在极窄的切缝内烧熔工件材料。

激光束切割是一种其尺寸精度可媲美机械加工方法所能及的切割方法。

各种焊接和切割激光设备的区别在于其激光束控制系统和工件运动控制系统。高达 $10^6 \cdot \text{W/cm}^2$ 的高功率密度可在极窄的切缝内烧熔工件材料（图3）。聚焦系统为激光束提供精确定位。聚焦光学组件集聚来自谐振器的激光束，并通过一套透镜系统将它们引导至切割头。根据透镜焦距的不同，该系统可将激光聚焦成直径为 0.1～0.3 mm 不等的焦点。

焦点的几何形状对加工点的射束强度具有决定性意义。焦点越小，透镜的焦距越小（图4）。虽然景深（ZR）随焦距降低而缩短，但射束可再次迅速展开。

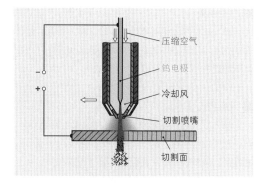

图1 空气－等离子切割枪

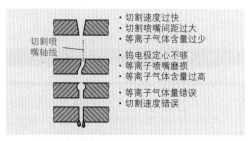

图2 切割质量的影响因素

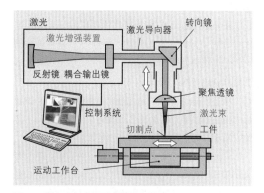

图3 激光束切割设备结构示意图

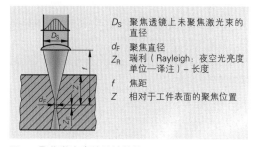

D_S 聚焦透镜上未聚焦激光束的直径

d_F 聚焦直径

Z_R 瑞利（Rayleigh：夜空光亮度单位—译注）－长度

f 焦距

Z 相对于工件表面的聚焦位置

图4 聚焦激光束的特性数值

激光功率足以熔化并气化所有已知材料。通过能量聚焦可获取控制极为精确的加热温度，将切缝宽度限制在 0.1～0.5 mm。通过对激光束相应的控制可执行精确切割和刻字（图 1）。

激光熔融切割是将切缝加热至熔融温度。在工件厚度的中心定位焦点。用这种方法可切割出精确的轮廓和极薄工件（图 2）。

激光气化切割是通过激光的作用将切缝范围的工件材料气化。切割气体采用惰性气体或反应迟钝气体，例如氮气，氦气或氩气。这种切割方法可用于金属和仅具备较低或不明显液态的材料。这些材料指例如木头，纸张，陶瓷和塑料。

切割非金属时需采用保护气体流防止放热反应（燃烧）。

鉴于金属的高气化能量，切割时仅允许使用相对较低的切割速度。金属材料厚度小于 1 mm。由于使用了保护气体，切割边不会产生氧化反应。

激光切割一般将焦点定位在工件表面。作为热源的激光束仅在 ±0.5 mm 的狭小空间内可以获得良好的切割质量。超出这个范围的切缝明显变宽。因此，若工件不平整，必须借助传感器修正焦点定位。

光洁发亮的金属表面可反射集束的激光光束。因此，无光泽表面显然更有利于激光束切割。所以激光切割适宜采用乙炔气割的钢板，如板厚最大至 25 mm 的 S235JR（St37-2），可获得极高的切割质量（图 3）。

图 1　激光束切割制造的刻有文字的工件，切缝宽度 0.2 mm

图 2　激光束切割在高级不锈钢板表面制作的自行车符号，切缝宽 0.3 mm

图 3　低合金结构钢工件，板厚 20 mm，由激光束切割

■ **激光切割的影响因素**

气割时在切割面总会产生一层附着牢固的氧化层。而激光束熔融切割高合金钢时将产生高度熔化的氧化物，它们阻止熔融物和熔渣的排出。氧化物的形成也可改变切割面的合金，从而降低钢板的耐锈蚀性能。

表面发亮的金属，如铝，铜或黄铜可反射大部分激光束（热辐射）并具有高导热性，因此对于它们的加工受到限制。

■ 激光功率

随着工件厚度的增加，切割所需的激光束功率亦需增加。因此，激光束可切割的最大工件厚度取决于激光功率（图1）。一般而言，切割速度也随工件厚度的增加而降低。

大功率密度可形成工件表面的高速加热。这种加热速度非常快，通过相应的激光束控制系统可烧熔工件表面薄薄一层却不对底层工件材料产生热负荷。通过这种特性可使工件在切割后不产生扭曲变形（第53页图1）。所以，激光束可用于表面硬化和工件刻字。例如采用激光束刻出计算机键盘字体。

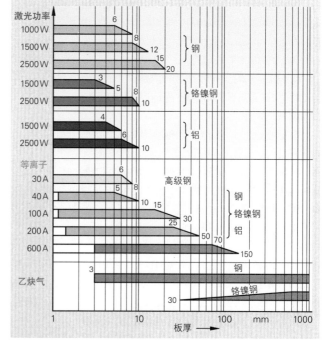

图 1　热切割方法的应用范围

■ 事故防护

▶ 小心防护光弧或激光束辐射，它们可灼伤皮肤并伤害眼睛！

▶ 小心防护金属蒸汽和切割塑料时可能产生的气体，此类气体必须抽吸排除！

▶ 在激光切割工位工作时必须遵守电子技术事故防护规则！

知识点复习

1. 请解释钢板的气割过程。

2. 并非所有的钢均可采用气割切割是出于何种原因？

3. 乙炔气割与等离子切割之间有何区别？

4. 气割时需注意哪些工作规则？

5. 如何理解气割中的刨槽这个概念？

6. 等离子光弧中的高温是如何产生的？

7. 请解释气割打孔的工作方式及其应用。

8. 等离子切割使用哪些不同气体？

9. 如何理解激光？

10. 相对于其他热切割方法，激光束切割具有哪些优点？

11. 针对哪些加工对象采用乙炔气割优于采用激光束切割？

12. 为什么热切割时会有金属蒸汽发散至周边大气？

4 螺钉连接，铆钉连接和压合连接

接合这种加工方法将工件与其他零件或部件连接起来。

> 工件或组件的接合分为可拆解型和不可拆解型两种。

4.1 金属结构件与钢结构件中的接合方法（概览）

螺钉，销钉，螺栓和压合连接均属于可拆解型连接。

铆钉，黏接，钎焊和电焊连接被视为不可拆解型连接，因为只用通过破坏连接元件才能将已连接的工件重新分离。

> 根据接合连接的作用方式，可将连接分为摩擦力接合型，形状接合型和材料接合型三种。

摩擦力接合型连接指通过压合将工件与组件接合起来〔图1a）〕。这种连接类型有压合连接，挤压连接，收缩连接和膨胀连接，所谓的预张紧螺钉连接，热铆连接以及钻床的莫氏锥柄连接。

形状接合型连接时，相互连接的工件或组件具有相互匹配的形状。此类举例如销钉连接，螺栓连接和冷铆钉连接以及非预张紧螺钉连接〔图1b）〕和板材折合连接。

材料接合型连接时，通过材料融合将组件结合起来。属于此类连接方式的有电焊焊接，钎焊焊接和黏接〔图1c）〕。

一般根据下列不同要素选择适宜的接合连接方式：

- 强度
- 密度
- 安全性
- 设计的可操作性
- 耐腐性
- 经济性
- 可拆解性
- 外观装饰性

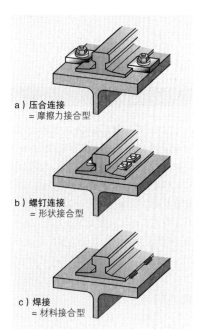

a）压合连接
= 摩擦力接合型

b）螺钉连接
= 形状接合型

c）焊接
= 材料接合型

图 1 按作用方式划分的连接类型

图 2 栏杆的接合连接

举例：

高级钢栏杆（图2）的外观装饰性位于选择的首位。所以要求其外观没有可视焊缝。玻璃支架插入开槽的圆管内，然后在反面焊接并磨平。通过螺钉夹紧可使玻璃的装入和拆卸方便易行。玻璃上无须钻孔。扶手与支柱的连接做成涂黏接剂的插接式连接，从而避免在这种地方出现难以打磨的焊缝。

4.2 螺钉连接

螺钉连接是安全可靠的，因为它由工业化加工制造的螺钉，螺帽和垫圈组成。螺钉连接可做防松动保护，但在任何时间都可能松开。尤其是热镀锌螺钉在使用多年之后仍有可松动性。自动化生产加工螺孔，快速装配以及可重复使用性，这些特点使螺钉连接具有非常可观的经济性。

在建筑工地可使用高强度螺钉将钢结构件的组件连接至大型建筑物（图1）。

图1　运输桥梁上的螺钉连接

除待连接组件外，螺钉连接由螺钉，螺帽，一个或多个垫圈，必要时还有螺钉防松保护等组成。

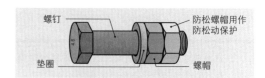

图2　螺钉连接的要素

4.2.1 螺钉名称

图3所示为螺钉上的标记名称。螺钉和螺帽有着种类繁多的形状，且由各种不同材料构成。最常见的由各种不同强度的合金或非合金调质钢构成。

明确无误地标记螺钉非常必要。螺钉标记名称由螺钉名称，标准活页编号，螺纹类型，尺寸，必要时还由表面材质和强度等级以及非黑色金属材料时的材料等信息组成（参见右侧的螺钉标记名称举例，图3）。

■ 螺钉长度

六角螺钉长度这种说法应理解为螺钉杆的长度（图4）。仅在沉头螺钉时才指螺钉头部长度。其构成要素如下：

夹紧长度 l_k（工件厚度）

+ 垫圈厚度 s

+ 螺帽厚度 n（0.8·螺纹直径）

+ 超出部分 $\ddot{u}$（2匝螺纹）

= 螺钉长度

总数取整成为标称长度！

螺钉长度也可从夹紧长度表（图表手册）读取。

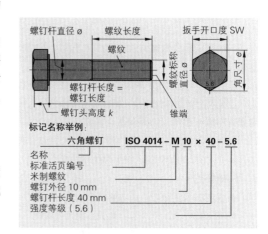

图3　螺钉上的标记名称

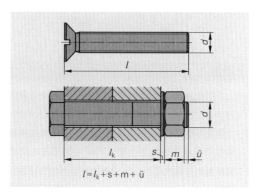

$$l = l_k + s + m + \ddot{u}$$

图4　确定螺钉长度

■ **螺钉材料的强度等级和机械特性数值**

> 螺钉用钢按刻在螺钉头部的强度等级划分。

从强度等级（例如 5.6，第 56 页图 3）可读取螺钉钢的机械特性数值。

- 第一个数字（例如 5）乘以 100 所得数值是抗拉强度 R_m，例如 $100 \cdot 5 = 500$ N/mm²
- 第二个数字（例如 6）除以 10 所得数值是屈服强度比 $= \dfrac{\text{屈服强度}}{\text{抗拉强度}}$

例如 $\dfrac{6}{10} = 0.6$。屈服强度比乘以抗拉强度所得数值是螺钉钢的屈服强度 R_e，例如 $R_e = 0.6 \cdot 500$ N/mm² = 300 N/mm²。也可以用算式 $5 \cdot 6 \cdot 10 = 300$ N/mm² 进行计算。金属加工业常用强度等级是 4.6，5.6，8.8，10.9。

4.2.2 螺钉的商业名称及其应用

金属加工技工根据螺钉用途选用各种不同螺钉。螺钉最重要的区别标志是头部形状，板拧类型，螺纹类型和材料。

使用最多的螺钉是六角螺钉和米制螺纹。螺钉螺纹或如图 1 所示仅有很短一段，或将螺纹加工至接近头部。

用于钢结构件的原始六角螺钉按 DIN 7990（图 1）进行加工，其螺纹直径 M 12 至 M 30。其强度等级常见为 4.6 和 5.6。螺钉杆与螺孔之间的标称孔隙不允许超过 $\Delta d_L = 2$ mm。与框架的连接和接头时必须遵守下式：$\Delta d_L \leq 1$ mm。

按 DIN 7968 所制六角螺钉的螺钉杆比标称螺纹直径厚 1 mm。它用于钢结构件中的高精度螺钉连接，例如抗弯强度接口和基座接口。预钻孔必须小于螺孔，并在接合后拧紧，此时必须遵守 $\Delta d_L \leq 0.3$ mm。

如果要求螺钉连接承受较大力时，采用强度等级 10.9 的大扳手开口度六角螺钉（HV 螺钉）（图 3）代替原始六角螺钉（详见第 62 页及之后数页）。

DIN 7969 沉头螺钉有一字槽，十字槽或内六角等不同头部特征〔图 4a）〕。用于轻便薄板如滴痕钢板，波纹钢板和楼梯板的螺钉连接。螺钉杆与螺孔之间的间隙必须保持 $\Delta d_L \leq 1$ mm。内六角圆柱头螺钉〔图 4b)〕普遍采用高头部或低头部。主要用于机器或设备难以接近的位置，因为其拧紧和拧松所需空间不大。

扁圆头螺钉〔图 4c)〕采用四方头，用于木头与钢零件的连接。

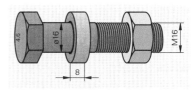

图 1 原始六角螺钉
DIN 7990–M16×60–Mu–4.6 带垫圈 DIN 7989–A 18–St

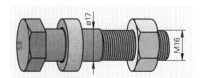

图 2 六角密配螺钉
DIN 7968–M16×60–Mu–4.6 带垫圈 DIN 7989–A 18–St

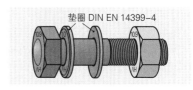

图 3 HV 螺钉 DIN EN 14399–4

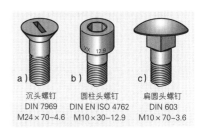

a)沉头螺钉	b)圆柱头螺钉	c)扁圆头螺钉
DIN 7969	DIN EN ISO 4762	DIN 603
M24×70–4.6	M10×30–12.9	M10×70–3.6

图 4 其他的螺钉头部形状

丁字头螺钉头部大，用于基座有抗弯强度要求的锚固连接［图 1a］。对此也可以使用带有双头螺纹和地脚螺帽的地脚螺钉［图 1b］。两种螺钉类型的直径均已标准化至 M100。

地基螺栓用于拧入混凝土固定大门钢带［图 1c］。现在大部分采用树脂黏合螺栓。

焊接螺栓指将螺栓焊接在玻璃面墙和暖房的钢结构件上，用于固定嵌入玻璃的压条（图 2）。

圆杆锚固螺栓由铸铁加球墨铸铁制成，用于用螺栓锚固连接板上的圆杆（图 3）。

六角木螺钉用于在无须建筑监理许可之处用尼龙膨胀螺钉固定轻型零件（图 4）。如果要求采用米制螺栓螺纹代替六角头，可使用杆螺钉。

■ 特殊用途螺钉

自攻螺钉已淬火硬化，可在板材上自攻形成螺纹（图 5）。自攻螺钉的头部形状多种多样，其标称直径最大至 6.3 mm，可用板厚最大至 2.5 mm。板内底孔仅需略大于螺纹根径。较厚的板材可使用半自攻螺钉（图 6）或螺纹滚压螺钉，节省工时。

> 自攻螺钉自制螺纹，经济性好，螺纹滚压自攻螺钉挤压工件材料，无屑制成螺纹。

上述方法制成的螺孔内也允许拧入其他类型的螺钉。按 DIN 6900 制成的组合螺钉是将螺钉与垫圈组合起来，形成不易丢失却可以旋转的螺钉。

固定梯形钢型材时可使用例如按 DIN 7500 的螺纹滚压自攻螺钉并配垫圈，其下部使用一种硫化合成橡胶密封件［图 7a］。如果待连接工件厚度小于 10 mm，也可使用 DIN 7504 或 DIN EN ISO 10666 所述的自钻孔螺钉［图 7b］，它自钻底孔并自攻螺纹。除标准化螺钉外，还有数量庞大但需建筑监理许可的螺钉，用于冷成形钢板型材。

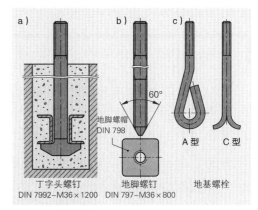

图 1   锚固连接螺钉

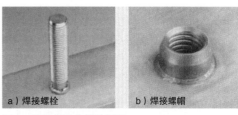

图 2   焊接螺栓和焊接螺帽

图 3   圆杆锚固螺栓

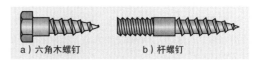

图 4   木螺钉

图 5   半圆头自攻螺钉

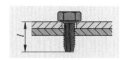

图 6   半自攻螺钉

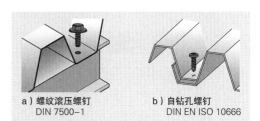

图 7   组合螺钉

由于自成一体的钻孔过程结束之后才允许切削螺纹，必须注意各种自钻孔螺钉的"最大贯通长度 *t*"，该长度由钻头尖部的长度决定。不锈钢组合螺钉的硬度不够，因此其钻头尖部由淬火钢构成（图 1）。

系杆螺钉有一个直角头部（图 2）。它使螺钉头部的窄边伸入系杆内部，旋转 90°，然后拧紧。系杆采用焊接固定，或在制造墙体或屋顶时浇注在混凝土内。它用于提供可靠且可调的支承。

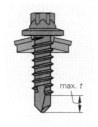
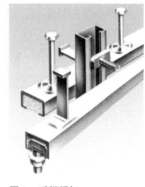

图 1 带有防脱垫圈
　　　的组合螺钉，
　　　自钻孔，自攻
　　　螺纹，密封　　图 2 系杆螺钉

4.2.3 螺帽

用螺帽将螺钉连接上紧。现有种类繁多的螺帽类型。金属加工业主要使用六角螺帽［图 3a）］。

对于固定扳手而言，四方螺帽具有更大的着力点，但不适用于狭窄空间［图 3b）］。它用于扁圆头螺钉，并作为地脚螺帽（DIN 798）用于地脚螺钉。闷盖螺帽用于遮盖螺纹端部［图 3c）］。

a）六角螺帽　　　b）四方螺帽　　　c）六角闷盖螺帽
DIN EN ISO　　　DIN 928-M16-St
4034-M16-4.6

图 3 螺帽

4.2.4 垫圈

垫圈的作用是保护组件的表面，更好地分散螺帽或螺钉头部的压紧力，以及跨接长孔的侧壁。后者的任务特别适用于 8 mm 厚的垫圈 DIN 7989［图 4a）］。此外，这种垫圈阻止螺钉螺纹侵入组件表面。A 型（原始型）垫圈用于原始螺钉，B 型（光亮型）用于密配螺钉。垫圈 DIN EN 14399-6［图 4b）］更薄并已淬火，它们位于 HV 螺钉头部和螺帽下面。楔形四方垫圈用于补偿凸缘斜面。I 型垫圈有 14% 斜度，用于窄工字梁，垫圈上的一个浅槽是这类垫圈的辨认标记［图 4c）］。U 型垫圈有 8% 斜度，用于 U 型梁，其辨认标记是两个浅槽［图 4d）］。

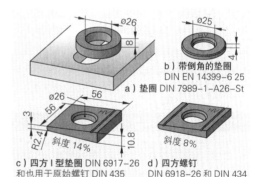

b）带倒角的垫圈
DIN EN 14399-6 25
a）垫圈 DIN 7989-1-A26-St

c）四方 I 型垫圈 DIN 6917-26　　d）四方螺帽
和也用于原始螺钉 DIN 435　　　　DIN 6918-26 和 DIN 434
斜度 14%　　　　　　　　　　　　斜度 8%

图 4 钢制垫圈

> 垫圈不是螺钉的防松保护。它不能防止螺帽的意外松动！

4.2.5 螺纹自锁

当螺帽在螺钉上已不能继续自己转动且保持不动时，螺纹已自锁［图 5a）］。螺钉的紧固螺纹是小螺距单线尖角螺纹。加工机床工作台驱动装置采用梯形螺纹或大螺距且摩擦小的无自锁滚珠丝杠［图 5b）］。

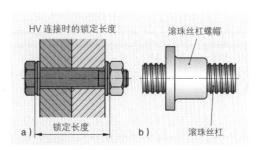

HV 连接时的锁定长度　　　　滚珠丝杠螺帽

a）　锁定长度　　b）　　滚珠丝杠

图 5 紧固螺纹和运动螺纹

通过实验可获取两种材料之间的静摩擦系数 μ_H（图 1）。在一个钢制运动斜面上放置一个钢制物体。现在抬升斜面，使物体开始下滑。直至物体开始下滑之前的瞬间，斜坡从动力 F_H 等于静摩擦力 F_{RH}。根据几何定律，下式成立：$\alpha_H = \gamma_H$。据此，静摩擦系数 μ_H 可定义为：

$$\mu_H = \frac{F_{RH}}{F_N} = \frac{F_H}{F_N} = \tan \gamma_H = \tan \alpha_H.$$

$F_N =$ 法向力，$\alpha_H =$ 静摩擦角。在光滑干燥的钢制表面可得：$\alpha_H \leqslant 11°$，由此可得 $\mu_H = \tan 11° \leqslant 0.19$。

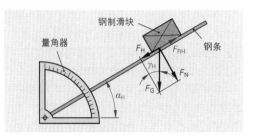

图 1　求取静摩擦角的实验

> 紧固螺纹的螺旋角小于 11°，因此可以自锁。

4.2.6　拉紧螺杆

拉紧螺杆用于再次张紧圆钢所制的横向支撑或钢结构中的缆索。拉紧螺杆由一个右旋螺纹拉紧螺杆螺帽和一个左旋螺纹拉紧螺杆螺帽，以及一个右旋螺纹焊接端部件和一个左旋螺纹焊接端部件组成（图 2）。左旋螺纹焊接端部件上标有"LH"字样或标记一个六角形浅槽。左旋或右旋螺纹的锁紧螺帽按 DIN EN ISO 4032 所述锁紧拉紧螺杆。拉紧螺杆有不同结构：锻造件，六角钢件，钢管件或圆钢件。

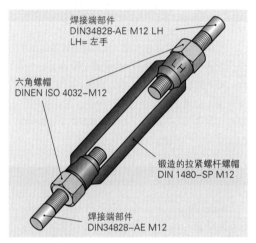

图 2　拉紧螺杆

4.2.7　螺钉防松锁紧

上紧的螺帽在螺钉杆处产生一个预张紧力，该力提高螺纹的法向力。虽然紧固螺纹具有自锁能力，但在螺钉连接遭受振动时，仍有松动可能。松动可使螺帽暂时抬起。此外，工件表面粗糙度的降低也使螺钉连接微微下沉。从而使法向力和摩擦力变小或完全消失－最终导致螺帽松开。

> 如果螺钉连接的组件可能承受交变负荷或振动，该连接必须安装螺钉防松装置。

按规定扭矩上紧的 HV 螺钉和膨胀螺钉可以例外。它们的高强度弹性杆具有弹性，可补偿前述的下沉。

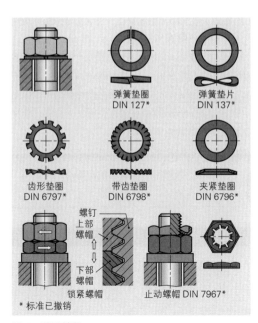

图 3　装配锁紧

装配锁紧包含一个可持续保持螺钉预张紧的弹性元件。通过该元件保持螺纹的法向力和摩擦力。用作弹性元件的有弹簧垫圈，弹簧垫片，齿形垫圈，带齿垫圈和夹紧垫圈（第60页图3）。相对拧紧锁紧螺帽，在其范围内产生更高的预张紧力，并由此产生更大的摩擦力。止动螺帽由弹簧钢组成，其应用与锁紧螺帽相同。装配锁紧又称为摩擦力接合型螺钉防松装置。由于这种装置在如今已被视为无效，其标准活页已被撤销。

> 装配锁紧可重复使用，主要用于静态负荷。螺钉材质低于8.8时，具有良好的防松可靠性。

■ 但装配锁紧不足以应对动态负荷！

防脱锁紧包含一个螺钉连接拆解之前必须予以破坏或扭曲的元件，它又被称为形状接合型螺钉保护装置。防脱锁紧内装有止动垫圈，防脱钢丝，带开口销的冠状螺帽和带塑料垫圈的螺帽（图1）。

> 防脱锁紧一般也可防止动态负荷下的螺钉连接脱落。但它无法防止螺钉连接的部分松动和预张紧力的丧失。

防拧松锁紧通过单组分黏接剂涂抹螺钉螺纹和螺帽螺纹产生黏接效应。这种锁紧方式又可称为材料接合型螺钉防护装置。稠保护液用于螺钉连接之前用的涂层［图2a)］，稀保护液用于持续性锁紧保护和防止各种突然松开的方法。此外，还有市售的微粒黏接剂预涂的螺钉［图2b)］。棘齿螺帽和螺钉［图2c)］也可用于防拧松锁紧。它们有已淬火且可插入工件的闭锁齿。但在已淬火工件上，这类螺钉螺帽无法保持防拧松锁紧。

> 防拧松锁紧即便在动态负荷下仍能有效阻止螺帽和螺栓螺纹的松动。用普通工具可以拧开此类连接。

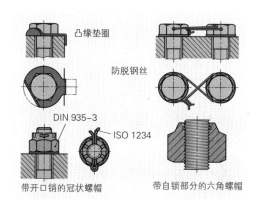

图1 防脱锁紧

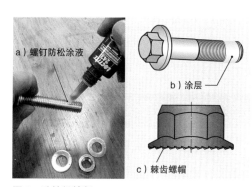

图2 防拧松锁紧

知识点复习

1. 螺钉连接有哪5种特性特别重要？

2. 夹紧长度为30 mm时，要求原始六角螺钉DIN 7990-M16采用哪种螺钉长度？

3. 强度等级8.8的螺钉的抗拉强度和屈服强度各为多少？

4. 为什么要制造出具有多种头部形状的螺钉？

5. 组合螺钉有哪些优点？

6. 四方垫圈有何用途？

7. 自钻孔螺钉最大贯通长度未达到规定的夹紧长度时，将会出现什么情况？

8. 请为三种螺钉锁紧类型各列举一例，然后予以解释。

9. 哪种螺钉锁紧保护即便在动态负荷下也不会松开？

4.2.8 HV-螺钉

HV-螺钉列在 DIN EN 14399-4 "大扳手开口度螺钉"一节,因为该类螺钉头部及其螺帽比普通螺钉大一级。在德语口语中称之为 HV-螺钉,H 指高强度,V 指预张紧,因为此类螺钉常已预张紧(图1)。在螺钉头部标有制造商名称,标记 HV,强度等级 10.9,中间是批量编号,这里是第 87 批次。如果螺钉出现瑕疵,这些数据与可追溯的直径和螺钉长度共同使用。

每套螺钉配属两个调质垫圈(图2)或 U 型和 I 型垫圈,它们排在螺钉头部和螺帽下面。倒角应始终朝外,以便螺钉头部倒圆。配属的螺帽和垫圈均标记为 HV 和 10。除黑色外,还有热镀锌的成套 HV 螺钉。

注意:两个垫圈厚度也属于 HV-螺钉的夹紧长度!

> 只允许使用同一制造商完整的成套 HV-螺钉!

4.2.9 钢结构件中 HV 螺钉连接的优点

由于其较高强度,HV 螺钉的用途较少。使用 HV 螺钉的部件应是大型部件,目的是节约建筑工地的装配成本。不用于过大部件的原因如下:

加工制造技术: 吊车的承重能力,车间的大门规格。

运输: 过长和过宽部件的运输应按交通部门的有关规定或公安机关所指定的时间、路线执行,且不允许超过通行高度和桥梁承重方面的限制。

装配: 装配空间限制和吊车的起重能力。避免焊接。选择分离点时具有重要意义的静力学。因此还有连续梁的内部支撑。如图3所示的框架。任意位置的支座接口。

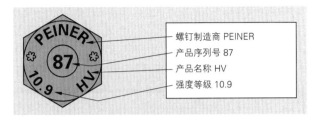

螺钉制造商 PEINER
产品序列号 87
产品名称 HV
强度等级 10.9

图1 标有可追溯数据的 HV 螺钉头部

图2 HV 螺钉套件,黑色

图3 螺钉连接的框架接合处

4.2.10 螺钉间距

螺钉之间必须留有足够的间距，便于使用螺钉扳手。此外，螺钉的材料横截面必须够大，足以承受各种力。边缘间距过小将导致板材撕裂。而间距过大则意味着材料的浪费，并出现可能渗水的裂缝。因此，业内规定了最小、最大和优化的孔间距以及边缘间距（表1）。

表1：根据欧洲编码3（EC3）的螺钉和铆钉边缘间距以及孔间距					
孔间距	符号	最小间距	最大有效间距	优化间距	过去常用间距
按受力方向冲切的孔	p_1	2.2 d_0 3.0 d_0	3.75 d_0 或 12 t	3.5 d_0	3.0 d_0
边缘平行于力的作用方向	e_1	1.2 d_0 1.5 d_0	3.0 d_0 或 6 t	3.0 d_0	2.0 d_0
边缘垂直于力的作用方向	e_2	1.2 d_0 1.5 d_0	3.0 d_0 或 6 t	1.5 d_0	1.5 d_0
垂直于力的作用方向	p_2	2.4 d_0 3.0 d_0	3.75 d_0 或 12 t	3.0 d_0	3.0 d_0

表中符号含义：d_0 = 孔径，t = 板材外缘最薄处的厚度

> 只有在严格遵守优化边缘间距和孔间距的条件下，才能达到最大的螺孔内壁极限应力！

由于螺孔内壁极限应力的减少，允许的最小间距仅表明承载能力的一半。与钻削孔相比，冲切孔需要更大的最小间距，其数据在上表中用斜体字表示。

最小间距和优化间距可按其相距最近的尺寸除以5取整。最大间距也可作相应的取整。棒钢和成型钢需遵守其划线尺寸 w。螺钉交错排列时，必须测量所有螺孔中心线之间的间距（图1）。

4.2.11 孔内壁剪切应力式螺钉连接（SL 连接）

孔内壁剪切应力式螺钉连接，简称 SL 连接，系由手工拧紧。通过板的螺孔内壁将力 V_a 传递至螺钉杆，并从螺钉杆传递至其他板的螺孔内壁（图2）。在螺钉杆部产生剪切应力。这里，摩擦力在计算方面可以忽略不计。

将螺钉放入螺孔，允许螺孔大于螺钉杆 0.3 至 2 mm。由此会在贴紧螺孔内壁之前，螺钉连接略有松弛。

所有采用销钉，螺栓，铆钉和螺钉的形状接合型连接均属于孔内壁剪切应力式连接。钢结构件中 HV 螺钉连接的 90% 属于孔内壁剪切应力式连接（SL 连接）。采用 HV 螺钉的 SL 连接仅允许用于静态负荷，例如大楼。

> 也承受动态负荷的建筑物，例如吊车和桥梁，需按计划预张紧螺钉连接的防松螺帽。从而实现孔内壁剪切应力式螺钉连接。

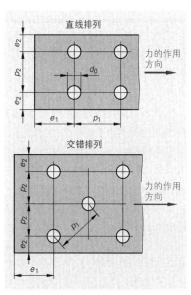

图1 板材和型材上的螺孔间距

直线排列

交错排列

力的作用方向

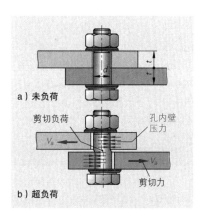

图2 孔内壁剪切应力式螺钉连接

a）未负荷

b）超负荷

剪切负荷

孔内壁压力

剪切力

■ 孔内壁剪切应力式密配螺钉连接（SLP 连接）

图 1 所示的 SLP 连接是采用六角密配螺钉 DIN 7968 或 HV 密配螺钉 DIN 7999（标记为 HVP）的一种螺钉连接。密配螺钉的螺钉杆比其螺纹直径厚 1 mm。该连接在铰制螺孔内以最大 0.3 mm 的孔间隙密切配合，用于稳定精确的螺钉连接。

较大的力经由孔内壁和螺钉杆的剪切力传递。

> 如果预张紧螺帽防松（作为孔内壁剪切应力式密配螺钉连接），SLP 连接也允许用于动态负荷，例如桥梁建筑。

如果允许的最大夹紧长度上并未完全受力，可将 HV 密配螺钉的两个垫圈置于螺帽之下，使螺帽在拧紧时不接触并夹紧内螺纹端部。

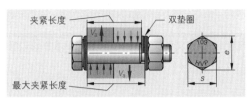

图 1　SLP 连接

■ SL 连接和 SLP 连接的可传递剪切力

SL 连接中每个螺钉的可传递剪切力均可从表中读取（表 1）。

如表 1 所示，强度等级（FK）4.6 的普通螺钉 M12 的极限剪切力 $V_{a,R,d}$ 仅达到 21.7 kN，而相同尺寸的 HV 螺钉（FK 10.9）则达到 54.3 kN。可见已超两倍！因此，HV 螺钉的使用量应仅为普通螺钉的一半。使用 HV 螺钉更具经济性，因为应钻的螺钉孔节省一半，连接板也可以做得更小。

注意： 为获取 4 个螺钉的极限剪切力，应将表值乘以 4。两次剪切应力作用的螺钉连接，其受力双倍与单次剪切应力作用的螺钉连接（对比第 68 页图 4 的铆钉）。一般情况下，剪切力并未作用于螺纹，而是作用于螺钉杆。

表 1：按欧洲编码 3（EC3）的极限剪切力					
使用 DIN 7969，DIN 7990 和 DIN EN 14399-4 螺钉的单次和两次剪切应力作用的 SL 连接，其每个剪切缝的 $V_{a,R,d}$					
剪切缝处的螺钉杆					
FK	M12	M16	M20	M22	M24
4.6	21.7	38.6	60.3	73	86.9
5.6	27.1	48.3	75.4	91.2	109
8.8	42.4	77.2	121	146	174
10.9	54.3	96.5	151	182	217
剪切缝处的螺纹					
FK	M12	M16	M20	M22	M24
4.6	16.2	30.1	47	58.1	67.8
5.6	20.2	37.7	58.8	72.7	84.7
8.8	32.4	60.3	94.1	116	136
10.9	33.7	62.8	98	121	141

> **读表举例：**
>
> 现有 4 个 SL 连接的两次剪切应力作用的 M16 HV 螺钉，它们的哪个剪切力作用在螺钉杆上？
>
> 解：$V_{a,R,d} = 96.5 \text{ kN} \times 4 \times 2 = 772 \text{ kN}$

SL 连接和 SLR 连接的用途

典型的应用举例是所有的静态负荷建筑物，如天线杆，锅炉构架，工厂车间和体育馆，写字楼和高层建筑（图 2）。这种塔式框架结构是焊接的，所有可拆解式连接均采用孔内壁剪切应力式螺钉连接的 HV 螺钉。

图 2　孔内壁剪切应力式螺钉连接的实际结构

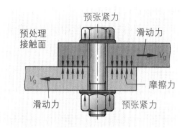

4.2.12 防滑预张紧连接（GV 连接）

防滑预张紧连接时，先上紧 HV 螺钉，然后与待连接零件压紧在一起，使它们在负荷状态下仍不会出现滑动（图 1）。HV 螺钉的受力不是剪切应力，它主要是在拧紧时承受拉力和一些扭曲力。这里不产生螺孔内壁压力。力是通过摩擦传递的。防滑是通过打毛接合处接触面来实现的。通过喷砂或火焰喷射表面处理和涂覆防滑涂料可达到防滑效果。这里要求产生的摩擦系数：S234 JR 时 $\mu = 0.5$。这里禁用其他各种油漆，防锈油或防锈膜。因轧制

图 1 防滑预张紧连接（GV 连接）

公差或焊接扭曲等可能产生的裂纹，大于 2 mm 的缝隙均需用双面打毛的衬板进行修补。

表 1 中可读取所需预张紧力和拧紧力矩。

举例：

> 一个 M12 的热镀锌 HV 螺钉涂 MoS_2 润滑脂，查表得知，要达到 50 kN 预张紧力，需拧紧力矩达到 100 Nm。如果没有拉力 N 的作用，极限滑动力达到 21.74 kN。

表 1：GV 和 GVP 连接的拧紧力矩，旋转角度和极限滑动力

1	2	3	4	5	6	7	8	9	10
		按照下列拧紧方法所预计的螺钉预张紧							螺钉 DIN 6914，（HV），DIN7999（HVP），$N=0$，$\mu=0.5$，其每个剪切缝处的极限滑动力 $V_{g,R,d}$
		a）扭力矩方法		b）角动量方法		c）旋转角方法			
螺纹标记	螺钉所要求的预张紧力 F_v	需施加的拧紧力矩 M_A		需施加的预张紧力	需施加的预拧紧力矩	夹紧长度	旋转角度和旋转尺寸均按夹紧长度计算		
		涂 MoS_2 润滑脂	涂一层薄油	F_v	M_v	l_K	φ	U	
mm	kN	Nm	Nm	kN	Nm	mm			kN
M12	50	100	120	60	10				21.74
M16	100	250	350	110		0 ~ 50	180°		43.48
M20	160	450	600	175		50			69.57
M22	190	650	900	210					82.61
M24	220	800	1100	240		100	51 ~ 100	240°	95.65

现允许三种拧紧方法用于预张紧：

- **扭力矩方法**：用扭力扳手［图 2a］拧紧螺钉时，可测的扭力矩产生所要求的预张紧力（上表第 2 列）。

- **角动量方法**：此法需使用经过型式检验的冲击式螺钉机，使用前已按规定设定了扭力矩。

- **旋转角方法**：采用此法时，按表值施加预拧紧力矩后，将螺帽或螺钉头部继续旋转至表

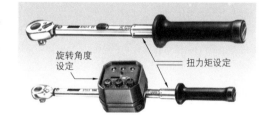

图 2 扭力扳手

第 8 列所述角度上紧。用于此法的扭力矩扳手配置了旋转角度和扭力矩电子控制装置［图 2b］。

若需上紧大量螺钉，应按跳跃顺序将所有螺钉先拧紧至设定值的 80%。第二次拧紧时，将螺钉拧至最终预张紧力值。每次拧紧过程中，位于连接端部的螺钉应在最后拧紧，因为这些螺钉所承受的负荷最大。

- 螺孔必须依序匹配 – 必要时应一起扩孔，一起铰孔！

- 螺钉应始终垂直装入 – 位置倾斜将明显降低预张紧力！

■ **预张紧力的检验**

为保证防滑连接中的螺钉已正确拧紧，必须每 20 颗螺钉（5%）用继续拧紧的方法检查一次。这里需标记初始位置（图 1）。

- 扭力矩方法：检验所采用的扭力矩大于装配时的 10%。
- 角动量方法：再用一次设定为相同预张紧力的冲击式螺钉机。
- 旋转角方法：根据所使用的拧紧工具，采用上述方法之一即可。

继续旋转的角度最大至 60° 时的预张紧力已够，但如果超过 30°，则仍必须继续检查同一接合处的另外两颗螺钉。继续旋转的角度若超过 60°，必须更换螺钉。

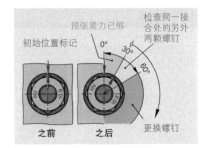

图 1　预张紧力的检验

■ **使用密配螺钉的防滑连接（GVP 连接）**

高强度密配螺钉也可用于防滑螺钉连接。这种方法可使待连接的零件接合非常精确和牢固（图 2）。通过剪切力和螺孔内壁力还可以很好地保持摩擦力。

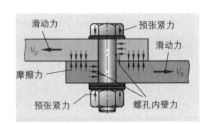

图 2　GVP 连接

■ **优点，缺点，应用**

GV 和 GVP 连接即可用于静态负荷，也可用于动态负荷，因此可用于桥梁，吊车，挖掘机等。这类连接的高预张紧力可省去螺钉防松锁紧保护。与 SL 连接的形状接合相比，这类连接形成的稳固的摩擦力接合收缩更小。但其极限滑动力 $V_{g,R,d}$ 小于 SL 和 SLR 连接的极限剪切力。此外，GV 和 GVP 连接更为昂贵。此类配合密切的连接方式曾要求用于埃菲尔斯佰格最大的全移动型 100 m 射电天文望远镜（图 3）。

4.2.13　螺钉连接的防腐保护

螺钉连接装完成后，在水可能渗入接缝之前，可直接涂覆保护漆。底漆应足够黏稠，使它可以封闭接缝，使水分无法通过毛细作用渗入其中。

图 3　采用 GVP 连接的射电天文望远镜

对于热镀锌钢结构，可使用热镀锌高强度螺钉。由于热镀锌的摩擦面的摩擦系数仅有 0.1 至 0.2，这里必须采用防滑涂漆，例如硅－锌粉漆。涂漆前，表面必须清洗和去脂。

知识点复习

1. 如何识别 HV 螺钉？

2. 为什么不是所有的连接都能焊接？

3. 请计算 HV 螺钉 M16（d_L = 18 mm）的优化边缘间距和螺孔间距。

4. 请解释如何理解 SL 连接。

5. 与 SL 连接相比，SLV 连接具有哪些优点？

6. 为什么钢结构中使用 HV 螺钉有增加的趋势，尽管它比普通螺钉更贵？

7. 与 SL 连接相比，GV 连接要求增加哪些工作步骤？

4.3 支梁的压合连接

支梁的压合连接指无钻孔无焊接地将交叉支梁连接起来（图 1）。这类连接由一个中间连接板与四个角的四个螺钉压接单元组成（图 2）。中间连接板越过支梁凸缘，伸出的四个角各有一个孔。各孔分别装入一个强度等级 8.8 的螺钉并配装一个下部夹紧件（A 型）和一个上部夹紧件（B 型）。

这类夹紧件由白色可锻铸铁制成并加工成锯齿状，用于提高摩擦力。A 型夹紧件有一个凹槽，用于阻止螺钉头部旋转。在锯齿对面是一个凸块，用于将夹紧件支撑在中间连接板上。根据已夹紧的支梁凸缘厚度可配装不同厚度的凸块。较厚的凸缘应在其下面垫上 CW 型或 P 型调整垫。

B 型夹紧件的上面是平滑的，可使螺帽上紧。这里使用 ISO 7090 垫圈。必须使用扭力扳手预张紧螺钉，便于按规定扭力矩上紧螺钉。

表 1 显示所要求的拧紧力矩和四螺钉支梁压合连接允许的拉力。压合连接用于静态负荷，但主要用于建筑监理许可的非静态负荷，例如悬挂的吊车轨道。用于非静态负荷的支梁压合连接必须每两年检查一次。

图 1 支梁压合连接

■ **压合连接的优点：**

- 组件上无须钻孔；
- 横截面无薄弱点；
- 无焊接 – 无表面损伤；
- 可调节 – 可匹配；
- 可重复使用 – 如果原用于静态负荷。

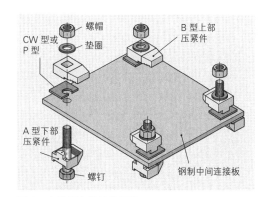

图 2 支梁压合连接的组件

表 1：压合连接承重能力			
螺钉	连接板厚度	拧紧力矩 / Nm	拉力 / kN
M 12	8 mm	69	18.2
M 16	10 mm	147	33.9
M 20	12 mm	285	52.9
M 24	15 mm	491	76.2

知识点复习

1. SLP 连接和 GVP 连接分别表示什么含义？

2. HVP 螺钉 M16 的螺孔直径是多少？

3. 请列举 GV 连接两个优点和两个缺点。

4. 请描述 GV 连接的预张紧过程。

5. 如何检验 GV 连接的预张紧？

6. 如果交叉 HEB 140 悬挂在 HEB200 下面且悬挂点负荷为 30 kN，请确定螺钉直径并画出中间连接板。螺钉孔与支梁凸缘相切。请选择优化边缘间距。

4.4 铆钉连接

早年在船舶制造和钢结构件中大放异彩的铆钉连接数十年来已遭大规模弃用。

铆钉连接形成不可拆解连接。

铆钉连接可划分为钢制铆钉以及直径最大至 9 mm 的有色金属铆钉的冷铆接和钢制较厚铆钉的热铆接。后者如今仅用于载重汽车车身制造和维修工作。

4.4.1 热铆接

热铆接采用浅红色热铆钉（约 1000℃）。常见商售铆钉的铆钉杆端部是铆钉扁头。铆接时才形成镦头（图 1）。铆钉孔径 d_L 始终比铆钉直径 d 大 1 mm。用夹紧长度 l_K 和直径 d 计算铆钉长度 l（图 1）。

半圆头铆钉： $l = 1.1 \times l_K + 1.5 \times d$

沉头铆钉： $l = 1.1 \times l_K + 0.7 \times d$

铆钉孔可钻可冲。钻孔需打毛刺。如果用于非静态负荷的钢结构建筑，或如果冲切的组件厚度超过 16 mm 且承受拉力负荷，则冲孔的孔径应更小，留出 2 mm 铰孔余量。组件接触面应保留底漆，如氧化铁红底漆，铬酸锌底漆或锌粉漆，防止接缝处生锈。组装时铆钉孔的偏差由扩孔或铰孔予以调整。铆钉连接按图 2 所示的四个工作步骤完成。

检查：铆钉头必须放置正确，位置正中且完全镦入。烧焦的铆钉和有裂纹的铆钉必须弃用。用锤子敲击铆钉的声响应是清脆的，不能是叮当声。

热铆接中，冷却的铆钉的拉应力仍高，这种铆钉不允许承受拉力负荷。与焊接连接相反，铆接组件几乎没有应力。

如果铆钉杆仅在一个位置承受剪切应力负荷，这种铆接称为单次剪切应力作用的铆钉连接（图 3）。

如果用双连接板铆接，这种铆接称为两次剪切应力作用的铆钉连接（图 4）。这种连接的可承受力加倍，因为力分布在两个铆钉横截面上。

每种铆钉连接均可采用单列或多列铆钉（图 5）。其铆钉间距的计算与螺钉间距的计算相同。

4.4.2 冷铆接

热铆接仅使用钢制铆钉，与之相比，冷铆接可使用不锈钢铆钉和铜铆钉以及铝铆钉。铆钉孔约大于铆钉杆直径 5%。冷铆接主要由铆钉机完成。铆钉机的工作方式有锤击、挤压、滚动、摆动或多项组合的运动。摆动铆接的铆钉由铆钉模提供多种不同的铆钉头（第 69 页图 1）。

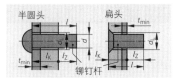

图 1　铆钉的扁头形状

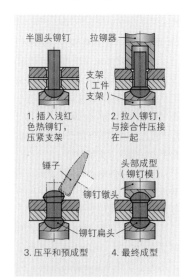

图 2：铆钉连接的制作

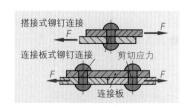

图 3　单次剪切应力作用的铆钉连接

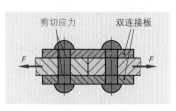

图 4　两次剪切应力作用的铆钉连接

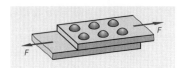

图 5　双列单次剪切应力作用的铆钉连接

为避免接触性锈蚀，铆钉应使用与铆接组件相同的材料制成。

4.4.3 盲铆钉

盲铆钉具有特殊优点，它只从单面 – 铆钉扁头面 – 置入和镦平。盲铆钉由带扁头的铆钉套和形状与钉子类似的铆钉芯杆组成（图 2）。制成盲铆钉的材料有结构钢，不锈钢，铝或塑料，以及带镀锌芯杆或不锈芯杆的铝。盲铆钉的安装可用手工操作或压缩空气驱动的气动工具完成。（图 3）。

1. 铆钉孔应比盲铆钉大 0.1 mm。将适宜长度的盲铆钉拉杆压入铆接钳。

2. 将盲铆钉插入铆钉孔，直至止挡位［图 4a］。

3. 铆接工具拉紧拉杆，由拉杆压缩铆钉杆并形成铆钉镦头［图 4b］。

4. 拉杆在设定断裂处折断［图 4c］。现在，零件已铆接。拉杆残余部分弹出。

所有盲铆钉的头部均可轻易扯断。因此应尽可能地避免拉应力负荷。

■ 应用

用于窗户制造，平屋顶隔热和底孔铆接时可提供最长至 80 mm 的铆钉杆长度。常用铆钉直径从 2.4 至 6 mm 不等。

钢制梯形型材的纵向接合采用建筑监理许可的水密盲铆钉。盲压铆螺钉可在空心体上安装一个螺栓或连接背面不易接近的零件［图 5a］。镀锌螺钉伸出的螺纹，其标称直径 M4 至 M8，可固定其他的零件。盲压铆螺帽连接两个零件并用内螺纹连接薄壁型材或板材［图 5b］。使用简单的手工工具即可完成加工。盲压铆螺帽的制作材料有镀镉钢，铝和铜锌合金。内螺纹 M4，M5 或 M8 允许与其他组件用普通螺钉形成可拆解的连接。

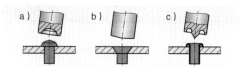

图 1 摆动铆钉的头部形状和铆钉模

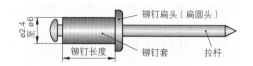

图 2 盲铆钉

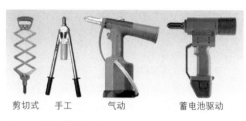

图 3 盲铆钉铆接工具

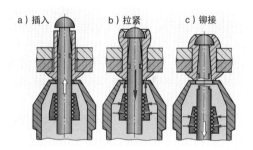

图 4 盲铆钉连接的制作

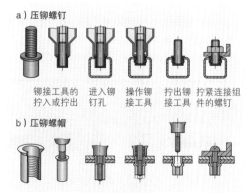

图 5 盲压铆螺钉和螺帽的铆接

4.4.4　使用功能件的连接方法

这类连接方法的特点在于利用功能件现有的螺纹或几何形状产生与其他组件连接的可能性。根据连接点的可接近性，可将这类连接方法划分为单面连接，双面连接以及连接方法之间有或无连接点预钻孔等多种。功能件的排序如下：

- 螺孔和螺纹滚压螺钉（图 4）
- 盲拉铆螺帽和盲拉铆螺栓（图 3）
- 拉铆螺帽和拉铆螺栓
- 冲切螺帽和冲切螺栓
- 压紧螺帽和压紧螺栓

功能件一个重要的应用领域是薄板加工。这里，待连接零件现有的材料厚度还不足以切削出具有承载能力的螺纹。

螺孔和螺纹滚压螺钉是旋压流态自攻螺纹的功能件。在旋转和压力的作用下，陶瓷材质的硬质材料刀具压入工件材料，使材料升温至赤红色并形成一个孔。此时的工件材料受到挤压而形成一个底部凸起的孔，并在该孔内滚压成型螺钉螺纹。

盲拉铆螺帽（图 2 和图 3）和盲拉铆螺栓通过镦扁过程用例如盲铆钉将两个组件连接起来。利用组件各自的螺纹，还可继续与其他的组件进行螺钉连接。这类功能件的另一个优点是在空腔型材内和其他非两侧均可接近的组件上自攻螺纹，还可以在已表面涂层的工件上自攻螺纹。

盲拉铆螺帽的装配过程在螺杆提升法中分为四个步骤（图 6）：

1. 装入螺杆–将盲拉铆螺帽拧入工具（螺杆）；
2. 将盲拉铆螺帽引入工件，将螺杆的压板套在工件表面；
3. 持续旋转螺杆，将螺纹从已转向的一边拉至薄板处，在这里形成一个凸起；
4. 退出螺杆–将螺杆从已完成装配的螺帽上退出。

图 1　功能件

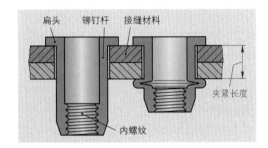

图 2　盲拉铆螺帽的作用原理

图 3　盲拉铆螺帽　　　　**图 4　螺纹滚压螺钉**

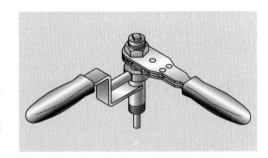

图 5　安装工具–手工攻丝，直至达到螺纹 M12

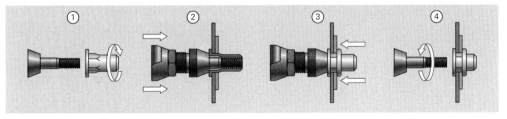

图 6　盲拉铆螺帽的装配过程

通过成形法将拉铆螺栓装配在其功能范围之内（图 1）。螺栓铆接进入预制孔内时，板材材料形成流态，铆钉段形成一个具有高负荷能力的连接。

带有衬边的拉铆螺栓在铆接时，其实仅在铆钉处出现材料成型。因此，板材性能并未受到削弱。通过螺栓头部与螺纹之前的铆钉段之间的铆接，板材工件形成摩擦力接合型和形状接合型连接。无螺纹拉铆螺栓在装配时也用于组件定位。

压接式功能件用于轻薄组件。它们连接要求具有高速旋转安全性和高启动力矩的耐用工件。所谓的压接固定件的装配指将其"装入"装夹孔内（图 3）。这个过程中，功能件在孔范围内挤压工件材料。受挤压的材料呈流态流入压接固定件杆部的凹槽内，并起到补充增强工件的作用。杆部的齿以及特殊的头部形状阻止了功能件的转动。

用于通孔的压接螺栓具有一个优点，装配后，其头部与工件表面平齐。这样可节约补加的焊接。但负荷极高时也利用其头部突出部。它在受力方面具有更高的安全性。压接螺栓的结构分为有螺纹和无螺纹两种（图 4）。

图 1　拉铆螺栓

图 2　带有衬边的拉铆螺栓

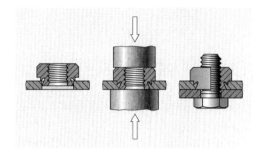

图 3　压接螺帽的装配

图 4　有和无螺纹压接螺栓

知识点复习

1. 请描述热铆连接的制造过程。

2. 为什么两次剪切应力作用的铆钉连接的受力两倍于单次剪切应力作用的铆钉连接？

3. 为什么在载重卡车施工现场实施铆接，而不是焊接？

4. 盲铆钉最大优点是什么？

5. 盲铆钉用于哪些用途？

6. 盲铆钉的选用应遵循哪三个观点？

7. 根据什么确定盲铆钉的长度？

8. 请列举两个已知的特殊盲铆钉。

9. 采用功能件连接有哪些优点？请列举两个合适的举例。

10. 请解释，在装配过程中，通过何种措施将压接固定件持久稳固地固定在工件上。

作业：一个横向支撑的连接方法

求横向支撑的特性数值

连接横向支撑组件时，为使各组件相互配合，要求使用组件加工时的标准。例如边缘间距，孔间距和相应型材的划线尺寸等标准。横向支撑设计时已要求识别哪些力作用于型材和连接螺钉上，以便选用合适的组件。下列任务中，学员应从图表手册中查取横向支撑加工时的重要特性数值，并进行计算。

项目：横向支撑，材料：S235 JR

任务：

1. 如图 1，确定角 120×12 有哪两个划线尺寸 w_1 和 w_2！

2. 请计算螺钉 M16 和孔径 18 mm 的优化边缘间距 e_1 和孔间距 e。

3. 请测量斜交叉排列孔的各孔中心轴线间距。计算螺钉之间三个相等间距，至少须在角轴线方向进行测量，以便遵守优化间距。

4. 请求取螺钉的极限剪切力 $V_{a,R,d}$ 和螺孔内壁极限应力 $V_{l,R,do}$

5. 如果最后一颗螺钉宽度为 160 mm 且极限法向应力为 $\sigma_{R,d} = 218$ N/mm^2，请计算板材的极限法向力 $N_{R,do}$

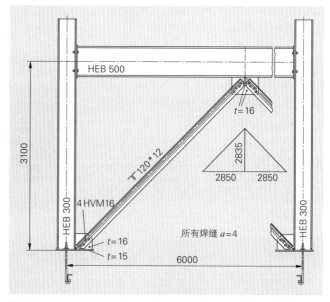

图 1

6. 请计算角钢的极限法向力。注意，非对称连接使得极限法向应力仅可得到 80% 的利用率。那么承载能力 R_d 是多大？允许 $S_d = 400$ kN 的负荷出现吗？

7. 如图 2，通过哪些措施可将承载能力提升至 500 kN？

8. 请按比例 $1:2$ 画出两个连接板，并计算板和角度的尺寸。

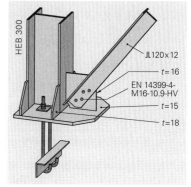

图 2

5 材料接合型连接

工件的材料接合型连接采用三种加工方法：电焊，钎焊和黏接。

> 材料接合型连接称为不可拆解连接。

这三种连接方法的选用由待连接工件和接缝的负荷能力以及导电性与经济性等因素决定。

电焊时，通过工件材料直至熔点的热效应形成接缝。连接点和焊接接缝由一个共同的熔液范围组成。工件材料必须在加热状态下在焊缝中形成一种具有塑性特性的黏稠液态（图1）。

钎焊可在相同或不同金属之间形成连接，这些金属的材料在钎焊时并不熔融。钎焊连接时需使用一种称为焊料的添加材料，其熔点低于待连接的工件材料（图2）。

在连接点涂覆一种非金属添加材料进行黏接。通过这种黏接剂将不同类型的材料不可拆解地连接起来。黏接连接强度较低，其热敏性高于电焊和钎焊，而且不导电（图3）。

图1 钢的电焊

图2 铜管钎焊

5.1 电焊方法

电焊时，热量导入工件材料后，使材料发生从聚集态经塑性态直至液态范围的变化。液态下变为一种均质熔液，该熔液经冷却恢复固态后形成不可拆解的密封连接。

金属具有极佳的导热性，因此，一般由加热所需能耗决定焊接方法。

若仅加热至材料的塑性范围，要求材料连接时施加压力。鉴于这个原因，将电焊方法划分为熔焊和压焊。

© brizmaker – stock.adobe.com

图3 有色金属的黏接

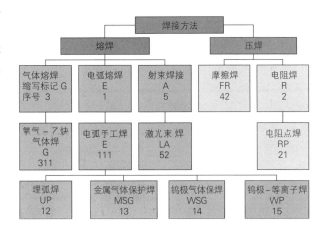

气体熔焊又称乙炔气焊。由燃气和氧气组成的混合气体以火焰形式加热焊接点。所有的可燃气体均可用作燃气，如乙炔，丙烷，甲烷和氢气（图1）。气体熔焊实际上只采用乙炔作为燃气，因为乙炔气可达火焰温度最高为 3180℃。

■ **乙炔气**

通过分解碳化钙和水制成乙炔燃气。1 kg 碳化钙可制取约 280 L 乙炔燃气。乙炔气（C_2H_2）无毒，比空气轻，可燃，有刺鼻气味。乙炔与氧气或空气混合产生一种高爆混合气体，其特性是，在温度和压力影响下产生爆炸性分解。因此，出于安全原因，必须将乙炔气体的压力限制为 2 bar。乙炔气存储的自由空间越大，其自燃的危险也越大。随着存储空间的缩小，其自燃危险也随之降低。所以将乙炔气灌装在配有（高）多孔性物质的钢瓶内（图2）。

纯铜制成的管道和管道附件中也存在着乙炔气自燃危险。因此只允许使用铜含量最高至 60% 的合金材料用作涉气物品材料。将乙炔溶入丙酮可降低其自燃危险。1 L 丙酮可在 1 bar 压力下溶解 25 L 乙炔。在这种状态下，可将储气瓶压力升至约 19 bar。瓶压降低将使乙炔再次溶于丙酮，类似于碳酸溶于矿泉水。

容积 40 L，瓶压 19 bar 的乙炔气瓶内包含 16 L 丙酮，由此可得常压下的乙炔体积：

$$乙炔气 = \frac{丙酮体积 \cdot 溶剂体积 \cdot 瓶压}{常压}$$

$$\frac{16\,L \cdot 25\,L \cdot 19\,bar}{1\,bar \cdot 1\,L} = 7600\,L\,乙炔$$

乙炔气瓶为钢制，涂栗褐色漆并标记大写字母 N（新标准 DIN EN 1089-3）。这种瓶肩颜色标记标明瓶内容物的基本特性（毒性，可燃性，氧化度，惰性）。此外，瓶身还贴有危险品标贴，标明燃气内容物的其他强制性信息（第 76 页图 1）。

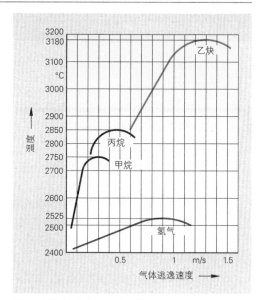

图 1　燃气的火焰温度变化曲线

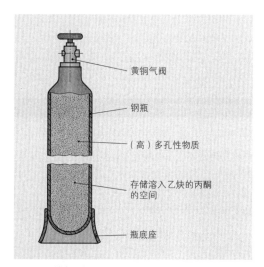

图 2　乙炔气瓶

图 3　连接带有弓形接头架乙炔气瓶的减压阀接头

焊接时，乙炔气瓶的高压需经减压阀降至最大 1.5 bar。出于安全原因，气瓶接头配装一个弓形支架，避免更换减压阀时压力调节幅度过大（第 74 页图 3）。

如今从装有高多孔性物质的乙炔气瓶取气时，一般将气瓶水平（卧式）放置。实际操作中，通常将减压阀一侧至少垫高 40 cm，避免丙酮流出（图 1）。

为使乙炔气瓶取气过程中没有丙酮随乙炔逸出，持续运行时的单气瓶用气量不宜超过每小时 500 L，短时间不宜超过每小时 1000 L。因此，更大用气量时，宜同时接装多个气瓶，并由中央降压阀耦合控制（图 2）。

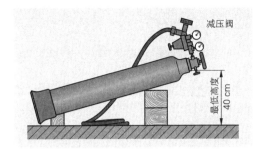

图 1　斜放位置的乙炔气瓶

■ **接触乙炔气瓶的安全规则**

▶ 最大压力永不允许超过 1.5 bar。

▶ 若乙炔气瓶升温（手感），需立即用大量冷水降温，直至气瓶恢复正常外部温度为止！

▶ 只有红环标记的气瓶允许横放倒空，对于其他标记的气瓶，必须将瓶阀一侧比瓶底座至少垫高 40 cm。

▶ 乙炔气瓶取气时，持续运行状态下的单瓶用气量不应超过每小时 500 L。

▶ 由于具有爆炸危险，凡接触乙炔气的密封件，导管和管附件，均不允许使用纯铜材料。

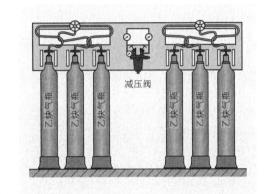

图 2　配装减压阀的气瓶组

■ **氧气**

空气由约 78% 氮气和 21% 氧气组成，剩余部分是惰性气体和二氧化碳。制取纯氧时，需将空气冷却至 −200℃并液化。再次加温后，首先在 −196℃时氮气蒸发。留下的氧气可以液态装入冷却罐，或以强压缩气态装入钢瓶（图 3）。

容量为 40 L 的钢瓶在常压下的瓶压为 200 bar，现求氧气体积：

$$气体体积\ V_2 = \frac{瓶\ V_1 \cdot 灌装压力\ p_1}{环境压力\ p_2}$$

$$= \frac{40\ L \cdot 200\ bar}{1\ bar} = 8000\ L\ 氧气$$

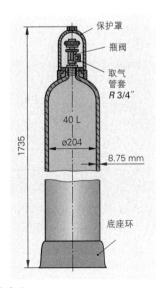

图 3　氧气瓶

氧气是一种无毒，无色，无滋味，无气味的气体。氧气本身不可燃，但任何燃烧都需要它。尤其在纯氧状态下，氧气助燃。因此，将钢加热至燃点，注入纯氧，便可使钢燃烧。这也使采用气割方式切割例如结构钢成为可能。

氧气不允许加油，否则可导致氧气自燃，并产生爆炸性燃烧。

为杜绝接触可燃和非可燃气体时混淆，氧气瓶接头是 3/4 英寸管螺纹（第 75 页图 3）。氧气瓶的颜色标记是蓝色（表 1），根据新颜色标记，瓶身上又补加大写字母 N 和标明其他信息的危险品标贴（图 1）。

氧气钢瓶取气过快可能导致接头处结冰。但连接多瓶同时取气可避免出现这种现象。

大型用户提取的氧气呈低温液态。1 L 液氧可释放出约 700 L 气态氧气。用最大容量达 25000 L 保温容器存放液氧成本更为低廉（图 2）。

氧气密度为 1.43 kg/m³，空气密度为 1.293 kg/m³，因此，氧气流向下涌，像水一样沿地面流动。矿井内气焊时需多加小心。即便最小的火花都可能在流动氧气的共同作用下产生劳动保护服和身体的爆燃。

■ **减压阀**

气焊所需氧气压力为 2.5 bar。因此，氧气瓶必须使用减压阀。其作用是，将瓶内高压降至工作压力，并保持工作压力稳定不变。打开瓶阀，气流涌向气瓶压力表，压力表显示升至气瓶设定的控制压力。转动调节螺栓可使膜片向上压迫调节弹簧，并打开阀门。根据压簧的设定使中间罐达到相应压力。打开关断阀后，降压后的低压氧气涌向气焊焊矩。气焊结束后，必须排空降压阀（图 1）。

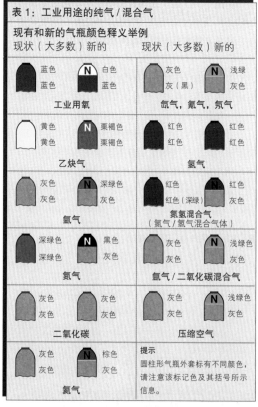

表 1：工业用途的纯气 / 混合气			
现有和新的气瓶颜色释义举例			
现状（大多数）新的		现状（大多数）新的	
蓝色 / 蓝色	N 白色 / 蓝色	灰色 / 灰（黑）	N 浅绿 / 灰色
工业用氧		**氩气，氪气，氖气**	
黄色 / 黄色	N 栗褐色 / 栗褐色	红色 / 红色	N 红色 / 红色
乙炔气		**氢气**	
灰色 / 灰色	N 深灰色 / 灰色	红色 / 红色（深绿）	N 红色 / 灰色
氩气		**氮氢混合气**（氮气 / 氢气混合气体）	
深绿色 / 深绿色	N 黑色 / 灰色	灰色 / 灰色	N 浅绿色 / 灰色
氮气		**氩气 / 二氧化碳混合气**	
灰色 / 灰色	灰色 / 灰色	灰色 / 灰色	N 浅绿色 / 灰色
二氧化碳		**压缩空气**	
灰色 / 灰色	N 棕色 / 灰色	提示 圆柱形气瓶外套标有不同颜色，请注意该标记色及其括号所示信息。	
氦气			

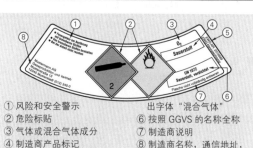

① 风险和安全警示
② 危险标贴
③ 气体或混合气体成分
④ 制造商产品标记
⑤ 单种气体 EWG 编号或标

出字体"混合气体"
⑥ 按照 GGVS 的名称全称
⑦ 制造商说明
⑧ 制造商名称，通信地址，电话号码

图 1　气瓶的危险品标贴

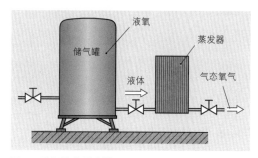

图 2　液氧的大型容器

■ 气焊技术

气焊时，焊矩将工件材料加热至熔融液态。焊条作为添加材料填入焊缝接合处（图 2）。

焊炬火焰产生焊接所需温度和热能输入。焊炬按照喷射器原理工作（图 3）。已调定压力的氧气从减压阀流向收缩的压力喷嘴。氧气喷嘴周边是乙炔气环状喷管。喷嘴端部的收缩提高了氧气的气流速度。流速的提高导致氧气高速喷出喷嘴时对乙炔气喷管产生负压，抽吸压力更低的乙炔气，然后乙炔气与氧气混合，形成可燃混合气。阀（图 2）用于调节两种气体的流量。

可燃混合气体必须以可控速度从焊接喷嘴喷出，从而避免产生回火。为使焊接火焰更好地配合待焊接工件的板厚，焊炬接头是可更换部件（表 1）。

气焊火焰点火必须按下述顺序严格执行（图 2）:

1. 打开氧气阀；
2. 打开乙炔气阀；
3. 点火混合气体；
4. 用两个气阀调节焊接火焰大小。

熄灭气焊火焰的顺序与上述相反：

1. 关闭乙炔气阀；
2. 关闭氧气阀；

乙炔气 – 氧气混合气体的燃烧分为两个阶段（78页图 1）。

第一阶段：火焰内部，乙炔气连接从氧气瓶涌出的氧气形成一氧化碳（CO）。

第二阶段：二氧化碳（CO_2）还需从周边吸取氧气才能完全燃烧。若氧气缺乏，将导致氧气助燃作用降低，使乙炔气可能把锈钢也焊入焊缝。

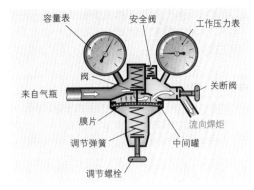

图 1　减压阀示意图

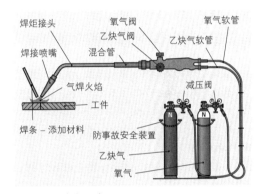

图 2　乙炔气焊设备

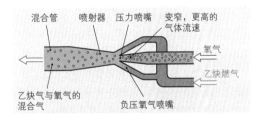

图 3　喷射器作用原理

表 1：焊炬接头排序		
板厚， 单位：mm	焊条直径， 单位：mm	焊炬接头编号
~0.5	1	0
1	1	1
2	2	2
4	3	3
6	4	4
8	5	5

从周边环境大气中吸取氧气帮助乙炔气完全燃烧的氧气需求量达到60%。因此，必须注意焊接点空间的良好通风（图1）。

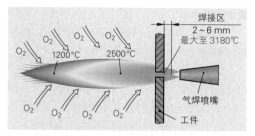

图1 乙炔气－氧气－气焊火焰

■ **气焊火焰的调节**

气焊火焰的调节根据待焊接材料及其用途而定。

气焊火焰适中调节。乙炔气与氧气混合气体比例为1:1[图2b)]时所产生的火焰温度和火焰功率最高。由于缺乏的氧气可从周边大气中补充，氧气可以不与工件材料发生反应。这种火焰调节适用于钢和铜的气焊。

削减式气焊火焰调节。乙炔气过多[图2a)]可导致碳燃烧不完全，使熔融区内碳过剩。这种条件利于气焊铸铁类材料，通过气焊过程的调整使燃烧完全。

氧化式气焊火焰调节。氧气过多[图2c)]可导致基底材料氧化。这种方法用于气焊黄铜，目的是降低锌的气化。锌在900℃时气化，其蒸汽剧毒！

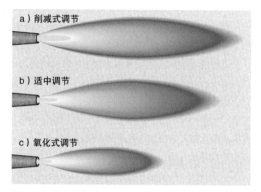

图2 气焊火焰调节

■ **气焊的实施**

根据工件材料的厚度将气焊作业分为两种不同的操作技术。

向左焊接：将气焊火焰保持在焊接方向上，使其不直接作用于熔液池。焊条做往复运动，使焊条均匀熔入熔液池。通过降低火焰的侵入深度，降低火焰烧穿薄板的危险（图3）。因此，向左焊接适用于厚度最大为3 mm的I形焊缝。

向右焊接：将气焊火焰保持在焊接方向的反向，使其直接作用于熔液池。这样可预热焊缝边缘，增大对熔液池的加热作用。焊条做圆环运动，焊炬保持稳定（图4）。向右焊接适用于板厚超过3 mm的工件。

添加材料用于填充焊缝。其材料特性应类似于待焊接的工件材料。用于气焊的焊条已由DIN EN 12536标准化，其表面镀铜防腐，供货长度为1 m。

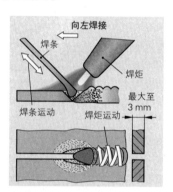

图3 向左焊接

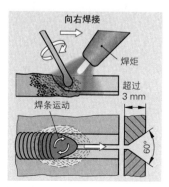

图4 向右焊接

■ 气焊的热能作用方式

气焊使工件局部产生强烈温升，从而导致不同的热膨胀，冷却时产生不同的收缩。这些变化在工件材料内部形成应力，例如可使板材扭曲。因此，气焊过程中必须注意特别均匀地加热！

■ 气焊安全规则

▶ 气瓶运输时必须安装安全罩！

▶ 防止气瓶倾覆！

▶ 防止气瓶升温！

▶ 只允许在通风良好的空间内实施气焊！

▶ 工作时必须穿戴防护眼镜和隔热防护服！

▶ 氧气管道附件和密封件均需保持无脂无油！

▶ 不使用纯铜零件。

知识点复习

1. 请解释对焊接的理解。

2. 乙炔气和氧气的作用是什么？

3. 如何灌装 18 bar 的乙炔气瓶，又能避免其自燃？

4. 如何区分乙炔气瓶与氧气瓶？

5. 乙炔气焊时的温度有多高？

6. 向左焊接和向右焊接各自的适用板厚是多少？

5.1.2 电弧熔焊

电弧熔焊的热源是电流产生的电弧。电能在电弧中转换为热能，其温度最高可达 4200℃。与气体熔焊相比，电弧熔焊热能的聚集区域更为集中，可更快地加热待焊接的工件材料。焊接热能作用区域狭小，工件扭曲变形更小，熔融功率更大，焊接速度更快（图 1）。

■ 电弧的产生

产生电弧时必须使空气导电。通过电气短路加热周边空气并使其离子化和导电。离子化使分子分解为离子和电子。正电荷离子因电磁力而受到负极 – 阴极吸引。负电荷电子受到正极吸引（图 2）。由此产生的电弧柱导通电流。

电弧熔焊时，阴极温度约达 3600℃，阳极温度约 4200℃。这种差别产生于电子更高的动能，电子在冲向工件（阳极）时转换为热能。在电弧核心区-电弧柱内的温度还要更高。通过周边空气的亮度可清晰辨识出这种高温。

图 1 电弧熔焊

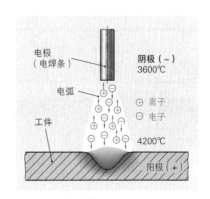

图 2 电弧中的电流

■ 电弧中材料的过渡

电弧烧熔电焊条材料并形成材料液滴。熔融材料液滴的运动受集中作用的磁场的影响。液滴表面张力和磁场收缩率决定着液滴大小（图1）。

■ 电弧的点火

手工电弧熔焊可使用直流电或交流电。电弧点火所需电压相对高于其工作电压。

若人员进入电路两极之间，将出现致命危险！对于人类而言，0.05 至 0.1 A 的微弱电流已足以致命。在不利情况下，人类全身的身体电阻不足 1000 Ω。

根据欧姆定律，电压 48 V 时的电流强度为：

$$I = \frac{U}{R} = \frac{48 \text{ V}}{1000 \text{ } \Omega} = 0.048 \text{ A}$$

为使电流强度达不到致命的 0.048 A，特按事故防护条例规定最高允许空载电压（表1）。这里分为正常运行状态和电气危险升高的周边环境，即在距导电墙壁间距小于 2 m 的狭小空间内的电气危险。

在工件表面点击带电电焊条即可给电弧点火。电焊条与工件的接触面产生一个短路电流，该电流加热周边空气和气体，并使之离子化。这时的电弧是一个运动的，电流作环状流动的范围，其周边围绕着一个集聚的磁场。

■ 焊接电源的特性曲线

燃烧电弧的工作电压 20～30 V（图2）。使用条状电焊条的电弧焊时，位于电源附近的焊工通过选择特性曲线来设定一个电流强度。这个设定按近似值计算得出。

电流强度 I = 40 A/mm · 电极直径（单位：mm）

举例：

电焊条直径 4 mm 时的待设定电流强度 I = 40 A/mm · 4 mm = 160 A

电弧特性曲线指电弧电压与电弧电流强度的比例。其与电源特性曲线的交点是工作点（图2）。

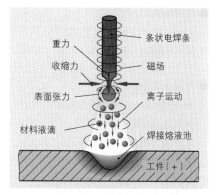

重力
收缩力
表面张力
材料液滴
条状电焊条
磁场
离子运动
焊接熔液池
工件（+）

图1　材料液滴的过渡过程

表1：设备标记的含义

焊接电源	正常运行	电气危险升高的周边环境[1]	设备标记 旧标记	设备标记 新标记
焊接电流变压器	80 V 有效	48 V 有效	42 V	
限制运行（小型焊接变压器）	55 V 有效	48 V 有效		
焊接整流器	100 V	100 V[2]	S	K
焊接变流器	100 V	100 V		

[1] 电气危险升高的周边环境指由导电墙组成的狭小空间，例如锅炉，以及导电物品之间或旁边的受限空间，在导电物品上运动自由度的受限和潮湿或高温空间。

[2] 设备故障时不允许交流电压的有效值超过 48 V。

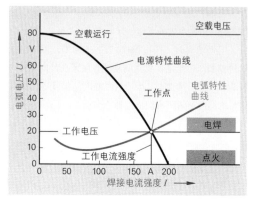

图2　焊接电源的特性曲线

■ 电弧辐射危险

电弧辐射除可见光外还有紫外光和红外光。通过热辐射可感受到红外光辐射。

紫外光辐射可伤及眼睛，又称闪光灼伤，还可导致皮肤出现与日光灼伤类似的晒伤。这些紫外光辐射在气体保护焊时特别强烈，还可在浅色墙壁上反射。

因此，焊接时必须遮盖焊工全身皮肤，尤其是头部保护需用头部护罩，它从头部侧边和后边防护辐射伤害。眼部需使用特殊的保护镜片（图 1）。

图 1　MSG 焊接的危险辐射

■ 焊接的电源供给

电源供给取自交流电压为 230 V 和三相电流电压 400 V 的公共电网。这种高电压在电焊时可致相关人员生命危险，因此，需将之转换为低电压高电流。实施这种转换的是电焊变压器，电焊整流器，换流 - 整流器和电焊发电机。

焊接可使用直流电或交流电。

采用直流电时，载流子始终以相同的电流强度和相同的方向流动（图 2）。电功率也始终相同，在时间曲线表中保持不变。

图 2　直流电时间曲线

采用交流电时，载流子的强度和方向始终在变（图 3）。电流强度的变化取决于时间，其变化曲线呈正弦波形或矩形波形。

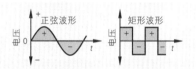

图 3　交流电时间曲线

还有一种可能性，载流子以混合形式流动（图 4）。这种混合形式由直流电和交流电按比例组成。这种特殊形式又称为脉冲电流，适用于特殊的电焊用途。

电焊变压器用于将来自公共电网的交流电转换为低电压高电流的焊接电流。通过调节漏磁铁芯实施无级调节电流强度（图 5）。

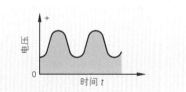

图 4　混合电流时间曲线

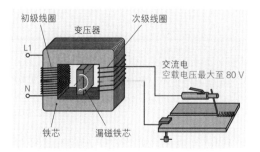

图 5　焊接变压器

电焊整流器由一个降低电网电压的电焊变压器和一个将交流电持续转变为直流电的整流器组成（图1）。

电焊发电机又称变流器，由一个驱动电动机和一个直流发电机组成（图2）。驱动电动机可以是三相交流电动机，也可以是汽油机或柴油机。后者指在无电地区使用内燃机。

电焊逆变器是一种新制造类型的装置，其功能是转换电流参数用于电焊。它与其他电焊电源的区别在于，其初级整流器将50 Hz的电网交流电压转换成为直流电压，并通过级间电容器接入串联平波电路（图3）。

只采用直流电工作的开关三极管再次生成相对于50 Hz电网电压的频率高达100000 Hz的交流电压。这时便可以用一个极小且轻便的变压器将该交流电压变压为可使用的电焊电流。这种工作方式较大程度改善了设备的运行效率，将熔融功率从普通的0.1 kg/kWh提升至逆变器设备的0.21 kg/kWh。

开关三极管产生的高频由一个微处理器控制。它的运行非常精确，可用每一个电流脉冲烧熔一滴添加材料。

电弧点火也受到精确控制，可做到顺畅的材料过渡。此法产生的焊缝表面光滑平整且无飞溅物。

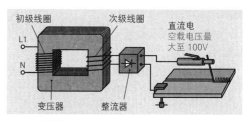

图 1 电焊整流器

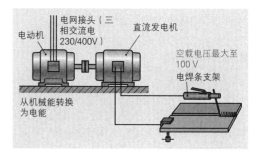

图 2 电焊发电机

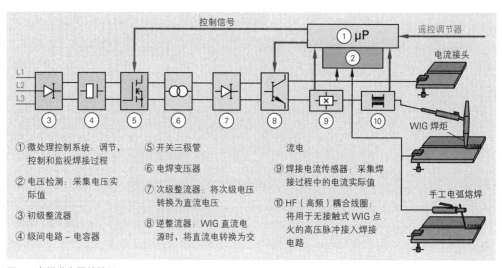

① 微处理控制系统：调节，控制和监视焊接过程

② 电压检测：采集电压实际值

③ 初级整流器

④ 级间电路 – 电容器

⑤ 开关三极管

⑥ 电焊变压器

⑦ 次级整流器：将次级电压转换为直流电压

⑧ 逆整流器：WIG直流电源时，将直流电转换为交流电

⑨ 焊接电流传感器：采集焊接过程中的电流实际值

⑩ HF（高频）耦合线圈：将用于无接触式WIG点火的高压脉冲接入焊接电路

图 3 电焊逆变器的控制

逆变流器可将电源电流从直流电转换为交流电。因此，使用换流器 – 电焊设备可执行多种不同的焊接方法，如 MAG（熔化极活性气体保护焊），MIG（熔化极惰性气体保护焊），WIG（钨极惰性气体保护焊）和手工电弧熔焊等，但需配装相应的焊炬。焊接效率也随之提高。

操作换流器 – 电焊设备需使用符号标记（图 1）：

数字显示器显示单位为 A（安培）（编号 2）的电流强度和单位为 V（伏特）（编号 3）的电压。编号 4 用于选择电流类型。

编号 5 用于两种显示的实际值存储。编号 6 用于设定焊接电流，编号 7 用于设定因焊缝洼坑而降低的输出电流。

编号 8 用于半波延期，编号 18 用于控制钨电极自动形成球形。

编号 19 是不同焊接方法的功能选择开关（编号 14 至编号 17）。

编号 9 至 12 控制程序流程，编号 13 自动调节降低电流强度。

焊炬把手上直接标记着"工作大师（Jobmaster）"字样的装置可自动调节焊接电流和因焊缝洼坑自动降低电流强度（图 2）。用"工作大师"的另一个功能是读取，观察和无级调节焊接设备的全部参数。

■ **电弧的偏转**

电弧是一种通过电流流动而产生并由一个磁场围绕的离子化天然气田。环形标记是该磁场的符号标记（图 3）。

从电弧过渡到工件时的弧形电流走向可见，位于磁场内的部分受到压缩，而磁场外的部分得到扩张。力特性曲线的压缩导致该侧的磁场增强，电弧受到不同磁场力而发生偏转。这种偏转被称为偏吹效应，因为电弧看上去似是被一股风吹偏的。

磁场偏吹效应只出现在采用直流电焊接时。交流电焊接时，50 Hz 交变磁场不会出现偏吹效应。

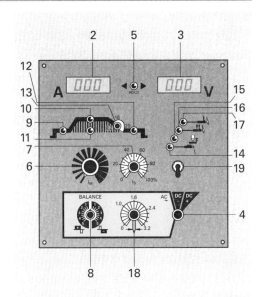

图 1   操作显示器举例

图 2   "工作大师"——具有遥控功能的焊炬把手

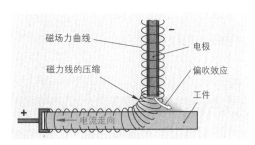

图 3   磁场力导致的电弧偏转——偏吹效应

■ 偏吹效应的影响

斜置电焊条可抵消偏吹效应，另外，放置工件上的导电条时，使其位置足以抵消一个物体材料的磁力作用。附加一个物体也可以抵消这种"偏吹"效应。

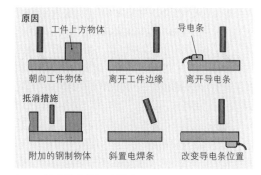

图1 偏吹效应的抵消措施

■ 电焊电弧的防护

电弧的热能可使工件材料液化，部分甚至气化。在这种状态下，工件材料与周边环境的空气，氧气，氮气和氢气形成一种对焊缝产生负作用的化学化合物。此外，合金成分也在这种状态下从焊接金属中气化和氧化（图2）。

因此，必须从外部施加影响保护焊接过程中的焊接金属。这种保护措施是电焊条表面可熔和部分可气化的涂药。气化在电弧和熔液池周围形成一个保护层。焊道上方凝固的焊渣保护焊缝表面不受氧化和过快冷却的影响。

■ 焊接电极

焊接电极含有焊接添加材料。焊接过程中，电极导电，生成电弧并熔化，其目的是与基底材料混合并形成焊缝。根据焊接方法（表1）将电极划分为连接焊接电极和堆焊焊接电极。焊接所需何种电极取决于焊接用途与焊接方法。机械化焊接方法（例如 MAG 焊接）所用为卷绕电极，手工电弧熔焊所用是涂药的条状电极（电焊条）（参见图表手册）。

条状电极（电焊条）是拉制并分段切割的金属条，表面涂有含矿物成分或无机成分的涂药。对电极的要求及其用途是多方面的。因此，各种电极均需一个详细且准确的名称（图3）。

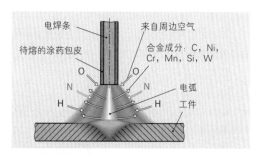

图2 电弧的屏蔽

表1：不同焊接方法的焊接添加材料标准

DIN EN ISO	缩写符号	名称
14175	I, R, M	气体和混合气体
14341	G	丝状电极和焊接金属
2560	E	手工电弧熔焊
17632	T	采用药芯焊丝焊接
636	W	钨电极惰性气体保护焊
14171	S	埋弧焊
14174	A	埋弧焊药

焊缝说明举例：

角焊缝，a 尺寸 4 mm，待用的涂药包皮电焊条用于手工电弧熔焊，其所用标准是焊接添加材料国际标准。

a4 ▽ **111 – ISO 2560-A-E 46 3 1Ni B 5 4 H5**
└─ 这个基准记号用于焊缝位置，
a 尺寸的焊缝规格和焊缝标准
的焊缝图形符号。

图3 电焊条的包装名称（举例）

■ **焊缝说明逐条详解（参见第 84 页举例）**

111：手工电弧金属熔焊的识别数字。

ISO 2560：本国际标准已替代 DIN EN 499，自 2006 年 3 月起生效。它确定涂药电焊条的名称。

A：按屈服强度和开口冲击韧性为 47 J 进行分类。

E：用于手工电弧熔焊的矿物质压制包皮涂药电焊条缩写符号。焊条芯棒的化学成分应与基底材料相符。

46：机械性能识别标记的标记数字。本数字表示焊接金属的屈服强度 460 N/mm² 确定为强度性能的基础。

3：标明焊接金属的开口冲击韧性。本识别数字表明，–30℃时的开口冲击韧性至少应达到 47 J（1 J =1 Nm = 1 Ws）。

1Ni：是化学成分的合金符号，这里标明约含 0.6% 至 1.2% 的镍。

B：标明电焊条的涂药包皮。B 指碱性涂药。

碱性电焊条可满足低温条件下对开口冲击韧性的极高要求，但不利于交流电焊接。此类电焊条在焊接前必须（再次）干燥，因为吸收水分将导致焊缝出现裂纹。

5：识别数字 1 至 8 划分电流类型和涂覆层。涂覆超过 100% 称为高效电焊条。

4：用于所有推荐的焊接位置。

H5：扩散型氢气含量 5 mL/100 g 的识别标记。

其他的涂药类型：

A：酸性涂药包皮电焊条，用于细滴液过渡，可产生扁平光滑焊缝。

R：金红石涂药包皮电焊条，是一种通用型电焊条，可用于所有位置的焊接，但向下立焊缝除外。

RA，RB 和 RC（C 指纤维素）是混合型，用于扩展用途。

选择电焊条时应遵循下列观点：
● 待焊接材料决定电焊条材料。
● 板厚、焊道位置和焊接位置以及电焊设备的焊接电流范围决定焊条直径。
● 应用特性和所需韧性决定焊条涂药类型。

电焊条的仓储存放宜遵循下列建议：

原则上，涂药电焊条在使用之前应按其原始包装仓储存放。按仓库入口顺序提取包装并在使用时直接从仓储的包装中取用。建议仓储时放入货架或料箱。存放时应避免放置地板或接触墙壁。

正确仓储电焊条的前提条件至少应达到：
● 仓储空间必须全气候保护并通风良好；
● 温度应大约保持在室温；
● 仓储空间的空气湿度应 < 60%。

5.1.3 埋弧焊

埋弧焊（缩写符号 UP）是一种机械化的电弧熔焊焊接方法，其电弧被一层焊药粉末掩盖。

这种焊接方法中电极的导电部分横截面很大，但保留时间很短。因此，通过这种大能量输入，可产生高熔融功率。埋弧焊药掩盖焊接电弧（图 1）。

埋弧焊一般用于水平焊接，凹槽内部焊接和横向焊接。

埋弧焊的优点如下：

● 对焊工和周边环境不产生辐射；
● 焊工操作时可以不用佩戴防护眼镜；
● 此种焊接方法可采用强焊接电流，从而获取高熔融功率；
● 与手工电弧熔焊相比，埋弧焊通过将熔液池和电弧与周边大气完全遮蔽，使热效率得以提高；
● 此种焊接方法不产生焊渣杂质和焊接缺陷，焊缝表面质量很高。

如今主要通过形状与电极划分出多种埋弧焊法。

单丝焊接，只使用一根焊丝，焊接电流强度从 10～2000 A［图 2a］。由于电流强度大，接合焊缝节省用料，因此适宜无间隙 I 型焊缝和 Y 型焊缝（图 3）。

双丝焊接［图 2b）］的熔融功率更大。焊接采用双焊丝运行。此法也可以用于堆焊。

带状电极焊接所用不是焊丝，而是带状电极。此法主要用于大面积钢制品的防腐耐磨层的堆焊［图 2c）］。

■ 埋弧焊药

埋弧焊药对焊接金属的影响很大。它均衡合金成分的燃烧。此外，埋弧焊药还降低焊缝组织中的杂质。与电焊条涂药包皮类似的是，埋弧焊药的组成成分也分为酸性、（高）碱性或中性。埋弧焊药的主要成分为锰硅酸盐，石英，镁和钙。埋弧焊药对湿度敏感，因此，仓储必须干燥。

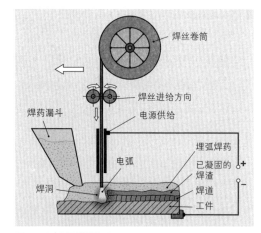

图 1　埋弧焊接原理图

焊丝卷筒
焊丝进给方向
焊药漏斗
电源供给
埋弧焊药
电弧
已凝固的焊渣
焊洞
焊道
工件

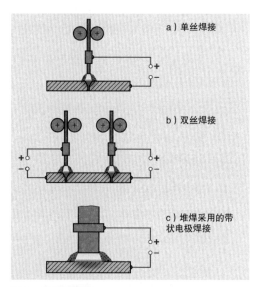

图 2　埋弧焊接法

a）单丝焊接
b）双丝焊接
c）堆焊采用的带状电极焊接

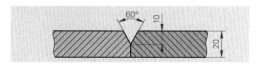

图 3　无间隙接缝形状

60°
10
20

■ **埋弧焊的应用**

埋弧焊的主要特点是高熔融功率，因此适用于大体积长焊缝。它可焊接的壁厚从 4~800 mm。实际应用中，埋弧焊用于所有钢结构建筑范围。其经济性取决于工件件数，焊缝长度和换装时间。所有的埋弧焊接均由机器完成。

■ **埋弧焊接的事故防护**

埋弧焊对焊工所产生的危险在于焊接电流，电弧，焊接气体，熔液池和凝固的焊接金属。因此需注意：

▶ 在狭窄潮湿的空间实施埋弧焊时，应将空载电压限定在 48 V。

▶ 只有在切断电源时才允许夹紧或换接焊丝。

▶ 电缆绝缘故障必须立即排除。

▶ 阻止电弧炫目强光，紫外线可导致眼睛结膜发炎（眼睛灼伤）。

▶ 红外线是热辐射，可导致皮肤烧伤。

▶ 工作时需佩戴与焊接方法相应的防护眼镜和防护服。

▶ 良好的通风和焊接区域的抽吸使焊接气体远离焊工。

▶ 穿戴防止飞溅物相应的阻燃工作服，皮革围裙，长手套和安全鞋。

知识点复习

1. 如何点燃电弧？

2. 电弧如何产生？

3. 调节焊接电流的决定因素是什么？

4. 电弧手工熔焊的温度有多高？

5. 交流电产生的电弧与直流电产生的电弧有何区别？

6. 电弧焊接中的偏吹效应是如何产生的？

7. 电焊条涂药有哪些不同的作用？

8. 电弧熔焊时需注意哪些事故危险？

9. 电弧熔焊时需穿戴哪些防护服？

10. 焊接材料 S235J2 + N，现拟采用电弧熔焊上升焊缝，请决定应采用哪种电焊条。

11. 逆变流器控制系统有哪些特别的优点？

12. 焊接时，焊接电压与焊接电流呈现何种比例关系？

13. 埋弧焊接有哪些优点？

14. 埋弧焊接的用途是什么？

5.1.4 保护气体焊

保护气体焊指焊接过程中的熔液池，电弧和添加材料等均由一个防止周边空气氧化作用的惰性气体保护罩屏蔽。惰性保护气体的成分对焊接质量具有显著影响。

■ **保护气体焊接方法**

根据电极类型和所使用的保护气体可划分出不同的保护气体焊接方法。

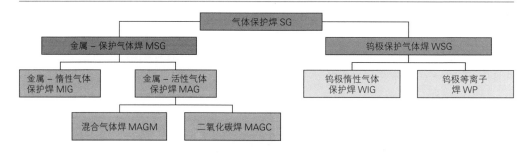

■ **保护气体**

焊接所用保护气体已按 DIN EN ISO 14175（原 EN 439）标准化。保护气体相应的混合可对化学反应，材料至熔液池的过渡，焊透深度，焊缝表面外观，电弧特性和焊接金属等产生重要影响。因此，按氧化效果划分保护气体。其划分如下：

- 惰性气体，指反应迟钝的气体，如氦气（He）和氩气（Ar），此类气体被称为稀有气体。
- 活性气体，指氧化气体，如二氧化碳（CO_2）和氧气（O_2）。
- 还原气体，如氢气（H_2）。

■ **保护气体组分的作用**

各气体的作用是不同的。在混合气体中，其各自的特性和作用相互叠加（图 1）。

惰性气体适用于所有的焊接和材料，但它们的成本高于活性气体，因而在混合气体中担当主要组成成分。

氩气具有良好的可离子化性能，在更高的电弧核心温度下仍能保持电弧的稳定燃烧。焊缝的焊透深度宽且深，呈手指形，焊缝边缘光滑（图 1）。

氦气具有更高的导热性（图 1），因而也具有更高的离子化性能。与氩气相比，氦气可产生更高的峰值电弧电压，使更多热能输入熔液池。因此，氦气适用于高导热性金属如铜和铝的焊接。由于氦气密度低，其消耗量更大（表 1）。

表 1：气体特性		0℃和 1.013 bar（0.101 MPa）时的特殊性能		1.013 bar 时的沸点温度	焊接过程中的反应特性
气体类型	化学符号	密度（空气 =1.293）kg/m^3	与空气的相对密度		
氩气	Ar	1.784	1.380	−185.9	惰性
氦气	He	0.178	0.138	−268.9	惰性
二氧化碳	CO_2	1.977	1.529	−78.5[11]	氧化
氧气	O_2	1.429	1.105	−183.0	氧化
氮气	N_2	1.251	0.968	−195.8	反应迟钝[2)]
氢气	H_2	0.090	0.070	−252.8	还原

[1)] 汽化温度（指从固态到气态的过渡温度）
[2)] 氮气的特性变化因材料而异。因此需注意其负面影响。

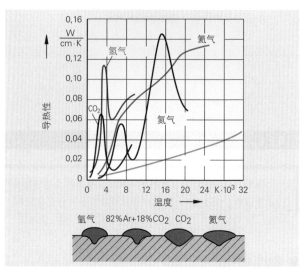

图 1　保护气体对焊缝几何形状的影响

氢气具有高导热性。由于氢气还有形成微孔的危险，在铝焊接混合气体中，其含量仅允许达到约5%，但在氢氮混合气中允许达到50%的含量。

氧气使用时，其在混合气体中的含量仅允许达到约10%。氧气在液态钢时降低材料表面张力，使材料过渡液滴细小，因此产生细鳞状焊缝。

二氧化碳与氧气一样具有高氧化作用，焊接时产生的圆形焊透熔深更深，且无微孔形成（第88页图1）。其飞溅物形成率极高。纯二氧化碳仅用于焊接非合金钢和低合金钢。其他的用途均用作混合气，与氩气和氧气混合（表1）。

氢气主要在圆管焊接中作为氢氮混合气保护焊缝根部。

表1：用于电弧熔焊的保护气体，按照 DIN EN ISO 14175（节选）								
符号		组分，单位：体积百分比					其他用途	说明
主组	子组	氧化		惰性		还原	反应迟钝	
		CO_2	O_2	Ar	He	H_2	N_2		
R	1			其余²		>0.5~15		WIG 等离子焊接，等离子气割，根部保护	还原
	2			其余²		>15~25			
I	1							MIG，WIG，等离子焊接，根部保护	惰性
	2				100				
	3				> 0.5~5				
M1	1	>0.5~5		其余¹		>0.5~5		MAG	弱氧化
	2	>0.5~5		其余¹					
	3		>0.5~3	其余¹					
	4	>0.5~5	>0.5~3	其余¹					
M2	1	>15~25		其余¹					混合气
	2		>3~10	其余¹					
	3	>0.5~5	>3~10	其余¹					
	4	>5~15	>0.5~3	其余¹					
M3	1	>25~50		其余¹					
	2		>10~15	其余¹					
	3	>25~50	>2~10	其余¹					
C	1	100	>0.5~30						强氧化
	2								
Z		含组分未列表的混合气体或含超出所列范围成分的混合气体²							

¹⁾ 该划分法允许氩气部分或全部由氦气替代。
²⁾ 带有相同 Z 划分法的两种混合气体不允许相互调换。

■ 保护气体的划分

表1将不同保护气体和保护气体混合气按其反应特性划分为组。各组的缩写符号如下：

R = 还原型混合气

I = 惰性气体和惰性混合气

M = 氧化型混合气，由氧气和 / 或碳组成

C = 更强的氧化型气体

Z = 其他成分的混合气

■ 保护气体的标记

保护气体使用标准编号的名称并按表1所列主组和子组的任务进行划分。组分气体符号必须紧跟基础气体符号并按百分比含量的顺序排列，其后用破折号分开，然后是组成成分数值，单位为体积百分比。如果使用的混合气体不同于表1所列组成成分，必须用字母 Z 表示区别。如果混合气体所使用的组分未列入表1，必须前置字母 Z，并将未列表气体用 + 号分开并列入。

举例：

混合气体：30% 氦气，其余为氩气：ISO 14175–I3–ArHe–30

混合气体：5% 氢气，其余为氩气：ISO 14175–R1–ArH–5

混合气体：0.05% 氧气，其余为氩气：ISO 14175–Z–ArO–0.05

混合气体：0.05% 氙气，其余为氩气：ISO 14175–Z–Ar + Xe–0.05

■ **电弧类型**

电弧在形状与大小，熔融类型以及材料过渡至熔液池等方面的变化均与保护气体，焊接电流强度，焊接电流频率和所使用焊丝直径等因素相关。在采用不同保护气体焊接法时，上述因素均需有目地选用，以便取得更高或更低的熔融功率，更深的焊透深度或更好的间隙连接。

低峰值电弧电压和更小的电流强度时产生短电弧（图 1）。它导致在自由燃烧电弧与短路之间均匀地交替出现，材料液滴在短路阶段过渡进入熔液池。短电弧用于焊接薄板工件和封底焊。

喷射电弧使材料过渡的液滴成为不形成短路的单个小液滴。这种液滴的产生条件是更高的焊接电压和氩气含量丰富的保护气体。小液滴还能达到高熔融功率和低飞溅的液滴过渡（图 2）。这种电弧用于有光滑焊缝表面要求的填充焊道和表面焊道。

长电弧形成大液滴（图 1 和图 2）。偶尔也会出现短路并产生飞溅。长电弧随保护气体中二氧化碳含量的增加而形成。

脉冲电弧因基础电流和源于基础电流的脉冲电流而产生（图 3）。基础电流的任务是保持电弧作用范围内的离子化，便于用电弧预热焊丝和工件表面。脉冲电流分离焊接液滴。

脉冲焊接在薄板焊接和强制焊层焊接中独具优势。其均匀的材料过渡形成光滑且整洁的焊缝表面。

■ **用于各电弧类型的新型过程调节变量**

除传统电弧类型外，现今越来越频繁地出现大功率电子调节和数字控制的焊接设备，其中便包括用于各电弧类型的新型过程调节变量。

短电弧中主要列举了改进的，低飞溅的，降低能耗或提升功率的电弧。传统喷射电弧以及脉冲电弧的改进导致形成基于液滴过渡，电弧束集收缩或电弧长度变化的特殊特征，从而便于描述改进的电弧类型的若干特性。已列举的过程变量的组合导致 MSG 焊接

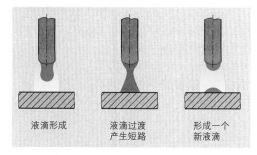

图 1　液滴过渡过程中的短路

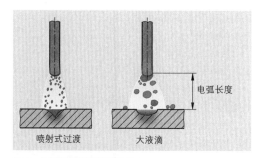

图 2　液滴过渡的不同形状

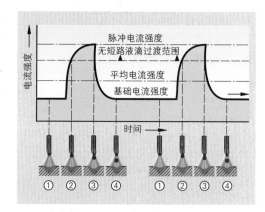

图 3　脉冲电弧及材料过渡时的电流特性曲线

在材料液滴层面上改进控制并调节焊接过程。这种过程组合的效果毫无疑问地意味着熔液池更好的凝固性能，焊缝表面更好的表面结构，工件内部更理想的焊透深度，基底材料与添加材料更有利的混合度，或更少能耗进入焊缝和待接工件（图 1）。

逆变器电源（第 82 页图 3）可通过高频极精准地控制电流脉冲，以至于在材料过渡时精确匹配每一种材料。根据设定的脉冲频率，每个脉冲分离一个或多个液滴，从而达成每个脉冲分离一个液滴的最稳定，飞溅最少的焊接过程。

在处于点火范围的焊缝初始端，点火所需能量更大，基底材料的熔融更强烈，这样可避免焊缝初始端的焊接缺陷。在焊接末端可降低能量输入，避免焊缝末端形成凹穴。

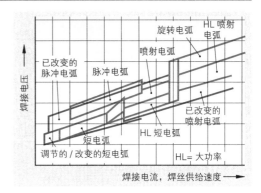

图 1   电弧类型的新型过程调节变量

■ **金属 – 保护气体焊 MSG**

这种焊接方法采用烧熔焊丝。焊丝由焊丝线盘通过焊丝输送装置自动供给。电流由一个强制触点供给。

焊炬采用气冷或水冷。气冷仅用于小电流强度。焊接电流，焊丝，保护气体，如有必要，还有冷却水，均由一束软管供给（图 2）。

金属 – 保护气体焊用于车间内的手工焊和机器焊。它一般不适用于建筑工地的焊接作业，因为外部环境影响保护气体的屏蔽效果（例如风）。根据所用保护气体可将金属 – 保护气体焊划分为金属 – 惰性气体保护焊 MIG 和金属 – 活性气体保护焊 MAG。

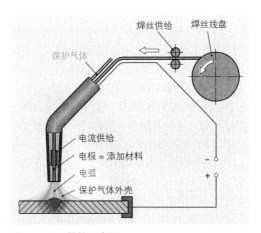

图 2   MSG 焊接示意图

金属 – 活性气体保护焊 MAG 采用活性气体。这种焊接方法适用于焊接非合金钢和低合金钢。由于其经济性好，该法具有广阔的应用范围。

这里使用的活性气体：二氧化碳（CO_2），一种由氩气（Ar）与氧气（O_2）或氩气（Ar）与二氧化碳（CO_2）组成的双组分气体和由氩气（Ar），二氧化碳（CO_2）与氧气（O_2）组成的三组分气体（第 89 页表 1）。

这种焊接方法中，活性保护气体作用于化学反应。焊接过程中，二氧化碳（CO_2）分解成一氧化碳（CO）和氧（O）。氧气在熔液池内氧化钢内的锰（Mn）和硅（Si），并保护基底材料。因此，必须在焊丝中加大锰和硅的供给予以平衡。

焊接过程中，氧化可构成大液滴，作为飞溅物，它在焊缝上明晰可辨。由锰和硅氧化物构成一个黄色薄硅层，该层会影响下一步的加工。因此宜于下一步加工工序之前去除该硅层。

MAG 焊接具有高熔融功率和深焊透深度。二氧化碳气体简单易行的搬运和使用使这种焊接方法尤具经济性（第 88 页图 1）。

金属–惰性气体保护焊不产生焊接气体与熔液的反应。它用于铝，铜，镍和其他合金的焊接。这些材料不宜采用活性保护气体，因为活性保护气体中的氧气成分会与铝，铜和其他合金成分化合，形成其氧化物。

■ 钨极保护气体焊 WSG

在非可熔钨电极与工件之间形成电弧（图 1）。手工输送电焊条或自动输送电焊丝作为添加材料。保护气体将电弧和熔液池与周边空气隔绝。

■ 钨极惰性气体保护焊 WIG

采用钨电极焊接时，只允许使用惰性气体作为保护气体，因为钨电极在高温下会因氧化而过快损毁并产生有毒的氧化钨。WIG 焊接一般采用直流电，负极接钨电极。相较于正极 4200℃的高温，负极 3600℃的温度更低，这个温差提高了钨电极的耐用度。但例外的是焊接铝和铝合金与铜合金。这些材料中含高熔点氧化物。铝的熔点是 658℃，而氧化铝的熔点则高达 2050℃。坚固的氧化皮阻止熔液池的液流并与材料化合。若使用交流电，负半波（第 81 页图 3）撕裂氧化皮并使材料连接。但此时钨电极负荷增大。为阻止过快磨损，使用交流电焊接时宜采用更大直径的钨电极。使用直流电焊接时，负极必须连接工件。

当诸多因素，如焊透深度特性，表面质量，焊缝极佳的外观和无缺陷，例如高级不锈钢和铝的加工所需，对于改善焊接质量具有重要意义时，WIG 焊接法应运而生并获得广泛应用。

经济性也是 WIG 焊接法在小于 4 mm 薄板焊接领域得以应用的主因，这里的焊缝一般采用 I 型接合。板厚较大时采用更大功率的焊接法则更为经济。

■ 固定轨迹焊接

固定轨迹焊接是一个全机械化或全自动控制的保护气体焊接过程，其电弧围绕管道或其他圆形物体无中断地自动运行。固定轨迹焊接主要执行 MSG 或 WSG 焊接过程。焊接过程由一个轨迹头控制。固定轨迹焊接作为一种焊接系统在管道建设中的应用极为广泛。其应用举例涵盖从医药和食品工业领域至锅炉和设备制造等多个领域。该焊接法的优点是，高焊接速度，极佳焊缝质量的高可复制性，制造各种直径尺寸管道焊接连接时的经济性（图 2）。

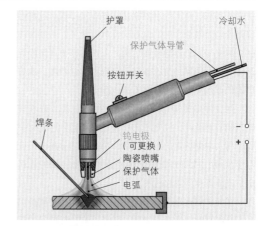

图 1　WIG 焊接法示意图

（图 2　固定轨迹焊接头）

5.1.5 钨 – 等离子焊 WP

> 等离子可称为一种气体，它因高能量输入而进入导电状态。等离子气体温度越高，其导电和导热性能越强。

这里，焊接电弧就是这样一种等离子气体。与电弧熔焊相反的是，这里的电弧自由燃烧，如果电弧受到聚束，可称之为等离子焊接（图1）。电弧聚束由机器完成并要求聚束喷嘴冷却（图2）。

聚束喷嘴产生高功率密度，并由此使等离子射束温度高于自由燃烧电弧的温度。根据所采用的等离子气体的不同，其温度可从 5000℃ 提升至 25000℃。这里，等离子气体一般采用氩气或氩气、氦气与氢气的混合气。

按照 DIN EN 14610，普通的等离子焊接可分为三种焊接法和电弧类型。不可传输电弧的等离子电弧熔焊将电能源接入电极与喷嘴之间，从而产生等离子射束 [图 3a]。这种结构可保证热能对不导电工件的注入。

可传输电弧的等离子电弧熔焊的电能源接入电极与工件之间 [图 3b]。

第三种是等离子射束 – 等离子电弧焊接法，其电弧在可传输与不可传输电弧类型之间转换 [图 3c]。由于高温和等离子射束的聚束，保护焊接点免受周边空气影响时需补加一种保护气体。保护气体取决于待焊接材料与其他影响因素的结合，例如焊接速度或微孔的型材。焊接结构钢时大多采用氩气作为保护气体，焊接铬镍钢时采用氩气 / 氢气混合气，焊接铝时采用氩气 / 氦气混合气。

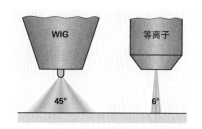

图 1 对比 WIG 焊接与等离子焊接时的电弧聚束

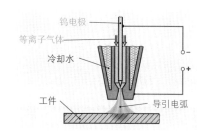

图 2 聚束喷嘴的冷却

■ **等离子焊接法的应用可能性**

聚束电弧的特性是高稳定性。电流强度范围在 0.2 A 与 400 A 之间。与 WIG 焊接法相比的高能量密度使焊透深度更深，焊接速度更快，因此在焊接时，热能对基底材料的影响更小，从而避免工件扭曲。

等离子焊接法用于薄板工件（0.05 ~ 3 mm）的焊接连接，最大至 10 mm 板厚的穿透型焊接，堆焊和切割工件。它一般只用于高合金钢和有色金属焊接。

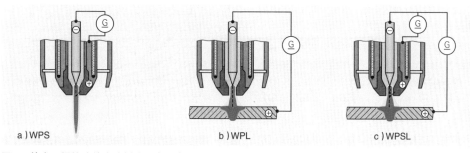

a）WPS   b）WPL   c）WPSL

图 3 等离子焊接法的方法划分和电弧类型

5.1.6 激光焊

将光聚束可得一股高度聚集的能量。

用光学反射镜将能量聚束至工件（图1）。铜可作为反射材料，因为铜是一种高反射金属，并且具有高导热性。将激光射束聚束至直径最大仅为 0.2 mm 的点，该点的功率可达每平方毫米约 10000 Watt（瓦）。这种聚集在射束焦点的高功率致使工件焊接位置的工件材料达到熔点并气化。它产生一个 0.2 mm 且周边围绕着液态材料的狭窄毛细管。在气化通道周边形成一个熔融区，该区由于温度梯度而急剧循环。在进给运动过程中一直维持着这个气化通道，并在射束后面形成一条细长焊缝（图2）。为保护焊缝表面不被氧化，此法焊接时采用惰性气体如氩气和氦气作为保护气体。

激光在金属加工业用于焊接，切割，涂层，淬火硬化和工件表面刻字。

焊接方面，激光具有显著优点，根据材料类型，激光可焊接板厚达 20 mm 的板材并形成 I 型焊缝（图3）。其焊接速度明显高于传统焊接方法。激光焊接时仅产生一个狭长的热作用区并可省略后续的清整工作。

与其他焊接方法相比，激光凭借着高能量密度和最高可达每分钟 8 m 的高焊接速度可焊接薄板工件（图3）。焊接所需耗用的能量却很小。工件几乎未被加热，因为焊接热作用区很小，以至于焊接后的材料扭曲维持为最小程度。

由于焊缝极窄，无缺陷焊缝的前提就是待连接工件的精确配合。大部分情况下，焊接过程不需要添加材料。焊接间隙应不大于 0.1 mm。

由于要求几何精度和高焊接速度，要求由计算机数控（CNC）设备实施焊接过程自动化。因为激光焊接成本很高，只有大批量生产时，采用此法才具经济性。

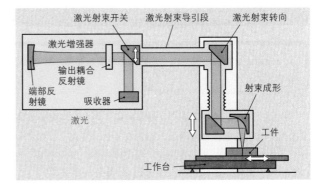

图 1　激光焊接设备结构示意图

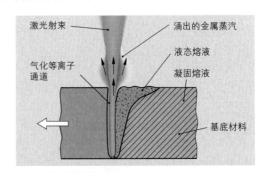

图 2　激光焊接原理图

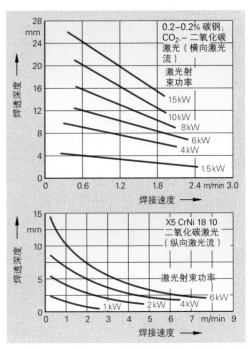

图 3　焊透深度的对比，激光焊的焊透深度取决于激光功率和焊接速度

5.1.7 混合焊接方法

各种手工的，机械的和自动的焊接方法均可根据用途的不同而加以组合。这种不同焊接方法的交叉组合称为混合焊接方法（图 1）。

焊接方法的组合颇具优势。应用最为广泛的焊接方法混合组合有激光 –MSG 焊接方法，激光 –WSG 焊接方法和等离子 – 激光焊接方法。点焊焊接采用 MSG 或激光焊接的组合也值得介绍。

各种焊接方法组合的目的是降低各种方法中的负面特征，最好是通过组合将它们消除。举例激光 –MSG 焊接组合，该组合明显排除了各自原焊接方法的缺点（图 2）。激光焊接根据板厚要求极小的，组件公差允许的接合间隙。这在重型钢结构中（高投资总额除外）常常是不利的标准。与激光焊接相比，MSG 焊接的焊接速度明显低于前者，且热量导入量极高，导致组件扭曲。现将两种焊接方法组合使用，将形成一种更具经济性和品质更高的焊接过程。

"混合"焊缝结构中，通过 MSG 焊接的添加材料可更好地消除所出现的接合间隙，并利用激光焊接的能量密度达成高效焊接。因此，混合焊接快于传统的 MSG 焊接，产生更为牢固且高效的焊接过程。

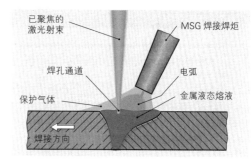

图 1   混合焊接

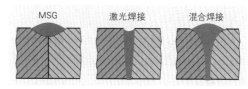

图 2   焊缝对比

在更强自动化和制造过程更具经济性的趋势中，混合焊接在钢结构，造船，轨道交通制造，吊车制造，卡车制造或重工业等不同领域中的受青睐程度不断上升。

知识点复习

1. 请解释手工电弧熔焊与保护气体焊的区别。

2. 如何理解稀有气体？

3. 如何理解保护气体焊接中的活性气体？

4. 现焊接铝和焊接结构钢。它们各自适用哪种保护气体？

5. 在 WIG 焊接中，何时使用交流电，何时使用直流电？

6. 如何区别等离子焊接与 WIG 焊接？

7. 脉冲控制电弧有哪些优点？

8. 二氧化碳用作保护气体有哪些优点？

9. 哪些钢适宜采用二氧化碳作为焊接保护气体？

10. 采用氢气作为保护气体会对电弧产生哪些影响？

11. 如何理解等离子电弧？

12. 等离子焊接法用于哪些范围？

13. 激光射束是如何产生的？

14. 出于何种原因使得激光射束特别适用于金属加工？

15. 由激光射束制造的焊接连接有哪些特殊优点？

16. 出于何种原因使激光焊接最大 0.1 mm 的焊缝间隙已可满足要求？

17. 为什么采用激光射束焊接明显快于传统焊接方法？

18. 与传统焊接方法相比，混合焊接方法具有哪些优点？

5.2 压焊焊接方法

压焊焊接时，连接点无添加材料，待焊接金属瞬时加热至熔点温度，并压紧焊接。

该焊接方法根据热量引入的类型划分为锻焊，摩擦焊或电阻焊。

■ 锻焊

这是最古老的焊接方法。它产生于手工锻打加工钢制材料。时至今日，这种方法仅用于精工五金工作室。

通过加热焊接点完成金属的连接。为保护焊点免遭氧化，必须在连接点撒砂子。将待连接工件上下叠加，然后用力敲打，使之相互连接（图 1）。

■ 摩擦焊

焊接热能通过摩擦产生。以高速旋转一个圆形工件的同时将它压紧在另一个静止不动的工件上面（图 2）。旋转运动通过摩擦生热直至达到焊接温度。然后关断驱动电机，通过继续压紧使两个工件焊接起来。

■ 螺旋摩擦焊

按照 DIN EN 14610：2004 所述，螺旋摩擦焊属于摩擦焊接方法。螺旋摩擦焊接所需热能产生于一根旋转的耐磨刀具主轴与工件之间的摩擦。刀具主轴一般沿接口运动，产生一条对接焊缝。这种焊接方法主要用于低熔点金属，例如铝，铜，镁及其合金。这种方法还用于薄板嵌板和支梁特种型材（图 3）。

■ 超声波焊接

在小型工件上制造超过 20 Hz 的振动。由此在工件之间产生点状加热，并在压力作用下形成焊接。采用这种方法可焊接较大批量的小型薄板零件（图 4）。

这种焊接方法用于精密仪器制造，其中主要用于不同材料的组合，如铝与铜或塑料与金属或金属与陶瓷等不同材料的相互焊接。

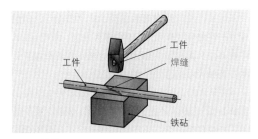

图 1 锻焊

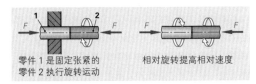

图 2 摩擦焊

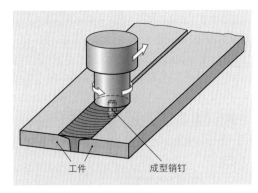

图 3 螺旋摩擦焊接原理示意图

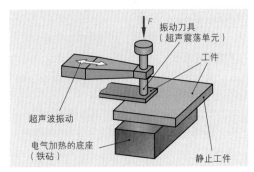

图 4 超声波焊接示意图

■ **电阻焊**

金属电阻焊时，瞬时电流加热连接点并加压使工件焊接（图1和图2）。

电流通过接触电阻在连接点产生局部透镜状加热点，将工件的金属材料迅速加热至塑性范围，然后通过电极压力使工件焊接。整个焊接过程不产生电弧，也不需要添加材料。连接点电阻加热的电功率由低电压高电流强度产生。根据焊接横截面的不同，焊接电压为 $1 \sim 15 \, V$，电流强度最大可达 100000 A。低电压是相对不危险的。

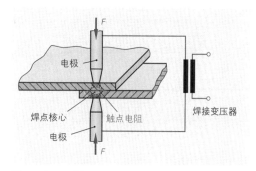

图1 电阻压焊

■ **点焊**

连接薄板工件宜采用点状缝焊。铜合金且部分冷却的两个销钉状电极将焊接电流传输至待焊接薄板上。

电流流经两个待连接薄板之间用于加热的接触电阻，并形成焊点核心。铜电极与薄板工件之间的接触电阻在薄板表面和电极上生成熔蚀区（图3）。

由于材料，材料厚度和焊点核心直径等因素的不同，焊接过程持续时长也从2个周期至最多30个周期。采用50 Hz交流电时，一个焊点的耗时介于 $20 \sim 600$ ms。

点焊一般用于焊接相同厚度的薄板工件。给定板厚 s 后，焊点核心直径 d 的参考值：$d = 5 \cdot s$。

焊点间距（分度 t，图3）根据负荷状况而定。板厚最大3 mm时，一般选用：$t = d \cdot < 3$。

除设置各个焊点之外，此种焊接方法还可以与多个点焊设备并排列组合，用于自动制造例如点焊格栅（图4）。

图2 电阻焊

> 电阻点焊适用于所有类型的钢和有色金属，应用范围广泛。

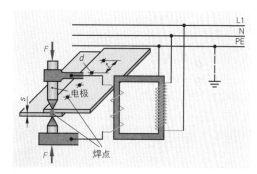

图3 点焊示意图

图4 点焊格栅

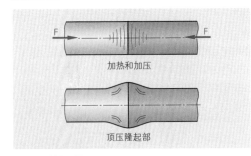

图1　对接压焊

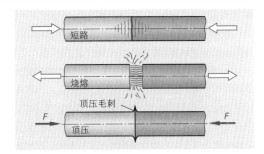

图2　闪光对焊

■ 对接压焊

这种焊接方法又称凸焊，将焊接工件夹紧在水冷铜钳钳口，相对压紧并通电。此时在连接点产生一个将工件材料在该点加热至焊接温度的高电阻。之后，关断电流并继续压紧工件，直至焊接完成。该焊接法产生一个顶压隆起部（图1）。

■ 闪光对焊

闪光对焊时，工件加热过程中并不相互压紧，它们仅相互轻微接触（图2）。通电后，材料连接点由电阻加热至熔融范围。这里产生金属气化压力，该压力在火花发展过程中将熔融材料从焊接接头处抛洒出来。这时才将工件压紧。焊接完成后的所得是均匀的纯焊接连接，没有杂质。

这种焊接方法适用于薄板工件的对接，例如管道连接，高价钢与低价非合金钢的连接，例如刀具，钻头，还用于有色金属的焊接。

■ 螺栓焊

借助电弧可将销钉，螺纹轴，钢丝和扁铁的端部焊接连接在金属表面（图3和图4）。根据点火过程将此类焊法划分为行程点火螺栓焊和尖部点火螺栓焊。

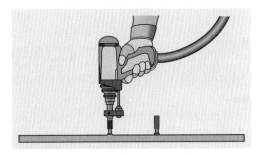

图3　螺栓焊

图4　钢结构件及其焊接的螺栓

行程点火螺栓焊时，一个陶瓷环围住底部待焊接的螺栓，并屏蔽焊接点。若使用保护气体则不需陶瓷环。螺栓竖放［图 1a）］并造成短路［图 1b）］。通过电磁铁抬起螺栓产生电弧［图 1c）］，电弧烧熔螺栓底部和基底材料。接着，将螺栓压入液态熔液池［图 1d）］，并在冷却基底材料时完成焊接［图 1e）］。

| a) 放置螺栓 | b) 抬起螺栓 | c) 电弧产生 | d) 液态熔液池 | e) 焊接完成 |

图 1　行程点火螺栓焊

钢螺栓的锥形螺栓端部涂覆了薄铝层。而平螺栓端部则装入一个铝球。铝更易使电弧离子化，还可使熔液池镇静凝固并降低微孔形成率。

> 行程点火螺栓焊法可焊接直径最大至 30 mm 的螺栓。

尖部点火螺栓焊时，将点火尖部压向工件［图 2a）］。电阻加热烧熔点火尖部并形成一个瞬时电弧［图 2b）］，该电弧烧熔螺栓底部和与之接触的基底材料。此时将螺栓压入熔液池［图 2c）］。凝固后，螺栓与基底材料完成焊接［图 2d）］。焊接电流取自电容放电电池。焊接过程中，能量的作用时间非常短暂，以至于从背面看不出焊接在薄板上的螺栓。

> 尖部点火螺栓焊适用于直径最大至 10 mm 的工件。

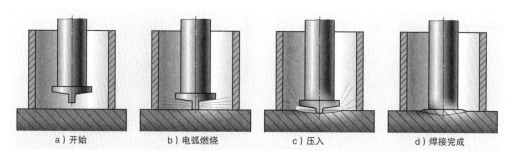

| a) 开始 | b) 电弧燃烧 | c) 压入 | d) 焊接完成 |

图 2　尖部点火螺栓焊

知识点复习

1. 电弧熔焊与电阻焊之间有何区别？

2. 超声波焊接用于何处？

3. 点焊时是如何形成透镜状焊接连接的？

4. 对接压焊用于何处？闪光对焊用于何处？

5. 请描述行程点火螺栓焊或尖部点火螺栓焊的用途。

5.3　焊接连接

电焊时，通过焊缝将工件连接起来。接合处又称接头。接头类型根据工件的相对位置决定（表1）。

5.3.1　焊缝

通过焊缝形成焊接连接，通过添加材料（焊丝，焊接电极）形成焊缝。据此，焊缝的大小取决于工件厚度和焊接方法（图1）。

焊缝的焊透深度决定着连接点的焊接质量。违反操作规程的焊接导致形成的熔深缺口将降低焊接连接强度（图1）。

对于大体积焊缝应焊出多层焊道，其中根部焊道尤其需要仔细操作，因为焊缝底层在焊接过程中通过热应力强烈作用于其他层焊道（图1）。

接口和焊缝形状均由接头连接决定。因此，焊接前期准备颇为重要。一个接头可能出现的各种不同的接口形状均已列入表2。

焊接位置由工件规格和焊缝焊层决定。焊接位置上的优选焊层是角焊缝中的平焊层或水平焊接。在这类位置上相对较易进行焊接的对比。与之相反，在强制焊层，如上升焊缝，下降焊缝，横向焊缝或仰焊焊缝中的强制焊层，此类焊缝对焊工的能力要求极高。焊接位置用字母标识（图2）。

焊缝在工程图纸上的表达一般仅通过符号，基准线和补充符号进行图形符号表达（第101页图3）。

符号表示各种不同的接口形状。对于角焊缝还标出尺寸规格"a"。由符号表示的数据和说明可参照环形循环焊缝进行扩展，或在建筑工地和装配时再标出焊缝结构。

表1：按 DIN EN ISO 17659 的接头类型		
对接接头	平行接头	搭接接头
— —	═	— ═
丁字接头	双丁字接头	斜接头
┴	┼	╱
角接头		多重接头
⌐ ∧		⊓ ⋀

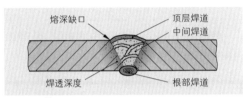

图1　焊缝

（图注：熔深缺口、顶层焊道、中间焊道、焊透深度、根部焊道）

表2：按 DIN EN ISO 22563 的接口形状				
接口形状	名称	工件厚度 s/mm	间隙宽度 b/mm	符号
卷边焊缝	卷边焊缝	~2		⋀
I 型焊缝	I 型焊缝	2~8	$0 \sim \frac{s}{2}$	‖
V 型焊缝	V 型焊缝	3~10	0~3	V
X 型焊缝	X 型焊缝	>10	0~4	X
U 型焊缝	U 型焊缝	>30	0~3	Y
角焊缝	角焊缝			⌐

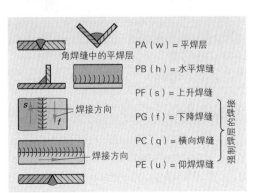

图2　焊接位置

PA（w）= 平焊层（角焊缝中的平焊层）
PB（h）= 水平焊缝
PF（s）= 上升焊缝
PG（f）= 下降焊缝
PC（q）= 横向焊缝
PE（u）= 仰焊焊缝

强制焊层的焊接

（图注：焊接方向）

在基准符号中，一根斜箭头线指向接头。在基准线端部可用一个叉形符号补充其他数据。焊缝的标记图形符号必须垂直于基准线（图1）。

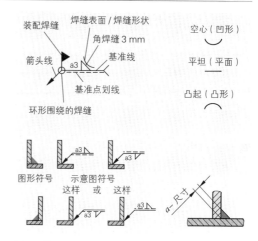

图1　按 DIN EN 22553 的符号和标记

5.3.2　焊接应力

焊接时，局部烧熔的热量首先导致材料热膨胀，但这种膨胀受到焊接区周边冷材料的阻止。这种现象导致材料加热至塑性范围时必然出现应变应力。焊缝冷却过程中，这种应变应力因材料的凝固依然保持未变。由此导致在室温下出现收缩应力（焊接应力）和扭曲（图2）。

单边角焊缝和 V 型焊缝均因焊缝收缩而产生大幅度扭曲。这种现象在大型 V 型焊缝中尤为突出，因为根部焊道在强力负荷作用下扭曲。尤其是薄板工件的纵向焊缝因焊缝的纵向收缩而变形（图3）。

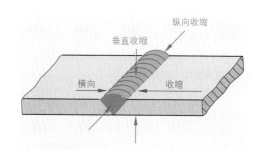

图2　收缩方向

5.3.3　焊接顺序

为精确制造出焊接工件预期的几何形状，必须避免工件焊接后的扭曲变形。焊接过程中的收缩是产生扭曲的主因。为将收缩控制在最小限度，按既定步骤实施焊接更为有利。通过交替变换且分步骤地实施焊接可均衡因各种热膨胀所产生的应力。如在焊制长焊缝时，按书籍装订线形式（图4）始终从中线开始焊接，在换页处根据编号顺序和箭头方向完成焊接。

型材框架焊接时，例如大门（图5），用两面的斜角连接（1～4）按箭头方向交替开始焊接。然后再焊接外面（5，6），接着完成里面（7，8）的焊接。只有当框架完成焊接后，才允许焊接格栅钢条（9）。

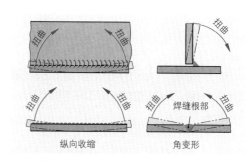

图3　单边焊缝导致的扭曲

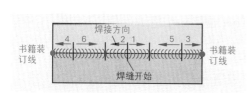

图4　长焊缝的焊接顺序

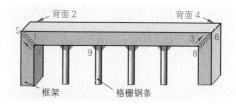

图5　制造大门框架的焊接顺序

I 型材接头连接同样为避免扭曲按焊接顺序执行焊接。这里，按照图 1 所示编号顺序和箭头方向实施焊接。

只有单边焊接，例如焊接支座板（图 2），才会在对应边出现扭曲变形。这种扭曲只有通过火焰校直才能消除。

■ **焊接注意事项：**
- 按两边交替焊接步骤执行焊接。
- 焊接后检查工件变形情况。
- 通过火焰校直消除扭曲变形。
- 通过再次退火消除工件收缩应力。

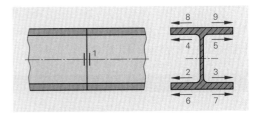

图 1　I 型材的焊接顺序

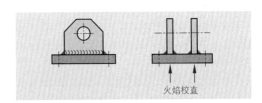

图 2　焊接的轴承座

5.3.4　焊接连接的造型

焊缝结构的质量可能受相应的造型影响。尤其需注意热能的作用，它可导致出现热应力，直至形成裂纹。因机械负荷而产生的力的变化曲线也可能形成抬高裂纹危险的缺口应力。

因负荷而产生的力线变化应尽可能呈直线形态。力线的陡然变化可导致应力压缩（图 3）。为降低这类现象的出现概率，对接头的 I 型焊缝尤为适用。在负荷作用下，角焊缝可导致力线压缩并产生缺口应力。

焊接丁字梁支撑件时，不应一直焊至丁字梁的内圆半径处。因此应切除支撑件角部。这里的圆形凹口在高负荷时更为有利，因为它可降低缺口应力（图 4）。

在丁字型接口（图 5）处应有目的地两边焊接所要求的角焊缝。为避免熔深缺口，空心角焊缝优于凸起角焊缝。

焊缝处始终应是低负荷区域。因此，焊缝结构应更为安全，部分焊缝还应更为简单和更低成本（第 103 页图 1）。

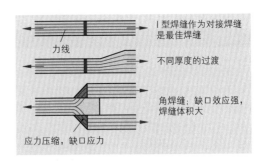

图 3　力线的变化

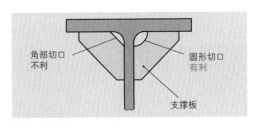

图 4　支撑件

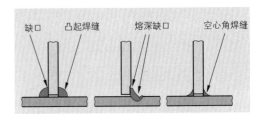

图 5　丁字型接头

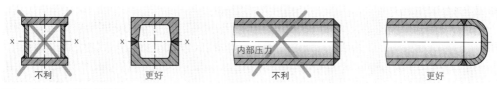

图 1　低负荷区焊缝的位置

大焊缝和焊缝堆集均可增强加热并导致工件内部应力过高。通过焊缝相应的排列可改善此类情况（图 2）。

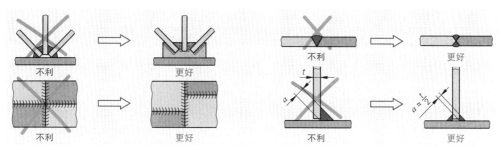

图 2　焊缝堆集

5.3.5　焊接说明

为保证焊接连接质量的可再生性和精度可重复性，焊接工作必须遵循一个或多个焊接说明执行。焊接说明是一种文件，它根据 DIN EN ISO 15607– 金属材料焊接方法的要求和质量鉴定，并通过五种不同方法保证质量（亦请参见本书第 24.5 节 "焊接技术的质量管理"）。质量鉴定方法的选取可按照应用标准的规定（或 DIN 1090），或根据客户要求，或按照本企业的相关规定。

一份（临时的）焊接说明（（ p ）WPS–（ Prepared ）Welding Procedure Specification ）必须包含焊接任务及其操作过程的全部数据和说明（图 3）。它涵盖影响焊接结果及其质量的所有工作。按照 DIN EN ISO 15609，焊接说明应包括如下各项：

● 待焊接的组件 / 连接的准备工作
● 组件 / 连接的汇总
● 预加热
● 焊接（焊接过程和焊接参数 ）
● 已焊接组件 / 连接的后续清整。

焊接说明还包括其他内容，如基底材料，添加材料和辅助材料，以及焊接位置等。

焊接说明（WPS）

焊接说明: 01	准备和清洗的类型 / 剪切 / 打磨
WPQR 编号: 135PFW	基底材料名称: S235 JR
制造商: Mustermann GmbH	工件厚度（mm）: 5
滴液过渡类型: 过渡电弧	外径（mm）.—
连接类型 / 焊缝类型: 角焊缝	焊接位置: P8

接口准备工作细节（示意图）:

连接点造型	焊接顺序
90°	单层

焊接操作细节:

焊道	焊接过程	添加材料尺寸 / mm	电流强度 /A	电压 / V	电流类型 / 极性	焊丝进给速度	拉出长度 / 焊接进给速度	焊接热能输入
1	135	0.8 mm	140–150	25–26	DC(+)	10–11 m/min	—	—

焊接附加名称和工厂: ISO 14341–A-G3Si1
干燥的特别规定: —
保护气体 / 焊药气体: —保护气体 ISO 14175–M21–ArC18
　　　　　　　　　—根部保护
保护气体流量: —保护气体: 8～10 L/min
　　　　　　　—根部保护
钨电极直径:
关于焊接 / 焊接保护的细节:
预热温度:
中间焊道温度:
低氢退火:
保持温度:
热处理和 / 或时效硬化:
时间, 温度, 焊接法:
加热和冷却速率:
制造商:
2020 年 2 月 6 日
姓名, 日期, 签字

其他信息, 例如
摆动（最大焊道宽度）:—
振动: 振幅
频率, 停留时间
脉冲焊细节:
电触点管 / 工件间距: 10～15 mm

等离子焊细节:

焊炬设定角度: +/-5 中性

图 3　焊接说明样本

■ **有火灾危险的工作**

电焊，气割，打磨，切割均为有火灾危险的工作。相关规则描述了上述工作预计在车间之外实施时的安全规定。bspw.VdS 2047–有火灾危险工作的安全规定，它既不替代法律的，也不替代官方的规定。执行预计在车间之外实施且特别危险的焊接和切割工作时，必须征求任务发出企业或相关负责单位的书面许可。这种许可证又称"焊接许可证"，要求是书面形式，并与任务单相关联。许可证所含内容除一般性信息外，还需包含下列内容：工作地点，任务单和工作类型（焊接，打磨，气割），重要安全防护措施的描述（清除 / 遮盖可燃物品 / 材料，密封开口，划痕，透气性，消除爆炸危险）。除此之外，还需定义岗位消防员的姓名和权限，监视时间，包括警报链以及消防设备和灭火剂等。

5.4　金属材料的可焊接性

材料的焊接性能受多种因素影响，例如材料的化学和物理性能。

■ **材料的选择**

材料在焊接区熔化并呈流动液态。液态时生成起泡的气体。其结果是，由液态至固态的过渡过程中在材料内部形成微孔和偏析。为避免这类现象的发生，在适宜焊接的钢内添加硅，锰和铝，它们形成气体，使钢镇静凝固。此类钢的举例如 S235 J2（原名称 St 37–3）。

■ **碳的影响**

钢内碳含量在很大程度上决定着如硬度，强度和可延伸性等多种材料特性。钢在焊接时，由于快速冷却会形成马氏体。马氏体在冷态下提高钢的硬度，但无法继续消除因热膨胀产生的应力，并导致材料内部出现裂纹。因此，碳含量较高时，必须避免焊接后热源的迅速撤离。大型工件且长焊缝时，其导热性也会导致焊缝周边材料组织的变化。根据工件厚度，导入的热量和温度的下降等因素，可以不同速度冷却热影响区。应根据碳含量通过预热降低冷却速度，从而避免冷却速度过快。碳含量最大至 0.2% 的钢仅能形成微量马氏体，不足以影响可焊接性。

> 钢的可焊接性随碳含量的增加而下降。碳含量超过 0.2% 的钢，宜于焊接前预热。

■ **细晶结构钢的焊接**

为利用现代高强度细晶结构钢的有利特性（第 464 页），有必要指出，这类钢的焊接连接可达到与基底材料相同的机械性能。通过采用适宜的冷却时间方案，在当今已可以获得指定的机械性能。即便出现冷裂纹（冷裂纹危险），现在焊接高强度钢时，也能够通过适当预热和保持中间焊道温度等措施稳妥地消除裂纹。通过焊接后直接进行后续加热可阻止因含氢焊接添加剂所致的横向裂纹形成危险。这里指至少将工件保持250℃～300℃四个小时。

■ **铸铁和铸钢的焊接**

当今铸铁材料的焊接（第 470 页）在技术层面已完全可能。伴随着冷焊接[1]和热焊接[2]技术的发展，现已有许多实施熔焊的应用实例，且焊接质量良好。

---

1 冷焊接：非同类焊接金属的焊接，工件预热 100℃～150℃。
2 热焊接：同类焊接金属的焊接，工件预热 500℃～700℃。

由于化学成分的可比性，非合金铸钢的焊接类似于结构钢。但对于不同的焊接过程而言，并不存在对所有钢种均不受限制的焊接适用性，因为一种钢的性能在焊接中和焊接后不仅取决于材料，还取决于尺寸，形状以及加工条件和工作条件。

■ 铝的焊接

纯铝的焊接性能（第482页）由其低熔点（658℃），对氧的高亲和性（形成氧化物）和良好的导热性等因素决定。但其高热膨胀性也导致出现高收缩性。

焊接热量的导入，可时效硬化和不可时效硬化的铝合金（第482页）均可在热影响区出现软化。可时效硬化铝合金的工件，只要工件尺寸允许，在焊接后将再次出现时效硬化过程，再次恢复原始硬度数值。

采用气体保护焊法焊接铝时，多使用惰性气体作为保护气体。

图1 焊接的铝结构件

尽管铝的熔点温度低，仅为658℃，但其高导热性却需要相对较多的热量导入。

可导致焊接缺陷的氧化层因其2050℃的高熔点却极难消除。通过电极连接正极的直流电或使用交流电可以破坏氧化层。

材料横截面较大时，用纯氦气取代氩气或氩气－氦气混合气作为保护气体，用于提高能量输入。

铝熔液易吸收周边气体，尤其是环境中的氢气。这种特性可导致在焊缝中形成微孔。吸收氢气主要见于MIG焊接法，而WIG焊接法的微孔形成率最低。

铝焊接时需注意，焊接时可能形成增强型臭氧（O_3），必须通过相应的抽吸设备将它排除。

■ 铜的焊接
纯铜

焊接纯铜（第485页）仅适用于无氧纯铜类型，因为含氧铜易于脆化和形成微孔（氢脆性）。纯铜只有一个熔点，没有熔融范围。其结果突然液化和凝固带来手工制造问题：焊缝根部下垂和焊缝缺陷。因此，铜焊接使用的焊接添加剂必须是轻度合金，以期保持一个凝固范围。

除良好的导电性能外，铜还具有极高的导热性。出于这个原因，铜焊接需更高的热能输入，通过提高焊接电流，或更大的焊炬头部，或在板厚较大时实施预热等措施，可满足其焊接时的热量需求。保护气体焊法（MIG/WIG）时，采用氦气含量30％～70％（强化电弧）也可达到更大的热能输入。

原则上，纯铜焊接可采用WIG焊，MIG焊，等离子焊，气体熔焊（只限在建筑工地），电阻焊，激光焊和电子射线焊等多种焊接方法。

■ 铜合金（第486页）

铜铝合金（铝青铜）和铜镍合金（铜镍－青铜）是应用广泛的合金。两个合金组均具有良好的可焊接性，可采用MIG焊，WIG焊或手工电弧熔焊等方法，且不需预热。

铜锡合金（锡青铜）作为塑性合金可毫无问题地适用于MIG焊，WIG焊或手工电弧熔焊等方法。

铜锌合金（黄铜）大部分不可焊接，或仅可有限焊接。此类合金从 900℃ 开始变成锌蒸汽。这种性能导致熔液池难以形成。为避免锌中毒，必须用合适的抽吸设备吸去有毒的锌蒸汽。采用 WIG 焊或气体熔焊可以焊接铜锌合金。

■ 钢材料的焊接

结构钢（图 1）

从非合金结构钢到碳含量 0.2% 的钢，例如 S235 J0 结构钢，均可无限制地进行焊接。

它们焊缝的强度近似于基底材料的强度。可焊接性略差的钢，例如 S185，其焊缝强度也略弱。只有采取特殊措施才能焊接碳含量超过 0.2% 的钢。

适宜钢的焊接方法有手工电弧熔焊，保护气体焊，如 WIG 或 MAG 和气体熔焊（实用意义不大）。

图 1　已焊接的结构钢

■ 铬镍钢（图 2）

"不锈钢"这个名称是合金元素铬和镍高含量钢的综合概念。根据其组织类型将铬镍钢划分为三个钢组：

铁素体钢适宜焊接。材料厚度大于 3 mm 后需预加热。焊接过程中的热能输入应保持尽可能少。焊接完成后，原则上需进行固溶退火。

奥氏体钢毫无问题地需采用合适的焊接方法如 WIG 焊和 MAG 焊，其焊接边棱整洁清晰。此类钢属非磁性钢，因此易于与其他钢区分开来。时效硬化和应力结构的危险不高。

马氏体钢属高限制可焊接钢，因为它们是强硬化脆性材料。

图 2　已焊接的高级钢结构

■ 焊接后的热处理

由于焊接过程中不同的热膨胀，材料内部产生应力。焊接后的迅速冷却也会导致出现硬化和内部应力。为避免或限制这类现象的出现，要求焊接后再次加热工件。后加热的温度依据材料尺寸而定。热处理可能需要数小时。

知识点复习

1. 焊缝位置上的哪些焊道是优选焊道？

2. 技术图纸上如何表达焊缝？

3. 焊接时因何原因在材料内部产生应力？

4. 请将已选定的焊接任务对接合适的焊缝形状。

5. 为什么单边角焊缝对于焊接连接特别不利？

6. 避免焊接时材料的扭曲有哪些不同的可能性？

7. 消除材料内部应力有哪些可能性？

8. 钢的碳含量对焊接有哪些影响？

9. 细晶结构钢焊接时，如何能使焊缝具有与基底材料相似的机械性能？

10. 焊接铸铁应采用哪些焊接方法？

11. 焊接铝合金时，热影响区内有哪些机械性能降低了？

12. 哪些种类的铜不适宜焊接？

13. 请解释哪些铬镍钢可以毫无疑问地焊接？

5.5 塑料的焊接

金属制造业中也需焊接塑料是罕见的。塑料中只有热塑性塑料才适于焊接。焊接温度 120℃ 至 350℃。各种不同的焊接温度取决于待焊接塑料的种类。接合面只需加热至可进行材料接合型连接（塑性）的温度即可。

> 热塑性塑料在塑性状态下通过挤压即可焊接连接。

各种塑料焊接方法以热能输入的类型划分。

■ 热风焊接

焊接时，热风加热焊接接口和添加材料。焊接设备中，热风一般由加热线圈加热，罕见由燃气火焰加热（图 2）。

热塑性塑料的焊接发生在材料的塑性状态。焊接过程中，焊条一般垂直插入焊接接口（图 3）。

若焊条加压插入焊接接口后产生凸起，表明焊接连接的质量良好（图 1）。

常见的塑料焊接焊缝形状有 I 型，V 型，X 型，U 型焊缝和角焊缝。因热能输入产生的热变形其实远低于钢的焊接，一般不予考虑。

■ 加热元件对接焊

加热元件用作热载体匹配各种类型的焊缝和连接形状。加热元件放入接合工件之间。热塑性塑料放置加热元件的面被加热至塑化温度。然后抽出加热元件并压紧接合面，使它们相互焊接（图 4）。这类焊接主要采用的焊缝类型是对接焊缝和搭接焊缝。

■ 摩擦焊接

连接面相互摩擦使之熔化。这种摩擦阻止焊接过程中的氧化作用，因为空气无法进入焊接位置。通过挤压塑性材料可将杂质和气泡从接合区压入焊接凸起部（图 5）。这种方法可以焊接不同种类的塑料。

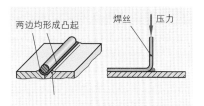

图 1　焊接时形成的凸起

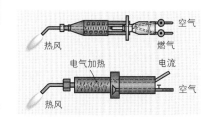

图 2　热风焊接设备

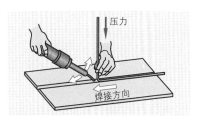

图 3　热风焊接

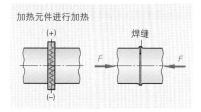

图 4　加热元件焊接

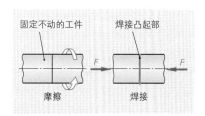

图 5　摩擦焊

知识点复习

1. 哪些塑料可以焊接？

2. 热风焊接时如何加热焊接位置？

3. 塑料焊接的焊接温度有多高？

4. 何处采用加热元件焊接？

5.6 钎焊

> 钎焊是金属材料借助添加材料的材料接合型连接，焊接时不烧熔基底材料。

这种接合方法与黏接和电焊同属不可拆解式连接的制造方法。钎焊连接比黏接更牢固，但材料的热负荷却低于电焊。待连接的金属不必加热至熔点。连接的产生依靠合金的形成和扩散，其焊料的熔点低于待连接的金属。

■ **钎焊技术的优点**

- 钎焊连接密实牢固；
- 钎焊连接可导电；
- 薄材料与厚材料的连接更可靠且不会损坏薄材料；
- 基底材料没有不良的组织变化；
- 可连接不同材料组合；
- 工件内部不会出现热应力。

■ **钎焊技术的缺点**

- 软钎焊连接的强度低：为 $50 \sim 100 \ N/mm^2$（MPa）；
- 优化造型和定位的钎焊间隙要求精准的工作；
- 钎焊面必须清洁，无脂并有机械光泽，目前这些要求花费巨大；
- 焊药和杂质可能导致化学腐蚀；
- 不同材料钎焊时存在着电化学腐蚀的危险。

■ **钎焊技术的应用范围**

- 连接不同材料；
- 连接导电接头；
- 连接薄板材制造密封容器；
- 接合非金属材料；
- 用于不允许出现焊接应力时。

5.6.1 钎焊过程

由于焊料熔点低于待连接材料，使得后者不像电焊时被烧熔，热量仅进入材料表层。单个分子扩散至因加热变成液态的上部分子层，并在那里与基底金属形成合金（图1）。

钎焊过程从浸湿开始，这是工件表面稀液状焊料的平面扩展。若要两种材料的表面完全紧密并牢固地相互连接，接合面细致认真的准备工作必不可少。

首先要求待连接表面的机械清洗，然后用焊药进行处理。此时形成金属光泽的工件表面，并阻止新的氧化，因为氧化杂质降低连接强度。

焊料在毛细作用下渗入待连接工件之间的间隙，但这只能在间隙宽度不大且焊料保持稀液状时才能完全做到。间隙宽度在 $0.1 \sim 0.2 \ mm$ 时，焊料渗入间隙的效果最佳（图2）。钎焊间隙必要的宽度和深度取决于焊料的强度。由于存在不充分填充的可能，间隙深度以不超过 $15 \ mm$ 为宜。

> 钎焊间隙的正确尺寸对连接质量具有决定性意义。

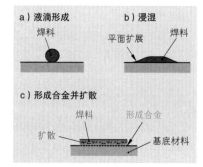

图1 钎焊过程

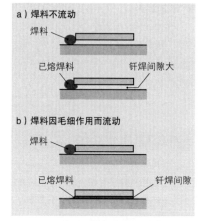

图2 钎焊间隙宽度对焊料流动的影响

■ 钎焊工作

钎焊可以采用与电焊相同的接头类型（第 100 页）。钎焊焊缝的强度低于电焊焊缝。因此，钎焊板材工件和圆管时，总是优先选用搭接面更大的钎焊焊缝（图 1）。

必须注意钎焊过程中的热膨胀。焊料作为成形件，例如薄板，垫圈，圆环等在预热前或加热过程中放入焊接位置，或在加热过程中以液态形式添加。

> 焊料凝固过程必须避免振动。

无振动凝固可获得无裂纹无应力的钎焊焊缝。钎焊之后需清理焊缝处的焊药残留物，避免日后出现腐蚀。认真仔细的钎焊一般已不再需要对焊接点进行后续清整。

5.6.2 钎焊方法

钎焊方法按下述原则进行划分：

- 焊料熔融温度

    软钎焊焊料的熔融温度低于 450℃

    硬钎焊焊料的熔融温度高于 450℃

    高温钎焊焊料的熔融温度高于 900℃

- 下列所采用的钎焊方法均按热能输入的类型划分：

■ 烙铁钎焊

这种钎焊方法仅用于软钎焊。钎焊烙铁由一块实心铜组成，由它将热能传输至焊接点。烙铁内部一般装有电气加热元件（图 2 和图 3）。欲满足高要求钎焊时，最好采用可调节各种熔融温度的调温烙铁。

加热时，与氯化铵条石摩擦后的烙铁铜表面裸露加热并氧化。随后，软焊料均匀分布在铜表面。烙铁加热待连接的工件与焊料，直至焊料开始熔化。钎焊位置应事先用焊药清理干净。

■ 火焰钎焊

火焰钎焊时，热能由气焊焊炬输入。这里可用气焊焊炬或专用的钎焊喷灯。火焰钎焊可用于软钎焊和硬钎焊（图 4）。

■ 电阻钎焊

这种焊接方法主要用于工业化大规模生产。这里利用电能产生热能。其电源要求低电压和强电流，类似于电阻电焊的电流要求。待连接工件和夹在中间的焊料由两个电极之间的电流加热（图 5）。

■ 感应钎焊

感应钎焊（图 6）采用交流电加热钎焊点。为此需将焊接点放入一个线圈，然后接通交流电，使焊接点迅速加热至所需的工作温度。

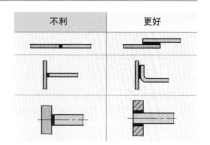

图 1　正确的钎焊设计

不利	更好

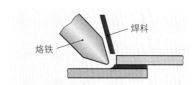

图 2　烙铁钎焊

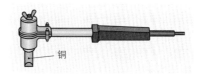

图 3　电气加热的手工烙铁

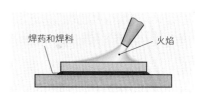

图 4　火焰钎焊

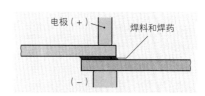

图 5　电阻钎焊

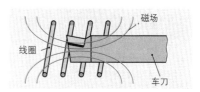

图 6　感应钎焊

■ 电弧钎焊

电弧钎焊分为金属保护气体钎焊和钨极保护气体钎焊。电弧钎焊的工作原理在设备技术层面上类似于 MSG 和 WSG 焊接过程。

电弧钎焊使用铜基材料作为添加材料，其熔点温度（910℃~1040℃）明显低于基底材料。因此，钎焊时基底材料的热负荷较低，所造成的涂层损坏也更低。钎焊添加材料一般采用直径 0.8~1.2 mm 且类似于 MSG 焊接法的钎焊焊丝卷。保护气体多采用 100% 氩气。电弧钎焊采用对接焊缝，角焊缝，凸缘焊缝或 I 型焊缝焊接薄板和组件。

■ 炉中硬钎焊

将工件放入炉中，加热至钎焊温度。这种钎焊可使用保护气体，不用焊药。小型工件大规模生产时，常用输送带将工件缓慢穿过加热炉进行加热。

■ 浸液钎焊

大规模生产时，将有多个钎焊点的工件浸入易烘干的液体焊药池。

5.6.3　焊料

焊料是添加材料，用于连接工件。焊料是纯金属或合金，其商业形式是条状，丝状，薄板状，环状，颗粒状或粉末状。它也可以与焊药结合制成包皮或药芯焊条。焊料可分为工作温度低于 450℃ 的软焊料和工作温度高于 450℃ 的硬焊料，又可按其材料成分划分为锡焊料，铜焊料，黄铜焊料，铝焊料和银焊料。

■ 软焊料

软焊料由锡（熔点温度 232℃）或一种锡铅合金（铅熔点温度 327℃）组成。锡铅合金的组成比例为锡占比 63%，其余为铅，其熔点温度为 183℃。如果铅锡比例改变，其熔点温度也将改变并产生一个熔融范围（图 1）。

占比超过 63% 锡的软焊料大多用作涂层金属涂覆在铜或黄铜表面。若软焊料中铅的占比占优，则用于钢板加工。出于健康原因，水管钎焊连接中不允许使用含铅软焊料。钎焊温度低于 183℃ 时，需为锡铅合金加入其他添加元素，如铋，镉和铟，使熔融温度降至 183℃ 以下（举例见表 1）。

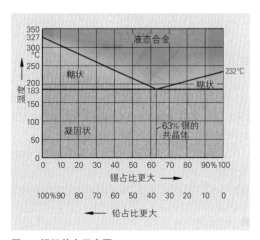

图 1　锡铅状态示意图

表 1：软焊料 – 选自 DIN EN ISO 9453/DIN EN ISO 3677				
组别	按 DIN EN ISO 9453 的合金编号	按 DIN EN ISO 9453/3677 的缩写符号	熔融范围	用途
锡铅合金	103	S-Sn60Pb40	183℃~190℃	汽车车身制造，精制板材钎焊，冷却器制造，电气设备
锡铅锑合金	135	S-Pb69Sn30Sb1	185℃~250℃	管道工作，精密钎焊，冷却器制造
锡铜合金	402	S-Sn97Cu3	227℃~310℃	铜管安装

■ 硬焊料

大多数硬焊料的基础材料是铜，特殊用途时也要求在基础材料中添加镍，银或铝（举例详见本页下部表1）。

铜基硬焊料的组成成分是铜或铜合金。其中锌，锡和磷的含量决定着介于845℃与1100℃之间的钎焊温度。含磷硬焊料不宜用于铁和镍材料的钎焊。

含银硬焊料内含有银和铜，部分添加锌，锡，镍，锰，镉和磷。其工作温度范围从600℃到800℃。含磷硬焊料一般仅用于铜钎焊。含镉硬焊料因其过高温度可产生有损健康的一氧化镉蒸汽。使用时，车间和工位均必须通风良好。含银硬焊料用于耐腐蚀钎焊连接。含银超过60%的硬焊料用于钎焊连接银制品。

镍基硬焊料要求用于钢和特种金属的高温钎焊。其应用范围在880℃与1150℃之间的钎焊温度。

表 1：硬焊料 – 选自 DIN EN ISO 17672/DIN EN ISO 3677				
组别	按 DIN EN ISO 17672 的缩写符号	按 DIN EN ISO 9453/3677 的缩写符号	熔融范围	用途
铜硬焊料	Cu 141	B–Cu100（P）–1083	1083℃	钢材料
银硬焊料	Ag 225	B–Cu40ZnAg–700/790	700℃～790℃	钢材料，铜和镍材料
铝硬焊料	Ai 112	B–Ai88Si–575/585	575℃～585℃	铝材料

5.6.4 焊药

通过液态焊料利用基底材料时，要求一个纯金属表面。钎焊过程中，钎焊连接点必须与环境空气隔绝，以阻止形成新的氧化。这就是焊药的主要任务。它的另一个作用是促进已熔焊料的流动，改善毛细作用。

焊药必须与配合使用的焊料的工作温度相符。焊药可分为用于硬焊料和软焊料的焊药。这里涉及侵蚀性连接，目前是腐蚀性连接；用于硬焊料的焊药内含有硼和氟成分。

■ 焊药使用时的工作保护

焊药使用目的要求的焊药常含有侵蚀性极强的化学药物。因此：

▶ 必须避免与焊药的任何形式的皮肤接触。

▶ 工作岗位或车间必须具备良好充足的通风条件。

知识点复习

1. 请解释钎焊的概念。

2. 钎焊与电焊的区别是什么？

3. 钎焊有哪些优点？

4. 钎焊过程是如何进行的？

5. 钎焊中的流动，扩散和合金形成是什么意思？

6. 如何根据工作温度划分钎焊方法？

7. 烙铁钎焊用于何处？

8. 钎焊中的焊药有何作用？

9. 哪些焊药用于软钎焊，哪些用于硬钎焊？

10. 为什么钎焊完成后必须清除焊药？

11. 钎焊间隙对钎焊连接质量有哪些影响？

12. 银焊料有哪些优点？

13. 哪些材料可用作焊料？

黏接指使用塑料基黏接剂将相同或不同材料的组件和工件相互连接。黏接产生的是材料接合型不可拆解连接。

5.7.1　金属加工业的黏接

黏接在金属加工业内可完成多项任务：

- **固定**：在金属建筑构件中常见采用黏接方法固定非金属零件：钢制楼梯横梁上的石梯阶，门内填充物中的隔热板，钢筋混凝土中的黏接膨胀钉，大梁支板上的 PTFE 滑移层和全玻璃门上的金属配件（图 1）。

  金属零件也可相互黏接，其意义在于：滚珠轴承，螺栓和销钉以及其他黏接件均可通过黏接进行固定。甚至大面积建筑构件，如车库门的梯形板 – 覆板，也可以通过厚的弹性聚氨酯层进行黏接。

- **保护**：螺钉和螺帽均可通过合适的黏接剂快速且低成本地进行防意外松脱保护（图 2）。但在必要时，仍可用标准化工具将它们再次拧开。这就允许装配后进行必要的调整，而不必考虑会损坏它们的抗震性能。也有特殊的稀液状黏接剂，可用它们对螺钉连接做长期保护，因为这类黏接剂在毛细作用下被吸入螺纹内。

- **密封**：铝窗角接合，建筑物屋顶，液压和气动管螺纹连接等，均可采用黏接剂进行保护和密封。采用密封胶封闭建筑物立面结构中的伸缩缝和间隙，用密封膏黏接密封膜（图 3）。

5.7.2　黏接剂的作用方式

黏接剂通过黏接缝将两个待接合零件相互连接起来（图 4）。

黏接剂由塑料和塑料内部结构中网状连接的纤维状大分子组成（参见第 502 页和第 503 页）。黏接连接的强度取决于黏接剂在接合面的黏附力（附着力）和黏接剂内部的内聚力（图 4）。

黏接剂采用液态涂覆。接合面越干净，黏接剂对接合件的润湿越好，并获得高黏附力。通过黏接剂的冷却，凝固和硬化，使黏接面稳固并达到高内聚力。化学反应之后开始硬化，这里的化学反应可以是加聚反应，聚合反应或缩聚反应。

图 1　金属配件的黏接

图 2　已做保护的螺帽

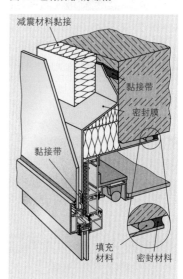

图 3　建筑立面的密封

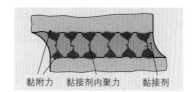

图 4　黏接连接中的力

5.7.3 黏接剂的种类

最常使用的黏接剂是热固性塑料，但也有热塑性或弹性塑料。许多黏接剂的一个重要分类标准是，黏接剂加工成聚合物形式还是单体形式。

聚合物，它在涂覆前用溶剂调制成液体状态，并且必须在黏接剂接缝中浓缩或凝固。由于这是一个物理过程，所以这类黏接剂可称为物理凝固型黏接剂。

单体，它必须在黏接剂接缝中通过化学反应才能硬化，因此这类黏接剂又称为反应型黏接剂。

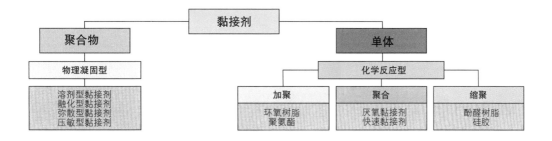

■ **物理凝固型黏接剂**

这类黏接剂的加工非常简单，因为它们均由单组分构成，就是说，工作时不必搅拌黏接剂。未使用的黏接剂仍保持黏接能力。

溶剂型黏接剂是加入橡胶类塑料成分（例如丁二烯橡胶，硝化纤维，聚氨酯）的聚合物，可用作"万能黏接剂"。作为接触型黏接剂，当溶剂蒸发后可明显看到接合件上面干燥的黏接剂膜。但通过对接接缝和压力可在短时间内产生一层相对稳固的黏接层。它们的耐热性低，但极富弹性，可用于平面连接，如隔热材料，例如聚氨酯制成的硬泡沫，以及门内的玻璃棉和石棉。

融化型黏接剂是热塑性聚合物，强度低，用于黏接硬纸板。黏接时，用电加热枪将黏接剂液态涂覆。黏接剂迅速凝固并硬化。这类黏接剂由例如聚酰胺树脂或饱和聚酯组成。属于物理凝固型黏接剂的还有弥散型黏接剂，它在水中搅拌成为聚合物微小液滴。压敏型黏接剂用于粘胶带和粘贴标签。

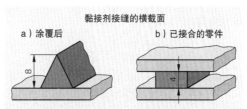

图 1 弹性聚氨酯（PUR）的黏接剂接缝

■ **化学反应型黏接剂**

这类黏接剂如果是单组分的，其加工极为简单，例如聚氨酯（PUR）泡沫，由喷雾罐喷出即可。这种硬泡沫可在门窗安装时形成宽接缝。但也有聚氨酯（PUR）黏接剂，它们呈软膏状，高黏性，由橡胶加工而成。它们与空气湿度发生化学反应，通过加聚反应使其硬化。由于这类黏接剂可制成的层厚最大至 4 mm（图 1），因此可用来弥补加工公差，黏接并同时密封。这类黏接剂具有高弹性，可以吸收振动和热膨胀，而且具有可喷漆性和中性气味，黏接后可长时间开放放置。

- 冷硬化类的硬透速度为 4 mm/24 h，断裂延伸率超过 300% 时的抗拉强度为 4 $N m/mm^2$。
- 热硬化类在 120℃耗时 7 min 硬化，断裂延伸率超过 250% 时的抗拉强度为 10 $N m/mm^2$。

两种聚氨酯（PUR）黏接剂均可黏接玻璃板，黏接钢结构件中用作覆板的塑料板和胶合板，木板或网纹铝板等（图1）。若是双组分黏接剂，它们分装在两个软管或罐子内，分别命名为树脂和硬化剂。双组分只在使用时才能按制造商规定直接混合，以使黏接剂能够完全硬化。双组分反应型黏接剂的搅拌混合必须在所谓的"有效使用期"内进行，因黏接剂和工作温度的不同，该有效使用期短则几分钟，长则数小时。如果按双组分混合物供货，这种黏接剂已无法继续使用。

图1　用网纹铝板和聚氨酯（PUR）做覆板

环境温度高，原黏接剂残留物和黏接剂使用量大等因素均可缩短有效使用期！

环氧树脂黏接剂是工业和手工业重要的反应型黏接剂。它们是双组分黏接剂，不需要压紧力，通过加聚反应硬化。该类黏接剂可冷硬化（约0℃以上），也可热硬化。其使用温度范围介于–40℃至+90℃之间。它们可用于黏接几乎所有的材料，并具有优秀的黏附性和强度。根据不同的添加剂，可将环氧树脂的变形特性调整为硬和脆，弹性或韧性。使用此类黏接剂时，每次黏接均需注意应具备足够大的黏接面，因为甚至在热硬化时，仅抗剪强度就需达到约30 N/mm²。尽管如此，这种黏接剂还能黏接混凝土内的膨胀螺钉（树脂黏合锚栓），并可黏接金属。

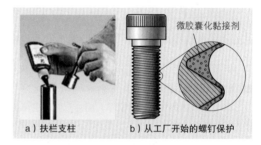

a）扶栏支柱　　b）从工厂开始的螺钉保护

图2　用微胶囊化黏接剂保护螺钉

（图2）。
● 黏接间隙允许根据不同黏度从0.05 mm至0.25 mm不等。

■ 厌氧黏接剂

- ◉ 金属接触时，在隔绝空气的条件下聚合；
- ● 10～30 min后达到人力不能打开的强度；
- ● 3 h后可达最终黏接强度12 N/mm²；
- ● 此类黏接剂由甲基丙烯酸组成，作为"液体螺钉保护剂"（图2）用于密封螺纹和最大至0.05 mm的间隙，还可固定滚珠轴承和齿轮；
- ● 使用温度范围介于–55℃至+150℃之间。

■ 快速黏接剂

- ● 通过空气湿度或工件湿度聚合；
- ● 3～100 s达到人力不能打开的强度；
- ● 12 h后可达最终黏接强度35 N/mm²；
- ● 使用温度范围介于–60℃至+80℃之间；
- ● 此类黏接剂由氰基丙烯酸盐组成；
- ● 适用于金属，塑料，橡胶，干法装配玻璃的玻璃密封，微胶囊化的黏接剂用于螺钉保护。

■ 酚醛树脂

- ● 酚醛树脂是缩聚反应黏接剂。
- ● 工件接缝需加热加压。
- ● 用于木材黏合胶。
- ● 黏接处质硬，耐温达200℃并抗老化。
- ● 强度最高达20 N/mm²。

■ 硅橡胶

- ● 硅氧链的缩聚物；
- ● 空气湿度可使之硬化；
- ● 有醋酸味；
- ● 低温下（最低至–70℃）仍具有极高的柔韧性；
- ● 极佳的全气候耐受性；
- ● 耐温最高至200℃；
- ● 以胶筒形式供货；
- ● 用于伸缩缝的永久弹性密封和湿法装配玻璃。

5.7.4　黏接面的预处理

> 黏接面应干净，干燥，无脂，轻度打毛和配合精确。

- **机械打毛**：喷射，金刚砂磨光，打磨（钢：砂轮粒度 100～150，对缺口敏感的材料如铝：砂轮粒度 450～600）或用无纺布打磨。对已油漆的板材工件需通过预试验检查其附着状况！
- **去脂**：污损特别严重时用无纺布刷和丙酮做初步清洗。轻度污损时使用可激活黏接表面的专用清洁剂。乙醇和油漆稀释剂不适宜用作脱脂溶剂！
- **化学预处理**：有些基底材料，如聚乙烯（PE）和聚丙烯（PP）需用毛刷涂底漆作为增附剂，但底漆在黏接之前必须完全干透并已硬化。钢工件上的锈迹可通过酸洗去除。

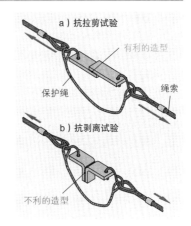

图 1　黏接连接的撕裂

5.7.5　黏接连接的成型规则

- 最好保持一个可以承受剪切负荷的搭接。这可通过对一个 20 mm × 10 mm 环氧树脂黏接样品进行的抗拉试验予以证明 [图 1a]。
- 由于黏接剂的抗拉强度明显低于金属的抗拉强度，黏接连接应避免出现拉应力负荷。
- 尽可能避免对黏接连接施加剥离应力，因为尽管黏接面大，但却极易撕裂 [图 1b]。
- 薄板工件不应黏接过长的搭接长度，因为板材的弹性使其边缘区域产生强烈的拉剪应力。使得黏接连接从外部撕裂。
- 小间隙（0.01～0.03 mm）和短搭接长度所产生的强度数值最佳。
- 如果规定采用黏接连接替代焊接或钎焊，则必须扩大接触面（图 2）。

5.7.6　黏接剂的处理

1. 混合：只有众多品种的双组分黏接剂需在使用前按照制造商的规定直接混合，以便在黏接剂的有效时间完成黏接作业。

2. 涂覆：对于双组分或取自胶筒的单组分黏接剂，用毛刷，齿状泥铲，毛毡滚筒等工具进行涂覆作业；也可采用喷涂，浸入，喷雾法；或使用专用配装静态搅拌器的计量装置。弹性单组分聚氨酯反应型黏接剂应涂覆成 8 mm 厚的三角形黏接缝。

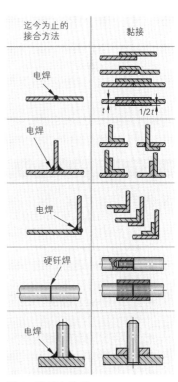

图 2　黏接点造型

3. 接合：接合时务请注意，黏接缝内不允许出现气泡，不能移动黏接剂，转圈抹去黏接点处多余的黏接剂。必须保护刚刚黏接的零件，防止移动。用刮刀抹去过多的黏接剂余料。薄的，新的黏接剂残留物可用专用清洁剂清除。

4. 硬化：黏接剂硬化期间宜施加 20～50 N/mm^2 的压紧力。压紧力可固定黏接的零件，产生一层黏接薄膜，促使黏接点更快地硬化和牢固。压紧力还阻止气泡和微孔的形成。硬化时长：冷黏接剂应达到 50% 凝固变硬，热黏接剂必须低于黏接剂允许的工作温度。

5. **检验**：黏接检验是敲击试验，敲击声响亮为合格。或采用超声波检验。也可以采用抽检样品的破坏性检验，或抽检样品的对比检验。

6. **清理黏接剂残留物**：未硬化的黏接剂残留物是特种垃圾。已硬化的残留物可归属居家垃圾类。

必要时，也可拆解黏接连接。将黏接点加热至250℃或施加适用的溶剂。如用于环氧树脂的所谓"脱模机"。它软化已硬化的黏接接缝，然后用力撕扯。由于弹性单组分聚氨酯黏接剂的黏接间隙宽，用刀子割开即可。

■ **预防事故的工作规则：**

未硬化的黏接剂，它们的溶剂和溶剂的蒸气，还有许多用于黏接面预处理的化学药品均对健康有害，增加环境负担。双组分黏接剂在硬化剂剂量过高时有自燃危险。几乎所有的黏接剂均具可燃性，其蒸气均具爆炸性，因此，务请遵守下列诸项：

▶ 注意包装上面的危险符号（图1）。

▶ 黏接剂只允许在密闭容器内保存和运输。

▶ 工作位置应通风良好，溶剂蒸气向下抽走，因为它们比空气重。

▶ 工位上不允许抽烟，不允许出现明火。

▶ 穿工作服，佩戴手套或采用可形成防护膜的方法。

图1　按 GHS/CLP 规定的危险符号

（标注：损害健康、损害环境）

▶ 抹去喷溅在皮肤上的黏接剂，并用水和肥皂清洗。若黏接剂溅入眼睛，应用水洗掉并立即求诊眼科医生。

▶ 黏接工具上残留的黏接剂，应在其硬化之前用合适的溶剂清洗掉。混合双组分黏接剂宜使用橡胶器皿，便于清除其中残留的已硬化的黏接剂。

5.7.7　黏接连接的优点与缺点

优点：

- 几乎所有的黏接剂都具有良好的黏接性能（例外：塑料聚乙烯（PE）、聚丙烯（PP）和聚四氯乙烯（PTFE））。
- 厚零件与薄零件也能黏接良好。
- 黏接接缝密封且几乎肉眼难辨。
- 黏接后没有组织变化，没有内部张力，没有扭曲变形。
- 不同金属黏接后没有接触性腐蚀。
- 不需精确配合。
- 是小型零件的经济型连接方法。

缺点：

- 耐热性低。
- 要求接合零件的特殊形状。
- 接合面表面处理成本高。
- 部分黏接剂的硬化时间长。
- 有因剥离而导致黏接失败的危险。
- 导热性差。
- 凝固的黏接点对敲击敏感。
- 黏接有流动或蠕动的倾向。
- 未加保护的黏接易"老化"，其强度随时间的推移最大可下降50%。

知识点复习

1. 黏接连接有哪三种应用领域？

2. 黏接剂分为哪两组？

3. 单组分反应型黏接剂如何硬化？

4. 黏接连接中应避免哪些类型的应力？应优先考虑哪些应力？

5. 为什么与空气湿度接触而硬化的黏接剂的黏接层宽不宜超过 20 mm？

6. 接合面应如何处理？

7. 如何理解有效使用时间？

8. 厌氧黏接剂用于何处？

9. 请解释为什么接触黏接剂及其溶剂时需特别小心？

6 电气机械与设备

在金属加工业许多领域中需转换电能，以便完成相关任务。如驱动机器时需将电能转换为动能，焊接时需将电能转换为热能，用电磁铁起吊重物时需将电能转换为电磁能。由于电流和电压无法肉眼可见，用电时必须了解并遵守必要的安全措施。

6.1 电路

物体对电流的反应是导体，非导体或半导体，取决于物体最外层原子层中电子的运动活性。

电流是自由电子有方向的运动。

流动电流的电子受到电压的驱动，例如电流从发电厂通过导线输送至用户，或在电极之间流动。

在电路试验中，闭合开关即可点亮小灯泡（图1）。这里，通过导电的小灯泡构成电池正极与负极之间的导电连接，其电压是电流的前提条件。

电流只在闭合的电路中流动。

与电子流动方向相反的是，技术理论定义的电流方向是从正极流向负极的〔图1a)〕。

一个简单的电路由能源（电源），用户，开关和导线〔图1a)〕组成。图纸上用线路符号标记电路〔图1b)〕。

简单的直流电路由三个物理量标记：

电流强度：公式符号 I - 单位：A（安培）
电压：公式符号 U - 单位：V（伏特）
电阻：公式符号 R - 单位：Ω（欧姆）

三个物理量之间的相关关系由欧姆定律表述。电阻，电流和电压之间的比例关系可根据公式求取。

$$U \sim I \qquad U = I \cdot R$$

上述公式还表示，电压上升而电阻保持不变时，电流强度增加（图2）。

实际工作中，口语中标为用户的装置是电阻（图3），电阻将电能转换为例如热能或机械能。

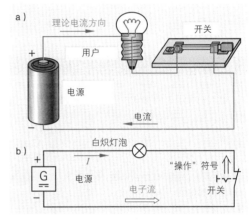

图 1 电路

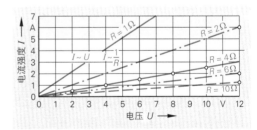

图 2 电阻在相同电压条件下对电流强度的影响

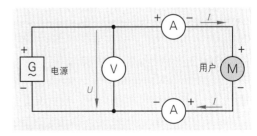

图 3 闭合电路与测量仪器

■ 电功与电功率

电磁型电表的功率铭牌上可明确看到，一个检测仪器可记录哪些功率（图 1）。直流电的电功率是电压与电流的乘积。由于供电电网的电压恒定不变，电流随所取用的功率而上升。

功率 = 电压·电流（单位：瓦特（Watt））

$P = U \cdot I$　　$1\,W = 1\,V \cdot 1\,A$　　$\mathbf{1\,kW = 1000\,W}$

将功率乘以仪器运行的时间（t），其乘积是电功（W）。

功 = 功率·时间　　$W = P \cdot t$　　（单位：Ws）

$1000\,Ws = 1\,kWs$；$3600\,kWs = 1\,kWh$

6.2　电磁学

电气机械的作用方式以电磁磁场力的作用为基础。磁性也是一种材料特性。铁，钴，镍和若干合金是铁磁体材料。通过磁场可将它们磁化。恒磁体（永磁体）可称为硬磁性。其他的磁性材料在去除磁场后将再次失去其磁性特性。因此，这类磁性材料又称软磁性，例如熟铁。

6.2.1　电磁感应

将一块永磁体在通电线圈内移动，这时检测仪器的显示指针出现摆动（图 2）。

如果接通电流时将一块熟铁芯磁化，该铁芯将向其他磁体和铁芯传递一个力（图 3）。这两种电磁作用是设计电动机，发电机和起重电磁铁的物理基础（图 4）。

即便铜线在磁场内运动，也能使敏感的电压表指针出现摆动［图 5a）］，因为这里感应了一个电压。磁场内南北极之间的运动将迫使电子向一个方向运动［图 5b）］。

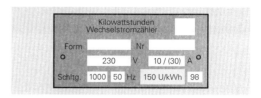

图 1　电表功率铭牌

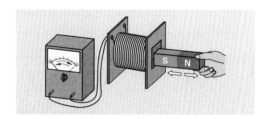

图 2　电磁感应

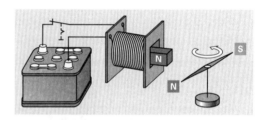

图 3　电磁力的作用

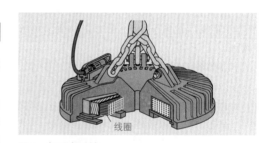

图 4　起重电磁铁

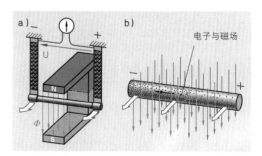

图 5　导体在磁场内的运动产生电荷移动

■ 电磁感应定律

在前页所述第一个试验中（第 118 页图 2），若磁体静止不动，电表指针也不会出现摆动。但如果前页图 5 中的线环运动，电表指针也会摆动。因此，具有决定性意义的是，电导体切割磁力线或磁场出现变化。

> 如果线环在磁场内运动，线环内的磁流出现变化，并在运动过程中线环内感应出一个电压。

感应电压在闭合电路中驱使电流流动。

与之相反，如前页第二个试验所示，电压的变化生成一个磁场，该磁场在磁性材料上产生一个机械力（第 118 页图 3）。

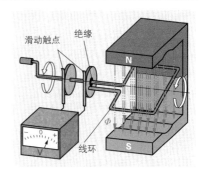

图 1　简单的交流发电机

6.2.2　交流发电机

在一个各处磁流密度均匀相同的磁场内转动线环，感应电压的持续变化明晰可辨（图 1）。

若绘出由此产生的电压的时间性变化，便可得一个正弦曲线。由于电压在线环每圈转动时均会改变一次方向，因此将其称为交流电压（图 2）。这里流动的电流也因此称为交流电流。

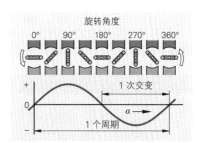

图 2　交流电压产生的原理图

■ 三相交流电流

在图 1 的发电机模型中，线环内所产生的交流电压由滑动触点接收。但由于对于电感而言，只有线圈与磁场的相对运动是重要因素，所以，电厂发电机中转动的是磁场。这就是转子，由于转子的形状，它又常被称为电枢。这里，感应电压的线环则保持静止不动。线环又称为定子（图 3）。

定子中装入的线环呈 120° 交错状态。磁场旋转产生交流电压。那么这里的交流电流又称三相电流。在图形表达法中（第 120 页图 1）可见，无负载电网中，三个电压的总和始终为零。因此，它们仅需一根共用回线，中线（图 3 中的 N）。

若中线接地，如规则所定，又可称之为零线。其他三根导线称为相线，分别标记为 L1，L2 和 L3（图 3）。相线与零线之间的电压达到 230 V，这是提供给常见小型电气设备的电压。两根相线之间的电压达到 400 V，这是电气机床，热风炉和焊接电源所需的电压（图中组合了实际应用中分离的电路）。

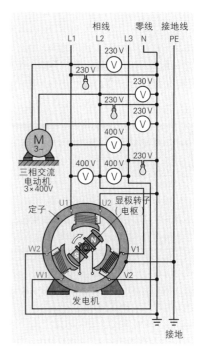

图 3　三相交流（三相电流）发电机与四线制电网

从插座可辨识向一台设备提供了何种电流类型。400 V 电源的插座（图 2）有五个插孔，分别提供给相线 L1，L2 和 L3 以及零线 N 和接地线 PE。导槽和保护触点插孔始终位于下部。

交流电的频率，即在一秒钟内振动的次数，在欧洲联合电网是 50 Hz（每秒 50 次交变，图 3）。钟表，电视机，电动机和其他设备均可提示，这种振动次数始终保持一致。

对于一系列的技术用途（控制系统，某些焊接设备，电解）而言，交流电并不适用。理想的直流电可从化学电池获取（图 4）。直流电的电流强度始终保持不变。但在许多应用中，直流电是通过整流器从交流电转换为脉冲直流电的。直流电发电机也生产脉冲直流电（图 5）。

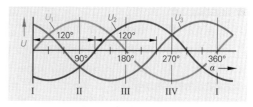

图 1　三相交流电的电压特性曲线

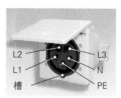

图 2　三相交流电的插座

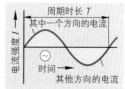

图 3　交流电（正弦电流）

6.2.3　变压器

如果磁流发生变化，根据感应原理将产生一个电压。在前页试验中，通过磁铁在线圈中的运动或导体在磁场中的运动产生电压。

但也可通过仅是磁场的变化感应产生电压。两个线圈并列而立，但不做导电连接（图 6）。先接通线圈 1 的电流，线圈 2 的电压表指针出现摆动。由于这里的能源是直流电，围绕线圈 1 的磁场现在稳定不变。线圈 2 的电压表指针便回到静止位置。关断线圈 1 的电流后，线圈 2 的电压表指针再次摆动。

由此可得出变压器原理：

线圈磁流出现变化时，线圈内感应产生一个电压。

如果两个线圈共用一个铁芯，由此便产生一个变压器（图 7）。交流电的电流保持变化，但其电压稳定不变。常规电表由于惯性原因并不能识别上述现象，这类电表显示的是有效数值。变压器输入端绕组若接入交流电源，电表显示输出端绕组始终有一个感应的交流电压。

图 4　直流电

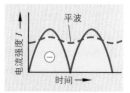

图 5　脉冲直流电

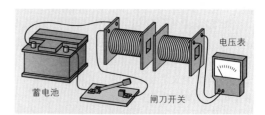

图 6　用于静态感应的试验布置

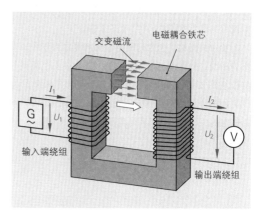

图 7　变压器的能量流

如果输出端绕组（N_2）匝数变化，它所感应的电压和电流（图 1）也会出现变化。如果磁流与磁场频率保持相等，所感应的电压必将随绕组（N_2）匝数的变化而上升或下降。由此可得变压器的转换公式：

$$\frac{U_1}{U_2} = \frac{N_1}{N_2} \qquad \frac{I_1}{I_2} = \frac{N_2}{N_1}$$

变压器的电压与绕组匝数成正比关系，与电流强度成反比关系。

■ **变压器的应用**

在能源联网系统中，电流必须通过长途线路远距离输送。电压越高，线路损耗越小。大型变压器站的长途线路高压（例如 400000 V）需为地方配电网变换电压。地方用户需用 400 V 电流（强电）或 230 V 电流（家庭用电）（图 3）。如果上述电压过高，则需配装专用变压器。

由于只有交流电可以变压，对于某些设备而言还需要整流器。

小型变压器是标称功率最大至 16 kVA（1 kVA ＝ 1 kW）的变压器。它必须按防护事故的特殊结构制造，因为许多门外汉会与它发生接触。例如作为电源用于电动开门装置和门铃装置，以及作为安全变压器用于例如 12 V 电压的手持灯具和电子装置（图 2）。

电弧熔焊变压器除普通变压器常见部件外，还配装调节焊接电流的控制装置。其空载电压仅允许达到 70 V，在狭小空间执行焊接工作时，空载电压 50 V。短时间内（最大 0.2 秒）可以出现更高电压（图 4）。

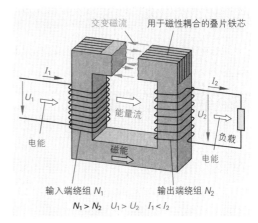

图 1 变压器的结构与作用方式

图 2 手持灯具的安全变压器

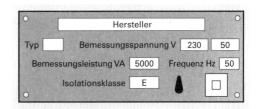

图 3 变压器功率铭牌

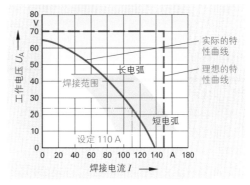

图 4 焊接变压器的电压－电流特性曲线图

6.3 电动机

凡有电气接头的地方，均将电动机用作动力装置。许多手工工具如手持电钻，电动螺丝刀或打磨砂轮机等，均借助性能卓越的蓄电池提供驱动电力。

6.3.1 磁场内的导电导体

电动机借助电磁原理将电能转换为机械能。

与第 118 页图 5 所示类似，一个与电源连接的导体悬挂在磁场内运动（图 1）。接通电源后，围绕着导体形成一个磁场。该磁场与恒磁体两磁极之间的磁场叠加。导体受到排挤从磁场中推出。如果导体接头变换极性，其运动方向也发生改变（图 3）。

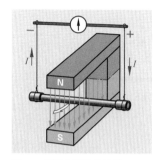

图 1　磁场内导体的偏转

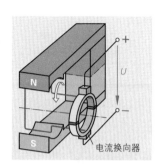

图 2　磁场内运动的电流换向器

> 磁场内的导电导体发生偏转。其偏转力的方向取决于导体电流方向和磁场方向。

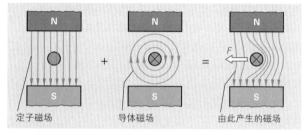

图 3　两个磁场的叠加

■ **电动机原理**

若将一个可旋转的导电线圈放入一个旋转磁场，线圈同样会旋转（图 2）。围绕线环和恒磁体的磁场在导线右侧得到加强，而其左侧则几乎消失。由此便产生一个旋转力矩。其方向再次取决于电流方向和磁极方向（图 4）。尽管导体在旋转，但借助一个换向器可使通电导体的电流始终流向相同方向。这样，一个简单的直流电动机便诞生了（图 5）。如果换装更强或更弱的磁铁，线圈更多绕组或通过线圈改变电流，则旋转力矩也会改变。

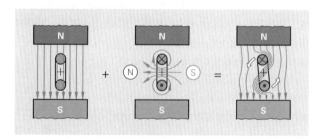

图 4　直流电动机旋转力矩的产生

> 磁场内导电线圈的转矩随导体电流的增强，导线的延长和磁场的增强而增大。

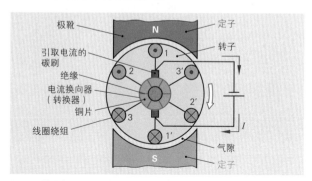

图 5　直流电动机的电流换向器

6.3.2 直流电动机

电动机原理与发电机原理正好相反。其中的固定部分称为定子，旋转部分称为转子（图5）。直流电动机需要一个定子磁场和一个转子磁场。在定子中，定子磁场由恒磁体或一个直流线圈构成。在转子中，同样通过直流电构成一个磁场。铜片上的碳刷与集电器，又称电流转换器，向转子供给电源（第122页图5）。

电流流经线圈，构成一个导线磁场，该磁场与定子磁场叠加。由此产生的磁场促使产生旋转运动。这样的排列结构使电动机最大可转动180°。为使电动机能够继续旋转下半圈，集电器中的电流必须转换磁极。直流电动机在接通时吸纳的电流远大于正常运行状态（图1）。因此，其启动电压需由一个电阻降下来。

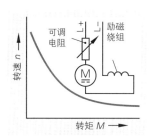

图1 直流电动机接通电流   图2 直流－串励电动机特性曲线

■ 直流－串励电动机

转子绕组与定子绕组（磁场绕组）串联接通（图2）。它们具有一个高启动转矩。负载出现下降时，转速剧烈上升，电动机可能"飞车"。因此，电动机与受驱机器脱离时，不允许接通电机。

■ 直流－分励电动机

转子绕组与励磁绕组并行接通。它们每次接受的电流分量不同。因此，负载上升时转速出现的下降微不足道（图3）。

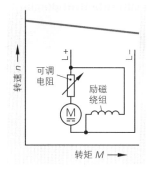

图3 直流－分励电动机特性曲线

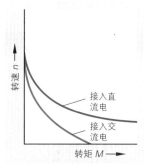

图4 通用电动机在不同电流类型时的特性曲线

■ 他励电动机

励磁绕组不与转子连接。励磁电流由一个独立电源供电。这种电动机在空载时不会飞车。它可以很好地控制转速。因此，这类电动机多用于加工机床。

■ 通用电动机

它是直流－串励电动机的一种特殊构造类型，可用交流电驱动。它广泛用于电动工具，如手工钻，角磨机等（图4和图5）。

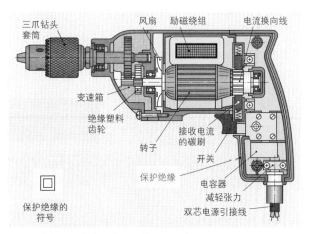

图5 装备通用电动机的手工钻剖面示意图

6.3.3 交流电动机

电厂发电机生产三相交流电又称三相电。将三相电接入电动机相应的定子绕组，电机内将产生一个旋转磁场（第119页图3）。在这个空间内，一根磁针以三相电流的频率旋转。

> 当磁场旋转，或当三相电流流经三相电流绕组时，便产生旋转磁场。

如果转子同样也产生一个旋转磁场，便由两个磁力在两个磁场之间产生一个旋转力矩。如果转子按定子磁场频率旋转，这类电动机称为同步电动机。如果转子的转速低于定子旋转磁场的转速（"转差率"3%～5%），此类电动机称为异步电动机。它的功率因素 $\cos\varphi$ 低于直流电动机的功率因素。φ 是磁场之间存在的转差角。

■ **鼠笼转子电动机**

这是异步电动机应用广泛的一种制造类型。其转子是鼠笼转子，由相互连接的铜或铝棒组成。定子的旋转磁场在定子内产生强电流，强电流感应磁场并使之旋转（图1）。转速和转矩特性曲线在设计上可以做显著变化（图2）。由于鼠笼转子不需要从外部提供励磁电流，因此也就不需要电流换向器和集电碳刷，这类电动机几乎可以免维护。

6.3.4 电动机的功

所有电气设备中产生的损耗均转换成热能。因此，电动机的负载能力取决于其绕组的绝缘材料。绝缘材料不受损坏地承受的持续工作温度限制着电动机的允许运行温度。

> 过高的温升，尤其是过载时的高温，将破坏绕组绝缘层，并使电动机无法继续运行。

选择电动机时，运行类型具有重要意义。电动机的功率铭牌清晰标明其许用运行类型（图5）。短时运行所产生的温升低于持续运行的温升。因此，用于短时运行的电动机可选较小型的。电动机的运行类型可划分为9类。

具体如下：

- S1 持续运行（图3）；
- S2 短时运行（图4）；
- S3，S4，S5 不同工况的间歇运行；
- S6 间歇负载连续运行；
- S7 中断运行。

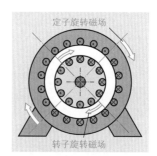

图 1 短接转子（鼠笼转子）电动机

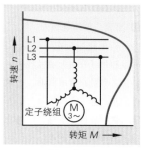

图 2 鼠笼转子电动机的特性曲线和电路图

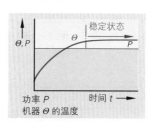

图 3 运行状态 S1 时温度和功率的变化曲线

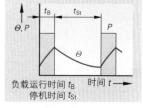

图 4 短时运行类型（S2）时温度和功率变化曲线

电动机功率铭牌的重要数据		
1 制造商		
2 机器名称		
3 工作方式		
4 机器编号，制造年份		
5 标称电压		
6 标称电流		
7 标称功率，运行类型		
8 旋转频率		
9 标称频率		

1			2
3	3~ Motor	Nr.:	4
5	△ 400V	10.7A	6
7	5,5kW S1	cos φ 0.88	–
8	1450 /min	50 Hz	9
	Isol.-Kl.F	IP 55	
	DIN VDE 0530	EN 60034	

图 5 三相交流电机的功率铭牌

6.4 防护电流危险

由于电流无法看见，并在许多场景下也无法识别一台设备是否出现故障，那么在与电气机械和设备打交道时，必须认真遵守所有规定。始终保持高度谨慎是必要的。

■ 电流对人体的作用

大部分人体器官功能基于由人脑发出的弱电脉冲。心脏本身可产生弱控制电流。大脑的指令通过神经系统传输至肌肉。如果人体的某个部分接触到带电工件，电流便可从供电电网流经人体并导致肌肉痉挛，心跳和呼吸停止或休克。

➡ 电流流经人体的时间越长，电压越高，电流越强且接触电阻越小，其作用越危险。

▶ 电流强度超过 0.5 A，交流电压超过 50 V 即可造成生命危险。
▶ 在电气设备或带电工件旁的工作只允许专业电工执行。

6.4.1 电气设备的操作错误

符合规范的操作可避免与电气设备带电工件的接触。只有在设备故障使电流的流经路线出现错误时，才会出现危险。

电力网已经接地，目的是使绝缘未能完全屏蔽的微弱电流也无法构成危险电压。如果由于故障在运行状态下带电工件与大地之间形成带电连接，它意味着有故障电流流出（图 1）。若故障电流超过规定数值，则熔断器必须关断（电源）。

● 接机壳是有效工件与其周边环境的带电连接（例如设备机壳）。这里会产生危及人身的危险接触电压；
● 当两根带电导线无绝缘接触，将立即出现线间短路；
● 短路是一种线间短路。

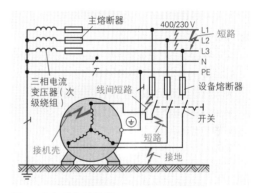

图 1　电气设备的故障

6.4.2 保护措施

设备装置已基本划分保护等级（第 126 页表 1）。

安全引线用于引导故障电流，它是设备装置最常用的保护措施（图 2）。绿黄色绝缘的安全引线连接机壳。在插座上，安全引线通过保护触点与供电电网的安全引线连接。

如果难以避免与带电工件的接触，宜采用低电压保护措施。

防护罩（完全遮蔽）阻止人体与整个设备的接触。也可以通过保护绝缘阻断与带电工件的直接接触。这里将电气元件与机壳完全绝缘，例如角磨机，手工电钻（第 123 页图 5）或用于身体护理的电气装置。

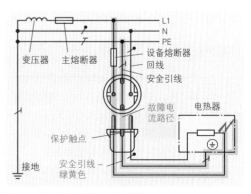

图 2　安全引线的作用方式举例

表1：按 VDE 0720 的设备保护等级			
保护等级	I	II	III
标记符号	⏚	▢	◇III
保护措施的应用	安全引线	绝缘保护	低电压保护
举例	电动机	家用电器，照明灯具	容器照明，最大至 AC 50 V 和 DC 120 V 的小型装置

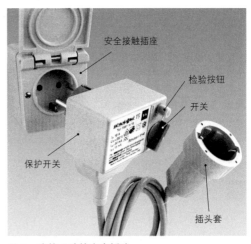

图1　建筑工地的安全插头

（标注：安全接触插座、检验按钮、开关、插头套、保护开关）

家居电路中常用的熔断式保险丝切断故障强电流，其作用方式是保险丝立即熔断。

导线保护开关（自动熔断器）切断电流。排除故障后，它可立即恢复接通。

> **→** 保险丝既不允许跨接，也不允许修补。

故障电流保护开关检测流入与流出电流的差值。若差值过大，关断设备电源。它可对人员提供更高安全度。

保护隔断是通过隔离变压器直接切断电网至用户的电流。身体接触时便没有电流经过人体进入大地。

■ **事故预防**

- ▶ 只允许由经过专业培训的专业人员安装和维修电气设备和电气元件。
- ▶ 电气设备试运行前必须认真阅读操作说明。
- ▶ 必须注意遵守设备铭牌所列各项提示说明（见右侧节选）。
- ▶ 保护电缆不能承受机械负荷，以避免损坏。
- ▶ 任何时候都不允许打开带电设备。
- ▶ 受损的导线，插接装置和设备必须立即中止使用和运行。
- ▶ 不触摸或用工具接触裸露的带电导线。
- ▶ 不允许同时触摸电气设备和接地连接（暖气片，水管等类似物体）!
- ▶ 每六个月由专业电工检查接线电缆和电动工具。

知识点复习

1. 请解释 123 页两种电动机的电路图并对比其电流路径。

2. 请思考，如果某人用铁丝替代熔断保险丝，将会发生什么。

3. 为什么电流会危及生命？

4. 请列举人体尚能忍受的电压和电流。

5. 熔断保险丝与故障电流保护开关的作用是什么？

6. 安全引线的作用是什么？

电气设备铭牌的图形符号 – 节选	
(VDE 标志)	VDE 检验标记
(CEE 标志)	CEE 检验标记，它可代替国家级检验标记
(VDE 无线电标志)	与 VDE 无线电抗干扰规定相应的 VDE 无线电保护标记
(Ex 标志)	爆炸防护
(防尘防护标志)	防尘防护
(防尘密封标志)	防尘密封
(⚡标志)	设备的高压部件
(⚠标志)	防喷溅水保护
(⚠⚠标志)	防喷射水保护
(水滴标志)	防水滴保护
S	狭窄空间使用的电焊机
(GS 标志)	安全标记（安全性已检）

7 金属加工业的数控技术

与大部分金属加工业技术领域的职业一样，金属加工业内数控技术也占据着越来越广泛的应用空间。从数控圆锯到舒适的计算机数控激光切割机，数控技术的应用已扩展出广阔天地。

NC 是英语概念 numerical control 的缩写，意为数字控制，中文简称数控。由于这类设备得到集成计算机的支持，所以又称 CNC 设备。CNC 是英语 computerized numerical control 的缩写，意为计算机支持的数字控制，即计算机数字控制，简称计算机数控。

尽管计算机数控的应用实例千差万别，但所有的机器设备均遵循这个基本原理运行。与传统工作方式相比，各种用户的实际差别在于，不再计划单个的工作步骤，而是在前一步骤完成后直接开始下一个。传统工作方式是，预先计划工作步骤复杂的顺序及结果，取而代之的是，全部计划阶段完成后再将它们汇总处理，没有操作人员人工干预介入的任何可能。

7.1 数控技术中的信息流

示意框图可清晰看出数控设备中的信息流（图 1）。从现今一般以技术图纸为载体的几何数据开始到工艺数据，如刀具数据，材料数据等类似数据，首先应依据这些数据制订一份工作计划。在这份工作计划中与传统加工技术中一样，确定各个具体工作步骤的实际顺序。然后将这些相关数据翻译成一种标准化形式，一种程序语言。这种程序语言现已按 DIN 66025 标准化，因此其基本结构对于所有数控用户完全一样。按 DIN 66025 编制的程序分解成机器可读懂的代码，即二进制码 0 和 1，并借助相应装置输入。接着，过程计算机处理这种代码化信息，并将它们以行程指令和开关指令的形式继续传输给相关的进给驱动电动机和开关装置。这些装置负责按规定的形式和速度执行指令规定的行驶路径。

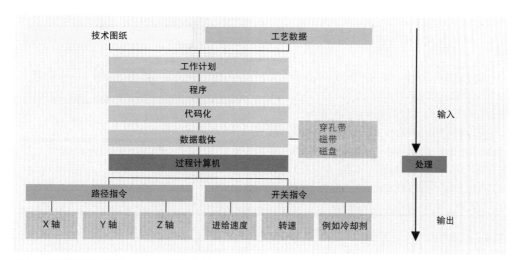

图 1 计算机数控（CNC）设备的信息处理

与所有计算机支持的过程一样，在数控技术中，电子信息处理的基本结构也是依据 EVA 原则构建的。字母 E 指输入，即通过计算机操作员执行输入；字母 V 指处理，即在过程计算机中处理数据；字母 A 指输出，即计算机处理后的结果以行驶路径指令和开关指令的形式输出给相关的电路。

7.2 数控机床的结构

鉴于数控机床的工作方式，它与传统机床的结构必定不同。为执行 EVA 原则，要求机床配装用于加工信息输入，处理和输出的部件。在计算机数控（CNC）气割设备的实例中，这些示范性部件清晰可见（图1）。

输入 → 操作面板

处理 → 控制系统

输出 → 进给驱动电动机

进给驱动电动机

图1 计算机数控（CNC）机床的各结构元素

7.2.1 输入单元

数控程序中编成数码的数据以各种不同方式通报给处理单元。大部分情况下，这种通报形式是通过操作面板执行输入，该输入在数控机床上可直接执行（图2）。这种方式称为以车间为定向的编程。操作面板一般均配装阿尔法字符（字母）和数码符号（数字）键盘，以及指定的功能键。借助这些功能键可直接介入程序及其运行，例如存储，程序预运行，设置零点，等等。这些功能键的图形符号已按 DIN 55003 标准化（表1）。

键盘编程在很大程度上可追溯到屏幕的图形支持。这种图形交互式或对话式工作方式使数控系统通过输入的数据为用户提供了更多的图形帮助。

除以车间为定向的程序输入外，还常用分离的企业层面的计算机进行程序输入。这种方法输入的数据必须通过专用线或合适的媒介（软盘，磁带等）传输给数控加工站。这种工作方式的优点在于，在费时的输入过程中，不必关闭机床，停止运行。

图2 激光切割机的操作面板

表1：按 DIN 55003 的基本图形符号		
机床功能的功能箭头	数据载体	无机床功能的程序
有机床功能的程序	语句	基准点
位移补偿	存储器	更改

已编制并输入的程序可用于其他应用，并在存储媒介上激活。与软盘，硬盘和卡式磁带等通过磁化存储数据相比，早期常用穿孔带存储数据，即由穿孔机通过在纸带上以某种指定形式冲孔将数据编码（ISO 码，EIA 码）。

信息的读与写必须使用相应的读写装置，并通过所谓接口与编程器和数控机床连接。与对热辐射，磁场等外部因素敏感的磁性存储媒介相反，穿孔带只需施加防止机械损坏的措施即可。但磁性存储器价格低廉，对数据的存取时间短，因此其应用的经济性更好。现在它对机械存储媒介已形成排挤之势。

7.2.2 处理单元

> 任何一个数码控制系统的核心部件都是处理单元。

由于处理单元必须处理完成多个相互并不相干的工作，所以该单元总是由若干并行运行并通过总线系统相互连接的微处理器组成。微处理器主要完成如下任务：

- 处理几何数据用于行驶路径；
- 对比设定值用于位置调节；
- 进给驱动电动机的速度调节；
- 转速调节；
- 所有已连接单元的通信控制；

所有这些任务必须以最高精度高速完成。

■ 数控处理器

数控处理器承接的任务是，将机床操作人员以编码形式输入的行程指令转换为运动数据，并用该数据控制相关的进给驱动电动机。

多轴平行运动时，这些简单的指令发给各个具体的电动机。非多轴平行的直线或曲线运动时，必须通过两个或多个线性运动的耦合才能生成所需的运动。例如现加工一个 45° 斜面，需通过两个相对而立且呈 90° 的进给驱动电动机同时驶过相同的行程距离，即所谓的增量，来完成。所有其他的斜面（图 1）以及曲线（图 2）则必须将不同次数的行程步骤配位整理。这种配位整理的方法称为插补法，它可分为直线插补法与圆弧插补法。最小可控增量是 0.001 mm，由此产生的"阶梯形曲线"，在例如气割轮廓中无法辨认。行程步骤的配位要求极高的计算量。负责此项任务的部分数控处理器称为插补器。

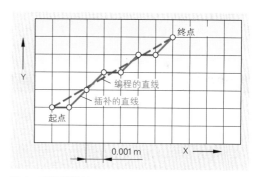

图 1 直线插补法

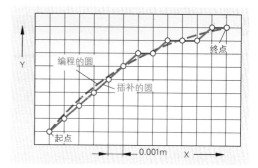

图 2 圆弧插补法

■ **位置调节回路**

数控处理器确定刀具的运动数据，例如焊炬喷嘴，并将运动数据作为设定值发给进给驱动电动机的电子控制元件，运动数据在这里处理成调节脉冲。一条指定的待完成行驶路径可分解成可进行处理的步骤对应次数。步进电动机负责执行所需的行驶路径。如果没有出现表明该路径是否已实际完成并由此达到预定目标点的反馈信息，这里就是一个开放的调节回路，或一个控制链。它的缺点是无法识别干扰因素和无法检查是否到达目标点。为克服这个缺点，现在几乎所有的数控机床均可对位置进行调节。这意味着，通过指定的检测方法沿着总行驶路径询问实际位置，并将实际位置信息发送给处理单元的比较器。这里持续比较设定值与实际值（图 1）。达到设定位置后，位置调节回路立即中断进给运动。

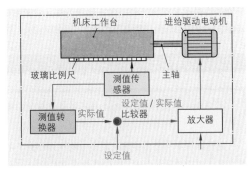

图 1　位置调节回路

为阻止"驶过"目标点，特别有效的控制系统在抵达目标点之前已降低进给速度。

■ **速度和转速调节**

进给速度与转速的调节与位置调节的方式相似。电动机内装有测速发电机，它持续通报实际转速和速度（实际值），这些信息在比较器中与设定值对比，必要时予以调节。位置调节回路与速度调节回路相互连接。

7.2.3　输出单元

由处理单元求取的行驶路径必须作为行程指令发送给进给驱动电动机。这类进给驱动电动机负责数据的输出。同样的电动机原则上也负责驱动工作主轴，例如用于钢支梁的数控钻镗加工中心。

主轴驱动与进给驱动相同，均采用无级调速的直流电动机，或三相交流伺服电机。

7.3　数控机床的结构特征

7.2 节所述数控机床与传统机床的功能差别当然要求数控机床必须有显著的设计变动，用以保证所需行动可按规定方式完成。

除机床操作区作为输入单元和计算机作为处理单位外，不同的进给驱动电动机应明显具备下列主要特征：

- 专用导轨和主轴
- 进给行程的行程检测系统

7.3.1　导轨与主轴

由控制系统执行且范围为 1/1000 mm 的横向进给要求机械方面的导轨与主轴具备最高精度。预张紧的滚珠丝杠（图 2）或气割设备行驶小车的精密导轨滚轮均可达到最大精度。

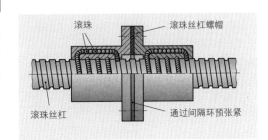

图 2　滚珠丝杠的精密进给

7.3.2 行程检测系统

数控机床的加工质量取决于其行程检测系统的品质。检测系统负责向计算机持续通报实际值信息，因此肩负着精确定位的责任。检测方法基本分为两种：

● 绝对值检测

● 增量检测

绝对值检测指实际检测值始终以检测系统零点为基准。

增量检测法以从一个点至下一个点的步进方式进行检测。这种检测方法将下一个检测点的实际位置用作零点。所以其检测零点是"一起移动"的。这种检测法的检测装置也因此只需要一个简单的比例刻度尺用于继续计数（图1）。绝对值检测法的检测尺必须使用一种二进制编码，因为它必须持续给出绝对位置（图2）。这种检测法要求较高的制造成本。但它与增量检测法相比的优点在于，意外停电后，刀架溜板的位置在再次接通时可直接识别，而增量检测法在停电后，首先必须驶向参照点（零点）。

增量检测法采用高度精密并蚀刻条形码的玻璃比例尺作为检测尺。

在检测方法内部又分为：

● 直接检测系统

● 间接检测系统

直接检测系统的检测尺直接安装在机床机架上。固定在各溜板上的光学扫描装置在溜板运动时滑过比例尺，并直接求出进给行程（图3）。

间接检测系统检测位于工作主轴上自整角机的旋转运动。从旋转圈数或旋转角度中间接求出溜板行驶的行程（图4）。

检测方法（绝对与增量）和检测系统（直接与间接）可任意组合。

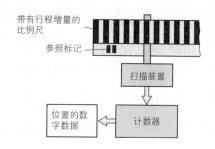

图1　计数行程增量的刻度比例尺

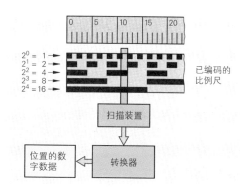

图2　带有二进制编码的比例尺

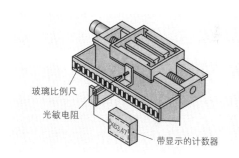

图3　直接行程检测

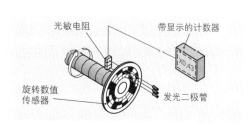

图4　间接行程检测

7.4　控制系统的类型

数控机床编程的基本原则是，刀具执行运动，而工件保持原位不动。根据运动类型的不同，控制系统可划分为

- 点位控制系统
- 直线控制系统
- 轮廓控制系统

最简单的控制系统类型是点位控制系统。这类控制系统驶向目标点的快速行程是最短行程。快速行程中不执行加工任务。但点位控制在当今的机械加工界已极为罕见，仅用于自动钻床和自动点焊机［图1a）］。

直线控制系统在与轴线平行行驶过程中同时执行一个加工任务，例如切割一个矩形开口［图1b）］。

现今的大部分机床均采用轮廓控制系统［图1c）］。它根据结构可加工任意曲线和轮廓。2维轮廓控制系统可在两个维度执行计算机控制的运动，3维轮廓控制系统甚至可加工三个面。这种控制系统可加工任意的立体形状。

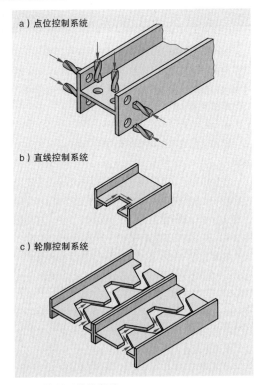

a）点位控制系统

b）直线控制系统

c）轮廓控制系统

图1　控制系统的类型

7.5　坐标系

描述机床行驶路径时，必须首先配属进给行程的坐标轴。

■ 笛卡尔坐标系

笛卡尔（直角）坐标系中的轴线位置可用右手法则［图2a）］表示。Z轴始终位于刀具轴线方向，X轴和Y轴分别与Z轴构成直角。围绕这些轴的旋转运动分别命名为A，B和C［图2b）］。

■ 极坐标系

极坐标系常用于确定孔图。通过一个点与水平轴线的角度数据，以及基于坐标原点的半径确定该点的点位。角度的表述是从X轴正值开始顺时针方向计数。必要时可通过三角函数将极坐标值换算为笛卡尔坐标值（图3）。

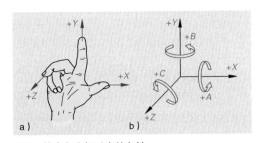

图2　笛卡尔坐标系中的各轴

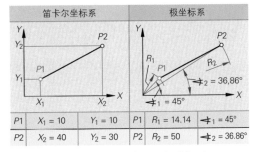

笛卡尔坐标系			极坐标系		
$P1$	$X_1 = 10$	$Y_1 = 10$	$P1$	$R_1 = 14.14$	$\angle 1 = 45°$
$P2$	$X_2 = 40$	$Y_2 = 30$	$P2$	$R_2 = 50$	$\angle 2 = 36.86°$

图3　相对位置：笛卡尔坐标系－极坐标系

7.6　程序的结构

编制数控程序是专业编程员的任务，他们熟悉几何数据与工艺数据之间的相关关系，并做相应的转换。研发编制这类程序所遵循的原则是规定程序语言的形式。数控控制系统程序编制的基础是 DIN 66025。如今几乎所有的控制系统制造商均遵守这个标准。

> 按 DIN 66025 编制的程序均具有相同的结构。它们由各个具体的语句组成。语句的成分是不同数量的词。词是各配属一个地址并带有所属内容的最小单位。

每个语句均可内含编码形式的几何信息，工艺信息，编程技术信息和辅助信息（图 1）。

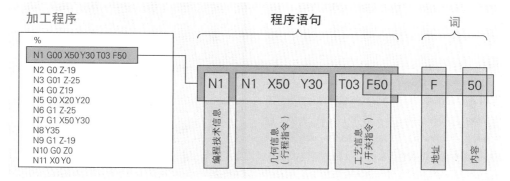

图 1　数控程序的结构

将包含不同地址或相同地址的各种不同的词组合后形成控制系统可读并可处理的信息。

地址字母的顺序，语句格式，同样已由 DIN 66025 标准化：

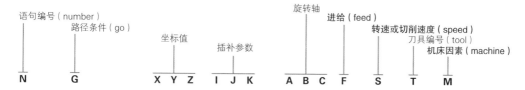

由于第一个数控程序由美国研发，所以大部分地址字母是英语专业表述的缩写，例如进给 F（feed）或刀具 T（tool）。

7.6.1　编程技术信息

编程技术信息（图 2）的作用是保证程序的顺畅运行。

最重要的编程技术信息是表示程序起始的字符"%"和表示语句编号的地址 N。一个程序一般按语句编号依序处理。通过合适的措施也可跳过指定的语句或语句顺序（有意跳过不读的语句），或数次处理同一语句（子程序技术）。

可打印的符号		不可打印的符号	
符号	**含义**	**符号**	**含义**
%	程序起始，程序复位语句的强制停止	HT	制表键
		LF/NL	语句结束，也表示进一行（Line Feed）或进一行且小车回程（New Line）
(	注释开始		
)	注释结束		
+	加号	CR	小车回程（Carriage Return）
,	逗号		
−	减号	SP	中间空间（Space）
.	十进制小数点	DEL	删除（Delete）
		NUL	空格符（Null）
/	语句中断	BS	后退（Backspace）

图 2　程序技术符号

7.6.2 几何信息

几何信息由行程条件和目标坐标组成。几何信息描述刀具按照目标点位坐标数据行驶的行程路径，以及完成该段路径应遵循的条件，例如该段路径是否是快速行程路径（G00）或已编程的进给速度，直线行程（G01），还是按顺时针方向圆弧行程（G02），或逆时针方向圆弧行程（G03）。

行程路径条件由地址字母 G 与一个两位数的识别数字组成。其有效方式可以是语句有效方式或时序有效方式。最重要的行程路径条件已标准化（表1）。标准给控制系统制造商一个有限的空间，在这里，与系统相关的自身的识别数字可定义用于指定的补充工作。

目标坐标可作为绝对数值（G90）或相对数值（G91）有选择地发出。绝对数值编程时，所有的坐标数据均以编程之前已确定的程序零点为基准。前置符号决定着待确定的目标点位处于哪一个象限（图1）。相对数值编程或增量编程时，实际点位始终作为零点指定下一个点位（对比增量检测方法）。即直接编程所有待完成的行程距离。并根据前置符号的说明确定行程方向。

表1：行程路径条件

G00	快速行程定位
G01	直线插补
G02	顺时针方向圆弧插补
G03	逆时针方向圆弧插补
G04	停留时间
G05	可自由支配
G17	面选择 XY
G18	面选择 XZ
G19	面选择 YZ
G40	撤销刀具轨迹补偿
G41	刀具轨迹补偿，左
G42	刀具轨迹补偿，右
G43	刀具补偿，正
G44	刀具补偿，负
G53	撤销零点偏移
G54	零点偏移
∣	
G59	零点偏移
G80	撤销加工循环
G81	加工循环
∣	
G89	加工循环
G90	绝对尺寸数据
G91	增量尺寸数据

对比绝对编程与增量编程

绝对 G90	X	Y	增量 G91	X	Y
P1	40	0	P1	开始	开始
P2	30	30	P2	−10	30
P3	−40	30	P3	−70	0
P4	−40	0	P4	0	−30
P5	−30	−30	P5	10	−30
P6	40	−30	P6	70	0
P1	40	0	P1	0	30

图1　绝对尺寸数据与增量尺寸数据的对比

7.6.3　工艺信息

工艺信息指机床的设定数值。它与加工方法相关，例如主轴转速 S，进给速度 F，刀具 T 等。工艺信息由一个地址字母与一个数值组成。工艺信息的有效方式是时序有效方式，即它的有效时间一直延续至它在程序中被修改为止（表1）。

7.6.4　附加信息

附加信息实际上也是开关指令，它与指定的机床功能相关。地址字母后面是两位数的识别数字，它的信息有关功能的类型（表2）。在不同加工方法时，这可能指千差万别的指令，例如 M04，在钻，车，铣加工方法时指的是"接通主轴，向左转"，但 M04 在气割时却指"接通气割"。

程序语句的识读方式是逐块的。控制系统按照这种识读方式决定优先占用哪些地址。例如在引入钻头进给运动 G01 之前必须先接通工作主轴 M03。控制系统必须"先读"地址 M03。

表1：工艺信息

地址	功能	举例
S（speed）	确定主轴转速，在某些情况下指确定切削速度	S1000 = 主轴转速 = 1000 1/min
T（tool）	刀具编号，有时是刀具补偿编号或刀具在换刀夹盘内的位置	T0301 = 刀具编号 3 位于换刀夹盘的位置 1
F（feed）	直线运动时的进给速度，单位：mm/min，或旋转运动时的进给速度，单位：mm/U（每圈）	F500 = 进给速度 500 mm/min；F0.1 = 进给速度 0.1 mm/U（每圈）

表2：附加功能

附加功能	含义	立即有效	在语句结束有效	存储有效	语句方式有效
M 00	程序停机		X		X
M 02	程序结束		X		X
M 03	主轴按顺时针方向旋转（右旋）；气割供氧：关	X		X	
M 04	主轴按逆时针方向旋转；气割供氧：开	X		X	
M 05	主轴停		X	X	
M 06	换刀				X
M 07	冷却润滑剂：开	X		X	
M 09	冷却润滑剂：关		X	X	
M 30	程序结束复位		X		X
M 92	中间预加热：关		X		
M 93	中间预加热：开	X			

知识点复习

1. 请描述数控（NC）与计算机数控（CNC）之间的区别。

2. 请给概念输入，处理和输出配属相应的计算机数控（CNC）机床功能单元。

3. 何时采用以车间为定向的编程？

4. 在计算机数控（CNC）控制系统中，数控处理器的任务是什么？

5. 请解释控制定位与调节定位的区别。

6. 如何区别数控机床与传统机床？

7. 请解释绝对数值检测与增量检测之间的区别。

8. 数控机床上如何实现直接路径检测和间接路径检测？

9. 请解释三种控制系统的类型并分别举例。

10. 通过哪些数据确定笛卡尔坐标系或极坐标系的点位？

11. 请寻找下图中角点的绝对坐标和增量坐标。（请编制一份坐标表）

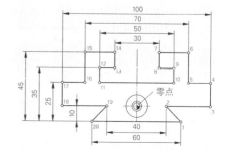

7.7 人工编程

人工编程指将工作计划转换成为一种数控控制系统可读懂的语言。

7.7.1 编程系统

在法兰板钻孔加工实例（图1）中即在制定编程系统。这里的工作步骤始终相同。

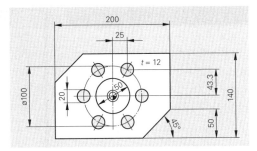

图1 法兰板

工作步骤	动作	举例
第1步	选择程序零点（PNP）	本例中，对称的标注尺寸作为 PNP 并得出法兰中点。机床上直接执行所要求的零点位移。
第2步	确定坐标值 • 绝对值编程 • 相对值编程	所有孔中点均必须有坐标值。如果可用极坐标系处理，根据孔圆半径和各孔的角度可轻松确定坐标值。在笛卡尔坐标系中则必须通过三角函数 sin 和 cos 求出坐标值。这里的半径是斜边。两种编程方法均需提供绝对值（G90）。
第3步	制订工作计划： • 确定行驶路径 • 选择刀具 • 确定转速，进给，冷却剂等	位于正 X 轴的孔应作为钻孔第一孔。然后顺时针方向钻后面的 5 个孔。计算得出的间距 X 和 Y 需加上相应的前置符号并提供所需的坐标值。主轴转速与其直径相配，宜采用 700 1/min，进给 0.1 mm/U（每圈）。用于钻孔刀具定位的进给不必确定，因为这里指的是快速行程 G00 的行驶路径。
第4步	编制程序	将各工作步骤按照 DIN 66025 翻译成编程语言（参见 7.7.2 节）。
第5步	输入程序	通过相应的输入装置输入、测试并执行已编制完成的程序。

7.7.2 加工程序

N	G	X	Y	Z	F	S	T	M	注释
1	00/90	50	0		0.1	700	01	3/07	输入绝对值，快速行程驶向第 1 孔
2	00			1					钻头下降，主轴右旋，打开冷却剂
3	01			−20					钻第 1 孔
4	00			1					驶离第 1 孔
5	00	25	43.3						驶向第 2 孔
6	01			−20					钻第 2 孔
7	00			1					驶离第 2 孔
8	00	−25							驶向第 3 孔
9	01			−20					钻第 3 孔
10	00			1					驶离第 3 孔
11	00	−50	0						驶向第 4 孔
12	01			−20					钻第 4 孔
13	00			1					驶离第 4 孔
14	00	−25	−43.3						驶向第 5 孔
15	01			−20					钻第 5 孔
16	00			1					驶离第 5 孔
17	00	25							驶向第 6 孔
18	01			−20					钻第 6 孔
19	00			1				05/09	驶离第 6 孔，主轴停转，关闭冷却剂
20	00	X_W	Y_X					30	驶向刀具更换点－程序结束

7.7.3 刀具轨迹补偿

驶向法兰板孔中心点时，其坐标轴可直接取用图纸数值，或通过简单计算求取，因为刀具中心点必须与各孔中心点完全一致。如果法兰板的外轮廓与内轮廓采用切削刀具（铣刀），或气割设备的切割氧气射束，或激光切割设备的激光射束，则中心点轨迹与图纸标注尺寸的轮廓就不一致。刀具轨迹应向外或向内偏移刀具直径的一半和切割射束厚度的一半。

> 按与工件轮廓恒定间距运行的加工刀具中心点轨迹（例如切割焊炬，铣刀，车刀等）称为等距线。

如果刀具轨迹在加工方向上向左偏移，需通过地址 G41 调用刀具补偿。如果刀具轨迹在加工方向上向右偏移，需通过地址 G42 调用刀具补偿（图 1）。

调用补偿地址必须在语句中进行，即确定驶向未来工件轮廓的行驶路径的语句。刀具偏移的大小及其坐标值或等距线均由控制系统自己计算。其前提条件是，需向控制系统通报刀具数据（补偿数值），并作为刀具的组成成分（地址 T）参与管理。使用切削刀具时，旋转刀具的刀具直径数值（例如铣刀直径）（图 2），固定刀具的切削刃半径（例如车刀半径）和相应的刀具长度。使用气割工具时，切割焊炬的直径尺寸对于偏移具有重要意义。

这种类型的轨迹补偿提供了对工件外轮廓或内轮廓编程的可能性，不必首先考虑刀具尺寸。它只在需要时才使用，并可随时更改。

刀具轨迹补偿在驶离轮廓之后必须通过地址 G40 再次予以删除。

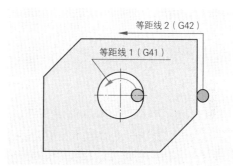

图 1　G41 和 G42 的刀具轨迹

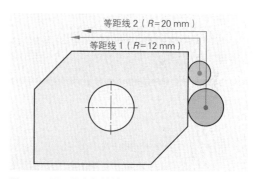

图 2　不同刀具直径的等距线

7.7.4 圆的编程

直线距离可通过其起始点与终到点的数据在几何层面上清晰定义。如果最终选定的刀具位置用作起始点，只需将直线终点位置做绝对编程或增量编程即可。

与此相反，圆或圆弧编程时，若要精确描述弯曲路线，仅有起始点和终到点的数据是不够的。除此之外还需给出另一个指定点，如半径数据或圆中点坐标值等。这里的坐标数据可以是绝对值模式（G90），也可以是增量模式（G91）。

由于在坐标值中保留着行驶路径的地址 X，Y 和 X，必须另选其他地址用于 X，Y 和 Z 方向的中心点坐标数据。这种"辅助"地址的字母 I 用于 X 方向，J 用于 Y 方向，K 用于 Z 方向。

在圆的其他运动方向上产生的数据应采用顺时针方向的地址字母 G02 和逆时针方向的地址字母 G03。

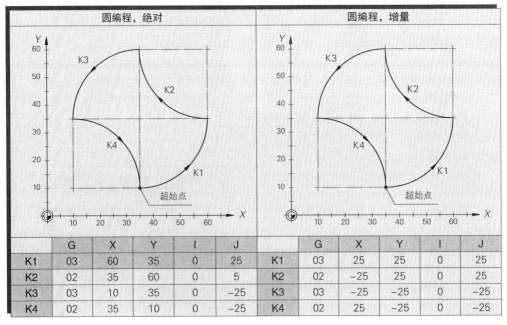

	G	X	Y	I	J		G	X	Y	I	J
K1	03	60	35	0	25	K1	03	25	25	0	25
K2	02	35	60	0	5	K2	02	−25	25	0	25
K3	03	10	35	0	−25	K3	03	−25	−25	0	−25
K4	02	35	10	0	−25	K4	02	25	−25	0	−25

图 1　圆弧的编程

考虑到刀具轨迹补偿和圆编程的预给定参数，法兰板气割加工程序（136 页）可如下编制（程序零点保持在孔圆中心点）：

N	G	X	Y	Z	F	S	T	M	注释	
1	00	X_W	Y_W			04	200		驶向刀具更换点，更换刀具；气割焊炬进给速度	内圆程序
2	00	0	0						驶向内穿孔点	
3	04					20		08	预热，穿透切割，停留时间 20 秒	
4	01/41	0	25					05	驶向工件内轮廓；焊炬开启	
5	03	0	25	0	−25				驶离内轮廓（向左偏移，偏移量 = 半径）	
6	00/40	0	0					04	自由行驶，删除刀具补偿；焊炬关闭	
7	42	−110	−70						驶向外轮廓穿孔点	外轮廓程序
8	04					20		08	预热，穿透切割，同语句 N3	
9	01	50	−70					05	气割外轮廓下边缘（向右偏移）	
10	01	100	−20						气割右下斜面	
11	01	100	70						气割外轮廓右边缘	
12	01	−50	70						气割外轮廓上边缘	
13	01	−100	20						气割左上斜面	
14	01	−100	−70						气割外轮廓左边缘	
15	01/40	−100	−80						气割外轮廓下部	
16		X_W	Y_W					04 30	程序结束，回跃至程序起始，消除刀具补偿	

7.7.5 加工循环程序

经常出现的加工程序段，例如加工螺孔并反复变动旋转方向，气割的预热并立即穿透气割，或采用不同的钻孔程序段加工一个深钻孔，等等，大部分CNC控制系统常使用这配有特殊地址的加工循环程序（图1）。在标准 DIN 66025 中已确定若干循环程序，但未确定所有可能的循环程序。控制系统制造商已预保留指定的地址范围用于确定加工循环程序。

7.7.6 子程序技术

编制加工程序时完全可以想到，待加工零件的某些部分或片段必定会在其他位置上重复使用。如同在其他程序语言中一样，DIN 66025 也汇总了将重复程序部分作为子程序的可能性。这类子程序可从地址 L 下的任意位置调用（图2）。

但成功编制子程序的前提是，用于新位置的坐标数据有效。通过两种不同的编程技术可以满足这个前提条件。其中之一将子程序写入 G91（增量编程），并在所需位置上进行尺寸更动。

但使用更为频繁的是另一种方法，即在调用子程序之前，先执行零点位移，然后通过已知绝对坐标修改子程序。地址 G54 至 G59 保留用于零点位移，并通过 G53 删除位移。图2 展示一个程序，它通过零点位移和调用子程序从薄板板材切下一个相同但新的零件。

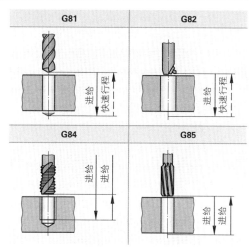

图 1 加工循环程序举例

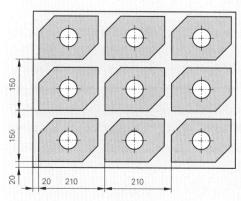

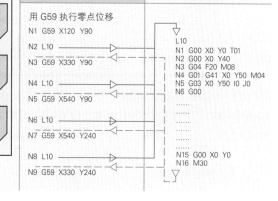

图 2 带有零点位移的子程序技术

7.8　机器编程

除 DIN 66025 所述编程方法外，CNC 控制系统制造商进一步提供更舒适编程方法的趋势大增。

> 机器编程采用更高级程序语言通过描述工件轮廓和刀具轨迹经过的几何元素点、线和圆来编制一种源程序。

这种轮廓描述法在系统方面有着不同的类型和方法。大部分系统引导程序员进入一种以图形为定向的对话语言。这类语言大幅度简化了编程工作，因为不再需要规定各种地址字母，只需在有供应清单（菜单）中选定所需的几何元素即可。这些几何元素的精准确定要求询问编程系统。这也适用于加工刀具的选择和位置确定。现在，必须借助一种软件模块，专业术语称为后处理程序，使用由此产生的源程序编制一种特殊的、可在机器上运行的程序。当然，这时的编制工作已在计算机内部进行，就是说，机床操作员不能直接介入这个编译过程。

采用参数化编程方法编制类似零件的程序的做法已呈增长趋势，就是说，可更改的尺寸已由参数代替，如 11，12…，直至具体的个例时才使用一个数字。其优点在于，对于多个零件只需编制和管理一个程序即可。

7.8.1　工艺部门的程序编制

高工艺化且造价不菲的 CNC 机床的机床运行时间极其昂贵。由于机床在加工程序编制方面仅能提供有限的使用范围，甚至无法使用，于是便尝试将编程工作脱离机床，放在中心办公室（图 1）。在金属加工业内较大企业中，采用这种方法首先编制一个与控制系统无关的程序。直至知道某零件应在哪个类型机床上加工时，通过相应的后处理程序编译一个针对这台机床的加工程序。中央计算机负责向多台数控机床提供程序。这种方法称为直接数控（DNC–direct numerical control）运行模式。

图 1　工艺部门的机器编程

7.8.2　CAD/CAM 方法

如今，在设计办公室中，主要采用计算机支持的方法绘制技术图纸。这就意味着，类似于计算机数控（CNC）机床的机器编程，图纸也是几何元素（直线，圆，圆弧等）链接的结果。采用此法的设备称为 CAD 系统（CAD=computer aided design = 计算机支持的绘图和设计）。计算机已知各个元素的几何数据（坐标值）。如果在计算机数控（CNC）程序的框架内继续使用这些数据，可大幅度节约工作时间。这种方法还能限制传输错误发生的概率。计算机辅助设计（CAD）与计算机辅助加工（CAM = computer aided manufactoring）之间的直接组合在技术上称为 CAD/CAM，它已达到加工自动化的极高水平。

7.9 金属加工实践中数控技术的应用

数控技术源于切削加工领域。如今这里也是数控技术最大的应用领域。现在，其他的加工领域通过数控技术简化加工的趋势大涨，主要也在金属加工业。金属加工业的应用从简单的钢支梁数控钻孔装置到锯切，气割设备，激光和水射流切割设备，弯板设备，直至自动冲切和冲剪机，不一而足。从如此大量的应用可见，数控技术已是金属加工业最重要的应用技术。

7.9.1 计算机数控气割设备

气割方面，首先可划分为两种不同的加工方法：

● 平板工件的切割和；
● 成型工件的切割。

平板工件方面，板材零件的几何形状是加工的目的。轮廓的形状必须通过合适的编程语言直接输入或在对话中输入，如上一节 7.7 所述。编程员可直接从 CAD 系统取用零件轮廓，但必须补充工艺数据，或通过询问和菜单控制保持编程机对话语言尽可能地继续引导（图 1）。

数控控制系统的大规模应用还出现在钢结构制造领域，这里使用自动切割机制造大量的法兰，冲孔，冲切件等（图 2）。图 3 至图 5 是数控气割设备加工工字梁典型冲孔的加工顺序。

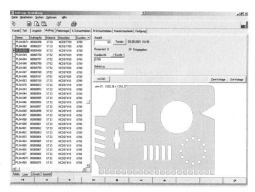

图 1　取自 CAD 系统的气割轮廓

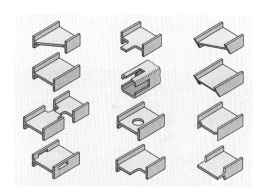

图 2　钢结构件的气割举例

图 3　操作员在支梁上定位，直至起始点；然后，X 轴触头驶离；小车将焊炬精准定位在支梁末端

图 4　求取支梁边条高度后，边条触头返回，边条焊炬开始工作并驶入编程指定的切割距离。

图 5　现在，凸缘焊炬在滚道工作高度之下定位。这里也首先扫描凸缘，焊炬进入预热位置，接着按程序完成规定距离。

机器适用于特具经济性的加工，它可提供多台同时工作的焊炬悬挂支架（图3）。

焊炬在多个方向的回转和工件的旋转均要求多轴控制系统（图1和图2）。

图1　根据不同标准，要求焊缝准备工作采用不同的开放角度。因此，气割焊炬也可在多个层面纵向和横向运动

图2　装备六轴计算机数控系统的管道气割机热切割中型或大中型圆支管时的调整并切入

图3　装有8个焊炬悬挂支架的计算机数控气割设备

7.9.2 计算机数控激光切割技术

激光切割技术是一种以高切割速度和极小公差而著称的加工方法。它是一种精密熔融切割技术类型。一种肉眼看不见的极强集束光射束使材料瞬间熔化，在与作为气割燃气的氧气充分燃烧反应后分离材料。激光主要应用于加工不同材料且板厚最大至 12 mm 的板材（图 1）。

由于激光运行时没有接触，与其他若干加工方法相比，它的优点如下：

● 切割缝极窄

● 平行的、无毛刺的切割边棱

● 热影响区极小，所以不会出现热扭曲变形

● 切割缝粗糙度极低

● 切割速度快

● 应用于切割薄板毫无问题

● 不要求切割刀具，不使用切割力

● 因此没有应力变形

激光切割技术的缺点一直都是极其高昂的激光切割设备购置费用。

激光切割设备的核心部件是产生激光的激光谐振器（图 2）。激光射束是一种波长很短的电磁射线。它具有极高的平行性和高能量（最大至 15 kW）。

图 1 激光切割机及其抽吸系统

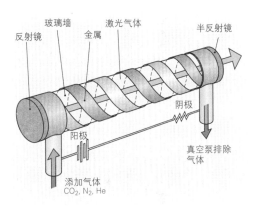

图 2 激光谐振器

7.9.3 水射流切割

这种加工方法利用水射流的喷射能量切割工件材料。其工作水压最高可达 9000 bar，从直径 0.08 ~ 0.5 mm 的喷嘴喷出。切割速度为 800 ~ 900 m/s。如果水射流的能量不够，可在射束中添加一种研磨材料。作为研磨料混入的是锐利边棱的矿物喷射介质，它是主要由粒度为 0.1 ~ 0.3 mm 的石榴石砂构成的喷丸。计算机数控（CNC）水射流产生的切割缝品质很高，在合适的控制系统操控下，也可以加工三维几何体。除软质材料外，水射流也可以加工高强度钢（图 3）。

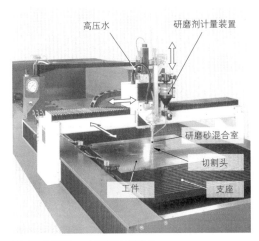

图 3 研磨砂 – 水射流气割设备

7.9.4 计算机数控弯板技术

除切割和切削机器外，现在大量使用的还有计算机数控（CNC）成型机器。

计算机数控（CNC）模弯机，需控制的尺寸主要是限动定位的调节和凸模压入凹模的压入深度（图1）。通过不同的压入深度（Y）产生不同的弯曲角度（图2）。限动定位在水平方向（X 和 Z）的调节可能性与垂直方向（辅助地址 R）一样可产生差异很大的弯板型材。

弯板质量取决于角度公差。角度公差必须通过遵守总弯曲长度的公差来保证。这就要求非常稳定牢固的机器机座，因为机器最微小的变形都会成为压入深度内很明显的折弯角度的变化。与待折弯工件材料弹性相关的是，必须考虑因压入深度导致可能出现的材料回弹。

计算机数控（CNC）弯板机有着不同的编程类型。最简单的做法是按照标准对各轴的编程。但这种方法逐渐被更为舒适的编程方法所替代。如今，一般均在监视器上使用相应的软件绘制待弯曲的型材，或直接从 CAD 系统中提取（图3）。折弯顺序可由程序员决定，或听从优化软件的建议。折弯时所需的展开长度将自动计算得出。根据控制系统的不同舒适度，可对生产的折弯型材做2维或3维模拟（图4至图6）。

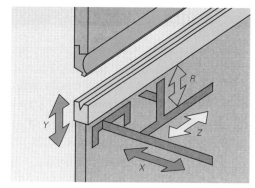

图1　计算机数控（CNC）折弯时各轴的配置

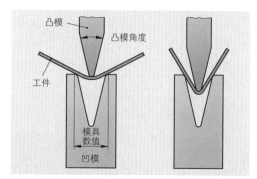

图2　已改变的折弯角度

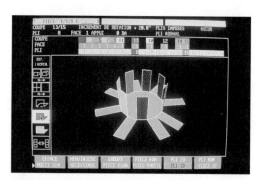

图3　接收 CAD 数据

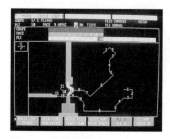

图4　2维模拟图

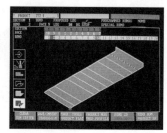

图5　展开长度

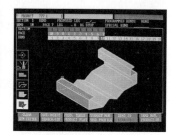

图6　透视模拟图

7.9.5　计算机数控弯管技术

在今日建筑师的眼中，钢材无论在建筑物的外部还是内部，其应用范围大有增长之势。建筑物大门设施的装饰性元素，建筑物入口雨篷，阳台和楼梯均有若干应用实例。甚至在所谓的"城市家具化"的趋势中，钢材越来越多地挤掉传统建材如木材，它用于设计公共汽车候车亭，公共座椅，自行车架等。

出于设计和造型等原因，前述应用中常采用折弯的圆管（图1）。常见这些管材必须在空间，即三维空间变形。大小弯曲半径之间的变换使得弯管制造费用不菲，因为对此必须使用不同的弯管技术（环形弯管和心轴弯管）。除此之外，钢和其他金属材料的反弹特性也是需要解决的问题。除弯管操作的丰富经验外，弯管加工还要求费用颇高的后续检测和检验，以及必要时的重复弯管。

最新一代的计算机数控（CNC）自动弯管机已能够全自动精确弯管，无论大小的弯管半径还是三维空间，均已不在话下。通过PC控制软件直接输入所需圆管几何图形。操作时，通过简单的折弯指令，如长度，旋转和角度，或通过空间支撑点的数据，即可完成输入。甚至可以接收待折弯形状多视图的二维CAD数据。这种程序可从二维数据中自动求取三维形状。

在输入数据的基础上，折弯程序确定用于各具体折弯段更为有利的折弯方法（心轴弯管，环形弯管和曲线弯管），并定义各种弯管方法所需的机器设定数值，转换周期和正确的管材下料。

如果必须从一种弯管方法转换为另一种方法，要求给出转换周期（图2和图3）。转换弯管方法时，不必松开已装夹的工件。现在不需要的弯管机全自动驶离其他弯管方法的回转范围，从而排除出现对撞或相互干扰的可能。检测装置在弯管作业时求取回弹角度，并据此求出所需的弯曲裕度。

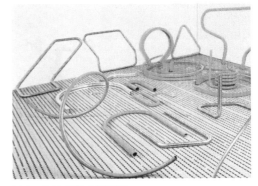

图1　各种已完成的弯管

图2　环形弯管机

图3　心轴弯管时的驶离

7.9.6 采用数控机床冲切和冲剪

除工业化板材加工企业外，主要在钳工车间，钢结构加工企业以及汽车和农业机械制造商等也使用计算机数控（CNC）冲切加工中心。此类冲切设备加工板材，扁钢和钢型材（图1）。

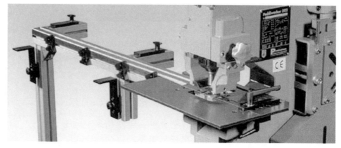

图1　双丁字钢的冲切加工

这里使用的刀具一般组装在可快速换装的多重刀座内（图2）。它们在点位控制系统的引导下在三个轴向运动。Z轴的灵活性使各种不同型材的加工得到保证。计算机数控（CNC）冲切设备可加工扁钢，角钢和型钢等，目前最大的加工长度可达 1200 mm。可供使用的有效冲切力最高可达 1000 kN。与计算机数控（CNC）锯床以及钻镗中心和气割中心连接后便构成一个大型加工中心，这里可执行扁钢和型钢的全套加工（图3）。

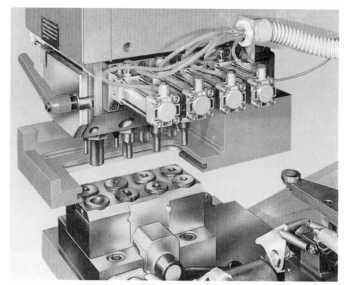

图2　全自动可控的 8 冲头刀具

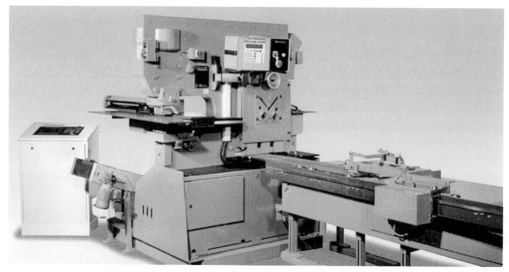

图3　带有计算机数控（CNC）限动定位和计算机数控（CNC）进给单元的扁钢加工中心

　　缩短订单加工时间所需更高的灵活性要求在纯板材加工中投入更多的自动化投资。通过计算机数控（CNC）自动板材 – 冲切 – 冲剪机可以进一步满足这个要求。

　　这里，具有决定性意义的优点主要体现在自动刀库，它可实现非常快速的刀具更换。如果这些刀具仍在旋转时即可入库存放，那么在冲切和冲剪斜面和圆弧时，甚至可以不用换刀，仍能加工出高质量的冲切冲剪边棱。

　　在这个领域的编程已越来越多地采用对话形式。机床操作员用图纸数据为工件的外形轮廓编程。控制系统建议操作员从刀库选取理想刀具。通过屏幕放大功能可将工件某些复杂的局部，例如边棱或间距范围等，放大显示。自动的分程序可保证优化利用现有板材。加工和切割策略同样可在对话中予以确定，并根据应用场景的不同，分别采用单件加工，系列加工或组合加工。所有待执行的动作均可在屏幕上模拟显示。

　　以图形支持的对话形式的编程方法可在实例中得到最好的解释（图 1 至图 9）。

图 1　定义各轮廓

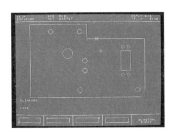

图 2　冲孔

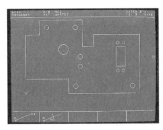

图 3　继续冲孔

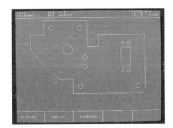

图 4　确定斜面

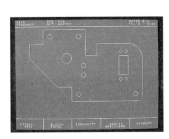

图 5　角整圆

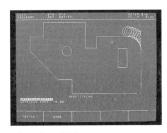

图 6　加工策略

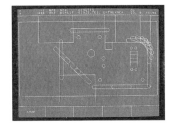

图 7　模拟刀具

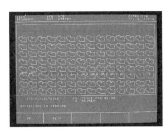

图 8　分程序优化利用板材

图 9　计算机数控（CNC）加工程序

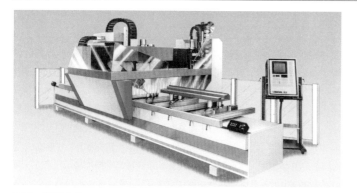

图1　加工中心

图2　换刀装置

7.9.7　型材的复合加工

　　例如现在大门，室内门和楼梯等部位的功能与金属配件的多样性要求部分型材的加工费用极高。锯切，开槽，分离，铣削，钻孔仅是其中若干将半成品制造成所需形状的加工方法。

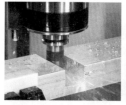

图3　铣削实心铝型材

图4　铝管钻孔

　　如果想要将这些加工步骤尽可能快且合理地完成，必须避免费时且频繁的装夹作业。加工步骤合理化的目标是，型材各个片段的所有加工步骤尽可能集中在一台机床上完成。加工中心的任务就是执行这种所谓的成套加工（图1）。

　　加工中心的典型标记之一是可存放32把或更多刀具的自动换刀系统（图2）的集成化。刀具经检测（在机床之外执行）后便携带已知尺寸服务于加工任务。通过计算机数控（CNC）5轴（X，Y和Z以及不同的回转运动轴）可加工复杂的形状和轮廓。

图5　加工钢型材

图6　斜切

　　图3至图8显示可在加工中心执行的各种加工方法。

图7　铣螺纹

图8　用锯片加工

知识点复习

　　1. 请描述数控技术中的信息流。

　　2. 请列举数控机床最重要的几个结构特征。

　　3. 现有哪些控制系统类型？

　　4. 请解释直接行程检测与间接行程检测之间的区别，以及绝对编程与增量编程之间的区别。

　　5. 如何编制一个数控加工程序？

　　6. 数控程序中包含有哪些信息？

　　7. 计算机数控（CNC）技术在金属加工业内用于何处？

　　8. 计算机数控（CNC）技术的优点是什么？

　　9. 计算机数控（CNC）加工中心用于何处？

作业：制作一个散装零件箱

现在用于技术培训的金属加工车间内执行一个单件加工任务：制作一个用于小型零件和较大散装零件的便携式薄板箱（图1）。

根据车间师傅的经验，制作此类箱子采用可冷作成形的镀锌薄钢板即可，并在装配之后油漆。折弯三角形和上部边缘的卷边可增加箱子的牢固性。

把手由带钢制作。把手应可在不戴手套时也能握持。

1. 箱体的制作

1.1 首先在薄纸板上按1:5比例制作完整的下料图纸，然后做一个拷贝（图2）。

1.2 用纸板剪出下料轮廓。用纸板轮廓尝试最佳卷边顺序。确定后为制作顺序编号。

1.3 编制完整的加工计划之前，应先给出下列问题的答案，即是否考虑到下述所有必要的工作步骤和措施。

1.3.1 接触板材锐利边棱时要求采用哪些安全措施？

1.3.2 必须多久检测一次尺寸和角度？如何精确检测？

1.3.3 把手安装孔可在加工把手之前或之后加工。请描述两种工作方式的优缺点。

1.3.4 在薄板上钻孔时应注意什么？

1.3.5 在薄板上划线时应考虑什么？

1.3.6 请从图表手册中找出合适的材料。

1.3.7 下料时，直径2mm的角部孔用于什么目的？

1.3.8 这种厚度的薄板可用手工剪切吗？或有必要使用杠杆式剪切机吗？您的决定是什么并作解释？

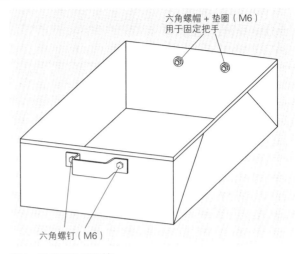

六角螺帽 + 垫圈（M6）用于固定把手

六角螺钉（M6）

图1 散装零件储物箱

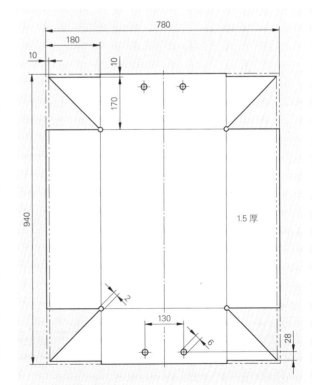

780
180
10
10
170
940
1.5 厚
2
130
6
28

图2 加工图纸 – 下料

1.3.9　现在有两种可能性：使用折弯机或在台钳上折弯。这样会改变折弯工作步骤的顺序吗？两种情况中还需注意哪些事项？

1.3.10　平整，校直和敲击时需注意什么？

1.4　如果没有其他尚未得知的信息问题，现在可按照下文所列样本编制加工计划。

如果不想中断信息和解释阶段，那么现在必须确定，有关制造把手所需信息是否已全部就绪。此外，还需选定连接件。

2. 制作一个把手

2.1　图 1 所示是一个已制作完成的弓形把手。现在必须计算折弯前的长度尺寸，即"展开长度"用于毛坯件尺寸。这些尺寸应以什么为基础？

2.2　计算"展开长度"有两种可能性。图表手册中可查到尺寸"v"。它的含义是什么？

2.3　"展开长度"计算完毕后即可绘制毛坯件并标注尺寸。哪根线是最佳基准线？

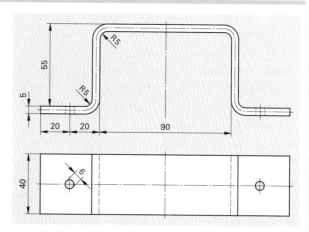

图 1　把手

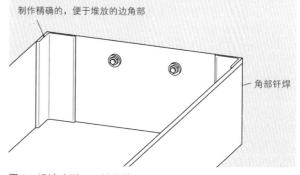

图 2　设计改型——储物箱

2.4　工件材料应具备哪些主要特性？请选取一种材料。

2.5　将毛坯件从整块扁钢上截取下来有多种可能性。请选用其中一种。注意劳动保护。

2.6　请选用冷成形或热成形。两种工作方法中各需注意什么？

2.7　思考并解释如何钻孔？

3. 装配

为使把手可快速拆卸，建议使用螺纹至端部的螺钉，锁紧螺帽和垫圈。请在图表手册中查取上述连接件并列举出其新名称；有旧名称吗？

钢板箱			
	加工步骤	工具 / 检验装置	说明 / 注释
1	毛坯件划线	检验角尺，钢卷尺，划线针	注意平行度和直角度
2	切割毛坯件	…	…
3	…	…	…

制作另一个储物箱

根据您在执行本次加工任务时所积累的经验，按照图 2 示意图编撰一份制作储物箱的加工计划。边棱不要搭接，而是硬钎焊。

作业：制作一个全天候防护罩

现在矿山的矿井下安装一个防雨水护罩，但同时必须保证全天候矿井的通风顺畅。顶部用钢复合材料屋顶，边墙用 30 mm 压制格栅装饰。整个装置以英国屋顶为基础，外边缘采用压制格栅。压制格栅用螺钉固定在 L 150×75×9 和正方空心型材上。这样可在 HEB 120 与压制格栅之间形成 9 mm 气隙。

1. 角部连接接头和底板需用 15 mm 厚板材制作，中间是可拆卸接头。这种框架式结构的角部有什么特殊性能吗？必须对板材做哪些检验？

2. 框架角部应采用 St137（S235 JR），如果凸缘上的角焊缝达到凸缘一半厚度，则不需要承载性能安全证明。这也同样适用于隔板焊缝。哪些规则适用于 St52（S355 J0）？哪些角焊缝厚度允许至少达到规定，哪些允许最多达到规定？

3. 用毕达哥拉斯定理计算装置三角形的缺失长度。

4. 根据三张示意草图中型材与装置各点的距离确定两个 HEB 120 的长度和斜切角度。

5. 用什么材料填充钢复合材料屋顶？请列举这种三明治式组件的 4 个优点。

6. 用哪种螺钉固定钢复合材料顶部？用哪种螺钉固定各种格栅最具经济性？

7. 面墙与边墙一样是倾斜的。采用硬纸板制作由格栅外边缘和屋顶平面内边缘构成的该部件的展开件。用折叠展开件的方法制作该部件。

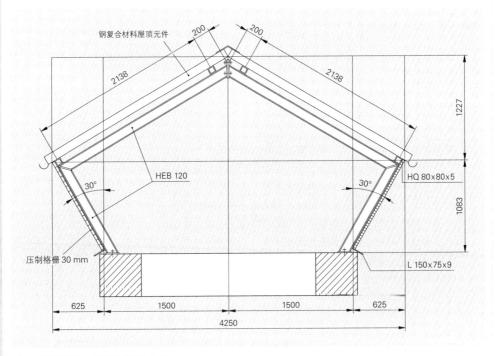

图 1　加工图纸 – 侧视图剖面 A–A

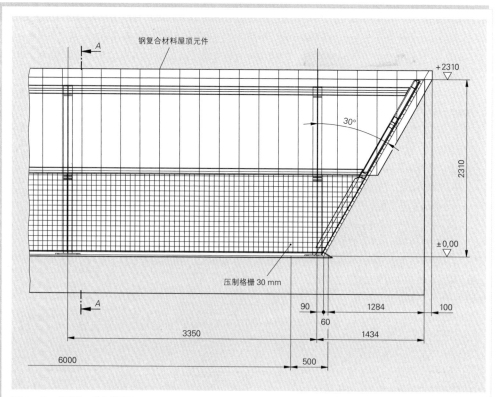

图 2　加工图纸 – 半侧视图

8. 将两个 15 mm 厚，采用 4 颗 EN 14399–4–M16–10.9–HV 螺钉连接的面板绘入三角墙示意图。请注意螺钉的可接近性，并为图纸标注尺寸。

9. 计算螺钉长度。

10. 如果屋顶负荷来自上部，哪些螺钉需承受拉应力？

11. 承受拉应力的螺钉必须完全拧紧。这种热镀锌的螺钉规定应采用多大的扭力矩上紧？

12. 现在使用的螺钉可承受多大的拉力 $N_{R, d}$？

13. 请将 t=15 mm 连接板绘入连接杆与横杆的草图，并标注尺寸。

14. 请绘制符合加工要求的底板图纸，计划用两颗膨胀螺钉将底板固定在地基上。

15. 允许使用哪种固定地基的膨胀螺钉？

16. 膨胀螺钉应承受哪些力？

17. 制作一份框架的零部件明细表并计算其尺寸。

作业：制作并安装一个锻造格栅

现欲修复一座处于建筑文物保护中的老旧别墅，计划在未来将它用作文化学院。别墅位于艾克地产的一座公园内，周边由一堵高墙围绕。为使路人能够看到别墅建筑物，计划在围墙上开一个口子，开口中装入可穿过路人目光的格栅。设计师计划采用加工成本实惠且纯朴实用的组件，如下列示意图所示（图 1）。

金属加工企业老板信任两个培训生，在一个师傅的指导下制作这个格栅。首先他确定，培训生能够完成这个小型锻件的加工。

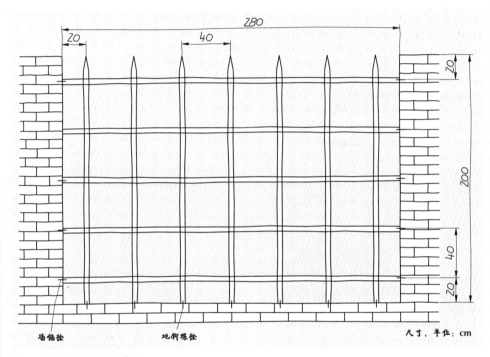

图 1　建筑师绘制的格栅草图

现有一种可能性，将格栅整体进行热镀锌。安装后涂覆深灰色油漆。因此，格栅应在车间内完成整体装配，然后运至工地现场。

1. 加工图纸

绘制一份具体的总图，比例 1∶5。除此之外，各绘制一张格栅横条和格栅竖条图纸，图纸含中断线，格栅条交叉并各有一个墙锚栓。在墙上的固定，横格栅用墙锚栓，竖格栅用地脚螺栓固定。

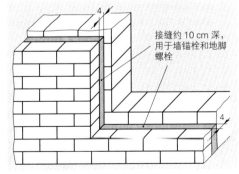

图 2　围墙开口的边角部分草图，图内含安装格栅的接缝

这里拟选用 DIN EN 10059（旧标准 DIN 1014）所述 a=18 mm 的四方条钢。墙锚栓深入墙体 50 mm，地脚螺栓深入墙体 80 mm 进行锚固。这里允许较大公差，以便弥补以前的不规则之处。格栅尖部必须与墙头高度准确平齐。

现依据已有数据和右侧图纸计算格栅条的数量和长度（第 153 页图 1；图 1 和图 3）。

2. 凿子

车间里找不到合适的凿子，又称冲子或冲头。现在必须为本项任务制作一个。现已知热成形打孔时的边长是 $1.5 \times a$。

2.1 选取哪种毛坯件？哪种材料？

2.2 请列举最佳锻造温度。

2.3 如何使凿子的硬度大于格栅条的材料？

2.4 请按下图样本编制一份加工计划。

3. 横格栅条

3.1 如何在锻打"方孔"时长格栅条不会"摆动"？

3.2 为什么热成形打孔时，冲头的宽度大于方孔宽度约 1.5 倍？

3.3 现应立即开始制作，还是先做一个试样？

3.4 如何确定适宜锻打的温度间隔？

3.5 绘出如第 15 页一样的打孔过程草图（图2）。

3.6 编制一份加工计划，注意旁边的图。

4. 竖格栅条

4.1 建议这里也先锻打一个竖条尖部。

4.2 锻打尖部时最大的问题是什么？

4.3 如何调整锻打尖部时的小错误？

4.4 编制一份加工计划。

5. 安装格栅

5.1 请思考，利用何种工具可在车间墙壁教学支架上按尺寸组装格栅条。绘出教学支架的草图并标注尺寸。

5.2 为准确固定格栅，建议在花园内侧实施钎焊或电焊。为此应做何种决定？为什么？运输途中的安全性是否重要？

5.3 编制一份安装计划，提示在安装之前先镀锌。安装入墙体和油漆已不是您分内之事了。

加工计划样本

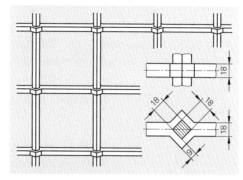

图 1　格栅条交叉处详图

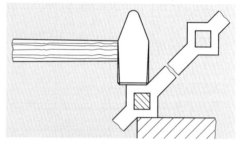

图 2　一个格栅条交叉处的终锻详图

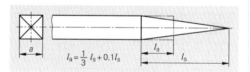

图 3　一个格栅尖部的加工草图

$l_a = \frac{1}{3} l_s + 0.1 l_s$

横格栅条			
	加工步骤	工具/检验装置	说明/注释
1	毛坯件划线	钢卷尺，划线针	标记所有四个侧面
2	…	…	…

学习范围：车间内部件的拆卸和装配

8　物品的起重和运输

材料或已加工工件的运输常常仅使用简单的技术装置即可完成，例如卷扬机。这类运输的理论基础始终是物理定律的规律性（图1）。

8.1　物理学基础知识

■ 力

实际工作中抬起一个组件时涉及的"重量"，就是物理量"质量"和"力"。一个物体的质量（m）与其材料的体积（V）和密度（ρ）相关。

$$\text{质量：} m = \rho \cdot V \qquad kg = kg/dm^3 \cdot dm^3$$

一个物体的重力（F_G）与其质量和坠落至地面的重力加速度（$g = 9.81 \text{ m/s}^2$）相关。

$$\text{力：} F_G = m \cdot g \qquad \begin{array}{l} N = kg \cdot m/s^2 \\ N = \text{牛顿} \end{array}$$

举起一个物体需要一个大于物体自身重力的力。

力不可看见，因此只能根据其作用（运动，变形）加以辨识。力的图形表达使用箭头（图2）。其含义如下：

● 作用线上的箭头位置表示力的空间定向；
● 箭头长度表示力的量或力的总量，相当于力的比例尺；
● 箭头尖部指向力的作用方向。

力在作用线上的作用点可以移动。若干个力作用在一条作用线上时可合并成一个合力（图3）。常见两个或多个力从不同方向作用于一个物体，或一个力的作用方向是"斜"的。这时需确定向所需方向作用的各个分力（图4和图5）。分力的计算需要使用三角函数。力的合并或分解可借助力的平行四边形作图形表达。

图1　借助磁力使一个物体运动

图2　力的定义量

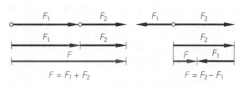

图3　共同作用线上力的几何加法和减法

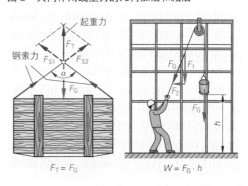

图4　无共同作用线的力的加法；举起重物时的机械功

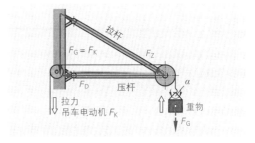

图5　合力中一个力的分解

■ 机械功

一个力（F）沿一条路线（s）作用，它在做机械功（W）（图 1）。

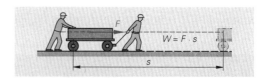

图 1　水平距离的机械功

机械功：$W = F \cdot s$	$Nm = N \cdot m$ $1\,Nm = 1\,Ws = 1\,J$

举起重物时走过的路线（s）是起重高度（h）。

■ 机械功率

实际上特别重要的是完成一个功所耗费的时长（图 3）。作功（W）所需时间（t）越短，其功率（P）越大。

机械功率：$P = \dfrac{W}{t}$	$W = Nm/s$ $W = $（瓦特）

使用驱动装置时，功率（电动机功率）才是具有决定性意义的，因为在这个物理量中需考虑可使用的力和所耗用的时间。

图 2　用作装载安全措施的防滑垫和具有边棱保护作用的起重吊带

■ 摩擦

使一个物体运动，或使一个物体停止运动，均需克服阻力。这里的阻力称为摩擦，与之相关的力称为摩擦力（F_R）。摩擦生热。阻碍运动的摩擦作用被用作装载作业安全保障，例如使用摩擦垫（图 2）。

下列数值决定工件与支架之间摩擦的量：

● 工件的重力；
● 接触表面的结构；
● 现在的运动状态。

最后两个特征，表面（材料配对，粗糙度，必要时还有润滑剂）的影响，以及运动状态均属摩擦系数（μ）涉及的范围。从斜面试验中得知，斜面越陡，摩擦下降越大。从中可得结论，垂直于表面作用的力决定着摩擦。这个力称为法向力（F_N）（第 157 页图 3）。

摩擦力：$F_G = \mu \cdot F_N$	N

摩擦系数（μ）没有单位，它可从相应的图表手册中查取。

■ 摩擦的类型

运动开始时必须克服的摩擦是静摩擦。在运动过程中，静摩擦大于滑动摩擦。滚动摩擦最小（图 4）。

法律与规则
道路交通法规（STVO §22）
DIN EN- 标准（例如拉力计算，化学纤维紧固带，…）
DIN- 标准（例如货物运输商用车的紧固点，…）
VDI- 规范（例如用于装载安全的装置和辅助装置）
实际操作中的预防措施
施工工地预防措施（例如绞车轮制动杆；装载面紧固点）
装载物与装载面的高度摩擦（例如清洁的装载面，防滑垫）
降低紧固用具的机械负荷（例如边棱保护）
辅助用具（例如安全网）
合适的包装材料，例如木材）

图 3　装载安全基础知识

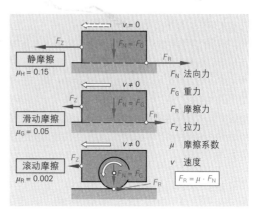

图 4　摩擦的类型

接触面的大小不影响摩擦力。

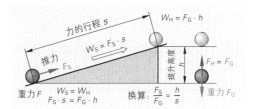

图 1 与起重相比，斜面运输更省力

■ 斜面

如果要提起一个重型部件或装载一辆拖车，可利用一个合适的斜面或装卸台。斜面的优点在于，推动物体运动所需的力没有那么大。但缺点是所经过的路线更长（图 1）。

机械黄金定律：

作功时若要省力，就必须多走路。

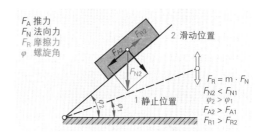

图 2 改变与螺距相关的推力和摩擦力的试验

■ 螺钉和主轴

这里也在利用合适的斜面。如果绘出围绕着一个面的螺钉线，肉眼可见该线的倾斜。这里产生一条上升的直线（图 3）。小倾角时，物体保持在斜面不动。想象一个放置在螺帽螺纹上的物体，它有两种运动的可能性（图 2）。小倾斜角度时，它保持在斜面上不动。若加大倾角，作用在表面的法向力变小，从而导致摩擦力下降。物体开始向下滑动。因此，定位螺钉采用小螺距。所以它们可以自锁。装配定位螺钉时可用大力，但根据机械黄金定律，上紧螺钉的圈数是有要求的。丝杠和主轴采用大螺距。它们允许通过大螺距在轴向方向更好地运动。但力的传输很小。

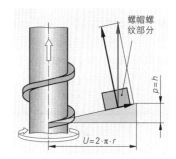

图 3 丝杠螺距的楔形作用

■ 杠杆和转矩

凡使用力推动旋转运动的地方，均有杠杆。杠杆由杠杆臂组成，力作用于其中一端（图 4），而支点位于另一端，从而使杠杆臂做出回转运动。

作用力（F）和杠杆臂长度（l）是构成有效转矩（M）的两个因素。

$$M = F \cdot l \qquad Nm = N \cdot m$$

力的作用线必须垂直（直角）于杠杆臂。

如果杠杆臂已固定夹紧，没有回转运动的可能性，例如支梁，这里所述便是弯曲力矩。

两个共用一个支点的杠杆，在左旋力矩等于右旋力矩时，处于平衡状态（第 158 页图 1）。这个系统保持静止状态。杠杆可划分为单端杠杆，双端杠杆和斜杠杆。例如杠杆式天平采用的便是双端杠杆。机械黄金定律亦适用于杠杆：省力便加长杠杆臂。

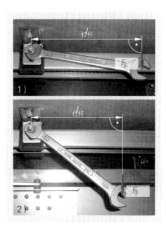

图 4 保持不变的力和变动的杠杆臂 = 变动的转矩

这个知识的用途很广，例如钳子延长的把手，更长的曲柄臂或延长的扳手（图2）。螺纹连接中也使用转矩，目的是防止损伤螺纹或待连接组件。上述这些情况中均规定了最大许用转矩的数值。装配时必须使用例如可设定许用转矩的力矩扳手。这种扳手在拧紧螺钉达到规定转矩数值后，再也无法传递更大的力给螺钉。

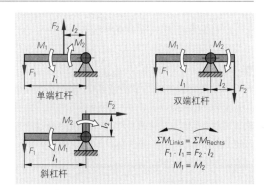

图1　杠杆的力矩平衡

■ 传动

所有的传动机构都采用杠杆原理实施力的传递，例如皮带传动，链条传动或齿轮传动。齿轮传动比中每两个啮合齿构成一个杠杆对（图3）。半径更小的齿轮（杠杆臂）发出的转矩也比大齿轮的小，因为齿轮传递点的力相同，但发力所属的杠杆臂（齿轮半径）不同。为此，小齿轮的转速快于大齿轮。剔除摩擦损耗后，传递的功率保持不变。传动机构就是转矩转换器。

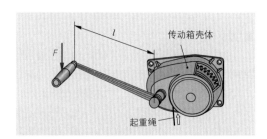

图2　绞盘曲柄的作用方式

■ 液体中的压力传输

力不仅可以通过固体组件传递，例如杠杆，也可通过液体传递。液体也涉及力的传动比和执行机构的控制，例如液压缸与活塞。

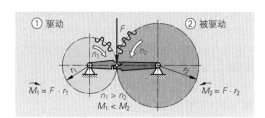

图3　齿轮传动

> 液体不能压缩。压力（p）在四面封闭的容器中处处相等。

液压设备中，现有压力施加给液压缸底面（A）并导致力和行程的传递（图4）。

图4液压设备示意图在整个设备压力处处相同的状态下展示，长活塞行程的小力可形成短活塞行程的大力。

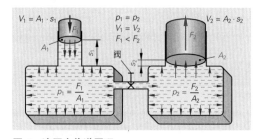

图4　液压力传递原理

知识点复习

1.请列举力的特征。

2.请区别重力与其他的力。

3.请描述机械功与机械功率的区别。

4.哪些物理量影响摩擦？

5.请解释自锁螺纹的原理。

6.装载安全建立在哪种工程物理的基础上？请列举至少四种实际应用的装载安全措施。

7.请解释转矩的概念并列出影响转矩的量。

8.2 起重设备

运输车辆装卸载以及货物短程输送时，均需使用起重设备。它们的制造类型以应用目的和货物规格为准。它们相互区别的特征还有驱动机构的类型，力的传递和刹车。

作为重量，口语中又称待移动的货物。起重设备的承载能力一般以千克（kg）或吨（t）为单位。但起重设备中的作用力却以牛顿（N）或千牛（kN）作为检测单位。起重设备的建造仍遵循"机械黄金定律"，就是说，用尽可能小的力能够举起大的重量。因此，短的起重行程意味着另一边的"力的长行程"。这里实行的是改变形式的"机械黄金定律"。

> 大重量·小行程 = 小力·大行程

"力的长行程"由滚筒卷扬机或滑轮组实现。

8.2.1 起重装置

重型组件的举起或准确校准，或让大型物体仅运动一小段距离，这些工作均需装有提升支柱的起重设备完成。

齿条式千斤顶已标准化，规定用于 1.5 至 20 t 分档的承载能力（图 1）。

千斤顶底部焊接着一根齿条，齿条变速机构的小齿轮与齿条啮合，并由手动曲柄驱动（图 1）。载有重物的机壳顶部或底部随机壳上升。棘轮保护机壳和重物不会意外下降。

螺旋千斤顶的内部装有一根主轴。手动操作曲柄通过涡轮使主轴运动（图 2）。

类似功能的还有机械式汽车千斤顶，它装有一根在螺纹轴套内旋转的主轴（图 3）。

液压千斤顶根据许用工作压力产生很大的起重力。通过控制阀精确调节提升运动。重量制动装置因系统限制而未做要求。

小型液压千斤顶也可由手摇泵驱动（图 4）。泵压驱动液压油注满工作液压缸，使提升活塞做提升运动。压力阀阻止液压油在重物压力下回流。打开止回阀可使重物下降。

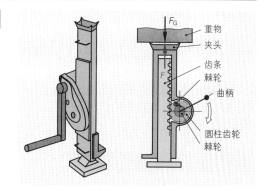

图 1　齿条式千斤顶

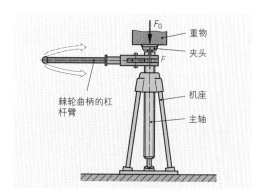

图 2　螺旋千斤顶

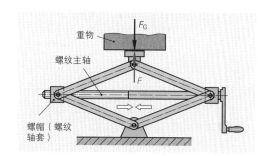

图 3　汽车千斤顶

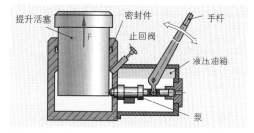

图 4　液压千斤顶

滚筒卷扬机可由人工驱动。但一般均采用电动机驱动。滚筒上有钢丝导向凹槽（图1）。

滚筒卷扬机可装备在机动车上，也可用于墙式绞车或通道卷扬机。合适的刹车可阻止因提升重物的作用导致的回转。

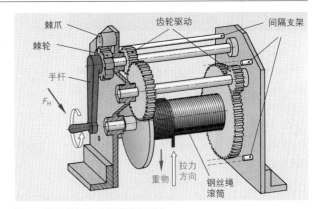

图1 滚筒卷扬机（通道卷扬机）

8.2.2 滑轮组

最简单的滑轮组由一个固定轮与一个活动轮组成［图2c）］。只有活动轮可在提升重物时改变其位置。

重物在活动轮上分布着两根钢丝绳股，每根钢丝绳股承担重物的一半重量。拉绳每个点的行程都是重物行程的两倍［图2b）］。所以，提升重物只需一半的力。

固定轮的作用只是引导力的方向［图2b）］。多组固定轮与活动轮的组合可形成组合滑轮组。其承受的钢丝绳股越多，拉绳的受力越小［图3a）］。

$$拉力 = \frac{承重钢丝绳的数量}{重力}$$

但理论上待施加的拉力在实际运行中的增大，却是钢丝绳与滑轮之间以及滑轮轴承内部的摩擦损耗而致。

滑轮可并排固定在一根轴上，这样可降低滑轮组的建造高度［图3b）］。

差动滑轮组因其"固定轮"上部滑轮的结构而得名。这里有两个滑轮相互连接，其直径差决定着力的行程与重物行程的关系，以及由此而来的传动比。如果不用钢丝绳，而是使用链条，滑轮的运行面可做成齿状造型，用于引导链条的链节（图4）。位于上部滑轮附加棘轮的棘爪用于防止重物意外滑落。

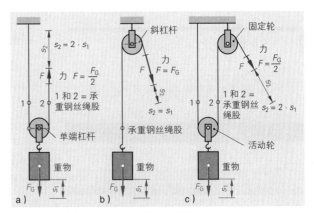

图2 由活动轮＋固定轮组成的简单滑轮组

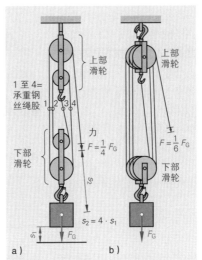

图3 组合滑轮组　　　　**图4 差动滑轮组**

■ 螺杆滑轮组

　　如果起吊按人工拉力比例显得特别大的重物，那么人力与重物之间的传动比就必须特别大。能够担负起这个任务的是蜗杆驱动滑轮组，它由一根螺杆状的所谓蜗杆组成，在旋转运动时与涡轮啮合，涡轮实际上是一个斜齿齿轮。在蜗杆轴端装有一个所谓的绞车轮，由一根无尽头的手动链条拉动绞车轮，并带动蜗杆轴转动，从而产生所需的转矩。蜗杆驱动涡轮，而承重链的链轮就安装在涡轮轴上。蜗杆螺旋角大于 5°，它是一根不自锁的"丝杠"（第 157 页）。因此，为阻止重物的意外滑落，需要一个压力制动器。

■ 圆柱齿轮滑轮组

　　采用齿轮传动减少拉力的千斤顶（第 159 页）也可称为滑轮组。行星齿轮滑轮组便是由一个圆柱齿轮构成的所谓的行星齿轮变速箱。它在小空间内可产生大传动比。手动链条和铰链产生的拉力驱动一根轴。轴上装有所谓太阳轮的小齿轮。它驱动三个在内部齿圈滚动的行星轮。行星轮驱动与行星齿轮架相连接并挂着承重链的链轮。

8.2.3 手动起重设备

　　手动起重设备可理解为小型千斤顶，它常与滑轮组组合使用（图 1）。大部分情况下是千斤顶与钢丝绳葫芦组合（图 5）。手杆发出提升力和拉力，杆的长度已经用于力的传动比。不同的制造商又称它们为"手动葫芦"或"钢丝绳葫芦"。重物在任何一个位置都能自动保持静止不动。链条葫芦比钢丝绳葫芦的承载能力更大（图 3）。

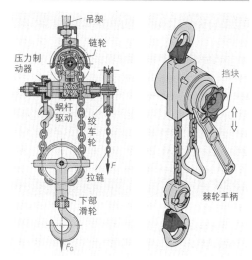

图 2　螺杆滑轮组　　　　图 3　手动链条葫芦

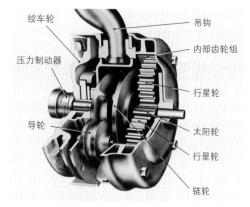

图 4　行星齿轮滑轮组

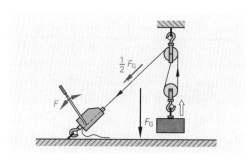

图 1　手动起重装置与滑轮组组合

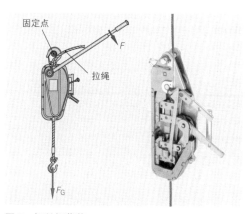

图 5　钢丝绳葫芦

8.2.4　电动葫芦

滑轮组或行星齿轮箱的传动比不够用时，需使用电动机（图1）。电动葫芦分单个滑轮组或组合滑轮组，使用链条或钢丝绳。除机械制动器外，还使用制动电动机（第163页）。如果电动葫芦与行驶机构联合，可构成一个猫头吊车。它的动轮在悬挂轨道的下方运行（图3）。

8.2.5　升降平台

装配和维修工作越来越需要可行驶的液压升降台用作脚手架（图2）。剪刀式升降平台（类似于第159页的汽车千斤顶）提升较低高度和较大重物。

更高高度由活节式升降平台完成。常见的可行驶作业平台由液压驱动的活节臂无级升降（图2）。难度较高的作业由可回转伸缩式作业平台完成。操作人员在作业平台上操控升降台的所有运动。

8.2.6　吊车

吊车与简单手动起重设备的区别是，吊车可执行两个以上运动方向的作业。吊车吊起重物后，可在空中"自由"运动，就是说，从任意一点起吊，在任意一点放下。

吊车的制造类型非常繁复，以便满足最复杂多样的任务要求。但所有类型吊车的共同点是，起吊重物均悬挂在吊具上。吊车可固定安装在某个场地上执行装卸作业，或安装在道路卡车或轨道车辆上。

吊车的制造类型有两个基本结构：桥式吊车和悬臂吊车（图4）。建筑工地吊车常分为固定式和移动式吊车。

汽车吊车在装配技术领域，尤其在桥梁建造和钢结构建筑施工领域，也在大空间仓储场地等领域的应用非常广泛。在一个柴油发动机驱动的卡车底盘上安装的是一台悬臂式吊车（图4）。这里的悬臂可做成如塔吊一样的桁架结构，由焊接钢板的型材构成，或由液压伸缩管组装而成。移动式吊车的许用承载能力与伸缩悬臂相关，悬臂收缩越多，其承载能力越大。除配重块之外，起吊较大重物时还附加辅助支柱，防止吊车倾覆。

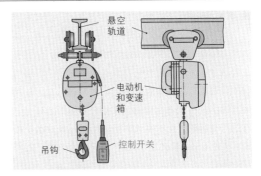

图1　电动葫芦

图2　升降作业平台－剪刀式和活节式升降平台

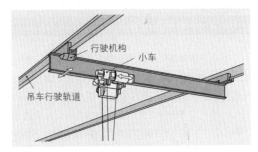

图3　悬挂式吊车（桥式吊车）

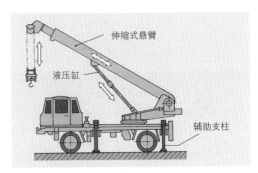

图4　汽车吊车（移动式吊车）

塔式回旋吊车是较大型施工工地上最重要的运输工具。较小型吊车可以折叠状态运送至工地，并借助自身的电动机安装竖起。较大型吊车由各个结构单元组装而成。

为改变回旋塔吊的半径，旋臂吊车的悬臂可自由升降（图1）。水平悬臂的小车也能具备这个功能（图2）。建造极高建筑物时，通过使用中间结构单元增高塔吊高度。

攀缘式起重机随建筑物高度增加而长高，因为它可在电梯井中逐层向上提升（图2）。

配重块和电动机以及变速箱在下方远处的安装位置共同构成塔吊的稳定性。在这个意义上，可将塔式回旋吊车视为一个必须形成力矩平衡的斜杆杠杆（第158页图1）。达到允许吊装重量后，过载保护装置将阻止吊车继续运动或起吊重物，否则，吊车将会倾覆。

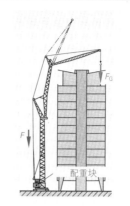 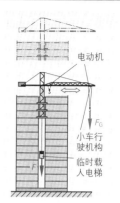

图1　回旋塔吊用作旋臂　　图2　攀缘式起重机用作
　　　塔吊　　　　　　　　　　悬臂吊车

8.2.7　制动装置与刹车

所有的起重设备都必须配装防止拉力突然下降保护起吊重物的装置。它可以制止重物下滑。

棘轮是制止卷扬机和滑轮组突然回转最简单的保护装置（图3）。

带式制动器在制动盘上方装有一个带制动摩擦片的钢带（图3）。在闸瓦制动器上，制动力作用于制动盘圆周面，这里代替钢带的是两个相互压紧的闸瓦面。

盘式制动器的制动摩擦力作用于制动盘的侧面。

圆锥制动器是电动葫芦制动电动机的一个组成部分。接通电流后，电动机的锥形转子吸入定子磁场并张紧弹簧，从而松开刹车片（图4）。关断电流后，弹簧将制动圆锥压向制动器壳体。

由于制动机械能将摩擦转换为热量，制动面因此必须足够大，便于尽快散热，避免制动产生高热。

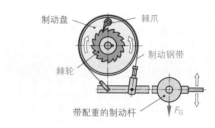

图3　带式制动器及棘轮

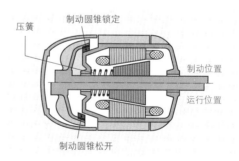

图4　制动电动机及制动圆锥

知识点复习

1. 请解释"机械黄金定律"在齿条式千斤顶一例中的意义。

2. 紧固螺纹与传动螺纹的区别何在？它们对于卷扬机自锁有何意义？

3. 请用机械黄金定律描述液压千斤顶。

4. 请解释，为什么实际施加给滑轮组的力大于其计算值？

5. 请指出吊车与简单起重设备的区别。

6. 为什么起吊重下下降时仅凭棘轮不足以担当制动器的功能？

8.3 通道输送车辆

建筑工地或车间的地面材料运输需要小型轻便操控灵活的机动车。

升降台小车是一种可配装或不配装电驱的通道输送装置，它用输送叉执行低载运行或从货架或货箱中提升重物（图1）。轮叉（牵引杆）用于运动和导向。无动力升降台小车可通过轮叉操纵液压泵提升或下降。轮叉升降台可提升 50～80 mm 的高度。打开液压泵即可使升降台下降。

叉车在空旷场地使用时配装内燃发动机，在密闭空间时则使用蓄电池供电的电动机（图2）。通过配装平台输送系统使叉车成为最重要的通道输送车。它的承载能力从 0.5 t 至 20 t 不等。配装升降架后，叉车可用轮叉提升或放下重物。重物在轮叉上的位置越靠外，倾覆力矩越大，而承载能力越小。

8.4 起吊重物的固定

经测算，所有事故中最高达30%是在运输过程中发生的。除注意遵守事故防护条例外，必须通过稳妥的重物固定装置降低运输事故风险（图3）。

吊具是起重设备的一个零件，它与设备保持续连接。它承接吊装装置，起重附件和起吊重物，例如吊钩，起重横杆，虎钳等。

起重附件并不属于起重设备，它是吊具与起吊重物之间，或吊装装置与吊具之间的连接件，例如链条，吊索或吊绳。

吊装装置不属于起重设备。它装载起吊重物并直接与吊具连接，例如卡爪，夹子，吊篮等。有时也用作吊具。

8.4.1 起吊重物的起重附件

起重附件是起重设备与起吊重物的连接件。

只有在垂直单股吊索时，起重附件的负重与重力相等。其他情况下，均必须考虑力的分解原理（第155页）。这里最重要的是与垂直轴线的倾斜角度和起吊重物所使用的吊索数量（第165页图1和图4）。

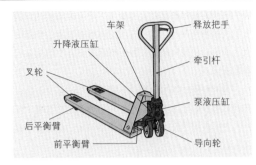

图1 手动升降台小车

图2 叉车

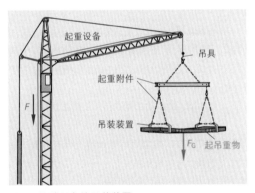

图3 悬臂吊车的吊装装置

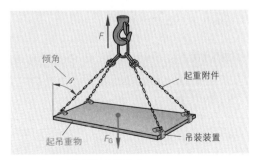

图4 起重时倾斜角度的意义

■ 起重附件的负荷能力

起重附件的负重不允许大于制造商图表手册规定的最大负荷能力。制造说明还列举了安全说明，例如必须调整补偿那些细小且不易察觉的损伤或损耗的作用。各吊具的负荷能力因倾斜角度 β 而受到缩减（图1）。因此，起吊时的最大倾斜角度不允许超过60°，否则，施加给各绳股的拉力相对于总合力显得过大。

■ 起重附件的类型

承重绳股的数量可以扩大。但在四股时需注意，只有三股是承重绳股，第四股是配重绳股。起吊横梁，圆桶和其他硬物时，起重附件应直接捆着或缠着起吊重物（图2）。边棱保护件可阻止因直接接触而损坏起吊重物或吊具。麻和皮革，圆木块或专用器件构成的中间隔层同样可阻止对边棱的损坏（图3）。

8.4.2 起重附件

起重附件这一概念所含范围甚广，如所有类型的绳索（例如无尽头绳索或吊钩索），链条（例如环链或圈链），起重吊带，圆套索和吊装装置与起吊重物之间的组合固定件，以及吊具等。起重附件必须能够传递力且柔软易弯曲。

■ 绳索

纤维绳在今天几乎只采用化学纤维制成，例如聚酰胺。由于其性能要求，早期主要采用大麻纤维。

钢丝绳由高强度镀锌拉制钢丝构成。多根钢丝扭转成为一根绞合绳。多股绞合绳捻制成为一根钢丝绳（图4）。钢丝绳的绳芯是纤维填充物，用于提高其柔韧性并吸纳润滑剂。

在绞线机上捻制钢丝绳时会产生扭力，这是一种应力，可阻止钢丝绳再次松开。捻制方向对钢丝绳的使用性能具有重要影响。因此便有右向捻制（Z）和左向捻制（S）钢丝绳。多层捻制的钢丝绳可将上下叠加的所有层均向一个方向捻制，或相对交叉捻制。

同向捻制钢丝绳指所有钢丝和绞合绳均朝一个方向捻制。因此，它们只有少数几个交叉点，但形成较大扭转（图5）。这种钢丝绳平滑，耐腐蚀，运行安静，但对挤压敏感，可能造成扭伤和裂开。

交叉捻制钢丝绳的作用方向与扭力方向相反，因为钢丝与绞合绳的扭力几乎相对抵消（图6）。由于各条钢丝之间的相互接触点更多，它们对压力和变形的抵御能力也大于同向捻制钢丝绳。但这类钢丝绳不那么平滑，也不柔软易弯曲。

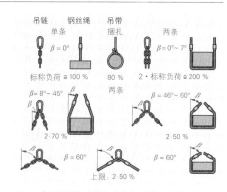

图1　起重附件承载能力与倾斜角度的相关关系

图2　起重附件类型的选择

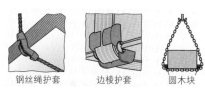

图3　保护锐边棱重物和吊具

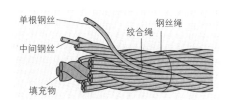

图4　钢丝绳的结构

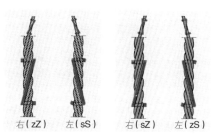

图5　同向捻制钢丝绳　图6　交叉捻制钢丝绳

螺旋捻制钢丝绳的捻制过程简单（图1）。相对而言，这种钢丝绳不易弯曲，因此仅用作拉索，例如电线杆、缆车索道和桥梁等。

多股绞合钢丝绳为双层捻制并有一个浸渍过润滑脂或清漆的纤维绳芯（图2）。它柔软易弯曲，因此用作限位工具，也可作为起重钢丝绳用于滚筒卷扬机。

电缆绞距钢丝绳由若干根多股绞合钢丝绳股组成（图3），用于高应力负荷。

全密封螺旋捻制钢丝绳的外层是成型钢丝（图4）。其承载能力大于相同直径的多股绞合钢丝绳股。

■ 钢丝绳端部和钢丝绳连接

钢丝绳连接主要是摩擦力接合型连接（图5）。采用拉紧螺杆可略微缩短钢丝绳，以便紧紧绑住起吊重物（图5d）。铝制压接夹头不允许在弯曲处承载负荷，与之相比，拼接处于弯曲（图6）。制作用于运输的绳套和吊具需要吊环。索端环保护钢丝绳（图6）。而螺旋捻制钢丝绳却过于僵硬，致使绳端固定形成一个梨状接头。

■ 钢丝绳的弃用

尽管钢丝绳和纤维绳的承载能力数据采用八倍的安全系数计算得出，但出于安全原因，它们即便出现微小损伤，也不能继续使用。出于安全原因而被迫更换称之为"弃用"。肉眼可见的钢丝绳破裂数量决定其弃用程度（参见图表手册）。

出现下列故障的钢丝绳不允许继续使用：

- 单股绳股断裂
- 压伤
- 腐蚀痕迹
- 外层散开
- 分叉
- 扭结
- 绳端连接受损

环境影响因素也决定着钢丝绳的使用寿命，例如塑料纤维对极端温度，阳光和化品品的反应。

■ 起重软带，吊带和圆套索

钢丝绳起吊时受力面积小，易造成损伤。用单层编织带可避免此类损伤。这种编织带由高强度多股纤维状纱线构成，纱线成分是例如聚酰胺或聚丙烯。这种编织带还附加一层保护软管或固体涂层（图7）。锐利边棱或粗糙表面均能降低编织带的承载能力，这里应采用钢丝编织专用吊带。原则上只允许使用已标准化且制造商标签清晰可辨未受损坏的吊带。（图8）。

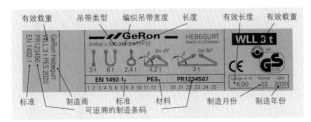

图8 制造商标签，含材料和有效使用数据等（蓝色标签 = PES，聚酯）

图1 未密封的螺旋捻制钢丝绳

图2 带绳芯的单层绞合钢丝圆绳

图3 采用绞合钢丝圆绳制造电缆绞距钢索

图4 全密封螺旋捻制钢丝绳

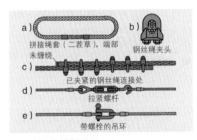

图5 钢丝绳的连接

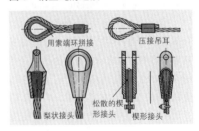

图6 钢丝绳端部

图7 起重软带和吊带

■ 吊链

与钢丝绳相比，吊链耐磨损，通过链轮运行时所需链轮直径较小。但其缺点是重量较重，运行噪声大，由于弹性低也有较高的磨损。

起重设备只使用圆钢吊链形式的环形链〔图1b〕。这种吊链的节距不允许大于链节直径的三倍。节距 t 表示一个链节的内部长度（图2）。这种吊链不允许各个链节在直角边棱处弯曲，这样会顶住相邻链节。

长链节吊链〔例如链环，图1a〕不允许用作起重吊链。

吊链的质量按质量等级划分。吊链的承载能力随质量等级数字的上升而增大，但同时它的自重却随之下降。其原因是高品质吊链使用高强度钢。即便在低温和高温条件下，较高质量等级的吊链也优于普通等级，例如质量等级2。

吊链的质量等级标注在悬挂的吊链标记标牌上（图3）。其区别在于标牌的形状和颜色。圆形标记标牌用于质量等级2。较高质量等级的标记标牌形状为多角形，其角的数量由质量等级决定。如质量等级8的吊链标牌是8角形，颜色一般为红色。

没有标记标牌的吊链必须将其承载能力降至质量等级2。

因此，较高质量等级的吊链均有一个压印印章作为附加标记（图2）。这样可在标牌遗失时根据印章数据补加一个新标牌，该吊链也不必长期仅作为质量等级2的吊链遭到高材低用。

起重吊链的允许负荷还取决于倾斜角度（第165页）。制造商图表手册规定的承载能力的适用范围是20℃，0℃时，其承载能力明显下降。吊链只允许与特殊弓形吊环或链条连接环连接（图4）。

吊链的弃用标准是：

● 吊链变长或单个链节伸长长度大于5%

● 标称厚度（d）减少超过10%

● 裂纹或明显的腐蚀痕迹

● 某个链节扭曲变形明显

吊链必须进行年检，每三年检查一次裂纹情况。为延长其有效使用寿命，除符合专业规定的合理使用外，符合规定的仓储保管也是重要条件。吊链应清洁，尽可能悬挂存放，仓储时注意保护它不受气候影响。只允许专业人员执行维护保养工作，如更换链节。

■ 吊具和吊装装置

起重附件与起重设备以及起吊重物的连接应使用环钩或吊耳（图5）。纯吊装置则相反，它使用大量登记专利的夹头或起重横杆，它们可更好地分配重量并更稳妥地引导起吊重物。

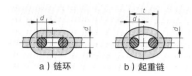

图1 环形链

a）链环 b）起重链

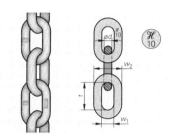

图2 官方检验印章

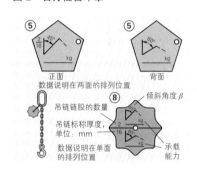

图3 不同质量等级吊链的标记标牌举例

图4 吊链的连接

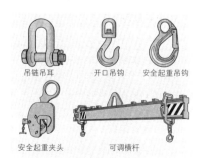

图5 吊装装置和吊具（节选）

8.5　工作安全和事故防护

一个坠落重物的势能可使它砸穿地板，砸塌脚手架或砸坏汽车。甚至危及人员的生命与健康。因此，最重要的规定：

　　永远不要站立在已起吊的重物之下，那里始终存在着危及生命的危险！

指挥吊车吊钩起重物体时，对指挥口令清晰明了的理解绝对必要。图 1 所示是对相关标记符号的节选。现代化起重设备大多已装备遥控系统或无线电通信设备。

无论是关于使用起重附件执行起重作业和了解起重工作的特点，还是关于钢丝绳，吊链以及其他起重附件的承载能力，现在都有职业协会的专业公开出版物。

此外，起重设备，吊装置和吊具以及起重附件的安全也受到大量 DIN 标准的调控。设备制造商随货物一起发放其产品的技术资料，使用户可以充分了解设备承载能力，尤其是产品的使用条件和保护措施。

> 承载能力是吊装置所能承受的最大负荷。

这里的负荷又称运输物体的重力。

除前文所述之外，还有下列安全规则：

- ▶ 起重设备试运行之前必须首先检查制动装置。
- ▶ 现场佩戴安全帽并注意场地上留出足够的活动空间。
- ▶ 每次动作之前均需发出警告标记，并必须持续注视起吊移动的重物。
- ▶ 不允许使用承载能力不明的吊装置。
- ▶ 不允许运输重量不明的物体。
- ▶ 避免不经意地取下起重吊钩，最好给吊钩加上安全措施。
- ▶ 永远不要将狭长吊带横挂在绳套上。
- ▶ 起吊捆扎材料时，永远不要将吊钩挂在捆扎绳索上。
- ▶ 松散零件不允许与起吊重物放在一起起吊。

停—危险！
手臂向两边摆动并伸展

停！
手臂向水平方向伸展

慢！
手臂水平伸展并上下摆动

驶离！
手臂上举并前后摆动

起吊！
手臂上举，手部作圆圈运动

放下！
手臂向下，手部作圆圈运动

图 1　吊装工手势图解

知识点复习

1. 通过下述实例确信起吊时倾斜角度的重要意义：起吊某 500 kN（≙50 mm）重物，通过几何分力求算两股钢丝绳在倾角 30°，50° 和 60° 时的钢丝绳起重力。

2. 绘出若干种起重类型的示意图。除第 165 页图 2 所示，再列举几种。

3. 为什么起重时必须采取边棱保护措施？

4. 请在一个实例中描述电缆绞距钢丝绳的结构。

5. 扭力和捻制方向对钢丝绳的使用有何意义？

6. 请描述钢丝绳拼接的原理。

7. 请列举可导致钢丝绳和吊链弃用的重要故障。

8. 请描述在起吊不同重物时，吊带，钢丝绳和吊链的优点和缺点。

9. 请展示吊车司机与吊装工之间的沟通手势。

9 建筑构件的固定

许多建筑构件，例如格栅，栏杆，室内门，大门，窗户，立面等，均必须与墙体固定连接。根据所用固定件的不同，这里可分为三种固定方法：

1. 使用墙锚栓和黏合剂固定
2. 使用固定螺钉固定
3. 使用膨胀螺钉固定

9.1 使用墙锚栓和黏合剂固定

> 墙锚栓是固定安装在墙体内并抹砂浆的建筑构件。

根据制造类型和用途区分不同的结构形式（图1）。

a）杯吸的   b）翻转的插销   c）分开的   d）地脚螺栓

图1 墙锚栓的结构形式

用黏合剂水泥砂浆或快干水泥固定墙锚栓。

水泥是水泥砂浆最重要的组成成分。与石膏不同的是，水泥保护钢材不受腐蚀，但侵蚀铝材。

水泥砂浆是一种水泥与锐利颗粒砂子的混合物，其混合比例为1:3。这种砂浆固化时间长，因此，至少需要48小时后才允许施加负荷。

鉴于这种原因，金属结构中越来越常用所谓的快干水泥或安装水泥。它们是以水泥为基础的快速固化黏合剂。这种与水搅拌后的砂浆数分钟之内便可硬化，短时间内即可达到其最大强度。混入砂子可增大数量，却不影响其固化时间或最大强度。

> 使用黏合剂石膏，水泥或快干水泥进行锚固时务请注意，预先准备的墙孔应无尘并湿润，砂浆固化期间不允许移动建筑构件（图2）。

在固定螺杆、遮阳篷、顶棚时，现在越来越多地使用以人工树脂为基础的复合砂浆系统。喷入胶筒之前将两种组分材料混合。硬化时间与温度相关，介于15分钟与数小时之间。

锚栓孔必须有一个底部凹陷。孔内松散物质必须清除干净。

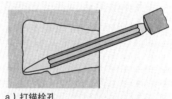

a）打锚栓孔

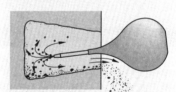

b）清理杂物并润湿

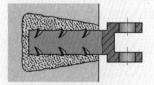

c）楔入锚栓并填充黏合剂

图2 墙锚栓的安装

图3 黏合剂注入器

9.2 使用固定螺钉固定

使用螺栓安装工具可将固定螺钉压入坚硬材料如混凝土或钢材（图 1）。点燃工具内的燃料筒可获取压入螺栓所需能量。

9.2.1 螺钉的安装工具

如今金属结构中只使用射钉枪施工作业。这里，燃料筒内的爆炸能量首先作用于推进活塞，并从那里开始推进固定螺钉（图 2）。与早期使用的射钉装置相反，虽然螺栓的枪口速度较低，但仍能达到很大的推进力（力 = 质量·加速度）。符合专业规定的射钉枪的使用是非常安全的。

9.2.2 固定螺钉

固定螺钉除高硬度外，还具备高韧性，因为它在射入墙体时必须承受超级负荷。根据用途的不同，固定螺钉有多种不同结构，构成可拆解或不可拆解式连接（图 3）。固定螺钉射入钢材时会与基底材料发生焊接（图 4）。在混凝土中固定时，通过材料的烧结可在射入时达到极高的拔出力。其射入深度取决于混凝土的强度。

9.2.3 燃料筒

燃料筒内装发射药。发射药的装药强度主要取决于射入螺钉的基底材料和固定螺钉的射入深度。选取时务请注意制造商的说明。不同的发射药强度由药筒的颜色标记识别。

识别颜色	强度	基底材料
绿色	弱	绿色混凝土（硬化时间 < 28 天）
黄色	中等	混凝土 C12/15（B 15）– C35/45（B 40）
红色	极强	混凝土 C35/45（B 40）– C45/55（B 55）

■ **工作守则**

▶ 螺栓安装工具必须始终保持垂直压在射钉位置。

▶ 射钉枪只允许年满 18 岁的操作人员使用。

▶ 必须佩戴防噪耳罩和安全防护眼镜。

图 1 用固定螺钉固定薄板型材

图 2 射钉枪

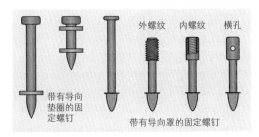

图 3 固定螺钉

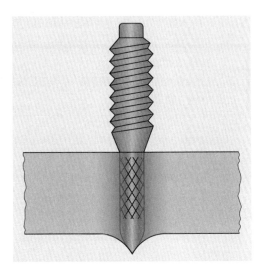

图 4 射入时的焊接现象

9.3 使用地脚锚栓和膨胀螺钉固定

金属结构中采用膨胀螺钉技术固定建筑构件的趋势渐盛。标准化和专为特种用途裁切的膨胀螺钉和固定单元可提供精确、牢固、快速和因此而物美价廉的构件固定。

> 膨胀螺钉的选用取决于锚固地基材料（建筑材料），负荷类型和负荷量，以及可供使用的空间，建筑构件的厚度，还有安装类型。

9.3.1 用于膨胀螺钉的锚固基底材料

选用膨胀螺钉的最重要的特征之一是锚固基底的建筑材料。选取膨胀螺钉时必须要考虑建筑材料特性的种种差异。如今大部分在用的建筑材料可划分为三个大组（见下列概况表）。

建筑材料大组和最重要的在用建筑材料						
混凝土		墙体建筑材料				平台建造元件
抗压强度	黏度等级	密实组织实心砖	密实组织多孔砖	孔隙组织实心砖	孔隙组织多孔砖	板材
C8/10	F 1	灰砂实心砖（KSV）	垂直穿孔砖（HLZ）	加气混凝土砖（G）	轻垂直穿孔砖（LHLZ）	石膏板
↓	↓	实心砖	灰砂多孔砖（KSL）	轻混凝土实心砖（V）		刨花板
C100/115	F 6	天然石料				矿纤板

混凝土是水泥，骨料（砂子，碎石）和水的混合物。根据原料密度可将混凝土分为轻混凝土，普通混凝土和重混凝土。用作重混凝土和普通混凝土的骨料是碎石，重晶石和砂砾。轻混凝土的骨料是浮石，篷松的石板瓦或聚苯乙烯。

> 根据固化开始 28 天后检测的最低抗压强度将混凝土划分为 16 个强度等级（C8/10～C100/115）。名称 C25/30 标明，该混凝土圆柱形（直径 150 mm，高度 300 mm）检测体的标称强度为 25 N/mm^2，正方体（边长 150 mm）检测体的标称强度为 30 N/mm^2。

置入混凝土的复合材料膨胀螺钉和塑料膨胀螺钉的许用证明一般适用的混凝土强度范围是 C12/15 至 C50/60，金属膨胀螺钉和锥端膨胀螺钉许用证明适用的混凝土强度范围是 C20/25～C50/60。但由于用于按所需执行力传递的紧固件要充分利用混凝土的抗拉强度，并把混凝土的抗拉强度逐步发展成为其抗压强度，混凝土所达到的抗压强度远高于许用最低抗压强度。抗压强度受水泥成分含量与水成分含量数值（水与水泥的成分比）的影响。由于混凝土具有高强度，它是极佳的锚固基底材料。

密实组织实心砖，例如灰砂砖，炼砖和砖均可很好地适用于膨胀螺钉固定，它们均具有相对较高的强度。

密实组织多孔砖或空心砖，由与实心砖相同的材料制成，但鉴于其固定重载负荷的空心结构，它们仅适用于与专用膨胀螺钉合用。

孔隙组织实心砖，例如加气混凝土，由于孔隙结构而导致其抗压强度较低，因此需用专用膨胀螺钉才能达到稳定可靠的固定效果。

孔隙组织多孔砖（空心建筑砌块）的强度更低。只有规定的膨胀螺钉才能用于这种砖。

平台建造元件一般指矿纤板或石膏板。它们强度低，用于干法（应指不动用水泥等建材—译注）扩建工程。在这些板材上固定建筑构件时，只能采用专用膨胀螺钉。

9.3.2 膨胀螺钉的夹持机制

材料性能如硬度和强度在与壁厚结合后决定着其夹持机制，即膨胀螺钉在基底材料中得以夹持的原理。这里可分为三种不同的夹持可能性。

■ **通过膨胀形成摩擦力接合**

> 使用高法向力将两个零件相对挤压时产生摩擦力接合。这里充分利用摩擦力完成力的传递。

摩擦力接合型连接中，压入或敲入一个锥体可产生膨胀螺钉与打孔墙体之间所要求的摩擦力。它使螺钉膨胀部分极强烈地向外挤压孔壁（图1）。由于此种方法出现较大膨胀力，膨胀螺钉主要适用于抗压建筑材料，例如混凝土，实心砖等。但即便是这些材料，使用时仍需注意留出足够的边缘间距和轴心间距，否则将有建筑材料剥落的危险。

■ **通过连接形成材料接合**

> 材料接合指两个零件之间生成了材料性连接。

第三种介质，例如砂浆或人工树脂，将膨胀螺钉与建筑材料相互连接（图2）。使用专用砂浆可在空心建筑材料（空心砖，空心灰砂砖，轻质空心砖等），也可在孔隙建筑材料（加气混凝土，轻质混凝土，浮石等）中形成材料接合型连接。由于人工树脂呈稀液状，只有在坚固的实心建筑材料（混凝土，砖）中才能形成材料接合。材料接合型膨胀螺钉装配具有较大优点，它不会产生横向力，所需边缘间距远比摩擦力接合型的小。

■ **形状接合完成力传递**

> 形状相同的面相对贴紧放置形成形状接合。

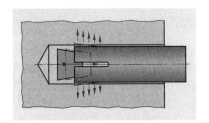

图1　摩擦力接合型（原理示意图）

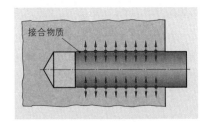

图2　材料接合型（原理示意图）

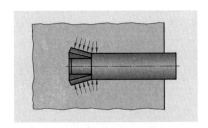

图3　形状接合型（原理示意图）

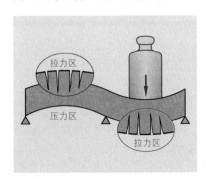

图4　压力区和拉力区

形状接合主要用在膨胀螺钉的形状与螺钉孔或建筑材料的形状相互配合的位置（图3）。几乎所有坚固的建筑材料都适用这种方法。

■ **膨胀螺钉在拉力区和压力区范围的合格性**

建筑构件所承受的负荷将产生不同的拉力区和压力区。建筑构件，如盖板，如果盖板承受弯曲负荷，那么在其边缘区域将产生拉力负荷，它可导致构件膨胀，而在相邻范围因压力负荷却导致构件压缩（图4）。膨胀可降低摩擦力接合以及材料接合的强度，也会降低拔出力。因此，对于这些范围只允许使用有明确许可的膨胀螺钉。这类螺钉是除形状接合型膨胀螺钉外，主要用于适用图中划线的连接锚栓。

9.3.3 负荷类型

除上述的选择要素外，当然还有负荷，即建筑构件导入膨胀螺钉的负荷对于选取膨胀螺钉也至关重要。负荷的类型，例如，压力，斜拉力，弯曲，还有负荷的大小等均不仅决定着螺钉的尺寸，还影响膨胀螺钉类型的选用。

关于负荷，具有意义的主要是三个物理量：

- 力的量
- 力的作用方向
- 力的作用点

这里，EOTA（Europäische Organisation für Technische Zulassungen—欧洲工程技术许可组织的德语缩写）将它划分为轴向作用的中心拉力 N_Z 或中心压力 N_D，和垂直于轴向作用的横向力 V 和斜拉力 F_R。

中心拉力和中心压力表达的是最为不利的负荷，因为它对膨胀螺钉和地脚螺栓施加的负荷是其所能承载的最大量。

横向力对膨胀螺钉和地脚螺栓施加的是剪切负荷，是材料承载的一种高负荷。

斜拉力由来自中心拉力或中心压力和横向力的一个分量组成。横向力并不直接作用在张紧点，而是出现在附加的弯曲力上（图1）。

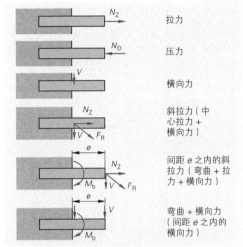

图 1   摩擦力接合型（原理示意图）

负荷的特殊情况中还会出现所谓的冲击负荷。这种负荷只在民用或军用防护区才予以考虑。

主要是过负荷，错误装配，错误选择和低质量的基底材料等将导致固定措施失效。

固定措施的失效			
失效的类型	锚固基底材料断裂	建筑构件分裂	膨胀螺钉脱出	膨胀螺钉断裂
原因	负荷 N_Z 过高 锚固基底材料强度过低 置入深度过浅	建筑构件尺寸过小，未能保持足够的边缘间距和轴线间距 膨胀压力过高	过高的负荷或错误的安装致使摩擦力接合，材料接合或形状接合均告失效	对于所承载的负荷而言，膨胀螺钉以及螺钉的强度过低

除与重量相关的负荷外，主要是与重量无关的作用，如冰冻，阳光作用产生的高温或火灾，湿度和化学作用等也要求对膨胀螺钉的选取必须谨慎仔细并符合专业规范。环境因素影响导致的材料软化，变脆和腐蚀等也能够显著降低承载功能。与负荷相关的标准中均已写入上述各种影响承载能力的因素，膨胀螺钉制造商的产品说明中，也必须与标准一样考虑这些因素以及许用条件。

9.3.4 安装类型

除负荷类型外，安装类型是另一个选取膨胀螺钉时必须关注的重要点。

预插式安装，如果膨胀螺钉与建筑材料表面对齐并封闭，采用这种方式安装。墙体上的钻孔孔径大于待固定的建筑构件上的钻孔孔径（图1）。

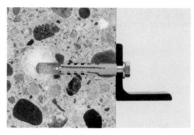

图1　预插式安装

贯通式安装要求安装件与建筑材料相同的钻孔孔径。安装件可直接用作钻模。费力的预钻孔也可以省略（图2）。

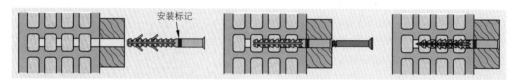

安装标记

图2　贯通式安装

安装标记

a）用钻模或预钻孔的板条钻孔　　b）将膨胀螺钉和螺帽装入已预装的板条　　c）校准板条，插入螺钉并拧紧

图3　间隔式安装

间隔式安装，例如安装阳台栏杆或安装建筑物立面装饰板时需用这种类型的安装（图3）。

■ **规则与规定**

在已知上述所有的选用标准后，现在可以确定具体个例所要求的膨胀螺钉类型。但从膨胀螺钉庞大的供货清单以及众多的制造商中选取一款真正为自己所需的产品，总是一件难度极高的事情。

膨胀螺钉至今尚未列入标准。但对这类产品已有一系列的准则，标准和规定，它们主要对制造商具有重要意义。

> 所有用于承重结构的膨胀螺钉和地脚螺栓（就是说，它们的安全性失灵时将有危及生命和健康的危险），必须获得建筑监理机构的许可方能投入使用。

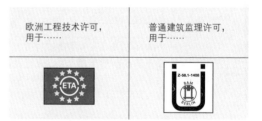

欧洲工程技术许可，用于……　　　普通建筑监理许可，用于……

图4　检验标记和许用标记

许用膨胀螺钉只允许在其制造商已纳入监督系统后方可投入使用。有关于此的证明在膨胀螺钉的包装或供货单上标有"普通建筑监理许可"的监督标记（由德国建筑技术研究院颁发）以及欧洲工程技术许可标记时，即可视为有效（图4）。

这里需要区分，膨胀螺钉是否仅用于已经证明的压力区或也可用于已划线的拉力区。

9.3.5 聚酰胺膨胀螺钉（尼龙膨胀螺钉）

使用最多的膨胀螺钉类型是尼龙膨胀螺钉组（图1）。聚酰胺受限于耐温，耐紫外线和抗老化等因素。口语中常将膨胀螺钉称为尼龙膨胀螺钉。它适于接受木螺钉。

> 尼龙膨胀螺钉根据建筑材料类型分别可用于摩擦力接合型，形状接合型，或两种类型均适用。

膨胀螺钉的膨胀部分通过强力拧入锥形木螺钉挤压孔壁时，便产生了摩擦力接合。较软的建筑材料则相反，例如加气混凝土，这里通过高横向力将膨胀螺钉齿压入孔壁，并产生形状接合。

■ 无边膨胀螺钉

所有膨胀螺钉中最通用的是无边膨胀螺钉。随着钻孔深度的增加，打入膨胀螺钉的墙体厚度也在增加。拧入的木螺钉在深孔内作用于逐步膨胀的螺钉膨胀部分（图2）。膨胀螺钉的未膨胀部分阻止膨胀螺钉在木螺钉拧入时一起拧入。一般而言，尼龙膨胀螺钉用于非承重结构的轻度固定。通过有目的地确定膨胀方向，这类螺钉也可以用于小边缘间距的位置（图3）。视为经验法则的是：

> 距墙体边缘所要求的最小间距一般是膨胀螺钉的长度，在不确定的情况下，务请遵照制造商提供的技术资料。

■ 框架膨胀螺钉

不同结构的框架膨胀螺钉特别适用于固定框架，在封闭空间固定建筑材料（例如空心砖）以及在墙体上安装隔热层等用途（图4）。这类膨胀螺钉也适用于安装窗框和悬挂在前面的建筑立面。图示举例（图4和图5）中，通过延长齿条，使压强更好地分布在更多的隔片上。作为承重机制，这里的摩擦力接合与形状接合交替出现，作用于隔片上的是摩擦力接合，而作用于隔片后面的是形状接合（图5）。四个或更多膨胀的作用是倒钩和防止旋转。由于螺钉杆部延长，对于贯通式安装，框架膨胀螺钉是极佳选项。

与所属专用螺钉联合使用使若干制造商的尼龙膨胀螺钉已获得其作为固定单元的建筑监理许可。

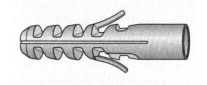

图1　尼龙膨胀螺钉

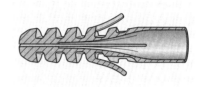

图2　尼龙膨胀螺钉剖面图

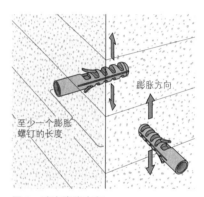

膨胀方向

至少一个膨胀螺钉的长度

图3　确定膨胀方向

图4　框架膨胀螺钉

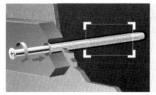
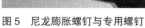
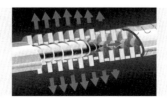
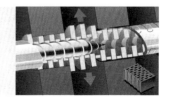

图5　尼龙膨胀螺钉与专用螺钉

■ 用于加气混凝土的膨胀螺钉

尼龙膨胀螺钉的一种特殊造型是小负荷牢固可靠的锚固螺钉，也可用于孔隙组织的加气混凝土。其螺旋状外肋条在锤击敲入时旋转进入软材料，并形成形状接合（图1）。

图1　加气混凝土膨胀螺钉

■ 尼龙膨胀螺钉的安装

膨胀螺钉安装的可靠性完全仰赖于前期准备，如钻孔和选取正确的螺钉。

■ 孔径与钻孔方法

钻孔必须与膨胀螺钉的标称尺寸相符。如果孔径太小，拧入时将遇到极高的拧入阻力，有导致螺钉断裂的危险。但孔径过大则致使膨胀力不足。

实际操作中，选用错误的钻孔方法常导致孔径过大（图2）。如果使用冲击钻或电锤在多孔建筑材料或孔隙组织建筑材料上钻孔，可能导致螺钉隔片折断，螺钉无法继续夹持。

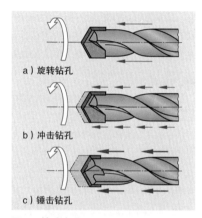

a）旋转钻孔

b）冲击钻孔

c）锤击钻孔

图2　钻孔方法

> 孔隙组织建筑材料和多孔建筑材料只允许使用旋转钻孔方法钻孔，不允许使用冲击钻或电锤等钻孔设备。

■ 钻孔的清洁

钻孔后，必须吹掉或刷掉孔内钻屑。不清洁的钻孔将降低螺钉的夹持数值。这也与钻孔方法说明书一样适用于所有类型的膨胀螺钉和地脚螺栓。

■ 正确的螺钉强度和螺钉长度

如果所选螺钉过厚，螺钉拧入时可能割开膨胀螺钉。而螺钉过薄，则膨胀螺钉不能正确胀开。

膨胀螺钉安装中最常见的错误之一是所选螺钉长度过短（图3）。其结果是，膨胀螺钉不能在其全部长度上膨胀，这样使它仍可能保持拔出力。

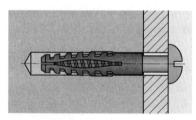

图3　螺钉过短

最小螺钉长度的计算

l = 安装物的厚度
+ 灰浆厚度或隔热层厚度
+ 膨胀螺钉长度
+ 1× 螺钉标称直径（图4）

■ 正确孔深

如果钻孔不够深，螺钉可能拧入失败或拧断。

钻孔过深则存在膨胀螺钉也安装过深的危险，这样使螺钉的空余部分不能完全填满，膨胀螺钉不能在其全部长度上膨胀。

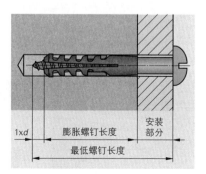

1×d　膨胀螺钉长度　安装部分

最低螺钉长度

图4　正确的螺钉长度

9.3.6   金属膨胀螺钉（重载膨胀螺钉）

固定重型负荷时使用金属膨胀螺钉，大部分的制造材料是钢（重载膨胀螺钉）。由于这类膨胀螺钉出现的高膨胀力，它们只允许用于混凝土，其他材料不可能在遭受如此高膨胀力后不出现破损。固定原则适用于现有市售的所有金属膨胀螺钉：膨胀锥在外力作用下压入，压入或敲入膨胀套。根据安装控制的方法的不同，可将这个膨胀螺钉组划分为力量控制型和行程控制型强制膨胀的金属膨胀螺钉。膨胀力的控制一般由力矩扳手执行。出于这个原因，膨胀螺钉又称扭力矩控制型膨胀螺钉。但大部分许用的膨胀螺钉却称为力量控制型膨胀螺钉。

■ 力矩控制型金属膨胀螺钉

通过将锥体压入一个纵向切开的米制螺纹膨胀套产生这类膨胀螺钉的夹持力。膨胀套在高压下挤压孔壁（图1）。通过遵守这个允许的最高拧紧力矩来保证力量控制型膨胀。实作经验表明，即便是专业人员也要求使用扭力扳手执行这个作业。

图1   力量控制型重载膨胀螺钉

■ 行程控制型金属膨胀螺钉

这种类型的膨胀螺钉通过将锥体推入一个锥形膨胀套筒产生膨胀，推入膨胀套的行程已精确确定。这样使膨胀套筒底部向外径向膨胀。为遵守已确定行程，规定需采用专用敲打工具（图2）。由于因打击膨胀而产生的混凝土负荷极高，所以非常重要的一点是，必须遵守制造商说明或许可证规定的边缘间距和轴线间距。

钻孔/清洁   导入金属膨胀螺钉   用敲打工具将锥体打入   注意安装深度   拧入螺钉

图2   行程控制型金属膨胀螺钉的安装

金属膨胀螺钉由结构件安装技工和金属结构加工技工用于混凝土安装工作（例如用于窗外遮棚，雨篷，屋顶锚固等）。使用不正确时，例如阳台栏杆的膨胀螺钉打入阳台平台的端面，或过于靠近边缘，可能因高膨胀力而在混凝土内形成裂纹，裂纹可能造成更大的损坏。

因此，在靠近边缘的区域和抗压强度低的建筑材料上安装时，不允许使用金属膨胀螺钉。

9.3.7   无膨胀压力的膨胀螺钉

这个实际上是形状接合型和材料接合型锚固元件。

> 无膨胀压力的膨胀螺钉通过形状接合或材料接合产生夹持力。

据此，它们适用于几乎所有的材料。

喷射锚固螺钉是固定元件，其作用方式涉及锚固套筒，喷射砂浆与锚固基底材料（图3）。

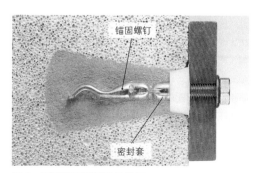

图3   喷射锚固螺钉及其螺钉

将金属锚固套装入这个钻孔，并用密封凸缘密封［图 3b）］。然后将专用喷射砂浆通过锚固套压入钻孔。这些砂浆填充剩余的空间并形成材料接合和形状接合。

图 1　装入空心砌块的喷射锚固螺栓

图 2　装入垂直穿孔砖的喷射锚固螺栓

如果用尼龙网裹住锚固套，可控制喷射砂浆不会四处流动。加尼龙网的喷射锚固也适用于问题较多的垂直穿孔砖，否则它的空间过大。加尼龙网的喷射锚固只通过形状接合产生夹持力（图 1 和图 2）。

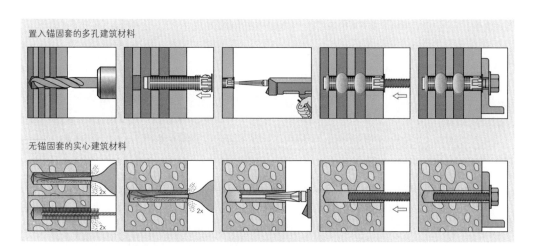

置入锚固套的多孔建筑材料

无锚固套的实心建筑材料

图 3　预插式安装喷射锚固螺栓的操作顺序（注意钻孔的清洁）

黏接锚固螺栓（反应锚固螺栓，复合锚固螺栓）用于混凝土内高负荷小边缘间距的无压力和无应力锚固（图 3）。螺杆表面有一个 V 形面切削刃，安装标记和一个用于安装的内六角或外六角。砂浆筒由一个玻璃安培瓶组成，装入石英砂，人工树脂和固化剂细棒（图 4）。

将玻璃安培瓶插入钻孔，用配装已通电撞锤的手工钻将螺杆一直拧入至安装标记（图 3）。

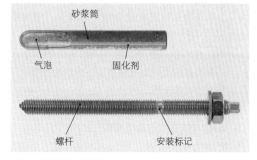

砂浆筒

气泡　固化剂

螺杆　安装标记

图 4　黏接锚固螺栓

这时，玻璃安培瓶破碎，使两种组分通过旋转运动充分混合。石英颗粒紧紧贴在螺纹线和孔壁上（图1）。黏接剂的任务只是将石英颗粒固定在这个位置上。短暂的硬化时间之后，锚固螺栓即可承载负荷。

由于定量的石英颗粒，黏接剂和固化剂按指定比例相互混合，并与螺纹和孔径相配，因此要求锚固准备阶段精准细致。

> 重要提示：务必遵守钻孔深度和直径的规定尺寸。装入玻璃安培瓶之前，按安装说明书用刷子或手持吹风器清除钻孔内的钻屑。
>
> 只允许使用保持树脂液态的安培瓶。

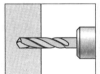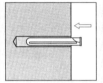

图1 黏接锚固螺栓的安装

锚端锚固螺栓的作用方式如同复合锚固螺栓，但更进一步地无膨胀压力，因此用途广泛。这里，用专用钻头打孔可使孔底部保持一个锥形凹陷。达到钻孔深度后（止挡），通过钻头围绕一个指定点旋转移动，将钻孔侧切成锥形。这样可为锚固螺栓提供一个准确的、形状接合型无压力锚固所需的底部锥形凹陷。

接着，清洁钻孔后，借助手持吹风器用锤击方式将锚固螺栓敲入钻孔。这时，膨胀套推向预设的锥形螺栓，并以形状接合形式填满底部锥形凹陷（图2和图3）。

正确的安装需保证，锚固套紧密地贴在混凝土表面。

图2 将锥端锚固螺栓敲入混凝土

图3 安装锥端锚固螺栓

锥端锚固螺栓在混凝土内无须考虑压力区或拉力区，它用于固定重型负荷。这类螺栓在安装后可立即承载负荷，且仅要求较小的边缘间距和中心轴线间距。

无论在支梁和支座的固定还是在混凝土表面如建筑物立面，阳台平台等上面的固定，当今专业商业公司可提供种类繁多的各种无膨胀螺钉和无地脚螺栓的固定的可能性。

金属结构安装工和建筑技工非常频繁地使用拉筋。这是冷轧或热轧的 C 形横截面型钢，并配有锚固连板。拉筋是嵌入混凝土的（图 1）。为使混凝土无法挤入型钢中空的空间，这些空间必须事先用泡沫材料填充。混凝土拆除模板并清除填充的泡沫材料后，可使用 T 形头螺钉固定建筑构件（图 2）。

建筑监理机构许用的拉筋也允许用于承重结构，如建筑物立面，饰面等。

建筑构件在支梁上的固定现有许多方法，如夹头，夹子，卡箍，螺钉连接等。如有需要，可从制造商提供的资料中查取所需尺寸。

图 1　嵌入混凝土的拉筋

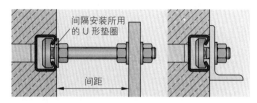

图 2　拉筋的间隔安装和对齐安装

■ **建筑构件固定工作的安全守则**

▶ 检查锚固基底材料的承载能力

▶ 确定固定类型

▶ 与螺钉安装工具打交道时务请遵守事故防护条例

▶ 根据固定类型确定固定孔；注意孔径和锚固深度

▶ 在孔隙组织空心建筑材料上打孔时，不允许使用冲击钻和电锤

▶ 清除孔内碎石和钻屑

▶ 使用砂浆或石膏前，需首先润湿固定基底材料

▶ 采用快干水泥时注意工作说明

▶ 所有建筑构件在注入石膏或砂浆之前必须楔紧

▶ 注入石膏或砂浆的工件必须至少 48 小时后，才能承受负荷

▶ 钢质构件在注入石膏或砂浆之前需涂防护漆

▶ 铝装饰件不能接触砂浆

▶ 采用膨胀螺钉固定时，需注意，根据基底材料谨慎选取正确的膨胀螺钉，边缘间距，轴线间距，安装深度和承载能力

▶ 安全锚固只允许使用建筑监理单位许用的固定单元

▶ 请注意制造商的操作说明。

知识点复习

1. 现有哪些尼龙膨胀螺钉类型？

2. 尼龙膨胀螺钉工作原理是什么？

3. 哪些尼龙膨胀螺钉特别适用贯通式安装？

4. 如何求取对齐安装时螺钉的正确长度？

5. 为什么金属膨胀螺钉主要适用于承受混凝土内重负荷的锚固范围？

6. 请解释下述两个名称："力矩控制型"和"行程控制型"。

7. 如何理解无膨胀压力的固定？

8. 请描述喷射锚固螺栓的功能原理。

9. 哪些膨胀螺钉无一例外地全部是材料接合型。

10 装配，拆卸和清理

装配指将建筑构件与部件组装起来，构成具有指定功能的产品。

例如，一扇铝玻璃门由不同的铝型材，角接头，密封件和作为建筑构件的玻璃等组成。为满足门的功能需求，还必须安装门锁和金属配件。这些是部件，它们已在某家工厂完成制造和装配。作为用户，当然希望这些市购部件能够正常工作。但为谨慎起见，这些部件在装配前后均需进行检验，以免我们的产品出现缺陷。在企业里，工艺准备，加工，加工控制等均属装配之前的工序。如今，装配工作可划分为两种装配类型：

■ **初级装配**，具体到门的装配，指
  ● 接合（插入，黏接，通过成形以及螺钉连接），由此构成门的承重基本结构。

■ **次级装配**，指
  ● 输送（例如夹紧，提升，运动，张紧）
  ● 检测（例如角度和长度的检测）
  ● 调整（例如调节旋转／翻转金属配件）
  ● 特殊操作（例如涂漆，清洁，撕去保护贴膜）对于整体产品几乎同样重要。

图 1　建筑工地安装屋顶外覆层

远离居住地较长时间工作的手工操作者，口语说法是"装配工"。建筑工地安装称作在建筑工地搭起建筑物。

根据工作步骤的不同，可把构件，部件，功能组或最终产品的安装工作划分为初级装配，部件装配或最终装配。

如果装配工装配有误，他必须拆除错装的构件或拆除装配工装，这时的工作称为拆卸。图 1 所示，是装配完成后接着拆除楼梯塔屋顶外覆层和压载沙袋。不仅拆卸，装配也产生废物。废物的清除必须符合专业要求。

10.1　车间装配

建造桥梁或大厅时，如果其部件过于庞大笨重，无法通过公路运输运至建造工地，必须在建筑工地旁建造一个装配车间。图 2 所示就是一个这样的外场车间，它配有可用轨道运输的临时工作大厅。如果大型建筑构件制作完毕，可将大厅移至一边，再用门式吊车吊运建筑构件。

金属加工企业的车间装配过程涉及的各零件的连接有试验性的，也有最终产品性的。如果部件不会因运输而降低其尺寸或质量，组成该部件的各零件可按最终产品形式装配。

图 2　外场装配车间

车间吊车必须能够起吊已焊接完成的部件，必须能够通过车间大厅的大门，还必须能够上公路运输，以便送达建筑工地。这种吊车的结构不能过大，否则将变成由警察护送的、昂贵的特种公路运输。紧急情况下，庞大的结构必须锯开或气割割开，分解成可公路运输的零件。到达建筑工地后，再用螺钉或电焊等方法重新连接起来。

■ **试验性连接**

这种连接的目的是保证在建筑工地的再次装配不会出错。

车间的试验性装配可发现加工的不精确性和加工误差，并在车间内用适当的工作方法将错误排除。如果所有的连接均准确无误，便可将它们拆解成零件并装车运走。这种工作方法可减少建筑工地出现问题，装配工作也能够快速顺畅地完成。

尤其在零件拆解后立即进行热镀锌时，例如安装小平台和圆管栏杆的楼梯（图1），建议实施试验性装配，因为这种工作方法可在镀锌后不必再打孔，拆开或焊接。还能使镀锌层保持完整，客户在产品的外观和防腐保护方面将无可挑剔。当然，必须注意所有插接式连接，其镀锌层减少了内部尺寸。所以，螺钉孔应大于标称直径2 mm。

常常出现的情况是，整个项目的装配需要车间大片场地。如装配栏杆，有时若作为一个整体在车间内

图1　试验性组装

装配，就显得过长，过于庞大。这里采用分段式试验性装配应有所助益：首先试验连接栏杆零件1与2。如果连接合适无误，在栏杆零件1挂标签或打上数字，以示标记。然后拆解并存放在外面。现在继续装配栏杆零件2与3，并以此类推。这种装配方法表明，车间内的装配现场始终只有组装两个栏杆零件。

试验性装配主要用于单个加工的产品，它们对产品的外观和功能要求很高。这类产品，例如楼梯或空间弯曲的建筑物立面零件，不仅要求外观美观，在建筑物立面零件一例中，还要求绝对的防水密封。这些在车间装配后即可进行检验。尤其是新研发的产品，先组装一个样品，把它作为原型样品进行测试或检测。

■ **最终产品性连接**

在建筑工地已不必再拆开其零件连接的建筑构件可在车间内实施最终产品性装配。如建筑物立面一例，在车间预装立面元件或外墙面。在建筑工地可迅速快捷地完成最终装配。最为经济的做法是，通过焊缝、铆钉或黏接剂将零件连接成为一个部件。但这类连接称为不可拆卸连接，因为只能通过破坏连接件，才能将部件分解。

使用可拆卸连接件的目的，如螺钉、螺栓、销钉和卡接式连接以及压接式连接等，是为日后可更换某个零部件。例如建筑物立面就有必要在玻璃板破裂后，轻松地进行更换。即便建筑产品在其使用寿命终结后，可拆卸连接仍能保持建筑构件的使用价值。

10.1.1 装配计划

为使装配工作顺畅进行，必须明确下述几点：

1. 装配什么？

哪些零件和部件应按最终产品形式装配？

2. 哪些计划内的辅助装置可供使用？

现有零件图，总图，零部件明细表或爆炸图（一种立体装配图—译注）吗（图 1）？从这些图纸应能看出，如何识别零件以及如何装配这些零件。现有装配指南，工位计划，或一份图示的结构说明，最终产品的照片吗？或是否有工友一同装配，他对装配的认识又怎样呢？

3. 需要哪些装配工装？

是否有可供使用的连接件，手动工具，机器和检测仪器？起重设备的承载能力是否够用？有合适且不会损坏零件表面和边棱的起重附件吗？装配所需零件是否已按正确顺序排放且无遗漏吗？（第 185 页图 1）展示了三种装配工装。

4. 在何处装配？

合适的装配场地应能在最终产品完成装配后即可吊装运走。此外，装配场地应明亮干燥，不宜过冷，地面平整。如果场地干净，落地的小零件还能再次找到。

5. 如何装配？

准确的装配应在高约 70 cm 的装配工作台上进行。便利的张紧可能性，可将零件夹紧在正确位置。为防止遗漏零件，所有零件的存放数量应已准备就绪且无差错。

然后按照装配计划的顺序执行装配工作。一般情况下，应从部件的下部开始装配，因为辅助支架可轻松达到整个结构的支撑强度。非常重要的还有，可接近性。所有待焊接和待螺钉连接的位置均应具有良好的可接近性。

6. 产品何时装配完毕？

规定的装配时间是多长，何时可以开始？现有足够的工友和装配机器保证按时完成装配吗？装配所需零件和部件是否已足量到场？

7. 应如何检验质量？

必须检测哪些尺寸，角度，功能？必须何时检测？哪些必须调整？装配过程中必须做哪些记录（检验纪要）？

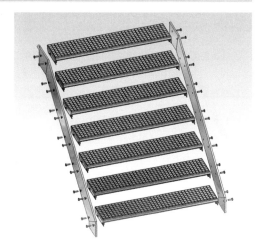

图 1　一个楼梯的爆炸图

图 2　在车间装配一个中间支梁的楼梯

楼梯装配前，工长向参加该项目的各位工友介绍本次装配任务和交货日期。特别提醒大家注意防范事故，遵守规定的劳动保护条例，避免任何人出现工伤事故。根据其工友培训技术水平的不同，装配这个楼梯的工长将回答如下问题：

1. 现在装配的是一个什么类型的楼梯？

在他的手工工厂里现需在入口处安装一个向右转的单管中间支梁楼梯。两块锯齿形开口的平行薄板构成支梁。该支梁板用直角空心型材制成的短间隔管按指定间距临时连接并保持该间距。楼梯台阶底板焊接完成后，拆除间隔管。支梁板材压力区的所谓隆起部通过一个弯曲力矩挡住台阶底板。台阶底板用于稍后安装木质楼梯台阶。

折弯入口处已整圆的支梁板材时应注意，支梁板材因滚弯产生的不同横截面而无法形成一个均匀的圆形。

因此，板材虽已划线并打了中心孔窝，但并不能裁切成型，而应首先弯曲，然后再下料裁切（图 1）。图中显示，对于 90° 弯曲而言，这个弯曲已过于平整。但这样是正确的，因为在装入状态下，该支梁板在空中是斜置的。这样可缩短至上部的圆弧。

2. 计划的辅助装置：

用 CAD 程序（第 408 页）制作木质台阶轮廓图，按 1∶1 比例打印，然后用黏接条连接，使仍未固定的台阶遵守规定的 $u \geq 3\,\mathrm{cm}$ 下部切除尺寸。图 2 显示楼梯的平面图。这里必须识别出，楼梯台阶的外边缘在转弯范围内仅有内侧整圆。

如果没有 CAD 程序可供使用，可在车间地板上用油粉笔按 1∶1 比例画出楼梯平面图：

从楼梯孔开始。这是用于楼梯的楼梯间开口。然后画出步行线（第 396 页），这是楼梯行走范围内的路线，用户一般行走在线内区域。步行线在转弯处应画在中线位置，或向内侧或向外侧偏移 10%。如果楼梯安装场地狭窄且楼梯急弯，用户可继续向外偏移，因为那边有更宽的踏板。急弯楼梯的步行线应向外偏移。这样的步行线更长，在接下来按计算尺寸 a 等距划分踏板时，各个踏板便相应地更宽。采用已知的台阶偏移方法（参见第 405 页）绘出已偏移的台阶平面图。

图 1 弯曲并裁切支梁板材

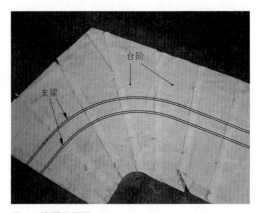

图 2 楼梯平面图

3. 装配工装

装配现场主要需要足量的螺旋夹钳和辅助支架。圆铁或空心型材用作 MAG 焊接固定的支杆（图 1）。楼梯上部的装配工作需要一个四脚折梯。配吊钩的叉车可减轻楼梯上部支梁板的装配。检测和检验需要直尺和水平仪。木楔和榔头可简化高度的精确校准。装配较薄板材时，需要一根 3 m 长的直角空心型材稳定薄板。按所需长度锯切截取空心型材的下脚料作为两个支梁板中间的间隔件。

4. 在何处装配？

装配场地是车间大厅内一块放有钢板垫脚的平地。这里的优点是，这里可以焊接所有的临时支架。在新楼梯竖起来之前，可磨平钢板垫脚（图 1）。

5. 如何装配？

本项目有楼梯结构照片。照片清晰展示出装配过程。

5.1 下部：楼梯高度 2700 mm。由于支梁下部折弯 90 度，中部支梁不可能用一块料制成。在第五级台阶下安排对接接头，这里是两块折弯的支梁板与长直板的连接处。图 1 显示，左侧中部支梁板已在支撑上校准完毕。这是保持在钢板装配面上已固定的辅助支架和辅助钢条。现在用螺旋夹钳固定右侧中部支梁板，然后校准，定位焊接（图 1）。

5.2 中部：借助由叉车推过来的装配工装，使叉车的功能变为吊车。工装上有一个挂着麻绳的吊钩，用吊钩将中部支梁直板的上端提升至辅助支架的平台高度，用螺旋夹钳夹紧。该板的下端用手举起至对接接头处，用螺旋夹钳夹紧，并用一个焊接点临时固定（图 2）。

现在，将木楔打入支架座架与支梁板之间，精确调整上部的高度。图 3 显示，麻绳绳套已挂住。所有零件到位后，开始定位焊接支梁对接接头。

图 1 辅助支架上的两个支梁板

图 2 悬挂支梁直板

图 3 夹紧辅助支架上的上部板

图 1　定位焊接第一级楼梯台阶

图 2　焊接对接接头

　　然后，定位焊接下部楼梯台阶，形成支梁板的对接接头。下一步装配参见下图：

图 3　打磨对接接头

图 4　运送第二块支梁直板

图 5　用水平仪校直第二块支梁板，并定位焊接接头
　　　上部

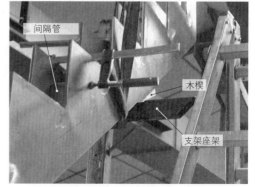

图 6　将木楔插入支架座架上部正确的高度，定位焊
　　　接间隔管

　　现在，可定位焊接所有的台阶和间隔件。但必须考虑到，单边相对"较软"的板在定位焊接和焊接时将出现偏移。

因此需在左侧支梁板夹紧一块牢固的空心板材。这样可张紧板材，产生更多的阻力对抗偏移。此外，还需先焊一条临时定位短焊缝。

图 1 定位焊接右侧三处对接接头

图 2 矩形空心型材形成稳定的侧支撑

图 3 检查中部支梁 – 台阶支撑面

图 4 检测台阶

图 5 "水平"放置台阶

图 6 按上述方法继续定位焊接其他的台阶

按此方法定位焊接全部钢质台阶。装入栏杆时，所有钢台阶应已焊接完毕。按制造商意见，栏杆侧柱不应焊接在板 – 座架上，而应用螺钉连接在木质台阶上。由于上部栏杆端部没有空置，而是固定在墙体上，它有稳定楼梯的作用。

图1　螺钉上紧所有的工地台阶

图2　栏杆侧柱固定在木质台阶上

因此，必须首先锯切下料需固定的工地台阶，并用螺钉拧紧（图1）。通过不断装起的辅助支架使楼梯具有足够的稳定性，便于继续装配。将栏杆侧柱用螺钉固定在木质台阶上（图2）。

图3　插入不受力垂直杆件的上部栏杆区

图4　折弯并插入下部栏杆侧柱

为此，在下部侧柱管焊接一个带有螺杆的盖板。所有栏杆侧柱都应打斜孔，用于垂直杆。侧柱应预先两边打孔。现在可将上部垂直杆从下面插入侧柱（图3）。

图5　弯曲下部垂直杆

图6　按样板弯曲垂直杆

制作楼梯转弯处：首先按样板弯曲，配合并插入垂直杆（图4）。将垂直杆略微过弯（图5），然后再按样板弯至正确角度（图6）。与过度弯曲相比，弯至正确角度时不能出现折痕！

图 1　装配下部垂直杆件

图 2　校准下部垂直杆件

　　校准垂直杆件时需注意，俯视所有的垂直杆时，它们均应对齐并准确地相互垂直。此外，折弯时不允许杆件向下悬挂，否则会导致间距不均。所有零件到位后，开始定位焊接。

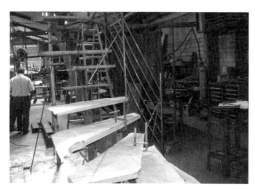

图 3　对齐并定位焊接所有的垂直杆

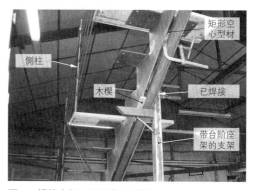

图 4　焊接支架，矩形空心型材

　　焊完所有剩余焊缝时，楼梯应平放在车间地板上。横向临时焊接的间隔型材，纵向放置的矩形空心型材（图 4），以及连接板（图 5），均可使焊接件处于良好的张紧状态，从而降低扭曲变形。短且窄的焊缝所产生的热量低，也可降低扭曲。

图 5　抵消焊接扭曲的连接板

图 6　前后相接的短焊缝

　　通过整个楼梯部件上均匀分配焊缝顺序，焊接顺序是或下，或上，或中部，焊缝交替进行，保持低热量和低扭曲。垂直位置焊接或轻度下降位置焊接时，楼梯在车间地板上可做相应的翻转。

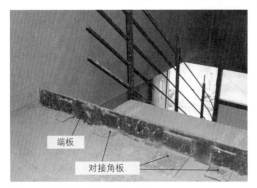

图 1 楼梯初装时的上部接合处

图 2 用模板安装扶手

由于中部支梁楼梯可顺畅穿过新建筑入口，不必再拆分。现用膨胀螺钉分别在上下部固定楼梯（图 1）。上部对接角板同时也是地板的端部板。现在，继续安装台阶和栏杆。

图 3 用深度尺检查折痕

图 4 向上弯曲

为在车间弯曲不锈钢扶手，需标记垂直杆的弯曲（图 2）。CNC 机床可做相应的编程。图 3 显示用游标深度卡尺检验弯曲折痕，图 4 显示楼梯扶手。

图 5 松开镀锌的高级钢条，斜向打磨

图 6 无锈配装扶手

扶手可仅弯曲一段，在楼梯上再用 WIG 焊接方法焊入已镀锌的高级钢条（图 5 和图 6），并从上至下地进行配合安装。根据 2009 年 4 月版 DIBT 的建筑监理许可条例 Z-30.3-6，已不再允许对不锈钢建筑构件实施热镀锌，因为这会使材料变脆，扶手必须采用其他方法固定。

10.2 拆卸

如果一个建筑物在规模，位置和装备等方面均要求符合经济性，那么它就只提供一种优化用途。如果这些要求改变了，那么其用途也必将出现变化。若用于其他用途，该建筑物必须改变造型或进行扩展。如果所有的可能性均告失败，常常只剩下拆除一条路了。

拆卸（图 1）时的事故危险不对称地高于装配。未加思考地拆除承重建筑构件常会导致较大范围的坍塌，因为没有注意建筑物的结构力学。与编制建筑物装配计划同等重要的是编制一份拆除建筑物的拆除计划。如果该建筑物还要在其他地方重建，则还需补充一份有关已拆卸零部件的详细描述和文档。

如果该建筑物拆卸完成后仅得到一堆瓦砾（材料的再次利用），仍应将这堆建筑废物分类，以满足法律条文的规定。在各个案例中，严格遵守事故防范条例是重要的。

图 1　拆除一个高货架（钢结构 – 艾伯特）

10.3 废物的避免，评估和清理

加工制造，装配和拆卸或多或少均会产生废物。为保护环境，节约资源，欧盟要求各成员国有义务通过相关法律。德意志联邦共和国于 1994 年引进循环经济和废物法（KrW–/AbfG）。该法对废物的定义：

> "废物是其拥有者已经除掉，想要除掉或必须除掉的所有移动物品。"因此，废物的定义是：所有不是产品的物品都是废物。

从此，一个乡镇的所有土地必须通过许用废物容器与公共废物运输对接，积压的"废物的清除"必须交由公共剩余废物运输系统完成（强制对接和使用）。这条法律也适用于纺织企业，商业，自由职业者等。危险品废物必须由授权专业企业（清理者）处理。

这里总结了一个金属加工企业典型的废物。

企业危险品废物	包装材料	普通废物
钻床和磨床润滑材料	工件托盘	办公废物：
钻床和磨床乳浊液	硬纸板包装材料	薄膜，色带
钻床和磨床的油泥，钻削、切削和磨	纸	墨盒
削冷却油，溶剂，冷清洁剂，润滑油	捆绑带	休息时的饮食废物：
不能固化的黏接剂和油漆残留物	塑料桶，金属桶	生物废物
被油和油脂污染的生产设备	白色薄板废物桶，	饮料包装材料
喷丸残渣，酸，碱	塑料废物桶	金属罐，玻璃瓶
防焊接飞溅物喷雾器	罐，金属罐，管	与家居废物类似的企业废物：
油和汽油沉积物	玻璃	废物堆，电极余料，
荧光灯管	橡胶	密封胶带
干电池和蓄电池		绝缘材料，固体黏接剂，已硬化的旧油漆
		已用过的打磨砂轮片和切割砂轮片，硅胶残留物

废物清单条例 AVV 自 2002 年 1 月 1 日起生效，它列举废物的名称和分类。危险品废物在条例中用星号（＊）标记。每一种废物由前置的两个数字标明来源。现摘录一段 AVV 如下：

12 01 13	焊接废物
12 01 14*	含危险品的加工产生的油泥
12 01 15	加工产生的油泥，但不含 12 01 14 所述油泥
12 01 16*	含危险品的喷丸废物

节选自废物清单条例（AVV）

2007 年 2 月 1 日，简化废物法律监督的法律及条例生效。同时取消了德国常用的废物分类，该分类法将废物划分为无须监督的 / 需要监督的和需特别监督的废物。现在只把废物划分为不危险和危险的废物。

> 危险废物指按其种类，特性和数量达到一定程度时将危害健康，空气和水，或具有爆炸性，可燃性的废物，或可能包含和产生导致可传染疾病病原体的废物。这类废物不允许与普通废物混合，否则整个废物将升级为危险废物！

危险废物的生产者，运输者，收集者和清理者均有义务进行登记验证。用于登记的证明有废物清理证明（EN），该证明认可从事规定的废物清理的资格，以及应负责任的解释（VE）和随身证件（见下图）。

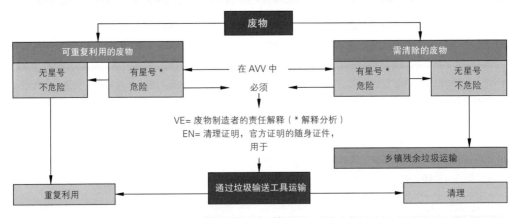

危险材料和废物必须干燥，可隔离，存放在收集箱内（图 1）。废物清理的原则是："避免再次利用前清理，避免清除前清理。"

废物的清理应始于产品设计阶段。因此，企业应通过下文所述推行预防性环保：

● 使用有害材料低含量的产品；

● 研发长寿命周期的，可再生利用的或产生废物少的产品；

● 推行企业内部的辅助材料循环利用；

● 采用产生废物少的生产方法。

原则上，可重复使用的废物必须与需清除的废物严格分开。这种分离应与废物清理企业协调一致，并符合市县和乡镇的废物法规，以便获取废物收集箱的可运输数量。

图 1　存放危险材料的收集箱，已获 DiBt 许可

作业：制作并装配一个法式阳台

某客户发出一份订单，要求制造并装配两个"法式阳台"。随订单发来照片（图 1）作为制造样品。阳台的加工制造需遵守下列规定数值：

材料：不锈钢，格栅框架：直径 30 mm，格栅垂直杆：直径 10 mm

栏杆圆管：直径 40 mm × 2.0 mm，格栅宽度（无侧边接头元件）：2000 mm

格栅高度：880 mm，法式阳台总高度 1000 mm，墙体托架：直径 10 mm 和作为外购件的圆片坯料。

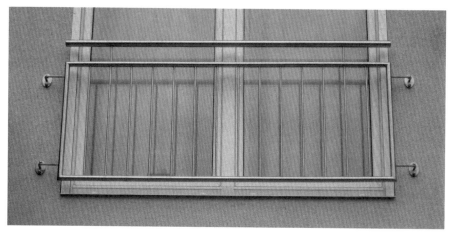

图 1　法式阳台制造说明

1. 请解释"法式阳台"这个概念。请做相关调查。

2. 按要求的净宽 ≤ 120 mm，求出准确的垂直杆间距。

3. 编制一份法式阳台的车间制造草图，并标注所需尺寸。

4. 在草图上列出各零件的位置。

5. 墙体托架的弯曲半径为 R25。弯曲边长分别是 50 mm 和 100 mm。请计算墙体托架的展开长度并制作草图，标注所属尺寸。

6. 两根较长的格栅式垂直杆固定栏杆圆管，在格栅上部支梁钻贯通孔，并在下部插入栏杆孔。

7. 编制一份材料和下料清单（零部件明细表）。材料清单含下面一系列内容：位置，名称，零件数量，零件长度，总长度，半成品所用的标准名称。

8. 编制一份加工栏杆的工作计划。

9. 确定焊接模板的加工和格栅垂直杆净宽的检验尺寸。

10. 计划墙体对接。首先，按什么标准选取墙锚固螺栓？

11. 请另列三个选取墙锚固螺栓的标准。

12. 参考法式阳台的固定方式，请描述获取墙体结构近似数值的可能性。在此请考虑承重墙，墙壁衬里和墙壁中空空间或考虑保温层厚度。

13. 研究结果得知，家居伴房墙体由厚度 600 mm 并带有保温层的垂直穿孔砖组成。哪一种固定方法（墙锚固）适用于此，请参阅膨胀螺钉和地脚螺钉制造商产品目录。

14. 请做出运输至建筑工地实施安装的准备。为此请列出一份清单，内含所有的辅助装置，附件和装配工具。

15. 建筑工地的装配工作结束后，还有什么必须完成的任务？

作业：活动门滑轨部件的制作准备工作

下图所示活动门的装配应在车间做准备。现在的任务是滑轨部件的预装配，并做出至现场最终产品装配的准备工作。

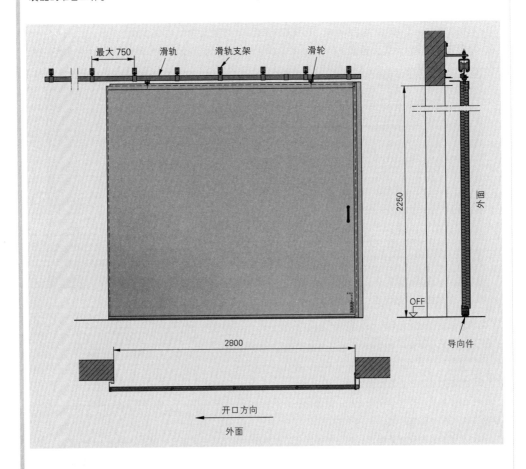

工作任务：

1 车间预装配

1.1 计算滑轨所需长度。

1.2 确定滑轨支架数量。

1.3 绘制滑轨支架制作草图，并在此基础上编制工作计划。

1.4 研究对已绘图的滑轨支架的选取。

1.5 编制一份预装配滑轨及其支架的工作计划。

2 现场装配的准备工作

2.1 哪些起吊和移动大门的辅助装置可供运输准备工作之用？

2.2 哪些起吊和移动大门的辅助装置可供现场最终产品装配之用？

2.3 哪些固定件（膨胀螺钉）适用于混凝土 C25/30 外墙的固定？

2.4 采用所选膨胀螺钉固定时需注意什么？

学习范围：钢结构和金属结构的制造

11 建筑业劳动安全

　　所有在建筑业和建筑辅助业的从业者面临事故危险的程度很高。这里不仅指在车间内从事的工作，还有建筑工地的装配工作。在几乎所有这些工作中，威胁最大的是各种各样的工伤危险。如由于不充分的头部和身体防护所致，从不符合专业要求竖立的梯子和脚手架坠落，或使用有缺陷的工具等。总之，事故原因无处不在。

　　事故对个人的意义是，酿成痛苦，财务损失，身体伤害，甚至死亡。对于公众和企业而言，事故的后果是，损失一个劳动力，干扰企业的正常运行，提高职业协会会费，降低民众收入。轻率鲁莽，混乱无序，定位错误的大胆行为，滥用酒精和不符合专业规范的工作行为等，都是最为常见的事故原因。

> 考虑周全，井然有序的工位和有安全意识的工作行为等均可显著降低事故的风险。

　　尤其对于建筑工地的工作而言，存在着大量的劳动规则。其中就包含事故预防措施，但也有责任：

- 建筑工地条例（BaustellV）
- 安全与健康保护计划（SiGe-Plan）
- 危险的判断
- 操作说明

　　建筑工地条例由德国联邦劳动和社会部颁发。它主要适用于大型建筑工地（企业员工超过 20 人，工作时间超过 30 天），指明建筑商的管辖权和责任所在。建筑商可将这个职责委托给第三方（协调人）。

　　在建筑工地条例中还有编制安全与健康保护计划（SiGe-Plan）的规定。这种计划必须能够令人辨认出所有采用劳动保护规定的相关建筑工地，尤其不能或缺的内容是，高度危险的工作的特殊保护措施。该计划同样可由工地协调员编制，必须让建筑工地的所有员工知晓。

　　与员工不同，雇主必须定期编制危险的判断。在这个文件中应探究待从事的工作的危险源，确定消除危险源的合适措施。

　　然后，在危险的判断基础上编制操作说明（图1）。由于雇主一般只允许雇用职业技能培训合格的员工，操作说明必须指明如何与机器，工具和辅助装置打交道。这包括特意为此目的编制的操作说明。工作现场必须配备操作说明。

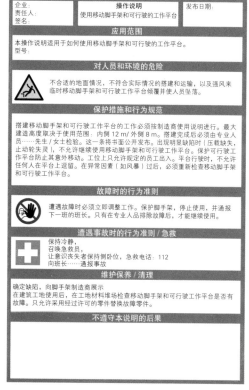

图 1　操作说明

除建筑工地条例外，主要还需注意遵守各职业协会的规定（这里是建筑业 BG），用以提高事故防护的能力。这些条例和规定常以图示（符号标志）形式（参见图表手册）绘制在建筑工地横幅或标志牌上，如禁止标志（P），警告标志（W），指示标志（E）和火灾防护标志（F）。

图 1　建筑工地横幅图

还有许多职业协会的事故预防条例（UVV），本书将在相关技术章节直接介绍。本节只介绍跨行业通用的和建筑业典型的措施。

11.1　人员的安全防护装置

可保护人员抵御危险的防护装备，除工作服和手套外，主要还有符合 DIN 标准规定的防护头盔和防护鞋（图 3）。只有当这些用品符合劳动保护条例和事故预防条例的相关规定后，才允许其制造商推入市场。它们均标有 CE 标记并存档（图 2）。

11.1.1　防护头盔

佩戴防护头盔可阻止头部重伤，或至少降低重伤后果。

根据事故预防条例（UVV），所有接触冲击的，摆动的，坠落的，倾覆的或飞走的物体时都有头部受伤的可能性，因此必须佩戴 DIN EN 397 规定的防护头盔。

防护头盔由头盔壳和内衬装置组成。头盔壳又称头盔的外部件，它直接吸纳坠落物体，与头部没有接触。

图 2　符合安全条例的机器，设备，劳动保护装置的标记

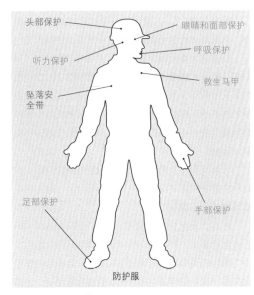

图 3　人员防护装备

防护头盔由热固性塑料或热塑性塑料制成。热塑性塑料与热固性塑料的区别主要在于，热塑性塑料的性能在高温和严寒作用下将发生剧烈改变。热塑性塑料头盔还有一定程度的老化，并因此降低安全防护性能。有鉴于此，此类头盔的佩戴时间不宜超过 5 年。

遭受强烈撞击的头盔不允许继续使用。

头盔的内衬装置可理解为装在头盔壳内的物件。它们由支撑带，长度可调的头带和颈带以及软衬垫组成（图 1）。

11.1.2 防护鞋

根据职业协会的统计，建筑企业从业员工遭受的安全威胁除头部外，主要是足部。

最为常见的事故原因：

▶ 坠落或倾覆的物体
▶ 卸载重物时的疏忽
▶ 尖锐物体刺入
▶ 碰上障碍物
▶ 机动车辆碾过

为降低这些安全隐患的风险，必须按照事故防护条例（UVV）规定，凡有危险隐患的地方，包括金属加工车间和建筑工地，都必须穿符合标准的防护鞋。

防护鞋可分三类：

● 安全鞋
● 防护鞋
● 职业鞋

它们与传统防护鞋的区别主要在于，它们在特别危险的部位如脚趾或脚后跟处加装了防护钢质护套和软衬垫。

安全鞋，在事故预防条例（UVV）意义上的安全鞋是按照 DIN EN ISO 20345 制作的鞋，它配有防止重压的脚趾保护钢套，其保护作用相当于经受 200 J 检验能量的冲击和至少 15 kN 压力的检验（图 2）。

防护鞋，是按照 DIN EN ISO 20346 制作的鞋，配有脚趾保护钢套，其对机械作用的保护相当于经受 100 J 检验能量的冲击和至少 10 kN 压力的检验。

职业鞋，是按照 DIN EN ISO 20347 制作的鞋，它必须能够满足一定的，职业典型的现场条件要求，如防滑或防静电等。

上文所列防护鞋种类均为不同鞋帮高度和材料制成的半高帮鞋和靴子。企业主必须负责提供适用于工作危险的防护鞋。

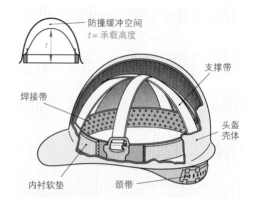

防撞缓冲空间
t = 承载高度

支撑带

焊接带

头盔壳体

内衬软垫

颈带

图 1 标准防护头盔

① 优化的防滑成型鞋底

② **吸能元件**
· 降低冲击负荷
· 符合人体解剖结构的鞋跟
缓冲元件
· 优化的舒适度
· 保护踝关节
透气系统
· 改善脚部小气候

③ 脚趾安全护套

④ 不同的脚掌类型，用于不同的使用范围

⑤ 效果显著的踝关节软垫

⑥ 高级皮革
· 使用寿命长
· 耐磨
· 结实耐用

⑦ 高级后跟护套，用于鞋型稳定

⑧ 衬软垫的鞋口

⑨ 衬软垫的挡尘鞋舌

⑩ 皮革衬里
· 柔顺
· 透气性好
· 结实耐用

⑪ 大量耐腐蚀的鞋带眼或鞋带扣

⑫ 中部软垫抵御至钢套过渡段的压力

⑬ 鞋垫
· 皮肤友好型 pH 值
· 高吸湿性
· 过夜即干
· 没有细菌和霉菌的生长土壤
· 形状稳定，耐磨不掉色

图 2 安全鞋

11.2 脚手架和梯子

　　许多装配位置没有梯子或脚手架之类的辅助设施根本无法到达。从待执行的工作类型看，可否完成完全取决于现场是否有梯子，移动脚手架或固定脚手架。

■ **脚手架**

　　按照 DIN 4420 标准，脚手架是可改变长度和宽度并由各个零件组装的辅助设施。具体可分为施工脚手架和防护脚手架。

　　施工脚手架指在上面可进行工作，也可以放置工具和材料的脚手架。

　　防护脚手架与之相反，它的任务是，在低处保护工作人员不受上方坠物的伤害，如工具，建筑材料等。

　　大型施工脚手架一般由脚手架制造商制作。较小的施工脚手架和防护脚手架完全可由施工的建筑单位自己制作。

　　施工企业负责脚手架符合施工安全的建立和拆卸，他们执行脚手架的组装工作。但符合施工安全和符合专业要求的使用则由使用者负责。

　　如今的脚手架及上面的工作平台几乎只由防腐钢管或铝管组装而成（图 1）。

　　组装脚手架时，尤其重要的是无错误的纵向支撑，必要时还有横向支撑。这些支撑杆必须始终用对角形式安装（图 2）。

　　对脚手架最常见的抱怨原因是侧板缺失。

　　墙体锚固时只允许使用经过许可的膨胀螺钉。

　　除上述之外，还需注意防下沉的底板和下部结构。

■ **移动脚手架**

　　移动脚手架，即可行驶的脚手架，在脚手架条例的意义上，它属于用于高处工作位置的辅助设施。它可通过滚轮做水平移动。这类脚手架可用作施工脚手架和防护脚手架。

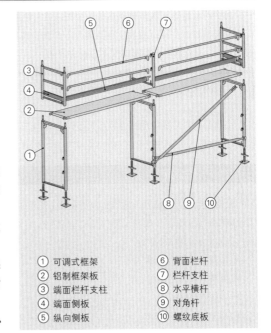

① 可调式框架	⑥ 背面栏杆
② 铝制框架板	⑦ 栏杆支柱
③ 端面栏杆支柱	⑧ 水平横杆
④ 端面侧板	⑨ 对角杆
⑤ 纵向侧板	⑩ 螺纹底板

图 1　脚手架零件

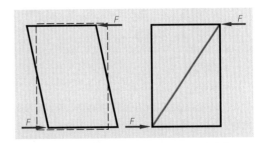

图 2　四角形的可移动性，三角形的不可移动性

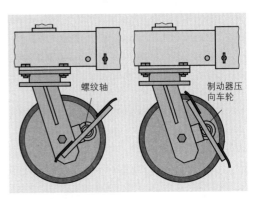

图 3　制动器的松开和制动

由于移动脚手架在受限的墙体面前没有锚固可能性，必须对这类脚手架的安全稳定性保持高度关注。移动脚手架的稳定性由窄边 b 与垫底层高度 h 的比例决定（图1）。通过配置可降低重心的角撑架或配重可显著提高脚手架的安全稳定性。

滚轮制动器必须定期检验（第198页图3）。

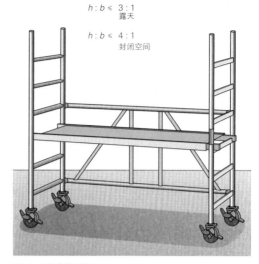

图1　移动脚手架

> 使用移动脚手架时必须遵循下述行为准则：
>
> 1. 脚手架移动时，任何人不允许在上面逗留。
>
> 2. 脚手架只能纵向移动或转角处拐弯。
>
> 3. 移动脚手架只能缓慢移动。
>
> 4. 移动前注意固定架上散放的物品，防止跌落。
>
> 5. 移动时尽可能短暂地给螺纹轴盘通风。
>
> 6. 使用脚手架前固定滚轮，并检查脚手架的安全稳定性。

■ 防坠落措施

工作范围内事故的原因是缺乏防坠落保护。防坠落保护的措施之一是栏杆，或在没有栏杆时的拦截架。

侧边保护 – 阻断（栏杆）是按 DIN 4420 制作，要求在下述情况时必装：

▶ 工作位置临水或在水面上方或其他可能陷落的物质上方时，这与坠落的高度无关。

▶ 露天楼梯段和楼梯平台以及坠落高度大于 1 m 的墙壁开口。

▶ 工作位置和移动路径在坠落高度大于 3 m 的屋顶。

▶ 所有坠落高度大于 2 m 的各种工作位置和移动路径。

脚手架上的栏杆高度必须至少 1 m，并且要求有中间支梁（图2）。

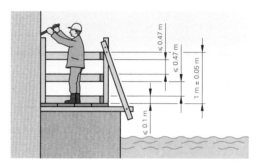

图2　侧边保护 – 阻断

如果出于工作技术原因，例如在坠落边缘处工作，无侧边保护可用，可安装拦截架或拦截网或保护绳替代栏杆，它们可以保证兜住坠落的人员。

原则上，工作位置高度大于 5 m 时就必须安装拦截架。拦截架侧边护墙的适用规定与侧边保护的规定相同。拦截架的宽度取决于可能坠落的高度（图3）。

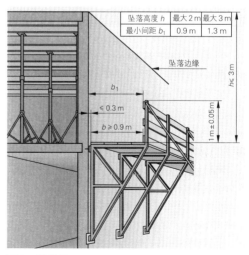

图3　拦截架

在屋顶倾斜超过 45 度和屋顶倾斜最大至 60 度时允许使用屋顶拦截架护墙，但其高度仅至 5 m 安全高度（图 1）。

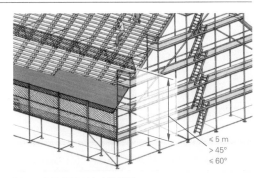

图 1　屋顶面倾斜时的护墙

■ **梯子**

建筑工地常见的事故原因除前文所列种种之外，主要还有不合理地使用梯子，以及使用有缺陷的梯子。

有缺陷的梯子会在依规维护保养前突然出事。尤其常见的是梯子横木或支架断裂或折断。

绝大部分的常用梯子是人字梯或双梯。它们必须用一根拉紧链保护两梯不会滑动分开。对于微不足道的工作，人字梯也可以用作临时脚手架（图 2）。但其高度不允许超过 2 m。

短时达到更高工作位置高度时，应使用靠墙直梯（图 3）。特殊情况下，靠墙直梯可延长至最大高度 8 m。这时，梯子的搭接部分至少应达到梯子总长的 1/5，并至少到 5 个梯子横木间距（图 4）。

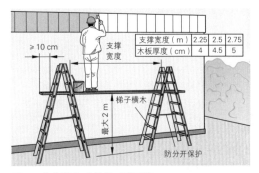

图 2　人字梯组成的临时脚手架

> 在梯子上工作的行为准则：
> 1. 竖立梯子时需安全稳固
> 2. 注意防护梯子的倾覆，滑倒，凹陷
> 3. 在交通范围内注意对梯子的保护
> 4. 梯子不宜承担大量的工作
> 5. 梯子总长不能超过 8 m

11.3　保护绳

当其他技术保护措施未达目的或不够用时，必须使用绳索保护防止坠落。

安全绳根据用途由吊带和连接件组成，如绳索，闭锁件，缩绳器，下坠缓冲器，等等。

图 3　靠墙直梯

图 4　直梯的延长

■ **阻拦安全带和安全腰带**

阻拦安全带按照 DIN EN 361 制作，有两种结构：A 型和 B 型。

A 型安全带由肩带，胸带和腿带组成，要求至少达到 40 mm 宽（图 5）。

B 型安全带由一个 85 mm 宽的腰带形安全腰带和一个扣住拦截环的后吊带组成（图 5）。

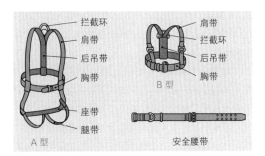

图 5　阻拦安全带和安全腰带

安全腰带又称安全带，由 85 mm 宽的皮带组成，包绕着整个身体。它防止人员坠落，或在滑倒时保持平衡。

■ 安全绳

阻拦安全带或安全腰带通过安全绳与一个限位点连接。安全绳一般是直径 12～16 mm 的聚酰胺绳，其最大拉力是 16000 N 或 24000 N。使用时，安全绳带 2 个弹簧钩或 1 个弹簧钩和一个环。按 DIN 7471 制作的安全绳必须通过极为严苛的检验规范。为阻止安全绳松弛下垂并保持所需下降高度，一般使用手动可调或随动自由滑行的缩绳器（图 1）。这种调节器的任务是借助一个滑块拉紧与限位点的连接。通过锁定安全绳拦阻坠落的人员。缩绳器必须与安全绳构成一个整体单元。

■ 下坠缓冲器

图 3 的曲线 1 显示，即便从相对较低的 1.5～2 m 高度坠落，仍可产生足以导致严重内伤的极大的冲击力。通过使用下坠缓冲器可显著降低这种强冲击力（图 3 曲线 Ⅱ）。大部分下坠缓冲器的作用方式是，在一个迷宫式或锥形的绳索导向装置内，通过摩擦产生制动效果。下坠缓冲器与缩绳器的组合构成防坠安全装置。它用于为频繁的低阻碍度的运动过程提供安全保护。

■ 限位结构

安全带的可靠性很大程度上取决于限位。这里的限位一般通过缠绕或借助弹簧钩钩住一个承重结构达到限位目的。随行元件可从固定钩旁顺畅通过，不受阻碍（图 4 和图 5）。

图 1　缩绳器与下坠缓冲器　　图 2　防坠安全装置

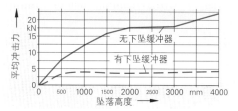
图 3　坠落试验中的冲击力

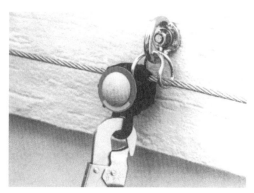
图 4　随行元件

图 5　限位结构

知识点复习

1. 谁负责脚手架有序运行的安全性？

2. 在移动脚手架上工作必须注意遵守哪些行为准则？

3. 在梯子上工作必须注意遵守哪些行为准则？

4. 安全带由哪些零件组成？

11.4　事故和火灾时的行为规范

粗心大意，错误地使用工具或机器，错误地判断危险形势，无知，忽视安全条例，还有不断增加的时间压力：所有这些原因均能提升建筑工地的事故风险。建筑业职业协会 2017 年报道了约 103800 起工作事故。其中 88 人在建筑工地的工作事故中丧生。

■ **事故时的行为规范**

当我们在建筑工地或车间里第一次碰到事故时，我们应该怎么办？事故发生后，首先保持冷静，接着，采取如下各步骤（图 1）：

- ▶ 保护事故现场
- ▶ 注意自身安全
- ▶ 如有必要和可能，把人员从危险区域搬出
- ▶ 如遇重伤，立即呼叫救护车和急救医生
- ▶ 实施急救
- ▶ 非重伤时：派人或自己将事故人员送至工伤事故专业医生处。

■ **工作场地发生火灾时的行为规范**

- ▶ 保持冷静，切勿惊慌失措！

为了不触发错误的逃逸反应，应避免恐惧和惊慌。安慰害怕的人并指导现场人员迅速撤离危险区域。

- ▶ 报告火灾！

发生火灾后，立即用准确的信息报告火灾地点和起火范围。注意回答反问。

- ▶ 带入安全区域！

并不是所有工友或其他在工作现场的人员都能立即发现火灾的发生。因此需立即警告工友和其他现场人员。这时还需考虑自身的安全。

- ▶ 采取灭火措施。

当火灾仍处于起火阶段且灭火行动不会给自身造成较大危险时，可用灭火器或壁式消防栓尝试灭火。

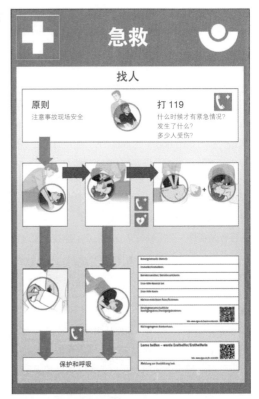

图 1　事故时的行为规范

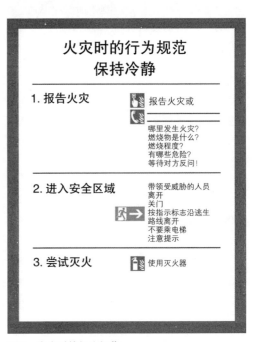

图 2　火灾时的行为规范

12 建筑测量

测量是一个准确和符合功能要求的建筑物的基础。测量错误使建筑业每年都遭受巨大的经济损失。

> 测量工作指长度测量，角度测量和高度测量。

金属加工技工在建筑物测量时一般都与其已经执行过的测量工作相关，因为他肯定不是第一次到建筑工地工作。

12.1 定位绳

大部分建筑测量的基础是定位绳。定位绳由建筑工程管理机构制作，并由经授权的测量技术员校准。通过精确的测量和计算方法可求出测量局为此目的确定的定义点，例如地产边界点。

测量局也在指定建筑物旁确立圆金属测量基准，即所谓的水准基点，该基点的高度是由 NN（基准面）定义的高度。在建筑物的建造计划中已录入例如底层地板的高度。以已登记在册的测量基准为基点，用高度水准仪求出建筑物的高度位置。用定位绳确定建筑物顶、墙角，建筑物中心线，并标记出地基高度和建筑基坑深度（图1）。定位绳支架与建筑物的间距以基坑深度，作业空间的宽度，斜坡面的斜度，围栏的倾斜角度和至斜坡上边缘的安全距离等数值为准。

> 定位绳用高度标记 ±0.00 m 标出已建成地板上边缘的高度（OFF EG）。在超过 OFF EG 1 m 处制作 1 m 标作为测量基准。

按照定位绳所确定的尺寸建造大楼。为此，在对面的缺口处（图1的 A 和 B）拉紧镀锌钢丝。借助钢丝上方的铅锤可向下测出建筑线的每一个点。

以这里为起点也可标出建筑物地基（HG）。待底层墙体砌成后，可拆除定位绳。在之后建造每一层楼时，均需以此为基础放置新的 1 m 标。

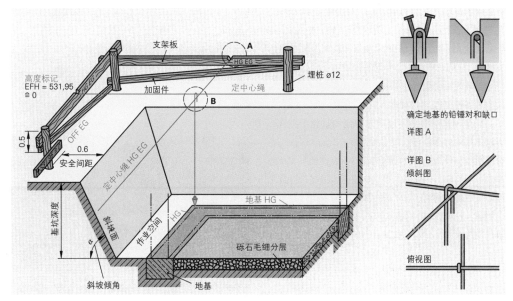

图1 定位绳支架

简单平顶大厅安装举例（图1和图2）展示出金属加工技工必须执行的最重要的测量工作。

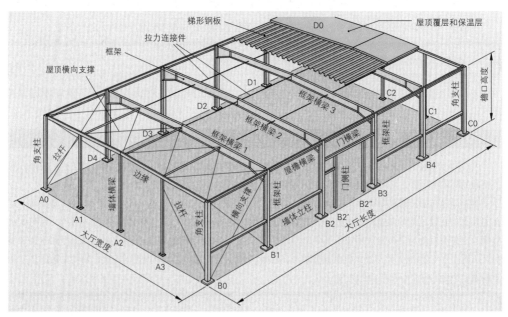

图1　平顶大厅框架图

12.2　长度测量

使用定位绳核查外部立柱和框架的安装点。用合适的长度测量仪测出立柱之间的间距。折叠尺是一种折尺，总长2 m，分别标有m，cm和mm的刻度。其测量误差在 +/- 1 mm。测杆总长3 m或5 m，并标有红 - 白刻度。卷尺总长20 m（特制卷尺长度达50 m），材质是淬火钢。受限于识读精度和热胀冷缩可能导致的长度变化，测量误差取决于待测长度，最大测量误差可达 +/- 5 mm。

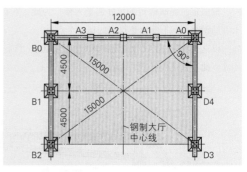

图2　间距和角度

如今越来越多地使用激光控制测量仪（图3），以求更精确的测量数值和更大的测量长度。这种仪器可测最大长度达50 m，误差 +/- 3 mm且无接触。为测出最短距离，例如第二根立柱或开口净宽，将激光测距仪放置在垂直面上。通过激光射束的运行时间求出距离。计算面积，体积以及角度的程序可使这种测量仪成为每一个建筑工地最有力的帮手。

图3　激光控制测量仪

12.3 角度测量

除确定准确的立柱间距和精确的中心线之外,主要还要求检查角度。最简单的角度检查方法是对比相应的对角线。

如要标出直角,测杆是最简单的工具(图 1)。首先用标杆标出直线 AB。在该线段上测出并标出点 C,在该点上做一个直角。然后,放下测杆,构成一个直角三角形。其边长比例与勾股数 3,4 和 5 相同。

用配有水平圆的水平测量仪可测出和标出任意角度(图 2)。这种仪器可在线段 AB 上定中心和调平。然后旋转望远镜,将标杆置于 C 点。

经纬仪的工作类似于水平测量仪,但它配装了一个垂直圆,所以可测仰角。

光学直角器可标出一个更大距离的直角,用作直线测量工具。它从 C 点观察者至直线 AB 定中心(图 3),并用 AE 尖部校准。辅助人员手持标杆开始移动,直至观察者在窗口通过遮住标杆 A 和 E 的反射镜图看到标杆为止,然后标出 D 点。

直角棱镜采用相同的几何原理工作。

十字光盘配有两个垂直交叉的观察缝。它类似于图 1,借助一个圆水准仪将铅锤放置于 C 点,在 AB 上对中,然后标出 D 点。

12.4 确定建筑物的高度

确定建筑物高度对于建造外墙和稍后建造内墙均属重要环节。用水平测量仪测出并检查地基高度。并以此高度为准校准支柱和框架(图 4)。

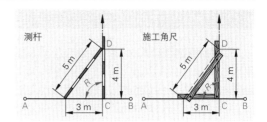

图 1　用测杆或施工角尺标出直角

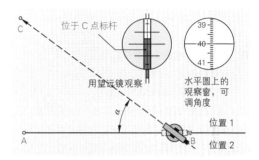

图 2　用水平测量仪标出水平角度

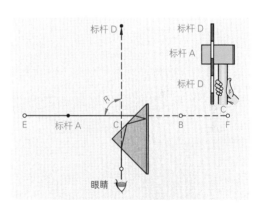

图 3　用光学直角器标出一个直角

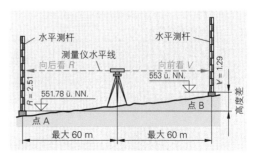

图 4　用水平测量仪确定高度

12.5 确定拆除物的高度

总建筑物的高度位置，OFF EG，作为过 NN（基准面）的高度标出，供位置图取用。建筑物所有其他的各种高度均以这个高度标记为准。去掉定位绳之前，应将高度标志移至建筑物上，保证后续所有的测量工作。

门、窗和底层天花板的高度位置常从 1 m 标处移至其他建筑构件上（图 1）。这样可轻松测量其余的高度（图 2）。在每一层楼都设置一个新 1 m 标。

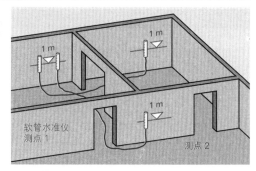

图 1　转移 1 m 标

■ 用旋转激光测量仪测量建筑物

对高层建筑采用可发出两道激光射束的激光测量仪。向下垂直发出的激光射束通过一个固定点校准测量仪。水平激光射束在旋转过程中构成相同高度位置的光标（图 3）。这就保证了建造无缝地面和悬挂天花板的水平位置（图 4）和正确设置 1 m 标（图 5）。

> 小心！激光射束可直接伤害眼睛！

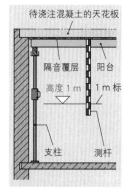

图 2　以 1 m 标为准测量高度

图 3　高层建筑激光测量仪

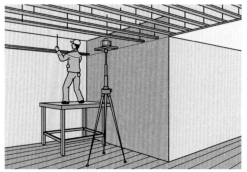

图 4　校准悬挂天花板

图 5　安装 1 m 标

知识点复习

1. 如何理解建筑测量？

2. 请描述长度测量仪，高度测量仪和角度测量仪各两个的目的和功能。

3. 请解释定位绳的任务。

4. 何处可以找到整个建筑物的高度标记？

5. 请根据图 1 描述本页转移 1 m 标的内容。

6. 为什么激光测量仪的使用简化了大量的测量工作？

13 钢结构和屋顶结构

钢铁参与建筑可追溯非常久远的历史。早在公元前 5 世纪，希腊人已在建造神庙时用铁钳固定长条石块。公元 532—537 年在君士坦丁堡建造圣索菲亚大教堂时，使用铁拉杆稳定巨大的拱顶。1777 年建造的科尔布鲁戴尔桥仍然保存至今，它的跨度达 30.5 m，用铸铁拱梁建成。

现代钢铁建筑始于约 150 年前。用无烟煤焦炭代替木炭冶炼铁矿石，高炉和炼钢转炉的发明，随着这个新时代的到来，自 18 世纪中叶开始，首次大量地生产出铸铁。不久便出现了轧钢，其产品形式为钢板，钢丝和钢条。至 19 世纪中叶，型钢（高度超过 80 mm）问世，它首先用于桥梁建造。这种大型的钢型材不久便应用于大厅和高层建筑的建造之中。这时起步的工业化和铁路建设推动着钢铁业的飞速发展。至今我们仍惊讶于早期新技术造就的杰作，例如巴黎为 1889 年世界博览会建造的埃菲尔铁塔（图 1），1883 年在纽约建造的布鲁克林大桥（第 208 页图 1），索林根的敏斯特纳大桥，伦敦的水晶宫，还有许多欧洲大都会城市火车站巨大的钢制拱顶，等等。20 世纪还诞生了无论设计还是造型均令人叹为观止的更大更雄伟的钢铁建筑物。如旧金山的金门悬索桥，纽约的摩天大楼，芝加哥 109 层 442 m 高的西尔斯大楼，还有法兰克福的新摩天大楼。

图 1 埃菲尔铁塔的桁架

13.1 钢结构的分类

今天，钢结构占据了众多应用领域。钢结构可划分为钢结构高层建筑，钢结构桥梁建筑，钢缆结构，钢结构水利工程和钢结构大型设备制造。

■ 钢结构高层建筑

钢框架高层建筑是用于住宅和写字楼用途的多层建筑物（图 2）。它的钢框架承受作用于建筑物的各种力，并把它们导引至地基。

高层建筑从约 60 层（约 200 m）开始，只能采用钢结构，因为钢筋混凝土要求的支柱太粗。

大厅建造现在已过渡到尽可能使用大跨度的新趋势。这样建造出来的会议大厅或大型飞机库可以不要支柱（图 3）。现在已出现体育馆，大型仓库，工厂大厅和大型会议厅。

其他各种钢结构高层建筑，例如发电厂的钢框架锅炉房，矿山的提升井架，高压线铁塔和发射塔，观光和通信塔。

图 2 钢框架结构形式的高层建筑

图 3 大跨度飞机库

■ **钢结构桥梁建筑**

钢结构桥梁的优点主要是可达到的大跨度，即两个桥墩之间可达到的大间距。纽约 1870 年建造的布鲁克林大桥（图 1）已能达到 486 m 的跨度。时至今日的最大跨度达 1991 m，它是日本本州至淡路两岛之间的一座悬索桥。

小跨度桥梁采用下述设计原理：

斜拉桥（图 2），它的行车道悬挂在固定于桥塔的钢缆上。桁架结构桥可达到的跨度最大至 375.5 m，与之相比，钢拱桥的跨度最大至 305 m。小跨度桥的现代化设计大多采用钢梁桥结构，它的上翼缘一桥两用，即可用作行车道，亦可用作纵向和横向支梁。这里指的是正交各向异性板。除此之外，还有活动桥，如铰链式开合桥，吊桥，旋转桥和跨度最大可达 170 m 的升降桥。另一种特殊形式的桥是浮桥。一座由浮动的混凝土零件建成的浮动高速公路桥坐落在美国西雅图附近的华盛顿湖面上，全长 1.6 km。

图 1　建造中的布鲁克林大桥（1870 年）

图 2　斜拉桥　　　　图 3　奥林匹克运动场屋顶

■ **钢索结构**

钢索网状结构与慕尼黑奥林匹克运动场的屋顶结构相同（图 3），拉索结构由支柱和高度稳定的牵拉构件组成。属于这类结构的有开放式和全封闭式螺旋钢缆，钢索束由平行走向的拉紧绞索，拉紧绞股钢索或拉杆构成，以及由预应力钢筋制成的拉索结构。

■ **钢结构大型设备制造**

属于这一类的是所有的大尺寸设备，例如自动进出库的高架备件库，传送盐和煤这类松散材料的输送设备，将松散材料推上料堆的推土机，矿石或碎石的制备设备，以及大型抛物面天线和天文射电望远镜。用于褐煤露天开采的斗轮式挖掘机（图 4）是最大最重的自行式陆地机器设备。

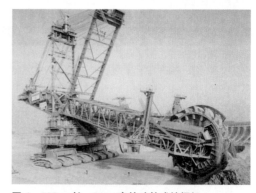

图 4　225 m 长，84 m 高的斗轮式挖掘机

■ **钢结构水利工程**

钢结构水利建筑物是临水，水中和水面的钢结构建筑物，例如船闸大门，拦河坝，风暴潮屏障，船舶装卸起重设备和海上钻井平台（图 5）。必须通过表面强化耐腐保护措施，定期维护，厚墙板等方法提升钢对海水的抗腐蚀性能。

职业培训则主要讲解钢结构高层建筑的所有细节。

图 5　离岸输油平台

13.2 钢框架建筑物的结构元素

钢结构件由少数几个，但总是重复出现的零件组成（图1）。它们是轧制型材，钢筋，钢索，螺钉，螺栓和焊缝。钢结构的零件是：

结构零件	结构零件的功能
垂直支柱	将作用于建筑物的负荷传递至地基。
水平支梁和大梁	将屋顶的受力继续传递给支柱。支梁承受弯曲负荷。它可以像轧制钢梁一样是实心的，也可以像桁架支梁一样是非实心的。
支撑和加固	支撑阻止建筑物因水平力的作用而坍塌。加固是保持钢缆结构中的缆杆和支柱。
地基锚固	将力继续传递至建筑物地基。与地基的连接件是膨胀螺钉或地脚螺钉和混凝土砂浆。
支梁连接	• 延长一根支梁的支梁接头 • 支梁与支柱或大梁的连接 • 支梁与墙体的对接面 这些连接可以用螺钉，角件或连接板构成可拆卸连接，或用焊接方法构成不可拆卸连接。
空间闭合的结构件	屋顶，墙体，天花板等，均具备建筑物理学功能： 保温和防护气候灾害，噪声防护，火灾防护等。 静力学功能指建筑物的支撑和向支柱传递负荷。

13.2.1 力对钢框架的作用

有许多力 F 作用于钢结构。它们可分为：

● **持续作用力 G：**
  • 建筑构件自身的重量（自载）；
  • 土壤重量；
  • 地基可能出现的沉降。

● **可变作用力 Q：**
  • 交通负荷，指人，设备，机器，车辆和材料等使用建筑物所产生的负荷；
  • 大厅吊车起重重物；
  • 墙体负荷，它主要是水平方向作用于建筑物，在屋顶和墙角范围还有风吸力；
  • 垂直方向作用的降雪负荷。

● **异常作用力 F_A：**
  • 机动车，地震，爆炸和火灾产生的冲撞负荷。

> 钢框架的任务是吸纳所有出现的外部力，并把它们传递至地基。

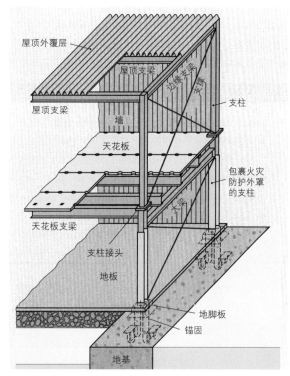

图 1　钢框架的结构零件

13.2.2 设计负荷与设计数值

关于设计负荷的标准所列数值被视为作用于建筑物的特性力（下标 k）的量。

例如标准 DIN 1055 规定，手工企业的天花板，非住宅建筑物的楼梯和阳台的通行负荷等，这类数值是 5 kN/m²。

为安全起见，这些特性数值 F_k 必须乘以部分安全系数 γ_F，只为获得设计数值 F_d（下标 d = 设计）。

> 设计尺寸数值用于计算支梁的参数。

公式： $$F_d = F_k \cdot \gamma_F$$

下式适用于部分安全系数 γ_F：

> 持续作用力时 $\gamma_F = 1.35$，
> 可变作用力时 $\gamma_F = 1.50$

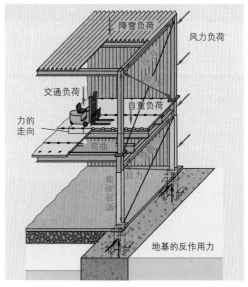

图 1　一个楼层内的力通量

图 1 显示楼层结构的力通量：天花板盖板散布着作用于天花板支梁上的交通负荷。支梁依托在为此而设的横向大梁上。大梁和支梁均承受弯曲负荷。支柱承接大梁。支柱承受压力和纵向弯曲负荷，并将压力通过底板传递至地基。屋顶支梁和边缘支梁将建筑物自重的重力负荷以及作用于屋顶外覆层上的降雪负荷传递至支柱和地基。风力产生的压力作用于边缘支梁和大梁。由此在横向支撑内产生拉力。该拉力的水平方向分力通过横向支架传递至地基。地脚螺钉阻止风力将建筑物连根拔起。

13.2.3 钢结构的建筑工程技术特点

与混凝土和墙体组成的垢工建筑结构相比，钢结构拥有一系列的优点：

- 由简单的基本零件组建：支柱，支梁，横向支撑或框架等建筑构件均由轧制型材构成，封闭空间用的建筑构件由大型板材和玻璃构成。由此便产生了连接件。
- 建造时间短：由于钢结构所需的单个零件在工厂已按尺寸精确地预制完成且已做防腐蚀保护处理，直接由大卡车运至工地装配即可。这样便节省了建筑工地的仓库用地，也缩短了建造工期。
- 立即承受负荷：钢结构件可立即承受满负荷。它不需要因固化时间而延迟后续工序。季节也不会影响钢结构的施工。冰冻既不影响装配进程，也不损害钢结构件的承载能力。
- 大跨度：采用桁架支梁可建造跨度超过 200 m 的大厅建筑，且成本低廉。这里没有扰人的支柱。大厅的长度可任意延伸。
- 较大的有效面积：钢质支柱的承载能力明显大于混凝土支柱。因此，钢支柱造型苗条，高层建筑的底层可获得比混凝土建筑更多的有效面积。
- 扩建简单易行：钢结构建筑的扩建，改建和延长均简单易行，因为所有的零件全是螺钉连接，可轻松拆卸。
- 100% 可循环利用：由于各个国家的工业化程度各有不同，一座钢结构高层建筑的寿命预期也介于 20 至 50 年之间。其后可将该结构件改建或拆除或拆作废钢铁。其残值可抵拆除费用的大部分。废钢已构成当今世界粗钢生产所需原材料的约 50%，这对环境保护大有裨益。

13.3 结构件中的应力类型

钢结构必须承受作用于建筑物的种种外力，如自重负荷，交通负荷，降雪负荷等。这些力在建筑构件中产生内部负荷，即应力。建筑构件横截面每单位面积（单位：mm²）所承受的力［单位：牛顿（Newton）］称为应力。应力单位是 N/mm²。钢结构件中必须注意，按 DIN EN 1993（欧洲码）标准的公式符号和上标与普通机械制造业常用的公式符号等并不一致。

13.3.1 法向应力

> 垂直作用于横截面 A 的力 F 称为法向力 N，由此产生的应力称为法向应力 σ。

"法向"在几何上指"垂直于"。在建筑构件上指与纵向方向垂直相交（图1），所以，法向应力也垂直作用于横截面。

法向应力指，例如横向支撑中的拉应力 σ 和支柱中的压应力 $-\sigma$。

> 拉应力的前置符号为正，压应力的前置符号为负。

拉应力由拉力 N 除以建筑构件横截面 A 计算得出：

同理，压应力也由压力计算得出。

$$\sigma = \frac{N}{A}$$

■ 弯曲负荷

两端支撑中间承受弯曲负荷的支梁，其应力方向是支梁的纵轴（图2）。在横向作用于轴线的力 V 的作用下，支梁向下轻度弯曲，从而在支梁上边出现压应力，相比之下，支梁下边承受的是拉应力。上边边缘纤维承受的压应力最大，并向支梁内部线性吸收。而下边边缘纤维承受的拉应力最大，也同样向支梁内部线性吸收。

> 支梁中部无应力。这个区域称为中性纤维区。

那么，弯曲应力产生的应力不均匀，它呈线性变化（计算参见224页）。

13.3.2 剪切应力

> 作用于横截面 A 的力 F 称为横向力 V，由此产生的应力是剪切应力或扭转应力。

剪切应力作用于例如连接两个板材的螺钉（图3）。横向力除以杆部横截面可得剪切应力：

$$\tau = \frac{V}{A}$$

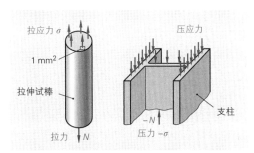

图1 法向应力

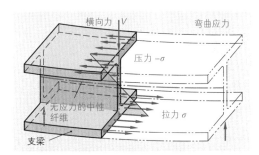

图2 受弯曲负荷支梁内的拉应力和压应力

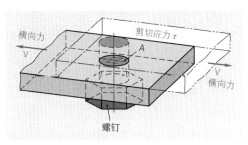

图3 螺钉的剪切应力

■ 扭应力

套筒扳手杆部在拧紧螺钉时承受旋转（扭转）负荷（图1）。作用在横截面A的剪切应力在边缘纤维中为最大，然后向建筑构件中部吸收。这个应力称为扭应力 τ。

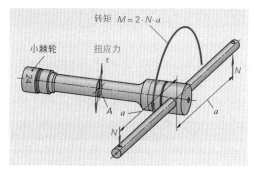

图1 套筒扳手杆部的扭应力

13.3.3 结构件的设计数值

自2012年7月1日起，由建筑监理机构引入欧码3（Eurocode 3，EC3）代替 DIN 18800。（EN 1993–1–1）

拉应力继续适用下式：

$$\sigma_d = \frac{F_d}{A}$$

下标 d 表示应力或力的设计数值（计算值）。

$$F_d = F_k \cdot \gamma_F$$

作用力，指力 F_k 持续或可变地施加影响。为证明承载能力安全性的半数，所有这些带有下标 k 的特性作用力 F_k（G_k 和 Q_k）必须乘以部分安全系数，持续作用力的系数 $\gamma_G=1.35$，可变作用力的系数 $\gamma_Q=1.5$，只为获得设计数值 F_d（G_d 和 Q_d）。在其他的基本组合中（GK2.1，GK2.2 等）用持续作用力和每次选一个可变作用力进行计算。这里，必须采用部分安全系数 $\gamma_Q=1.5$（表1）。许多作用力的组合提高了计算成本，但现在采用计算机支持的现代化设计数值程序可以迅速完成这些计算。从最不利作用力组合中产生的最大应力的表达式是 $S_d =\gamma_d$。负荷不允许超过各种材料的可承载负荷 R_d。

表1：作用力组合的部分安全系数 γ_F

基本组合	持续作用力 G_K	可变作用力 Q_K		
		交通负荷	风力	降雪
1	1.35	1.35	1.35	1.35
2.1	1.35	1.50		
2.2	1.35		1.50	
2.3	1.35			1.50

应力证明时，屈服强度除材料的部分安全系数 $\gamma_{MO}=1.0$，例如 S235 J 的屈服强度设计数值达到 235 N/mm² ，这里屈服强度是 $f_{y,k}$。

$$\sigma_{R,d}=\frac{f_{y,k}}{\gamma_M}=\frac{235 \text{ N/mm}^2}{1,0}=235 \text{ N/mm}^2$$

$$\frac{S_d}{R_d}=\frac{\sigma_d}{\sigma_{R,d}} \leqslant 1$$

注意：对于钢 S235 而言，EC3 用不取整的 $f_{y,k}$ = 235 N/mm² 计算，代替 240 N/mm²。部分安全系数 γ_{M1} 只用于稳定性证明公式。

知识点复习

1. 现有哪些桥梁建造类型？用哪种类型可达到最大跨度？

2. 请绘制一张楼层结构草图，绘出钢结构的零件并指出其任务。

3. 可以区分出哪些作用于钢框架的力？

4. 钢结构有哪些优点？在哪种建筑上钢结构的优点尤为显著？

5. 拧紧螺钉时，螺钉上会出现哪些应力类型？在已装入状态下施加负荷，又会出现哪些应力类型？请列举应力的类型以及应力出现的位置。

6. 拉杆由材料 S235JR 制成，它应传递特性力 F_k = 16 kN。请解释，为在任何情况下都能获得足够粗的拉杆，应采用哪种部分安全系数进行计算。那么拉杆应有多粗？

13.4 支柱

支柱将作用于建筑物的负荷传递至地基。支柱用于支撑屋顶桁架，大梁或天花板支梁和吊车轨道。

13.4.1 支柱的作用方式

钢框架建筑中使用支柱有两种设计原理：

1. 所有支梁接头均可弯曲，所有的力均尽可能从中部传导。其稳定性由横向支撑完成［图2a）］。这样的支柱只承受压应力和纵向扭应力。

2. 所有大梁接头均为抗弯结构。这种楼层框架的框架作用力构成结构的稳定性。因此，支柱也承受弯曲负荷，其造型必须更为有力［图2b）］。

支柱由支柱顶部，杆部和底部组成。它承受压负荷，纵向扭曲负荷，有时还有弯曲负荷。

支柱顶部尽可能在其中间承受负荷，并将负荷传递至杆部，由杆部继续传递至底部（图3）。支柱底部必须把所有的负荷传递至地基，为此需要一个可弯曲的支柱（摆动支柱）。如果要将力矩也传递至地基，则需要一个预固定支柱。

抗拉支柱用于特殊情况。采用承重混凝土芯或外部承压支柱的悬空建筑（图1）在抗拉支柱外部放置天花板支梁。这种结构的稳定性由顶部承重结构提供，取消了内部支柱。

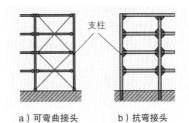

图 2　设计原理

a）可弯曲接头　　　b）抗弯接头

图 1　抗拉和抗压支柱注水的悬空大楼

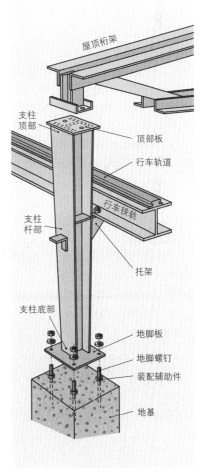

图 3　大厅支柱的各个构件

13.4.2 制造形式

整体闭合型支柱横截面构成一个空心空间（图1）。为避免内部腐蚀，要求支柱必须气密焊接。热镀锌的支柱需要通风和排气孔。必须用腹板连接片作为支梁与空心型材的接头，因为螺钉不能贯通连接。楼层支柱可以用混凝土加固并注水或用防火板包裹，用于火灾防护。

图1a）和图1b）展示的圆形空心型材，矩形和正方形空心型材均可以低廉成本制造，因为只在接头处才需焊接。图1d）所示的未包裹支柱在建筑构造意义上是不利的，因为四个角不是锐利边棱。图1g）所示为一座桥的桥塔（铁塔）。这种箱式支柱刚性高，外表面平滑，重量轻。

整体开放型支柱横截面（图2）指所有的边均具有良好的可接近性。它可比闭合支柱横截面更好地向上导引各种管道。这类支柱由轧制型材和扁钢制成，两边均有相似的惯性半径 i（参见图表手册）。因此它们适宜制作宽 J 形支梁（HE-A，-B，-M）。JPE 型材不适合用作露天支柱，因为这种型材在 z 轴线上的刚性太弱。它必须通过增加墙梁来防止纵向弯曲。十字形支柱 b）对于弯-扭曲极为敏感！

多件组合开放型横截面的支柱又称分段式支柱。它由多个同类型型材通过连接板或交叉接合组成一根支柱［图3a）］。

连接板是两板上下或两板之间焊接而成的板，这样的连接可产生框架作用，阻止纵向扭曲。

连接板起码应放置在支柱 1/3 点处。

在支柱内部应为建筑物电力线提供空间。所有四个边均与支梁对接［图3b）］。

> 支柱越细，压应力越大，要求的连接板数量就越多。

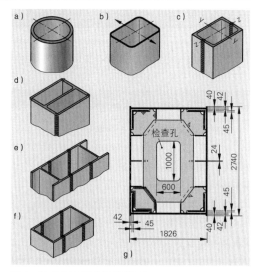

图1　整体闭合型支柱横截面

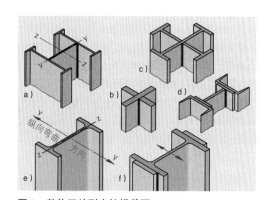

图2　整体开放型支柱横截面

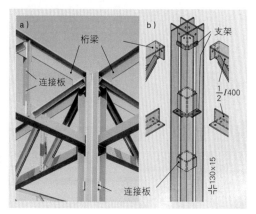

图3　开放型横截面分段式支柱

■ 桁架，支柱

通过交叉接合构成特轻的抗弯桁架支柱，如同建造埃菲尔铁塔和当今建造例如高压输电铁塔所采用的结构（图1）。右图所示铁塔是目前世界上最高的输电电缆铁塔，其高度达到 227 m。它配装了电梯竖井和一个螺旋形楼梯。

13.4.3 支柱的稳定性

支柱的稳定性需要四个证明。

- 通过构件足够的厚度不会产生凸起。
- 位置的安全性：不会滑动，升起或倾覆。
- 足够的横截面承载能力 $N_{pl,d}$（参见下文举例）

抗拉试棒在超过抗拉强度后才会断裂损毁，相比之下，支柱早在达到抗压强度之前就已因侧边钢条移位而失灵。这种非稳定性被称为屈曲。下列因素将强化屈曲的危险：

- 强大的压力；
- 负荷的作用点并不准确地施加在中部；
- 钢条轴线偏离了设定的直线形状；
- 来自对接支梁的弯曲力矩；
- 细长支柱，即高支柱小刚性，因此它要求
- 受压弯曲证明。

刚性的计量尺度是截面积惯性矩 I_y 和 I_z，以及由此计算得出的惯性半径 i_y 和 i_z，每一种型材的这类数值均可在图表手册中查取。支柱横截面应在围绕 y 轴和 z 轴的横截面上具有尽可能相同的刚性数值。用于受压弯曲证明的是较小的 i 数值，因为早期的支柱向刚性弱的方向纵向屈曲。

现在总共有四种不同的支柱安装类型（欧拉案例）。弯曲长度 s_k 取决于支柱安装的类型（图2）。在钢结构中出现最多的是安装类型 Ⅱ。若将纵向弯曲长度除以各自最小的惯性半径，可得长细比 λ_k。从该数值可计算得出相关的长细比 $\bar{\lambda}_k$，例如材料 S235，计算时需除以基准长细比 λ_a=92.9。（S355 的长细比 λ_a=75.9）。根据支柱型材和壁厚，现在必须从图表手册中查出相应的纵向弯曲应力曲线 a，b，c 或 d。校正系数 $\varkappa$ 也可从相应的表中查取。现在需证明，法向力 N_d 除以横截面承载能力 $N_{pl,d}$ 再乘以校正系数 $\varkappa$ 的结果小于1。

图 1　桁架支梁构成的桁架支柱

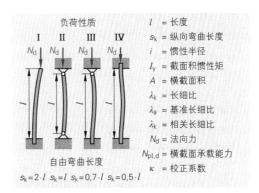

负荷性质					l = 长度

左侧标注：l = 长度，s_k = 纵向弯曲长度，i = 惯性半径，I_y = 截面积惯性矩，A = 横截面积，λ_k = 长细比，λ_a = 基准长细比，$\bar{\lambda}_k$ = 相关长细比，N_d = 法向力，$N_{pl,d}$ = 横截面承载能力，$\varkappa$ = 校正系数

自由弯曲长度

$s_k = 2 \cdot l$　$s_k = l$　$s_k = 0,7 \cdot l$　$s_k = 0,5 \cdot l$

图 2　按欧拉公式的负荷性质和纵向弯曲长度

举例：

一根支柱由 HEA-100-4000-S235 材料制成，它能够承受 N_d =120 kN 的法向力吗？

$$N_{pl,d} = A \cdot \frac{f_{yk}}{1.1} = 2120 \text{ mm}^2 \cdot \frac{240 \text{ N}}{1.1 \text{ mm}^2} = 462 \text{ kN} \geqslant N$$

$$\lambda_{k,z} = \frac{s_k}{i_k} = \frac{400 \text{ cm}}{2.51 \text{ cm}} = 159.3 \quad \bar{\lambda}_k = \frac{\lambda_k}{\lambda} = \frac{159.3}{92.9} = 1.71$$

纵向弯曲应力曲线 c 适用于轧制 I 型材，其 $h/b \leqslant 1.2$ 和 $t \leqslant 80$ mm；这里，$\varkappa_{z,c} = 0.25$，现证明：

$$\frac{N_d}{N_{pl,d} \cdot \varkappa_{z,c}} = \frac{120 \text{ kN}}{462 \text{ kN} \cdot 0.25} = 1.04 > 1$$

不，它不能承受这个法向力！

13.4.4 支柱顶部

最简单的支柱顶部只由一块焊接的天花板构成，它将所吸收的大梁或天花板支梁的力均匀分布在支柱横截面上。这种支承形状称为面支承。螺钉保证受力支梁不会升起和滑动［图1a）］。通过凸缘焊接肋板加固大梁腹板。通过面支承，虽需传递不理想的弯曲力矩，但可造出这种价廉物美的支柱顶部。焊接一块中心连板的中心支承价贵，但无弯曲力矩［图1b）］，它将力传递至天花板中部和支柱。

> 支柱顶部将支梁的力从中部传递进入支柱。

13.4.5 支柱接头

高层建筑的楼层支柱在一层楼之后，但大部分是两层楼之后直接通过最后的支梁位置对接。楼层支柱接头可用螺钉连接或焊接，可做成接触点接头，也可做成实心接头。

一般优先选用加端面板的接触点接头（图2），因为在支柱中部负荷区的压力完全只能通过接触点传递。此外，还必须：

● 阻止侧边移位；

● 将端面锯成直角；

● 铣削端面变形的端面板。

图2展示一个接触点接头作为装配接头，它通过凸块阻止侧边移位。在车间时，凸块已焊接在下部楼层支柱上。在建筑工地，支柱插入组装并谨慎焊接，使它可横向和纵向连接支柱负荷的10%。

如果在楼层支柱的端部各焊一块端面板，相同的接头不要凸块也可用螺钉连接。

如果需向上导引电缆的支柱用 HE-B 型材制成，端面板将有所妨碍。这里可采用接头连板和密配螺钉构成一个接触点接头［图3a）］，但成本更高。

在中心之外因弯曲力矩产生的支柱负荷和应力要求使用实心接头（抗弯接头）。这种接头采用厚端面板和 HV 螺钉［图3b）］连接，或焊接。

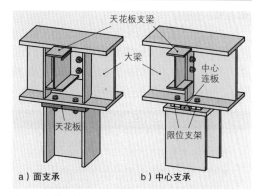

图1 支柱顶部

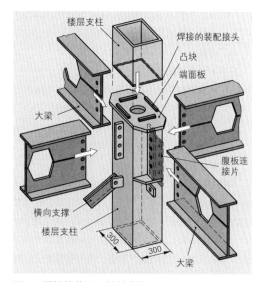

图2 焊接的装配－接触点接头

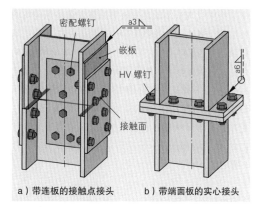

图3 螺钉连接的接头

13.4.6 支柱底部

来自钢支柱的力必须经由混凝土地基导入地下。由于例如混凝土 C12/15 仅允许承受 12 N/mm² 的负荷，支柱力必须通过支柱底部均匀地分布到一个更大的混凝土面上。

为此，钢支柱的底部必须配装一块厚度至少达 12 mm 的底板。图 1 展示了两块不同的支柱底部，但它们用于相同的支柱力。底板越厚，所需防止底板弯曲的加固肋板的数量越少。厚底板使得加固肋板成为多余，因此节约了工资成本。

> 支柱力越大，支柱底板必须也越大，越厚。

在支柱底部下方必须计划留出 25～50 mm 厚的缝隙，以便准确校准支柱。这个厚度以底板宽度为准：

$$缝隙厚度 \geq \frac{底板宽度}{7}$$

通过热切割方法，例如气割，加工出来的支柱端部并不完全平整，必须完整焊接。如果支柱只承受压力负荷且锯成直角，那么还需要一个 1/10– 接头，就是说，焊缝只能传递支柱力的 1/10 。但两种接头类型时需注意，凸缘和腹板应按照其占比焊接在总横截面上（图 2）。

■ 摆动支柱

这种支柱只承受压力负荷，但在装配期间应保持稳定，不必张紧或松开。为此有不同的装配锚固方法（图 3）：

● 圆钢地脚螺栓，将它装入空出的地脚螺钉槽，按事先浇注混凝土形成的锚固角度钩住，然后与底板螺钉连接［图 3a〕和第 219 页］。

● 浇注混凝土固定地脚螺栓。这里，向建筑工地提供用作模板的木隔板，然后按 ±15 mm 的误差浇注混凝土。直径 70 mm 的大孔和相应的钢片用于调整误差（图 4）。

● 浇注混凝土的锚固板与下面焊接的地脚螺栓必须准确地校准水平。支柱需在建筑工地焊接在锚固板上。

● 半轨或钢膨胀螺钉适用于轻质锚固［图 3b〕。

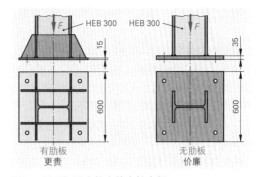

图 1　用于相同支柱力的支柱底部

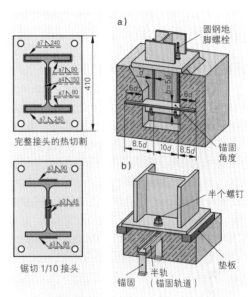

图 2　底板的焊接　　图 3　装配锚固

图 4　在固定浇注混凝土的地脚螺栓上安装支柱

虽然是面支承，摆动支柱仍被视为可弯曲支承。它可以围绕支承点在至少一个面上倾斜，目的是平衡屋顶桁架的热膨胀。中心支承的摆动支柱有时也类似一个充分利用钢的弹性的活节［图 1a］。一个附加的井格梁［图 1b］可将很大的支柱力分布在一个大混凝土面上，使混凝土仅承受较小的压强。

水平支柱力，例如来自横向支撑，不允许作用于地脚螺栓，它们必须经由焊接的抗剪膨胀螺钉（抗剪架）从型钢（图 2）传导至地基。

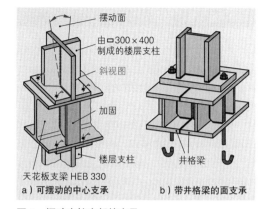

> 摆动支柱传递所有的力至地基，但不包括弯曲力矩。

a）可摆动的中心支承　　b）带井格梁的面支承

图 1　摆动支柱底部的支承

■ **预固定支柱**

预固定支柱传递力和弯曲力矩至地基。最简单的可能性是，支柱杆端部直接插入由至少 C20/25 混凝土浇注的地基孔内，然后再浇注混凝土固定（图 3）。焊接的 U 型材的作用是限位和校准。在用地脚螺栓锚固的预固定支柱底部由抗剪膨胀螺钉传递水平方向的力。来自弯曲力矩的垂直方向的力必须通过锚固横梁和横向板传递至挂在 U 型钢条之间的丁字头螺钉（图 4）。锚固条下方的焊接支架阻止丁字头螺钉上紧后继续旋转。地基本身必须配筋加固并有足够大的面积，因为，例如半固态的黏性土地允许的土地压力仅为 0.2 N/mm^2。

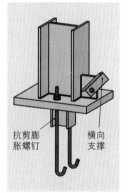

图 2　抗剪膨胀螺钉

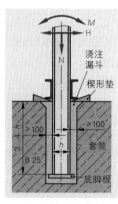

图 3　预固定支柱与套筒式地基

13.4.7　支柱的锚固

锚固图显示空出留给支柱的位置（参见第 219 页），地基图还列出地基的尺寸和加固。由于建筑公差较大，地基的上表面应保持比底板下边缘低 2～5 cm。装配时，首先将支柱放入每一个钢板和钢楔，并初步校准。在支柱仍被吊在吊车期间，挂上并拧紧地脚螺栓。待所有支柱放到位后，进行精确校准。用防松螺帽保护地脚螺栓，用水润湿锚固孔，然后用韧弹性混凝土浇注入孔。裸露的底板下边必须用无收缩混凝土砂浆仔细填塞夯实。

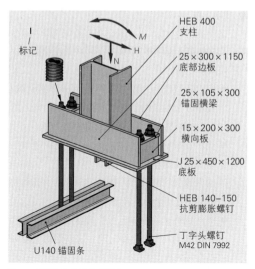

图 4　预固定支柱与锚固

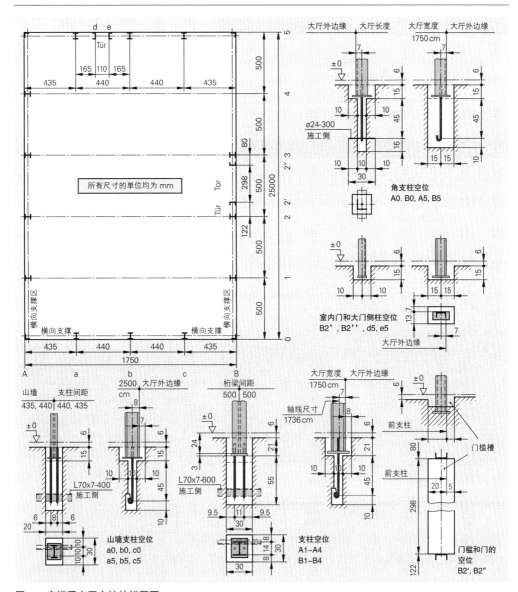

图：一座钢质大厅支柱的锚固图

知识点复习

1. 如何称呼支柱的底端？它有何作用？

2. 请绘出整体封闭和整体开放型支柱横截面草图。

3. 焊接连接板的任务是什么？它用于哪种支柱横截面？

4. 为什么支柱在远未达到抗压强度之前便已失灵？

5. 如何理解支柱的长细比？如何计算长细比？

6. 如何区别支柱的接触点接头与实心接头？

7. 哪些装配锚固允许在装配过程中不必张紧或松开？

8. 为什么摆动支柱的地基小于预固定支柱的地基？

13.5 支梁

支梁通常是水平安放的钢结构组成零件，承受负荷，将力传递给支架或支柱。支梁主要承受弯曲负荷（第 222 页）。

支梁的命名和分类即可遵循制造方法（轧制梁，焊接梁），也可按照形状（隔板梁，箱式梁，桁架梁）进行。

13.5.1 轧制梁

轧钢机将连铸钢条热轧成钢结构所需型材（第 452 页），并由钢材经销商按形状和规格分级销售。所有的轧制梁都将梁的中间部分称为腹板，两边外侧边缘部分称为上凸缘和下凸缘或上边带和下边带（图 1）。

支梁高度超过 80 mm 的称为型钢（图 2），小型型材称为条钢。

大部分轧制梁已标准化，意即所有的尺寸细节均已确定，可从钢型材手册表中查取。它们是：

- 带有内倾凸缘面的窄工字梁（IPE 欧洲支梁）
- 带有平行凸缘面的普通结构宽工字梁，还有轻型和加强型结构。

型材简称可按 DIN 1025：IPB，IPBv，IPBI 等，或按已实施的欧洲标准 53–62：HEB，HEM，HEA。

不同的重型工字梁在相同标称高度 h 时的尺寸 $h-2c$ 是共用的，因为它们均采用相同的轧制方法制成（图 3）。

HIBT 支梁的型材高度可达 300 mm，其各型的高度和凸缘宽度均相同，较大的支梁凸缘宽度统一为 300 mm。

> 轧制梁的标称高度最大可至 1000 mm。

轧制梁的标准名称源自 DIN 1025 的型材简称，该简称包括支梁的标称高度和标称长度，DIN 编号和材料缩编写名称。

举例：IPB 260–4580 DIN 1025-2–S235 JR。

有时用"x"代替长度的前破折号。

图纸上常常仅标出简称和长度尺寸即可，因为总设计中所有零件的材料基本相同，所以只把材料和 DIN 编号列入零部件明细表。位置号用双大写字体跟在简称之后，所以图纸上便标出例如 IPB260–4580；4。在大型钢结构图纸中，位置号简化了对具体结构零件的查找。

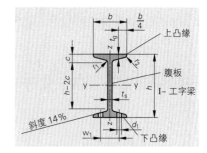

图 1　窄工字梁的标准化尺寸

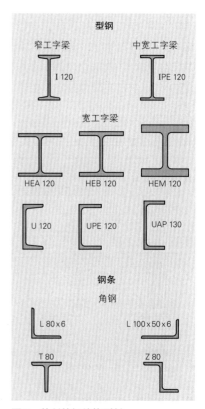

图 2　轧制的钢结构型材

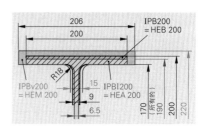

图 3　宽工字梁的结构类型

13.5.2 焊接的板梁

隔板梁由薄板和宽扁钢以及平分的半个工字梁制成（图1）。自动化焊接方法，例如 MAG 焊接法，或埋弧焊法，均可满足支梁焊缝要求。焊接一块相应的隔板可垫高工字梁（第225页图1）。

隔板梁用于承受重型负荷或大跨度支撑，例如大厅屋顶。

箱式梁由两块腹板和两块条状板组成（图2）。大型箱式梁为提高稳定性在梁槽内焊入横向加固板或隔板［图2b)］。箱式梁具有极高的承载能力，因为在承受弯曲负荷时，它的侧边不会轻易出现纵向弯曲。因此，这种支梁在高层建筑中用作加固梁，或支撑悬空房的上部顶梁。桥式起重机的支梁也常采用箱式梁。

> 焊接的板梁可制成所需的任意高度，宽度和长度。

13.5.3 蜂窝型梁

蜂窝型支梁由一块轧制梁组装而成，该轧制梁事先在腹板处用气割方式切割成齿条状。由此产生的两个半边梁相互错开半个切割单位，然后，将相互对立的腹板部分直接相互焊接，或插入中间板后相互焊接（图3）。接着，将端部直线切除。这样，从实心轧制梁加工出一个缩短了半个切割单位、穿孔并焊接起来的支梁，新支梁高度更高，承载能力更大。穿孔部位在之后的安装时可用于电力、暖气、通风和供排水等管路的走线。通过在支承范围封闭蜂巢，使支梁得到加强，可以吸纳那里的大横向力。

齿条形开口常见两种不同的切割法。一种切割法见图4所示。还有一种新型切割法，用于更高的带圆孔的支梁。除直线支梁外，还有纵向弯曲的鞍形支梁，弧形支梁和单坡屋顶支梁。一般而言，适用于蜂窝型支梁造型的是：

> 凡出现低应力的部位，可将那里的材料切除。

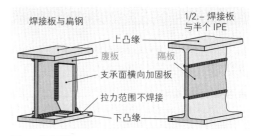

图1 隔板梁

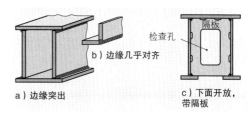

a）边缘突出   b）边缘几乎对齐   c）下面开放，带隔板

图2 箱式梁的结构

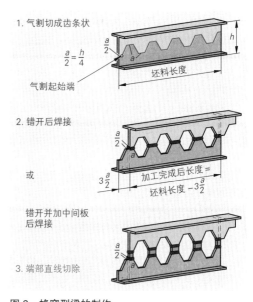

图3 蜂窝型梁的制作

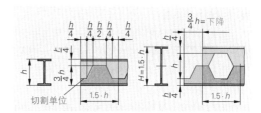

图4 制作蜂窝型支梁的切割法

13.5.4 支梁内的弯曲应力

支梁是出现最大弯曲负荷的建筑构件。弯曲负荷的量取决于支承类型，负荷类型以及作用（力）的大小与方向。

■ **支梁的支承类型**

一般按照将作用于支梁的力继续传递出去的支承数量和类型划分支承类型。支梁可有一个，两个或多个支承，它们可做成固定支承或浮动支承。

双支柱支梁或单跨梁均在支梁两边支承（图 1）。理论上，它必须在其中一边是固定的（固定支承），而在另一边是移动的（浮动支承），以便补偿热胀冷缩造成的长度变化。固定支承的表达符号是一个三角形，移动支承的表达符号是一个三角形加两个滚轮，或一个加下划线的三角形（滑动支承）。

> 浮动支承只能传递垂直作用的力。

在钢结构中，只有极长的支梁，例如大桥支梁，配装浮动支承。在钢结构高层建筑中，支梁两边一般均采用固定支承，因为这里的支柱跨度和温度变化相对较小。

> 固定支承的结构有两种：可弯曲的，抗弯的。

悬臂梁只有一个支承，它必须采用抗弯接头（图 2）。

> 抗弯支承和接头可传递任何方向的力以及弯曲力矩。

采用可弯曲端部支承和可弯曲接头的单跨梁一般都是钢结构高层建筑中的屋顶支梁。

> 可弯曲支承和接头只能传递力，但不能传递弯曲力矩。

支承点中部之间的间距称为跨度或跨距。如果支梁的走向不中断或越过多个采用抗弯接头的支柱，这种支承称为连续梁（图 3）。桁条常做成连续梁造型，因为它们通过支承力矩的卸载作用而少有纵向弯曲。

■ **支梁的负荷类型**

支梁承受持续的和可变的作用力：支梁可承受例如由机床地脚或叉车轮子引起的单一负荷（可变作用力）［图 4a］。

均匀分布的负荷产生于例如天花板的重量（持续作用力），松散材料或降雪落在屋顶（可变作用力）［图 4b］。这类负荷也可称为均布负荷。其数值单位是 N/m。两种负荷类型经常同时出现。这时可称为混合负荷或承受混合负荷的支梁［图 4c］。

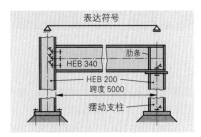

图 1 双支柱支梁，单跨梁

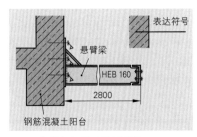

图 2 上紧螺钉的雨篷悬臂梁

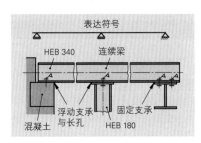

图 3 连续梁

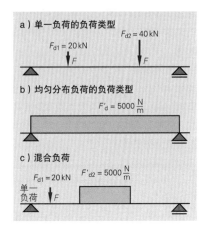

图 4 支梁的负荷类型

■ **力的作用方向**

如果一个力的作用方向垂直于支梁轴线，称为横向力 V（图 1）。

作用于支梁轴线的力称为法向力 N。通过力的分解，可将斜向力分解为横向力和法向力。由于力属于作用力，可以用 F 命名。

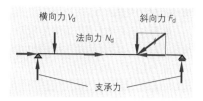

图 1　力的作用方向

■ **支承力**

图 2 所示为一个支梁承受力 F_{d1}。为使支梁保持稳定，它必须使向上作用的支承力 F_A 和 F_B 保持平衡。

若要计算支承力 F_A 和 F_B，必须满足两个条件：

■ **1. 力矩平衡：**

> 所有左旋的力矩总和等于所有右旋力矩的总和：
>
> （力矩 = 力 × 杠杆臂）

$$\Sigma \overset{\curvearrowleft}{M} = \Sigma \overset{\curvearrowright}{M}$$

对此，若有一个力是未知的，设 F_A 和一个旋转支点未知。举例：

用 $\Sigma \overset{\curvearrowleft}{M} = \Sigma \overset{\curvearrowright}{M}$ 推出：$F_B \cdot l = F_{d1} \cdot l_1$

（支承力 F_A 不产生旋转力矩，因为旋转支点 A 的杠杆臂等于零。）

■ **2. 力平衡：**

> 所有向下作用的力的总和等于所有向上作用的力的总和：

$$\Sigma F\downarrow = \Sigma F\uparrow$$

举例：$F_{d1} = F_A + F_B$

■ **支梁内的弯曲力矩**

正确的支梁设计中必须找到弯曲力矩达到最大值的位置。横截面保持相同的支梁也会在那里出现最大弯曲应力。这一点可从上例中得到解答（图 3）。

借助横向力面可求取最大弯曲力矩及其作用点。为此，必须按比例绘出来自任意一个水平零线的横向力〔图 3a〕。从左边开始，将 $F_A = 4$ kN 绘制成一个向上指的 40 mm 长箭头。然后绘出一条水平线直至 F_{d1} 的作用线。7.5 kN 绘制成一个向下指的 75 mm 长箭头。接着再画一条水平线全 F_B 的作用线，并在那里将 3.5 kN 绘制成一个向上指的 35 mm 长箭头，至此，绘出的线条重又回到零线。与零线相切的位置（F_{d1} 的交零点）是危险的横截面。零线上方是正横向力面，零线下方是负横向力面。弯曲力矩 M_d 的设计数值得自正或负横向力面的面积，因为两个面积相同。

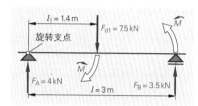

图 2　承受单一力的双支柱支梁

> **图2举例的计算：**
>
> 1. 力矩平衡：
>
> $$\Sigma \overset{\curvearrowleft}{M} = \Sigma \overset{\curvearrowright}{M}$$
>
> $$F_B \cdot l = F_{d1} \cdot l_1$$
>
> $$F_B \cdot 3\ \text{m} = 7.5\ \text{kN} \cdot 1.4\ \text{m}$$
>
> $$F_B = \frac{7.5\ \text{kN} \cdot 1.4\ \text{m}}{3\ \text{m}} = 3.5\ \text{kN}$$
>
> 2. 力的平衡：
>
> $$\Sigma F\downarrow = \Sigma F\uparrow$$
>
> $$F_{d1} = F_A + F_B$$
>
> $$7.5\ \text{kN} = F_A + 3.5\ \text{kN}$$
>
> $$F_A = 7.5\ \text{kN} - 3.5\ \text{kN} = 4\ \text{kN}$$

a）横向力面积

弯曲力矩的设计数值计算如下：
$M_d = F_A \cdot l_1 = 4\ \text{kN} \cdot 1.4\ \text{m} = 6.6\ \text{kNm}$

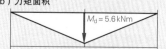

b）力矩面积

图 3　求弯曲力矩的设计数值

■ 支梁内的弯曲应力

作用力在支梁内部产生使支梁纵向弯曲的弯曲力矩（图 1）。向上作用的力在支梁上边产生压应力，在下边产生拉应力。计算支梁内最大弯曲应力的公式如下：

$$\sigma_d = \frac{M_d}{W}$$

σ_d = 应力的设计数值，单位：N/mm²

M_d = 最大弯曲力矩的设计数值，单位：Nm

W = 支梁的轴向阻力矩，单位：cm³

钢结构所有型材的阻力矩 W_y 和 W_z 均可在表中查取。下例显示这种表中关于中等宽度工字梁的节选片段（图 2）。简单负荷类型时，按图表手册中的公式可计算最大弯曲力矩 M_b（图 3）。

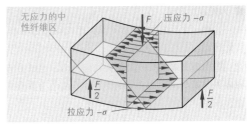

图 1　承受弯曲负荷支梁内的拉应力和压应力

举例：

为给第 223 页举例找到合适的 IPE 支梁，需解算弯曲应力公式求出 W，然后代入屈服强度的设计数值：

$$W_{erf} = \frac{M_d}{\sigma_{R,d}} = \frac{5600 \text{ Nm}}{213.6 \text{ N/mm}^2} = 26.2 \text{ cm}^3。$$

因此，此例应选 IPE 100，其 $W_y = 34.2 \text{ cm}^3$

表 1: 中等宽度工字梁：IPE 系列																	
型材高度低于 300 mm 的标准长度为 8～16 m							型材高度 300 mm 时，标准长度为 8～18 m										
缩写符号	尺寸单位：mm						A_{Steg}	A	G	用于弯曲轴线						凸缘高度按 DIN997 1970 年 10 月版	
										$y-y$			$z-z$				
	h	b	t_s	t_g	r	$h-2c$	cm²		kg/m	I_Y cm⁴	W_Y cm³	i_Y cm	I_Z cm⁴	W_Z cm³	i_Z cm	d_1 mm	W_1 mm
	s	t						F		J_X	W_X	i_X	J_Y	W_Y	i_Y		
IPE	中等宽度工字梁，平行凸缘面，IPE 系列，（热轧），按照 DIN 1025 第 5 部分，1994 年 3 月版和欧洲标准（下一行）极限偏差和形状公差按 DIN EN 10034，1994 年 3 月版																
80	80	46	3.8	5.2	5	59	2.84	7.64	6.00	80.1	20.0	3.24	8.49	3.69	1.05	6.4	26
100	100	55	4.1	5.7	7	74	3.87	10.3	8.10	171	34.2	4.07	15.9	5.79	1.24	8.4	30
120	120	64	4.4	6.3	7	93	5.00	5.00	10.4	318	53.0	4.90	27.7	8.65	1.45	8.4	36

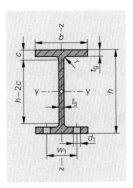

图 2　中等宽度工字梁，IPE 系列

■ 负荷下支梁的纵向弯曲

在负荷作用下支梁弯曲（图 4 的图示略显夸张）。纵向弯曲的量 f 取决于支梁的支承类型，它随支梁跨度 l 的增加而急剧增大（达到 3 次方）。此外，力的作用点，支梁的负荷类型和安装位置（W_y 或 W_z）等因素均起作用。只有在特殊情况下，例如用于屋顶、墙体和天花板的梯形板，规定纵向弯曲的量 f 的许用数值。但仍建议根据跨度 l 或悬臂长度 l 计算：

- 双支柱支梁：$f_{max} \leq \dfrac{l}{300}$

- 悬臂梁：$f_{max} \leq \dfrac{l}{200}$

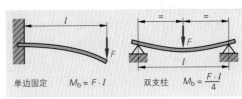

单边固定　　$M_b = F \cdot l$　　双支柱　　$M_b = \dfrac{F \cdot l}{4}$

图 3　支梁的简单负荷性质

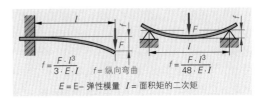

$f = \dfrac{F \cdot l^3}{3 \cdot E \cdot I}$　$f =$ 纵向弯曲　　$f = \dfrac{F \cdot l^3}{48 \cdot E \cdot I}$

$E = E-$ 弹性模量　$I =$ 面积矩的二次矩

图 4　支梁的纵向弯曲

■ 增强

为使原本直线的轧制梁在使用负荷下不出现纵向弯曲，在工厂车间里已在大跨度条件下轻度向上预弯，这种处理方法称为增强。处理时，通过腹板处的火焰方向和楔形加热区以及下凸缘处的条状加热区将轧制梁向上预弯（图1）。

隔板梁的增强处理方法是，焊接凸缘前，先相应地切除部分隔板。桁架梁则是将对角线相应地切得更短或更长，使之产生和缓的弧形。

使用负荷下支梁出现纵向弯曲，这种弯曲使支梁再次恢复至几乎直线状态。此外，通过增强处理可以避免平面屋顶积水现象。

■ 型材的安装形式

大部分钢型材的承载能力受安装形式的影响极大。工字梁必须始终竖放，不能横放（图2）。

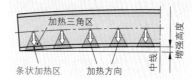

图1 通过火焰方向产生增强效果

> **举例：**
>
> 横放的支梁 IPE100 的阻力矩仅达 W_z = 5.79 cm³，竖放时的阻力矩则达 W_y = 34.2 cm³。竖放支梁的承载能力几乎是横放支梁的六倍。

钢结构型材应始终按指定安装形式进行安装，这种安装形式产生的阻力矩最大。

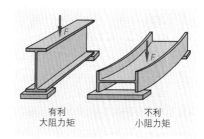

图2 工字梁的安装形式

■ 增强抗弯强度的可能性：

通过设计方面的措施可增强支梁的抗弯强度。

● 在支梁的两边凸缘焊上条状板，可显著提高支梁的阻力矩（图3）。

● 设计支梁的造型能够适配支梁上所出现的弯曲力矩（图4）。例如悬臂梁，其弯曲力矩在拉紧时呈线性增长，因此，设计其腹板呈由外向内渐次增高的形状。

● 采用切割方法将支梁切割成齿条形状，然后错位重新焊接。用这种方法制成蜂窝型梁（第221页图1）。

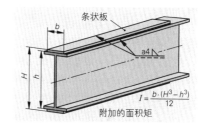

$$I = \frac{b \cdot (H^3 - h^3)}{12}$$

附加的面积矩

图3 通过条状板增强

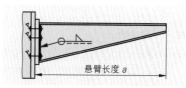

图4 根据弯曲力矩设计的悬臂梁造型

知识点复习

1. 最大的已标准化支梁的标称高度和实际高度是多少？

2. 相对于轧制梁，隔板梁的优缺点是什么？

3. 请描述蜂窝型梁的制作过程，并绘制带圆形开口的较高支梁的切割法草图。

4. 支梁的负荷可分为哪些类型？

5. 计算支梁最重要的两个平衡条件是什么？它们有何用途？

6. 为什么支梁凸缘厚，但腹板薄？

7. 请描述如何找到支梁的最大弯曲力矩。

8. 为什么要增强平面屋顶的屋顶支梁？

9. 如何制作支梁增强？

13.5.5 桁架梁

桁架应理解为由单根钢条构成的平面或空间产物，其节点相互连接。桁架的基本元素是三角形。

这种结构的制造原因可从一个试验中获取答案。

> **试验：** 灵活连接四根钢条。推移这个正方形可随意变成平行四边形（图1）。五角形或六角形也会出现相同现象。可见，灵活连接的直角是不稳定的。
>
> 但是，如果用三根钢条相互连接成一个三角形，我们发现，它是无法推移的（图2）。
>
> **结论：** 桁架由三角形组建而成，因为它的固定形状由灵活连接的钢条组成。最简单的桁架结构由钢杆1，2，3与节点Ⅰ，Ⅱ，Ⅲ组成的三角形横向支撑构成。
>
> 通过相互对接多个三角形制成一个桁架支梁（图3）。

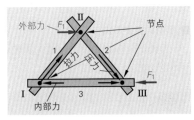

图1　矩形的可推移性

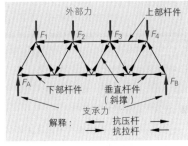

图2　三角形的稳定性

■ **钢杆力**

由于节点处的钢杆连接被视为"灵活的"，这里的钢杆只承受拉力和压力。为了不产生弯曲力矩，便从外部向节点施加力（图3）。采用图示法（麦克斯韦图）或计算法（利特氏分切法），可相对简单地求出这种桁架结构的钢杆力。实际施工中，桁架钢杆是采用焊接或螺钉固定连接的。因此，这里也会产生弯曲力矩。但这个力矩过小，几乎不会产生负面影响。

桁架结构由三角形组成。钢杆主要只传递拉力和压力。

图3　多个三角形组成的桁架梁

■ **桁架梁类型**

桁架梁由上部杆件，下部杆件与垂直杆件组成（图3）。垂直杆件称为支柱，对角杆件称为斜撑。

桁架梁按杆件类型和垂直杆件的排列位置命名（图4）。例如装有平行杆件的称为平行梁。

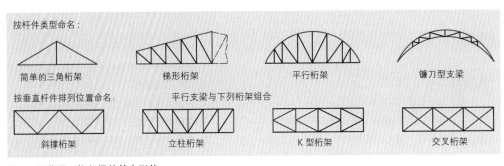

图4　概览图：桁架梁的基本形状

■ **桁架结构 – 屋顶桁架**

支梁的作用是支撑屋顶，所以称为屋顶桁架。

屋顶桁架的基本类型分为两种结构：

- 三角桁架
- 平行桁架

三角桁架的桁架高度介于其跨度的 1/8 与一半之间，这里的跨度最大可达约 35 m。水平走向的下部杆件，由于其良好的外观条件，正好可做适度增强，避免观察者产生桁架下垂的印象。

根据垂直杆件排列的位置，可将下列三角桁架划分为：

- 德式屋顶桁架，它的所有垂直杆件均出现在下部杆件的中间位置 [图 1a]；
- 英式屋顶桁架 [图 1b]，它的垂直杆件垂直于下部杆件；
- 比利时式屋顶桁架，它的垂直杆件垂直于上部杆件；
- 法式（或称波隆索式或威格曼式）屋顶桁架，它由两个三角桁架与一个共用活节组成，用拉杆相互连接 [图 1d]；
- 单面倾斜屋顶桁架（锯齿形桁架），它的倾斜屋顶面一般用玻璃 [图 1e]；
- 单边悬臂桁架，用于雨篷 [图 1f]；
- 双边悬臂桁架（蝴蝶形桁架），用于公交车站，加油站和高压输电铁塔 [图 1g]。现在的小型悬臂桁架大多做成实心结构。

伸展很长的平行屋顶桁架可制成许多屋顶形式，例如单坡屋顶，马鞍屋顶 [图 1h]，以及平面屋顶。

平行桁架也可以制成超轻 R 型支梁（参见第 230 页）。

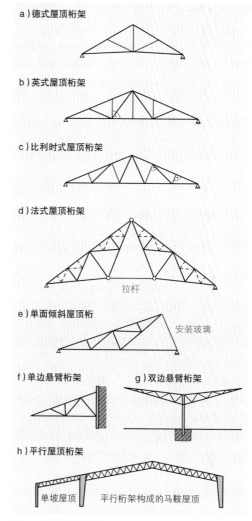

图 1　屋顶桁架类型

■ **桁架结构系统**

只有杆件的重力线称为桁架结构系统。这是想象中穿过杆件横截面重心的线条（图 2）。

这个系统又称网图，它包含所有重要尺寸和节点至节点的间距尺寸。从主要尺寸可确定对角线长度。如果涉及直角三角形，需使用勾股定理进行计算。其他类型的三角形边长使用泰勒斯定理或三角函数（sin，cos）进行计算。

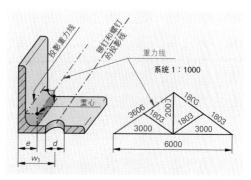

图 2　杆件和系统中的重力线

■ 节点的基本设计

桁架结构中的各个杆件均通过焊接或螺钉在节点处固定连接。以前，节点按 1:1 比例绘出。这种图纸称为自然尺寸图，用于给节点板材打孔。自然尺寸图也可用作模板。将它放置在一块板材上，用凿子凿出孔中心点和边角。孔坐标也可取自自然尺寸图，并用于数控钻床。今天，2 维或 3 维 CAD 工位已采用计算机控制节点板。所以可以取消坐标测量。

在 CAD 工位上，首先按比例绘制桁架结构系统。以系统线为基础，绘入待装入的型材。边长小于 70 mm 的角钢已不放入重力线（第 227 页图 2），而是放入所谓的铆钉投影线。该线至角钢背面的距离是划线尺寸。划线尺寸在表中已确定，应始终遵守。

首先绘制出贯通的型材，接着绘出其余的杆件。系统点至一根杆件起始端的尺寸称为负尺寸。选择这个尺寸时，杆件应尽可能靠近通用型材，它的长度尺寸是半厘米［图 1b）］。如果是螺钉连接，现在应绘出螺钉孔。螺孔间距请参见第 65 页表格。螺钉孔应比螺钉标称尺寸大 1~2 mm。螺钉间距计算值取整至可用五整除的数字。

绘入所有连接所需螺钉后，便可得出节点板的轮廓图。这里需注意，必须遵守最外侧螺钉至板边缘的规定边缘间距（63 页）。节点板的形状应尽可能简单，其角部不应在杆件下方，同时应避免安装时因其形状而产生误解。因此，几乎对称的节点板是不利的。应考虑焊接节点处不采用螺钉间距，而是采用所要求的焊缝长度。中心孔凿子点作为标记可简化节点板与杆件的正确焊接。如果焊缝直接在腹板处中断，可取消节点板。

标注尺寸，命名型材和标入位置编号之后，设计的数据模式即告完成。现在，CAD 工位可以制作车间图纸和零部件明细表。

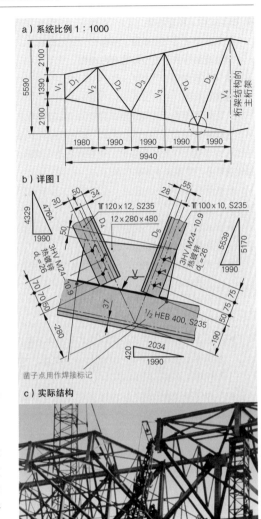

a）系统比例 1:1000

b）详图 I

c）实际结构

图 1 火车站屋顶的梯形桁架

13.5.6 重型桁架梁

重型桁架梁常常高达数米，承载例如桥梁，电视塔瞭望平台或大型屋顶（图1和图2）。

重型桁架梁由型钢或大型钢杆件组成。如果不把桁架梁作为整体运输，装配接头一般选用 HV 螺钉。大型桁架梁在工厂已制作完成，在建筑工地再最后组装。

图1　火车站屋顶的桁架梁

图2　电视塔平台

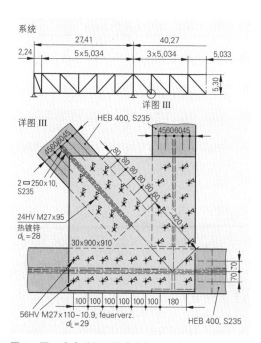

图3　图1火车站屋顶的节点板和系统

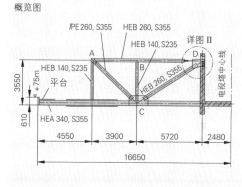

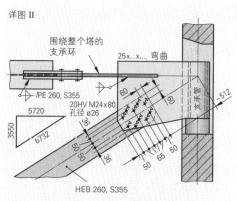

图4　图2电视塔平台的节点板和概览图

13.5.7 轻型桁架梁

圆钢桁架梁又简称 R 梁。它是最轻型的桁架梁，由折弯圆钢制成的均匀贯通的抗拉斜撑以及上部杆件和下部杆件组成。这里的杆件各由一个 T 型钢或半个 f 型支梁制成（图 1）。为阻止侧纵边向弯曲，上部杆件必须固定拉紧，例如浇入混凝土。R 梁适用于大跨度小负荷。

焊接空心型材 – 桁架梁由圆形、正方形或矩形空心型材制成（图 2）。这种桁架梁重量轻，表面平整，防腐保护，物美价廉。根据桁架系统的不同，产生出多种不同的节点形状（图 3 和图 4）。杆件中心轴线与垂直杆件中心轴线在某点相切，于是，常常在垂直杆件之间产生一个可简化制作的间隙［图 4a］。通过将斜撑轴线在杆件轴线之前重合，可提高桁架梁的承载能力。由此产生一个有搭接并有一个外延中心线 e［图 4b］］的节点。斜撑相交于杆件之外，可减轻杆件接缝的负荷。抗拉斜撑环绕着杆件型材焊接，抗压斜撑放置在抗拉斜撑和杆件型材上面并焊接。虽然预计投入较高，节点的搭接处仍做成全部实心结构（$e \approx -0.55 \cdot h$，图 2）。这种结构的制作比部分搭接更简单，承载负荷的性能也优于大间隙的结构。搭接时注意：

● 杆件 0 放在下面（杆件）；
● 杆件 1 相对于杆件 0 放在上面，相对于杆件 2 放在下面；
● 杆件 2 相对于杆件 0 和杆件 1 放在上面。

> 置于下面的空心型材始终需要比置于上面的型材更大的壁厚 s_u。

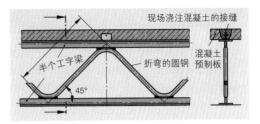

图 1　圆钢桁架梁（R 梁）

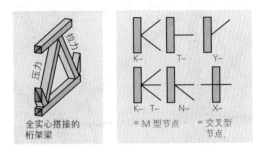

图 2　桁架梁

图 3　节点形状

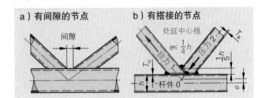

图 4　未增强的节点的形成

有搭接的节点的壁厚比例［图 2 和图 4b］需遵守公式：

$$= \frac{s_u}{s_a} = \frac{\text{采用 S355 的建筑物是 } 1.33}{\text{采用 S255 的建筑物是 } 1.6}$$

有间隙的节点要求较高的壁厚比例，具体数据查取 DIN EN 1993–1–1。

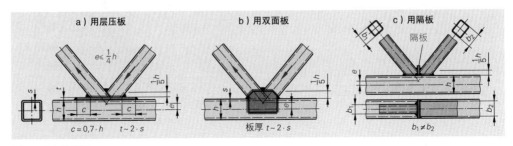

图 5　节点的增强

■ **杆件的增强**

如果使用较薄的杆件型材,可焊接加强件为杆件增强（第 230 页图 5）。厚度约为杆件壁厚两倍的焊接板可更均匀地分布所传递的力［第 230 页图 5a）］。双面焊接板也能增强杆件［第 230 页图 5b）］。但它只在斜撑与杆件宽度相同时才有增强作用。

如果斜撑宽度不同,可在斜撑与杆件之间垂直焊接一块隔板［第 230 页图 5c）］。

■ **矩形空心型材节点的焊接连接**

用矩形和正方形空心型材制作节点连接时只要求平面开口。可采用锯切方法作出开口。图 1 显示各种不同焊缝的形成。

如果斜撑比杆件更窄,且接头角度 $\alpha \geq 45°$,可不要求做焊缝准备工作［图 1a）］。斜撑连接采用环形角焊缝。如果壁厚 t 最大达 3 mm,角焊缝厚度 a 必须等于壁厚 t。

壁厚 $t \leqslant 3$ mm 时:
角焊缝厚度 a= 壁厚 t。

■ **圆形空心型材节点的焊接连接**

承载能力相同时,圆管制成的桁架梁轻于矩形空心型材桁架梁,但前者的制造难度更高。在节点范围产生的切削任务只有通过铣削方法或坐标控制的自动气割机才能完成。而焊接范围 B,C 和 D 的切削又必须各有不同（图 2）。图 2 所示为不同节点范围中典型的焊缝形状。

■ **焊接型钢 - 桁架梁**

如果将 L 型或 U 型对角件直接焊接在 T 型或半个 IPE 型材制成的杆件腹板处［图 3a）］,那么经济性极佳的一种桁架梁诞生了。受力较大时,可通过焊接节点板扩大接头面积［图 2b）］。

型钢桁架梁有边棱,裂隙和无法接触的边角。因此,只能加大防腐保护的投入,而且更多的是内部范围的防腐保护。

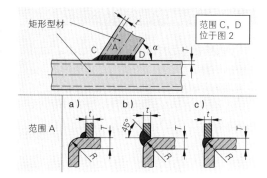

图 1 矩形和正方形空心型材节点焊缝

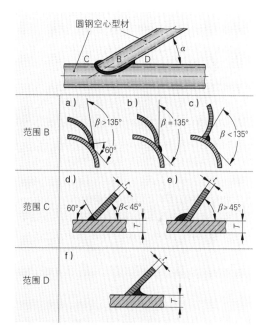

图 2 圆钢空心型材焊缝的形成

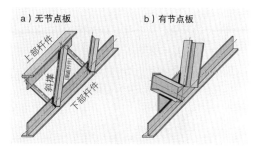

图 3 焊接型钢 - 桁架梁

13.5.8　空间桁架结构

空间桁架结构由三维排列的杆件组成，它们上下之间构成三角形（图1）。上部和下部是平行杆件，通过斜置的三角形对应加固这些平行杆件。这样就产生一个平面的桁架栅格。

不同的空间桁架结构系统的区别在于其杆件的类型，节点的结构。

圆形或矩形空心型材构成的空间桁架结构由与节点件螺钉连接的预制管件组成（图2至图4）。节点件是锻压或浇铸件，是螺纹已成形的连接件。空间桁架结构在地面装配其节点件和管件（图5），然后由吊车提升至支架（图6）。由于众多零部件的装配非常费工，也可以用焊接的平行支梁预制空间桁架结构，支梁采用斜撑桁架加固（图7）。它们之间相向倾斜，用螺钉连接上部杆件以及下部杆件。横向支撑走向至上部杆件 HE-B 上方，下边至下部杆件 U 型材的下方，然后与这些杆件螺钉连接。

空间桁架结构用于大型无支柱面的屋顶，例如体育馆和大型会议大厅（图6）。这种桁架结构可跨越逾 70 m × 70 m 的面积。由于这种桁架结构装饰性外观的原因，它一般均取消悬挂的下层板。

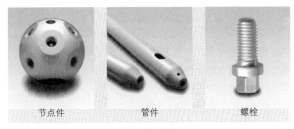

图2　空间桁架结构的各种组成零件

节点件　　　　管件　　　　螺栓

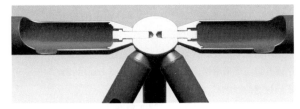

图3　空间桁架结构节点剖面图

图4　空间桁架结构节点

图5　地面装配

图6　焊接平行支梁构成的空间桁架结构

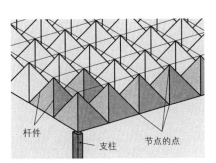

杆件　　支柱　　节点的点

图1　空间桁架的原理性结构

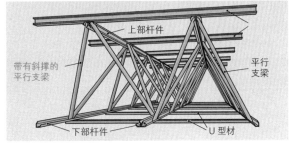

上部杆件

带有斜撑的平行支梁

平行支梁

下部杆件　　U 型材

图7　平行支梁构成的空间桁架结构

13.5.9 框架梁（维伦德尔梁）

由比利时教授维伦德尔研发的框架梁与桁架梁（第 226 页）正好相反，它没有对角斜撑组成的三角形基本结构，而是由上部和下部框架梁与垂直于它的框架柱或框架侧柱组成（图 1）。因此，框架梁又称为"无斜撑支柱桁架结构"。

由于灵活连接的节点四角没有固定的形状，框架梁的梁与柱之间的连接必须是抗弯刚性连接。肋板和托臂的作用就在于此（图 1）。由于没有对角斜撑，作用于梁和柱的力就不仅有拉应力和压应力（与桁架梁相同），还有很大的弯曲应力。因此，其型材横截面必须更大，以至于：

> 框架梁始终重于可作比较的桁架梁。此外，框架梁出现的纵向弯曲更大。

许多杆件横截面适用于框架梁（图 2）。由于出现弯曲力矩，必须有大阻力矩抵消弯曲。横截面的选取应遵循如下原则：

- 加工成本（焊缝长度）；
- 加固节点的可能性；
- 放置管道的可能性（开放型型材）；
- 建筑造型。

■ 用途

尽管静力学条件不利，框架梁在出现下述条件时仍可应用。

- 框架梁的开口可利用安装窗户时；
- 天花板内开口空间可用于动力管线时；
- 其他支梁的建筑造型不允许对角斜撑时。

例如两座大楼之间的办公楼人行天桥（图 3 和图 4）便是由框架梁制造的，因为窗户后的斜撑有所妨碍，板梁可能超过护墙的高度。

借助交叉的框架梁可制造屋顶和天花板结构。这样形成的支梁格栅可在其矩形大开口内放置动力管线。图 2c）的天花板支梁便展示出例如一个斜撑的横截面。

没有对角支撑的室内门和大门通过角连接件的框架作用保持其形状不变。

框架桁架是没有下部杆件的框架梁。它已被地基代替（第 247 页图 2）。

摩天大楼，如芝加哥市的西尔斯大楼，是采用框架梁建造的。

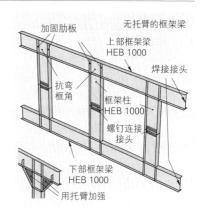

图 1　大型框架梁

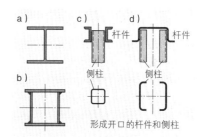

图 2　框架梁杆件横截面

图 3　安装框架梁

图 4　汉诺威市已建成的办公楼行人天桥

13.5.10　采用空心型材框架梁的轻型结构

轻型框架梁由正方形或矩形空心型材制成。

空心型材框架梁的制造成本低廉，其闭合平整的表面可以保证良好的防腐保护。梁端部的密封焊接阻止型材内部形成腐蚀。

不可拆卸的框架梁抗弯角件采用斜切空心型材和对接焊方法制作。角力矩较大时，建议焊入一块合适的楔形件［图1a）］。空心型材较大且横截面不相同时可加入一块中间垫板［图1b）］。

侧柱的安装也可采用类似方式：对头焊接，或用两块空心型材中间垫板加固接头［图1c）］。型材宽度不相同时，在宽杆件上焊一块端面板［图2d）］。

可拆卸接头是出于装配原因出现的［图2a）］。但如果侧柱左右两边需焊接节点板，可避免侧柱打孔，用螺钉连接焊接在杆件上的板［图2b）］。

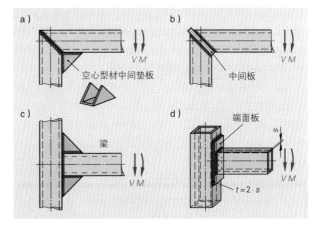

图 1　不可拆卸的抗弯角部连接和框架梁连接

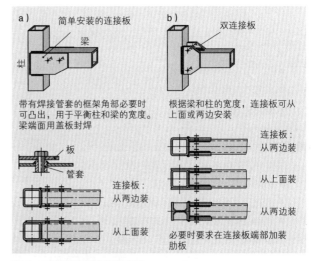

图 2　可拆卸的抗弯的梁接头

知识点复习

1. 为什么桁架结构由三角形构成？

2. 哪些桁架梁可根据杆件类型划分？

3. 为什么桁架梁杆件力的求取相对简单？

4. 请描述如何绘制桁架梁系统。

5. 哪个是最轻的桁架梁？

6. 为什么用处延中心线构成建造空心型材节点？

7. 下置空心型材时需注意哪些规则？

8. 绘制两个加固的 K 型节点草图。

9. 空心型材的哪种壁厚适用下式：

角焊缝厚度 $a=$ 壁厚 t？

10. 空间桁架结构有哪些优点？

11. 请列举框架梁与桁架梁相比的两个优点和两个缺点。

12. 请列举框架梁的应用实例。

13. 为什么大部分轻型框架梁角部必须加强？

14. 为什么应避免在热镀锌空心型材上打孔？

13.6　支梁的连接

支梁支承，支梁接头，支梁对接接头等均构成与支梁的连接。支梁连接处主要承受横向力，但也常有纵向力和弯曲力矩。支梁连接可分为可拆卸与不可拆卸两种。

13.6.1　支梁的支承

支承的任务是，将力从支梁传递至支柱，大梁或墙体。支承面可分为：

- 固定支承和浮动支承；
- 面支承和中心支承；
- 支梁锚固以及；
- 悬臂梁固定点。

■ **固定支承**

固定支承必须能够传递水平和垂直方向的力（横向力和纵向力）至支撑的墙体或结构件。由于支梁的作用是稳固建物，且其跨度和温度变化相对较低，钢结构建筑物中几乎所有的支承均采用固定支承（图1）。

■ **浮动支承**

浮动支承只传递垂直力。它允许轻微的水平方向移动，例如热胀冷缩的原因。浮动支承主要用于桥梁建造。它最大支承力达300 kN，可用作钢质滑动支承，或泰富龙滑动支承（图2），或滚柱支承。

■ **面支承**

如果支梁安放在墙体上时，不允许超过支承材料的极限压应力。例如至少24 cm厚混凝土墙体的极限压应力应达到

C12/15：按EN 206标准 $\beta_{R,d} = 8\ \dfrac{N}{mm^2}$

待传递的力必须分布在一个足够大的面积上。此外，支承长度不允许过长，因为纵向弯曲可能使支梁的另一端翘起，无法完成其支承任务（图3）。砂浆层正确的支承长度 L 可用下式求出：

$$L = \frac{支梁高度\ h}{3} + 100\ mm$$

水泥砂浆层的厚度应是20~35 mm，以便补偿高度误差。在墙体前边缘可加一个30~50 mm的砂浆接缝，防止墙边缘断裂。如果墙体必须承受较大的力，在支承长度 L 相同时，可用支承板（图4）或轧制型材凸缘加宽支承宽度 B。这样可保证腹板凸缘不偏移。

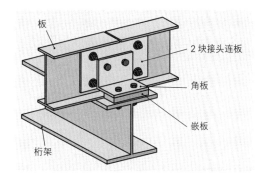

图1　装有支梁对接接头和接头连板的固定支承

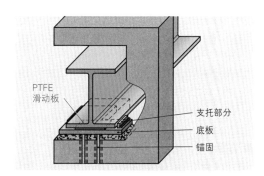

图2　作为泰富龙滑动轴承的浮动支承

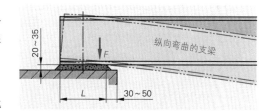

图3　面支承：纵向弯曲导致翘起

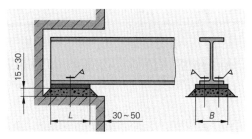

图4　加支承板的面支承

■ 中心支承

为使支承力从中部传递至墙体，在支承板中间焊入一块型钢–凸缘制成的中心板条（图1）。

中心板条上方的支梁两边配有传力肋板（腹板加固），目的是使下凸缘不会向上弯曲。两边的导板留有缺口，将下凸缘与传力肋板之间焊接的凸块插入该缺口。由此便形成一个固定支承。没有凸块则是浮动支承。

支承力极高时，由支承支梁代替支承板，因为前者可将力分布在更大面积上。该支梁用圆钢锚固件固定，由短IPE型材制成的抗剪膨胀螺钉吸纳横向力（图2）。

■ 支梁锚固

如果现在所涉及的墙不是隔墙，而是围墙，它必须按DIN 1053与抵御风吸力的天花板支梁锚固连接。为此需焊接一块端面板［图3a)］。接着，用水泥砂浆填充固定支承面留存的空隙。

钢筋混凝土芯承受钢结构大拉力时，适宜采用支梁锚固方法，即锚固螺栓穿过浇注混凝土的管套［图3b)］。压力则由端面板后边的砂浆接缝传递。

■ 固定点

悬臂梁固定点必须吸纳那里的支承力和拉紧力矩。用于雨篷的短悬臂梁可用膨胀螺钉或将固定螺钉贯穿至墙体进行固定。较长的悬臂梁则安装在盖板下方（图4），在混凝土大梁外打入膨胀螺钉，内侧顶在盖板下方的一个横梁上形成支撑。

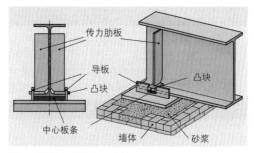

图1　墙体上面的中心支承

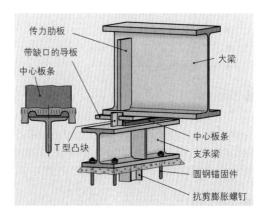

图2　支承梁上面的中心支承

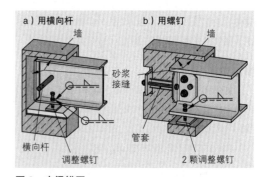

图3　支梁锚固

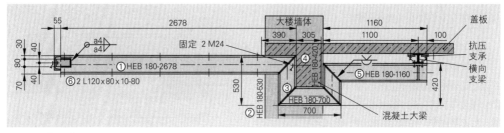

图4　雨篷悬臂梁

13.6.2 支梁接头

> 支梁端部与其他钢结构零件的固定连接称为支梁接头。

接头的形状主要取决于型材，安装现场情况和待传递的力及其力矩。只传递横向力的接头称为横向力接头。除横向力之外还能传递旋转力矩的接头称为抗弯接头或力矩接头。根据所连接支梁与大梁的高度位置和尺寸比例，又可将接头分为对齐的（图 1）或不对齐的支梁接头（图 2）。对齐的支梁接头的上边缘与下边缘处于同一高度。

■ 横向力接头

为将待连接支梁的支承力传递至支承作用的支梁，共有四种接头连接方式：

- 接头角件
- 腹板连接板
- 端面板
- 托架支承

用接头角件连接时，在支梁和大梁腹板处用螺钉固定角钢（图 1）。单排高螺钉排列承受力更好，因为双排低螺钉排列（图 2）使大梁螺钉不仅承受剪应力，还要承受连接力矩 $M=a \cdot V$ 和附加拉力的负荷。

优点，螺孔间隙 $\Delta d = 2$ mm 可补偿公差，天花板支梁与大梁之间的 5 mm 空隙可顺利装入已平放的支梁。缺点，装配工需要装配的零件太多。

端面板接头，将一块端面板焊接在支梁端部，并与大梁螺钉连接（图 3）。装配工只需装入螺钉，必要时可装嵌板。外观与端面板相同的嵌板厚度有 2 mm、3 mm 或 5 mm，其作用是，长度不足时补齐，或补偿公差：

- 如果焊接时端面板不能充分放平，从端面板表面到端面板表面将出现过长现象。这在多个支梁按前后顺序排列时可通过正公差予以补偿，就是说，支梁下料时锯切的更短一些。
- 若需将支梁装入现有的两根大梁之间，允许它转动时的最大长度 $l = \sqrt{(净宽)^2 - (端面板宽度)^2}$。

端面板也适用于角连接［图 4a)］和斜支梁接头［图 4b)］。

腹板连接板是接头板，焊接在大梁腹板处（图 5）。这里用螺钉与支梁连接。使用腹板连接板可轻松安装支梁，但这是单面剪切，且从上向下看是不对称的接头。因此，腹板连接板只能承受小横向力。

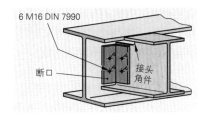

图 1 上边缘对齐的支梁接头

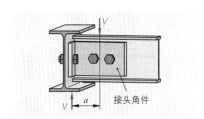

图 2 不对齐的支梁接头

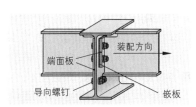

图 3 两边的端面板接头

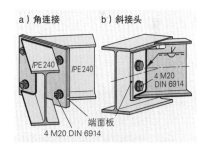

图 4 角连接和用端面板的斜接头

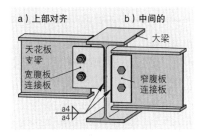

图 5 用腹板连接板的支梁接头

只有空心型材［图1a)］，窄大梁和宽腹板连接板［第237页图5a)］才能构成没有断口的对齐的支梁接头。但如果有断口的支梁，宽大梁产生的接头力矩更小［图1b)］。

断口一词可理解为支梁凸缘和腹板处留出的一个开口。为统一所有的开口，特将开口标准化（图2）。

托架支承可将极高的横向力传递给支柱［图3a)］。托架是一块焊接在支柱上的厚板。大梁受托架支撑，肋板处的腹板连接板的作用是支撑腹板并防止移动。因此，下凸缘处的止动螺钉可以取消。

托架上可迅速安装并固定重型支梁。

但托架支承并不十分适用于对接大梁的接头，因为它可能因此导致倾覆。如果砌墙时将一块焊接在钢筋上的钢板对齐浇注混凝土，那么用相同的方式可将支梁连接到混凝土墙体［图3b)］。托架和腹板连接板均可在建筑工地现场测量并焊接。

■ **标准化的横向力接头**

与角件，腹板连接板和端面板的接头均已标准化。根据所需承载能力可从表中查取相应的连接。例如一个标准化角件接头的代码名称：

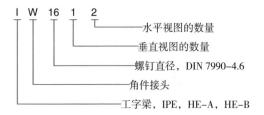

　　　　　　水平视图的数量
　　　　　　垂直视图的数量
　　　　　　螺钉直径，DIN 7990–4.6
　　　　　　角件接头
　　　　　　工字梁，IPE，HE-A，HE-B

图4a)所示便是上例。为保持孔图尽量少偏移，取消平常对划线尺寸的遵守。标准化的用 HV 螺钉连接的角件接头的名称是 IWH。

标准化端面板接头的代码名称［图4b)］：

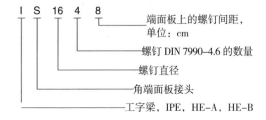

　　　　　　端面板上的螺钉间距，
　　　　　　单位：cm
　　　　　　螺钉 DIN 7990–4.6 的数量
　　　　　　螺钉直径
　　　　　　角端面板接头
　　　　　　工字梁，IPE，HE-A，HE-B

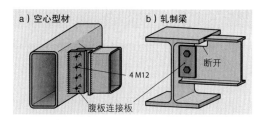

图1　腹板连接板接头

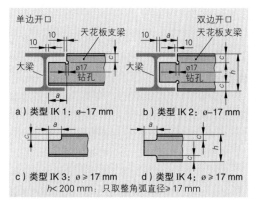

图2　标准化的开口

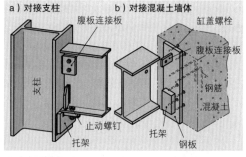

图3　托架支承

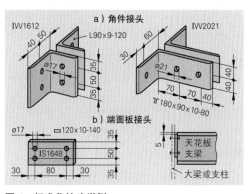

图4　标准化接头举例

■ 抗弯接头

若要固定悬臂梁或框架梁，不单要连接横向力，还要连接弯曲力矩。

> 抗弯端面板连接或抗弯连接板连接方式均可吸纳弯曲力矩。

■ 抗弯端面板接头

图 1 所示为这类接头的四种可能性。这类接头与横向力接头的区别在于下述特征：

- 采用 HV 螺钉；
- 用双角焊缝连接两个凸缘和腹板，以对抗屋顶平台的断裂；
- 更厚的端面板（$t_p \geq 15 \, mm$），使拉力更好地分布在螺钉上；
- 规定，用超声波检验板的叠层。

叠层指轧制板材时形成的空腔，它在拉应力负荷在板厚方向施加给端面板时易造成轻度断裂（图 2）。HV 螺钉应尽可能密集地排列在抗拉凸缘，目的是不让端面板轻易弯曲。凸出的端面板［图 1a）和 b）］承载能力更强，因为上部螺钉远离抗压凸缘。更经济的无肋板接头［图 1a）和 c）］可用于厚凸缘（$t = 1 \sim 1.4d$）。

如果支梁接头必须传递极大的力矩，那么上排螺钉所受的拉力也很大，因为下式适用于三排螺钉（图 3）：

$$\max N = \frac{M \cdot \max a}{a_1^2 + a_2^2 + a_3^2}$$

式中最大 N 指上排螺钉所受的拉力以及各螺钉直至想象的旋转点的间距 a。下排螺钉传递的只有横向力 V。

通过图 3 所示的托臂（角部加固）产生一个更高的接头高度，并因此产生更长的杠杆臂。

> 更长的杠杆臂使螺钉拉力更小。

托臂由两个 T 型焊接板或半个工字梁组成。在压力范围内用方形隔板代替肋板加强支柱（图 3）。图 1 所示接头也可以不用端面板，直接焊接，形成不可拆卸的接头。

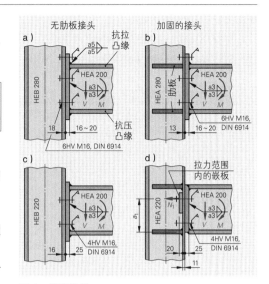

图 1　抗弯接头

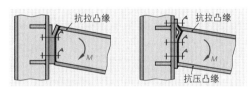

图 2　端面板叠层

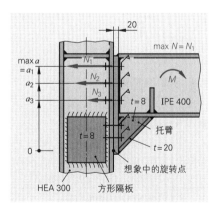

图 3　采用托臂加固抗弯的支梁接头

■ 标准化的抗弯端面板接头

这种接头的尺寸和承载能力均已确定（图1）。每一种接头类型都用下列类型代码命名：

IH 1A 26 24

螺钉直径

型材高度，单位：cm

型材系列 A = HE-A
B = HE-B
E = IPE

端面板形状的识别符号（图2）
1 = 对齐，2 竖排螺钉
2 = 对齐，4 竖排螺钉
3 = 凸出，2 竖排螺钉
4 = 凸出，4 竖排螺钉

支梁连接采用高强度螺钉，抗弯曲

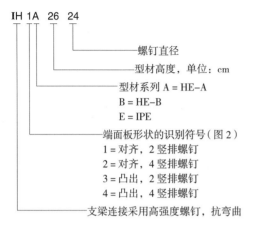

图1　标准化抗弯端面板连接

■ 连接板接头

与支梁上部对齐的抗弯接头可通过一块抗弯连接板传递上部杆件的拉力（图2）。下部杆件的压力则通过接触支承传递。支梁高度不等时需加一个传力肋板。这里的端面板只传递横向力。

如果采用腹板连接板，下部杆件必须配装一个抗压件（图3）。这里，连续梁与支柱交叉。

支梁交叉也是一种形式的抗弯连接。采用堆栈方式可直接用螺钉连接宽支梁（图4）。窄桁条的固定方法较多，如焊接、夹紧，桁条角件与嵌板，或通过屋顶桁架的一个桁条座（图5）。

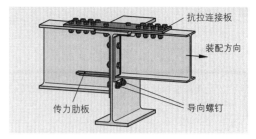

图2　采用抗拉连接板的抗弯接头

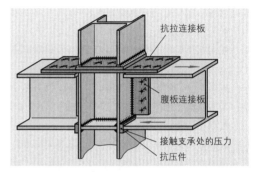

图3　支柱与连续梁交叉图

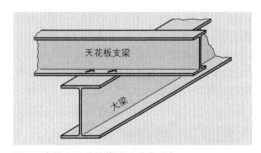

图4　支梁交叉（堆栈式建造方式）

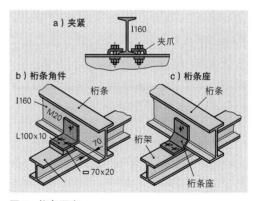

图5　桁条固定

13.6.3　支梁对接接头

需要时，必须通过对接接头延长支梁，因为轧制型材的标准供货长度最大 18 m。

> 支梁对接接头指两根横截面形状和尺寸相同的支梁采取对接方式连接的接头。它们共用同一条纵向轴线。

支梁加工车间场地狭小，运输重量和运输长度或高度限制以及装配等，均是要求采用对接接头的原因。

■ **可拆卸的简单对接接头**

如果支梁对接接头直接坐在支柱上，那么简单的连接板接头已足够承担此任（图 1）。通过腹板处的单边或双边连接板即可形成接头，但它只能传递纵向力和横向力。

活节式对接接头（图 2）用于通过一个活节将两根支梁耦合的接头。这类支梁又称悬臂吊挂梁或格伯－支梁，用于桁条。它们比放置在两根支柱上的普通支梁轻，但在今天，这里的材料节省已无重要意义。由于活节制造的高成本，格伯－支梁只在地基条件较差和地质沉降区才使用。活节可与螺栓轴或密配螺钉结合。通过焊接腹板垫板可减少螺孔摩擦压力，并借此提高支梁活节的承载能力。

> 简单对接接头和活节式对接接头均不能传递弯曲力矩。

> 抗弯对接接头可传递弯曲力矩，纵向力和横向力。

■ **可拆卸抗弯对接接头**

如果对接接头位于两个支承之间，要求该接头具有抗弯刚性。抗弯连接板对接接头在上部凸缘和下部凸缘两边的凸缘连板处还加装了腹板连接板（图 3）。

连接板的有效横截面面积必须至少与对接的支梁横截面的相同。

成本低廉且装配快捷是配装 HV 螺钉的端面板对接接头的优势（图 4）。凸出或对齐的端面板已标准化。从图表中可根据支梁规格和待传递的力矩选取正确的端面板。腹板连接板与连接板对接接头的组合可构成连续梁抗弯对接接头（图 5）。这里，抗拉连接板补偿了因断口而丧失的横截面。

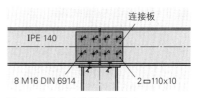

图 1　简单的连接板对接接头

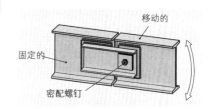

图 2　活节式对接接头

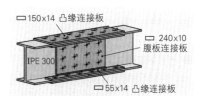

图 3　抗弯连接板对接接头

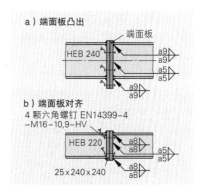

图 4　抗弯端面板对接接头

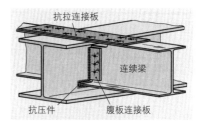

图 5　连续梁的对接接头

■ **可拆卸的空心型材对接接头**

采用端面板连接的空心型材对接接头可传递压力和横向力。如果端面板厚度至少大于螺钉直径的1.5倍，这种接头还可以传递拉力（图1）。HV螺钉应均匀分布在周边。

如欲将端面板对接接头用于弯曲负荷，需满足下列条件：

1. 空心型材壁厚 s 和位于腹板时的角焊缝厚度 a：拉力范围：$a = s$；压力范围：$a = 0.4 \cdot s$

2. 需使用 HV 螺钉 DIN EN 14399–4（2006–06）。

3. 如果螺钉在拉力范围非常靠近空心型材，要求螺钉达到最大刚性。

4. 压力范围的端面板应超出空心型材约 $(a \cdot \sqrt{2} + 5)$ mm。

5. 较小的螺钉应更靠近空心型材。这样可使螺钉上产生的拉力更小，降低端面板弯曲的负面影响。

■ **不可拆卸的对接接头**

车间里用熔焊对接焊机或手工电弧焊均可制作承受压应力或拉应力的不可拆卸对接接头。经考核的焊工可制作出符合要求的焊接结构，例如焊接窗口（图3）和焊缝检验，因此，由车间制作抗弯对接接头。

如果装入一个内接头，空心型材更适宜对接接头（图4）。这样更简单，更适合建筑工地，但对于采用角焊缝的端面板对接接头（图5），必须事先用超声波检验端面板内是否有叠层。一般而言，应尽可能避免焊接对接接头，或只在车间制作这类接头。接头处仅可承受小弯曲负荷。

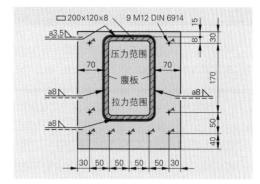

图2 焊接的对接接头

图3 焊接空心型材对接接头

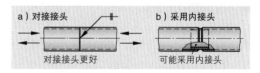

图4 抗弯端面板对接接头

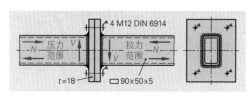

图1 承受弯曲负荷的端面板对接接头

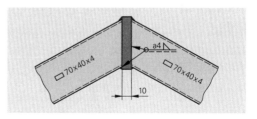

图5 端面板对接接头

13.6.4 支梁的加工

下图所示为若干气割加工支梁的典型实例。它们转用于锯切加工也具有实用意义。

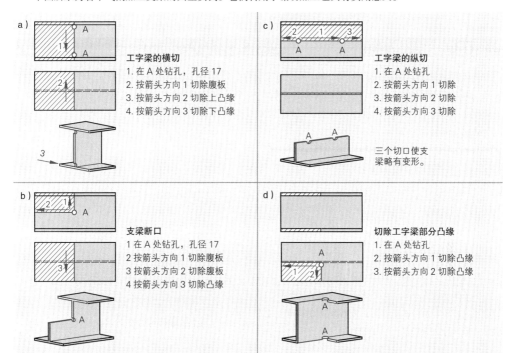

a)

工字梁的横切
1. 在 A 处钻孔，孔径 17
2. 按箭头方向 1 切除腹板
3. 按箭头方向 2 切除上凸缘
4. 按箭头方向 3 切除下凸缘

b)

支梁断口
1 在 A 处钻孔，孔径 17
2 按箭头方向 1 切除腹板
3 按箭头方向 2 切除腹板
4 按箭头方向 3 切除凸缘

c)

工字梁的纵切
1. 在 A 处钻孔
2. 按箭头方向 1 切除
3. 按箭头方向 2 切除
4. 按箭头方向 3 切除

三个切口使支
梁略有变形。

d)

切除工字梁部分凸缘
1. 在 A 处钻孔
2. 按箭头方向 1 切除凸缘
3. 按箭头方向 2 切除凸缘

知识点复习

1. 如何制作简单的对接接头？

2. 如何区别抗弯对接接头与简单的对接接头？

3. 哪两种对接接头不能传递弯曲力矩？

4. 抗弯端面板对接接头有哪些优点？

5. 用端面板制作可拆卸空心型材对接接头时需注意哪些规则？

6. 如何制作不可拆卸抗弯对接接头？

7. 可划分出哪些支梁支承类型？

8. 如何避免因纵向弯曲导致支承内边棱过载？

9. 支承的托架有哪些任务？

10. 固定支承可承受哪些力？

11. 浮动支承是什么结构？

12. 哪里使用露天支梁？

13. 用哪些连接方式可制作横向力接头？

14. 名称 I S 20 4 8 的含义是什么？

15. 为什么凸出的、无肋板的端面板连接优先用于抗弯接头？

16. 如何降低抗弯接头上排螺钉的拉力？

17. 下图所示支梁接头中哪些是横向力接头？

18. 您可识别出哪三个抗弯接头的特征？

19. 下图所示哪种接头是标准化的连接方式？

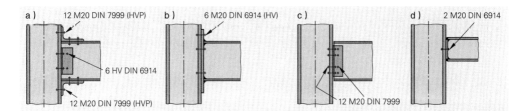

a) 12 M20 DIN 7999 (HVP)
6 HV DIN 6914
12 M20 DIN 7999 (HVP)

b) 6 M20 DIN 6914 (HV)

c) 12 M20 DIN 7999

d) 2 M20 DIN 6914

13.7 加固与拉紧

　　风的压力和吸力产生明显的水平方向力作用于建筑物。这些力必须通过加固与拉紧（图1和图2）措施传递至地基，避免建筑物出现不允许的变形或倾覆坍塌。

13.7.1 加固

　　交叉的对角支撑常用作加固措施，即所谓的横向支撑。图1所示为水平方向力对横向支撑的作用。由于仅采用圆钢或角钢作为对角支撑，它们仅用作抗拉杆件。抗压杆件因为很窄，所以它们未张紧，下垂，而且纵向弯曲。因此，两根对角支撑在中部连接或用拉紧螺杆预张紧。预张紧使两根对角支撑全部加入加固任务，减少横向变形。

> 　　垂直加固阻止建筑物因水平方向力的作用而坍塌。

　　垂直加固吸纳任意方向的风力作用，如果垂直加固排列在：
- 至少两个不平行方向；
- 至少三个垂直面［图3a）和3b）］。

　　水平加固由天花板面上的天花板或水平支撑构成（图3）。它们必须将水平方向力传递至垂直加固，并阻止矩形天花板变形成为平行四边形。

■ 加固的类型和应用

　　加固建筑物的方式多种多样，如横向支撑［图4a)]，预张紧支柱［图4b)]，竖井［图4c)]，稳定的墙板［图4d)]，拉紧［图4e)]或框架［图4f)]。预张紧支柱主要用于露天设立的输电塔，加油站雨篷，高速公路旁的拱形路标牌。墙板可用抗剪切的梯形板或混凝土制成，与电梯竖井或楼梯间竖井相同。

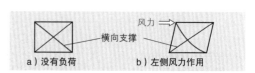

图1　作用于横向支撑的力

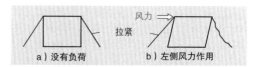

图2　作用于拉紧结构的力

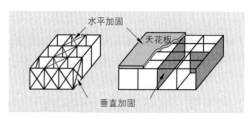

图3　加固的排列可能性

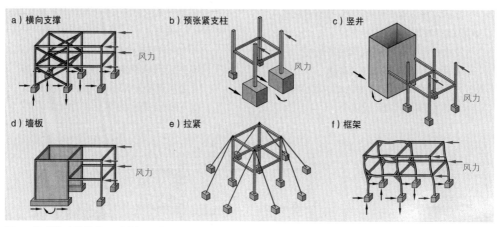

图4　钢结构建筑的楼层垂直加固类型

■ 楼层结构框架

从静力学观点看,框架由多根至少在角部连接点是抗弯连接的杆件相互连接而成(图1)。它们作为最简单的房屋屋顶系统,并在大厅建造中用作框架桁梁(参见第247页)。各个框架通过上下堆栈方式也可以建造出高层建筑(图2),因为在这种楼层框架中可毫无问题地装入窗户。

如果所有的角连接均为抗弯结构,则这类框架无活节。但也可以将三至四个角部连接作成柔软可弯曲的结构,这类框架称为单活节,双活节或三活节框架结构。它们不适宜用作高层建筑,因为:

> 活节数量越多,框架结构在负荷之下的变形越大。

但另一方面,这类框架可以更好地吸纳土地沉降和温差。

装配接头应排在活节处,或弯曲力矩较小的位置。

为达到尽可能高的刚性,高楼层框架不采用活节框架结构,例如高达259 m的法兰克福银行大楼(图1)。装配接头安排在框架支柱的中部,因为那个位置的弯曲力矩较小。

最高达约200 m的高层建筑采用小网眼框架网构成四角框架管(framed tube),它们构成建筑物的承重外壳。早在20世纪中期已经开始采用这种设计原理建造高层建筑[图2a)]。

超过200 m的高层建筑采用内管套外管(tube in tube)[图2b)],或多管捆扎方式(bundled tubes)建造,如442 m高的西尔斯大楼,它由9管组成[图2c)]。

较新型的和未来高达1000 m的高层建筑将采用框架与桁架组合的方式,将大型的,从外部可视的支柱(巨型支柱)用相应大型的可视对角支撑加固。这种建筑可称为巨型桁架结构(Column-Diagonal-Truss-Tube),各个楼层建在结构之中。图3所示为迄今为止世界上最高的酒店大楼,位于阿联酋迪拜321 m高大楼的建筑工地。

图1 钢框架高层建筑的框架结构

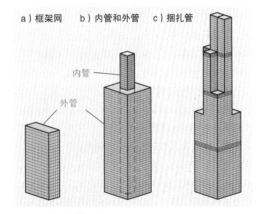

a)框架网　　b)内管和外管　　c)捆扎管

内管

外管

图2 高层建筑设计原理

图3 巨型桁架结构的高层建筑

13.7.2 拉索支承结构

经过合金和冷作硬化处理的钢索抗拉强度 $f_{u,k}$ 最高可达 1770 N/mm²。因此，这种钢索可承受极高的拉力，且自重很轻。

配有螺杆的低应力拉索早期用于木质阳台或铸铁支梁，以便提高它们的跨度。图 1 所示为一种简单的低应力支梁，图片选自 1876 年的一本教科书。这种原理也用于木质屋顶桁架。工程师威格曼（Wiegemann）和波洛西奥（Poloceau）据此研发出钢制屋顶桁架，配装一根用于大跨度的系杆。在不久的未来，采用钢索制成用于玻璃屋顶的低应力支梁，以期获得轻桁架大跨度以及优秀的建筑结构效果（图 2）。

加固索是一种承受拉力负荷的建筑构件，其任务是避免烟囱，天线，远程通信塔或大桥桥塔（图 3）等发生倾覆。由于防腐保护的电镀镀锌或经常性的完全封闭等原因，圆股绞合钢丝绳或单向捻钢丝绳用作承重件。即便抗拉强度 $f_{u,k}$ 高达 1570 N/mm² 的不锈钢钢丝绳也能供货。钢丝绳由其制造商"批量生产"，即预拉伸，并通过压接或浇注预制钢丝绳所需的端部附件。

悬挂索用于体育场，大厅，飞机库和工厂的屋顶，支撑大型无支柱空间。著名的钢索网结构实例是慕尼黑奥林匹克运动场屋顶，它采用 PMMA（聚甲基丙烯酸甲酯）作天花板。斯图加特足球场（图 4）的屋顶结构如同一顶帐篷，它拉紧一块编织的可轻度透光的薄膜。图 5 所示为一个体育场屋顶的原理性结构。在外支柱之间装入一个上部和一个下部钢质压环。钢索桁架安装在所有外支柱与内部环形钢索之间（图 6）。通过地板上预装结构件的重量拉紧上部承重钢索。钢索桁架的下部杆件通过垂直的悬挂钢索对接，并支承薄膜。拉紧下部杆件不仅可阻止薄膜起皱，还可阻止大风上卷薄膜。

图 1　低应力支梁

图 2　低应力桁架

图 3　采用加固索桥塔的桥梁

图 4　抗弯端面板对接接头

图 5　一个薄膜屋顶的拉索支承结构

图 6　连续梁的对接接头

13.8　钢结构大厅建筑

钢结构大厅是钢结构建筑特别重要的应用领域。与砖砌墙大厅或钢筋混凝土大厅相比，钢结构大厅的优点在于：

- 规划阶段短。大厅可采用已完成设计且提供多种规格的系列化大厅计划；
- 装配工期短。预制和预装的建筑构件大大缩短装配时间；
- 大跨度。最大跨度可达 200 m；
- 相较而言更轻的重量只需更小的地基；
- 所有零部件的可拆卸性提供了良好的改建和扩建可能性；
- 环境友好。作为建筑材料的钢具有良好的可循环利用性。

13.8.1　屋顶形状与静力系统

大厅屋顶有多种不同形状：

- 马鞍屋顶，用于纵向伸展的大厅；
- 平面屋顶，用于大型正方形屋顶；
- 单坡屋顶，用于辅助建筑；
- 锯齿形屋顶，用于明亮的生产大厅；
- 筒壳屋顶，用于竞技比赛大厅和火车站大厅，跨度大；
- 穹窿屋顶，用于教堂，也用于散装货物仓库（图1）。

■ 静力系统

静力系统影响地基、建筑材料和装配等方面的成本。

支撑屋顶的支梁又称屋顶桁架。框架桁架（图2）和桁架结构最常用于摆动支柱（第218页）和预张紧支柱（第249页）。

> 框架桁架由垂直框架柱与框架梁组成。

框架桁架有下列建造方式：

预张紧的无活节框架，它的角部连接是抗弯结构的，这种框架在大型地基上拉紧［图2a）］。这种结构的承载能力很高，刚性强，常用于例如安装玻璃的山墙。

单活节框架的"活节"大多安装在框架中部，是螺钉连接的"轻度弯曲"的对接接头［图2b）］。真正的活节是罕见的。

双活节框架的活节以小型底板的形式仅与两颗地脚螺栓在框架柱连接［图2c）］，但这种连接不能将弯曲力矩传递至地基。因此这里可选用极小的地基。双活节框架也因此成为钢结构大厅最常见的建造类型。

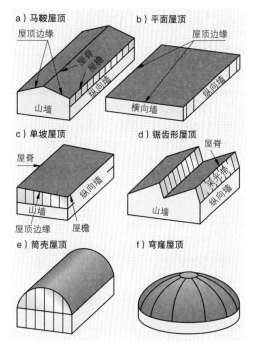

a）马鞍屋顶　　b）平面屋顶

c）单坡屋顶　　d）锯齿形屋顶

e）筒壳屋顶　　f）穹窿屋顶

图1　屋顶形状

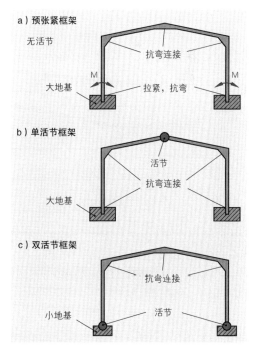

a）预张紧框架

b）单活节框架

c）双活节框架

图2　框架桁架

三活节框架有两个活动的底点和一个活动的屋脊点（图1）。其优点有二，框架柱可以放在现有墙体或小地基上，以及框架对地面沉降和温差应力不敏感。

图 1　三活节框架

> 每个四角框架至少需要一个抗弯角件。框架的活节越少，其刚性越好。框架的活节越多，其对地面沉降的敏感性越低。

图 2a 所示为抗弯焊接角件。对于可拆卸的框架角件而言，一般均在框架梁处焊接一块端面板，并用 HV 螺钉与框架柱固定连接［图 2b）］。框架梁和柱也可斜锯切（图 3）。

IPE 构成的框架说明书中有可借助的设计方案，从中可读取所有所需尺寸。框架梁和框架柱常有平行凸缘，但它们也可根据不同的弯曲负荷制成圆锥形状（图 4）。

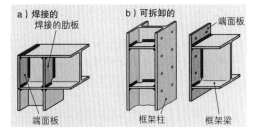

图 2　框架抗弯角件

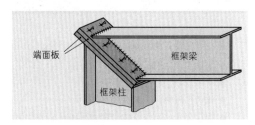

图 3　斜切的框架抗弯角件

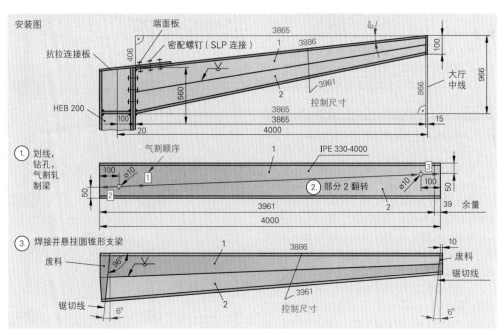

图 4　制作一个圆锥形框架梁

除采用轧制梁和隔板梁制成或作为维伦德尔梁的常见板梁型材制作框架之外，也可由双杆件或三杆件桁架结构制成框架［图1a）］。也可用加固索［图1b）］将框架角件制成抗弯结构。

在预张紧支柱上的桁架可像活节一样柔性放置在预张紧支柱上，对于大地基，这是必要的。平面屋顶的杆件平行设置。板梁已足以承受较小跨度［图2d）］，较大跨度则需用蜂窝型高支梁［图2c）］，低应力拉索支梁［图2b）］或桁架支梁［图2a）］。三角桁架梁用于马鞍形屋顶颇具优点，因为它在中间部位提供最大阻力矩。

拱形支承结构支承超级跨度的筒壳屋顶。一个拱形结构可配装三个活节。负荷均匀且呈抛物线形状时，支承结构内只产生压应力。沿拱形方向作用的力在支座上形成一个垂直力与一个水平力的合力。合力由相应的地基或系底版上的抗拉索带吸纳。

> 拱形支承结构不需要附加横向稳定措施。拱形弧度越小，作用于支承的水平方向力越大。

横向支撑只需纵向稳定拱形支承结构。如果拱形支承结构建于基架上，便可建造多跨大厅。桁架拱在相应的建筑高度上提供最大跨度。图3所示为一个建造中的拱形大厅，跨度215 m，高度107 m。

空间支承结构有一个未校准的承重结构，所以与所有现已介绍的静力系统相反，它可向所有四个方向扩展。这种结构尤其适用于正方形会议大厅建筑。空间支承结构可用支梁相互穿透的格栅形式制成（图4），也可用空间桁架结构制成（第232页图1）。它们大部分柔性固定在预张紧支柱上，这样便不必装入横向支撑。但大跨度时，仍需采用加固索。

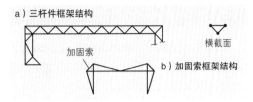

图1 框架特殊形状

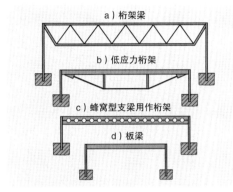

图2 预张紧支柱上的桁架

图3 拱形大厅的桁架拱

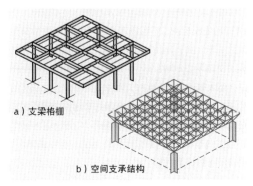

图4 空间支承结构

13.8.2 马鞍形屋顶大厅的结构元素

一个马鞍形屋顶大厅的实例可充分展示钢结构大厅建筑及其功能的典型元素（图1）。静力系统在这里构成双活节框架结构，其垂直框架柱与框架梁呈抗弯连接。

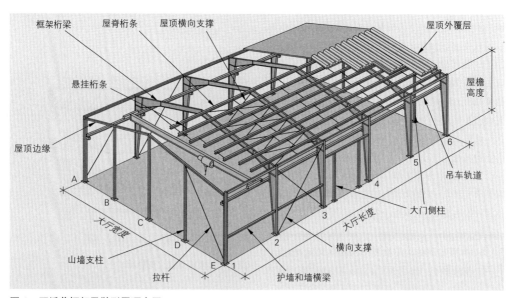

图1 双活节框架马鞍形屋顶大厅

大厅分为六跨。第一跨取消了端部框架，换成低成本墙体结构，其组成构件是角支柱A1和E1组成的角支柱，屋顶边缘，承重的山墙支柱和两根拉杆。如果考虑大厅向这个方向扩展，装入可直接固定在山墙上的整体框架更有利。

作用于纵向墙体A或E的风力由墙体和墙支柱传递给框架以及山墙拉杆，然后继续传递至地基。

作用于山墙1的风力由角支柱A1，E1和墙支柱吸纳，然后传递至它们的地基和屋顶边缘。风力从屋顶边缘通过桁条传至框架2和3，直至通过墙体A和E的横向支撑到达地基。

屋顶横向支撑的任务是，始终保持屋顶的矩形形状。

桁条的任务是，将屋顶负荷下传至桁架，框架或拱梁。为将纵向弯曲保持在微小程度，使用最长可达18 m的连续桁条，它跨越多个区域并构成抗弯对接接头。图2所示为桁条对接接头，桁条由冷轧薄板制成的冷作薄壁型材组成。

屋顶倾斜角度较大时，桁条必须具有防止倾覆的功能。桁条座和所谓的悬挂桁条具有这种功能。其实这就是将桁条固定在屋脊上的拉杆。

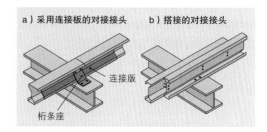

图2 连续桁条构成的抗弯对接接头

主承重元件的间距只需达到10 m，便需要纵向铺设梯形板，将屋顶负荷传递至桁架，框架或拱梁。这里涉及的是无桁条结构。

13.8.3 钢结构大厅的起重设备

建筑工地配有移动式吊车和塔吊，用于安装大厅和露天设施的待移动重物：

- 轻型悬挂轨道和电动葫芦；
- 单梁桥式行车；
- 双梁桥式行车（图 1）。

行车的组成部件：

- 带有行驶机构的小车，小车内装有卷扬机和吊装装置；
- 桥式支梁或行车支梁，小车可在支梁上横向行驶于大厅空间；
- 两个行车大梁，它们与两根桥式支梁连接，并装有行车的行驶机构；
- 两个行车轨道支梁及行车轨道。

四方轨道用于很少使用的维修行车［图 2a］。一般使用的行车轨道是，F100 或 F200 型无地脚平面轨道［图 2b］，A45 至 A150 型有地脚吊车轨道［图 2c］。型号字母后面的数字表示行车轨道顶部宽度。焊接的行车轨道规定不可更换；螺钉连接的轨道可更换，但费用很高。相比之下，采用预张紧 HV 螺钉夹紧的轨道是调整和更换最为简单的轨道。

为抵御行车轨道支梁上部杆件的磨损，在行车轨道下装入可更换的"耐磨板"［图 2b］。硬橡胶制成的弹性轨道垫板可使行车低噪运行（图 3）。

轨道对接接头可制成不可拆卸结构，具体方法有，对接气焊，热熔焊，或预热 250℃ 至 300℃ 的手工电弧焊。采用具有良好侧边导向和倾斜的轨道顶部制成 45℃ 斜接头的可拆卸对接接头（图 4）。但这种斜接头必须与现有行车轨道支梁对接接头保持 500 mm 间距。为阻止夹紧的轨道出现移动，轨道中部与行车轨道支梁用螺钉连接［图 4a］。

分级对接接头用于补偿较大的（温差）伸缩。图 4b）显示，分级接头由两个轨道短断口组成，它们位于两个斜对接接头之间。

图 1 双梁桥式行车

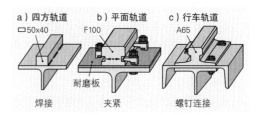

图 2 行车轨道

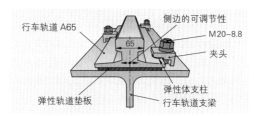

图 3 弹性支承的轨道

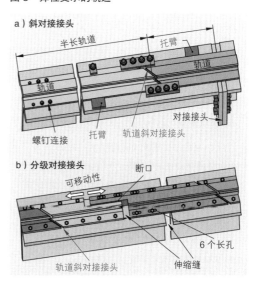

图 4 行车轨道对接接头

行车轨道支梁［图1a)］与其他抗弯支梁的区别在于，它通过行车行驶：

- 承受动态负荷；
- 允许最大 10 mm 的纵向弯曲；
- 支梁上部杆件必须提高侧边刚性。

因为行车的大车与小车的行驶动能产生横向作用于支梁轴线的水平方向力。因此，需焊接扁钢加强轧制梁的上部杆件，或配装用 U 型材或半个 HE-M- 型材制成的带上部杆件的焊接隔板梁［图1a)］。大跨度和重载运行时，在上部杆件面加装一个水平支撑或水平支梁［图1a)］。由于隔板有翘曲隐患，这里需焊接横向和纵向加固条。由于角焊缝横向作用于拉力负荷受力件，产生不良的缺口效应，高负荷行车的横向加固条不能焊接在上部杆件上。上部杆件的支承是图1b)、1c)和1d)显示的配合件，螺钉连接的托臂和边缘连接板。

为保持较小的纵向弯曲，行车支梁制成跨越两区的连续梁结构。此外还可以增高，或使用刚性更好的箱式支梁。

行车轨道支柱承接坐落在行车轨道悬臂托架（图2）上的行车轨道支梁，因此必须在大厅横向方向张紧。横向支撑在大厅纵向方向加固行车轨道。为调整行车轨道宽度，悬臂托架的孔应是长孔。支撑角件或螺杆拉住行车轨道支梁的上部杆件。

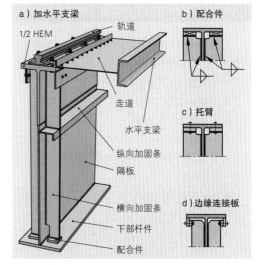

图 1　焊接的行车轨道支梁

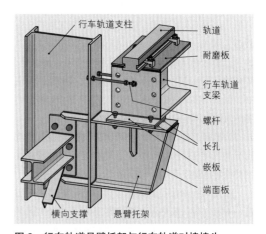

图 2　行车轨道悬臂托架与行车轨道对接接头

知识点复习

1. 采用什么措施加固钢框架？

2. 哪里是楼层框架无活节对接接头的位置？

3. 请区别，低应力拉索，加固索和悬挂索分别用于什么目的？

4. 草图绘出用于大厅建筑的屋顶形状。

5. 请用金属制造的箱体建造一个用于钢结构屋顶大厅的框架模型。这里需要多少个抗弯角件？

6. 为什么三角桁架比平行桁架更适用于大跨度？

7. 空间支承结构有哪些优点？

8. 请列举钢结构大厅最重要的结构元素。

9. 哪些建筑零件可承担桁条的任务？

10. 哪些吊车类型适用于钢结构建筑？

11. 如果在工地安装起重设备，大厅建筑需补充哪些建筑构件？

13.9 空间闭合的建筑元素

天花板，屋顶和墙体从所有方向封闭一个房间。它们必须把所有因气候原因或房屋使用时所出现的所有力传递至支梁和支柱。它们的作用常常还有加固建筑物。这就是它们的静力学功能。

除此之外，它们还必须满足建筑物理学功能：它们应能提供防噪保护，隔热保暖保护，防潮保护和防火灾保护。降噪和防火是混凝土特别擅长的功能。聚氨酯或聚苯乙烯硬质泡沫塑料和石棉均可用于隔热保护。梯形板和薄膜用于防潮保护。轻质混凝土（加气混凝土）既可用于隔热，也可用于隔音。为充分利用各种不同材料的特性，现已开发出效率更强大的复合材料建筑构件。

■ 天花板类型

图1展示出最重要的天花板类型。在钢结构建筑中，天花板应能与其他建筑构件一样得到快速安装和使用。由于传统建筑方式中现场浇注混凝土 – 实心天花板［图1a）］需要制作受到支撑的模板，并在混凝土硬化之后再次拆除这些模板，对于钢结构建筑而言，这样的做法显然不合时宜。

制作模板可丢弃的天花板［图1b）和c）］时，需首先制作由梯形或部分预制的楼板构成的天花板下部，支撑，然后浇注混凝土。如果使用自承重钢筋混凝土预制板或梯形型材［图1d）和e）］，那么支撑和钢结构建造工作便可以顺畅地向前推进。

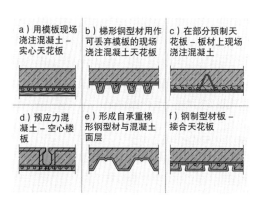

图1 天花板类型

a）用模板现场浇注混凝土 – 实心天花板 b）梯形钢型材用作可丢弃模板的现场浇注混凝土天花板 c）在部分预制天花板 – 板材上现场浇注混凝土 d）预应力混凝土 – 空心楼板 e）形成自承重梯形钢型材与混凝土面层 f）钢制型材板 – 接合天花板

13.9.1 钢筋混凝土接合天花板

对于钢框架建筑构件，如支柱，支梁和天花板而言，钢筋混凝土是适用的接合材料。它们与建筑构件固定连接后，不仅提高了承载能力和刚性，还显著提高了火灾耐火性和耐腐蚀性能。图1f）所示的复合天花板便具备这些性能。

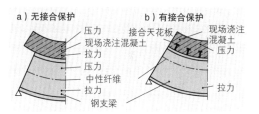

图2 接合作用

■ 接合保护

为达到接合作用，接合天花板的两种材料组分在承受负荷时不允许脱落和相互移动［图2a）］。图2b）中，混凝土承受压应力，钢承受拉应力，因为接合保护阻止了材料的相互移动。

> 只有两种材料的抗剪连接才能提高承载能力。

图3展示了例如通过扩大孔径形成的接合保护。但梯形钢型材也可用于接合天花板的平面接合。

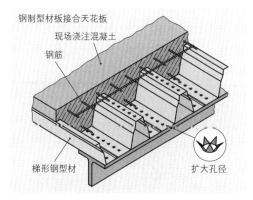

图3 扩大孔径用作接合保护

带空心肋板或底切肋板的梯形型材构成夹紧作用并增加摩擦力，所以在足够的端部锚固条件下，即便没有扩径也能承受剪切力［图 1a）］。燕尾槽还有一个优点，通过楔头螺钉或楔形螺帽可固定动力管线或悬挂天花板。

缸盖螺栓构成最为常见的钢支梁接合保护。这种螺栓有一个冷镦成形的螺栓头部，采用升程点火的螺栓焊接法将这种螺栓焊接在钢支梁上（图 2）。缸盖螺栓的杆部直径为 19 mm 或 22 mm。

空腔混凝土焊接钢筋与型材构成抗剪连接，便构成型材接合支梁［图 1b）和图 5］。制作时水平放置。

预张紧 HV 螺钉也是接合保护，用它将钢筋混凝土预制板与钢支梁连接。支梁也由此与天花板构成抗剪连接［支梁接合图 4 和图 5d）］。

■ **接合天花板的制造类型**

图 5 展示各种不同天花板承载能力和刚性一览表。

天花板在钢支梁上的作用是均衡［图 5a）］。平面接合天花板［图 5b）和图 1a）］是钢型材板与混凝土支承构成的一种抗剪连接。型材板承受拉应力，混凝土承受压应力。在天花板支梁与楼板之间没有这种抗剪连接。相对于传统天花板，这种结构承载能力和刚性的提高微不足道。

与之相反，型材接合天花板除更好的防火性能外，还将承载能力提高了 1.5 个系数［图 3 和图 5c）］。

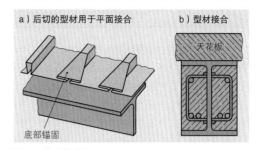

图 1　接合保护

图 2　钢支梁与缸盖螺栓

图 3　型材接合支梁的制作

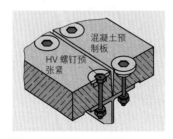

图 4　接合保护：HV 螺钉

天花板材料 HEA260 板厚 $d=16$ cm 宽度 = 4 m	a)	b)	c)	d)	e)
名称	支梁	平面接合	型材接合	支梁接合	支梁与型材接合
承载能力	1	1.2	1.5	2.6	4.2
刚性	1	1.2	1.5	5.3	5.7

图 5　传统天花板与接合天花板的比较

钢支梁上凸缘与混凝土板构成一种用于支梁接合天花板的抗剪连接。钢支梁承受拉应力，混凝土承受压应力。其承载能力也因此高于传统天花板 2.6 倍。采用混凝土预制板可代替现场浇注混凝土，这种预制板已将缸盖螺栓浇注入内（图 1），或用预张紧 HV 螺钉形成摩擦力接合型连接（第 254 页图 4）。大型钢垫板把预张紧导致的局部高压分散至周边混凝土。

图 3 显示另一个支梁接合天花板的实例，"加法 – 天花板"。它有三个共用的承重构件：钢支梁，205 mm 高的梯形钢型材和浇注入内的钢筋混凝土密肋楼板。由于梯形型材位于两个天花板支梁之间，形成一种相对低矮的建筑方式。

■ **制作**

按均匀间距将短方钢托臂焊接在钢支梁上。并将梯形钢型材悬挂在钢支梁上。密封套和密封型材阻止磨损下一步装入的配筋混凝土表面。缸盖螺栓用于天花板与钢支梁之间的接合保护。

梯形钢型材不再需要涂漆，因为从制造厂开始，它已采用带状涂层进行防腐保护（图 2）。它们自承重，用作浇注混凝土时不必支撑的不拆卸型模板。它们可快速且不需吊车仅手工便可以进行布设。

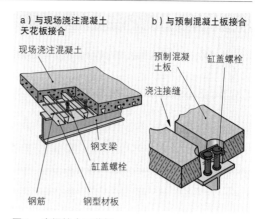

a ）与现场浇注混凝土天花板接合

现场浇注混凝土

钢支梁

缸盖螺栓

钢筋　　钢型材板

b ）与预制混凝土板接合

预制混凝土板

缸盖螺栓

浇注接缝

图 1 支梁接合天花板

图 2 "加法天花板"下面

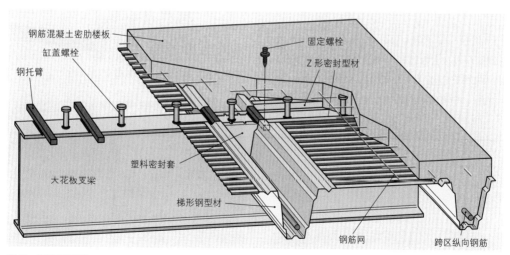

钢筋混凝土密肋楼板

缸盖螺栓

钢托臂

大花板支梁

塑料密封套

梯形钢型材

固定螺栓

Z 形密封型材

钢筋网

跨区纵向钢筋

图 3 加法天花板

13.9.2 梁与型材接合天花板

必须具有更好防火性能的大楼可在采用"加法天花板"时也使用型材接合支梁。这里用缸盖螺栓将上凸缘与天花板混凝土连接,腹板与钢支梁的空腔混凝土连接。与传统天花板相比,据此提高承载能力 4.2 倍,提高刚性 5.7 倍。

这种建造类型的另一个实例是钢制平面天花板。

> 钢制平面天花板并不放置在天花板支梁的上凸缘,而是宽下凸缘。

图 1 显示用作钢制平面天花板支梁的不同型材。它们是用薄板或型材焊接的支梁,可以匹配所需的承载能力。它们共用的识别名称是宽下凸缘。

型材 IFB(Integrated Floor Beam)由半个 HEB 支梁与作为下凸缘的宽板焊接而成。在这种型材上可放例如钢型材或混凝土模板。这两种板均可作为不拆卸型模板用于现场浇注混凝土,且不用拆除。与之相反,由预应力混凝土空心楼板制成的天花板使用更快捷(图 2)。安放后,给天花板支梁中间空间配筋,并用混凝土浇注填充(图 4),保持钢制平面天花板的局部接合。局部接合指通过抗拉钢筋形成部分,而不是整体的连接。

平面天花板的优点:天花板的低强度降低楼层和大楼的高度,由此也降低了供暖、空调和通风成本。由于浇注混凝土时将支梁浇入天花板,这种结构可防止火焰,保证了良好的防火性。

增加一种挂钩装配接头可加快天花板支梁的装配(图 3):安放支柱之前,先装入螺杆。支柱到位后,将天花板支梁挂入螺杆底部。为此目的,顶板有两个挂钩槽。为使挂钩作业顺畅,支梁下凸缘已比支梁底部短约 40 mm。钢结构装配技工上紧螺帽并给加强结构上紧最后两颗普通钢结构螺钉的过程中,吊车为吊装下一根支梁做准备。

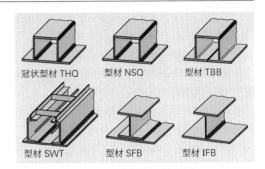

图 1　用于钢制平面天花板的天花板支梁

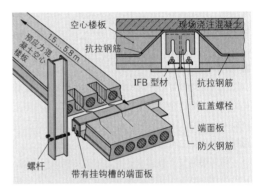

图 2　天花板支梁与预应力混凝土空心楼板

图 3　挂钩装配接头与 IFB 型材

图 4　涂覆填充混凝土

与所有的端面板接头一样，嵌板补偿调整纵向公差，这里的嵌板同样带有挂钩槽。

这种连接方式的承载能力与端面板（第 240 页）标准化横向力接头的承载能力相当。

混凝土外壳
接合支柱

空腔填充
接合支柱

> 采用平面天花板时，无论楼板的上边还是下边均与天花板支梁对齐。

图 1 接合支柱

与传统天花板相比，接合天花板的优点如下：

● 在同样的使用负荷下，接合天花板更少纵向弯曲，因为它的刚性更好；

● 建造高度更低；

● 节约钢材，因为它用在混凝土压力区；

● 在相同的耐火极限条件下，它的重量更轻。

型材接合支梁一般必须连接具有相同耐火极限的接合支柱。接合支柱是混凝土作外壳或填充混凝土的钢支柱。图 1 显示若干种横截面。混凝土外壳钢支柱比空腔填充支柱的耐火极限时间更长。这种支柱可在装配之前填充或浇注混凝土，并作为接合支柱安装，也可以在装配之后，给原始结构配筋，上模板，浇注混凝土。

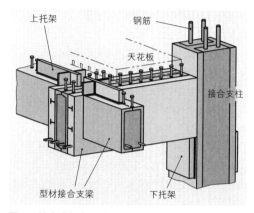

图 2 接合支梁与接合支柱的连接

但接合支柱与钢筋混凝土支柱仍然有别，其横截面一般仅有 8% 是钢筋。接合支柱的耐火能力与混凝土支柱相差无几，但它还有下述优点：

● 可快速装配，因为它具有钢结构快速连接技术；

● 可立即承受所有的装配负荷；

● 空腔填充支柱通过钢型材提供了一个承重模板；

● 它更苗条，因为钢的抗压强度远高于混凝土；

图 2 所示为接合支柱与上下托架连接的两种可能性。

知识点复习

1. 如何理解空间闭合的建筑元素，它们有何功能？

2. 您知晓哪些天花板类型？

3. 为什么现场浇注混凝土实心天花板不适用于钢结构建筑？

4. 为什么天花板属丁大楼的加固构件？

5. 为什么制作钢结构天花板时更愿意采用不拆卸型模板？

6. 如果不拆卸型模板为自承重结构，为什么这更有利事故防护？

7. 请解释接合天花板的优点。

8. 为什么在复合结构中，混凝土不能与钢分离？

9. 哪些是最常见的接合保护？

10. 哪些接合保护不需要焊接？

11. 如何区别支梁接合天花板与连接（型材）接合支柱的天花板？

12. 钢制平面天花板的支梁的外观是怎样的？

13. 绘制挂钩装配接头的两个视图草图。

14. 如何连接接合支梁与接合支柱？

13.9.3 墙体

与钢结构建筑承重结构早期的内砌贴面砖相比，如今几乎只采用轻质大尺寸型材化钢铝薄板制成的板材，以及纤维水泥板或轻质混凝土板。型材化板材采用带材连续镀锌，有时采用涂漆涂层，或采用不锈钢材料。型材板墙体是单层或双层结构。底层是双层墙体的内层，可采用梯形型材或卡式型材（图1）。用于表层的板材有梯形型材和波纹型材，以及皱褶型材和夹头型材（图1）。

在矿物棉板的内侧可装隔热层。最快捷的方法是安装轻质混凝土板或钢制复合零件制成的隔热墙板（图2），因为这种墙板也集成了隔热保护功能。

大尺寸建筑构件的对接接头强度不够时，墙体的墙脚范围必要时需贴砖或浇注混凝土。所有的金属薄板板材或混凝土板材均相对较轻，可以在任何气候条件下快速安装到下部钢结构上。板材表面已完成涂层。只有轻质混凝土板的外表面必须再次做防潮涂层。

■ **墙体的建造类型**

在建筑法规的意义上，钢结构墙体是"非承重墙"。它们的作用是封闭房间和防风防雨，并将风力传递至下部结构。也可以为它们设计加固功能，使它们构成一个坚固的墙板。

墙体的建造类型区分如下：

1. **单层非隔热墙。**由梯形板，波纹板或纤维水泥波纹板制成。在非供暖大楼中可直接安装在下部钢结构上［图3a）］。

2. **单层隔热墙。**其隔热层装在梯形型材内侧与下部钢结构之间［图3b）］。这个结构也可改善隔音效果。没有内置防潮层时，湿热空气可渗入隔热层，并在那里形成有损隔热效果的冷凝水。但通过底部通风可排出湿气。有底部通风外层的墙体称为冷墙。

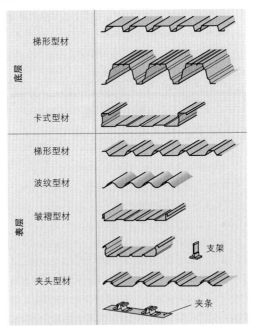

图1 金属墙体的型材板

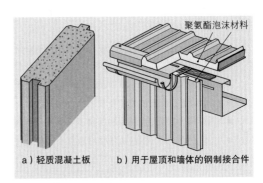

a）轻质混凝土板　b）用于屋顶和墙体的钢制接合件

图2 具有隔热功能的墙体

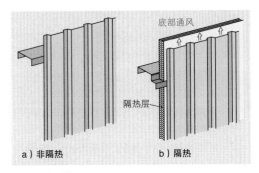

a）非隔热　　　　b）隔热

图3 单层墙

同样单层的还有轻质混凝墙（图1），它由非承重墙板构成，长度最大8 m，宽625 mm，厚度为100与400 mm。其安装位置可竖放或横放。轻质混凝土虽然对压力敏感，但其0.5～0.8 kg/dm³的密度却提供了良好的隔热性能，适宜用作防火墙。这种板配有槽和弹簧，可与钉子连接的铝板或不锈钢板一起固定在型材轨道上，干燥放置。

轻质混凝土墙面易风化的接缝必须采取密封措施。横向安装板之间的接缝采用人工树脂砂浆即可，垂直接缝则需安装弹性塑料密封件。

3. 双层隔热墙。这类墙有两种建造类型：箱式钢制墙的内层由U型薄板箱构成，箱内衬入隔热材料（图2）。外层由梯形型材或波纹型材构成。双层梯形型材钢制墙的内外层均由梯形型材构成。水平放置的波纹型材必须与隔热材料保持一定间距，从而形成底部通风。这种结构也可排出渗入隔热材料的冷凝水。这种结构同样是一种冷墙。

4. 多层复合墙。它由1000 mm宽的多层隔热件组成。这些复合建筑构件由型材化的薄钢板与聚氨酯硬质泡沫材料芯组成，它与板材接合，构成抗剪连接。这种结构形成高隔热性能，且无湿气渗透的危险，它极小的空间重量却可达到极佳刚性。图3所示便是这种嵌板材质隔热墙被遮蔽的对接接头。

5. 墙饰面。它是一种建筑构件，它安装在混凝土或砖砌墙体前的间隔结构件上面。型材化板材（图4）主要用于气候保护和大楼的美学造型。若装入隔热材料，将提高隔热性能。

上述墙体与下部结构的固定需采用建筑监理机构许可的连接件。镀锌螺钉或不锈钢螺钉用于型材化板材，其螺钉杆部直径应≥6.3 mm，并配装密封垫圈ø≥16 mm（第261页图3），也可使用盲铆钉和固定螺栓。

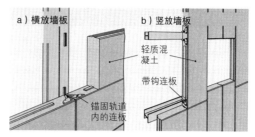

图1 轻质混凝土墙

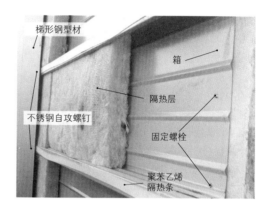

图2 箱式钢制墙

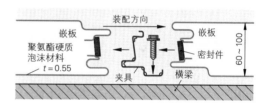

图3 多层墙体遮蔽的对接接头

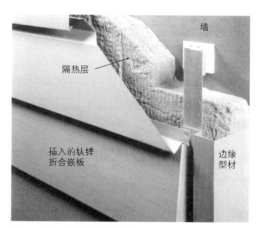

图4 插入折合嵌板的墙饰面

13.9.4 屋顶

屋顶与墙体一样采用梯形型材板，波纹型材，皱褶型材，纤维水泥波纹板，多层复合板和轻质混凝土板制作而成。但屋顶承受的负荷大于墙体，因为除风吸力负荷外，屋顶还需承受降雪，有时还有卵石填充物，屋顶密封层，隔热层，装配技工踩踏等多种负荷。因此，屋顶梯形板的板厚可达 1.5 mm。梯形板安装时，宽边始终朝上，以此避免上部杆件弯曲导致的压应力致使梯形板凸起（图1和图3）。

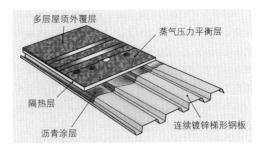

图1 单层梯形钢板保温屋顶

■ **屋顶的建造类型**

非供暖仓库大厅和观礼台遮棚采用单层非隔热屋顶。为提高防腐性能，连续镀锌梯形板的外表面涂一层沥青。图2所示便是这种屋顶，它采用桁条建造方式，即梯形钢板的走向与屋顶倾斜方向平行，其支撑落在桁条上。如果梯形板的走向从桁架到桁架，并因此具有承重能力，可以取消桁条，这种屋顶结构称为无桁条建造方式（图3）。

单层隔热屋顶由配筋轻质混凝土屋顶板制作。它采用塑料屋面卷材密封（图4）。与保温墙体相反，梯形型材制成的保温屋顶的隔热与密封均在外层，即从上面装入。这里，梯形板构成可供人员行走的装配平台。

但纤维水泥波纹板是一个例外，因为它只在厚木板上可供人员行走。由于其对接接头的密封性能低，这类板材只能用于倾角超过10°的屋顶，相比之下，梯形板屋顶倾角从2°开始便具有良好的密封性，不会形成水注。隔热板应交错放置，并垂直于梯形板卷边。对于平面屋顶，规定采用三层屋顶外覆层（图1）。卵石填充物保护屋顶免受紫外线照射，并增重屋顶对抗风吸力。

双层保温屋顶有板材制成的上层和下层。上下层之间的空间填充隔热材料。这种材料可持续密封。横向接头的梯形钢板屋顶应具有至少5°的屋顶倾角，而铝板立缝屋顶仅需3°即可，因为屋顶各面均无横向接头（图3）。采用拱起的梯形钢型材也可以制成自承重拱形屋顶。

图2 桁条建造方式单层非隔热屋顶的装配

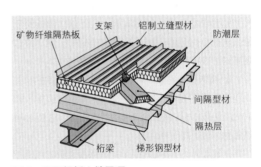

图3 双层铝板立缝屋顶

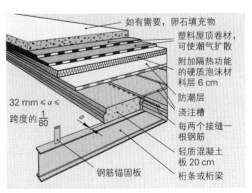

图4 单层轻质混凝土板屋顶

多层屋顶构件的上下钢质覆盖层的层厚最大0.88 mm，与极轻的自重相比，它却有很高的承载能力，因为内置的聚氨酯硬质泡沫材料也能承重。它的隔热性能极佳，可遮蔽固定件，并可快速铺设（图1）。

冷屋顶是在隔热层与外层之间通风，只用于大倾角屋顶。夏季，这种屋顶下的房屋特别凉爽。

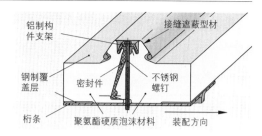

图 1　多层屋顶被遮蔽的对接接头

■ 铺设屋顶构件

由于现代化的屋顶构件均为带有防腐保护的建筑构件制成品，安装铺设时需小心谨慎。运输整体打包的包装最大 3 t。起吊较长长度时需使用起吊横杆，且只允许使用橡胶吊带（图2）。屋顶元件必须干燥存放，否则，镀锌板上易形成白色锈斑。

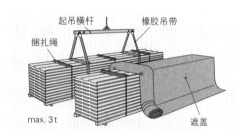

图 2　板材包装的起吊和存放

铺设时，需要编制铺设或装配计划。铺设时的最小支承宽度：梯形板和复合元件的底部支承宽度达 40 mm，中间支承 60 mm。首先，解开屋顶构件的捆扎，绘制出各板的位置。每块板均需手工铺设，并立即固定，防止它们滑动或被风吹起。梯形板在钢结构件上的固定只允许采用建筑监理机构许用的自攻螺钉 ø5.5 mm 或 ø6.5 mm，螺纹滚压螺钉 ø6.3 mm × 16/19 mm，固定螺钉 4.5 mm × 21 mm（图3和图4）。

型材张紧方向的露天边缘部分需要边缘加固。这里可使用自攻螺钉或螺纹滚压螺钉或盲铆钉（图4）。纵向对接接头至少每 666 mm 需要一个铆钉或螺钉固定。横向对接接头在每个肋板处均需固定，中间支承则需每两个肋板一次固定。

这里必须遵守"型材板装配的安全和健康规则"（ZH1/166）。装配时，边缘，屋顶平面的断口和突然刮起的风等因素均可构成危险。因此，装配技工必须受到拦截网或安全绳的保护。打开的板材包装在当天工作结束后，必须用绳捆扎，防止被风吹走（图2）。

图 3　建筑监理机构许用的固定方式

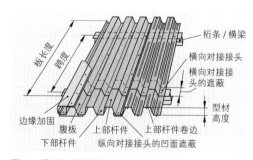

图 4　梯形钢型材的固定

知识点复习

1. 为什么钢框架墙体结构极少采用锚固或浇注混凝土？

2. 哪种建筑材料可快速制成隔热墙体？

3. 冷墙有哪些优点？冷墙是如何制成的？

4. 请描述多层墙的结构和对接接头。

5. 如何理解无桁条屋顶？

6. 装配屋顶元件时必须遵守哪些规则？

7. 如何建造保温屋顶？

作业：双船形大厅起重机轨道支架

1. 列举出可在图纸上看到的钢型材高度、宽度和凸缘形状。

2. 为什么 HE3-60B 比 IPE 400 更适宜用作支柱的建材？

3. 这里涉及的支柱顶部接头是哪种类型的接头？

4. 请按 1：5 比例尺绘制支柱顶部接头和顶板的侧视图。这里必须注意哪些是划线尺寸？

5. 虽然存在吊车制动力，但通过什么加固方式可保证支柱的稳定性？

6. 图形符号表示的桁架螺钉的设计尺寸是多少？

7. 请绘出虽未标准化，但经常出现在钢结构图纸上剩余螺钉的图形表达符号。

8. 请描述支撑行车轨道悬臂托架的结构和制作。

9. 扁钢 300×15 有哪些功能？如何称谓？

10. 为补偿不准确性，行车轨道支梁的调整公差必须能够达到 +/-20 mm。那么必须为哪些建筑构件打出其所需的长孔？

11. 请拟定一份加工有长孔零件的工作计划。

12. 螺杆 M24 阻止行车轨道支梁倾覆。行车轨道支梁装配时还必须为它添加哪些任务？

13. 请绘出行车轨道支梁下部凸缘的 A-A 剖面详图，同时绘出悬臂托架的上凸缘。

14. 请计算固定行车轨道支梁的螺钉 DIN 7990 M24 的夹紧长度。必须选用哪种螺钉长度？

15. 这些螺钉的名称是什么？可商售螺钉有哪些材质等级？与这些螺钉同时使用的是哪些垫圈？

16. 如何称呼行车轨道上边缘三角形的数字 +5140？该数字表示什么？

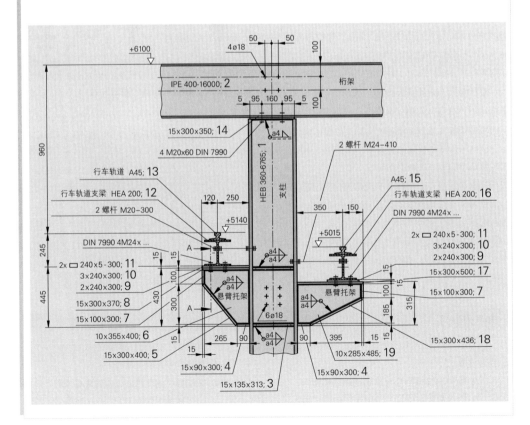

作业：建造一个自卸卡车翻斗清洗场

在盐场，自卸卡车的翻斗必须保持洁净无盐，无其他污物残留。为此需建造一个可冲洗翻斗的平台。

任务：

1. 视图 A 中可见楼梯的上升阶梯。请确定，楼梯必须越过的高度，并计算斜三角形对角线 c。

2. 请问现选用多少级阶梯？楼梯坡度应是多少？图纸上楼梯的坡度是多少？

3. 如果斜三角超过行车道 240 mm，按照图纸应选用多大的踏板？

4. 楼梯有哪些坡度角？请用楼梯公式进行检查，这个楼梯的行走舒适度如何？

5. 如果选用边板 U200，行走线距 U200 的上边缘 10 mm，请通过草图确定，尤其是栅条间距 33.33 mm 的冲压格栅防滑踏板，哪一个标准化的 30 mm 高度尺寸更适用于这个楼梯？

6. 请绘出楼梯的最下点及其开始的两级踏板，求出螺钉的划线尺寸。

7. 编制一份加工边板的工作计划。

8. 请描述安装楼梯的装配步骤。

9. 请绘制设备斜拍图像的草图。

10. 步行道每三节中有一节坐落在支柱上，支柱由两块 U200 加对角支撑 L60×6 制成。问：支柱的对角支撑有何功能？

11. 步行道的框架由 U240 制成，其支脚向内。对接接头采用对接焊接法制作。底板由 FI 120×8 的平板制成，安装位置距外边缘 10 mm。现在必须订购什么尺寸和形状的格栅？

12. 扶手侧柱直接焊在 FI 140×170×8 的平板上，用两颗六角螺钉 M12 连接。请绘出穿过连接的剖面图，并检查，是否允许 70 mm 螺钉从上边缘 U240 插入。

13. 栏杆应符合 DIN 24533。应优先选择哪些栏杆形状？要求哪些管承受 300 Nm 的水平负荷？侧柱间距和栏杆高度符合标准吗？

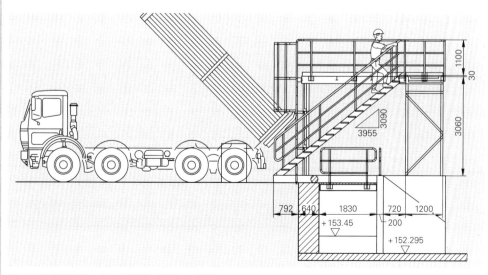

图 1 翻斗清洗场 – 加工图纸的功能和 A 视图

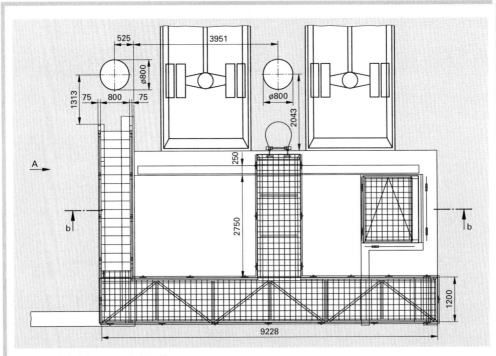

图1 翻斗清洗场-平面图-剖面线

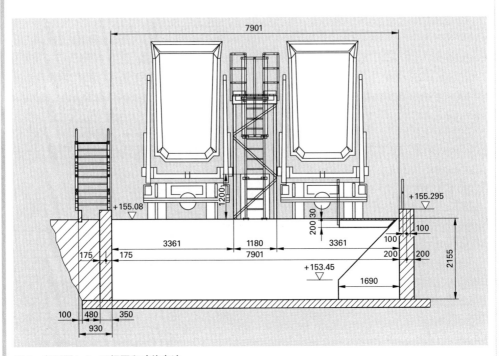

图2 剖面图 b-b-正视图和功能表达

学习范围：室内门，大门和格栅的制造

14　室内门

室内门应能关闭通向大楼，通向内部空间以及围墙的入口。它与另外两个可运动的建筑构件——大门和窗户不同，其区别在于，室内门主要是行人和小型车辆如轮椅或儿童车的出入口。

> 室内门是关闭通往墙或围墙通道开口的可运动的建筑构件。它应能阻止未经许可者的进入。

对室内门建造方式的要求取决于安装的地点及其附加的功能。室内门应始终能保证其功能可持续运行，并便于维护保养。

根据室内门的用途不同，除上述要求外，室内门还必须满足如下要求：保温，隔音，隐私保护，接缝密封性，耐气候性，防盗，防火和防尘或防辐射等。

14.1　旋翼门的结构

室内门最常接触到建造类型是旋翼门。从这种门已可认识其他室内门的特性和功能（图1和图2）。

每一种门都由三个基本要素构成：门框（边框），门扇和配件。

- 门框，由边框或遮盖门的门槛组成，用膨胀螺钉或地脚螺栓与墙体连接；
- 运动的门扇，又称门板，装上配件后才能发挥其功能；
- 配件包括门上所有的装备零件，一般指门铰链，门锁和门把手全套装置。借助门铰链将门扇安装在门框上并使之运动。

室内门通过其他基本零件如固定件（固定的边板）和任意造型的天窗等建造成一个完整的门系统（图1）。

旋翼门是限位门。它位于与门扇纵向边缘平行的旋转轴上。它只能向一个方向打开。限位门的称谓是因为门扇在关闭时止动于门框并同时密封。多重门锁装置允许门关闭时所有的边均被密封。

门框的强度和稳定性以及在墙体上的锚固，门配件和门板的结构等均以对安装在外侧门或内侧门的特殊要求为准（例如防盗或保温）。

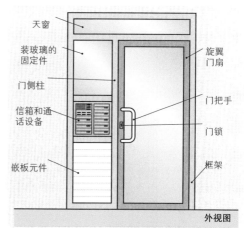

图1　旋翼门的门系统（DIN标准左旋门）

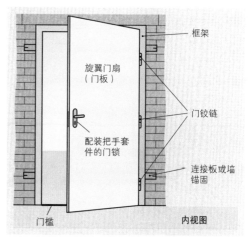

图2　旋翼门的基本结构（DIN标准右旋门）

■ 尺寸和名称

门的许多特性和特征也需要标准化。如门框，开门方向和门扇的尺寸，门配件以及一些特殊要求，如隔热保护，防盗安全，防火保护等。下述标准是金属加工技工应放在身旁的标准：DIN 18100，18101，18111-1，18250，18251-1，18252，18255，18257（节选）。

下面是旋翼门图示以及名称举例：

门的通道净尺寸：

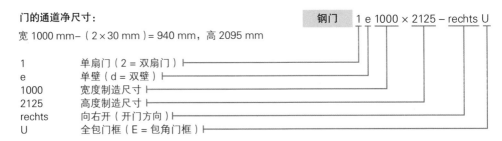

宽 1000 mm–（2×30 mm）= 940 mm，高 2095 mm

		钢门	1 e 1000 × 2125 – rechts U

1	单扇门（2 = 双扇门）
e	单壁（d = 双壁）
1000	宽度制造尺寸
2125	高度制造尺寸
rechts	向右开（开门方向）
U	全包门框（E = 包角门框）

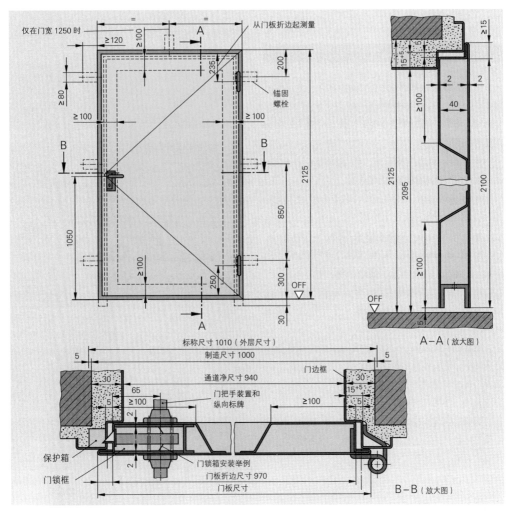

图 1　简单折边门板制造的单扇单壁钢门的尺寸名称

14.2 门的类型与特征

室内门可根据不同的观点予以划分。但一扇门的大部分特征仍集中在：

- 安装位置
- 要求
- 运动类型
- 运动方向
- 制造类型
- 材料
- 主要功能和附加的特殊功能
- 手动门还是自动门

14.2.1 安装位置

根据安装位置将门划分为外门与内门。由金属加工技工在工厂完成制造并装配的外门属于大楼的出入大门，住宅的外门以及阳台和露台门。属于内门的是例如房间门和地下室门。

14.2.2 运动类型

作为封闭空间的可运动的建筑构件，门的运动系统可分为（图1）：

- 单扇门系统和双扇门系统
- 多扇门系统（单扇门和 / 或双扇门系统的组合）
- 单扇门，双扇门或多扇门系统

14.2.3 门的运动方向

旋翼门是限位门，它的垂直旋转轴位于门扇的纵向边缘。这里必须准确地知道，由运动铰链的轴承和轴颈构成的轴线，其垂直度不能倾斜，以使门扇均匀止动在门框上，同时可避免门的意外开启或关闭。

大部分限位门是单折边或双折边（图2），并向内开启。罕见使用不折边的门。公共大楼，餐馆，电影院等的出入门规定只允许向外开启。

公共大楼逃生通道的门必须向逃生方向开启。

根据 DIN 107 将门分为左旋翼门和右旋翼门，这是从门铰链一侧观看的结果（图3）。如果例如门铰链在左侧可见，这就是左旋翼门。右旋翼门需要使用右侧门锁和右门框，左旋翼门需用左侧门锁和左门框。

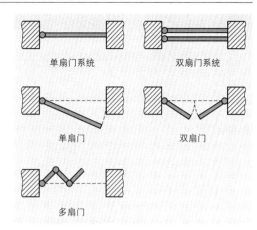

图1 门的运动系统

单扇门系统　　双扇门系统
单扇门　　双扇门
多扇门

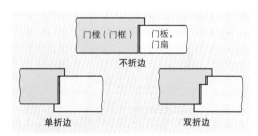

图2 限位门的重叠折边

门槛（门框）　门板，门扇
不折边
单折边　　双折边

右旋向内 = DIN 左旋门
右旋向外 = DIN 右旋门
左旋向外 = DIN 左旋门
左旋向内 = DIN 右旋门
内　外

图3 左旋门与右旋门的区别

14.2.4 门的制造类型

门的最重要的制造类型划分如下，它与门扇的数量，旋转轴的位置，门扇的运动类型，门的驱动方式以及门材料无关。

■ **法式门**

这个名词可理解为双扇限位门，它有两个旋翼门扇，没有中间止动支柱。图1所示为一个双扇法式门。其右侧旋翼门扇是"门锁门扇"。这种门用于普通通道。左侧门扇是"固定门扇"，可由推杆固定（图1和图2）。用于双向人员通行的法式门一般按照"靠右行驶规则"设计，即两扇门对于各个通行方向均只能向右开启。

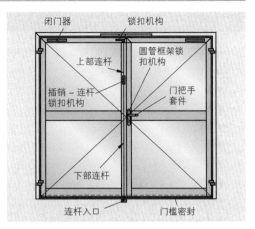

图1 用作法式门的双扇限位门

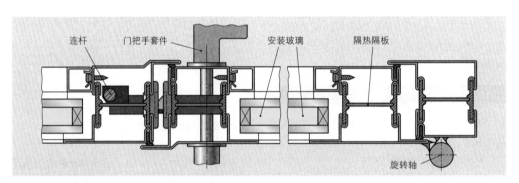

图2 双扇隔热钢制限位门（法式门）右半扇门剖面图

■ **摆动门**

这种制造类型的门用于大流量人员交通的管理大楼和百货商店入口。门扇可向两边穿过门框摆动。采用特殊的轴颈铰链将门扇固定在底座和门框上，通过地板门锁自动锁闭。较小的摆动门使用弹簧铰链（伯氏铰链）自动关门。刷式密封件或耐磨橡胶密封件密封中部栏杆处的空隙。大型和重型摆动门的铰链旋转轴必须位于旋翼门扇型材的范围之内（图3）。装配时，上铰链装入门楣，下铰链装入门扇框。通过活节杆提升并插入上铰链轴颈可悬挂门扇。拆卸时，向上提起门扇并翻转，然后从地板门锁中拔出闭锁轴颈。铰链下部的轴承套是可调的，可对门扇进行精细调整。

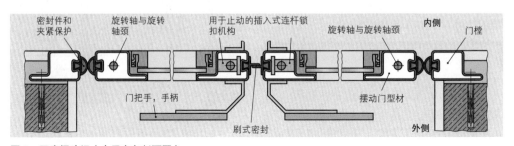

图3 双扇摆动门（水平方向剖面图）

■ 阳台门与露台门

阳台门与露台门常用作提升 – 旋翼门或提升 – 推拉门（图1）。两种门在关闭过程中均见到门扇零件下降，使地板密封件配合密封相关接缝。通过这种关闭过程可避免房屋内的穿堂风。例如若没有这个下降过程，穿堂风就可以从露台或阳台穿过房间吹至入口门。开门时，首先提升配件将门扇从密封位置提起，然后送至开启位置。在冬季花园暖房里，铝系统型材制成的平行推拉翻转门（PSK），又称平行关闭推拉翻转门（PASK）流行甚广。这种门即可在翻转位置，也可在任意的推拉位置行驶。开门时，用开门配件首先把门扇从平面拉出，然后从侧边滑过，并可在任意推拉位置上锁定。这种门由地板轨道引导推拉，因此它并非无障碍，例如对轮椅乘坐者不是最优选项。

图形符号表达推拉门时需注意，箭头虽然指向开启方向，名称"左和右"则以门的止动位置为准（图2）。

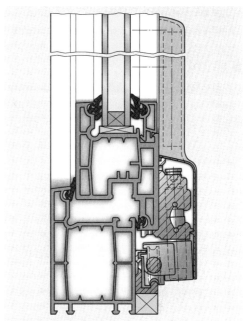

图1 提升 – 推拉门配件

■ 折叠门

这种门又称可推拉的室内隔离墙，作为可移动的隔离墙系统用于例如会议室（图3）。各个门扇均悬挂于行驶机构，行驶机构在轨道上运行。运行轨道安装在楼层天花板下方。门扇各零件在门扇垂直边与铰链连接。旋转轴相对折叠位置准确地与运行轨道的悬挂件对中心，这是折叠门顺畅发挥功能的重要条件。门开启状态下，各个门扇可收拢成包。

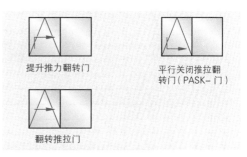

提升推力翻转门

平行关闭推拉翻转门（PASK– 门）

翻转推拉门

图2 推拉门图形符号

■ 自动门

关于自动门有许多不同的制造类型可供选择，它们特殊的性能对应于特殊的用途。所有的自动门除装备传统门或门系统固有的组件之外，还配装驱动单元（电动机和传动箱），控制系统，安全装置和脉冲信号发生器（传感器）。当有人接近门时，门自动开启，规定的开启时间过后，自动关闭。除此之外，还有使用按键或其他脉冲发生器操控的可能性。

图3 折叠门装置

为避免人员伤害，对自动门的安全要求极高。自动门安全装置应排除设备对人员造成挤压，卷入，剪切或冲撞等伤害，在紧急情况下（例如停电），必须保证门的可通行性。

■ **自动旋翼门**

在工商企业的所有范围均可找到单扇或双扇入口门和中间门的应用。这些门的宽度约为 1400 mm，或 2×1400 mm。轻型门（重量不超过 160 kg）采用电驱动装置，重型门（重量不超过 250 kg）采用电子液压驱动装置。这些驱动装置可相对轻松地装在现有非自动门的铰链或铰链背面（图 1）。这种情况和残疾人对无障碍住宅和参与公共生活的要求，导致上述装有驱动装置的门广泛应用于管理机构大楼，医院，诊所，残疾人活动组织和住宅。

红外传感器条安装在门扇的两边，与门随行，感知两边人员往来的冲突状况。

门的"push&go"功能运行时不需要传感器条。施加在门扇上微小的压力便可使门扇自动打开。这种控制功能是专为老年公寓研发的。还有采用肘部按钮的开关运行模式（例如轮椅乘坐者），拉绳按钮和脚按钮（用于护理人员护送病床）均适用于旋翼门驱动装置。

属于程序电路的是对自动运行，保持开启状态，关门等功能的调节。需要调节的还有开启时间，开门状态保持时间和关闭时间，开关门时的缓冲，以及门开启的角度。

自动旋翼门驱动装置也可与防火防烟门组合驱动。停电时，轻微手推即可将门打开（Break out–Funktion）。

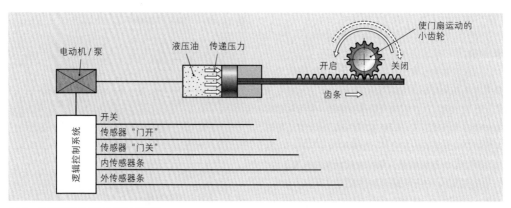

图 1　旋翼门驱动装置工作示意图

■ **自动推拉门**

这种门可保证最大视角和透光量，其优点在于，它不受商务房间纵深的影响。推拉门扇由上部轨道导引，或在地板轨道内滚动（图 2）。

自动推拉门运行速度快捷且低噪，其特点是达到极高程度的运行静音。标准结构自动推拉门允许的人员通行容量是 1100 人 / h。其通行宽度为 700～3000 mm。更大的通行宽度可达 4000 mm，属于自动伸缩式推拉门结构。通行高度一般为 3000 mm。

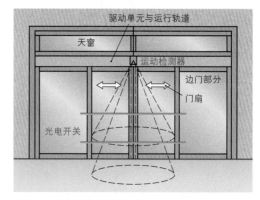

图 2　自动推拉门的结构

程序电路设定下列开关位置：解锁 / 闭锁，自动运行，保持开启，药房电路（门缝开启状态）。两个前后间隔安装的自动推拉门可以用船闸控制系统开启或关闭这两个门。安装玻璃的推拉门是自动推拉门中应用最广的制造类型。它一般是双门扇结构，两个门扇向右和向左同步运行（图1）。但对于特殊用途还有单门扇结构。

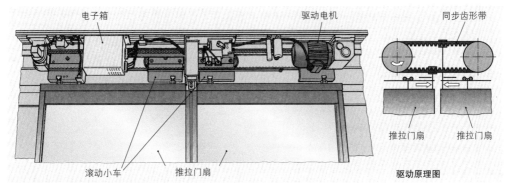

图 1　推拉门驱动装置

行驶的推拉门扇需要沿关闭面已打开的开口有一个相应的停放空间。这个空间一般由固定的边门部分提供，例如固定件略宽于行驶的门扇。推拉门释放出约半个安装开口的宽度用于通行。在行驶门扇与侧边开门限位之间挤压和夹伤的危险由传感器予以排除。得到广泛应用的圆形推拉门装置用于商场顾客的入口范围。图2显示自动圆形推拉门的两种制造类型，这里，全玻璃门的行驶轨道呈弧形。其安装净宽达2500 mm。自动推拉门扇高达140°的开启与关闭角度使得这种门的应用前景广阔，且极具诱惑力。

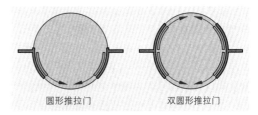

图 2　自动圆形推拉门装置

■ 自动旋转门装置

这种门又称旋转门装置或转门装置。它保护大楼内部不受混乱无序人员的强行闯入，保护大楼不受穿堂风和噪声以及外部冷热空气的袭扰。这种门装置的重要组件是两个，三个或四个门扇，十字形转门和与之连接的门扇，鼓形边门部分，环形天花板，驱动电机和安全装置（图3）。装有安全玻璃的门扇旋转安装在上下十字转门上。为避免室内热量损失和穿堂风，在门扇型材密封面上环绕安装刷式密封件。驱动装置位于旋转装置中部支柱内或环形天花板内。

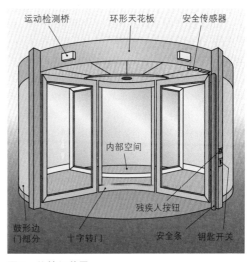

图 3　旋转门装置

四门扇自动门装置的最小内径为 2000 mm，通道净宽 940 mm。这里，通道容量可达 1440 人 /h（约每分钟 24 人）。最大的四门扇建造类型的内径为 6200 mm，通道净宽 4305 mm，通道容量最大可达 5160 人 /h（约每分钟 86 人）。这种最大的建造类型也可用作逃生通道和救生通道。

当一个人踏入安装在外部的脉冲发生器探测范围时，门开始自动旋转，这个人便可以穿门而过［图 1a）］。如果安装在内部的传感器识别到一个人停止运动或行动缓慢，门的旋转速度自动下降，必要时，门自动停止旋转。人员离开扫描区后，门将再次执行正常旋转速度：每分钟三圈。

另外一套系统中，门扇缓慢旋转，例如每分钟一圈，该速度意味着对探访者进入转门的邀请。通过传感器和控制装置，例如红外探测器，门的旋转速度自动适配探访者的步速。

如果旋转门连接一套火警系统，在紧急情况时，门自动停止并转至逃生通道位置［图 1b）］。即便在停电状态下，门扇也能够自动停在指定位置。现在，中部门扇的功能如同一个摆动门，允许大楼的轻装逃离者穿过中部门通道离开大楼［图 1c）］。这种结构设计为例如轮椅乘坐者和笨重庞大物品携带者提供了与普通人同样舒适的穿行体验。在异常拥挤的高通行流量或新鲜空气迫切需要进入内部空间时，可用手动开关将门置于"持续通行状态"［图 1d）］。

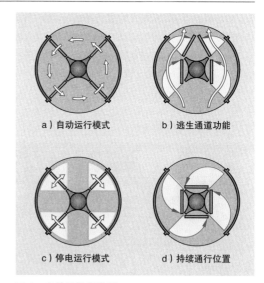

a）自动运行模式　　b）逃生通道功能

c）停电运行模式　　d）持续通行位置

图 1　自动旋转门装置

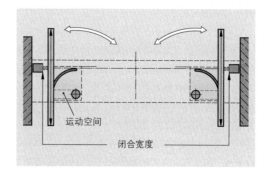

图 2　回转门的门扇运动

■ 回转门

这是一种通行宽度为 1000～2000 mm 的双门扇自动门。它的研发为入口范围场地狭窄时安装自动门提供了可能性。它的两个门扇在开启或关闭时可绕着门轴回转，这种设计将门轴隐蔽在通道范围内。因此，开启和关闭时门扇仅回转了短促的四分之一圈（图 2）。门开启时，两个门扇平行而立，紧贴门洞内侧平面，释放出几乎整个安装宽度用作通道。

知识点复习

1. 门的区分按照哪些特征？

2. 请命名旋翼门的三个主要组成部件。

3. 请解释概念"法式门"。

4. 请指出自动门对行人的危险。

14.3 自动门的安全性

手动和私人使用的门已为买主、系统供给者或金属加工企业等提供了主要针对夹伤、挤压或卷入某个身体部分的安全性。但这些不适用于自动门，专业上又称机器驱动门。这里，从研究和发展以及从事故统计文件中产生了针对自动门的通用要求和规则。这些要求与规则见诸公开发表的标准和规范。在安全方案中，尤其考虑到残疾人使用自动门时的安全性。

上述的种种危险可能出现在门的不同边棱处（图 1）。

自动门的主关闭边例如在开启宽度最大 200 mm 时主关闭边与副关闭边之间允许最大为 400 N 的动态顶力出现最长 0.75 s 钟。留存的 150 N 静态力不允许超过最多 5 s，使剩余力下降至 80 N。这里使用相应的检测装置测量关闭力（第 296 页图 2）。

装备完全不接触保护装置的自动推拉门未规定对其主关闭边进行关闭力检验。这种门的主关闭边分别在不同高度（20 cm 和 100 cm）安装了两个光电开关。门扇的前后位置分别装有识别范围至少 1000 mm 的运动检测器，其作用是识别和保护行人交通，并控制门的运动。运动检测器又称运动传感器或到场传感器，采用红外线或雷达射线工作（第 270 页图 2）。

副关闭边也在结构和制造方面采取了保护措施。结构方面的措施是，例如在旋翼门副关闭边贴有柔软可下陷的密封条用作防止手指夹伤的保护（图 2）。制造方面的措施是，例如规定与固定墙体的安全间距，避免挤压受伤。自动旋翼门要求，例如在开启位置时，与墙之间可自由通行的安全间距至少应达到 500 mm。自动推拉门与墙体之间的平行运动间距最大 100 mm，规定其副垂直关闭边的安全间距为 200 mm。

配装玻璃的自动门安全方案中还包括必须装配安全玻璃的规定。

如果自动门在制造方面还有逃生通道的方案，这种门在停电状态下，必须能够例如通过弹簧压力自动开门或提供手动开门的可能性。这种"Break out System"指，例如门扇或固定边门部分在逃生方向可用手部力量开门。旋转门的内门扇部分也可以在逃生方向撞开［第 272 页图 1b）。

配有防火功能的自动门必须在停电或火灾时自动关闭。在人员通道后面，这种门应与手动门一样采用某种关门技术关门。

自动门的安全性必须每年由专业人员检查一次。这类检查涉及安全装置的功能有效性，必要时还需检查门关闭边的各种力。所谓专业人员，指受过专业培训，能力和专业知识方面均堪当此任。

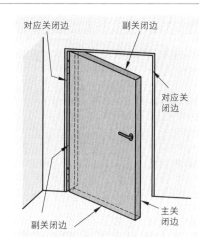

图 1 旋翼门的各关闭边

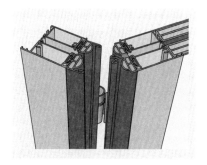

图 2 防夹伤保护

14.4 特殊功能门

根据门的使用目的，将门命名为主通道门或住宅封闭门，或根据其主要制造材料，将之命名为铝制门或塑料门。

如果门还具有特殊保护功能，可据此将门命名为：

- 防火门
- 防烟门
- 隔音门
- 防辐射门
- 防盗门
- 逃生门（恐慌门）

所有这些功能制造类型均必须符合特殊建筑监理机构的规定和标准。

■ 防火门

公共建筑，例如学校，会议厅，百货大楼，医院，餐馆，工作场所等均必须符合当地联邦州建筑条例，尤其是防火规则。例如在大楼内用防火墙和防火保护门划分防火分区。其目的是在火灾时保护人员的生命，并阻止火势在建筑物内部蔓延。

> 火灾时，防火门必须保持一定时长的关闭以切断火势。

这个时长称为耐火极限，它必须持有 DIN EN 1634-1 所述的耐火检验证明。

无隔烟保护的防火门耐火极限的名称为：

EI_230-C5（早期名称：T30），EI_290-C5（早期名称：T90）或 EI_290-C5-S_{200}（早期名称：T90-RS）。

各字母和数字表示：	E	固定关闭的房间封闭门（Étanchéité）
	I	火灾作用下的隔热（Isolation）
	I_2	耐火检验时检测点的近似数值
	30, 60 或 90	耐火极限，单位：分钟
	C	自动关闭性能（Closing）
	C5	关闭机制检验周期提示说明
	S	烟气通过量极限（Smoke）
	S_{200}	检验温度 200℃

各种建造类型的防火门均需经过多种检验，它们有义务获取许可证。同理，在企业内的制造和工地现场的装配均需通过自检形成文档。同样需要由"防火，防烟和保护空间封闭联合会"和所使用成型管的制造商进行外部监督检验。

防火门一般采用例如钢制成型管（图 1）或空心铝型材制成。两种半成品均填充固态中间夹层（例如 Fiber-Silikat，"Promatect"）。因此也常装备防火保护玻璃。

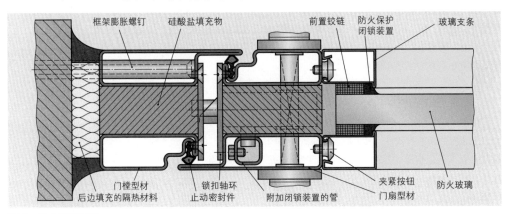

图 1　防火门剖面图

■ 防烟门

火灾时，烟气在建筑物内的蔓延速度远快于火势。烟气严重威胁人员生命并阻止救援工作。烟气造成的损害常超过火灾造成的材料损害的数倍。因此，各联邦州建筑条例要求凡有烟气扩散危险的位置均必须设置防烟门。

防烟门是预防性火灾保护的一个组成部分。防烟门的任务是，限制烟气在建筑物内的扩散，并保持逃生与救援通道无烟。通过防烟门可将楼内人员抢运至露天场所。与此同时，防烟门还应限制大楼受到损害，如办公设备等。

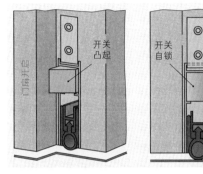

图 1　防烟门 RS-1 的识别铭牌

防烟门必须在火灾时限制烟气流通，为门后房间留出规定的时长用于人员救生。

防烟门是有监理义务的建筑构件，它只允许由"防火，防烟和保护空间封闭联合会"的成员企业制造。

■ 防烟门的名称

目前只有防烟门在新标准 DIN EN 1634-3 和 13501-2 的基础上制造。它们大多计划与防火门组合。举例 E I 90-C5-S_{200}。这里的识别数据 S_{200} 是这种防火门的防烟性能。字母 S 指限制烟气流通，数字 200 指检验温度为 200℃。检验时用 50 PA 检验欠压或过压。烟气泄漏量不允许超过最大 50 m^3/h。某些防烟门也可采用数据 S_a。这个数据指每米接缝长度的烟气泄漏量在 25 PA 低压或高压条件下标记为 3 m^3/h。

2018 年之前制造的防烟门可以按图 1 所示标记铭牌进行识别。

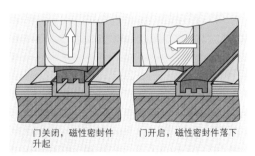

图 2　自动下沉密封件

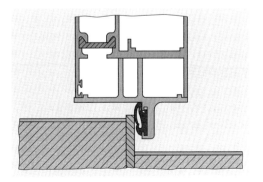

图 3　磁性地板密封件

防烟门必须在烟气作用下自动关闭。弹簧铰链或门锁必须在任何位置上均能够关闭门扇。

尤需注意地板门槛的密封。对它的保护有三种系统：
● 无门槛的自动下沉密封件（图 2）。磁性地板密封件（图 3）；
● 门槛限位密封件（图 4）；
● 凸起门槛与膨胀密封材料（刷式密封）。

图 4　门槛限位密封件

■ 隔热门

住宅楼和其他供暖楼对隔热门需求的上升导致对入口门隔热性能的要求随之提高（图 1）。当今技术水平采用隔热铝型材制作的无玻璃隔热门的热通量数值[1]为 u_d = 1.2 W/m² · K，加装玻璃后的热通量数值为 u_g = 1.4 W/m² · K。

隔热门的一般特点是门扇和门樘采用金属隔热型材，最多达 3 层环绕的密封条，可自动下沉的地板密封件和一条隔热门槛。门樘与墙体的接缝结构也按系统制造商的规定数值进行安装。

能源节约条例[2]也在 2017 版中以一座所有外表面均传热的建筑物年度初级能耗的计算为基础。在热量总平衡表中，包括暖气和热水所耗能源，必须非强制性地使每一个入口门达到上述热通量数值。更为重要的是，大楼的热量总平衡表必须满足隔热保护的要求。

在供暖住宅楼的内部范围为内置门提供改进的隔热保护也同样具有积极意义。这些房间指例如无须供暖的冷房间门，如地下室，车库或兴趣爱好室等。这里只需加装隔热密封条即可。

入口隔热门常与防盗门组合制造。

■ 隔音门

多住户住宅楼的入口门和楼梯间门，工作场所的走廊门，幼儿园，学校，教学大楼，酒店，医院和疗养院等，这些场所的门除具备门固有的功能外，还必须满足隔音降噪的要求。隔音门的保护目标是健康保

图 1　配装三片隔热玻璃的隔热门型材

护和普通交谈方式的亲密性，还保护人员免受无法忍受的噪声干扰。标准 DIN 4109 规定了门对降低噪声[3]的最低要求。例如，学校和教学大楼中面临走廊教室门的最低隔音要求是满足数值：R'_w = 32 dB。对比普通住宅楼房门，它们的隔音要求数值：R'_w ≈ 20 dB。更为常见的是按噪声保护等级进行划分，但这已经过时。如今是将所要求的隔音数值配属给相应的噪声水平范围 I ~ VII。

除按 DIN 4109 的标准要求外，市场上高隔音（R'_w = 40 dB）门和超隔音（R'_w = 45 dB）门均作为特种门出售。按照建筑师规定，高隔音门可要求用于例如音乐大厅。

门扇的设计结构或门扇，门樘，门密封型材（密封件）和门槛等均按比例给出隔音门零部件的尺寸。除此之外，还需注意其他要点：所有的接口槽密集排列在整个长度上，三重可调铰链，自动下沉的地板密封件或刷式密封，墙体与门樘之间空间的后部填充物（例如矿物棉），密封层的数量（1-3）以及型材弹子锁（没有可作为噪声孔的钥匙孔）。

1）参见本书 19.1.4 节 "热量传输"

2）参见本书 19.1.6 节 "节约能源"

3）参见本书 19.3.4 节高层建筑噪声防护

■ 防盗门

位于公共区，商业区和私人住宅区的大楼必须防护非法进入，擅闯企图和入室盗窃等行为。与大楼底层高度上的窗户一样，门也构成大楼防护外壳甚至大楼内部的薄弱环节。入室盗窃的绝对防护是不可能存在的。但却可以显著提高罪犯在实时擅闯企图时在工具使用、耗费时间和产生噪声等方面的投入，并借此提升其犯罪风险。罪犯的这种多重付出可表述为抵抗等级，在 DIN EN 1627 至 1630 等标准中对门和窗组成零件的要求和检验条件作出了硬性规定。

与传统的、未按抵抗等级分级的门相比，抵抗等级 3 的门（RC 3）的含义如下：

● 加强的，三面环绕的包角门樘和 8 个锚固螺栓；

● 三边折边的门板，板厚 50 mm，外层由 1.5 mm 钢板制成，增强的内部结构；

● 铰链一侧 5 个钩入钢门樘的闭锁螺栓（蘑菇状轴颈）；

● 防钻孔和防更换保护的安全锁具，多重闭锁；

● 防钻孔保护的锁芯；

● 钢加固的安全配件。

图 1 展示一个双门扇防盗安全门，其内含众多安全元件和门制作技术的专业概念。

它考虑，位于逃生和救援通道抵抗等级 4～6 级的防盗门如何在紧急开门时为消防队员使用工具破拆增加难度。

安全门必须通过一个型式检验。这种型式检验包括面对机械和动态作用力时的强度检验，以及人工检验。安全门由已获授权的专业企业制造。其检验证书和长效识别符号（例如门的接合槽范围）均标明该门的抵抗等级（resistance class）。

门的防盗安全性涉及门零件锚固以及框架和门樘锚固的建筑材料，还有门框与门板的材料强度，门结构接口槽的几何形状，铰链的选择和固定，闭锁和关闭技术的质量，整套门把手，门槛和门底座的造型，有时还涉及配装的玻璃。从猫眼进入已不受限于当今的技术水平，在开锁的紧急服务范畴内可以（当然窃贼也可以）从猫眼进入室内。

图 1　防盗安全门

一种非常有效且持续有效的安全门可从房屋里面安装横向锁扣。它为门板附加提供了门洞左右两边内侧平面的保护。它也可以从外面通过装入门板的锁进行操作。

增加门范围安全性的措施还有，运动检测器，它可以触发一个声音或无声信号，或激活一个光源。同样需注意的还有，在门范围之内找不到可通电的插座用于窃贼的作案工具。

14.5 门的制造材料

金属加工实践中，也可按照门的制造材料对门进行命名。如金属门、塑料门、玻璃门、木门和复合门。

金属门的制造材料是型材框架或钢板或铝型材。相较于木门，金属门的优点在于更大的强度和更低的潮湿敏感度。钢制成型管最适宜建造大型抗弯金属门。由于防腐保护的要求，外门采用镀锌和塑料涂层钢型材，铝型材和不锈钢制成的塑料型材。

铝门采用挤压成型管制成。在大楼内部范围使用非隔热的全铝成型管，在大楼外部范围，出于隔热保护的要求，需使用铝制隔热成型管（图1）。门所使用的系统型材与窗户型材的区别仅在于尺寸，墙板强度，预留给配件的空间和底座型材。利用少数基本型材和大量补充型材可加工制造出形状差别极大的门和门装置。

塑料门采用空心型材作为框架门制成，可配装或不配装玻璃。相同尺寸的挤压成型型材的抗弯强度低于金属型材。因此，它们大多推入钢板型材的空腔用作增强材料（图2）。

玻璃门是作为无框全玻璃门扇制作的。加框并配装玻璃的门扇称为安装玻璃的门。

复合门由多种不同材料组合制成。如木/铝结构的门，其特点是利用不同材料各自的特性：木头良好的隔热性能和优秀的外观印象使它用作门框材料；铝制外层面板可防护气候影响，并提供独特的颜色形象。

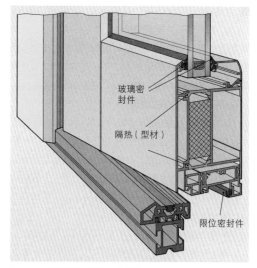

图1 采用隔热型材制成的铝门

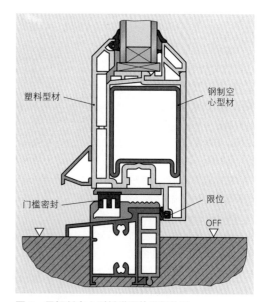

图2 用钢制空心型材增强的塑料外门

知识点复习

1. 请解释一种防火门的名称 EI_230-C5。

2. 您知道哪些防火门的制造材料？

3. 为什么一个型号系列的防火门必须获得 DIBt 的检验和许可证？

4. 为什么防火门的整套塑料门把手只允许采用钢制衬垫？

5. 为什么防火门和防烟门必须配备门闭合器？

6. 请解释防盗门的四个特征。

7. 请列举不同门材料的优点和缺点。

14.6 门闭合器

如果门在人员通行之后保持关闭位置，则有必要安装自动门闭合器（图1）。

> 门闭合器通过其关闭力自动关闭一扇门。防火和防烟门规定必须安装门闭合器。

推开一扇门需用能量。该能量机械地传递至门闭合器，门闭合器的弹簧存储并利用这个力，把门重新关闭。这个关闭过程是可调的。

门闭合器有多种不同的安装位置。最为常见的是固定在门板的上部门闭合器。

目前使用最多的门闭合器是齿轮传动门锁（图2）。它的功能建立在小齿轮推动的门板的旋转运动基础上，小齿轮与同样制齿的活塞啮合，然后将齿轮的旋转运动转换成为活塞的直线运动［图2a］。在这个运动过程中，活塞压缩一个弹簧，使弹簧存储开门的能量［图2b］。推门的能量一旦松开，弹簧重新恢复原状，这时它推挤着活塞向反方向运动。这样使活塞的直线运动通过齿条转换成为小齿轮的旋转运动。固定在齿轮轴上的主杆拉着门重新回至其初始位置，将门关闭。

出于造型和技术原因，另外也很少有恶意的破坏行为，近年来越来越多地使用滑动轨道门闭合器。它的活塞杆不再突出至室内，而是根据装配类型平放在门框或门板边（图4）。

现代门闭合器采用凸轮传动机构工作（图3）。这类闭合器也用于地板门闭合器（第280页图2）。

■ 上部门闭合器的装配类型

上部门闭合器用于限位门。意即这里所涉及的门只向一个方向开启。上部门闭合器的常见安装位置是铰链这边的门板上，即门向这一边开启［图4a］。

如果是外门，优先考虑将门闭合器装在门内侧。但是，许多外门必须遵守逃生和救援通道门向外开启的规定。因此，为避免门闭合器安装在外侧，通常将门闭合器安装在门框内侧顶部［图4d］。

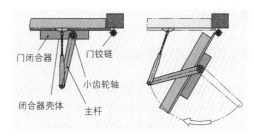

图1　上部门闭合器的运动轨迹

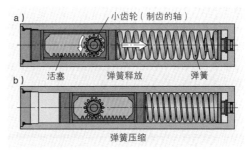

图2　齿轮传动门闭合器的作用方式

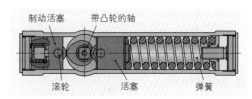

图3　凸轮传动门闭合器的作用方式

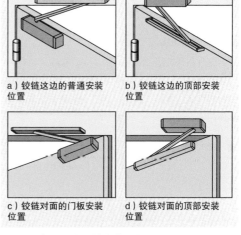

a）铰链这边的普通安装位置

b）铰链这边的顶部安装位置

c）铰链对面的门板安装位置

d）铰链对面的顶部安装位置

图4　上部门闭合器的安装位置

■ **关闭速度**

为使门在开启后不会砰的一声重新全力关上，要求弹簧有控制地释放（图1）。借助液压油可实现与需求相符的控制，液压油灌注在锁壳内。开门时，液压通过小孔进入占据部分锁壳的活塞内，这部分锁壳在活塞向前运动时得以释放。一个止回阀位于活塞孔，该阀只允许液压油向一个方向流动。当门借助弹簧力重新关闭时，活塞退回至其初始位置。这时，液压油通过回流通道流回至弹簧这边。通过一个可从外部操作的调节阀调节回流至弹簧的油流速度，并据此缓冲关闭过程。这项技术称为液压缓冲技术。

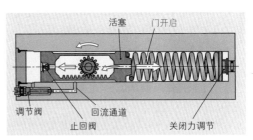

图 1 液压油缓冲关闭速度

■ **关闭力**

门闭合器必须能够使门板顶着外力（空气阻力，摩擦力，门把手，密封件）运动。门越宽越重，门闭合器关闭力也必须越大。某些门闭合器的闭合力是其制造商确定的，不能更改的弹簧力。关于门闭合器安装位置，门闭合器的关闭力应符合门的相关情况。

> 门闭合器距离门铰链越远，关闭力的作用越大。

有些门闭合器类型还具有调节的可能性，根据需要不同程度地预张紧弹簧（图1）。

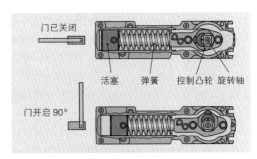

图 2 地板闭合器的作用方式

■ **地板门闭合器**

由于缺少连杆的杠杆传动，这种闭合器作用于轴的扭矩较高，从而使门按规定要求关闭。与上部门闭合器不同的是，凸轮的旋转运动传递至滚轮，滚轮通过活塞杆和活塞压缩弹簧（图2）。地板门闭合器大多用作通用地板门闭合器，适用于限位门和摆动门。

■ **框架门闭合器**

这种门闭合器的安装位置多变，如顶部门框内，门底座型材内，或门扇的横梁型材内。其关闭装置在型材内部无法看见（图3），因此不受气候条件影响。框架门闭合器在工厂已装配并调试完毕。

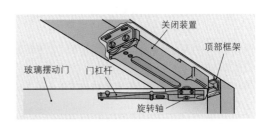

图 3 框架门闭合器

■ **关闭顺序调整**

带有中部范围鱼鳞板（法式门）的双门扇防火门，其双门扇正确的关闭顺序（1.固定门扇，2.活动门扇）由集成在门闭合器内的关闭顺序调节器控制（图4）。为保证这个过程顺利进行，活动门扇必须保持开启，直至固定门扇几乎或完全进入关闭位置为止。

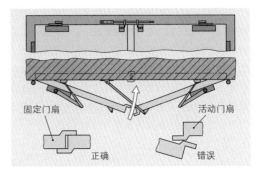

图 4 关闭顺序机械调节器

14.7 门的配件

门配件这个概念应理解为一个门的所有装备件。它主要是门铰链和关闭装置配件。

■ 门铰链

门铰链承接门扇的重量，并将该重量通过门框传递至周边的墙体。铰链装配时需注意如下事项：

- 铰链旋转轴必须上下对齐其垂直线；
- 门边不允许接触门框；
- 门关闭时必须保持微量穿堂风。

如果是钢门，卷边铰链或焊接铰链可直接焊接在门扇和门框（门樘）的框架成型管上。铝制空心型材门的铰链用螺栓与型材表面成型管压板连接（图1）。这种螺栓连接的铰链也可用于钢制成型管门。它可在三个方向，每个方向 +/- 1.5 mm 地调节门板。

弹簧铰链是门铰链，它借助可调弹簧力在门开启过程完成后将门推回原位。

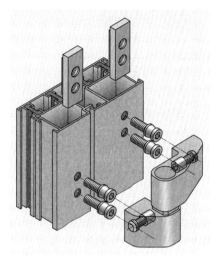

图1 螺栓连接的铰链

■ 关闭装置配件

关闭装置配件使门扇固定保持在关闭位置。属于这种配件的是锁，定位配件，关闭顺序调节器和逃生门关闭装置。

门锁一般采用插芯锁[1]。对于框架成型管便用框架插芯锁。它的锁体与成型管的空腔配合一致。

属于所谓定位配件的是，例如垂直闭锁的固定门扇闭锁机构，插销连杆锁扣等。带门锁的双门扇门必须配装关闭顺序调节器（第280页图4），目的是使固定门扇在活动门扇之前（带锁门扇）关闭，保证关闭后两门扇平面对齐，没有突出。双门扇防火门规定必装关闭顺序调节器。

逃生门关闭装置必须在任何时间保持一扇门朝向逃生通道方向的开启状态。它可分为防恐慌关闭装置和紧急出口关闭装置。防恐慌关闭装置规定用于例如电影院，会议大厅，酒店，百货大楼和学校。在这类公共建筑物中，出现火灾时

图2 带有声音信号的逃生门

极易在众多人群中引发恐慌。因此，安装了防恐慌关闭装置的逃生门必须不需特殊知识就能在逃生方向简单轻松快捷地打开。这里涉及水平安装在逃生一侧的把手和压杆。在门外侧安装的是一套把手装置或碰头把手。在无公共人流交通的大楼里，设计出发点是，那里的商务人员基本了解逃生门的功能。这里便采用紧急出口关闭装置（图2）。这种自锁型门闩下沉式锁可以不用钥匙，仅通过简单的按压操作即可将门朝逃生方向打开。从外边则只能用专属钥匙才能开门。逃生门关闭装置也可装备电动控制系统或防止错用的入口检查系统（例如声音警报信号）。它可作为逃生门与防火门和防烟门共同使用。

1）参见本书第16章"锁具"

14.8　门的安装与装配

制造门时需记录制造尺寸。这些尺寸大部分是 DIN 4172（高层建筑尺寸规范）和 DIN 18100（门的墙体开口）所述的标准尺寸。

基本尺寸（*BR*）是墙体开口的最小尺寸。门和门樘制造商以标称尺寸为基准，他们的设计尺寸均大于基本尺寸，宽度大 10 mm，高度大 5 mm。连接缝（对接接头缝）宽度便由此产生。在图例（图 1）中，连接缝宽度设定为 10 mm。此外需注意，对于标称尺寸还有制造公差。按照 DIN 18202 极限偏差尺寸规定，毛坯墙开口加上已完成墙表面处理的尺寸在宽度和高度上均可加大至 12 mm。

基本尺寸在上部门框与墙体之间保留至少 5 mm 间隙。根据基本尺寸并考虑所要求的接缝宽度来计算框架尺寸。再从框架尺寸并考虑型材间隙（型材空隙）计算门扇尺寸。

框架部分和门扇制造，门铰链装配，关闭装置配件安装等，诸项工作完成后，将密封条装入型材槽内。

门的安装以已完成的地板高度位置为准。这个位置一般称为 OFF（完工地板上边棱）。如果地板在装门工作完成后才结束加工，可将 1 m 标用作尺寸基准点。1 m 标正好位于计划完工的地板上方 1 m 的位置，可标记在毛坯墙上。

安装门时，注意按门框铅垂线安装。门扇必须均匀对接在门框上，同时必须对中。与铅垂线的任何偏差均可导致产生杠杆效应。杠杆力矩的作用可能致使锚固螺栓松动，如果门把手没有加固，门便只能开或只能关。

框架在建筑物上的锚固螺栓最好位于铰链范围之内，这样可将力直接传递至建筑物。使用框架膨胀螺钉或墙体锚固螺栓进行固定。这些固定方式必须能够吸纳伸缩缝因温度波动产生的无应力纵向变化。伸缩缝采用聚氨酯泡沫塑料，矿物棉或玻璃棉填充，并从外面密封。

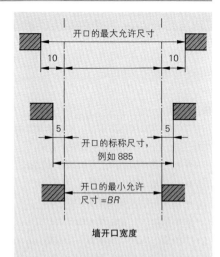

墙开口宽度

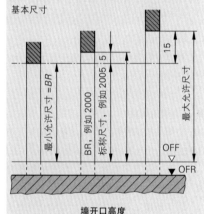

墙开口高度

墙体开口名称举例 DIN 18100–875×2000：

基本尺寸的数据（标注在方案图纸）：
875 mm × 2000 mm

标称尺寸的数据（标注在结构图纸）：
885 mm × 2005 mm

最小允许尺寸：875 mm × 2000 mm

最大允许尺寸：895 mm × 2015 mm

图 1　设定尺寸与公差

知识点复习

1. 请根据制造类型区分弹簧铰链门锁。

2. 如何称谓上部门锁的安装位置？

3. 哪些门要求配装关闭顺序调节器？

4. 在毛坯建筑物内安装门时，1 m 有何

意义？

5. 伸缩缝的任务是什么？

6. 为什么铝门的铰链用螺栓连接而不是焊接在型材上？

15 大门

根据其安装位置，大门可分为大厅门和外部区域门。它为较大型大楼或地产向外划出界线，同时用作入口（图1和图2）。

图1 大厅门

图2 地产大门

出于强度和抗弯强度的原因，大门的制造材料大多选择钢作为结构材料。新型设计中也有采用铝材料的个例。除满足功能要求外，大门应尽可能地以其造型而受到赞誉。

手动或机械驱动门的所有安全和功率要求均已汇总在 DIN EN 13241-1 标准之内。

15.1 大厅门

根据关闭和开启方向的不同，大厅门基本划分为两种类型：

1. 水平运动大门，例如旋转门，滑动门或折叠门（上图和第284页图1）。

2. 垂直运动大门，例如摆动门，卷闸门和分段门（第284页图1）。

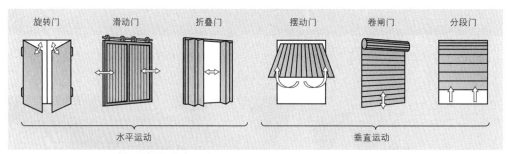

图1　根据开启和关闭方向划分大厅门

15.1.1　旋转门

　　就原理而言，旋转门是侧边在框架内用结构铰链或轴颈铰链限位的大型门（图2）。它一般是成型管框架结构。根据使用目的的不同，门内层填充物也各有不同。

　　一般由锚固在墙体内的角型材、U型材或Z型材作为墙体门框槽口（门樘）。双门扇旋转门必须有一个可确定的固定门扇，用螺钉安装在门板上并用手杆操作的门闩推杆延伸至该固定门扇。

　　固定门扇的闭锁装置由两根锁杆组成。如果在锁杆端部焊接所谓的下沉式门闩，可形成更为密闭的关闭（图3）。活动门扇的闭锁由插芯锁或带有双边断开连杆的杆锁完成。断开连杆由一个用锁止动的杠杆操作。门把手的动作与断开连杆无关。

15.1.2　滑动门

　　滑动门常用作自动关闭的防火隔断。但用于大型开口的关闭，滑动门是最有性价比的解决方案。

　　所有滑动门的共同特点是，滑动门的自重通过悬挂滚轮（图4）或滚轮行驶机构（图5）传递至运行轨道，轨道固定在天花板或开口支柱上。悬挂滚轮或滚轮行驶机构通过螺栓或焊接与门固定连接。重型滑动门安装在地板上的运行轨道承担支承功能。上部导向轨道只用于侧向滑动。

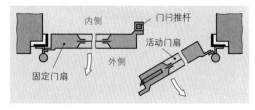

图2　双门扇旋转门的组成构件

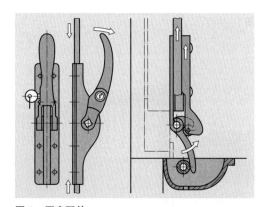

图3　固定配件

图4　悬挂滚轮

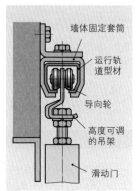

图5　滚轮行驶机构

滑动门的一个缺点是相对较高的占地需求，这是门开启时侧边场地产生的需求（图2）。若要细分滑动门，根据导轨相应的造型可使运行轨道转弯最大至90°（图3）。另一种选择是限制侧边的滑动空间，使各个部件在分离的、平行的轨道上运行。门的各部分可以像望远镜一样平行竖立地伸缩（图4）。这里，夹持装置作用于门的开启和关闭过程。

门在导轨上运行轨迹的限制由导轨制止动器执行（图1）。止动器固定安装在轨道上的指定位置。但轨道端部止动器无论如何不能用于拦截滑动门。正在运行的门的动能可数倍于门的自重。由于滑动门撞击端部止动器将产生很大的扭矩，它极易使运行轨道变形。因此，拦截滑动门的任务只能由独立安装的拦截缓冲器完成（图5）。

> 直线运行的滑动门应始终在其重心点实施拦截，即半个门高度。

滑动门的特殊问题是滑动零件的侧边密封。弹性成型密封件执行侧边密封任务。出于安全技术原因，所要求的密封厚度必须达到用手夹紧仍不会产生损伤的程度。

滑动门的闭锁装置使用抗剪门闩或滑动门锁。它们采用挂钩锁扣机制，可阻止门未经许可的滑动。门把手不允许突出门平面，否则有出现挂住或撕裂的危险。

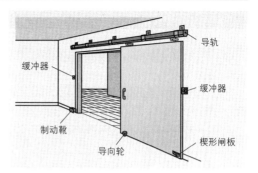

图2 直线运行的滑动门

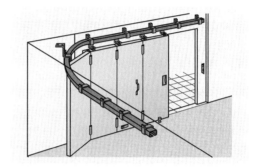

图3 转向的滑动门

图4 伸缩式滑动门

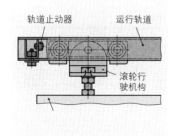

图1 轨道止动器

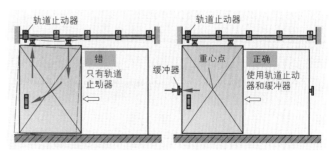

图5 通过缓冲器拦截滑动门

15.1.3 滑动折叠门

与纯粹的滑动门相反，滑动折叠门对侧边占地需求相对较小。开启时，各个用铰链连接的折叠滑动门扇均向一边合并折叠。与滑动门一样，门的自身重量由沿导轨运行的悬挂滚轮或滚轮行驶机构传递。这里，悬挂滚轮和滚轮行驶机构的结构设计必须使折叠门扇的旋转运动围绕着立杆进行（图2）。

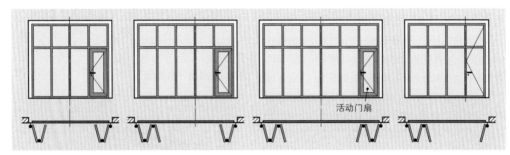

图1 滑动折叠门装置不同的分开位置

两个开启的半扇门的分开位置是任意的（图1）。这里需注意的是，其中一边是活动门扇，另一边由多个滑动折叠门扇组成。如果无法做到这一点，常在其中一个滑动门扇上转入一个旋翼门（滑移门）。

出于静力学和功能技术的原因，各个门扇的宽度均不允许超过1.25 m。图3所示为一个4门扇滑动折叠门的设计结构。这里的右侧构件视为DIN–右活动门扇。

门扇分别由2块厚约2 mm的冷轧折边钢板制成。在门铰链和限位块范围内焊入增强型材。两个门板之间的空间填充隔热材料。

门扇常常制成框架结构，便于安装所有市场商售的玻璃品种。

门槛由角型材制成。

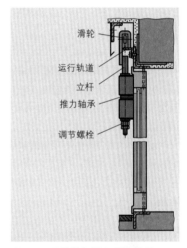

图2 可旋转的折叠门悬挂滚轮

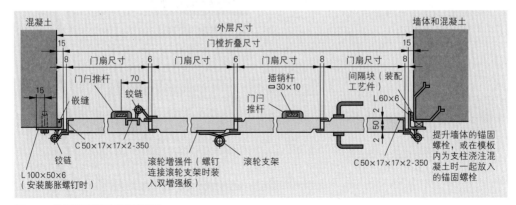

图3 4门扇滑动折叠门设计结构

图 1 所示是一个 3 门扇滑动折叠门。在这种情况下，支承轮必须安装在第 2 与第 3 门扇之间。上部焊接铰链和支承轮在这个位置构成一个单元。铰链应拉至门面的前面，使门扇零件可以平行折叠。滑动门符合功能要求的关闭取决于导轨的装配是否符合专业要求。这里主要应注意遵守门面至导轮中轴之间正确的间距尺寸。

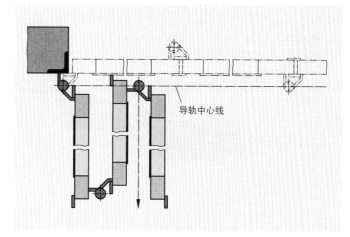

导轨中心线

图1 门开启 90°

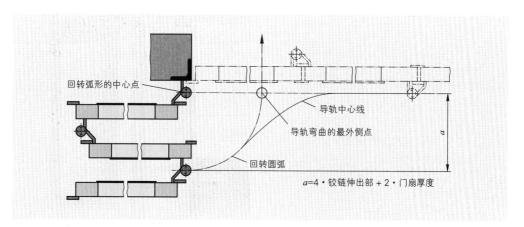

回转弧形的中心点

导轨中心线

导轨弯曲的最外侧点

回转圆弧

a

$a = 4 \cdot$ 铰链伸出部 $+ 2 \cdot$ 门扇厚度

图2 门开启 180°

出于场地原因，要求折叠的门扇在开门时必须向外旋转。这要求开门位置旋转 180°（图 2）。为做到这一点，要求导轨出口处做成弯钩状。180° 开门位置是理论上通过折叠门扇从 90° 位置回转 1/4 圈达到的。这里的回转点是门樘型材限位铰链的中心点。通过这个四分之一圈的回转可以确定导轨出口处铰链中线至导轨的间距。

所有铰链的铰链伸出部相同时，可以按下式如举例 2 一样计算这个间距：

导轨中心线至铰链中心线的间距：$a = 4 \cdot$ 铰链伸出部 $+ 2 \cdot$ 门扇厚度

如果不遵守这个间距尺寸，位于终端位置的门板就无法平行。在至铰链中心线的间距上，在导轨的直线部分测量，还有回转弧形的理论起始点。精确地遵守这个起始点仍无法使门连续开启并回转。因此，导轨必须在理论重心之前开始弯曲 200~300 mm。

入口弧度的形状越平滑，开启滑动折叠门所需的力的损耗越小。

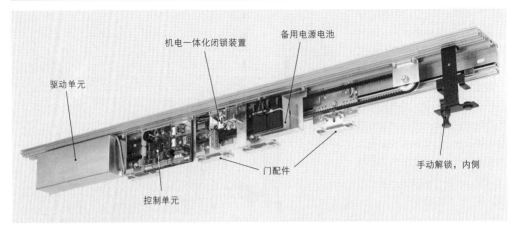

驱动单元

机电一体化闭锁装置

备用电源电池

门配件

控制单元

手动解锁，内侧

图 1　全自动滑动门驱动装置

■ 滑动门和滑动折叠门的驱动装置

　　滑动门和滑动折叠门的驱动装置可划分为半自动和全自动两种。半自动驱动装置一般通过开门部件（例如预压紧的气弹簧）开门。释放闭锁装置后，预压紧的气弹簧将大门打开。关闭大门则采用手动方式。

　　采用全自动驱动装置的大门的开启和关闭均为自动运行。滑动门驱动装置的运行主要采用机电一体化方式，电动机驱动固定在大门上的链条，钢索或同步齿形带运动，固定在门上的大门配件也随之同时运动（图 1）。

　　滑动折叠门全自动驱动装置的运行有电子气动方式，电子液压方式或液压气动方式等（图 2）。门系统极高的开启和关闭速度使这种门又称为快速门。

图 2　滑动折叠门驱动装置

15.1.4　摆动门

　　摆动门是垂直开启的门。

　　这种门的用途主要是车库门和体育馆的设备装置室大门。侧边在天花板下方安装的运行轨道形成翻转机制。压簧或必须与大门自重准确一致的配重提供提升力（图 3）。

　　通过一根插入地板轨道的门闩推杆完成大门的闭锁。为达到更好的关闭安全性，可加装由横杆操作的侧边制动器。

　　门板面板一般是单层薄板，卡式箱或木质镶板。若有隔热要求，可制成双层板门，或填充隔热材料。

图 3　摆动门

15.1.5 卷闸门

卷闸门是垂直运动的门，由水平方向相互啮合的链节零件组成。

> 这种门的空间需求很小，因为开门后门卷起放置在门楣范围（图1）。

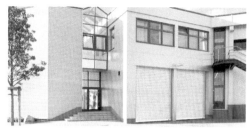

图1 卷闸门

卷闸门是一种物美价廉，安装简单且通用性强的关闭装置。它的缺点是，难以保证良好的周边密封，无法安装大型平板玻璃，无法实施如摆动门那样的快速舒适的手动操作。

卷闸门的主要组成部件：卷闸门面板，侧边导轨，卷轴和驱动装置。

卷闸门面板一般由轻金属挤压型材－链节零件组成，装配时将链节零件相互啮合推入即可。根据需要的不同，型材表面可作烤漆、塑料涂层、阳极氧化或出于隔热原因填充泡沫材料（图2）。侧边零件配装塑料滑块，降低摩擦和磨损。

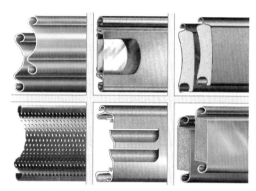

图2 卷闸门型材

卷轴或卷闸门辊均由钢管制成。轴径需根据所承重量而定。但由于辊径随辊的卷起和放开而持续变化，其侧边导轨的上端部必须扩大。由此才能保证链节零件在任何位置都稳定地在轨道内运行。

轻型卷闸门的驱动装置可由手动锥齿轮驱动装置担当。经重量平衡的扭力弹簧轴可使操作更为轻便。

较大型和频繁运行的卷闸门的驱动装置一般采用电动机（图3）。

15.1.6 分段门

> 分段门由若干垂直运动的段组成。

这种门又称盖板分节门，因为各个分节或分段之间的连接是活节式连接。这种连接方式可使各分段平推进入盖板下面，这样即便在交通范围也无场地需求。这种门的开启宽度限制为 8～10 m。其制造组件是：门板，运行轨道，扭力弹簧系统和驱动装置。

图3 卷闸门驱动装置

门板由单层或双层达到门宽的分段零件组成（图1）。它们一般由挤压空腔型材制成。可以装入大型平面塑料窗或所谓的滑移门。

在导轨内由位于侧边的塑料滚轮引导分段零件运行。分段零件是 U 型镀锌带钢，由三个部分组成：垂直部分，门楣后面的弧形件和开门位置上方的水平部分。运行轨道固定在开门净宽范围之外。

扭力弹簧系统作为门自身重量的配重布满全部运行路径（图2）。它安装在门楣后面。即便是大型门，借助例如卷轴链，也能够轻松地实施手动开门。除手动操作外，分段门主要由电动机驱动。由于电机驱动时仍通过扭力轴配重，所以仅需较小的驱动功率。

地板闭合型材和各零件之间的密封保证了整个门良好的密封性能和隔热性能。

图 1　分段门

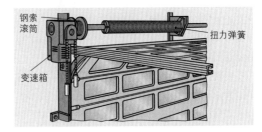

图 2　扭力弹簧

15.1.7　安全装置

根据职业协会主联合会的安全条例，机械驱动门必须配装安全装置。

例如所有保护配重大于 200 N 的卷闸门均要求装备一个拦截装置作为防坠保护。例如拦截滑块安全装置（图3），超过正常关闭速度时，侧边随行的拦截滑块立即刹住。

另一种安全措施是垂直门的上卷保护，它阻止位于开启位置的物品因门的突然下坠造成损害。这种保护装置一般采用气动推力轴开关，或电动接触片。

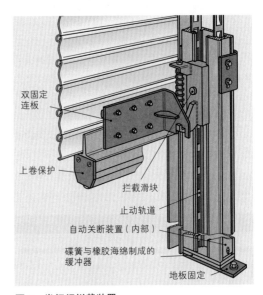

图 3　卷闸门拦截装置

知识点复习

1. 原则上可将大厅门分为哪两组？

2. 旋转门的下沉式门闩应完成哪些任务？

3. 请描述悬挂滚轮与滚轮运行机构之间的差别。

4. 如何拦截直线运动的滑动门？请解释。

5. 滑动门导轨的轨道止动器应完成哪些任务？

6. 滑动折叠门通过哪些措施回转 180°？

7. 滑动门和滑动折叠门有哪些驱动类型？

8. 请解释卷闸门与分段门的区别。

15.2 外部区域门

位于外部范围的露天门可分为滑动门和旋转门。两种类型的门均属于水平运动门，一般采用手工制造。金属加工技工和机械结构设计师主要在门面造型方面可以不受条例限制，发挥想象力，但必须注意，降低或遮蔽可能出现的剪切点。

15.2.1 滑动门

滑动门安装在必须节约自家汽车入口场地和必须封闭大型开口的地方。此外，由于滑动门可实现轻度自动化，它还适用于公共建筑物和工业设施。

如果入口过高或受天气影响过大或环境污染过重，滑动门的结构必须设计为可自由伸出。这就要求非常稳定的支承和地基，因为它必须吸纳运行机构产生的所有力（图1）。

实际上，应用更多的是带有运行轨道的滑动门。这里，滑动门重量由轨道上运行的滑轮吸纳。在上部框架型材之间运行的导轮对可阻止滑动门侧翻（图2）。

用于侧柱和框架的设计材料主要采用空心钢型材。型材尺寸取决于滑动门尺寸。滑动门面主要采用条钢，矩形管或点焊栅栏。

露天安装的滑动门自动驱动装置一般采用齿条传动，钢丝绳或齿链传动，齿条蜗轮传动，钢索传动轮或链轮，蜗轮蜗杆传动等，它们均由电动机驱动（图3）。

15.2.2 旋转门

如果除开启外再无侧边滑动空间，此处要求采用旋转门。旋转门一般都是关闭入口的物美价廉的解决方案。门的结构必须保证框架和面板不会扭曲变形。在门自重和其他负荷的作用下，例如小孩坐上滑动门，过弱的成型管框架极易发生倾斜并下沉。门自重越重，门伸出部分越长，这些作用越大。

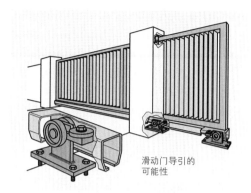

滑动门导引的可能性

图1 自由伸出的滑动门

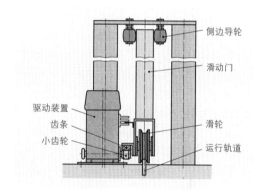

侧边导轮

滑动门

驱动装置

齿条

小齿轮

滑轮

运行轨道

图2 滑动门的导引

图3 滑动门驱动装置

在其他的自由造型设计中，这些静态条件必须予以考虑。门的下沉将导致门由规定的正方形变形成为平行四边形。这种变形将改变门框的对角支撑。抗拉对角支撑变长，抗压对角支撑变短（图1）。

> 焊接对角加强筋可阻止对角支撑变形，进而阻止框架变形。

抗拉对角支撑可采用扁钢条或圆钢条，因为它只需承受拉力负荷。与之相反，抗压对角支撑必须选用抗弯型材，因为这里必须考虑因高压力负荷产生的纵向弯曲。

对于伸出部分较长的门，建议总框架分离部分采用多个三角形区。三角形的静态稳定性好，可保证对力的吸收（图2）。

设计对角支撑钢条尺寸时必须考虑，对角支撑倾角很小时，出于力的平行四边形原因，待吸纳的力可以大于门的重力（$F_Z > F$）。

如果门框的设计造型能使它承受自身重量，较小的门可以取消对角支撑。这样的结构具有的优点是，框架填充可以不考虑静力学因素，仅需考虑外观造型即可。对于非承重框架应注意的是，作用于旋转轴的弯曲负荷仍然较大（图3）。因此有可能将框架造型设计采用锥形型材，类似于栅栏的型材。自承重门也可以带有相对较大的伸出部。

■ 旋转门的限位与支承

旋转门在侧边可借助轴颈或焊接铰链（图4）安装在侧柱上，也可以通过卷轴直接敲入相邻墙体。

焊接铰链可根据门重的不同分别采用2段式或3段式（图4）。

门自重较重时，由三段式专用铰链支承。

也可以使用可调式门铰链，待门安装后可在两个方向校准（图5）。校准时，先通过改变铰链在长孔内的位置进行一个方向的校准，另一个方向的校准则通过调整螺杆上螺钉的位置进行。

图1 门下沉时改变对角支撑

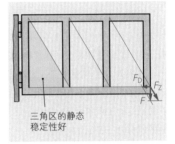

图2 三角形影响力的分布

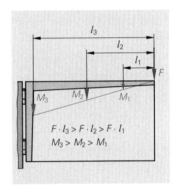

图3 弯曲负荷

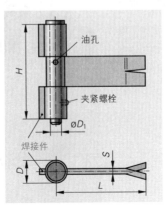

图4 焊接铰链

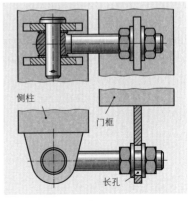

图5 可调式专用铰链

■ 确定旋转门的旋转轴

> 铰链旋转轴线必须精确对中才能保证门的顺畅可旋转性。

一个门的旋转轴位置可图形确定。对此只需画出在开启与关闭时门扇的限位框架即可。

门扇的框架角点命名为 1 和 2 以及 1′ 和 2′。点 1 和 1′ 以及点 2 和 2′ 必须各自位于一个旋转圆内。两个旋转圆共用的中心点位于旋转轴线。为确定点 M，将 1 与 1′ 连接，2 与 2′ 连接。在两条连接线上建立垂直平分线。两条垂直平分线的交点就是旋转轴中心点（图 1）。在平面入口处，由此法求出的旋转中心对两个铰链均有效，因为旋转轴在门的任何位置上均是垂直竖立的。

■ 上坡入口段门的铰链结构

如果在上坡入口段使用大门执行关闭任务，那么门扇在开启过程中必须上升。门框下边棱在开启状态下应与上坡入口段（路面）平行。

此外，符合专业要求的门还需门板在两个终端位置上处于垂直状态。为保证做到这一点，两个铰链的旋转轴必须分开求算。为此需再次画出门扇的开启位置和关闭位置。关闭位置时，上下门框角点上下叠加，满足名称 1 和 2 的条件。开启位置时，上角点命名为 1′ 和 2′。下角点的位移从坡度和铰链间距中求出（图 2）。这两个点分别命名为 1″ 和 2″。

现在，在连接线 1–1′ 和 2–2′ 以及 1–1″ 和 2–2″ 上建立垂直平分线，然后，根据上述方法求出旋转圆的中心点。垂直平分线的各个交点上是旋转中心 M1 和 M2，它们同样必须对中（用圆钢检查）。

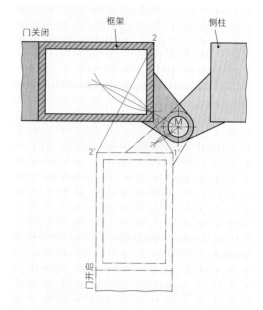

图 1 确定旋转轴

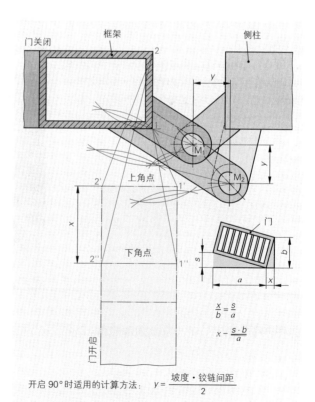

$$\frac{x}{b} = \frac{s}{a}$$

$$x = \frac{s \cdot b}{a}$$

开启 90° 时适用的计算方法：$\quad y = \dfrac{\text{坡度} \cdot \text{铰链间距}}{2}$

图 2 确定上坡入口段的旋转轴

外门的闭锁一般采用小尺寸芯轴的插芯锁，即所谓的管架锁。这种锁安装在框架内。其所要求的切口必须在制造框架时预制。

两门扇门的固定门扇必须能够固定，以便安装活动门扇。通过插销插入装在地板上的支座即可完成固定门扇的固定（图1）。

旋转门常装备自动驱动装置，便于缩短入口范围的等待时间。这里的驱动装置主要可分为两种：

● 活节杆驱动装置
● 门轴驱动装置

活节杆驱动装置通过活节杆执行门的开启与关闭。电动机驱动活节杆运动，而电动机一般安装在地板下（地下安装）。力的传递方式有电子机械方式或电子气动方式（图2）。

安装滑动保险离合器可保证中止门开启过程中对力通量的阻碍，使门保持停止状态。活节杆驱动装置的驱动件位于旋转范围之外。

门轴驱动装置的驱动件轴线与门轴线对中。驱动件采用摩擦力接合型或形状接合型方式与大门直接连接。这种驱动类型所涉及的结构使驱动件的安装位置无法看见（图3）。

驱动装置的组件是：电动机，泵，双向作用的液压缸与齿条传动机构，以及控制系统。液压马达可安装在侧柱边上或内部，便于维修保养时接近它。液压油管连接泵与液压缸。变速箱一般安装在地板下面的一个密封箱内。

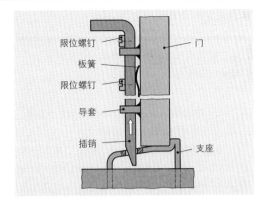

图1　支座与插销

限位螺钉　　　　　门
板簧
限位螺钉
导套
插销　　　　　　　支座

图2　旋转门的活节杆驱动装置

图3　门轴驱动装置

知识点复习

1. 露天门分为哪两种类型？
2. 自动滑动门驱动装置如何工作？
3. 通过哪些设计措施可阻止旋转门的下沉？
4. 入口段长2 m，坡度20 cm。大门长度为2500 mm，高度1100 mm，铰链间距900 mm。门框采用矩形管100×60×5制造，安装在混凝土侧柱上。请求出开启90°时旋转轴的计算位置和图示位置。

15.3 机动门的安全性

与室内门相同，大门使用时也涉及其安全性，也必须严格遵守安全规则。安全规则实际上在下述标准中已明确规定，它们是 DIN EN 12453，ASR_A1-7（工作场地技术规则）以及德国法律的事故保险规定 DGUV208-022 等。如果门扇的开启与关闭所需能量全部或部分地由机器提供，则室内门和大门均属机动门。

原则上，大门也会出现与室内门相同的危险，例如挤压，卷入或剪切等。因此，建筑安全预防措施同样适用于两者相同的要求。大门的特殊之处主要在于卷闸门，分段门和滑动门。这里主要指它们对大门关闭边的定义（图 1）。

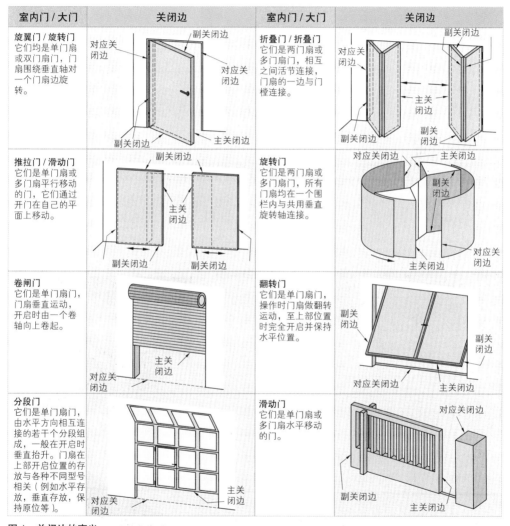

室内门 / 大门	关闭边	室内门 / 大门	关闭边
旋翼门 / 旋转门 它们均是单门扇或双门扇门，门扇围绕垂直轴对一个门扇边旋转。	副关闭边 对应关闭边 对应关闭边 副关闭边 主关闭边	**折叠门 / 折叠门** 它们是两门扇或多门扇门，相互之间活节连接，门扇的一边与门框连接。	副关闭边 对应关闭边 主关闭边 副关闭边 副关闭边
推拉门 / 滑动门 它们是单门扇或多门扇平行移动的门，它们通过开门在自己的平面上移动。	副关闭边 主关闭边 副关闭边 副关闭边	**旋转门** 它们是两门扇或多门扇门，所有门扇均在一个围栏内与共用垂直旋转轴连接。	对应关闭边 主关闭边 副关闭边 对应关闭边 主关闭边
卷闸门 它们是单门扇门，门扇垂直运动，开启时由一个卷轴向上卷起。	主关闭边 对应关闭边	**翻转门** 它们是单门扇门，操作时门扇做翻转运动，至上部位置时完全开启并保持水平位置。	副关闭边 副关闭边 对应关闭边 主关闭边
分段门 它们是单门扇门，由水平方向相互连接的若干个分段组成，一般在开启时垂直抬升。门扇在上部开启位置的存放与各种不同型号相关（例如水平存放，垂直存放，保持原位等）。	主关闭边 对应关闭边	**滑动门** 它们是单门扇或多门扇水平移动的门。	对应关闭边 副关闭边 主关闭边

图 1　关闭边的定义

15.3.1 规划与选择室内门和大门时的安全考量

室内门和大门的选择，设计造型和安装，均以能够安全使用为准绳。门的安装位置不允许产生额外的安全威胁，例如门扇开启影响楼梯过往人员，或室内门或大门部件挤伤人员。为阻止出现挤压现象，室内门与大门均必须严格遵守其尺寸规则。

机动室内门或机动大门必须具备防止机械损伤人员的有效安全结构，如从地板或其他长期有效的入口平面测起的高度最大可至 2.5 m。遵守安全间距即可达到这个尺寸要求。如果自动推拉门／滑动门的门扇间距保持在 8 mm，或者运动时与其周边的固定零部件极少接触［图 1a］。如果门扇与建筑构件的间距 t 保持在 25 mm 或更多，已可阻止对手指的剪切或挤压。如果门扇以最大 100 mm 的间距沿着固定的、闭合的建筑构件运行，其安全间距要求至少应达到 200 mm［图 1b）］。如果门扇以大于 100 mm 的间距沿着固定的建筑构件运行，其安全间距要求至少应达到 500 mm［图 1c）］。门扇开启至最大位置时，开启门扇后面所留出的空间范围应超过门扇的总深度，即这个净宽必须达到至少 500 mm［图 1d）］。

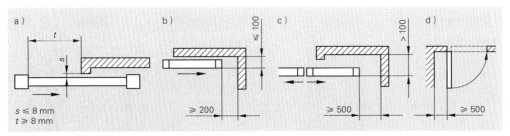

图 1　建筑技术措施防止门造成机械损伤

15.3.2　门关闭力的极限和主关闭边的造型

除建筑技术措施外，主要通过规范限制机动门关闭力的量和作用时长。主关闭边允许最大动态和静态力在下述标准中有明确规定，它们是标准 DIN EN 16005"机动门 – 使用安全 – 要求和检验方法"和 DIN EN 12453"大门 – 机动大门的使用安全 – 要求"（表 1）。

用关闭力检测仪检测关闭力（力检测棒，图 2）

表 1：许用关闭力（节选自 DIN EN 12453）		
关闭方向	水平方向	垂直方向
开启宽度	≤ 500 mm　　> 500 mm	0～2500 mm
动态力	≤ 400 N　　≤ 1400 N	≤ 400 N
动态时间	≤ 0.75 s	
静态力	≤ 150 N	
静态剩余力	< 25 N	
静态时间	< 5 s	

图 2　关闭力检测仪

主关闭边的造型还会增加特殊重量。大门还经常安装自动识别障碍物的压敏装置，例如感应条（图 3）。这种感应条在主关闭边与副关闭边之间出现物体时，阻止大门继续关闭。

15.3.3　安全技术检验

机动室内门和机动大门必须在首次试运行之前，出现重大变化之后，以及每年一次例行地对其安全状态按照制造商提供的数据进行符合专业要求的检验。安全技术检验的结果必须建档存放。

图 3　感应条

16 锁具

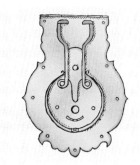

图1 衣箱锁

"猫头 – 个猫头"

以前，"钳工"的工作范围就是制作和安装锁具。所以从钳工的工作行为产生出这个职业的名称（译注：德语中锁具与钳工是同一个词。）

无论室内门还是大门装备着纯手工锻打的包括锁具在内的金属配件。配铰链盖的高档木材衣箱安装一个酷似猫头的锁具，这种传统意义上的锁具直至今日仍被称为"猫头"（图1）。

现在的许多钳工师傅仍然背着具有象征意义的挂锁作为同业帮会或职业协会的徽记，透过徽记的弓形架，赫然可见一个猫头（图2）。

以前，钳工在职业培训时必作职业游历，漫游四方。途中的钳工小伙在某个师傅处寻找临时住处或工作时，师傅便用"猫头？"这个行业切口检查其职业帮会成员的真伪。小伙子的回答应是"其中一员"。这个回答表明，这是一个还从未在一位师傅处掌握全部工作技能的毛头小伙子，要想成为一个钳工师傅，他必须学的东西还有很多。

图2 猫头

> 锁具应保证将室内门，大门和容器保持并关闭在指定限位上，阻止未经许可的开启。

对锁具安全性的要求越高，锁具结构的成本和复杂程度也越高。

16.1 锁具类型

根据安装地点和用途可将锁具划分为如下类型：箱锁、挂锁、插芯锁和门闩锁。

箱锁是安装。可制成插锁、单闩锁或单闩插锁，主要用于入口门（图3）。

挂锁的任务是闭锁已关闭的门和容器。锁弓由淬火特种钢制成（图4）。

如果关闭工作的操作不能在闭锁位置直接进行，例如车库门，或无法抵达闭锁点（例如大型折叠门），这些地方可使用门闩锁（图5）。

使用最多的是插芯锁。这种锁具已按 DIN 18251 标准化。通过不同的制造形状，这种锁可以安装在对接的或重叠的门上，也可以装在窄门框上（图6）。

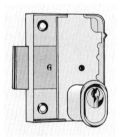

图3 箱锁

图4 挂锁

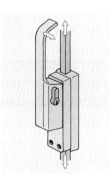

图5 门闩锁

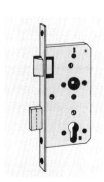

图6 插芯锁

按照 DIN 18251，插芯锁根据门重和负荷情况划分出 4 个锁等级：

- 1 级：用于室内门的锁（所谓的低难度室内门锁），
- 2 级：用于提高要求的室内门的锁（中等难度室内门锁），
- 3 级：用于住宅门的中等难度锁，
- 4 级：提高入侵难度和使用频度的锁（官方锁）。

16.2　单闩插锁的结构与工作方式

在单闩插锁举例中，从锁具组成零件可识别其名称和一般功能（图1）。

插销在"落入锁扣后"，将门保持在限定位置。通过插销外斜面使插销抵制插销弹簧的压力，从锁板压回原位。

开门时，拧动门把手，通过小棘轮收回插销。门把手释放后，棘轮弹簧和插销弹簧重新回到初始位置。

锁门时，必须推动门闩。锁杆保持门闩杆位置不动。适配钥匙插入后，解锁被锁定的锁杆并释放门闩杆，使门闩杆移动一个杆位。

杆位指钥匙转动一圈门闩杆的移动距离。插销头部现在伸出锁具挡板方口，或移动一个杆位收回。锁杆弹簧的作用是，钥匙每转一圈都能使锁杆搭上。

换向杆是一个双边杠杆，其长杠杆臂插入插销杆的一个凹槽。短杠杆臂由钥匙转动时带动。装有换向杆的门锁也可用钥匙收回插销。这种结构对于门的意义主要在于，从门外边不用门把手，而是用球形捏手将门拉上，这一般用于住宅入口大门。

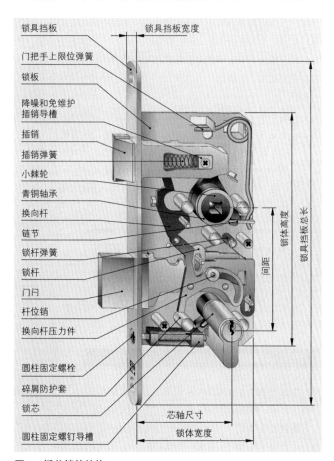

图1　插芯锁的结构

要求用于弹簧支架和门闩杆与插销导向的销钉和导向件铆装在锁具底板。锁具底板，锁具挡板和换向杆均由钢材料制成；小棘轮和插销的制造材料是可锻铸铁或塑料，弹簧用弹簧钢制成。锁具中所有的运动零件均将因持续摩擦而磨损。定期维护保养和润滑可阻止摩擦，保证功能运行顺畅。

16.3 锁具的标准尺寸

根据标准 DIN 18251 所述，插芯锁的主要尺寸和锁体的相关规定均已标准化。

芯轴尺寸指锁具面板前边棱与小棘轮中心线或锁孔中心线之间的间距。内门和外门的这个尺寸一般达到 55 mm（最大 100 mm）。偏差，例如钢成型管框架或铝型材可能出现偏差。为此，插芯锁的芯轴尺寸采用 25～50 mm。

间距指小棘轮中心线至锁孔中心线的间距尺寸。这个间距尺寸取决于锁安全装置的类型（图 2）。西奇立德（Buntbart）锁和成型圆锁芯弹子锁的这个间距尺寸达 72 mm。圆锁芯或椭圆锁芯弹子锁达 74 mm，内门锁达 78 mm。小棘轮有一个正方形通孔，用于 8 mm 或 10 mm 锁体长度的把手销钉。

锁体尺寸和锁具面板尺寸均取决于锁具类型和待使用的装锁装置。锁具面板可呈半圆形或多角形，必须按照 DIN 18251 所述采用钢材料或铜 – 锌合金制成。制造商在产品出厂前必须在锁体至少 3 个位置持续固定锁具面板。钢制锁具面板外层需涂层防腐。

根据要求，锁体可制成开放式或封闭式。住宅入口大门只允许采用封闭式锁体。这里建议使用经过品质鉴定的锁具。

锁体厚度达 16 mm。上述尺寸应与止挡方向和其他订购锁具所需重要特征一起使用。建筑业所指止挡方向在标准 DIN 107 中已有规定（图 3）。

> DIN 左旋，指门的旋转轴在向门开启面看时位于左侧。

左开门使用左侧铰链和左侧锁具。

> DIN 右旋，指门的旋转轴在向门开启面看时位于右侧。

右开门使用右侧铰链。

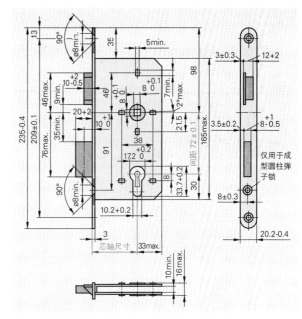

图 1 锁具的标准尺寸

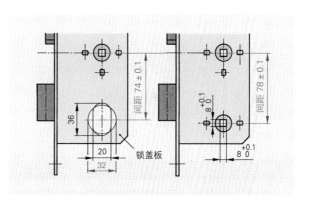

图 2 圆锁芯弹子锁，椭圆锁芯弹子锁和内门锁的间距

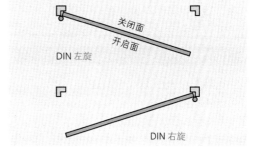

图 3 止挡方向

16.3.1 插芯锁的名称

为避免订购锁具时出现错误，订购说明和数据必须一致。按缩写符号的顺序识别相应的名称：DIN– 名称 – 锁具安全性 – 芯轴尺寸 – 换向杆 – 锁板 – 止挡方向 – 锁等级

名称	缩写符号
西奇立德（Buntbart）锁	BB
锁杆锁	ZH
弹子锁，准备采用成型圆锁芯	PZ
弹子锁，准备采用圆锁芯和椭圆锁芯	RZ
浴室门锁	BAD
芯轴尺寸 55 mm（65 mm）	55（65）
换向装置	W
锁板	S
左侧锁（左侧 – 名称按 DIN 107）	L
右侧锁（右侧 – 名称按 DIN 107）	R
低难度内门锁，1 级	1
中等难度内门锁，2 级	2
中等难度住宅大门锁，3 级	3

16.3.2 名称举例

> 锁 DIN 18251–BB 55 R–1

这是插芯锁，其名称为西奇立德锁（BB），芯轴尺寸 55 mm（55），右侧锁（R），低难度内门锁，1 级。

> 锁 DIN 18251–PZ 65 W S L–2

这是插芯锁，其名称为采用成型圆锁芯的弹子锁（PZ），芯轴尺寸 65 mm（65），带换向杆（W），带锁板（S），左侧锁（L），中等难度内门锁，2 级。

> 锁 DIN 18251–RZ 65 W S R–3

这是插芯锁，其名称为采用圆锁芯的弹子锁（PZ），芯轴尺寸 65 mm（65），带换向杆（W），带锁板（S），右侧锁（R），中等难度内门锁，3 级。

16.4 锁具的安全性

> 所有以阻止未经许可操作门闩为目的的设计措施通称为锁具的安全性。

锁具安全性是每一款锁具的核心。根据安全要求的不同，分别采用简单或复杂的系统，并据此投入相应成本。这里，最重要的角色是钥匙，及其变化多样的形状。

16.4.1 西奇立德（Buntbart）锁

室内锁一般仅采用一个简单的锁杆作为保险装置。这种锁具的安全性由钥匙孔和钥匙齿的形状予以保证。多齿钥匙齿（Buntbart）的齿形有直线形，锯齿形或截弧形（图 1）。钥匙孔的形状必须与多齿形钥匙齿的形状相互一致（第 301 页图 4）。

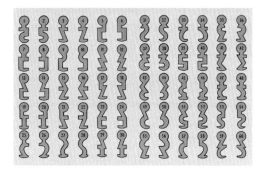

图 1　多种齿形的钥匙齿形状

虽然已有数量繁多的钥匙形状，但防止非法开锁的安全性，又称多重闭锁，仍嫌太少，因为用一把挡钩便能扫除成型件造成的障碍。添加一个配件便可提高西奇立德（Buntbart）锁的闭锁安全性。中间折弯配件是一个铆接在锁体底板上的成型板条。安装后，只能使用与中间折弯形状相符的多齿钥匙才能开锁（图1）。

小环形配件是在锁体底板和盖板上加装了相应的环。现在，只能用钥匙端面加工出相应凹槽的钥匙才能开锁（图2）。

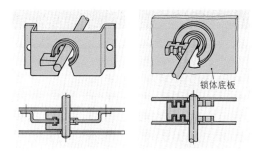

图 1　中间折弯配件　　　图 2　小环形配件

16.4.2　丘布（Chubb）锁

为提高闭锁安全性，丘布锁用至少 4 个膜片形平面锁杆片代替简单的锁杆（图3）。

锁杆片全部共用一个锁杆口。它们的区别在于厚度和锁杆片曲线的下部边棱形状。只有当所有锁杆片的锁杆口用相同的盖板压至同一高度时，门闩弹子和门闩才能运动（图4）。为此，要求锁杆片的分级阶梯和锁杆片曲线必须与钥匙齿形精确地一致（图5）。

由于房门必须能从两边关闭，丘布锁的凹槽也呈对称排列（图4）。由一个凸块推动门闩运动。

闭锁装置也可采用多于 6 个锁杆，进一步提高闭锁安全性。由于现代锁具的膜片排列不易探摸，因此，用挡钩解锁，难度极高。提高闭锁安全性的附加措施，如使用 2 套丘布锁杆的犬牙形格栅锁。打开和关闭这种锁均需使用双齿形钥匙（保险柜钥匙）。

酒店闭锁装置，例如要求门从单边锁闭后，从另一边即便插入钥匙或其他异物也无法打开。通过钥匙孔的错位排列可以达到这一目的。为此当然需用相当复杂的门闩和锁杆的结构设计。

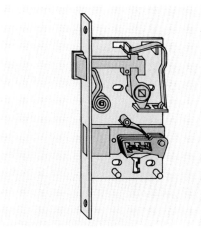

图 3　无换向杆的简单丘布锁

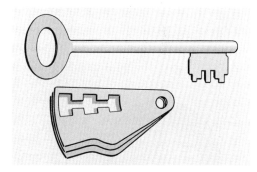

图 4　锁杆片与丘布锁钥匙

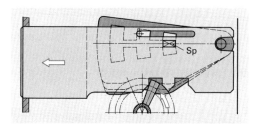

图 5　门闩运动

16.4.3 弹子锁

弹子锁，它预制锁体底板，使它能够用 DIN 18252 所述的弹子锁杆扣住锁芯。

今日现代化锁芯的前辈是美国人利纳斯·耶鲁 1844 年申请专利的弹子锁。耶鲁锁芯是 4 对各自错开 90° 安装在一个锁壳内的弹子。插入钥匙后，弹子杆部顶起不同的凸块，固定着上下弹子之间的每一对弹子，从而使锁芯得以转动。

弹子对在今天的锁芯中仍扮演着最重要的角色。锁芯系统的优点在组合和人工钥匙方面占据优势。

锁芯有多种形状，如成型锁芯，圆锁芯，椭圆锁芯等，其闭锁机制也各不相同（图1）。

闭锁的安全性首先取决于装入的闭锁元件数量。锁芯内装入的弹子对数量越多，工具开锁的成本越高。

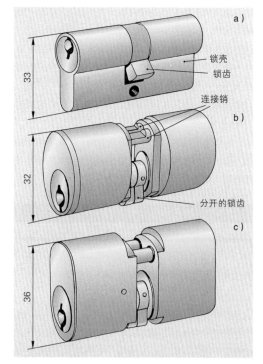

图 1　锁芯形状 a）成型锁芯，b）圆锁芯，c）椭圆锁芯

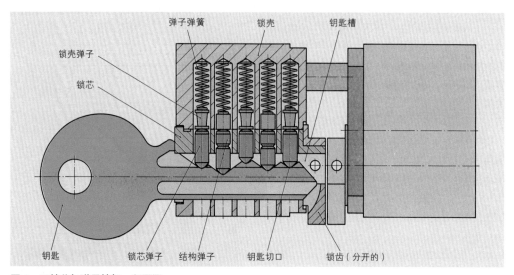

图 2　双锁芯与弹子锁杆 – 剖面图

锁芯是一个固定在锁体上并可更换的部件，它由锁芯壳体，在壳体内可旋转排列的锁芯，至少 5 个弹子锁杆和锁齿（图 2）组成。这样的配置足以使一把简单的锁转换成为一把可满足更高安全性要求的弹子锁。

■ **弹子锁的组件**

弹子锁杆：由锁芯弹子，锁壳弹子，弹子弹簧，有时还有结构弹子等组成的闭锁装置。如果插入属于锁芯的钥匙，它只允许锁芯转动，并使弹子对抗弹簧力而运动，致使弹子分离面与锁芯中心面相接。

结构弹子：位于锁芯弹子与锁壳弹子之间的弹子，它使所接触的锁杆分成两个分离面。主钥匙和中心闭锁装置的锁芯可在一个或多个锁杆上配置多个结构弹子。

钥匙切口：钥匙窄边的开口，其数量和分布与弹子锁杆所属的锁芯完全一致，其深度与所属的锁芯弹子长度完全一致，使锁芯边与锁芯侧面闭合。

闭锁：每一次锁芯对应钥匙切口固定类型所形成的状态。如果锁芯 n 对应弹子锁杆，锁芯 m 对应钥匙切口规定的阶梯数，那么理论上，闭锁就有 m^n 次的可能性。

钥匙槽：开启接受钥匙的锁芯，该槽有一个成型的横截面，用于导引钥匙插入且位置稳定。

锁齿：它相当于多齿形钥匙的钥匙齿，作用是操作锁具。在若干锁具系统中用齿轮代替锁齿。

维护保养：通过定期用石墨粉或专用油护理可延长锁芯寿命。无论如何都不允许使用矿物油润滑钥匙槽和锁芯，因为这类油随着时间的推移将会树脂化。

■ **锁芯与弹子锁杆的作用方式**

图 1 所示为一个无钥匙的双锁芯，这里可选择从里面还是外面锁门。通过双锁芯其中之一转动锁齿。双锁芯位于一个共用的锁壳内，锁壳用 M5 螺钉固定在锁体内。

现在可清楚地辨认出，弹子顶住锁壳，从而锁住两个锁芯，就是说，锁芯现在不能转动。

插入适配的钥匙后，使弹子对转动，转至锁芯弹子与锁壳弹子之间的分离线与锁芯侧面重合（图 2）。至此，锁芯才能转动。锁芯的转动带起锁齿旋转，旋转的锁齿带动门闩移动。

使用相同形状的钥匙，但如果锁芯不符，锁芯仍不可能转动。

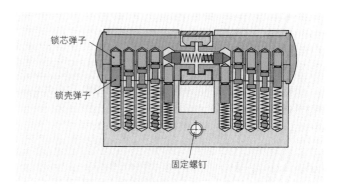

锁芯弹子

锁壳弹子

固定螺钉

图 1　未插钥匙处于闭锁位置的双锁芯

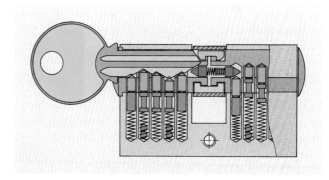

图 2　插入钥匙的双锁芯

■ 锁芯尺寸

　　圆锁芯的直径为 32 mm，椭圆锁芯的高度为 36 mm，宽度 20 mm。成型锁芯的尺寸参见图 1。尺寸 l，l_1 和 l_2 均为可变数值，因为它们取决于门的安装厚度。订购锁具时必须注意，安装后的锁芯应与门铭牌面或门面齐平。

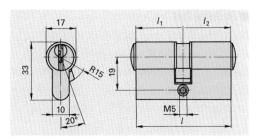

图 1　成型锁芯尺寸

■ 锁芯的基本系统

　　如果锁芯弹子对位于钥匙上方，这种系统称为弹子下落式上置闭锁机构。所有的圆锁芯和椭圆锁芯均采用这种系统（图 2）。

　　锁芯单子对位于钥匙下方时，这种系统称为弹子上升式下置闭锁机构。所有成型锁芯均采用这种系统。

　　圆锁芯和椭圆锁芯又称为外装锁芯，成型锁芯又称为内装锁芯。内装锁芯的优点是，如果插芯锁制造商已做准备，内装锁芯可装入任何一种插芯锁。内装锁芯相互的可更换性是可以保证的，与制造商无关。

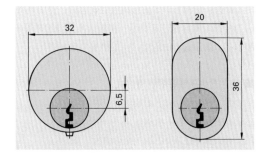

图 2　圆锁芯和椭圆锁芯

　　下置闭锁机构与上置闭锁机构相比，下置闭锁机构这种技术类型表现出明显的缺点（图 3）。上置闭锁机构的弹子在故障状态下，例如弹簧卡住或毛刺卡住，根据重力法则会落入钥匙闭锁位置。闭锁功能仍得到保证。这个原理是古埃及人早在 5000 多年前就已应用到单闩插锁，但弹子上升式下置闭锁机构却无法利用这个原理（图 4）。这里重力和弹簧力是相反的。

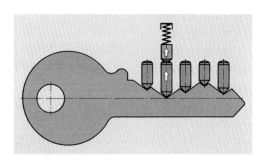

图 3　弹子下落时的锁芯

知识点复习

　　1. 锁具的任务是什么？

　　2. 锁具可划分为哪些类型？

　　3. 哪些门命名为 DIN 左旋，哪些为 DIN 右旋？

　　4. 请解释间距尺寸和芯轴尺寸的意义。

　　5. 请描述丘布锁的闭锁机制。

　　6. 为什么丘布房门锁的切口总是对称排列的？

　　7. 锁芯是根据什么原理工作的？

　　8. 请列举锁芯最重要的组件并描述它们的任务。

　　9. 下置闭锁机构与上置闭锁机构的区别是什么？

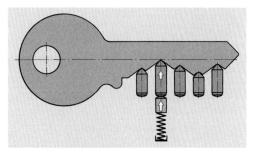

图 4　弹子上升时的锁芯

■ **多重闭锁的安全性与开锁的安全性**

> 多重闭锁的安全性可理解为是对锁芯防止用类似钥匙盗开的保护。

> 开锁安全性指使用开锁工具试图解开锁芯时锁芯所具备的开启难度。

数十年来，许多"专家"试图入室行窃，他们使用各种各样的开锁工具破解弹子锁。绝大部分开锁尝试的目的是通过侧边压力撬动锁芯。这样就可以使弹子固定压制在锁杆槽的侧壁。再用合适的工具小心地探入锁芯与锁壳的分离线。这种固定卡紧弹子的方法称为霍布法。它源自美国钳工师傅霍布，他在 1853 年芝加哥世界博览会上首次用这种方法耗时 3 分钟打开一把锁，并为此获得 1000 美元的奖金。

这种方法的进一步细化是所谓的采摘手枪（Picking-Pistole）。这是一种工具，它用弹簧将弹子向下滑移，然后再把该工具深入到分离面。

■ **对锁芯的最低要求**

鉴于多重闭锁的安全性，DIN 18252 提出如下要求：

a）锁芯必须至少配装 5 个锁杆；

b）6 个锁杆切口时，钥匙上相同深度的切口数量不允许大于 3 个；

c）切口排列时，相同深度的相邻切口数量不允许大于 2 个；

d）最高与最低切口之间必须至少相隔 3 个切口；

e）必须装备对抗霍布开锁法的措施；

f）必须保证使用 30000 次的防盗开性能。

结构性对抗措施。图 1 所示为针对霍布开锁法的结构性对抗措施。一般是将若干个锁壳弹子制成特殊形状。这样在侧边转动锁芯时，再也不能顶起弹子，因为弹子的锐边挂住了分离面。

体现这种方法的是"蘑菇状弹子，摆动弹子，空竹状弹子等"，通过锁芯壳体对面的拦截槽支持这种挂钩作用。

为提高开锁安全性，在锁具内安装 2 至 3 个特形弹子。总共 5 个弹子对中至少有两个是实心锁芯弹子对，它们在开锁时因弹簧压力总是落入锁杆导槽。

所有这些锁壳弹子和锁芯弹子的变形措施仅能增加盗开行为的难度。只有与其他措施共用，才能达到足够的开锁安全性。

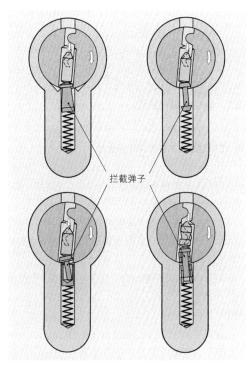

拦截弹子

图 1　锁壳弹子结构性改形作为对抗霍布开锁法的安全措施

横卧钥匙槽的锁芯（图1）也能增加使用采摘手枪或其他开锁工具的盗开难度。这种锁芯的外部标记是横卧的钥匙槽和钥匙，它代替锯齿状成型锁孔和成型槽，其位置，深度和数量均为可变数值。钥匙有两个位置插入锁具（回转钥匙）。

在钥匙尖部制造复杂的凸起和下凹斜面也能提高多重闭锁的安全性。这种斜面正好匹配锁芯弹子尖部的阶梯变化。另一种增加难度的措施是附加侧边控制弹子。

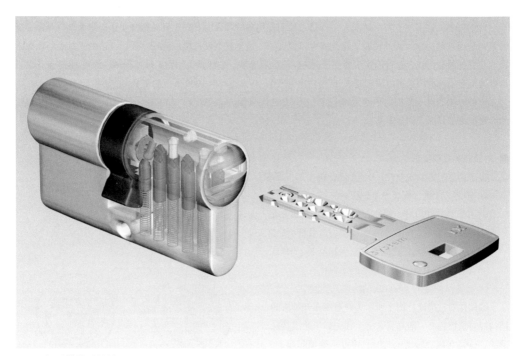

图1　钥匙槽横卧的锁芯

■ **锁槽造型增加多重闭锁安全性**

DIN 18252 要求另一种补充的安全措施，普通轮廓的钥匙与它的两条轮廓线从两边穿过轮廓中心面，至少与该中心面相接。

这个由锁芯制造商提出的要求可通过围绕中心的级联轮廓（图2），或锥形钥匙槽等措施予以满足（图3）。

在许多锁芯中用附加的，装在侧边的弹子扫描由此产生的肋条，又称闭锁肋条。这些扫描弹子记录与规定钥匙轮廓的每一个偏差，都能阻止锁芯转动。

除此之外，许多锁芯制造商还从侧边铣削加工闭锁肋条，同样用扫描弹子但使用不同方式扫描这些闭锁肋条。由此便产生一种额外的，与钥匙轮廓和弹子锁杆毫不相关的多重闭锁安全保护。

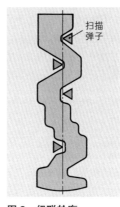

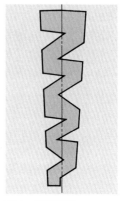

图2　级联轮廓　　　　图3　锥形轮廓

■ 磁性锁系统的锁芯

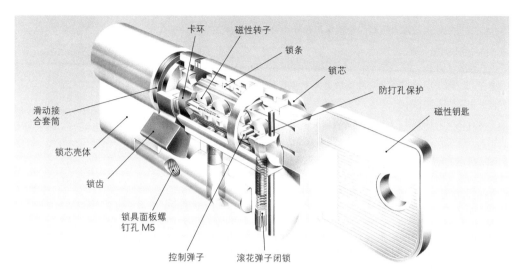

图 1　磁性系统锁芯

弹子闭锁技术零件与磁性旋转锁杆的组合形成磁性闭锁系统（图 1）。

在钥匙和锁芯内装有锁芯磁铁，它精确确定强力磁场的方向。这个径向磁场区决定着锁具编码。

插入适配钥匙后，装在锁芯内可旋转的磁铁移动至开启位置。控制凸轮只在这个位置使两个闭锁滑块轴向移动，从而释放关闭过程。抽出钥匙后，闭锁滑块在弹簧的作用下回至其初始位置。通过它们力场的相互影响，旋转磁铁处于一个随机位置，并在此卡住锁芯。

除此之外，还通过安装在锁芯侧边的闭锁球扫描钥匙的闭锁肋条。

只有当锁芯的磁性和机械编码与钥匙的这些编码完全一致时，才能执行闭锁过程。

■ 防破拆保护

> 防破拆保护可理解为锁芯阻止任何一种类型的暴力拆解。

最常用的暴力拆解方法之一是打钻。打钻试图在钥匙槽内，在锁芯与锁壳之间的分离面上，或在弹子弹簧范围内钻一个孔。通过这个孔取出或卡死锁杆弹子。

所有现代弹子锁均将防打孔保护作为保护措施。如采用淬火的弹子对。为降低钥匙的磨损，这种弹子对也可以采用青铜铠装（图 2）。

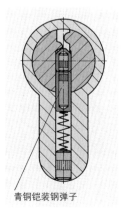

青铜铠装钢弹子

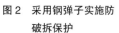

图 2　采用钢弹子实施防破拆保护

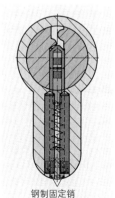

钢制固定销

图 3　附加钢制固定销实施防打孔保护

受到特别威胁的外门或内门还可以采用另一种防打孔保护。除前文已述的措施之外，还可以用两个或多个压装在锁壳上的淬火钢制固定销保护锁杆（第307页图3）。

在铠装结构中，也可采用淬火钢制固定销保护锁芯弹子列（图1）。相同的防打孔保护措施也可用于配横卧钥匙的锁芯（图2）。

所有这些保护措施，只能通过金属加工技工认真谨慎的安装工作才能生效。从金属配件中伸出2 mm的锁芯对锁舌构成一个突出的攻击面，在这种错误安装的助力下，锁芯遭到破坏是在所难免的。

除针对防破拆和防打孔的保护措施外，许多锁芯制造商还采取了针对暴力取出锁芯或整个锁壳的安全措施。锁芯防抽取保护的方法是，锁芯的一个零件卡在锁壳预先加工的一个开口内，这样使轴向取出锁芯成为不可能（图3）。

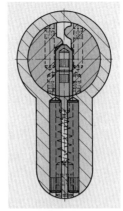
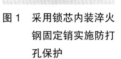
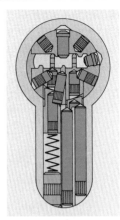

图1 采用锁芯内装淬火钢固定销实施防打孔保护

图2 横卧的钥匙槽

锁壳防抽取保护，例如采用一个从锁芯壳体侧边伸出的销钉即可。抽取锁芯时，锁芯被所属配件钩住（图3）。这种保护措施只在锁芯与保护配件合适的组合时才有效。

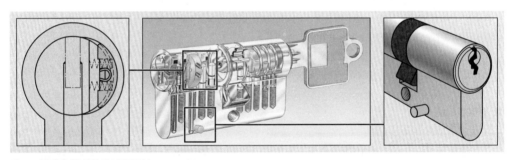

图3 锁芯和锁壳的防抽取保护

■ **锁芯的装配**

如果锁具安装工作不规范，针对多重闭锁保护，防解锁保护或防破拆保护的最复杂的结构性措施也是无效的。重复检测是防止锁芯遭到破坏的最具专业技能的措施。最令人信赖的检测方法是检测钥匙（图4）。通过检测钥匙可防止锁芯在安装后突出门板外面的距离大于2 mm。

由于防打孔保护一般仅位于锁芯的一边，装锁时必须注意，锁芯装入时其周边的情况是否正常。受保护的边一般均有标记，而且必须在门的外边。

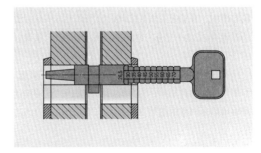

图4 检测钥匙

采用一个经由锁具面板孔插入的 M5 固定螺钉固定成型锁芯。这个螺钉留在锁芯的面板螺钉孔内，同时也在锁具底板以及下部固定板上锁具盖板的第二个螺钉孔内。

圆锁芯和椭圆锁芯一般装有钢制连接杆，该杆固定在一个锁芯体内。其他的锁芯体则通过相应的孔与连接杆连接。在这一部分也有一个与连接杆搭上的闭锁机构（图1）。

装配时，首先将插芯锁插入门板。然后一起推入两个锁芯，直至扣上插接连接件。现在的锁具若没有辅助工具已无法再拆开。

只能用适配的钥匙才能取出锁芯。为此，将钥匙插入内锁芯，直至止挡位置。内锁芯的识别标志是锁芯直径较大。现在旋转钥匙 90°，使锁齿指向铰链这边。现在，在钥匙背面的开口处可见一个孔。将触发针插入该孔并向右上方斜插。轻压使锁芯相互扣住。对于安装技工而言，重要事项如下：

> 锁芯相互扣住后检查内外锁芯的锁芯位置。

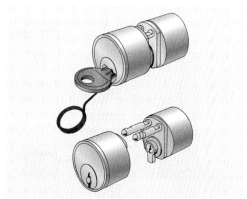

图1　拆卸圆锁芯

16.4.4　电子门禁

许多经济和公共生活领域，例如酒店，政府机构，医院等，在如今都提高了对进门资格的要求。针对这类情况研发出电子门禁装置。

电子门禁装置中，将进门资格编码录制在一个数据载体上。数据载体可以是一把钥匙（图2），也可以是一张磁条卡，或一个钥匙挂链形式的无接触式应答器，或一个可编码的手表（图3）。

与系统是否固定联线或无联线"独立运行"无关的是，这个装置始终由三个组件组成：

- 电子信息载体，
- 电子控制系统，
- 电子锁芯。

图2　电子钥匙系统

图3　用于电子门禁的信息载体

入门资格完全可以设置时限，并通过信息载体（钥匙，磁卡，芯片卡）调整入门资格。电子控制系统检查入门资格并放行，同时解锁门锁锁芯。除入门资格外，通过电子控制系统还能求取入门时长和频度。在酒店设施中，电子控制系统还经常用于例如电话使用时长或空房待租状态，企业中则利用这个媒介控制时间采集（图1）。

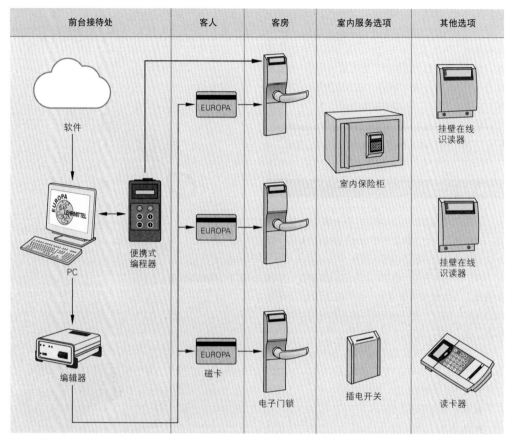

前台接待处	客人	客房	室内服务选项	其他选项

软件

PC

便携式
编程器

EUROPA

EUROPA

EUROPA
磁卡

编辑器

电子门锁

室内保险柜

插电开关

挂壁在线
识读器

挂壁在线
识读器

读卡器

图1　电子门禁装置

电机锁芯可用于提高安全性和闭锁舒适性，电机锁芯常与电子门禁装置组合安装。这里，锁舌由集成在球形把手内的电机驱动（图2）。每次操作开关门或走完固定的闭锁程序，电机便驱动锁舌运动。在反面，用钥匙也可以机械式转动锁芯。这样便可以从不同地方解锁或闭锁大楼入口大门。

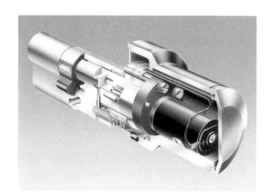

图2　电机锁芯

16.5 闭锁系统

> 众多各种类型并组合成为一个完整功能单元的锁具均可称为闭锁系统。

根据闭锁系统的结构将它们划分为下列系统类型（图1）：

- 主钥匙 – 系统：所有的锁芯均拥有一套自己的闭锁机构。个体钥匙只能开启它所配属的锁。主钥匙开启所有的锁。

  应用举例：商店，小型企业等。

- 通用 – 主钥匙 – 系统：若干个主钥匙 – 系统汇集在一把通用 – 主钥匙控制之下。通用主钥匙开启所有的锁，大组钥匙开启该大组的所有锁，小组钥匙开启该小组的所有锁，个体钥匙每次只能开启一把锁。

  应用举例：大型企业，银行，酒店，学校，医院等。

- 中心锁 – 系统：所有的个体钥匙可以开启配属给它的专用锁芯，或一个或多个公共门的中心锁芯。

  应用举例：多户住宅楼，大楼入口门的中心锁芯，酒店等。

- 组合系统：例如中心主钥匙 – 系统。

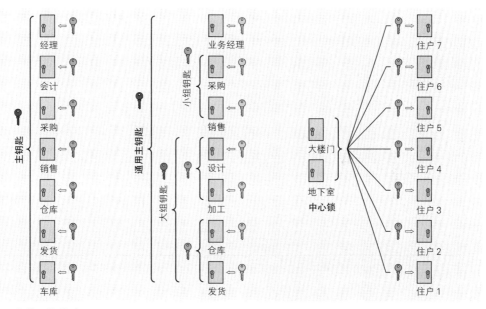

图 1　闭锁系统类型

■ 锁具安装计划

一个闭锁系统的安装计划具有特别意义。锁芯制造商提供合适的计划和计算机程序用于准备工作。

做出选择某个具体闭锁系统类型的决定之后，需在考虑业主的组织愿望的前提下提交锁具安装计划草案。

根据大楼平面图（图2）采集所有待闭锁目标的信息，并标注编号和名称。

图 2　大楼平面图

　　这些名称按逻辑顺序排列，按楼层有目的地分开，并填入锁具安装计划中指定的列（图1）。钥匙按照其开启功能分开录入"高层级钥匙"列。接着是各个钥匙可开启／关闭的位置的识别标记。其他各列分别写入钥匙数量、钥匙类型和其他特征。

门或房间名称	钥匙号	锁芯数量	钥匙数量	型号	芯轴尺寸 I L	延长 A B	颜色	Z1	Z2	1	2	3	4	5
住户1	1	1	3	333 IX		)			x					
计数器1	1	1	1	382 IX		)			x					
信箱1	1	1	1	382 IX		) gl.			x					
出租地下室1	1	1	1	777 IX		)			x					
车库1	1	1	1	333 IXH		)			x					
住户2	2	1	3	333 IX		)				x				
计数器2	2	1	1	382 IX		)				x				
信箱2	2	1	1	382 IX		) gl.				x				
出租地下室2	2	1	1	777 IX		)				x				
车库2	2	1	1	333 IXH		)				x				
住户3	3	1	3	333 IX		)					x			
计数器3	3	1	1	382 IX		)					x			
信箱3	3	1	1	382 IX		)					x			
出租地下室3	3	1	1	777 IX		) gl.					x			
车库3	3	1	1	333 IXH		)					x			
住户4	4	1	3	333 IX		)						x		
计数器4	4	1	1	382 IX		)						x		
信箱	4	1	1	382 IX		)						x		
出租地下室	4	1	1	777 IX		) gl.								
大楼门	Z 1	1	1	333 IX		)		x				x		
地下室通道	Z 1	1	–	333 IX		)		x				x		
洗衣和干衣房	Z 1	1	–	333		) gl.		x						
地下室外门	Z 2	1	–	333 IX		)		x	x	x	x	x	x	x
暖气	5	1	3	333 IX–K3		)						x		
加油站	5	1	–	777 IX		) gl.						x		

图1　锁具安装计划

知识点复习

　　1. 请解释多重闭锁安全性和防盗开安全性。

　　2. 根据 DIN 18252，哪些是对多重闭锁安全性的最低要求？

　　3. 哪些是针对霍布开锁法的结构性对抗措施？

　　4. 横卧钥匙槽的锁芯有哪些优点？

　　5. 请描述磁性锁具系统锁芯的结构和作用方式。

　　6. 如何理解锁芯的防破拆安全性？

　　7. 如何提高锁芯的防破拆安全性？

　　8. 安装配有防破拆保护的锁芯时应特别注意什么？

　　9. 检测钥匙需完成哪些任务？

　　10. 请列举闭锁系统的类型。

　　11. 通过什么区分主钥匙－闭锁系统与通用－主钥匙－闭锁系统？

17 格栅与栅栏

格栅是用于大楼和设施的轻型可通风的装饰元件和安全元件。

17.1 移动式格栅

移动式格栅的制造类型有格栅门，或装活节连接成犬牙形格栅或卷帘式格栅（图1）。犬牙形格栅或卷帘式格栅均配有活节，它们在导轨上移动。驱动卷帘式格栅的是驱动电机或装入卷轴的管状电机。轻型格栅还装有用于配重的拉簧。

17.2、固定式格栅

室内屏风式格栅是分隔室内空间并装饰造型的格栅元件。它从地板开始，终于天花板或某个框架。它可以形成一个通道门。

分隔格栅用于分隔室内空间和阻碍通道，可替代分隔墙。它位于两道墙，支柱或侧柱之间。地产的分隔格栅划定其地界，又称地界格栅。

装饰格栅用于装饰目的。用于装饰楼梯栏杆，木质壁龛和地产界线。门格栅大多装有玻璃，防止破坏，增加入室盗窃的难度，另外还有装饰作用。

窗户格栅［图2a）］的辅助作用是防止未经许可的攀爬和穿越窗户。窗户格栅根据格栅条的形状命名。除平面格栅外，还有箱式格栅和巴洛克时期的花篮形格栅。

根据固定地点可将格栅划分为：特别保护防止随意拔除的内墙格栅，窗侧格栅和外墙格栅［图2b）］。

■ 格栅的制作和安装

格栅由预制的实心型材通过铆接或焊接制成。防护格栅必须符合防盗保护要求。格栅条横截面以及水平与垂直格栅条间距还有建筑物立面与格栅的最小尺寸均取决于所要求的难度等级。格栅条相互之间应焊接连接，格栅条端部必须至少插入建筑物80 mm。由于统一的格栅条形状过于单调，也可将格栅条制成卷曲形状，如：

- 采用不同的格栅条横截面，
- 编排人工或工业定制锻打的装饰性格栅条。

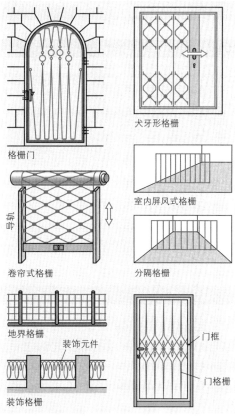

图 1 格栅类型

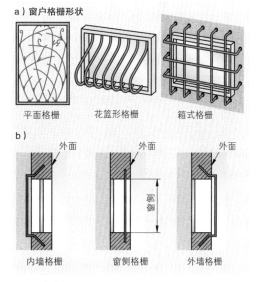

图 2 窗格栅

17.3　格栅形栅板和钢板栅栏

17.3.1　用途与特性

> 格栅形栅板是可承重的，带有均匀通风开口的平面金属建筑构件。用于可行走甚至可行驶的地表铺层。

还有步行桥（图1），工作台，楼梯，楼梯平台等也可以安装这类栅板。它们的特点如下

- 质轻但承载能力强；
- 表面防滑保护；
- 安装和拆卸简单；
- 光，风，液体和松散材料的良好通过性；
- 不会阻挡松散材料和污物。

17.3.2　制造类型

1. 压制栅板（P 型结构）

它由高边平面承重开口栅条组成，其中的横向栅条采用冷作压制方法制成。栅条之间的净间距称为网孔宽度。栅条的平均间距称为横向与承重栅条的栅距（图2）。承重栅条承受负荷，并跨越两个栅板支承之间的跨度。

2 焊接压制栅板（SP 型结构）

它是无开口的承重栅条。横向栅条由扭转的四方材料制成，它与承重栅条的所有交叉点用电阻压焊法同时焊接并下沉（图3）。因此，焊接压制栅条与压制栅条相比，前者更坚固，抗扭曲强度更高。接下来的装配切割时，栅条仍高度保持着这种强度和牢固接合。

3 金属板网形栅板

它的初始材料是最厚为 3 mm 的板材，然后冲压成错位排列的小开口，最后拉伸成直角。由此构成栅条扭转的网眼（图4）。板材的边缘区域不冲压开口，而是向下卷边，用于增强强度。金属板网形栅板的防滑性能良好，但由于其承载能力弱，常常采用宽网眼压制栅板予以加强。

4 板型材栅板

它由打孔和折边板材制成。它的承载能力高。图5所示为一个双面打孔的板型材栅板，它可使水顺畅通过。它用于建工脚手架和楼梯踏板。

图1　污水处理厂作为步行桥的栅板

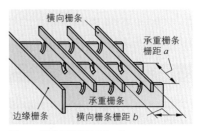

图2　制造压制栅板（P）

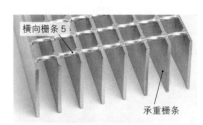

图3　焊接压制栅板（SP）

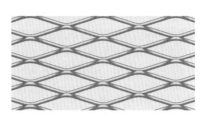

图4　金属板网形栅板

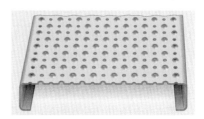

图5　板型材栅板

17.3.3 开口和边饰

在栅板上和栅板内的切除面，斜切面和切口都必须与安装现场情况相符 [图1a]。栅板总是有一个环绕的边饰。在扁钢做切口，对接扁钢直边的材料可采用脚板条，角型材或Z型材 [图1b]。一般的边饰与承重栅条同等高度。通过架高或去除（图2）使栅板上边棱与底层平面形成一个对齐的表面。

17.3.4 防腐保护

钢制格栅形栅板保持光亮表面，或热镀锌。可在化学工厂添加一道工序：浸泡沥青，塑料涂层或烤漆。在食品加工领域，栅板也可用不锈钢或铝材料制成。

17.3.5 安全栅板

这种栅板具有一个特别防滑的行走表面。为此目的将承重栅条和填充栅条的上边棱制成锯齿状（图3）。在油，油脂和冰等因素构成特殊的滑倒危险时必须采用安全栅板。此外，这种栅板用于步行桥时的坡度规定可大于6°至24°。超过10°后必须添加超过步道总宽度的踏板，其间距根据步幅尺寸公式应达到约630 mm。坡度大于24°时，必须改用楼梯。

17.3.6 标准栅板和阶梯踏板

矩形格栅形栅板已在 DIN 24 527-1 中标准化：P型栅板的网眼间距为 33.3 mm × 33.3 mm，SP型栅板为 34.3 mm × 38.1 mm。标准宽度为 1500 mm 或 1000 mm，承重栅条的标准尺寸为 30 mm × 3 mm 和 40 mm × 3 mm。

但根据要求，焊接压制栅板的长度最大可达 6.10 m，宽度最大可达 1 m，即所谓的大尺寸栅板。

压制栅板则根据制造商的不同而各有不同，从 250 × 250 至 1700 × 600 和 600 × 1700 等多种规格。首先标注的尺寸是承重栅条方向的栅条长度。根据标准在该尺寸前应标记字母 T 或下划线或粗体字。

> 格栅形栅板的长度始终在承重栅条方向测量并首先标注。

为防止铺设安装时混淆承重栅条方向，应尽量避免使用正方形栅板。

标准化的还有按 DIN 24531（图3）制作的直线踏板阶梯。在压制踏板（P）或焊接压制栅板（SP）结构中，标准化尺寸为长度4和宽度3（图4）。制造商可以提供其他尺寸。

踏板边棱处开槽或打孔均可提高踏板边缘的可见程度，阻止滑倒的危险。配有圆孔或长孔的边板可简化与面板的螺钉连接。

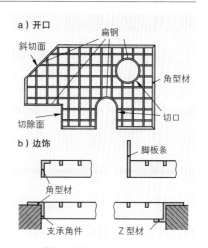

a）开口

b）边饰

图1 裁切和边饰

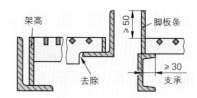

图2 特殊边饰

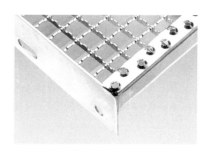

图3 防滑踏板阶梯

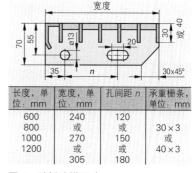

长度，单位：mm	宽度，单位：mm	孔间距 n，单位：mm	承重栅条，单位：mm
600	240	120	30 × 3
800	或	或	或
1000	270	150	40 × 3
1200	或	或	
	305	180	

图4 踏板阶梯尺寸

17.3.7 铺设图

实际上并非每次都用标准栅板，制造商也提供大尺寸栅板，其尺寸与承载能力均以客户愿望为准。对于较大且不规则没有标准化的面积（图1）应制定一份铺设图（图3）。从计划中可得知栅板的位置和设计尺寸以及切除面和切口位置等信息。这里必须考虑到下部结构件的加工公差，在现有设备上计算加工余量。

> 对于周围所有边的铺设间隙0～3 mm应够用，因为制造商供货产品的长度和宽度均比订单小0～4 mm。但必须考虑到建筑物误差。

17.3.8 跨度

承重栅条的位置用箭头标识，因为这个位置必须始终位于下部结构件内（图3）。根据图纸，这里的最小尺寸达到30 mm，在运行状态下，该尺寸必须至少达到25 mm（图2）。厚度超过30 mm的栅板，其支承长度应尽可能等于承重栅条的高度。

为简化铺设工作和节省固定材料，应选用尽可能大的栅板。但对于大跨度仍需更有力的承重栅条。表1显示用于可行走栅板的最大许用跨度，尺寸单位：mm。如果栅板承受单个步行者负荷1500 N，少于其跨度的1/200，那么栅板的纵向弯曲允许最大为4 mm。详细的承载力表在DIN 24537和制造商产品目录中均有记载。

所有栅板供货时都可以采用配合略松的角框架。长度和宽度均已包含在角框架内。实际的栅板长度和宽度各小约10 mm。

图1 装有大尺寸栅板的平台

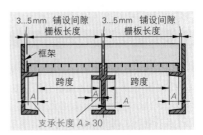

图2 铺设间隙，支承长度

表1：P型栅板承重栅条横截面与跨度的配属参数（制造商数据以及标准化数据）		
承重栅条	最大跨度	标准栅板宽度
25×2	700	500
30×3	1000	1500
40×2	1300	
40×3	1500	仅供货大尺寸栅板
40×5	1800	
50×5	2200	
60×5	2500	

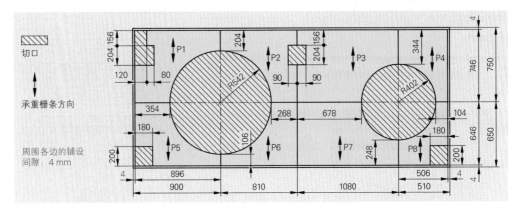

图3 大尺寸栅板铺设图

17.3.9 栅板的固定

栅板应固定稳妥防止移动，在高层建筑和地下建筑中，还必须防止栅板翘起。采用角框架防止移动，采用专用固定材料防止移动和翘起：

- 标准固定：采用固定角件，螺钉，螺帽和圆盘或夹头［图1a）］。
- 安全固定：采用上部止动件，允许略有移动，可从上部穿过指孔装配［图1b）］。
- 挂钩固定：用于角型材或带有下凸缘的支承型材［图1c）］。
- 固定螺钉固定：采用半圆头套筒螺帽［图1d）］。
- 焊接螺栓固定：［图1e）］。

要求至少采用两种固定方法。所有不在门槛范围内的栅板，和所有用于行驶车辆的栅板，均必须在下部结构件上至少4个位置采取固定措施。

17.3.10 订货数据

矩形焊接压制栅板（SP）的承重栅条 40×3，横向栅条栅距38.1 mm，承重栅条方向长度800 mm，宽度1000 mm，特殊防滑（例如评估组R11），这种产品的名称：

■ **格栅形栅板 DIN 24537-SP 40-38，1-T800×1000-R 11**

阶梯踏板采用压制栅板（P），其承重栅条 30×3，横向栅条栅距33.33 mm，阶梯长度800 mm，阶梯宽度240 mm，防滑按最佳评估组R13，该产品名称：

■ **阶梯踏板 DIN 24531-P 30-33.33-800×240-R 13**

补充数据涉及的是防腐保护，例如按 DIN 50976 的热镀锌，和固定材料。

若是非标准化的格栅形栅板，期待制造商提供补充数据，如材料，承重栅条设计尺寸，网眼宽度（MW）或网眼间距（MT），这里的第一个数字表示承重栅条间距，还有框架，安全栅板，脚板条，架高或去除，标出切口的铺设图。

17.3.11 安全提示

如果栅板铺设在坠落高度大于2 m的地方，或坠落时存在着溺亡，窒息或沉没的危险，必须用保险绳系住安装人员。坠落危险也存在于所有铺设边缘地带和已铺设地带，但尚未采取防止移动和翘起措施的未保护栅板范围。

知识点复习

1. 压制栅板与焊接压制栅板之间有哪些区别？
2. 如何阻止格栅形栅板的腐蚀？
3. 为什么格栅形栅板没有正方形产品类型？
4. 依据什么确定栅板的高度？
5. 请列举一个40 mm高的栅板的计划支承长度和铺设间隙。

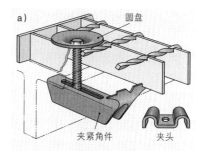

a)
圆盘
夹紧角件
夹头

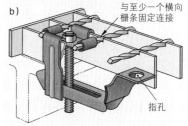

b)
与至少一个横向栅条固定连接
指孔

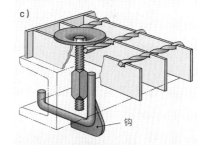

c)
钩

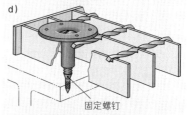

d)
固定螺钉

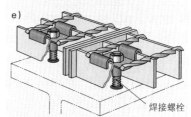

e)
焊接螺栓

图1　栅板的固定

6. 要求采用哪些承重栅条横截面用于1000 mm的跨度？
7. 在什么地方每个栅板仅有两个固定就够了？
8. 为什么铺设图中的箭头非常重要？

作业：锅炉脚手架的楼梯平台

楼梯平台应装在锅炉脚手架 6660 mm 的高度上。爬上该平台需通过一个按 ISO 14122-4 制作的安全梯，该梯装有后背保护，位于轴线 23。然后通过另一个更宽的，平行于轴线 BG 的安全梯向上离开平台。

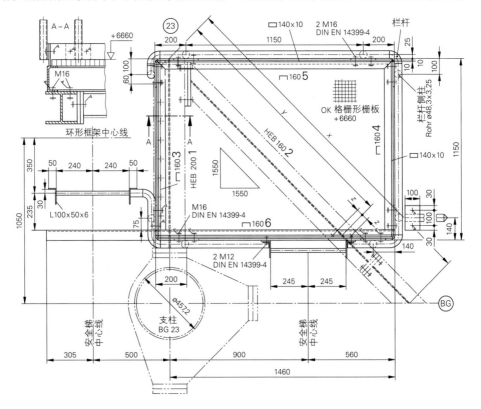

1. 格栅形栅板放在哪些型材上？
2. 绘制平台框架的草图，标出型材长度。
3. 如何阻止格栅形栅板滑落下去？
4. 确定承重栅条所要求的高度和环绕 5 mm 铺设间隙时栅板的尺寸。
5. 这种格栅形栅板有哪些符合标准的名称？
6. 这种格栅形栅板的承重栅条按铺设图在工作状态下足以放置在下部结构上吗？
7. 每个栅板要求多少个固定件？ 您将选择哪些？
8. 哪种型材可承重框架？
9. 请计算尺寸 x，y 和 z。
10. 平台框架与下部结构件连接需要多少个螺钉？
11. 计划多少个侧柱用于栏杆？
12. 脚板条 FI 140×10 符合 ISO 14122-3 的规定尺寸吗？
13. 在这个平台上要求使用哪些 DIN- 栏杆高度和栏杆形状？
14. 求出用于将栏杆侧柱固定在脚板条所需 DIN EN 14399-4 螺钉的长度和直径。
15. 请解释在装配计划中应按什么顺序安装这个平台。
16. 请用 HV 螺钉 M12 和 L 100×50×6 以及扁钢将两个安全梯连接至 U160，位置号 6。
17. 用哪种最薄的角焊缝焊接脚板条的角部？
18. 从楼梯平台上升的角度看栏杆，其外观是怎样的？

18　控制与调节

控制过程属于机器功能。我们到处都在使用受到控制或调节的装置或设备。如收音机扬声器的调节，还有汽车行驶时的控制过程。从外部观察，自动改变的设备，如提高温度，是受到调节的设备。

18.1　控制

控制系统可按既定目标影响机器或设备的运行过程。这里所使用的设备部分和装置可按照其功能划分为 4 个组件：控制装置，控制段，执行机构和执行量。

在举例中解释了这个概念：一个窗户配装遮阳篷的房间的亮度，是控制技术术语所称的控制段（图 1）。如果仅拉上一小段遮阳篷，这几乎不能形成阴影。但如果完全拉上遮阳篷，阳光不能继续通过窗户射入房间。拉遮阳篷所使用的电动机就是控制技术所说的执行机构。操纵电动机所用的按钮，便是控制装置。按下按钮的过程，也是遮阳篷打开的过程。遮阳篷打开的宽度就是执行量。

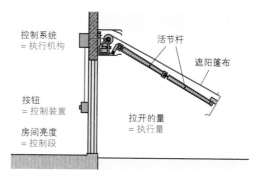

图 1　遮阳篷控制系统

在控制装置上可以调节变化，执行机构执行这个变化，执行量就是这个变化的量，而执行段则是经历这个变化。

图 2　控制系统框图

如果乌云遮蔽，太阳消失，房间变暗。为使房间再次获取足量光线，必须再次按下按钮，使遮阳篷抬起。这个举例表明，控制段的一个变化（房间亮度）并不影响其他组件的调节。

> 控制系统始终只有一个作用方向。

许多控制系统的结构极其复杂和昂贵。为了不必持续逐个画出控制系统的全部组件，用框图简化表达控制系统图。这里，所有重要的装置均标记为一个矩形（图 2）。

有时，一个矩形内汇集多个组件。矩形用表示控制系统作用方向的箭头连接（图 2）。

18.2　调节

控制系统中，信号总是从控制装置至控制段这一个方向发出，但没有规定关于控制指令作用效果的反馈信号，与之相反，调节系统却始终在检测，是否已达到所需的数值。

如果在遮阳篷控制系统中加装一个风力监视器和一个光敏元件，遮阳篷的运动将根据阳光强度自动开启和关闭。暴风雨来临时，存在着遮阳篷受损的危险，因此，这种情况下，遮阳篷完全关闭。现在，一个关于房间亮度和风速的反馈信号传至控制装置。控制系统变成一个调节系统（第 320 页图 1）。

控制装置可调节设定值（所需的房间亮度）。光敏元件检测到的数值与设定值比较。如果室内过暗，遮阳篷打开；如果室内过亮，遮阳篷关闭。房间亮度是调节段，遮阳篷的打开是调节量。遮阳篷打开的设定值是给定参数，配装驱动电机的控制单元是调节方向。

现在，如果外部的影响，如云层增厚，导致房间亮度发生变化，这个变化由光敏元件采集。现在，由于设定值与实际值已不再一致，这可称为调节差。调节装置指令遮阳篷关闭。

外部对调节段的影响又称干扰量。

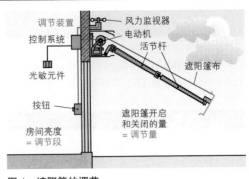

图1 遮阳篷的调节

调节时，调节量持续反馈回调节装置。

由此产生一种可能性，即持续保持变化的量或根据设定的程序持续修正这个变化量。图2所示框图是遮阳篷的调节过程。

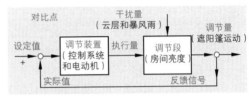

图2 调节系统框图

知识点复习

1. 控制与调节的区别是什么？

2. 为什么用框图表达控制系统和调节系统？

3. 执行机构的任务是什么？

4. 请解释恒温器阀调节加热体时的调节量和调节段这两个概念。

5. 控制系统和调节系统对干扰量的反应各是什么？

18.3 控制类型

控制系统可按四种观点划分（概览表1）：
- 按照控制信号
- 按照信号处理
- 按照编制程序
- 按照能量载体

概览：控制系统的划分			
按照下述类型进行划分：			
■ 控制信号	■ 信号处理	■ 编制程序	■ 能量载体
· 模拟信号	· 逻辑控制系统	· 在线编程	· 机械式
· 二进制信号	· 流程控制系统	· 可编程序	· 气动式
· 数字信号		控制器	· 液压式
		· 数字控制	· 电气式

■ **流程控制**

使用控制系统不仅可实现简单过程的控制，如遮阳篷的开关，还能由一个控制装置实现同时控制多个流程。这类控制系统称为流程控制系统。

自动操作的推拉门可以实现门的自动打开和关闭（图3）。门的打开过程一直延续至限位开关动作。然后门保持开启状态，直至按下按钮改变其运动方向为止。而门的关闭过程一直延续至第二个限位开关，这个开关结束关闭过程。

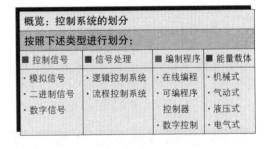

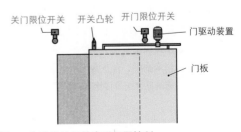

图3 自动推拉门的步进框图控制

门的驱动装置回程驶过指定行程后关断。程序控制系统中由控制系统的操作过程决定行驶的行程，这类控制系统又称步进框图控制系统。

霓虹灯广告牌在晚间从18点至22点，早上从6点至8点接通开启。这个操作过程由一个定时自动开关触发。在时间计划控制系统中，由设定的时间决定流程的实施（图1）。如果前例中自动推拉门开启后保持一段指定时间，随后自动关闭，这就是时间计划控制。

控制装置通过程序流程从诸多程序载体之一提取信息，这些程序载体有：固定硬盘，CD-ROM，软盘，磁带，早期还有穿孔带或穿孔卡片。

直至最近几年压缩空气气缸仍保留着气动控制，电机由电气控制系统执行控制。时至今日，由于电子组件已经非常便宜，体积也大为缩小，现在占据优势地位的控制装置已变成可编程序控制器或数字控制系统，工作过程的驱动能量也由压缩空气，液压油或电动机担当。今后，控制系统的划分依据将是能量载体。

18.3.1 机械控制

机械控制系统主要由机械部件，如变速箱，主轴，凸轮盘，孔板和凸轮。门锁是机械控制系统。控制装置是钥匙，门锁组件如插销、锁杆和换向杆是执行机构，门闩是控制段（图2）。

机械控制系统主要安装在自动运行的加工机床，如钻床和自动装配设备。在图示的装置（图3）中，凸轮筒推动一杆运动。根据位置的不同，这个杆推动离合器断开或接合，并以此控制旋转的时长。

18.3.2 气动控制

采用压缩空气控制机床或设备时称气动控制系统。压缩空气常用作驱动媒介。气动设备有许多优点：

1. 压缩空气管道铺设简单。
2. 压缩空气属环境友好型，任何地方均可使用。
3. 工作过程结束后，压缩空气可简单地排入大气。
4. 用压缩空气气缸和气动马达可达到极高速度。
5. 气动马达现已做到低转速高扭矩。
6. 压缩空气气缸可以不受损坏地停机。
7. 压缩空气气缸可以制成许多不同形状。

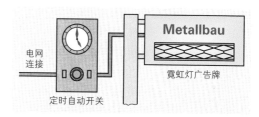

图1 时间计划控制系统

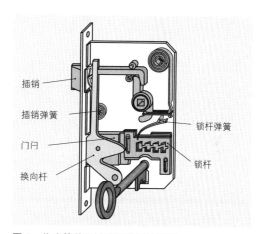

图2 作为简单机械控制举例的门锁

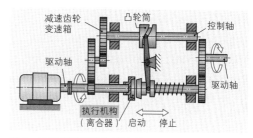

图3 变速箱单元的机械控制

压缩空气设备的使用受到压缩空气特性的限制。

1. 压缩空气只能压缩至一定的压力（6~12 bar），否则不具经济性。因此，压缩空气产生的力是有限的。

2. 压缩空气释放时产生噪声。

3. 压缩空气气缸承受负荷时会发生变化，如速度，因此在负荷变化时无法提供匀速运动。

究其原因是空气的可压缩性：压力增加时体积缩小。

如果一个气缸如图1所示受到的外部力增强，这时需要更高的压力推动气缸继续运动。但为达到这个更高压力，压缩机必须向压缩空气管路压入更多空气。为此压缩机需要更多时间，气缸驶出的速度变慢。

■ 气动控制系统的组件

压缩空气制备所需的设备由一系列装置组成（第323页图1）。其中最重要的装置是压缩机，它通过过滤器从环境大气中抽吸空气，过滤器挡住空气中的污物和灰尘，然后将空气压缩。压缩过程产生热。这时压缩空气导入冷却器。

许多压缩空气设备中会短时需要大量压缩空气。为了这个极高的峰值需求量没有必要采用大型昂贵且耗能极高的压缩机，一般使用物美价廉的小型压缩机并串联一个压缩空气储气罐。储气罐的优点是，使已加热的压缩空气在这里继续冷却。达到所需压缩空气管网系统压力后，一般均关断压缩机的驱动电机。出于安全原因，储气罐还装有溢压阀，它在超过最高许用压力时将压缩空气排入大气。为能够随时确定系统压力值，储气罐还装有一个压力表。

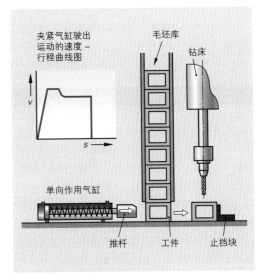

图 1　压缩空气气缸执行工件供给

压缩空气必须干燥，否则可能使设备锈蚀或结冰。但环境大气中始终含有水蒸气，即空气湿度。如要冷却空气，必须将水蒸气中的水分分离出来。这个过程在压缩空气设备中主要发生在冷却器和储气罐中。这里所聚集的水（冷凝水）必须随时通过相应的设备排出去。

> 制造压缩空气属于配装驱动电机的压缩机，冷却器和储气罐的任务。

在压缩空气导入控制系统元件（阀）和用户之前，必须进行制备。这里的制备指，将压缩空气导入另一个装有水气分离装置的过滤器。接着进入带压力调节阀的压力表。这里调整均衡压缩空气的压力波动，将已制造的压缩空气压力降至各用户所需的工作压力。压缩空气气缸和气动马达为降低摩擦和磨损需要轻度加油的压缩空气。油雾化器向压缩空气混入油雾。

> 维护单元用于压缩空气的制备。它由过滤器，减压阀和油雾化器组成。

第323页图1所示是一个装有压缩空气制造和制备单元的压缩空气设备的结构，以及一个作为工作部件的阀控气缸。在设计草案中的控制系统各个组件还不像技术图纸上那么形象，而是采用 ISO 1219 规定的线路符号进行表达。

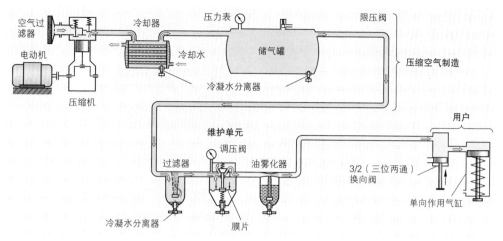

图 1 压缩空气设备原理图

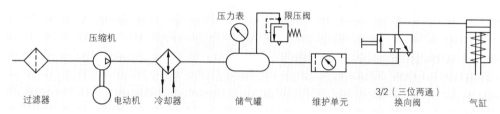

图 2 压缩空气设备线路图

通过压缩，能量存储在压缩空气中。

■ **压缩机制造类型**

根据所要求的压力，所需的气量和用户设备必需的供气压力低波动性等各种要求的不同，使用的压缩机也是各种不同的制造类型，如活塞式压缩机，膜片式压缩机，叶片回转式压缩机和螺杆式压缩机。

活塞式压缩机的运行类似于自行车打气筒（图 3）：活塞通过一个阀从环境大气中将空气抽吸进入气缸。这里用管道连接储气罐和用户。接着，活塞向另一个方向运动并将已压缩的空气推向储气罐，与此同时，阀关闭抽吸管道。单向作用气缸活塞压缩机制造约 4 bar 压力的压缩空气，其每分钟的输气量为 30 m³。两级活塞压缩机制造约 7 bar 压缩空气，其输气量达 50 m³/min。

活塞式压缩机制造的压缩空气因活塞与气缸需要润滑而含油。同时也会产生磨损细末，但被维护单元过滤器所拦截。如果需要绝对干净的压缩空气，则应使用膜片式压缩机（图 4）。它由弹性膜片制造压缩空气。它制造的压缩空气压力达约 7 bar，输气量达 0.7 m³/min。

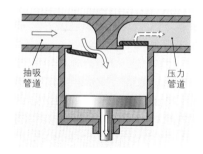

图 3 活塞式压缩机原理图

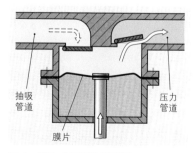

图 4 膜片式压缩机原理图

极高的输气量，最大达 200 m³/min，和极高的气压（约 10 bar）产自叶片回转式压缩机。相对于机壳，其驱动轴位于机壳中心线外侧。叶片在离心力作用下向外挤压并沿着机壳内壁运动，由此在驱动轴凹槽内产生输气空间（图 1）。输气空间的体积随旋转运动而变化。在空间变大的一侧，称为吸气侧，对面的是压气侧。

螺杆式压缩机的特点是运行低噪，所制造的压缩空气压力高（图 2）。这类压缩机内并排排列三根螺杆轴。与齿轮一样，三根螺杆轴的螺旋线相互啮合。一根螺旋线从另一根螺旋线的螺纹导程出来的位置产生一个空腔，并在此处形成负压（吸气侧）。在另一边，一个螺旋线的螺纹导程填充另一根螺杆的空白处。空腔也因此再次填满并产生正压（压气侧）。

■ **工作元件**

压缩空气气缸执行直线运动。它们主要用于使机器零件和工件做来回的往复运动，还有夹紧和挤压工件，或用于加工或装配过程。如果工作运动只向一个方向，如夹紧或挤压，一般使用单向作用气缸即可满足需求（图 3）。压缩空气推动活塞只向一个方向运动。回程力由内置弹簧提供。

双向作用气缸（图 4）的往复行程均由压缩空气推动。因此可以保证活塞回程更安全，更可控，同时也可以双向均用于工作运动。

气动马达产生旋转运动（转矩）。它的工作原理与压缩机大致相同，其结构也类似于相同类型的压缩机。因此便有与压缩机对应的气动马达，如活塞式气动马达，膜片式气动马达和转速极高的透平马达。

活塞式气动马达产生极高转矩，其转速可达 6000 r/min。主要用于升降装置。

膜片式气动马达在钻工，磨工，螺纹攻丝钳工和普通钳工处均有大量使用。它的转速最大可达 30000 r/min。其旋转方向有单向型和双向型（图 5）。

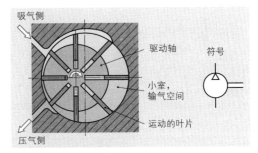

图 1　叶片回转式压缩机

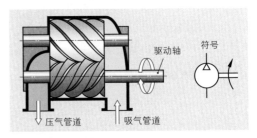

图 2　螺杆式压缩机

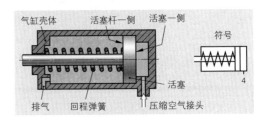

图 3　单向作用压缩空气气缸

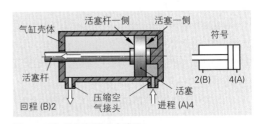

图 4　双向作用压缩空气气缸

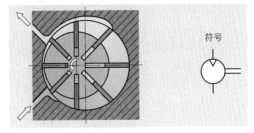

图 5　膜片式气动马达

透平气动马达属于专用工具，其转速高达45000 r/min，例如用于牙医的牙钻。

■ **控制元件**

阀控制着工作设备。阀可划分为换向阀，关断阀，压力阀和流量阀（节流阀）等。

换向阀使压缩空气流停止或转换方向，用于控制气缸行程和马达旋转方向。换向阀可分为座阀和滑阀（图1）。换向阀的名称来自可使用的接头与开关位置的数量。

控制接头可不予考虑。那么图2所示的阀可命名为5/2（五位两通）换向阀，因为它有五个接头和两个开关位置。

> 换向阀名称：
> 第1个数字 = 接头数量
> 第2个数字 = 开关位置数量

在线路图中，换向阀用并列排列的正方形表达。这里的每一个正方形相当于一个开关位置。同时用小写字母a，b... 进行标记。接头在相当于静止位置的正方形旁用相同的名称进行标记。用大写字母A，B... 和偶数数字2，4... 标记的接头通向工作设备，P或1是压缩空气接头，R和S以及奇数数字表示排气管道，X，Y... 和12，14... 表示控制接头。这里，12表示从1至2的连接，14表示从1至4的连接。操作类型也用线路符号标记在相应的一侧。线路符号和操作类型均已在ISO 1219–1中标准化。

关断阀阻止压缩空气流入错误方向。最出名的关断阀是止回阀（图3）。特殊的关断阀是转换阀和双压阀。这两种阀均有两个控制接头和一个工作接头。转换阀完成的任务是或门功能（图4）。据此可将工作元件有选择地由两个阀实施操作。为使工作管道不会因未操作的阀而用于排气，这个接头由转换阀关断。双压阀执行的任务是与门功能（图5）。其阀出口端只在两个入口端同时施压时才有压力。

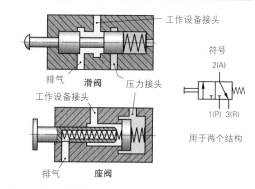

图1　滑阀和座阀

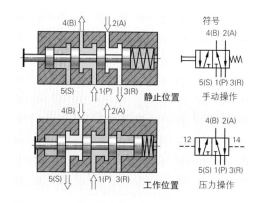

图2　5/2（五位两通）换向阀

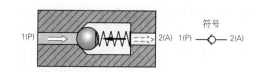

图3　止回阀

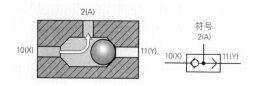

图4　转换阀

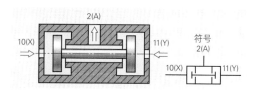

图5　双压阀

压力阀恒定保持一个指定压力，如调压阀，或如限压阀（323 页图 1），其任务是不允许超过指定压力（图 1）。一根弹簧保持关断活塞处于关闭状态。当压力上升且超过指定压力值时，该活塞升起，将压缩空气排入周边大气。旋转调节螺栓可改变弹簧力和压力极限值。限压阀的作用是保证设备和管路的安全。

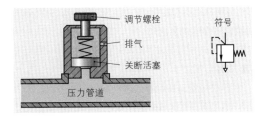

图 1　限压阀

流量阀通过节流控制流过的压缩空气流量。固定节流阀有一个始终保持一致的固定窄点，流经的压缩空气在此受到限制。可调节流阀的窄点是可变的。如果要求仅在一个方向节流压缩空气，另一个方向可使压缩空气顺畅流过，对此应使用节流止回阀（图 2）。

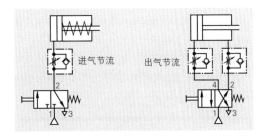

图 2　用节流止回阀实施控制

1. 请列举两种不同的程序控制系统。

2. 您知道哪些程序载体？

3. 哪些组件主要用于机械控制系统？

4. 气动设备的优点在何处？

5. 压缩空气设备的使用受到何种限制？

6. 请列举气动控制系统的不同组件。

7. 哪些组件属于压缩空气制造？

8. 为什么气动控制系统要求有一个维护单元？

9. 请解释两种压缩机制造类型的结构和功能。

10. 气缸的任务是什么？

11. 请列举两种气缸制造类型的不同特征。

12. 请解释换向阀的名称。

13. 气动马达的结构是怎样的？

14. 请列举四种阀门类型。

18.3.3　液压控制

液压控制系统主要用于必须传递大力的地方，如挖掘机（图 3）。液压设备的传递媒介是油，它不仅用于控制，还用作工作媒介。油的优点在于它可以传递超过 1000 bar 的压力。由于液体不具有可压缩性，所以与气动控制不同的是，液压系统中油流与工作速度之间的关系是直接相关关系。与电气驱动相反，液压缸和液压马达从静止状态驶出时的负荷最大，尽管负荷不尽相同，但液压系统的进给运动是匀速的。其改变运动方向的方式也可以是突然而迅猛的。

液压控制系统工作元件的特性参数如压力，力，转矩或速度等均可无级调节。由于液压液大部分用油，其设备可以自润滑，并因此保持长寿命。与相对无危险的压缩空气不同的是，溢出的液压油可造成更大的损害。

图 3　用液压驱动挖掘臂的挖掘机

■ 液压控制系统组件

与到处使用压缩空气作为工作媒介的气动系统相反，液压系统需要一个液压液的储备容器，工作完成后，无压力的液压液通过管道重又回到这个容器。所有液压所必需的组件，如液压泵，驱动电机，储备容器，限压阀，管道及其管道螺纹接头等，统称为一个单元，并命名为液压机组（图 1）。容器用作储备油罐，用于冷却液压油并通过沉淀清除油中所含污物微粒。

■ 液压泵

液压泵的驱动由电动机完成。液压泵以不同的方式产生体积流量和高压。液压泵提高液压油的能量含量。

> 通过扩大空间吸入液压液，然后再缩小空间排除液压液（排挤原则）。

液压泵有多种不同的制造类型：齿轮泵，叶片泵，径向柱塞泵，轴向柱塞泵和螺旋压力泵。

齿轮泵通过其齿轮的齿槽形成容纳液体的空腔。当轮齿相互啮合时，液体受到排挤。外齿轮泵（图 2）用两个外啮合齿轮输送液体。内齿轮泵，又称月牙形齿轮泵（图 3），有一个内啮合空心齿轮和一个外啮合齿轮。挤压侧和抽吸侧均由一个月牙形垫块分开。齿轮泵产生的压力最大可达 300 bar。

叶片泵的结构与叶片回转式压缩机相同（第 324 页）。转子在一个可移动的环内运行，环的移动便可以改变输送量，必要时还可以转换输送方向。叶片泵的工作压力最大可达 120 bar。

径向柱塞泵有多个柱塞在液压缸体内围绕一个中心驱动的驱动轴呈星形（径向）排列。

轴向柱塞泵则根据斜轴原理和斜片原理制造。

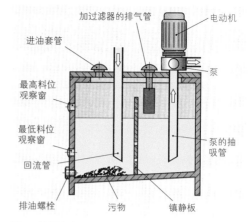

图 1 液压机组

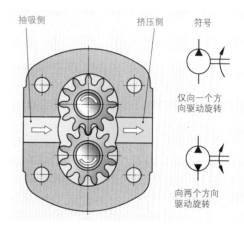

图 2 齿轮泵（外齿轮泵）

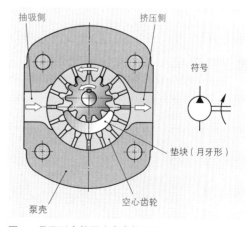

图 3 月牙形齿轮泵（内齿轮泵）

根据斜轴原理制造的轴向柱塞泵中，柱塞轴的方向与驱动轴成斜角。因此，柱塞在旋转一圈的过程中既有向前也有向后的运动。通过抽吸槽与挤压槽相应的排列位置使泵产生输送作用。

根据斜片原理制造的轴向柱塞泵中（图1）装有一个固定或随动的盘。该盘的作用是推动平行于驱动轴的柱塞做往复运动。轴向柱塞泵产生的压力最大可达 400 bar。

螺旋压力泵产生均匀的输送液流。其结构与螺杆压缩机（第324页）相似。

■ **工作元件**

这里分为单向作用液压缸和双向作用液压缸。它们的结构与气缸相同，但由于压力更高，其结构更牢固（第324页）。

单侧活塞杆液压缸（差动液压缸），这类液压缸在驶入与驶出时由于活塞面积不同而出现不同的力和速度。除了这类液压缸之外，还有双侧活塞杆液压缸（同步液压缸）（图2）。安装地方短但所需行程长，这时需用伸缩液压缸（例如液压起重机）。

如果液压缸运行至终端位置，对此适用于终端位置缓冲液压缸。这种制造类型在油流行程的最后几毫米处节流。由此避免活塞全速冲向液压缸止挡块（图3）。

液压马达采用液压油驱动并产生旋转运动。其结构几乎与液压泵相同，因此也有对应的不同结构：液压齿轮马达，液压叶片马达，液压径向活塞马达和液压轴向活塞马达。

■ **控制元件**

液压换向阀的名称与结构均与气动阀相似（第325页）。由于主要是滑阀持续出现漏油，必须为它加装一根通向油罐的漏油导管或回流管（图4）。

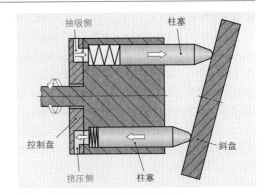

图1 斜盘式轴向柱塞液压泵原理图

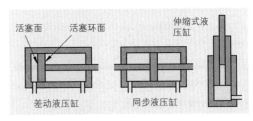

图2 液压缸制造类型

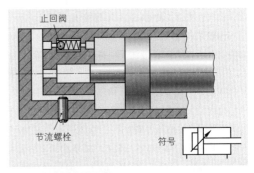

图3 终端缓冲原理图

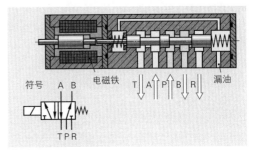

图4 电动滑动换向阀

液压系统与气动系统相同，除已述的止回阀外，还有可解锁的止回阀。它们大多用于安全装置，例如升降平台采用这类阀门后，液压液不能回流。直至阀门解锁后，液压液才能回流。

限压阀保护液压设备不受过压损害，因此，限压阀无论如何都必须直接连接液压机组。

调压阀（图2）（降压阀）可从液压机组向多个设备部件供给不同的工作压力。

节流阀用于减低流经的液流。改变压力的同时，径流量也出现变化。流量调节阀则与之相反，它使体积流量始终保持恒定不变（图3）。

■ **特殊的液压控制系统**

图4所示为一种用于升降平台的安全控制系统。为防止意外沉降，例如因漏油，直接在液压缸上配装一个可解锁的止回阀。只有向止回阀控制输入端施加压力，液压缸才能下降。

由于活塞面积不同，液压缸的伸出慢于收回。而差动液压缸（图5）的活塞面积正好两倍于活塞杆面积，借助限压阀可以构建一个管路，使液压缸的伸出与收回速度相同。

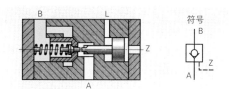

图1　可解锁的液压止回阀

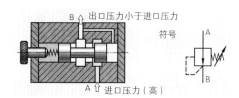

图2　调压阀

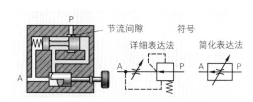

图3　流量调节阀

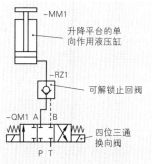

图4　升降平台的安全控制系统

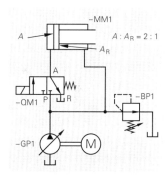

图5　差动液压缸的环流线路图

知识点复习

1. 液压控制系统有哪些优点？

2. 液压控制系统与气动控制系统的根本性区别在哪里？

3. 请列举一个液压控制系统最重要的组件。

4. 请解释齿轮泵，叶片泵和柱塞泵各自的作用方式。

5. 差动液压缸有哪些特点？

6. 何时使用伸缩液压缸？

7. 液压滑阀有哪些缺点？

8. 请列举四种不同的阀门制造类型。

9. 关断阀的任务是什么？

10. 压力阀的任务是什么？

11. 限压阀与调压阀的区别是什么？

12. 节流阀与流量调节阀的区别是什么？

13. 伸缩液压缸在过载时最后一节不再伸出。请解释这种现象。

18.3.4 电气控制

如今电气和电子元件的造型已越来越小且日渐价廉。常常在一个小元件中隐藏着一个完整的部件。因此，电气控制系统使用非常频繁，如手工电钻（图1）。电气控制系统常与气动或液压工作元件组合，但其工作流程是电气或电子控制。电气控制系统的组件是按钮，开关，灯具，继电器和作为工作元件的电磁铁和电动机。图2所示为这些组件的线路符号。

电子控制系统中，电气开关连接是无触点的。接触器和继电器是电磁控制的开关。

电气控制系统大多绘制在电路图内。每一个电气元件都用一个垂直的电流路径标记。这里，继电器或接触器的各个触点和线圈不再标记为符号，而是作为功能符号始终位于具有开关功能的电流路径上。为再次辨别对一个电气元件的所属性，例如共同所属的触点和线圈采用同一名称。这个标记名称由 DIN EN 81346–2 规定的标记字母（表1）和依序连续的数字组成（图3）。图纸所使用的符号，例如检查灯 X，在电气技术线路符号中命名。这类名称已在 DIN EN 60 617 标准化。图3所示为一台配装检查灯 H1（显示电动机停机状态）的电动机控制系统电路图。如果按下开关 S1，继电器 K1 的触点1打开，检查灯 H1 熄灭。触点2闭合，H2 亮（显示电动机运行），电动机开始运行。

在这个举例中，开关，继电器和检查灯均采用24 V 低电压，与此同时，电动机却采用230 V 电网电压驱动。因此，电气控制系统的结构常常是仅为纯工作元件提供高电压。控制系统所需装置则采用无危险的低电压。

■ 基本电路

通过配属和互连，仅用开关、继电器和触点即可满足许多不同的开关和控制要求。

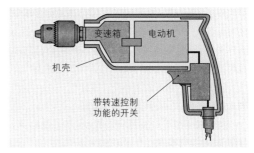

图1　电气控制电钻

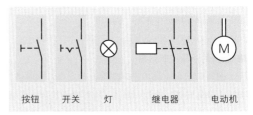

图2　电气元件的线路符号

表1：电气元件标记字母，参照 DIN EN 81346–2		
标记字母	**电气元件**	**举例**
B	转变输入端变量	定位开关
F	保护能量流或信号流	熔断器
G	产生能量流	电池
K	信号处理	开关电路
M	机械能就绪状态	电动机
P	信息表达	检测装置
R	限制能量流	电阻
S	手动操作的转换	按钮

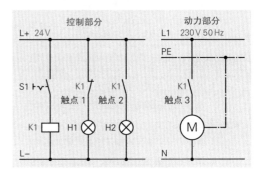

图3　一个电动机控制系统的电路图

例如一台机器只在保护栅栏全部关闭并按下开关 S1 之后才能启动运行（图 1）。这就意味着在保护栅栏上必须同样配装第二个开关触点 S2。继电器 K1 只在 S1 和 S2 两个开关同时操作时才接通。这种电路称为与门电路或门逻辑电路。

如果从两个不同位置操作一台电动机，这里需要一个或门电路（图 2）。按下开关 S1，继电器 K1 吸合，继电器 K1 的触点接通电动机电路。如果不是按下开关 S1，而是开关 S2，继电器 K1 同样吸合。

非门电路是另一种基本电路。它一般与其他条件共同使用。例如图 3 电路中的电动机，它只在不操作开关 S1 时才运行。与之相反，必须操作开关 S2，电动机才运行。非门功能由一个常闭触点触发，常闭触点是一种在静止状态下闭合的触点，只有实施操作才能打开这个触点。

上述三种基本电路已可解决大部分的控制技术任务。另外一些电路则是与门电路，或门电路和非门电路等各种电路的组合。

■ 联锁

电动机控制系统装有一个左旋开关和一个右旋开关，现在必须保证不能同时操作两个开关，否则立即短路。这个要求当然可通过机械联锁予以实现，即用一个连杆连接两个开关。如果操作其中一个开关，另一个开关通过连杆被断开（图 4）。开关 S1 接通电动机，机械联锁的开关 S2 确定转动方向。继电器 K1 和 K2 的触点用于控制电动机（图 4）。

电气联锁也可以解决上述问题（图 4）：操作用于左旋的开关 S3，继电器 K3 吸合，用于"电动机左旋"的触点闭合，电动机开始运行。与此同时，继电器 K4 电路中的常闭触点 K3 断开。如果现在同时操作用于"电动机右旋"的开关 S4，但没有电流流向继电器 K4。只有再次切断开关 S3 使继电器 K3 断开并再次吸合触点 K3，继电器 K4 才能吸合，并切断触点 K4 的联锁。

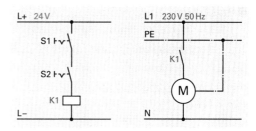

图 1　与门电路

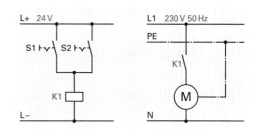

图 2　或门电路

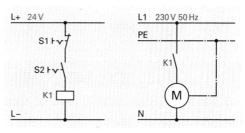

图 3　非门电路

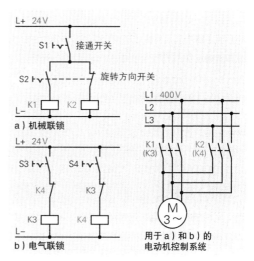

图 4　机械和电气联锁

■ **存储器**

如果一台电动机由一个按钮接通，由另一个按钮关断，那么必须存储接通状态。按钮与开关不同，操作后它会自动回至初始位置。如果接通开关按钮回至原位，简单电路中的电动机也将重回停机状态。但自闭触点可存储开关状态。如果操作图 1 自闭电路中按钮 S1，继电器 K1 吸合，用于电动机的触点 1 闭合，自闭触点闭合，按钮 S1 被跨接。这样在不再按下按钮 S1 时，电流也流向继电器 K1。关断时必须再次切断电路。按钮 S1 和自闭触点共用引接线上的常闭触点 S2 可以切断电路。

如果按下按钮 S1 的同时按下按钮 S2，电动机保持停机状态。关断按钮的这种排列使得存储电路优先关断。

如果关断按钮 S2 如图 2 所示直接连接在自闭触点之前，按下按钮 S2 时，将通过自闭触点关断电路。按下接通按钮后，电动机继续运行。这就是存储电路优先存储。

大部分使用按钮而不是搭接式手动开关的电气装置均由存储电路控制。如果电气装置需从多点开关操作，可使用自闭触点简单地扩大存储电路即可（图3）。这里可并联多个接通按钮（常开触点）S1，S2，S3，并由多个关断按钮（常闭触点）S4，S5，S6 构成一个串联电路。

实际应用中，控制系统常常是组合的，如气动气缸的阀门采用电气控制。图 4 显示一个用于这种阀门的线路图。按下按钮 S1，气缸驶出。按下按钮 S2 切断自闭电路之后，弹簧才能使阀门回归原位，气缸也驶回初始位置。

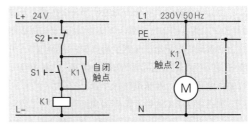

图 1 自闭电路优先关断

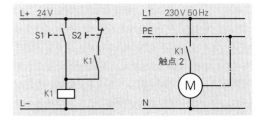

图 2 自闭电路优先存储

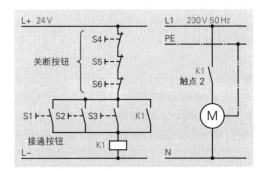

图 3 带有多个接通和关断按钮的自闭电路

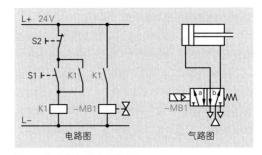

图 4 气动气缸的电气控制

知识点复习

1. 哪些组件用于电气控制系统？

2. 如何表达电气控制系统？

3. 电气元件有哪些名称？

4. 您认识哪些基本电路？

5. 请解释联锁这个概念。

6. 有哪些联锁的可能性？

7. 如何才能存储开关状态？

18.3.5　可编程序控制器（PLC）

至此所讲述的控制系统总是按照控制技术的任务要求实施固定接线或固定装配。也就是说，在设备完成加工制造之后，控制系统正常运行所需的条件只能通过相应的改装措施予以满足。例如，如果必须按下开关 1 和开关 2 才能启动机器，表明这个功能流程已经通过线路布线固定下来。如果现在提出一个新条件：开关 1 或开关 2 均可启动机器，那么设备必须做出相应的改装。这类控制系统可归属于固定程序控制系统的概念之下。迄今为止，这个概念主要被理解为电气接触器控制。还有机械，气动和液压控制系统均属此列。在这类控制系统中，逻辑条件同样通过固定连接的管路或机械零件予以固定。

> 控制系统由输入层面，逻辑层面和输出层面组成。

输入层面由传感器组成，例如按钮，开关，终端开关，换向阀等。

逻辑线路层面决定程序流程。逻辑层面在机械控制系统中，通过结构，例如凸轮盘，在气动和液压控制系统中通过敷设管路，在电气控制系统中则通过接线予以执行。

输出层面属于工作元件（执行器），如电动机或气缸（概览表 1）。

可编程序控制器（译注：德语缩写：SPS；英语缩写：PLC）与上述控制系统的区别在于逻辑层面（图 1）。在 PLC 中可轻易改变逻辑电路。逻辑条件固定保存在一个存储的程序中。这里的存储器分为可删除和不可删除两种。EROM 属于不可删除存储器。它虽能电气编程，但却不能删除。使用 EROM 时若需要改变程序，必须更换存储功能块。可删除存储器可电气输入程序（EPROM）。存储器内容可电气删除或用紫外线再次擦除（概览表 2）。

图 1　可编程序控制器

概览表 1：控制系统结构

控制形态类型	输入层面	逻辑层面	输出层面
机械式	杆	凸轮盘（机械结构）	工作元件的控制由所使用的能源决定
气动式液压式	终端开关	管路铺设阀门	
电气式	按钮	接线继电器	
PLC	按钮，开关	PLC 程序	

概览表 2：存储器类型

存储器类型

暂时存储器；存储内容在停电时丢失。

RAM
随机存取存储器
（Random Access
Memory）

应用：
PC 计算机
袖珍计算器
PLC 的中间存储器

非暂时存储器；停电时内容不会丢失。

不可删除		可删除	
ROM	PROM	EPROM	EEPROM

应用：可编程序控制器（PLC）

半导体存储器的特性：

RAM	内容可随意重写
ROM	在制造时已固定编程
PROM	可电气存储，但不能删除
EPROM	可用紫外线删除
EEPROM	可电气删除

可编程序控制器的流程控制按先后顺序询问每一个逻辑条件。这可称为序列式工作方式。

此外，可编程序控制器的工作方式也是循环的：当控制系统走至程序语句结尾时，它会跳回至开头。程序便因此持续循环。若某一个输入数值改变，也只能等程序走完（循环时间）后，输出端条件才会改变。

这种控制系统的编程采用非常简单的语句，它以电路逻辑为准绳。例如，现在欲启动一台电动机，当保护栅栏关闭（S1）并按下两个不同的按键（S2 和 S3），由此形成条件：触点 1 与触点 2 与触点 3 共用输出端 1。图 1 显示按键和电动机如何与可编程序控制器接线。按键连接输入端，电动机开关接触器连接输出端。电动机何时运行，只能由程序决定。概览表 1 显示出这个举例的编程可能性。尽管可编程序控制器制造各不相同，但语句的差别极小。

编程可使用编程器或 PC（个人计算机）。有些制造商不仅使用语句表（AWL），也使用功能图（FUP）在配有显示屏的输入装置上进行编程。

功能图用标准化的图形符号表达输入信号的逻辑线路和控制系统的分步骤流程。在这种图上，信号从左边输入端进入，输出端画在右边。图 2 是与门（UND），或门（ODER）和非门（NICHT）这些基本符号的概览表。图 3 所示是带有两个按键和保护栅栏的电动机控制系统一例的功能图。

为使人员坐着也能操作机器，还需安装两个按键，便于进行二选一的操作。也就是说，当保护栅栏关闭，按下按键 2 和按键 3 或按键 4 和按键 5 后，电动机启动运行。图 4 所示便是这个电路的功能图。

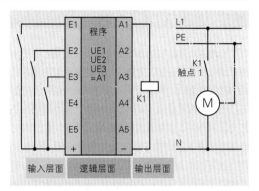

图 1　可编程序控制器举例

概览表：一个可编程控制器程序的语句表（AWL）		
地址（存储器位置编号）	语句	含义
001	UE1	与输入端 1
002	UE2	与输入端 2
003	UE3	与输入端 3
004	UE4	共用输出端 1

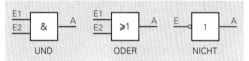

图 2　功能图（FUP）的基本符号

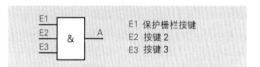

图 3　带有 2 个按键和保护栅栏的电动机控制系统（FUP）

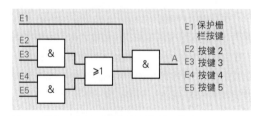

图 4　带有 4 个按键的电动机控制系统（FUP）

知识点复习

1. 请列举四种固定程序控制系统。

2. 请区分固定程序控制系统与可编程序控制器的区别。

3. 控制系统可划分为哪三个层面？

4. PROM，EPROM 和 EEPROM 的区别在哪里？

5. 请解释"序列式工作方式"这个概念。

6. 请给出一个简单安全电路（双手操作）的语句。

18.3.6　控制技术项目

■ 项目名称：板条定长裁切装置

制造大批量矩形板材需使用半自动定长裁切装置（图 1）。

人工将板条送至止挡位置。达到切割位置后，用手动按键启动切割过程。首先由气动气缸夹紧板条，夹紧过程顺利完成后，由第二个气动气缸执行裁切。为避免夹紧时出现事故，夹紧气缸采用"双手控制"模式触发。

控制系统可采用气动式，也可选用电子气动式。

■ 气缸动作顺序：

MM1 伸出 →；MM2 伸出 →；MM1 收回 ←；MM2 收回 ←

■ 执行机构：

需要下列工作元件（执行机构）：

- 夹紧气缸（MM1）
- 裁切气缸（MM2）

■ 传感器：

- 两个启动按键（SJ1 和 SJ2）
- 确定夹紧气缸位置的传感器（BG1 和 BG2）
- 确定裁切气缸位置的传感器（BG3 和 BG4）
- 用于止挡位置问询的传感器（BG5）

■ 逻辑电路（图 2）

- 所有过程步骤的条件：设备"接通"
- 当裁切气缸位于后终端位置"与"按下两个启动按键"与"板条位于止挡位置时，夹紧气缸伸出。
- 当裁切气缸抵达前终端位置时，设备收回。

在功能曲线图或状态曲线图中可清晰辨识各个步骤（图 3）。传感器和执行机构的开关位置已配属给各个步骤。

另一种可能性，与设备无关地表达并检查功能流程，即按照 DIN EN 60848 并按照 GRAFCET 编制流程图。

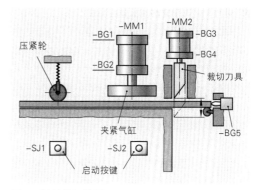

图 1　板材裁切装置

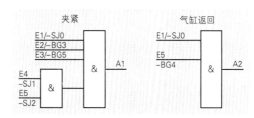

图 2　功能图

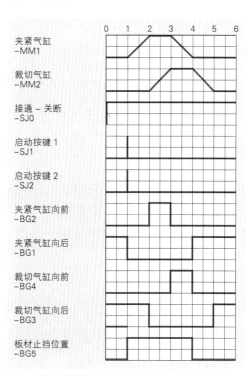

图 3　状态曲线图

■ 用 GRAFCET 表达定长裁切装置

表述定长裁切装置时，GRAFCET（译注；顺序功能图的法语缩写）与状态曲线图一样是分步骤表达的。每个步骤链都从一个初始步骤开始。初始步骤用双框标记。在前述举例中，初始步骤的步骤编号是"0"。

为达到下一个步骤，必须满足下一个开关条件，即所谓的过渡。它以文本形式，表达为布尔算符或图形符号。

按照图 1 的 GRAFCET，夹紧气缸 –MM1 只在满足下述启动条件后才伸出：
–SJ0 ∧ –SJ1 ∧ –SJ2 ∧ –BG3 ∧ –BG5

第二个过渡 –SJ0 ∧ –BG2 释放裁切气缸 –MM2 的伸出运动。

过渡 –SJ0 ∧ –BG4 释放夹紧气缸的收回运动，过渡 –SJ0 ∧ –BG1 释放裁切气缸的收回运动（图 1）。

■ 气动动作

图 2 显示将控制系统任务转换为气动设备技术动作。可见，两个气动气缸分别位于两个气路，各表达为不同层面。双手操作所要求的条件 –SJ1 ∧ –SJ2 由这两个信号发生器的串联管路予以满足，同理，用询问板条位置（–BG5）的方式满足裁切气缸后终端位置与门逻辑管路的条件要求。两个串联管路均通过一个双压阀（–KH1）与另一个与门逻辑管路协调一致。

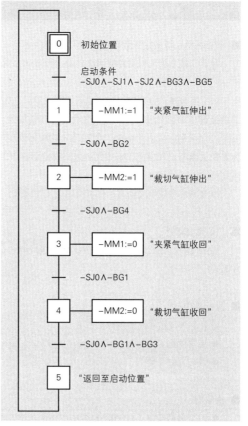

图 1 定长裁切装置的 GRAFCET 表达法

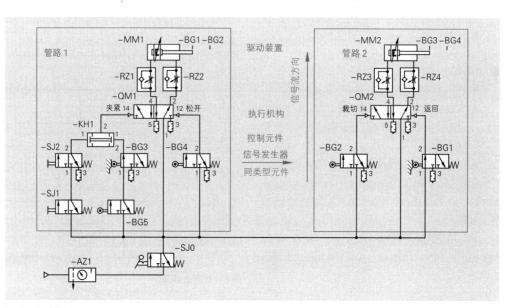

图 2 气动管路图

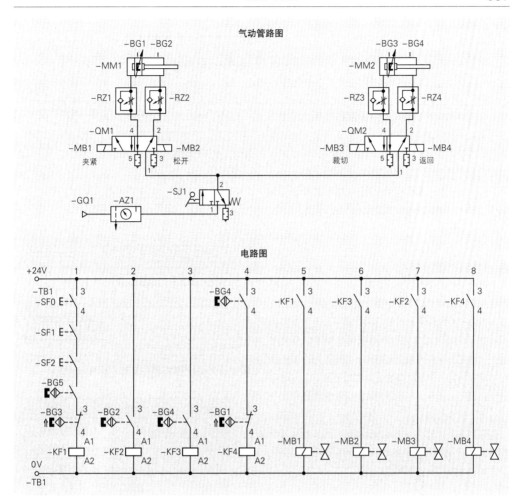

图 1 电子气动电路 / 管路图

该项目在电子气动转换（图 1）时，无接触工作的终端位置传感器 –BG3 以及同样位于第一电流电路无接触工作的止挡位传感器同时串联接通按键 –SF0，–SF1 和 –SF2，从而满足启动条件。

■ **天窗控制系统项目**

现欲采用气动控制系统开启与关闭一家工厂加工车间的天窗（图 2）。应能从两个相互隔开的位置开启天窗（按键 1 和 2），关闭天窗用按键 3。如果不操作按键，天窗应保持在最后选定的位置。

操作按键 1 和 2 产生一个开启天窗的初始信号。如果同时操作两个按键，天窗同样开启。如果无意间按下按键 1 或 2 和 3，天窗仍停留在其初始位置。

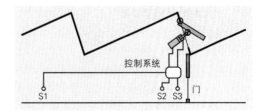

图 2 气动控制的天窗

图 2 显示企业 A 对这个控制任务建议的电子气动解决方案。

电气按键 S1 或 S2 控制开启天窗的 5/2（五位两通）换向阀 1 V1 的电磁铁 –MB1。关闭天窗的电磁铁 –MB2 由按键 3 控制。

企业 B 的方案是可编程序控制器控制天窗气动开启装置。尽管这种装置略贵，但日后可毫无问题地进行更改和扩展，只需部分更改编程即可。图 3 显示这种装置的电路图。这里的按键连接输入端 E1，E2 和 E3，5/2（五位两通）换向阀的电磁阀连接输出端 A1 和 A2。控制系统的编程由编程机或 PC 完成。图 4 显示语句表。

■ 项目：门控制系统

图 1 显示的推拉门驱动装置只用电气控制。通过两个运动监视器开门。指定时间走完后关门。运动监视器控制一个继电器，它使电动机向"开启"方向运行，直至到达终端位置切断电源供给为止。与此同时，一个定时开关装置（定时器）开始运行，走完规定时间即通过一个继电器使电动机向"关闭"方向运行。门关闭后，一个终端开关再次切断电流循环。

出于安全原因，推拉门之间还有一个安全按键，一接触到这个按键，门立即再次打开。图 5 显示这个控制系统的电路图。这里的控制元件均采用低压驱动，驱动电机仍使用电网电压。

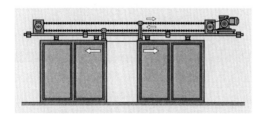

图 1 全自动推拉门驱动装置

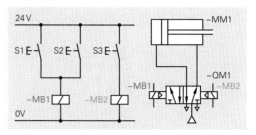

图 2 电子气动控制天窗开启装置

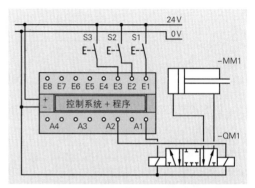

图 3 可编程序控制器控制的天窗开启装置

地址	语句	含义
001	UE1	与输入端 1
002	OE2	或输入端 2
003	=A1	共用输出端 1
004	UE3	与输入端 3
005	UNE1	与非输入端 1
006	UNE2	与非输入端 2
007	=A1	共用输出端 2

图 4 语句表

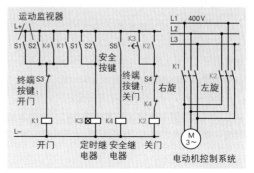

图 5 安全门电气控制系统

作业：计划并实施一项大楼大门及其关闭装置

修缮一栋三层六户住宅大楼时必须更新入口装置。从项目执行建筑师办公室得到一份标有墙体开口尺寸和计划地板结构的草图（图1）。按照设计师的意愿，您现在应提出不同的，附有解释的设计建议。由此便产生具体的下述工作任务：

1. 请确定对入口装置提出了哪些技术要求。

2. 对大楼入口装置计划还需要哪些数据？如何获取这些数据？

3. 绘制入口范围大门制造类型的优化造型和改型的各种可能性的草图，并列出各种造型设计与技术优缺点的清单。

4. 对比计划采用的材料或材料组合的优缺点，讨论材料改型的差别。

5. 检查在哪一边设置活动门扇更有意义。

6. 由于所涉及的入口大门同时也是大楼锁大门，必须保证，该门必须始终能够自动关闭。现在检查可采用哪些闭锁系统，对此又要求哪些措施。

7. 咨询建筑师后，必须将闭锁系统作为任务的一个组成部分重新设计。为此应梳理不同的建议。除六套住宅外，大楼里还有一间独立的大楼管理人员房间，六个属于住户的地下室，一间洗衣房和一间暖气设备房，这两间必须对本楼所有住户开放（图2）。对此必须至少编制一份锁具安装计划（按照图3样本）并展示对此可能的选项。

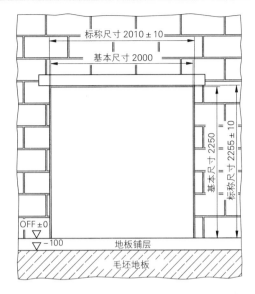

图1 墙体开口尺寸

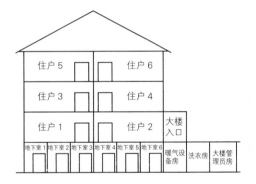

图2 锁具安装计划的前提条件

图3 锁具安装计划示意图

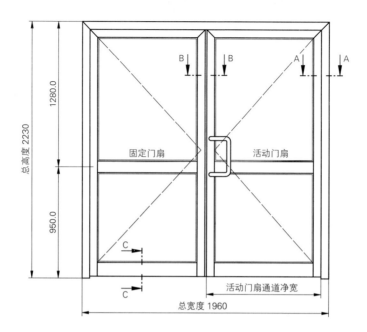

图1　双门扇轴环门设计图纸，外视图

建筑师和住户业主选择上图所示铝型材双门扇轴环门。该门整体装入墙洞。由此产生如下任务：

1.确定入口大门整体的最终尺寸。以现有毛坯尺寸为准，并请勿忘记，考虑并确定接缝处的接缝宽度。

2.在型材制造商产品目录中选取一款合适的型材。对此也可利用互联网作为选择调研工具。

3.绘制一份大门整体视图并配剖面图A—A，B—B和C—C。如有CAD系统可供使用，也可采用铝型材制造商提供的可能性。

4.编制一份各具体型材工件的下料清单。

5.选定所要求的门配件，按配件制造商订货单格式填写选定的配件。为此应再次使用制造商或供货商的互联网报价目录。

6.决定门在门洞侧面的固定方式并选定所需的固定件。

7.作为门闭锁系统的一部分，希望配装滑轨－门锁。请从制造商产品目录中选择合适的型号。

8.计算玻璃需求量并在订单中予以确定。

9.在一份工作计划中确定门装置制造的各个步骤，并配属各个步骤所需工具。

10.编制一份多住户大楼入口范围安装大门的装配计划。请考虑运输，装配以及门锁调试等问题。

学习范围：窗户，立面和玻璃结构件的制造

19 建筑物理学

居住和工作在一栋大楼内的人员自然会对大楼提出种种不同要求。建筑物理学的任务就在于研发并设计可满足这些要求的方法和建筑构件。建筑构件装配时，金属加工技工必须严格遵守建筑物理学规则，保证所要求的大楼功能发挥效用（图 1）。

- 隔热保护应保证房间小气候舒适宜人，但又必须尽可能节能。
- 防潮保护必须避免外墙渗透水分和内墙凝露水滴漏。
- 噪声防护是必要的，保护墙内不受外界噪声干扰，但也禁止或减少大楼范围内的声音传播。
- 防火保护必须提供足够的安全性，保证阻止火势或烟气的蔓延。

建筑物理学为大楼提供各种保护，如防止热量损失，防止外部热量不受欢迎地侵入，降低湿气，火灾和噪声的损害。

19.1 隔热保护

在所有外界温度剧烈变化的国家，保持室内舒适小气候是大楼的主要任务（图 2 和图 3）。

隔热保护这个概念应理解为所有为降低内部空间与外部大气之间或各房间不同温度之间热量传递所采取的措施。

19.1.1 节约采暖热能

在老旧建筑中可清楚地看到，早期没有建立特殊的隔热数值。最近数十年间已颁布若干降低能耗的法规。环境负担，作用于气候变化的温室效应，还有高昂的采暖成本，等等，均是通过隔热保暖措施降低燃料消耗的主要原因。这同时也保护了地球短缺的能源资源，因为仅需数十年，石油和天然气资源将消耗殆尽。采暖油和燃料油消耗使德国特别依赖石油输出国，并恶化了外贸收支平衡状况。

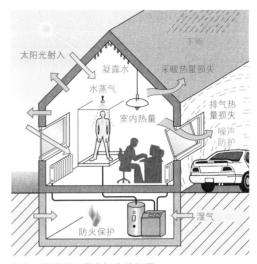

图 1 建筑物理学应解决的问题

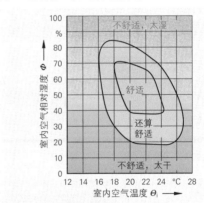

图 2 室内舒适气候的条件

图 3 舒适度感觉的影响因素

19.1.2　建筑物的隔热保护

阻止或限制热量外泄的建筑物外表层是降低采暖能耗的最好方法。德国建筑物采暖占总能耗的三分之一，因此这方面蕴藏着能源节约的巨大潜能。良好的隔热保护的作用是：

- 降低采暖成本；
- 更低的二氧化碳排放，为保护地球气候作出贡献；
- 创造舒适的室内小气候；
- 避免外墙内部凝露水，保护建筑物；
- 降低凝露水在外墙内面的形成，进而减少霉菌的形成。

19.1.3　热学理论基础

与机械能或电能一样，热也是一种能的形态。但热能只有从其作用效果才能辨认出来。加热一个物体的典型特性标志是温度的上升。

■ 温度

任何一种物质的分子都在持续运动之中。高温时，物质分子的运动呈高速状态，低温时则运动速度降低（图1）。

> 温度是一个物体热状态的衡量尺度。

如果分子运动处于静止状态，这时物体的温度已经达到绝对零度。热力学温标单位是卡尔文（K），它从绝对零度开始（0 K = –273.15℃）（图2）。计算时一般取值 –273℃（公式符号 T）。

我们的温标采用摄氏度为单位（℃），其公式符号 ϑ 或 Θ。正常条件下，水的冰点位于0℃，沸点100℃。

■ 温度测量

常用温度检测仪（温度计，如图2和图3）的多数测量原理建立在物质热膨胀（例如水银或酒精温度计），以及电阻变化或不同热膨胀的基础之上（图3）。

从温度计刻度可直接读取温度数值。如果所测温度通过一根导线继续输出，这就是温度传感器。

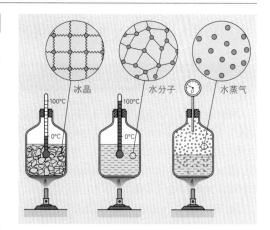

图1　加热时，聚集态内部温度上升，直至出现新物态

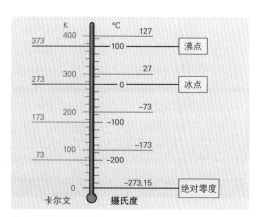

图2　温度测量刻度

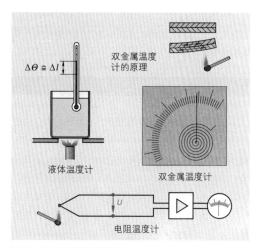

图3　不同的温度测量方法

■ 热

用毛巾长时间摩擦一块木头，或用锤子敲打一个金属工件，这些物体均会出现加热现象。锤击或运动的机械能转换为热能，电能可以转换为热能，化学能通过燃烧也可以转换为热能（第 342 页图 1，本页图 1）。

热是一种从其他能量形态转换而来的能量形态。如果一个热物体与一个冷物体相互接触，热量从热物体流入冷物体，直至两个物体的温度相同为止。流入的热能命名为热量（公式符号 Q）。上述两物体接触时，冷物体内部的热能上升。

> 热量是一种物理量，表明一个物体的能含量。

与任何一种其他的能量形态一样，热能的能量单位是焦耳（J）。把 1 kg 水加热至 1K 温度所需热量为 $Q = 4200$ J。由于热量所涉及的总计数字很大，所以常使用千焦（KJ）或兆焦（MJ）。在金属制造和暖气设备制造业采用的热量单位大部分为千瓦小时（kWh）：1 kWh = 3600 J。

认识到各种不同能量形态之间的关系后，19 世纪自然科学家对这种基础自然法则做出如下表述：

> 能既不能产生，亦不能消失。所有的能量形态均可转换成为另一种能量形态。

口语中能量消耗这个概念意味着利用可支配的能量差，物理学称之为有效能。那些不可利用的剩余能量称为无效能。

■ 热效应

一个金属球，正好还可以穿过一个环，现在加热这个金属球。球直径开始变大，使它卡在环内（图 2）。这种现象简称为热膨胀（图 3）。向一根铜棒和一根聚乙烯棒施加轻度负荷，使它们产生肉眼尚不可见的形变。然后小心地用燃气火焰加热它们，它们开始出现纵向弯曲（图 4）。

> 加热时，金属和热塑性塑料的体积增大，强度降低。

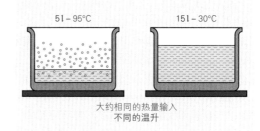

大约相同的热量输入
不同的温升

图 1　电能转换为热能

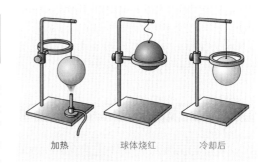

加热　　　球体烧红　　　冷却后

图 2　加热使体积增大

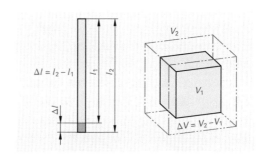

$\Delta l = l_2 - l_1$

$\Delta V = V_2 - V_1$

图 3　"热膨胀"原理

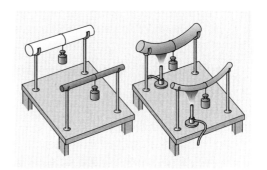

图 4　加热后强度降低

加热后的体积增大简称为"热膨胀"（第343页图3），因此，在由多种不同膨胀系数材料（尤其是长支梁和支柱）制成建筑构件（参见表1举例）的建筑物中，必须始终考虑热膨胀问题。

> 为阻止因热膨胀导致的建筑物损害，规定采取伸缩缝，活动支承或其他措施，使建筑构件在温度升高时不会出现导致变形的延伸。

建筑构件相互之间刚性连接时，一般会出现极高的力，它可能导致裂纹和锚固以及固定件的损坏。

在防火保护条例中已考虑到较高温度时的强度损失（参见第358页）。

19.1.4　热量传输

凡存在温差的地方，热量都会从较高温度物体流入较低温度物体。

■ 热传导

如果在一个装有热水的容器内插入一根铜棒和一根塑料棒，可以感觉到，金属棒上端的温升明显快于塑料棒（图1）。

如果在一个封闭的空间内并排放两块不同温度的钢锭，这时可清楚地测得热量传输。一定时间之后，两个并排放置的物体温度趋于一致，但室内温度略有升高（图2）。钢锭1较高的分子动能刺激钢锭2的分子产生较强振动，同时也刺激了周边空气分子的振动。

> 固体物质内部通过热传导输送热量。

在时间段 Δt 内从较高温度的地方流入较低温度地方的热量 Q 称为热流 Φ。墙壁内外温差越大，墙壁的导热性越高，穿过墙壁的热量越强（图3）。热流的测量单位是 W（瓦特）或 kW（千瓦）。

热导率 λ 是一个材料特有的数值（第346页表1）。它相当于在温差1K时穿过厚1 m体积1 m³墙壁的热流（图3）。

表1： 纵向热膨胀 α_1（线性膨胀系数）

	α_1 in $\frac{m}{m \cdot k} \cdot 10^{-6}$	温度范围，单位：℃
铝	23.8	0 ~ 100
	137.0	100 ~ 500
钢	12.0	0 ~ 100
	70.6	100 ~ 500
混凝土	11 ~ 12	
石膏	25	0 ~ 100
砖	3.6 ~ 5.8	

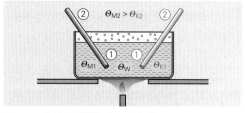

图1　不同的导热性取决于材料的不同

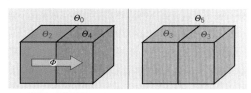

图2　热传导模型

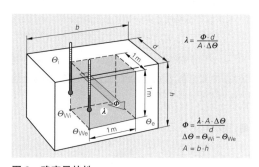

$$\lambda = \frac{\Phi \cdot d}{A \cdot \Delta \Theta}$$

$$\Phi = \frac{\lambda \cdot A \cdot \Delta \Theta}{d}$$
$$\Delta \Theta = \theta_{Wi} - \theta_{We}$$
$$A = b \cdot h$$

图3　确定导热性

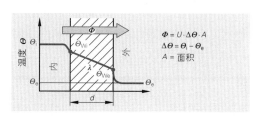

$$\Phi = U \cdot \Delta \Theta \cdot A$$
$$\Delta \Theta = \Theta_i - \Theta_e$$
$$A = 面积$$

图4　墙体的温度曲线

■ 对流

在一个由加热体加热的房间内会产生一股循环气流（图1）。

空气通过加热体加热，其分子的动能得到提高。加热还会增大空气的体积。加热后的空气密度降低且向上流动。较冷的空气更重，它们向下沉。类似的现象也发生在液体。

液体和气体的热量传输主要通过流动介质的热对流（对流）完成。

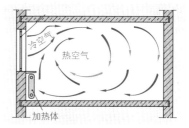

图1　一个加热房间内的气流

■ 热传递

采暖季节里，在外墙的内外面均有一个稀薄的，冷于或热于周边空气的空气层。由于它影响到周边空气对墙壁的热传递，所以称之为传热阻力 R_s。热阻取决于正面流体的状况并通过实验求取（图3）。

■ 热辐射

辐射产生的热传递很难计算。太阳光经过数以百万公里然后穿过没有空气的外层空间加热地球，这段经历表明，热辐射不需要传递介质。

用半球形反射供热器照射三块前后摆放的板，一块深黑色，一块灰色，一块白色，三块板的温升各不相同。现在测温，黑色板的温度最高，而白色板的温度最低（图2）。也就是说，深色表面比浅色表面获得更多的辐射热（吸收）。浅色表面反射更多的辐射热（反射）。

射线传递的热量取决于温差和被照射物体的表面特征。

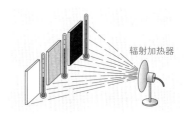

图2　对热辐射不同的吸收

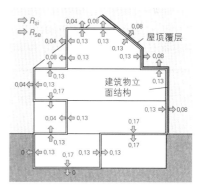

图3　传热阻力

■ 导热

热传导和热传递合并为U值并以此进行计算（图4），与之相比，热辐射在标准化的热需求计算时需考虑加入附加值。

判断一个建筑构件的重要尺度是其阻止热量通过的阻力的大小 – 热阻 R 以及热阻力 R_T。

导热系数 U 所含内容除热阻 R 之外还有传热阻力 R_{si} 和 R_{se}。导热系数（ U 值）是隔热保护中最重要的建筑物理量（图4）；其举例见下页。

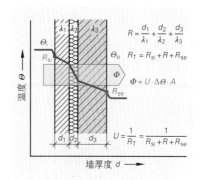

$$R = \frac{d_1}{\lambda_1} + \frac{d_2}{\lambda_2} + \frac{d_3}{\lambda_3}$$

$$R_T = R_{si} + R + R_{se}$$

$$\Phi = U \cdot \Delta\Theta \cdot A$$

$$U = \frac{1}{R_T} = \frac{1}{R_{si} + R + R_{se}}$$

图4　三层墙体的温度曲线和热流

19.1.5 建筑物的隔热

各种材料导热性的对比（表1）显示，带有充气空隙建筑材料的导热性能最差，即其隔热性能最佳。但与之相反，一栋建筑物的强度却必须由较高密度 ρ 的建筑材料予以保证。建造一栋大楼时，结构强度、良好的隔热性能与低廉的建造成本，相互之间必须协调一致。

■ **隔热建筑材料**

若要对比两种建筑材料的隔热性能，可使用导热率公式（参见右边举例）。墙壁厚度相同时，普通混凝土根据密度不同而使其导通的热量约五倍于轻型混凝土，因为后者空隙中所含空气是比混凝土相差甚远的导热体。

热流从建筑物室内通过墙壁通向外部大气，这个过程取决于空气与墙壁之间的热传递，还取决于空气湿度和空气运动。但墙壁的导热性能则只受建筑材料的影响。一种建材的隔热性越好，其导热性越差。

> 有机材料如木头和塑料以及轻质有孔的建筑材料具有良好的隔热性能。

■ **隔热的结构性措施**

所有关于隔热隔音的设计都必须考虑到，大楼的建筑构件还有其他的任务。就是说，墙体必须能够承受负荷，门的开关必须轻松便捷，窗户可以透过足够的日光，等等。只有组合这些功能有限的材料与隔热材料才能满足对大楼的所有要求。现在采用导热系数 U 值作为建筑构件隔热效果的判断标准（第345页和图1）。

> 产品制造商给定的 U 值可对比建筑构件的隔热性能。

低 U 值建筑构件的隔热性能好。

由于门和窗的 U 值高于墙壁，它们减弱了大楼外层的整体隔热性能，因此，对门窗的设计要求采取特殊措施（第347页图1）。

表1：建筑材料热导率

建筑材料	体积密度 单位 ρ: $\frac{kg}{m^3}$	热导率 单位 λ: $\frac{W}{m \cdot K}$
重型混凝土	2400	2.00
轻型混凝土	1000	0.38
实心砖	1200	0.50
轻质砖	700	0.30
实心砂砖	1800	0.99
轻型混凝土实心砖	1200	0.54
轻型混凝土空心砌块	800	0.39
有孔混凝土砖	800	0.18
石灰灰泥	1600	0.80
水泥灰泥	2000	1.40
石膏灰泥	1000	0.40
云杉，冷杉，松树	600	0.13
压制板	600	0.14
木棉–轻质建筑用木板	400	0.093
多孔混凝土	400	0.14
聚苯乙烯泡沫	30	0.04
玻璃	2500	1.0
钢材	7500	50
铝材	2700	200
空气	1293	0.026
水	1000	0.6

举例：隔热与墙厚度

请对比 24 cm 厚度的混凝土墙与多孔混凝土墙的 U 值。

混凝土的热阻：

$$R = \frac{d_1}{\lambda_1} = \frac{0.24\ m}{2.0\ \frac{W}{m \cdot K}} = 0.12\ \frac{m^2 \cdot K}{W}$$

> R_{si} 和 R_{se} 参见第345页图3

多孔混凝土的热阻：

$$R = \frac{d_1}{\lambda_2} = \frac{0.24\ m}{0.14\ \frac{W}{m \cdot K}} = 1.714\ \frac{m^2 \cdot K}{W}$$

$$U_{混凝土} = \frac{1}{R_{si} + R + R_{se}} = \frac{1W}{(0.13 + 0.12 + 0.04)\ m^2 K}$$
$$= 3.45\ \frac{W}{m^2 K}$$

$$U_{多孔混凝土} = \frac{1W}{(0.13 + 1.714 + 0.04)\ m^2 K} = 0.531\ \frac{W}{m^2 K}$$

上例表明，多孔混凝土墙与普通混凝土墙相比，在厚度相同时，前者允许穿过的热量仅相当于后者的六分之一。

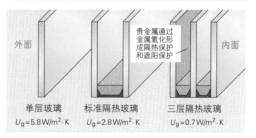

单层玻璃
$U_g = 5.8\ W/m^2 \cdot K$

标准隔热玻璃
$U_g = 2.8\ W/m^2 \cdot K$

三层隔热玻璃
$U_g = 0.7\ W/m^2 \cdot K$

贵金属通过金属氧化形成隔热保护和遮阳保护

外面

内面

图1 不同隔热玻璃板（第347页表1）的导热系数 U_g 对比

■ 建筑构件的隔热

窗户减弱了承重墙，降低了墙体的隔热功能。窗户的结构和规格是房间理想日光采光率与隔热隔音要求的妥协产物。由于金属型材具有良好的导热性能，因此必须注意，空气空腔和塑料型材的隔热保护性能更好（图 1）。

如今，金属窗框架主要采用铝型材制作（图 1）。降低铝型材高导热性这一缺陷的方法是，用两层型材制作窗框，中间采用塑料腹板用于隔热。此外，充满空气的空腔也有隔热作用。这种方法还可以避免热桥，并在冷天时不会在室内形成冷凝水。

隔热玻璃（第 346 页图 1）降低大型窗户面积造成的强烈热损耗。在窗户中空地带充满干燥空气或另一层玻璃。涂层隔热保护玻璃板的玻璃内侧面一层薄如蝉翼的贵金属层使热辐射反射回到室内。这样将大幅度降低玻璃板附近的寒凉敏感度。所有的窗户均必须小心安装，保证接合缝的密封。对高层建筑的玻璃安装还有特殊要求。

外门必须具备抗天气变化和防盗的能力，但又不能在出入口造成通行障碍。门接缝必须密封良好，避免因穿堂风导致的热损耗（图 2）。

内门应能轻声关闭，也不能允许穿堂风通过。

墙壁必须满足下列功能要求：

● 承受建筑物重量并将它传递至地基（承重墙）；
● 将每个楼层分隔成各种房间；
● 防护雨水和地下水；
● 阻止对外的和建筑物内部范围较大的热损耗；
● 防护外部噪声以及相邻各房间之间的隔音保护；
● 通过有效的防火保护阻止火势和烟气的蔓延。

如中世纪时的一堵带有小窗户的厚墙（但采用现代接缝密封技术）可以满足上述要求。此外，它较强的储热性能在过渡季节（如春，秋）也不需要供暖，但缺点是，室内采光较差。

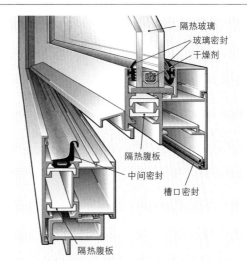

图 1 配装隔热玻璃的铝型材隔热窗，玻璃导热系数 U 值约 1.2 W/m²K

表 1：多层玻璃窗 – 举例

	U_g 值 / (W/m²K)	透光率 /%	零件最小厚度 /mm
隔热玻璃	1.9	77	20
中间层玻璃	1.4～1.6	70～77	20～12 mm SZR 24～16 mm SZR
三层玻璃	0.7～0.9	66～77	28～2×8 mm SZR 32～2×10 mm SZR

表 2：隔离门 – 举例

	U 值 / (W/m²K)	质量面密度 / (kg/m²)	隔音度 / (dB/ (A))
实心木门，约 50 mm	2.3	35	31
钢制安全门，55 mm，填充隔音材料	1.0	60	40
配装大面积玻璃的轻金属框架门，组成成分			
－7 mm 嵌丝玻璃	5.5	18	24
－20 mm 双层隔热玻璃	3.5	20	25
－24 mm 聚酯蜂窝板	2.7	15	22
－60 mm 隔热填充层	1.1	20	25

装入刷式密封的凸起门槛 自动沉降式密封 弹性刷式密封加门槛条

图 2 隔热和隔音保护门密封的设计解决方案

现代化建筑物的建筑师选用复合结构。因此产生多层墙体，它的每一层都有其他的任务（图1）。例如右边图示的墙体 U 值达 0.4 W/m²K。

在人居房间，由于呼吸和出汗产生的水蒸气必须能够排出。应定期通风，或墙壁必须可透过水蒸气。如果墙内温度可能降至10℃以下，必须加装防潮层（图1）或墙后通风（图2）。

建筑物立面除造型艺术功能外，它的任务还有阻止降雨渗入外墙和改善隔热性能。冷加工成形立面的外层表皮与隔热层以及墙体之间的空间应提供墙后通风（图2）。

天花板首先应能承受房间所产生的负荷。其隔热功能其实只在地下室和通道上方的天花板才有要求。

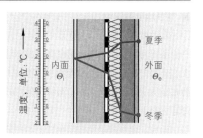

图1 一个双层外墙在冬季和夏季的温度曲线（两位数值）

■ 建筑构件的储热性能

不同材料不仅其导热性能不同，它们的吸热性能以及或长或短的储热性能也大相径庭。

用相同温度同时加热相同重量的一块砖头，一个钢锭和一个塑料块。然后放入水温20℃水量相同的三个容器。待水温与物体温度平衡之后，测量水温。这时可确定，三种材料对水的加热程度差异巨大。这里显示的是不同的比热容。一个建筑构件的比热容越大，其储热能力越强（参见下表）。

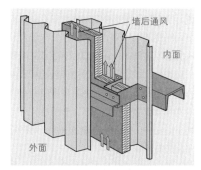

图2 装有隔热层，墙后通风和梯形板的多层墙体

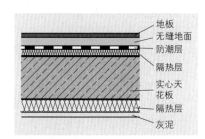

图3 开放通道上方钢筋混凝土天花板的隔热

知识点复习

1. 请列举不同原因，为什么过去数十年中节约能源日渐重要。

2. 哪些隔热措施可使金属加工技工在其职业培训过程中的各个实例中受益？

3. 如果不考虑建筑材料不同的纵向热膨胀率，建造一个建筑物以及安装其各个建造构件（例如窗户）时会出现哪些困难？

4. 请解释热与温度的不同之处。

5. 请描述热传导的三种不同可能性，以及对建筑物各个构件的意义。

6. 哪些物理量取决于墙壁的导热性？

7. 隔热玻璃窗的隔热效果通过什么显现？装配此类窗户时应注意什么？

表：比热容 c，单位：$\dfrac{kJ}{kg \cdot K}$			
铝	0.89	灰砂砖	0.92
混凝土	0.88	银	0.23
铅	0.13	结构钢	0.48
冰	2.0	水	4.19
灰口铸铁	0.54	水蒸气	2.05
取暖油	2.05	锌	0.39
铜	0.38	空气	1.0
木头	2.4	它 $\triangleq 1.30 \dfrac{kJ}{m^3 \cdot K}$	
隔热材料	0.8		

19.1.6 节约能源

自 2001 年已存在德国能源节约条例（EnEV），至 2014 年再次修正补充。它适用于新建和修缮建筑物。其实能源节约的必要性始自第一次石油危机。在气候保护的必要性成为广泛共识之后，引入一系列法规，涉及降低石油和燃料的消耗，旨在改进设备，机器，机动车的使用效率并提高建筑物的隔热保护等方面实施重要改革。借此提升初级能源消耗在有效能源中的占比（图 1）。

关于地球气候变暖方面的许多研究工作已经取得实质性进展，燃烧石化能量载体所产生的二氧化碳已富集在大气层上部并导致地球气候变暖（所谓的温室效应），这已成为节约采暖能源的第二个举足轻重的论点。伴随着节约能源法规的实施，德国也在履行其国际义务（具有现实意义的就是 2015 年巴黎气候协定）。

■ 德国能源节约条例（EnEV）的原则

> 德国能源节约条例的主要要求针对所有新建建筑物，其普通室内温度受到最大年度许用初级能源需求量的限制。

采用哪一种将设备制造技术，能源供给技术与建筑技术组合的措施能够达到初级能源需求量的限制要求，这个决定在很大程度上由自己做出。

限制传输过程热损耗的要求应发挥作用，使建筑物的隔热保护不会降至最低标准。

德国能源节约条例（EnEV）在规定的能量平衡表中（第 350 页和图 2）考虑并评估了所有在新建物中降低能耗的方法：

● 建筑物的隔热保护；
● 设备制造技术的效益；
● 利用可再生的环境热源；
● 供热的初级能源效率。

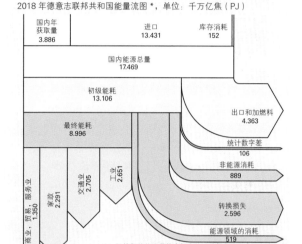

图 1 从初级能源至有效能源（举例）

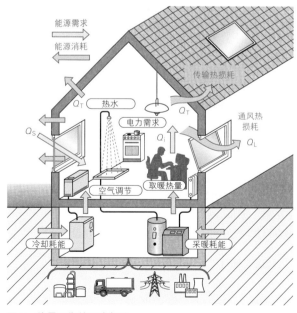

图 2 能量平衡的组成部分

■ **能量平衡**

在建筑设计阶段必须提前制定能量平衡表。这种与能源相关的建筑物特征应标明在能源需求证明（能源护照）并附在建筑申请书后。对于所有建筑物的重要事项：

- 年度初级能源需求 Q_p
- 采暖能源需求 Q
- 传输热损耗作为与热传导周边面积相关的特性数值 H_T
- 设备消耗系数 e_p

上述这些数值也与建筑物的紧凑性相关 – 紧凑性指热传导周边面积 A 与所包含的建筑物体积 V_e 的比例。从图 1 可见，紧凑的大楼拥有较大周边面积的大楼排放的热量更少。由于德国节约能源条例（EnEV）并未过多限制建筑师建筑造型的自由选择权，在详尽的表格中规定了对最重要特性数值 Q_p 和 H_T 的各种要求。如何低于这些特性数值，建筑师保留自由选择的权利。

■ **能量平衡公式：**

- 初级能源需求：$Q_p \leq Q + Q_{exV}$
- 采暖能源需求：$Q = Q_h + Q_w + Q_t - Q_r$
- 技术系统损耗（外部损耗）：$Q_{exV} = Q_{c,e} + Q_d + Q_s + Q_g$
- 设备消耗系数：$e_p = \dfrac{Q_p}{Q_h + Q_w}$

   $\qquad\qquad = \dfrac{总消耗}{有效消耗}$
- 传输热损耗 H_T，单位：$W/m^2 \cdot K$（取决于建筑物类型）

> 计算基础是采暖和热水的热量需求。

设计草案中，这些需求（量）从建筑物使用目的中可以计算求取。这里，所有的获取和损耗均暂时汇总为初级能源需求（图 2）。如果这个需求量高于规定的最高数值，设计草案必须修改。提高隔热保护的一项措施是降低采暖能源需求或计划采用更高效的暖气设备。

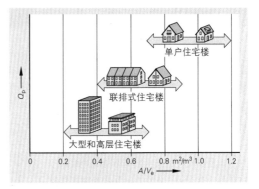

图 1　不同建筑物类型的 A/V$_e$ 范围

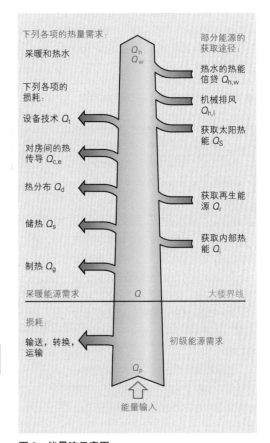

图 2　能量流示意图

知识点复习

1. 通过什么措施可按德国能源节约条例（EnEV）降低一栋大楼的能耗？

2. 在能量平衡范围内，金属加工技工可在何处进行工作？

19.2 防潮保护

为保持承重墙的强度，以及发挥隔热隔音建筑构件的功能，不允许它们受潮。

防潮保护措施必须能够阻止墙上或墙内水蒸气凝露或水分从外渗入墙内。

空气携带一定量的水蒸气，直至达到各个温度层级的最大空气湿度 v_{sat}（单位：g/m³）（图1）。

绝对空气湿度 v（单位：g/m³）指现有的水蒸气量。它一般少于可能的最大量。

由于温度上升的空气可容纳更多水蒸气，于是采用相对空气湿度 φ 作为对比量。

$$相对空气湿度 = \frac{绝对空气湿度}{最大空气湿度}$$

$$\varphi = \frac{v}{v_{sat}} \cdot 100\%$$

从空气湿度曲线表中可读取所需数值（图1）。利用表值可进行更准确的计算。

尝试在封闭的容器中用融冰冷却湿润的空气。这个试验表明，这里的饱和量下降，水蒸气冷凝在墙壁上（图1和图2）。

■ 水蒸气扩散

在大楼内部范围产生的空气湿度主要源自人的水蒸气排放：正常环境条件下，每人每天排出约1升水蒸气。在大楼外部范围空气中的水蒸气浓度主要取决于天气。

在冬季半年中，大楼内的水蒸气分压力（分压）高于大楼外。由于压力差，水蒸气分子穿过墙壁运动至外部，因为水蒸气可穿透大部分的建筑材料（图3）。

不利情况下，墙壁内面已达露点，露水滴落（图1和图4）。这是与夏季半年蒸发周期相反的凝露周期。

露水滴落量可以计算，或图形求取。图4用简化法图示了这种方法。在墙体的某个横截面记录着饱和压和分压的曲线。如果饱和压与分压相等，露水滴落（ S_d 参见第352页）。

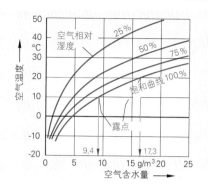

图1 空气湿度与露点

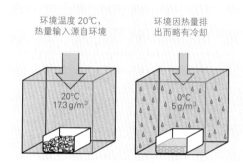

图2 冷却1 m³空气

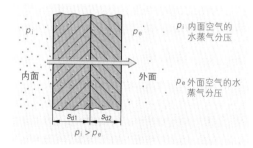

图3 水蒸气在空气中的浓度梯度（凝露周期）

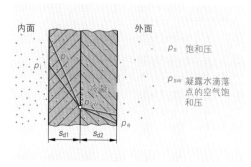

图4 墙上的凝露水滴落

现引入水蒸气等值空气层厚度 s_d 作为计算基础，该数值由实际墙厚 d 与水蒸气扩散阻力系数 μ 组成（表1）。

$$s_d = d \cdot \mu$$

结构良好的墙体可降低从内到外的扩散阻力（表2）。

■ 热桥

外墙钢支柱可使内墙表面形成露水。钢在这里构成一个热桥，口语中却常常称为"冷桥"。在外墙灰泥中添加隔热层可阻止这种现象的发生（图1）。

热桥是外部建筑构件的一个局部有限范围，与有限的建筑构件范围相比，它的热传导系数更高。

● 与材料相关的热桥产生于材料不同的导热性能（图1）。
● 与几何形状相关的热桥的特征是，与吸热表面相比，放热表面扩大了，例如伸出的阳台平板或大楼屋顶（图2）。

■ 形成霉菌

在过冷的内墙表面，露水的持续形成将产生一个湿润表面，灰尘沉积在这个面上。霉菌在这里找到滋生的沃土。为避免墙壁发霉，内墙表面的温度至少应达到 12.6℃。如果尽管如此仍出现发霉，则表明室内空气过于潮湿，或这个墙体结构存在缺陷。

知识点复习

1. 如何理解露点？
2. 冷内墙表面如何发霉？
3. 为什么悬挂立面后部通风？
4. 如何避免热桥？
5. 如何在水蒸气扩散时阻止露水滴落？

表1：若干建筑材料的水蒸气扩散阻力系数

建筑材料	μ
空气	1
石灰水泥灰浆，水泥线	15～35
标准混凝土	70～150
实心砖，多孔砖	5～10
木棉轻质标准墙板	2～5
矿物棉	1
聚苯乙烯泡沫	150
按 DIN 52128 的沥青路面	10000～80000

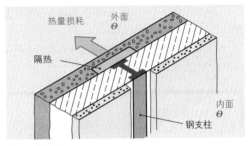

图1 热桥

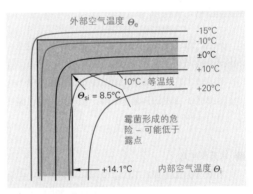

图2 热桥的等温曲线

表2：扩散阻力标准

建筑构件涂层的作用	s_d
开放扩散	$S_d \leqslant 0.5\ \text{m}$
阻止扩散	$0.5\ \text{m} < S_d < 1500\ \text{m}$
扩散密封	$S_d \geqslant 1500\ \text{m}$

19.3　噪声防护

属于声音信号的有暴雨来临时的雷声，爆炸时的爆裂声，某种乐器演奏的音乐声，大声的说话声和机器以及机动车的噪声（图1）。

> 所有听觉器官所能感受到的均称为声音。

人处在工厂或建筑工地，或在位于交通要道旁的住宅楼内，长期强烈的声音作用（噪声影响）将造成听力损伤以及胃，心脏和循环系统疾病。

➡ 持续强烈的噪声是人类的健康威胁，它造成注意力和工作效率下降，同时也提高了事故危险度。

早在一栋大楼的建造期间，已应计划并建造一栋噪声源少且通过噪声防护措施能阻止噪声继续传播的大楼。

> 噪声防护包括阻止或降低人居环境干扰性噪声的所有措施。

声音的产生与扩散可借助物理规律予以描述。就声音对人的作用效果而言，在任何一个声音敏感度不同的个体（主观性）身上仍具有重要作用。

19.3.1　声音的产生

敲击音叉时明显可见音叉叉齿在平衡位置的上下振动。声音渐渐变小，直至消失（图2）。

现在音叉上固定两个钉子，敲击音叉后立即划过一块煤烟熏黑的板子，板子上立即显现出波纹状划痕。这就是声音的振动图。

用不同材料制成的槌敲击一面锣或一块薄板时，会发出不同音色和音强的声音。

> 声音产生于快速振动运动的物体。

如果途中未遭任何阻碍，声音以音源为中心，均匀地向周边扩散（图2和图4）。

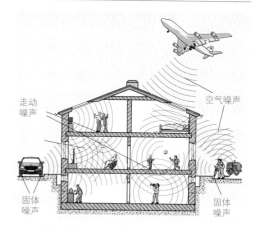

图1　不同音源的噪声污染

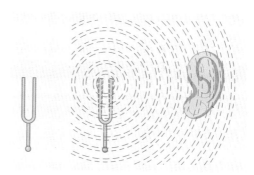

图2　声波的产生与传播

图3　图示音叉振动

图4　压力冲击一个振动的膜片产生声波

19.3.2 声音的扩散

物质分子进入振动运动时，通过压力波使声音继续传播。扬声器膜片的振动—音源—可产生空气声（图 1）。这里，声音受到空气的周期性压缩。声音作为声波蔓延传播，直至振动因阻碍或摩擦衰减为止。

空气声作为长波传播。这里，微粒在传播方向上来回振动（图 1）。膜片和琴弦，还有建筑物的墙壁，窗户和天花板等，均以垂直于传播方向的横波形式振动（图 2）。

空气声撞击到墙上，墙开始振动，于是产生固体声（图 3）。这里，由于墙体的材质以及声音的强度和类型各不相同，仅有一小部分的声能穿过墙壁并再次成为空气声（图 4）。剩余的声波在衰减过程中被"吞掉了"。

19.3.3 声音的感知

感觉声音是否是干扰，取决于声音的特性和听音者的主观感受。

音高取决于频率。高频率相当于高音，低频率相对于低音。每秒钟振动的次数称为频率 f，其检测单位是赫兹（Hz）。年轻人可接听到约 16 Hz 至接近 20000 Hz 的音频。在建筑声学中，需注意 100 Hz 至 3200 Hz 范围的声音，这是人耳特别敏感的音频范围（图 5）。一个音源的音强相当于单位面积发射的功率，即强度 I（单位：W/m^2）。人耳可感知的音强从 10^2 W/m^2 至 1 W/m^2，但只划分出 120 个音强级。每一个音强级都有一个单位：1 分贝（dB）。

音强的感知，用声压级 L_p 表示，也取决于频率。相同音强时，感觉低频没有高频那么响亮。因此音强检测时，考虑在检测仪加装一个过滤器。按频率估算的声压级强度单位是分贝 A［dB（A），第 355 页表 1］。

举例：

频率 1000 Hz 时音强达到 40dB（A）。频率下降至 100 Hz，感觉到的相同音强却只有 21 dB（A）。

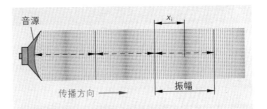

图 1 长波振动

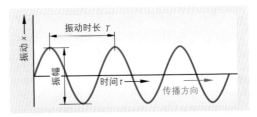

图 2 横波振动

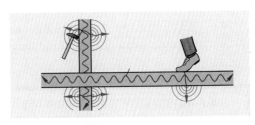

图 3 空气声的传播

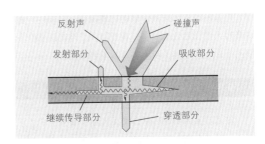

图 4 普通听音者在听音面的声音感知

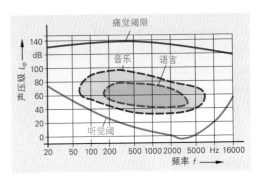

图 5

听觉阈限位于 0 dB（A），痛觉阈限位于 120 dB（A）至 130 dB（A）（表 1）。声压级仅提高 10 dB（A），人却感觉音强已增双倍。

19.3.4　高层建筑的防噪保护

声能穿过地板，天花板，窗户和墙壁进入住宅房间或工作间。噪声防护包括所有阻止噪声从声源至听者传播的所有措施。如果声源与听者分处不同房间，防噪措施是隔音。即减弱到来的声能，因为所有建筑构件虽然厚度和材料不同，但都有衰减声能的功能。

建筑构件的隔音程度源自正面到来的声音与其他建筑构件表面发射过来的声音的差（图 1）。没有外部影响的检测结果是隔音度 R_w。建筑物检测时若考虑旁边道路的影响，所得结果是隔音度估算值 R'_w。该数值始终大于实验室测值（图 2）。

> 隔音度估算值 R'_w 表明，在参考周边环境所有噪声的条件下，声音穿过一个建筑构件时可衰减多少声压级（单位：dB）。

窗户隔音的最低要求取决于噪声声压级范围和房间的使用类型。喧闹大街的外部噪声可达例如 75 dB。一扇毗邻百货商店的窗户的隔音度至少必须达到 50 dB。在窗户处所能测得的音强只允许达到 25 dB。就是说，这扇窗户必须满足噪声防护等级 6 级的要求。

窗户的噪声防护等级划分为 6 级（表 2）。组 1 是复合窗户，隔音玻璃薄，没有附加密封。5 级的箱式窗配装厚隔音玻璃，玻璃之间的间距大且装有特种密封，其 R'_w 值从 45 dB 至 49 dB。提高玻璃的隔音效果的方法是，较厚的外层玻璃（第 356 页图 4），非对称的玻璃结构，在玻璃之间的空间内填充专用填充物，以及密封的边缘复合件。

表 1：声压级估算值，单位：dB（A）

0：	听觉阈值
0...10：	压抑的静谧
10...20：	弱小的翻书声音
20...30：	隔音极佳状况下的走动和安装噪声 安静居住位置的夜晚基本噪声
30...40：	关闭窗户后从住宅旁驶过的机动车噪声，走动噪声
40...50：	走动噪声
50...60：	正常聊天和音乐
60...70：	房间噪声，打字机
70...80：	大声说话和音乐，电动剃须刀
80...90：	交通干道
90...100：	汽车喇叭，迪斯科舞厅，气锤
100...130：	附近的高速火车
120...130：	痛觉阈限（个体差异）
130...140：	较为老旧的喷气飞机启动时

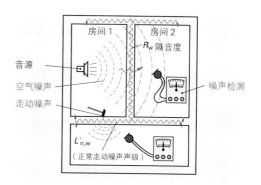

图 1　隔音度的检测

房间 1 的噪声	R'_w， 单位：dB	房间 2 的听觉感觉
扬声器（90 dB）音源　中间隔墙	10	80 dB：等于大声呼叫
	20	70 dB：等于大声说话
	30	60 dB：等于正常说话
	40	50 dB：低于正常说话
	50	40 dB：等于轻声说话
	60	30 dB：等于低声细语
	70	20 dB：尚能听到
	80	10 dB：静音

图 2　不同隔音度建筑构件的作用

表 2：窗户的噪声防护等级

噪声防护等级 （SSK）	建筑物内装功能窗户的隔音度估算值 R'_w 单位：dB（检测按照 DIN EN ISO 140–5）
1	25～29
2	30～34
3	35～39
4	40～44
5	45～49
6	≥50

所有组织疏松且没有形成坚硬固体的材料均适宜用作隔音材料。无机隔音材料有矿渣棉和玻璃纤维，还有砂子和其他矿物材料。有机隔音材料是各种差异极大的塑料，木棉或木屑，软木，沥青和橡胶。

隔音材料的强度当然很低，所以一般用作填充材料，填入空腔或中空空间以及板材之间（图1）。大部分隔音材料也可用作隔热材料。

吸音板是填充矿物吸音材料的多孔板，用作墙和天花板的表层（图1）。它们吸收房间内产生的噪声，使室内更安静。声能在吸音板材料内转换为热能并排入室内空气。

声学板由孔隙材料构成，大多采用泡沫塑料。其作用类似于吸音板。重要的是这种板与其他建筑构件之间的空间，它可使穿透进来的声音反射至板的后面（图2）。

空气噪声碰到坚硬的墙壁后（第354页图3和图4），产生固体噪声。这时，薄墙体也会随之振动，激励下一个房间的空气也产生振动。因此，较厚重的墙体可更好地反射声音。抗弯墙体的振动最好，它的反应与膜片相同。非抗弯墙体将部分声能转换为热能，它们可以衰减声音。

所以，采用弹性材料接缝切断墙体。

窗户一般配装两层玻璃，特殊要求时甚至安装三层玻璃。不允许采用腻子，只能采用弹性框架固定玻璃板。玻璃板厚以及板间间距的设计尺寸必须使它们尽可能少地传递声波振动（图4）。

走动噪声产生于硬地板和经墙壁以及天花板转换过来的空气噪声（第354页图3）。

地板作为底座做成所谓的浮动的无缝地面，它可衰减走动噪声，使噪声到达承重天花板之前已被减弱（图3）。

还有固定安放在墙体或天花板内的管道，它们也会传导固体噪声（例如水的冲刷声）。因此，管道四周应包裹隔音材料，并用管夹固定在建筑物上（图5）。

板材的降噪，无论用在建筑物立面，卷帘门或建筑机械，均应将毛毡－沥青为基础的隔音膜贴在板材表面，或采用塑料涂层。

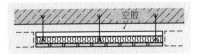

图1　吸音板

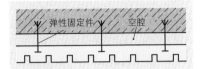

图2　声学板

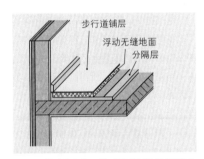

图3　带有浮动无缝地面的钢筋混凝土天花板

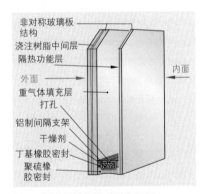

图4　噪声防护隔音玻璃剖面图

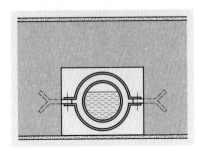

图5　装固体隔音件的下水管

19.4　防火保护

大量防火保护方面的法律，法规和规定用于保证人的生命与安全和实物资产的保护。这类防火技术的要求因下述各种因素的不同而各有不同，如建筑物的使用目的，建筑构件的位置和功能以及与整体建筑物的相关关系，还有火灾威胁的实际状况等。

19.4.1　建筑材料与建筑构件的燃烧特性

> 建筑材料根据其可燃程度划分建筑材料等级。建筑构件的燃烧特性根据其阻燃性能分级。

建筑材料的燃烧特性取决于其化学组成成分和密度。表1列出各个建筑材料等级的特征。防火技术标记可贴在建筑材料或其包装上。

通过耐火试验可求出一个建筑构件的耐火极限，并按耐火等级分级（表2）。如果一面墙的防火等级为F60，表明该墙在大火作用的60分钟之内不能烧穿至墙体的另一面。在此之后，相关的强度检验显示，墙体仍能保持所要求的静态最低强度数值，其他各防火等级的建筑构件也有相同的要求。耐火等级也包含建筑构件的其他可燃性信息。

■ 举例：

F60-A　A– 建筑构件的主要零件是不可燃的
F30-B　B– 建筑构件的若干零件是可燃的

DIN 4102–1根据耐火等级将建筑构件划分为阻燃（fh），耐火（fb）和高级耐火（fhb）三种类型。用于玻璃的G级提供防止火焰和燃烧气体穿透的高级安全防护。如果需要阻止燃烧房间的热辐射引发另一边起火，应采用DIN EN 13501的EW等级（房间闭锁和降低热辐射）玻璃，或EI等级（房间闭锁并隔绝）玻璃。

> 目前，可在DIN 4102以及DIN EN 13501基础上获取关于燃烧特性的证明。

DIN EN 13501将建筑构件的燃烧特性归纳为A～F六个等级，提请注意建筑构件在火灾时的性能。

表1：按DIN 4102的建筑材料等级

建筑材料等级	建筑监理机构命名的名称	举例
A	不可燃建筑材料	
A1	没有可燃成分	石膏，石灰，水泥，混凝土，玻璃，铸铁，钢，某些矿物纤维 – 防火板
A2	A2 组建筑材料允许包含少量可燃成分	石膏板，某些矿物纤维制品
B	可燃的建筑材料	
B1	阻燃的建筑材料	木棉轻质建筑木板，阻燃刨花板，某些硬质塑料泡沫板，某些PVC（聚氯乙烯）制品
B2	普通可燃建筑材料	厚度超过2 mm的木头和木质材料，标准化的屋面油毡，PVC（聚氯乙烯）地板铺层
B3	易燃建筑材料	纸，木棉，厚度小于2 mm的木头

表2：按DIN 4102的建筑构件配属表（节选）

等级	属于该等级的建筑构件
F	墙体，天花板，支柱，阳台，楼梯
W	非承重外墙
T	室内门，大门
G	玻璃
L	通风管道

19.4.2 防火措施

若已知某建筑构件防火性能不佳，需采取某些建筑防护措施，保护具有阻燃能力的建筑物内部免受火灾影响。这些措施取决于：

- 所采用的建筑材料；
- 建筑构件设计尺寸；
- 建筑构件的设计造型，例如最终建筑物的接头形状，悬挂立面的固定件或悬挂天花板；
- 建筑构件铺层或外壳的位置和类型。

防火和防烟门应尽可能长时间地阻止火势和烟气的扩散蔓延。

19.4.3 钢结构件的保护

钢只有在极高温度时才会燃烧。由于钢具有极高的导热性，钢结构件在火灾时升温非常迅速，且波及全长。这时，钢结构件开始膨胀，使其他建筑构件变形或受损。

> 温度超过 500℃后，钢的强度迅速消失。然后支柱纵向扭曲，支梁弯曲。

因此，重要的钢建筑构件，如支柱，天花板支梁和屋顶支梁，必须采取防止火灾或过高温度的措施。

■ **直接防护措施：**

- 喷涂隔热材料制成的灰浆［图 1a）和图 2a）］；
- 用混凝土和墙体制成包围层［图 2a）］；
- 安装预制包皮［图 2b）］；
- 防护涂层或涂漆，它们在火焰作用下化为泡沫，形成隔热保护层；
- 给空心钢支柱灌水。

用隔热材料制成的围层厚度取决于受保护的型材，隔热材料的阻燃性能和所要求的耐火性能（图 1 和第 357 页表 2）。

■ **间接保护措施：**

- 对下悬的天花板，为金属板网或木棉轻质建筑用木板涂隔热灰浆；
- 用矿物纤维板，石膏板或硅板制作下悬天花板（图 3）。

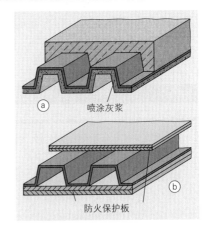

喷涂灰浆

防火保护板

图 1 天花板的防火保护

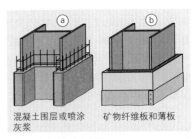

混凝土围层或喷涂灰浆

矿物纤维板和薄板

图 2 支柱的防火保护

矿物纤维和金属板网

图 3 钢支梁天花板及其悬挂天花板

知识点复习

1. 持续的强噪声如何作用于人？

2. 声音如何产生？如何扩散？

3. 音高和音强的物理学含义是什么？

4. 在声音感知方面，人的因素有何作用？

5. 如何阻止有振动能力的建筑构件将空气噪声和走动噪声变为固体噪声？

6. 请区分吸音和隔音？

7. 隔音度的含义是什么？

8. 如何根据建筑材料和建筑构件的可燃性将它们分级？

9. 根据什么划分耐火等级？

10. 如何为钢建筑构件防火和防高温？

20 窗户

与室内门和大门一样，窗户也是建筑构件，它可通过必要的开口装入建筑物外墙。在设计结构和装配方面与上述建筑构件类似，但在功能方面差别明显。

> 窗户是可封闭向室内提供阳光和新鲜空气的建筑物开口。

因此，窗户对建筑物内的生命至关重要，但它又是建筑物外壳的薄弱环节。所以，在满足上述三个主要功能之外，对窗户提出进一步的要求：

- 针对外部自然环境作用因素，如寒冷，热，阳光辐射，风，雨，灰尘，噪声，气味等提供保护，并保证舒适的室内气候；
- 为房间提供保护，防止未经许可的，暴力的非法进入；
- 增加异物砸入，射穿，入室盗窃，爆炸行为的难度；
- 长使用寿命；
- 清洗便捷；
- 装饰性外观。

20.1 窗户的结构与构件

很久以来，旋翼窗一直是普通窗户的标准结构。早期的窗户接缝不密封，时刻都在进行着均匀的通风换气。后来隔热的要求改善了窗户接缝的密封性能，使定期通风成为必要。因此，时至今日，现代化窗户的标准结构一般采用旋转翻转窗结构（图1和图2）。

窗框与建筑物连接，即固定。安装在窗框上的窗扇是活动的。固定窗玻璃时，将无窗扇的玻璃放入窗框。

窗扇框接收玻璃板。

属于窗户金属配件的是用于窗扇活动和闭锁的附件。玻璃挡，又称玻璃支撑挡，用于将例如铝型材窗的玻璃夹紧在窗扇框槽内，并用玻璃密封条（玻璃槽口密封条）压住玻璃板。

玻璃板本身坐落在木质或塑料底座，使它们无论如何都不会接触到窗扇框，也不必承受垂直负荷。

图 1　旋转翻转窗的建筑构件

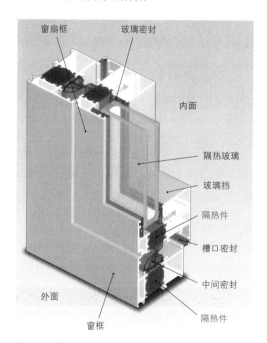

图 2　旋转翻转窗窗扇与窗扇框的结构

20.2　窗户的分类与制造类型

无论金属加工技工，建筑师，制造商或用户如何称谓窗户，但总是从不同视角为窗户命名：

● 结构类型·开窗类型·框架材料·特种功能·特种结构。

此外，还有窗户的组合：

如果多个窗户并排安装，将构成一个联排窗户。

窗户与门的组合构成窗门（图1）。

窗墙在宽度和高度上关闭建筑物房间向外的开口，同时构成建筑物立面的一个组成部分。

窗框下部垂直部分称为侧柱。

窗横梁或横撑是承重件，它们横向分隔窗框。

横档用于划分装玻璃的面，它没有承重功能（图1）。

20.2.1　结构类型

根据对窗扇的要求可把窗户分为单层窗和双层窗。双层窗的结构有箱式窗或复合窗（图2）。

单层窗有一个固定的窗框和一个装单层玻璃、隔热玻璃或特种玻璃的活动窗扇。

复合窗在一个窗框上安装两个窗扇（主窗扇和装饰窗扇）。它们直接前后排列，用附加的金属配件相互连接。房间通风时，两扇窗可同时打开，清扫时可仅打开一扇窗。

箱式窗由两扇单层玻璃窗组成，两个窗框由一块环绕的嵌板（箱）相互连接。两个旋转窗扇可独立打开。

右窗扇是旋翼窗、旋翼门和旋翼百叶窗的一个窗（门）扇，从观察方向看，该窗扇的铰链一侧位于右边（图3）。

左窗扇是旋翼窗、旋翼门和旋翼百叶窗的一个窗（门）扇，从观察方向看，该窗扇的铰链一侧位于左边（图4）。这里，金属加工技工站立的位置位于室内。

20.2.2　开窗类型

根据使用目的的不同，窗户的开窗类型和窗扇类型也各有不同。选取开窗类型时需考虑的不仅有技术标准，如尺寸和重量，还有视觉感受，如窗户与建筑物整体风格的协调性。

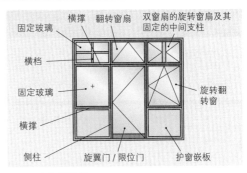

图1　窗门的零件

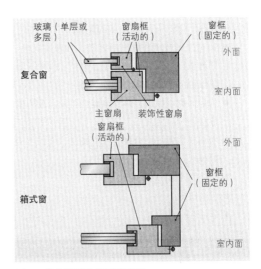

图2　窗户按结构类型的名称

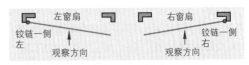

图3　向左和向右开启窗户的区别

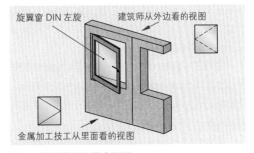

图4　符号表达法的窗视图

旋转窗扇和旋转翻转窗扇均是选用率最高的开窗类型，与合适的玻璃搭配还能达到对隔热和隔音数值的更高要求。第二种开窗类型的翻转位置更有利于开窗通风，且窗扇在室内部分不会占用许多空间。

双窗扇旋转翻转窗的一种改型是法式窗（图 1）。这里的两个窗扇位于窗框范围之内，没有分隔的中间支柱（固定支柱），按上下碰头位置排列。这种结构的优点在于，两个窗扇开启时可释放窗户的全部宽度，没有中间支柱的妨碍。

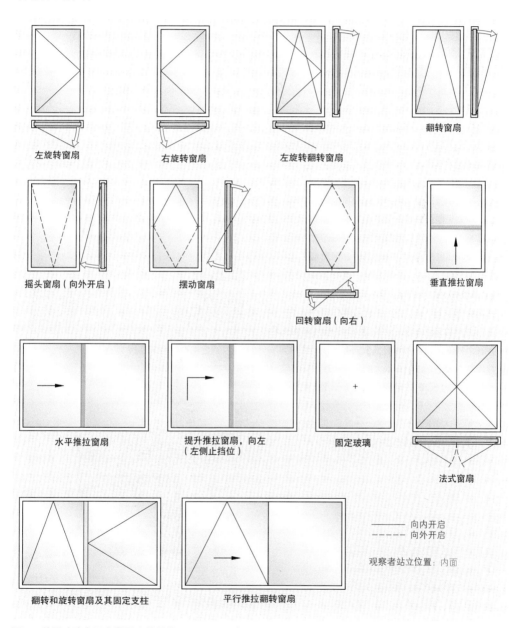

图 1　单层玻璃窗开窗类型（符号按 DIN 1356–1）

20.2.3　窗框材料

　　金属加工企业制造并装配窗框，所用材料是钢，不锈钢，铝，塑料或多种不同材料的组合，例如木头与铝或塑料与钢。正确的设计和符合材料特性的加工与不同材料保持其原有功能特性同等重要（图 1）。

　　窗框型材的上部和侧边是典型的 L 形状。这种形状源自窗框的限位边棱和窗户的关闭面（图 2）。

　　窗扇型材的四周形状相同。它显示出一个 Z 形。Z 形的边使窗扇在窗框上有一个双向止挡（图 2）。

　　型材是半成品，材料是钢，铝或塑料。它们按照箱式制造系统建造，就是说，它们与必要的附件共同组成一个完整的窗系统。窗户的窗框和窗扇由彼此配合的型材加工完成。

　　钢型材作为框架成型管是闭合的型材，其加工方法是，采用钢板冷加工成形，焊接和后续的冷轧，或通过冷拉钢管制作成形。隔热空心钢型材（图 3）到如今已是标配。在工业建筑物中，钢窗的使用极为普遍。即便在住宅建筑和公共建筑中，钢窗也因其强度和窄立面宽度而赢回了市场份额。此外，隔热钢型材（也有隔热铝型材）满足了节约能源条例（EnEV）的要求，在市场上投入了各种不同造型的型材。

　　铝型材窗虽然价格不菲，但由于其气候耐受性好，易于加工，相对较高的机械强度，接缝密封和装饰性外观等因素，占据着很大的市场份额。

　　型材体内空腔的数量和形成对于铝型材的隔热效果具有重要意义。现代隔热型材中，流行采用三空腔系统（第 364 页图 1）。这里，外壳，带有隔热腹板的中间部分与内壳共同组成每一个空腔。

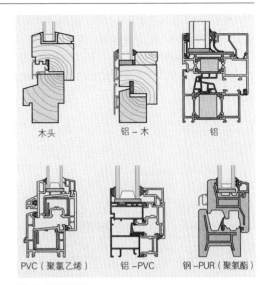

图 1　窗框材料

（木头　铝–木　铝　PVC（聚氯乙烯）　铝–PVC　钢–PUR（聚氨酯））

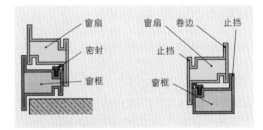

图 2　钢框架型材原理结构

（窗扇　密封　窗框　窗扇　卷边　止挡　止挡　窗框）

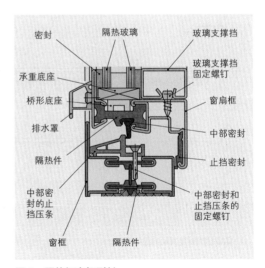

图 3　隔热钢窗框型材

（密封　隔热玻璃　玻璃支撑挡　承重底座　玻璃支撑挡固定螺钉　桥形底座　窗扇框　排水罩　中部密封　隔热件　止挡密封　中部密封的止挡压条　中部密封和止挡压条的固定螺钉　窗框　隔热件）

玻璃纤维增强型聚酰胺（PA）或聚热件（PT）制成的隔热腹板减弱热流，提供更好的隔热效果。热隔离和采用聚氨酯泡沫填充的隔热空腔以及特种密封件，它们的组合使铝窗的隔热数值与隔热玻璃相同。中部密封阻止窗户穿堂风并改善隔热保护（图1）。

铝型材在仓储，运输和装配过程中用可移除的粘贴带和塑料薄膜保护型材，防止它受到灰浆，砂浆，石膏，水泥和混凝土的机械损伤或腐蚀作用。型材表面在制造过程中已做阳极氧化，浸渍着色或粉末涂层等保护措施，其造型可以有色。

复合型材：铝、钢、木头和塑料常以不同的组合用于型材制造。这里，最为重要的组合是木–铝窗，其外框采用铝材，防护气候变化影响，木材承担承重和隔热保护功能（第362页图1）。两个壳体均必须后部通风，阻止湿气侵蚀。为避免热应力（因材料不同热膨胀系数所致），铝壳越过夹紧螺栓，固定在木框上。

塑料型材制成的窗户，由于塑料导热性差，这种窗户的隔热性能优于金属窗。因此它不需要隔热件。这类型材主要由热塑性高冲击韧性PVC（聚氯乙烯）挤压成型，然后采用所谓的"镜像焊接法"（加热元件对接焊，（第107页图4））与窗框和窗扇连接。为保证必要的强度，较大窗户的空心型材采用钢板配筋予以加强（图2）。

塑料窗的缺点是热膨胀较大，因此在设计和安装时要求特别小心。

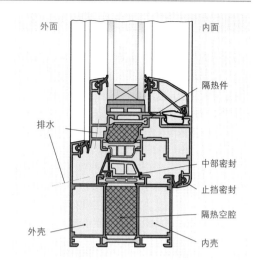

图1　隔热铝型材

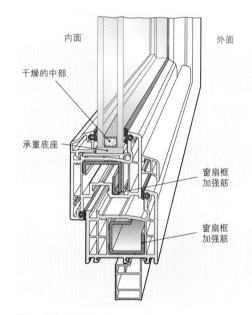

图2　钢板型材加强的塑料窗

知识点复习

1.请列举对窗户的五种要求。

2.您认识窗户的哪些建筑构件（五个数据）？

3.请区分单层玻璃窗，箱式窗和复合窗。

4.请绘制六种不同开窗类型的草图。

5.为什么铝窗的内壳和外壳与PA或PT塑料腹板连接？

6.木–铝复合窗型材有哪些优点？

7.对比铝窗与PVC窗。

8.请列举钢窗各一个优点和缺点。

20.2.4 特殊功能窗

隔热保护，防火保护，低接缝渗透性，良好的雨水密封性等，是对每一个普通窗户的正常要求。如果提高对隔热保护，防火保护以及防盗保护的要求，则需增加相应的设计费用。

必须以相应的配装玻璃和隔热框架结构达到总窗户面积规定所需的隔热保护（图1和图2）。

传统非涂层标准隔热玻璃由于高能量射线已无法继续满足能源节约条例（EnEV）的要求。隔热功能玻璃（又称"隔热玻璃"或"隔热保护玻璃"）是房间内侧玻璃板在玻璃板之间空间的内侧（SZR）涂覆的一层薄如蝉翼的贵金属涂层，它可显著降低能量射线（辐射）。

三层隔热玻璃，它由外层至内层的边缘连接被中间层玻璃板切断，使热量损耗更小。将惰性气体充入玻璃板之间的空间明显增强了隔热保护效果（图2）。

接缝渗透性意味着窗扇与窗框之间的接缝存在着空气交换现象，这是由窗户上现存的气压差引起的。接缝渗透系数 a 表示在空气压力差为 10 Pa 条件下，每米接缝长度每小时穿过窗扇与窗框之间接缝交换的空气量。

雨水密封性表示，在遭受风和雨同时侵袭时，关闭窗户后，不允许有水渗入窗框结构内和房内。

窗户的隔音受接缝渗透度，玻璃类型，窗扇排列位置和墙体接头等多种因素的影响（图3）。

为避免谐振，噪声防护玻璃窗至少应装两块厚度不同的玻璃。较厚的隔音玻璃一般位于外层。两块玻璃之间的中间空间填充一种特殊气体。根据隔音材料的不同尺寸，制造商提供的噪声防护窗从噪声防护等级1至等级6。标准隔音（非密封）玻璃窗的噪声防护等级归类为0；箱式窗户（分离窗框）配装特殊密封件，玻璃板之间的间距很大，其中一块玻璃是厚玻璃，这种窗户满足达噪声防护等级6级的条件。

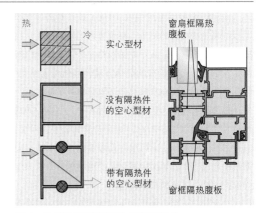

图1　空腔和隔热型材构成隔热保护

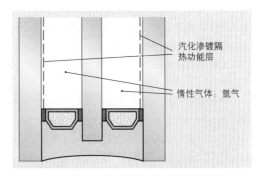

图2　高级隔热功能玻璃采用三层玻璃板结构

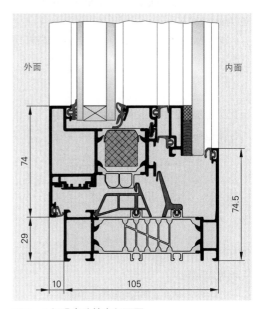

图3　5级噪声防护窗剖面图

■ 防盗窗

无论门还是窗，均无法保证完全防止入室盗窃。无论结构还是在墙体的固定均为经验丰富的窃贼使用相应工具提供了许多入侵室内的可能性。与此同时，窃贼也对窗户配装的玻璃提出挑战。加工制造时，窗与门防止入室盗窃尝试和入室盗窃的难度等级各有不同。所以必须从所涉窗户系列中抽取一个窗户进行针对相应难度等级的型式试验。难度等级 RC 1 N 至 RC 6 N 和防入室盗窃检验方法在标准系列 DIN EN 1627–DIN EN 1630 中均已确定。配装窗户的玻璃已归属至相应的难度等级。安全玻璃可划分为防砸玻璃（A组），放击穿玻璃（B组），防射穿玻璃（C组）和防爆玻璃（D组）。下表展示安全玻璃的概览（节选）。

一般而言，加强防入室盗窃窗户采取的措施：

- 增强窗框结构；
- 可上锁的窗把手；
- 窗把手支座高度的防钻孔保护（图1）；
- 增强或用螺钉紧固玻璃支撑挡；
- 加强金属配件；
- 推杆闭锁机构；
- 接口槽范围的后钩系统（图2）；
- 蘑菇头卡子 – 闭锁机构；
- 防击穿玻璃；
- 防拆保护。

翻转窗没有提供防入室盗窃保护。后续补装的可上锁窗把手也只能视为儿童室内安全装置，而不是窗户的防入室盗窃专业措施。

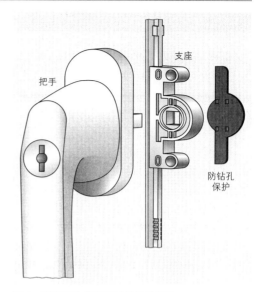

图1 窗把手支座高度的防钻孔保护

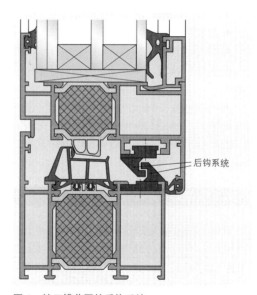

图2 接口槽范围的后钩系统

表1：难度等级和安全玻璃					
难度等级 EN1627/ EN356	玻璃结构，安全玻璃作为隔热隔音玻璃 单位：mm	玻璃元件厚度	玻璃重量 单位：kg/m²	长柄斧头敲击次数 [1]	钢球掉落高度 [2] 单位：mm
RC 2	P4A	9.5/10/6	25.5	38.8	三角形内 3 次	9000
RC 4	P6B	18/10/6	34	60	35～50	—
RC 5	P7B	24/10/6	40	75	51～70	—
RC 6	P8B	31/10/6	47	92.5	≥70	—

[1] 检验工具：长柄斧头，重量 2 kg，柄长 900 mm   [2] 检验钢球，直径 100 mm，m=4.11 kg，硬度 60 HRC–65

20.3　窗户金属配件

　　窗扇，窗框和金属配件的共同作用才能使窗户成为一栋大楼的功能性组成成分。

> 金属配件的作用是开启和关闭窗户。

　　正确配件的选择依据除开窗类型和窗户规格（重量）外，还有型材系统和风载荷（≙负荷组，大楼高度）。

　　下文描述铝窗配件：

　　金属配件是成套配件的制成品（第367页图1）。只有推杆需按窗户尺寸进行裁切，并按安装指南打出冲孔。大部分成套配件按 DIN 左旋和 DIN 右旋使用。

　　配件应能：

- 为窗扇运动提供更安全可靠的支承；
- 限制窗扇运动；
- 将窗扇锁在窗框内；
- 调整关合压力，型材空隙和窗扇行程。

　　配件的零件已做防腐保护，或由耐腐蚀材料制成。

　　窗户使用明装（可见的）配件或隐藏配件。使用隐藏配件时，只有窗铰链和窗把手是可见的。其余零件均隐藏在型材内部。不同的开窗类型使用不同的成套配件。

20.3.1　旋转－翻转配件

　　使用最多的是安装旋转翻转配件的窗户。单手操作模式的窗户有一个三功能把手：旋转，翻转和上锁（功能原理见图1）。

　　这类配件由下列主要零件组成：带把手（图2）的支座，角部回转件（图3），连杆机构及连杆机构支承（图4），旋转翻转支承，翻转支架，窗闩，碰头锁板和推杆（第367页图1）。

> 裁切推杆可使配件配合窗扇尺寸。

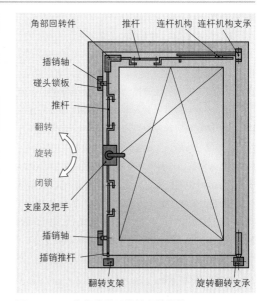

图1　DIN- 右旋的单手旋转翻转配件

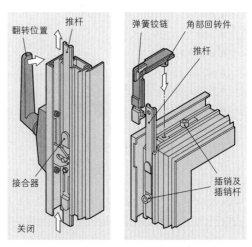

图2　把手支座　　　　图3　角部回转件

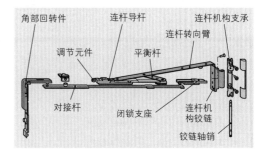

图4　旋转翻转连杆机构的各个零件

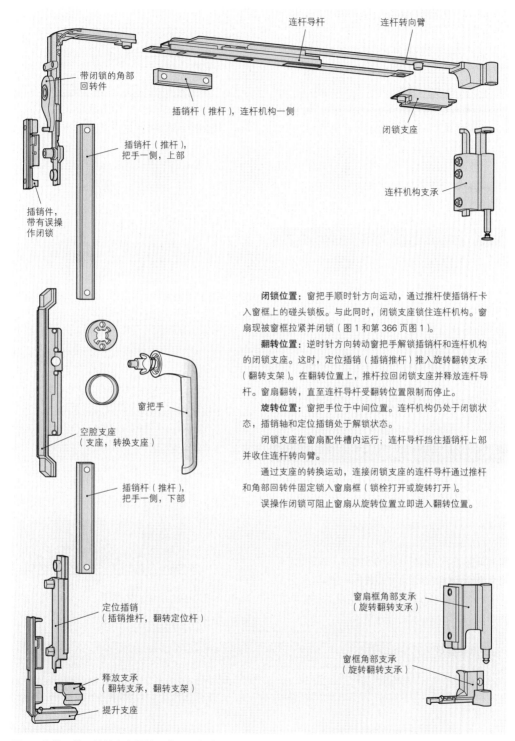

连杆导杆

连杆转向臂

带闭锁的角部回转件

插销杆（推杆），连杆机构一侧

闭锁支座

插销杆（推杆），把手一侧，上部

连杆机构支承

插销件，带有误操作闭锁

窗把手

空腔支座（支座，转换支座）

插销杆（推杆），把手一侧，下部

定位插销（插销推杆，翻转定位杆）

释放支座（翻转支承，翻转支架）

提升支座

窗扇框角部支承（旋转翻转支承）

窗框角部支承（旋转翻转支承）

闭锁位置： 窗把手顺时针方向运动，通过推杆使插销杆卡入窗框上的碰头锁板。与此同时，闭锁支座锁住连杆机构。窗扇现被窗框拉紧并闭锁（图 1 和第 366 页图 1）。

翻转位置： 逆时针方向转动窗把手解锁插销杆和连杆机构的闭锁支座。这时，定位插销（插销推杆）推入旋转翻转支承（翻转支架）。在翻转位置上，推杆拉回闭锁支座并释放连杆导杆。窗扇翻转，直至连杆导杆受翻转位置限制而停止。

旋转位置： 窗把手位于中间位置。连杆机构仍处于闭锁状态，插销轴和定位插销处于解锁状态。

闭锁支座在窗扇配件槽内运行；连杆导杆挡住插销杆上部并收住连杆转向臂。

通过支座的转换运动，连接闭锁支座的连杆导杆通过推杆和角部回转件固定锁入窗扇框（锁栓打开或旋转打开）。

误操作闭锁可阻止窗扇从旋转位置立即进入翻转位置。

图 1　旋转翻转配件的各个零件及其作用方式

较大窗扇可要求增装一个水平闭锁机构和第二个连杆机构。

连杆导杆内装有调节元件。用调节螺栓（图 1）可升降窗扇约 ±3 mm。某些窗结构中还装有一个平衡杆，其作用是支撑连杆机构运动。

> 旋转翻转窗必须配装误操作闭锁。

这是为了阻止从旋转位置直接转换至翻转位置，窗扇仍被连杆机构支承和旋转翻转支承卡住，不能直接转换（第 367 页图 1）。

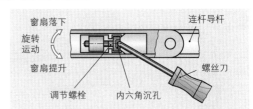

图 1　旋转翻转连杆机构调节元件

20.3.2　防盗配件

入室盗窃尝试的一个特别危险之处在于，窃贼试图悄无声息地抬起窗户。因此，根据安全要求，窗框和窗樘内必须安装 1 至 4 对配件零件，它们在窗户关闭后彼此钩联（图 2）。

在列举的举例中，一个关闭轴将窗扇密封牢固地压在窗框上，这样使窗户在风吹和雨打时仍处于良好的密封状态。蘑菇头卡子卡在对应的闭锁槽内。无论窃贼使用何种工具，蘑菇头卡子均可将窗扇牢固地卡在窗框内。

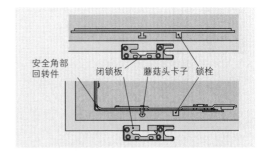

图 2　防盗配件零件

20.3.3　提升－推拉窗扇配件

大型窗扇一般制造成推拉窗扇，如同推拉门一样（图 3）。推拉窗扇放置在滚轮上，但摩擦密封件会使窗扇运动不顺畅。为使窗扇推拉轻松便捷，应使用提升推拉窗扇配件。窗扇运动前，通过窗扇的提升运动可避免密封件在窗扇运动时受到磨损。窗扇落下后，横向密封和底座密封仍可处以极佳的密封状态。

配件的主要零件如下：提升支座（未在图内），插销杆，插销座和滚动小车（图 4）。

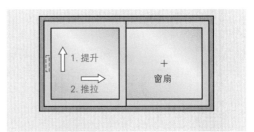

图 3　双扇提升推拉窗

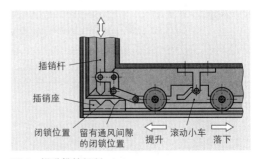

图 4　提升推拉机制

知识点复习

1. 请解释隔热功能玻璃的结构。

2. 请列举三个提升窗户防盗安全的结构性措施。

3. 哪些因素影响窗户的隔音数值？

4. 请描述窗户金属配件中连杆机构的任务。

5. 哪个配件零件可将窗户金属配件的高度调节 ±3 mm？

6. 请解释窗户金属配件中误操作闭锁的任务是什么？

20.4   窗户的制造

根据企业的规模和客户的要求，窗户制造可划分为三种类型：

- 单个制造：为老旧建筑，较小型新建筑制造窗户，或有特殊尺寸和要求的特殊制造时，一般需要采用单个制造形式。
- 小批量制造：这种制造形式可部分采用自动机床。尺寸和结构均可满足客户的特殊要求。
- 大批量制造：采用专用机床为市场完成标准尺寸的大批量制造。这种窗户一般由较大型企业制造。

20.4.1   在建筑物上测定尺寸

施工图的基本尺寸是确定框架尺寸的重要依据：基本尺寸是毛坯尺寸的最小尺寸（低限尺寸）。

单个制造时，需先求取窗户在建筑物上所有开口的尺寸。净宽 b 和净高 h 需各测量三个位置（图 1）。这些尺寸中的最小尺寸，即毛坯基本尺寸，是决定性的。但对于窗户的加工制造而言，窗框的外部尺寸也很重要，因为还必须根据窗框制造材料的不同考虑到围绕窗框还有一圈 10 ~ 30 mm 的建筑物连接接缝。从窗框的外部尺寸可计算出型材裁切与配装玻璃的所有其他尺寸。

20.4.2   下料与加工

窗户制造始于型材的裁切下料和表面处理。最适合型材下料的是铝窗加工业的双斜切锯床，因为该锯床一次走刀即可按所要求的尺寸精度完成型材零件的裁切。圆锯床有可回转的锯片。

小批量生产时，简单下料和后续加工适宜采用单斜切锯床。合适的木头垫片可阻止型材在锯切时出现变形和受损。下料后，在专用机床（仿型铣，铣锁扣，铣开口和手工冲孔以及机床冲孔）加工凹槽，例如用于铰链和把手，排水，横窗梁孔的凹槽。模板和钻模可简化小批量生产（图 3）。如有可能，应从内向外冲孔，避免内侧产生毛刺。

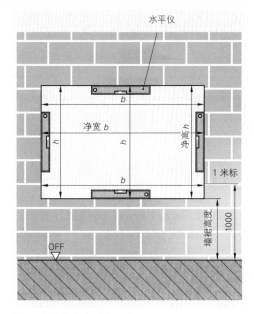

图 1   在建筑物上测定尺寸

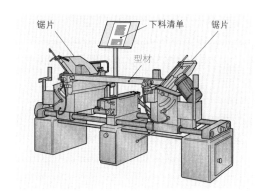

图 2   双斜切锯床

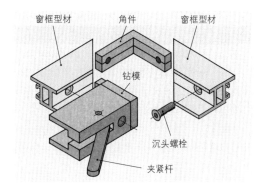

图 3   钻模

20.4.3 框架连接

通过机械连接件，如角件（图1）或T形连接片（图2），或通过焊接将若干型材连接成为一个框架。

> 框架连接的质量取决于窗户的抗变形性，紧密性，功能和外观。

现代铝型材多采用机械连接件，如角件，T形或十字形连接片。

铝型材的角部连接时，将与型材匹配的角件推入窗框和窗扇框的空腔。形状接合型固定可采用机器冲切或冲压（图3），或采用销钉或螺钉手工连接（图4和图5）。机床接合时，两把刀具从型材边壁"凸起部"冲切进入为此设定的角件槽内，并挤压框架角部。

接合之前，将双组分黏接剂填入角件空腔和斜切面，然后使它们相互压紧，或用销钉连接。

> 单是黏接剂的硬化已足以保证角部连接的密封性和稳定性。

钢型材的连接一般采用手工焊接。小批量生产和工业化制造时常采用对接气焊（第98页图2）。

热塑性塑料制成的塑料型材采用机器镜像焊接法（加热元件对接焊；107页图4）进行连接。塑料实心型材也可采用螺钉连接，夹紧或在连接孔内喷入速凝塑料进行连接。

20.4.4 安装金属配件

每一种金属配件（第367页图1）均必须在窗户未固定在墙体之前的加工位置时装入。安装时为保证配件功能，必须遵守配件装配图的顺序。

配件固定在框架时可采用自攻螺钉或配件夹件进行快速安装。配件安装完成后，将窗扇装入窗框，并连接窗扇与窗框。

为使配件功能顺畅地发挥作用，所有零件组装后需进行功能检验。

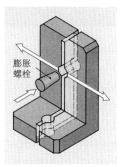
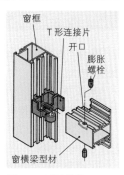

图1　角件　　　　　图2　T形连接片

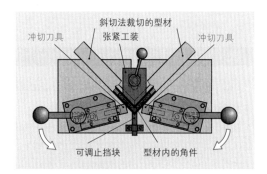

图3　冲切角件的角部机器连接

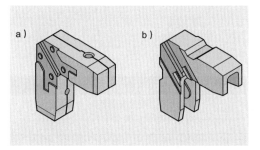

图4　用于销钉连接（a）和冲切连接（b）的角部连接件

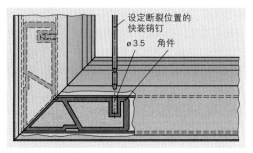

图5　用销钉截断外壳的角部连接件

20.5 窗户的装配

受功能和不同要求的限制，窗户是建筑物外壳的敏感部分。窗户必须能够经受外界的气候影响，例如狂风，暴雨以及冰雹袭击。因此，窗户牢固地锚固在建筑物主体是非常必要的。

> 窗户是非承重建筑构件，它不允许承受来自建筑物的力。

所有出现在窗户上的力必须足够安全地传递至建筑物主体。

过去几年里，现代化窗户仅在与建筑物建立符合专业水准的连接方面已大幅度地提高了要求。安装窗户和窗户与建筑物之间的接缝结构均需考虑下述一系列的要求：

- 长效高气密性接缝可避免穿堂风现象；
- 暴雨密封性表示不允许降水渗入建筑物内部，但室内水蒸气必须能够向外蒸发；
- 鉴于热损耗和凝露水的形成，要求接头范围必须具有足够的隔热性能；
- 密封隔热的接缝也可满足接头范围的隔音要求。

右表图示的旋转翻转窗满足了符合专业水准的装配所提出的所有要求。固定在建筑物开口处的窗框构成窗扇的外部框架。窗扇是窗户的活动部分。窗扇可配装玻璃。玻璃挡，又称玻璃支撑挡，压紧在窗扇框槽内，并挤压内部密封型材，使它压紧玻璃板。这种结构阻止窗扇运动直接对玻璃板的撞击继续传递。从窗扇框内面装入的槽口密封具有增强密封的作用（第363页图1）。

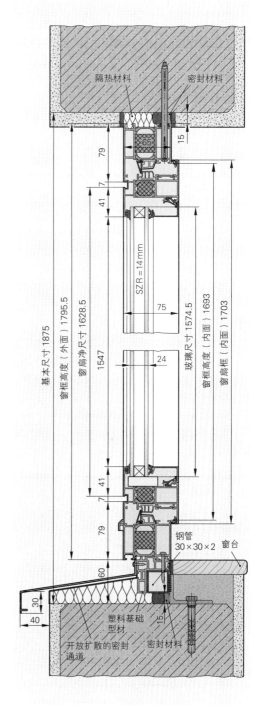

图 1 旋转翻转窗装入状态的剖面图

20.5.1　玻璃垫块

在窗户上安装玻璃的工作包括玻璃槽口的准备，玻璃板在窗扇框内的支承与密封等。

由于窗扇框自身的稳定性较差，必须将玻璃板的重量在窗扇框内均匀分布和平衡，使框架所有方向均匀承受玻璃板。尤其需保证将玻璃和窗扇框重量产生的各种力顺畅地传导至配件，最后直至墙体。这里，玻璃板与垫块的配合具有重要意义。

玻璃板不允许承担承重功能。

因此，玻璃板的重量必须均匀分布，使窗扇框承受玻璃板重量。为使窗框周边接缝宽度均匀一致，且力的传递线路畅通，只允许窗扇框有极小的变形。

做过浸渍防水处理的木质或塑料垫块可将窗扇框的边边角角垫平（"垫高"）。垫木块需用承重垫块，间隔垫块，有时还有垫块桥（图1和图2）。

承重垫块承受玻璃板压在窗扇框结构上的重量。

间隔垫块保证玻璃边棱与接合槽底的间距，防止玻璃板滑动。在某些开窗类型中，间隔垫块也部分承担承重木块的功能。

推拉窗在止挡面上使用弹性间隔垫块。

垫块桥在平面槽底均衡环绕一圈的空气气压，并保证渗入的雨水顺畅地排出（图1）。

尽管窗户类型各有不同，但垫块无论在窗户闭合还是开启状态下都必须始终均匀分配并传递玻璃板的重力，使玻璃长期不受损伤。

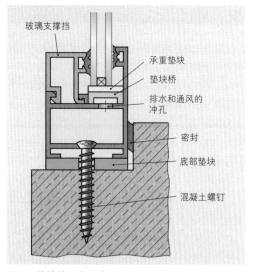

图1　垫块的任务和类型

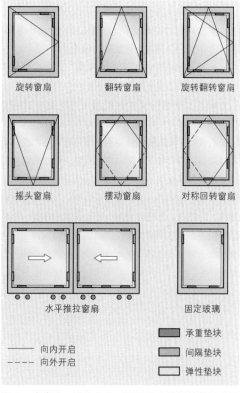

图2　玻璃手工制作企业对不同开窗类型的垫块安装建议

20.5.2 玻璃系统

外部的作用因素如风力和温度波动均使窗户承受负荷，并导致玻璃在接合槽内出现移动。接合槽底积水随着时间的流逝破坏隔热玻璃单元的边缘接合。为使积水不渗入槽底并在玻璃和框架边缘不出现损伤，装配玻璃系统时必须符合指定要求，这些要求的依据是：

- 开窗类型（＝操作）；
- 环境因素的作用影响；
- 玻璃板尺寸；
- 大楼高度。

根据现有技术水平，大部分玻璃板安装在接合槽无密封材料或采用预制密封型材的铝和塑料结构内。密封型材与窗扇框之间形成弹性连接，它必须密封防雨水和穿堂风（图1）。

密封材料（一般在受气候影响的那边）与密封型材（室内这边）的组合是可能的。干玻璃这个概念可理解为一种接合槽内无密封材料的玻璃安装技术。

使用密封型材安装玻璃的一种特殊情况是耐压玻璃，这里使用夹紧工具将压条压紧在密封型材上。这种安装类型用于例如玻璃里面和陈列橱窗，这类玻璃即便长期承受风和雨的最大负荷也必须保持密封。

随着湿气负荷的增强，渗入玻璃板中间空间的水量也会增加。干燥的玻璃槽和水蒸气气压与外界气候平衡的开口是隔热玻璃边缘接合处不受溶解的黏接剂损坏的前提条件。这些开口必须能够将渗入槽内的潮湿空气，喷溅水和凝露水快速可靠地排出（图2）。

20.5.3 窗户在建筑物的连接与固定

符合专业要求的连接接缝造型（接缝几何形状），固定，隔热，密封等对于窗户的适用性具有决定性意义（371页图1）。

■ 槽口类型

窗户和门在建筑物上的安装位置称为槽口。符合专业要求的槽口对于功能具有重要意义。槽口类型取决于毛坯墙体开口的形状（图3）。

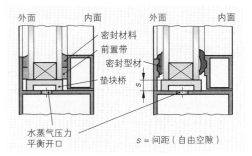

图1 在无密封材料接合槽内安装玻璃

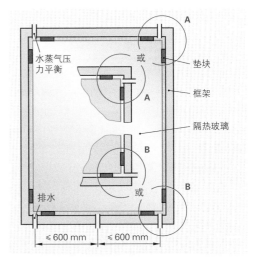

图2 水蒸气压力平衡和排水开口的数量与位置

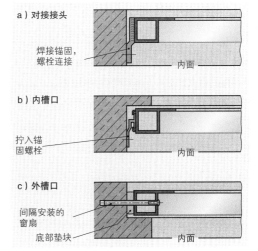

图3 槽口类型和固定技术

对接槽口是最为常用的槽口类型。贯通的墙体开口允许窗侧开出任意深度的槽口［第 373 页图 3a）］。安装时不需要脚手架，因为窗户从室内这边安装。

内槽口时，从室内对应墙体接合槽装入窗户［图 3b）］。这种安装不需要外脚手架。窗框和接缝均受到良好的防气候影响保护。

外槽口时，从外边对准墙体接合槽装入窗户［第 373 页图 3c）］。这种安装需要外脚手架。窗框和接缝必须接受气候影响。窗户在墙体的锚固必须保证将窗户上所出现的所有力传递至墙体。窗户不允许出现损害其功能的变形。这里，将窗户的固定方式根据其目的划分为：

● 引导传递作用于窗户面的力；

● 引导传递垂直作用于窗户面的力（例如风力）。

通过底部垫块和 / 或基底型材将窗户面的力引导传递至墙裙（第 371 页图 1）。底部垫块的排列位置应使它只承受压力。它不能阻止框架型材的热膨胀（图 1）。

引导垂直作用于窗户面的力有着不同改型。固定方式的选择（第 373 页图 3）依据是相邻建筑构件的强度和接缝中可能出现的移动：

● 采用拧入挂钩和膨胀螺钉的固定方法（铝窗）：这种情况下，固定在窗框内的锚固螺钉承载能力以及锚固本身的抗弯强度非常重要；

● 采用框架拧入膨胀螺钉的固定方法：这种在铝窗上钻通孔的方法常用于老旧建筑的整修。这种方法可避免去掉窗框边上的灰浆。

图 2 显示出各固定点之间的间距。为避免室内凝露水威胁型材和玻璃，窗户的安装位置必须使型材室内表面的温度保持在 10℃ 或更高（图 3 右）。这里的设计出发点是标准气候条件，室温 20℃，空气湿度 50%。

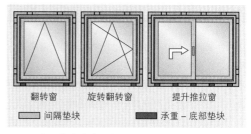

翻转窗　　旋转翻转窗　　提升推拉窗

□ 间隔垫块　　■ 承重 – 底部垫块

图 1　引导传递窗户面负荷的底部垫块排列位置

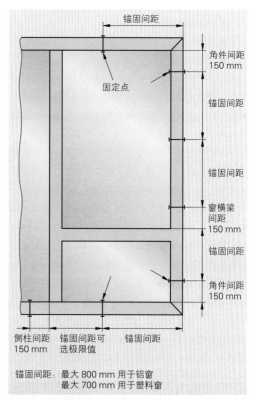

锚固间距

角件间距 150 mm

固定点

锚固间距

锚固间距

窗横梁间距 150 mm

锚固间距

角件间距 150 mm

侧柱间距 150 mm　锚固间距可选择极限值　锚固间距

锚固间距：最大 800 mm 用于铝窗
　　　　　最大 700 mm 用于塑料窗

图 2　窗框的固定点

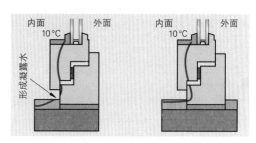

内面　　外面　　　内面　　外面
10℃　　　　　　　10℃

形成凝露水

图 3　10-℃等温线的原理性走向

第 374 页图 3 中左窗的安装位置（安装连接）选
择得相当不好，以至于在内墙表面可能出现 10-℃等
温线和凝露水滴落。图 1 显示出一栋大楼的边缘，这
里因几何形状的原因而出现了热桥。在外边缘范围
产生了大片可释放热量的面积，但在室内这边却没
有对应的相同大小的面积。这种情况导致热损耗增
高，室内墙体表面温度降低。如果这里低于露点温度
（Θ=9.3℃），在这个范围将会出现凝露水滴落室内建
筑构件表面的现象。其结果可能导致形成霉菌。

如果 10℃等温线位于功能面（图 3 范围 2），即
位于隔热建筑构件（隔热腹板，玻璃板中间空间，隔
热层，核心隔热等）的内部范围，这时的窗框安装位
置是正确的（图 2）。

连接接缝符合专业要求时，将形成三个范围：

在范围 3，室内与外部气候之间的分隔面，气密
薄膜或防潮板可阻止室内空气湿度渗入建筑物槽口接
缝，并阻止室内空气湿度积聚在表面温度低于露点温
度的位置作为凝露水滴落下去。

范围 2，功能面，它优先确保隔热和隔音保护。
这个范围同样必须保持干燥，并与外部气候环境（范
围 1）隔离开来。

气候保护层的建筑连接实施的是一级或两级连
接。一级建筑连接时，在同一个面上抵御雨和风的侵
袭（图 3 上）。

气候保护由防风板和防雨板组成。雨水虽能够深
入建筑连接缝，但渗入状况必须得到控制并直接向
外排出。此外，还必须确保室内功能范围产生的湿气
也能向外排出，例如通过水蒸气可渗透的压缩带。

二级建筑连接时，在一个空间隔绝面上抵御风和
雨（图 3 下）。渗入到防雨板后面的雨水将受到控制
并向外排出。

为使湿气无论如何都能向外扩散，这里适
用的基本原则：内面密封度高于外面。

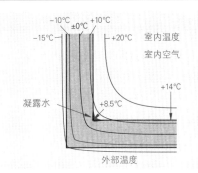

图 1　建筑物边缘的等温线走向示意图

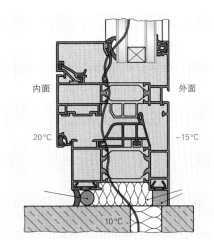

图 2　窗户的建筑物对接接头处的 10-℃等温线走向

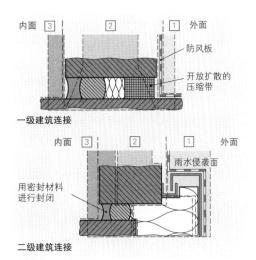

一级建筑连接

二级建筑连接

图 3

20.6　陈列橱窗和玻璃陈列柜

陈列橱窗由于其规格和形状造型均属于配装固定玻璃的特种窗户制造类型。若干陈列橱窗并列便形成也含门的陈列橱窗系统（图1）。大部分窗和门的系统供货商均将陈列橱窗型材列入报价目录。

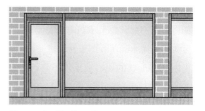

图1　陈列橱窗系统

■ 橱窗的建筑构件

陈列橱窗由基础型材，天花板型材，型材支架与配装玻璃组装而成（图2）。

基础型材构成橱窗的基础框架，它由钢或铝制成。基础型材是玻璃结构件和天花板型材的承重构件。它必须抗弯和抗扭曲，保护玻璃不受损坏。

天花板型材的型材支架夹紧并用螺钉与基础型材连接。它也用作玻璃支架。

天花板型材包含外部玻璃密封件。它从外面夹紧在型材支架上。这样从外面看不到任何紧固件，不影响天花板型材的装饰功能。

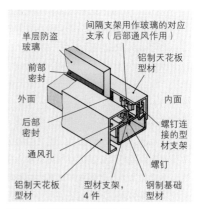

图2　陈列橱窗的建筑构件

■ 制造与安装

制造陈列橱窗需首先如窗户型材一样根据所选型材系统裁切基础型材，然后用框架连接件与框架连接。裁切天花板型材并配合装入。陈列橱窗系统在工厂制作完成并校直，避免在安装现场出现昂贵的返工修整。

在高湿空间，如花店，面包店等，必须注意玻璃板的后部通风。外部环境温度极低时，如果在橱窗窗腰范围的玻璃内侧未装加热装置，橱窗内侧将蒙上一层雾气。室内热空气的水蒸气冷凝，并顺着冰冷的玻璃向下滴落。在基础框架上下部各开一个浅槽，可在橱窗玻璃内侧产生一股气流（风扇作用），阻止室内湿热空气进至玻璃板。

多面配装玻璃的陈列柜被称为玻璃陈列柜。通过可上锁的门装入或取出柜内的陈列商品（图3）。玻璃陈列柜可装在墙上，或独立放置在室内或露天的展览位置。

图3　玻璃陈列柜

知识点复习

1. 如何测定一个墙体开口的尺寸？
2. 请解释"基本尺寸"这个概念。
3. 加工旋转翻转窗型材时应切出哪些凹槽？
4. 如何接合铝窗结构的角部？

5. 为什么铝窗结构的框架角部不能焊接？
6. 哪些接缝必须满足专业要求？
7. 请区分承重垫块与间隔垫块。
8. 请列举三种连接接头类型。

21　立面及其玻璃结构

金属加工技工将立面一词理解为遮盖一栋大楼外墙的那个部分（图2）。在现代化商业建筑和住宅建筑中，立面具有多种功能：

- 通过隔热保护节约能源；
- 合适的采光和通风功能；
- 气候保护；
- 隔音防护；
- 防火保护；
- 隐私保护，遮光保护和防晒保护；
- 灵活的大楼用途。

除此之外，立面应将外部作用的风力和大楼自身重量传递至建筑物支柱与支梁系统。立面还应做到低维护保养费用，满足建筑设计师、业主和主管当局的愿望。

当今建筑物立面的画风由其制造材料塑造，如铝，粉末涂层钢，不锈钢以及各种各样的玻璃类型。

图2　建造中的台北101大楼（508米）

21.1　分类和制造类型

最常见的制造类型是前置悬挂立面，它与可调立面相反，建筑体积小，安装简便，预制程度高（图3）。

根据填充件装配的不同，将前置悬挂立面划分为"支柱横梁建造方式"和"组装式建造方式"。

支柱横梁建造方式，首先安装垂直支柱，接着安装水平横梁（图1）。然后在支柱与横梁之间装入填充件（固定玻璃，窗户，嵌板）。

组装式建造方式（图4），将预制的框架，嵌板或箱直接安装在建筑物主体上，或直接装入装配支柱之间。

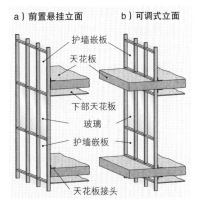

图3　立面建造类型

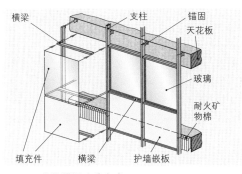

图1　支柱横梁建造方式

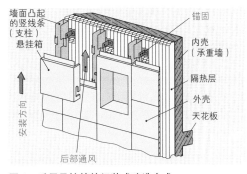

图4　采用悬挂箱的组装式建造方式

根据立面与建筑物主体之间的温度，立面可划分为：

- 热立面；
- 冷立面；
- 冷热立面（CW立面）。

立面的特殊制造类型：

- 第二表皮立面（双立面，对流立面）；
- 全玻璃立面（建筑玻璃）；
- 点支撑玻璃立面（自承重或非自承重）；
- 过顶玻璃立面。

本文不涉及的立面有：

- 能量立面；
- 通风立面，它们在结构上类似于双立面，但外层加装了隔热玻璃；
- 装有滑板的长排立面。

21.1.1　热立面

热立面指其内面是大楼室内温度，而外面则是外部温度。单层立面已实现将内外气候隔热分离，该立面同时也是一面墙。

> 热立面是单层的，没有后部通风的外墙结构。

热立面由隔热型材与活动窗和固定隔热玻璃以及不同的嵌板组件组成（图1）。

嵌板由外层，隔热芯和室内一侧的防潮层组成。

嵌板的外层由石板，钢板或铝板预制而成，或用多块玻璃板组成单层安全玻璃（ESG）并涂覆反射层制成。也可以用复合安全玻璃（VSG）或隔热玻璃制作。

为避免室内空气所含湿气湿透由矿物棉，隔热玻璃纤维或聚氨酯硬泡沫组成的隔热芯，内壳必须装一层防潮层。防潮层由金属板，或粘贴和密封在边缘衬条上的金属薄膜组成。

虽然温暖室内的水蒸气渗入嵌板并冷凝成水，但冷凝水可通过下部边缘处的平衡孔排出去。

这种"三明治式"的嵌板可像玻璃一样装入承重的框架结构，用压条固定。

> 嵌板承担的任务是，封闭房间，气候影响因素的防护，以及隔热保护，隔音保护和防火保护。

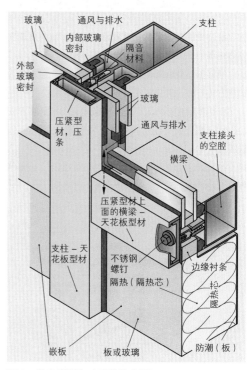

图1　装有嵌板和玻璃的热立面

21.1.2 冷立面

冷立面是双层结构并带有一个通风的冷中间空间（图1）。冷立面的外壳像"雨衣"，用作防护气候因素影响，兼具优化外观造型的功能。

混凝土墙或梯形板材墙作为内壳承担封闭房间的任务，并承受隔热层和钢板或铝型材构成的外壳的重量。

外壳处于外部冷气候环境。通风的中间空间的"烟囱效应"使大楼内部通过内壳向外发散的水蒸气由上升气流裹挟着向外部排出。夏季侵袭外壳的热气也从通风的中间空间排出。

> 冷立面是一种后部通风但没有防潮的双层外墙结构。

21.1.3 冷－热立面（CW立面）

CW立面（=cold-warm 译注：冷－热）在建筑物的不同位置实现交替出现冷区和热区。它可安装在实心建造的承重外墙上。在"热区"，配装玻璃的固定或活动窗户封闭建筑物的开口。与之相比，"冷区"，例如护墙，这是由钢板、镜面反射的单层安全玻璃或其他板材或型材构成的隔热的建筑面积（图2）。

出于隔音和比周边全采用框架型材的安装更为便捷等原因，"热区"的框架装有可调式托架，该托架固定在建筑主体。

冷热立面的优点：
- 缩短建造时间，因为窗户开口可首先关闭；
- 冷区型材可保持不用隔热；
- 实心护墙范围提供防止火花飞弧的良好安全性；
- 良好的隔音效果和玻璃区全部统一的外观形象。

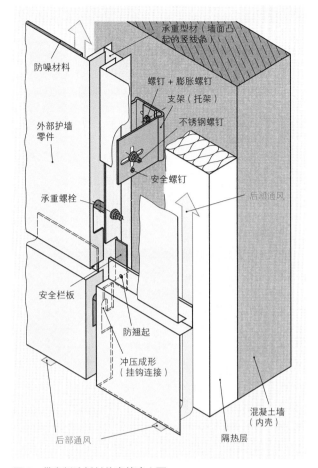

承重型材（墙面凸起的竖线条）
防噪材料
螺钉＋膨胀螺钉
支架（托架）
不锈钢螺钉
外部护墙零件
安全螺钉
后部通风
承重螺栓
安全栏板
防翘起
冲压成形（挂钩连接）
混凝土墙（内壳）
隔热层
后部通风

图1　带有折边板材外壳的冷立面

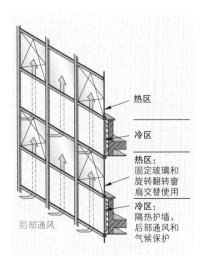

热区
冷区
热区：固定玻璃和旋转翻转窗扇交替使用
冷区：隔热护墙，后部通风和气候保护
后部通风

图2　冷热立面建造原理

21.1.4 双立面，第二层立面

第二层立面，又称双立面或对流立面，是在现有立面前加一个单层玻璃作为透明玻璃外壳（图1）。其原理类似于冷立面，但仍有区别，即立面中间空间更大，包括了窗前范围。这种结构可打开内表层的窗户，采用自然通风方式为内部空间通风和排气。在其中间空间可加装防晒保护（百叶窗）。打开或关闭通风开口便可为立面中间空间实施贯通通风。加装机械排风扇也可达到通风的目的。立面中间空间呈楼层样式，各窗口面板向旁边移动即可将该空间隔离（第385页图2）。

双立面的优点：

● 窗户全年通风，即便高层建筑也能做到；

● 在寒冷季节可降低热传导损失和通风损失最大约至30%；

● 降低夏季热量。总能量透射率（参见第388页）可最大降至20%；

● 良好的隔音效果，即便打开窗户，偌大的中间空间可起到声音缓冲器的作用；

● 保护气候因素和风力对百叶窗的侵袭；

● 安装太阳能电池（光伏发电 = 光伏模块）增加能源获取渠道；

● 旧立面的承重功能已不敷使用，新型的"第二层"在地面建有自己的地基。

21.1.5 全玻璃立面（结构玻璃）

SG立面（图2）是来自美国著名前置悬挂立面的继续研发成果，它没有可看到的框架和玻璃支撑挡（SG=Structural Glazing=结构玻璃）。黏接缝承受全部风力，与框架构成材料接合型连接。玻璃板的自身重量落在座架和承重垫块上。由于玻璃的边缘连接未被型材遮盖，而且无防晒保护地遭受阳光直射，这里的黏接材料因此必须耐紫外线。

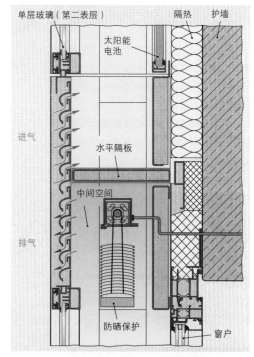

图1　带有通风，太阳能电池和集成防晒保护的双立面

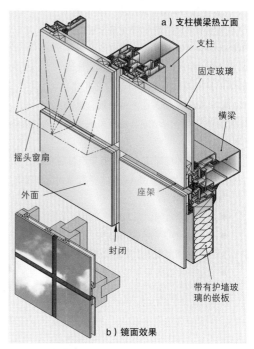

图2　全玻璃立面

装配：立面建造工人将带有支撑框架的玻璃板装在支柱和横梁上（图1）。外面的单层安全玻璃（ESG）规定其最小厚度为 6 mm。作为防止外层玻璃火灾时坠落的附加机械保护措施是狭窄的，环绕四周的玻璃支撑框架，或角部的点固定。

与外平面对齐的玻璃正面和相应的涂层，这些措施使 SG 立面像一面镜子，雨水的冲刷也使光滑立面的自净度极高。

21.1.6 点固定玻璃立面

如果每一组多层隔热玻璃或单层玻璃采用四个金属点固定件与下部结构件连接，同样可制造出无框立面和屋顶。由于金属不允许接触玻璃，必须始终在支架下部放置丁基橡胶垫片［图2a）］。玻璃板之间的接缝采用嵌缝方式。自承重系统中，玻璃板与其支架彼此连接固定，还有立式和悬挂式系统。支撑装置限制着弯曲和纵向扭曲。

21.2 过顶玻璃（斜装玻璃）

玻璃屋顶在今日已是现代化建筑的一个固定组成部分。实例有入口处雨篷，暖房（参见第386页），空调大厅和展览馆，不供暖的走廊和凉亭以及带有斜面的立面。

如果玻璃面垂直倾斜至少10°，按照"德国建筑技术研究院技术规则"，这就是斜屋顶或过顶玻璃（翻转窗户不属于此列）。允许用于过顶玻璃的玻璃种类如下：

- 单层玻璃加浮法玻璃制成的复合安全玻璃（VSG）；
- 单层玻璃加部分预夹紧复合安全玻璃；
- 单层玻璃加嵌丝玻璃，跨度最大至 700 mm；
- 隔热玻璃加复合安全玻璃（VSG）或嵌丝玻璃装在下部。

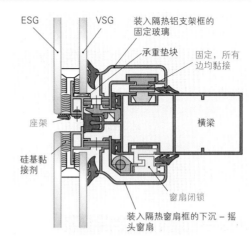

图 1 SG 立面的纵向剖面图

a）点支撑的玻璃立面

b）过顶玻璃的装配

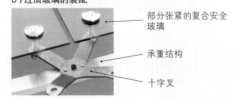

图 2 玻璃角部的点支架

单层安全玻璃（ESG）并非防碎片玻璃，因此只允许装在过顶玻璃的上部。

如果在通道上方安装一个下部张紧的网，截住坠落的较大玻璃碎片，也允许与上述规定略有偏差，使用其他种类的玻璃。

此外还应注意：

- 玻璃板的下部结构必须均匀一致，保证玻璃板边缘的支承无卡死现象。玻璃板在任何位置均不允许与金属接触；

- 支承必须有效承受抽吸负荷；
- 装入时，玻璃板边缘与槽底的间距必须至少达到 5 mm。间隔垫块阻止玻璃板滑动；
- 在横向对接接头处不允许出现纵向水滴。因此，玻璃屋顶时，为顺畅排水，常将玻璃板的横向一边黏接在支架型材上（图 1），并与平面对齐固定。这种结构称为双边结构玻璃。

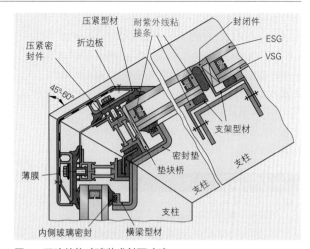

图 1　双边结构玻璃装成斜面玻璃

21.3　立面的排水功能

虽然装有准确无误的外层玻璃密封，但大暴雨和凝露水仍有可能渗入立面的框架结构。通过窄接缝的毛细作用，可能使墙体湿透。

> 立面与建筑主体的任何一处接头都必须安装阻止建筑主体润湿的密封条。

密封条是十分之一毫米厚的水密塑料条，在金属加工图纸上用宽虚线表示。密封条的安装始终从建筑主体（第 384 页图 3 和第 387 页图 1）上部隔热层后面开始，在型材系统（玻璃接合槽）的外面部件结束。在底部点（第 384 页图 3），密封条从外面在隔热层前面结束。

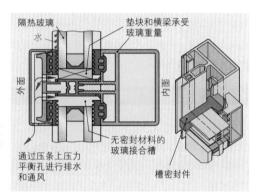

图 2　独立通风，接合槽密封件

普通玻璃系统的玻璃接合槽是没有密封材料的，水流入槽内，顺槽底从开口处排到外面（图 2）。在玻璃接合槽角部范围上方的压力平衡口可使湿空气快速排出。

立面可分为独立排水系统和联合排水系统。

独立排水系统指每一个立面区域与普通窗户一样只能独立排水和通风（图 2）。各个区域的玻璃接合槽由接合槽密封件（图 2）向上和向下密封。

较大立面和斜面玻璃时采用联合排水系统的原理。这里，多个立面区域通过侧边打开的玻璃接合槽相互连成一体。落下的水从横梁流向支柱，再从支柱底部流到外面（图 3）。水平方向压条上附加的开口和天花板型材以及立面顶点均可用于排水和通风。

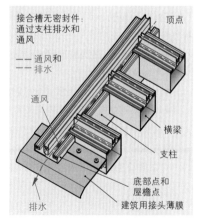

图 3　联合排水系统的通风与排水

21.4 立面的计划，加工和装配

立面下部结构的固定需谨慎操作，目的是使所用的作用力（自重，风力，抽吸风力，热膨胀等）均能传递至建筑物主体。

> 来自建筑物的力（例如屋顶负荷）绝不允许由立面承受。

21.4.1 计划的基础

建造大楼必须考虑到尺寸偏差（DIN 18202 高层建筑公差）。为能在车间预制立面零件和相关构件，要求使用可以修正尺寸误差，铅垂线误差和对中心误差的固定装置。图 1 显示一个座架，它可三维调整支柱误差，并能实现浮动支承和固定支承的功能。型材出现热膨胀时需用到浮动支承。

■ **座架**

- 连接支柱或将立面制成品与建筑物连接；
- 承受立面和建筑主体因纵向扭曲和温度波动产生的移动；
- 调整建造与装配误差；
- 保证下部结构顺畅无碍地围绕建筑主体放置。

固定立面有三种可能性（图 2）：

- 立面支柱的下部是直立的。支柱支脚点构成不移动支承［图 2 地板的固定支承，底层（EG）和第 1 层（OG）］。浮动支承与固定支承互换（图 2 的浮动支承，每次均位于天花板下方）。
- 立面支柱从上方悬挂。支柱顶点构成固定支承，位于楼层天花板旁［图 2，第 2 层（OG）］。向下，浮动支承与固定支承互换。
- 组合立面。各个立面构件不移动放置。插入件作为活动的构件对接接头连接各个构件。

> 固定支承承受风力和立面自身重量。浮动支承只将风力传递给建筑物。

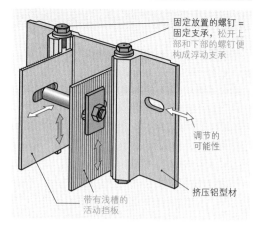

固定放置的螺钉 = 固定支承，松开上部和下部的螺钉便构成浮动支承

调节的可能性

挤压铝型材

带有浅槽的活动挡板

图 1 三维可调座架用于支柱锚固

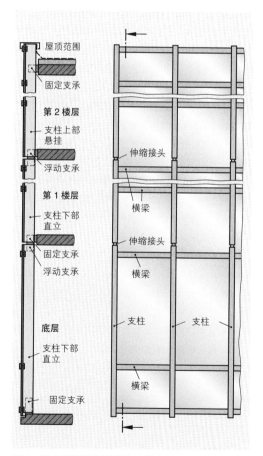

屋顶范围
固定支承
第 2 楼层
支柱上部悬挂
浮动支承
第 1 楼层
支柱下部直立
固定支承
浮动支承
底层
支柱下部直立
固定支承

伸缩接头
横梁
伸缩接头
横梁
支柱 支柱
横梁

图 2 用上部悬挂和下部直立的支柱固定立面

21.4.2　下部结构的装配

金属加工技工在图纸上将看到如下信息：

- 第一根支柱基准面的位置；
- 支柱锚固的位置和类型：哪个位置是浮动支承，哪个位置是固定支承（第 383 页图 2）；
- 哪里是伸缩对接接头位置；
- 哪个是支柱的轴向尺寸；
- 哪些是规定的横梁高度尺寸。

然后他开始用卷尺，铅垂线，水平仪，液压静力水平仪，水准仪或建筑用激光仪等确定尺寸偏差。如果尺寸大于 DIN 18202（2013-04）许用值，他需要作出书面报告提出质疑。现在他开始安装支柱锚固（座架，接头角件，立面支脚）并用检验仪器对这些安装件进行校准。支柱锚固采用不锈钢螺钉拧入用混凝土浇固的锚固系杆，或采用建筑监理机构许用的不锈钢膨胀螺钉。这里务必注意最小边缘间距尺寸。但使用膨胀螺钉安装可不予考虑。

锚固系杆的优点是可将下部结构装入配筋增强的钢筋混凝土中而不会损伤钢筋。

下部支柱需先放置在木垫块上，三维校准，预固定下一个固定点，接着在支脚点锚固可调立面支脚（图 1 和图 3）。上部采用伸缩对接接头连接件（插入件，图 2）。位于第 1 与第 2 楼层之间的第 2 根支柱需设置至下部支柱的伸缩间距，上部预固定，然后校准和上紧锚固。其他的支柱照此法依序安装。

为调整较小的建筑公差和支柱的垂直伸缩移动，现有两种可能性：

- 拧出上部螺钉时，座架（第 383 页图 1）承担浮动支承功能；
- 座架构成固定支承，插入件作为支柱延长件保证足够的伸缩和安装接缝。

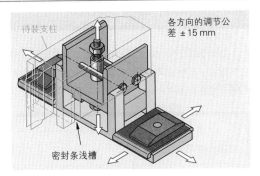

图 1　可调式立面支脚

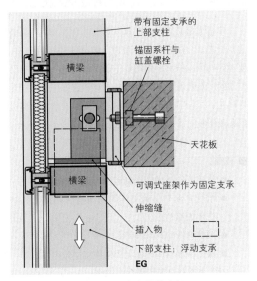

图 2　带有浮动支承和固定支承的座架

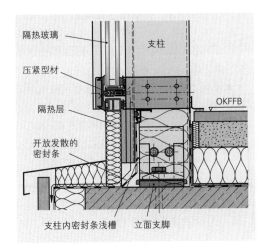

图 3　支脚点的支柱安装

21.4.3　支柱－横梁－装配

因制造商不同，需用不同的横梁支架（T形连接件）将水平方向的横梁与支柱连接。

若使用螺钉连接的T形连接件［图1a)］，应在支柱安装之后用螺钉连接横梁（固定支承）。然后将它们插入下一个支柱的T形连接件（浮动支承）。

若使用T形连接件与弹性螺栓［图1b)］，首先按基准轴线竖起所有支柱，铅垂线校直并安装。接着将横梁推入支柱之间并校准，使螺栓可以卡入支柱安装孔。尽管如此结构，T形连接件与横梁始终可再次拆卸。

■ 填充件

首先检查玻璃内部密封件的位置正确与否（第378页图1）。然后将隔音装置卡入支柱与横梁之间。垫块桥放入下横梁之后，放置填充件（玻璃板，嵌板等），检查到位是否均匀，用较短的压紧型材预固定上部和下部，作为装配辅助措施。

上部侧边范围内黏接间隔垫块。若装入各件的面对齐情况已检查完毕，可用螺钉固定垂直压紧型材以及外部玻璃密封条。

裁切水平方向玻璃密封条并装入压紧型材。与支柱的密封对接接头应在水平方向放置密封条。然后固定压紧型材。现在用薄塞规检查压紧情况。

21.4.4　构件装配

为节约建筑工地的工作时间，采用构件装配法。意即将支柱和横梁在车间预装成构件或预装玻璃的构件。图2显示正在吊装位于安装小车上的双立面待安装构件。横梁与支柱之间采用焊接，螺钉连接或销钉连接等固定连接方法。大型构件时，两部分的伸缩支柱可构成顺畅的热膨胀。这种现象又称扩张。

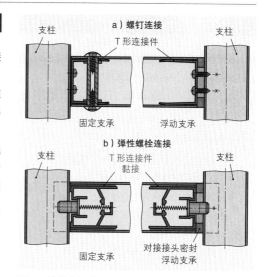

图1　横梁支架（T形连接件）

图2　安装过程中的双立面构件

21.5 玻璃辅助设施

由金属加工技工制造并装配的玻璃辅助设施有玻璃屋盖，阳台的保护玻璃，户外座位，长廊和暖房等。

■ 暖房

暖房是加盖在现有建筑物旁配装玻璃的突出部分（图1和图2）。它有多种用途：

- 与大自然更亲近的，明亮的，增加的房间；
- 通过被动吸收太阳能进行取暖；
- 提升建筑物的造型美学价值。

立法者认可，有目的地被动利用太阳能可主动影响住宅大楼的热量需求平衡。暖房的作用是"阳光收集器"和热能制造者，但也可用作能量损耗的缓冲器。

时至今日，暖房一词已理解为一个斜屋顶下配装玻璃的四季可用的住宅房间。最节约能源的建筑方式是所谓的"适度的玻璃房"，它应满足下述前提条件：

- 室内范围的温度介于+4℃至+35℃之间。
- 隔热玻璃的 U_g 值 < 1.3 W/m²K。
- 在冬季月份供暖。
- 内置和外置遮篷可防止过热。
- 通往核心主屋的玻璃门。
- 足量的通排风作为对角排风或屋顶排风（图3）。

> 建造可供暖的玻璃辅助设施时需注意遵守节约能源条例的要求。

高级隔热和空气调节装置是建造计划的重要要素。

老旧建筑物的非供暖暖房可随意建造。

■ 通风

"玻璃房效应"可导致暖房温升强烈。因此，防晒保护（第388页）和通风是不可或缺的。

应建造进风和排风开口组成通风系统以代替以前的开窗通风。进风应始终处于空气流入状态。因为热空气密度低且向上流，排风应始终能在上方排出消散。

由于来风方向不同，可采用图3所示的对角通风系统或横向通风系统。作用尤佳的是带有自动工作通风口的屋顶通风系统，其排风也可采用自动电机排风扇。温暖季节里，屋顶通风系统引导热空气向外排出。但在寒冷却仍有阳光的日子里，该系统将加热的空气从暖房输送至主房，为能源节约作出一定贡献。这是一种有益的副效应。来自暖房的湿空气与主房的干空气形成一种平衡。

图1 成型钢管制成的暖房

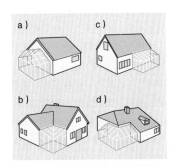

图2 玻璃辅助设施的各种造型

图3 暖房的通风

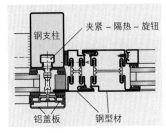

图4 隔热的钢型材

■ **材料**

隔热铝质挤压型材在金属加工业应用广泛，因为它具有耐腐蚀性，重量轻和良好的可加工性。

与铝材相比，隔热钢型材（第 386 页图 4）具有更好的防火保护和更高的强度与刚性。所以它更适合较窄的立面宽度。通过局部装入夹紧－隔热－旋钮，钢型材可满足框架材料组 1 的要求。外部的天花板型材采用铝材，它通过阳极氧化和热喷漆（粉末涂层）上色，其造型多种多样。钢型材其他的优点是，良好的可焊接性和通过热镀锌获取的良好的防腐保护。

侧壁，窗户和门也可采用内置钢筋增强塑料型材。

木－铝复合材料结构的暖房结合了两种材料的优点。木质型材在室内营造出一种家居的温暖氛围，同时担负承重功能。木材的低 U 值使它也具有良好的隔热性能。外置的铝型材提高了整体结构抗气候影响的强度。此外，铝材维护保养简单易行。

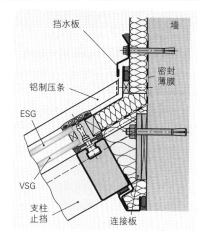

图 1 上部墙体接头

■ **结构**

承重机构采用支柱－横梁或成组构件建筑方式。

对于大面积立面和斜置玻璃而言尤其适合采用成型钢管作为焊接结构。但它们也可以采用插接式连接件进行装配。上部墙体接头处（图 1）的防水板排出暴雨积水。向内的密封件必须能够阻止水蒸气湿透隔热材料。屋檐处一块折边板跨接横梁之间的空隙。每一种过顶玻璃的下部玻璃都必须采用复合安全玻璃（VSG）或嵌丝玻璃。上部采用单层安全玻璃（ESG）防护冰雹袭击。用平面的，有时可能是黏接的压条或防紫外线辐射的密封材料，在玻璃接缝处谨慎地施工，避免出现不密封和积水，因为这会导致污物聚集。支脚点（图 3）必须高过积水面，保证型材在大风时也能顺畅排水。

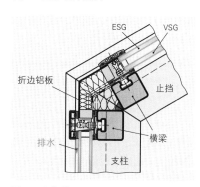

图 2 屋檐范围

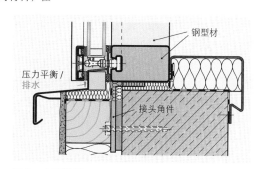

图 3 支脚范围

知识点复习

1. 为什么新老建筑均采用金属立面？

2. 如何区分热立面与冷立面？

3. 双立面与所有其他立面相比，其优点何在？

4. 如何使结构玻璃（SG）立面常常实现镜面效果？

5. 过顶玻璃如何阻止玻璃破碎时碎渣的掉落？

6. 为什么要求无密封材料的玻璃接口槽务必设置开口？

7. "适度的玻璃房"需满足哪些前提条件？

8. 哪些型材适用于玻璃辅助设施？

21.6　防晒保护

出于建筑物理学和外观美学的原因，现代建筑外表层采用建筑材料玻璃的趋势日渐增长。为了充分利用太阳能作为补充的热能源，建筑物建造位置多以朝南或朝向西南为优，扩大玻璃面积并更多安装隔热性能改进的玻璃。

大面积玻璃使阳光更多地照射进入房间，却也在室内引起令人不悦的温升（温室效应）。此外，射入室内阳光的耀眼，亮度差和反光等干扰室内工作，尤其是显示屏幕。能源节约条例（EnEV）限制窗户面积占比 f 超过 30% 的建筑物的阳光入射特性数值 S 为指定数值 S_{max}，该数值取决于建筑物的建筑方式以及所处的气候区域。

为保护建筑物免受高温和炫目阳光之苦，应使用防晒玻璃和防晒装置。金属加工技工安装和维护这类大部分由工业企业制造的防晒装置。

■ 防晒玻璃

这类玻璃常从其颜色予以分辨，一般为蓝色，绿色，棕色或银色。但也有中性防晒玻璃。普通隔热绝缘玻璃大约可穿透 62% 太阳能，与之相比，防晒玻璃仅允许 18% 至 46% 的太阳能穿镜而过。防晒玻璃因此大幅度降低通风和空调的能源消耗。

---

g 值是玻璃装置的总能量透射率。它表明太阳光线穿过窗户抵达室内的百分比。

在寒冷季节，伴随着 g 值减小，阳光透射率和获取的热量也随之下降。因此应建立防晒保护装置，根据具体需求遮蔽或放行阳光和热量。

■ 防晒装置

防晒装置有内置的（图1），也有集成在填充构件中或装在建筑物外墙。窗户面积 A_w 越大，窗户的总能量透射率越高，穿过窗户进入室内的热量越多。衰减系数 F_c 标志着防晒装置的效率。在未装防晒装置时该系数 $F_c = 1$ 与不透光墙体的 $F_c = 0$ 之间为每一种防晒装置配属一个指定的衰减系数 F_c。

为获取阳光入射特性数值 S，将上述数值相乘，然后除以所涉房间的净基本面积 A_G。

该公式是：$S = \dfrac{A_w \cdot g \cdot F_c}{A_G}$

图1　带卷帘的内置防晒装置

21.6.1　内置防晒装置

防晒装置保护大楼内部范围，这里所指阳光主要指太阳光谱上的可见光线。根据表面结构和颜色，防晒装置通过玻璃反射部分光线回到外面。光线的剩余部分则被玻璃吸收并据此加热室内空间。

可皱褶的薄片窗帘上气相镀铝的浅色织物薄片具有良好的反射性能。织物越密实，透射挂帘的光线越少，室内的温升也越小。为调节入射光线，垂直或水平排列的薄片窗帘可围绕其纵向轴线旋转。为了更好地适应光线反射，薄片窗帘也有采用弯曲的薄铝板制成百叶窗（第389页图1）。

部分光线和几乎全部热辐射未被反射，它们被防晒装置和窗户吸收，然后释放至周边的室内空气中。在防晒装置与玻璃板之间形成一个局部聚热，必须通过自然或人工通风使其降温。若要形成良好的通风，薄片窗帘与玻璃板之间的最小间距为 100～150 mm，且不能有干扰的窗横梁或窗台。

内置防晒装置仅降低入射光线 30%～60%。它提供遮蔽保护，在冬季提高隔热保护。这种装置可采用轻型制作方式编制，因为它不必经受外部气候条件的侵袭。

防晒装置有窗帘，可卷起的涂层织物（卷帘），折叠窗帘和薄片窗帘以及百叶窗（图1）。这些防晒装置的操作方式可手动，如链式滑车组、拉线和曲柄连杆机构，或采用电驱动的插入式传动机构。

内置防晒装置与防晒玻璃的组合明显提升防晒效果。它们通过对太阳光谱中大部分直射或散射光线的部分反射和部分吸收保护内部房间（图2）。

■ **集成式防晒装置**

技术的一大进步就是隔热玻璃板之间空间内安装的电驱动卷帘（图3）。仅用按钮压力就能使部分透明的微型压花薄膜上升或下降，它还能实现下述功能：

- 防高温，防晒和防眩目；
- 寒冷季节的隔热保温；
- 隐私保护。

21.6.2 外部防晒装置

外部防晒装置阻止入射光线 60%～80%，因为它保护大楼内部免受太阳光谱全谱系的光线照射。外部防晒系统由不透光材料制成，如混凝土和轻金属，它反射并吸收紫外线射线以及全部的光和热辐射。也可用透光材料制成，如遮帘织物，部分浑浊或散射的玻璃。它们引导反射和吸收（转换成热量）部分光线向外散射，保持窗户和墙壁的低温升状态。

根据制造类型，可将外部防晒装置划分为固定和移动两种类型。

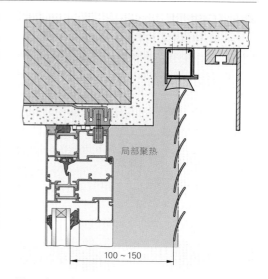

图1 铝百叶窗内面

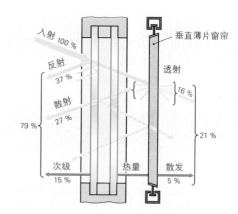

图2 防晒玻璃与内置垂直薄片窗帘的防晒组合

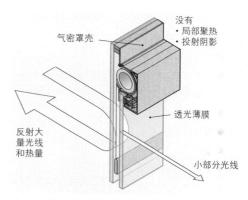

图3 隔热玻璃内的电驱动卷帘

■ 固定式防晒装置

固定式防晒装置用作遮篷式突出的水平遮光板（图1），它一般装在大楼的南方或西南方位置。它的上边常装有栅栏并制成可移动式，形成一个看护阳台或逃生阳台。

从各不同纬度的太阳位置图（图2是北纬51度，例如美因河畔的法兰克福）可确定每一个钟点和每月21号的太阳偏移角。此外，图中外圆显示太阳的方向。

该图示举例显示出法兰克福4月21日与8月21日中欧时间10：00时的循环。这时太阳处于东南47°偏移角位置。通过偏移角可算出太阳遮光板所要求的伸出长度 a，从而算出从10：00开始为窗户遮光。当然，高处的窗户需要更长的伸出长度。

类似的方法也可制造出垂直遮光板。由于这种遮光板可大量遮挡透射光，所以它只用于位于高处的窗户，库房和机器厂房防暴雨密封的长期通风口。固定式防晒装置的优点：

- 免操作免维护；
- 大风时"不摇头"；
- 自然透射光线，但垂直遮光板除外；
- 不妨碍窗户通风；
- 构成立面统一风格；
- 可与走道构成组合。

■ 移动式防晒装置

大部分固定式防晒装置都有一个缺点，强烈降低进入房间的光照强度。

移动式防晒装置与遮阳面平行安装，借助金属薄片或纺织帷幔拦住阳光。但这类装置可把阳光有目的地引向房间天花板，从而在房间纵深仍可获得较好亮度。这类装置可手动操作或自动调节。

移动式防晒装置是：

- 水平薄片，可轴向旋转［图3a）］或作为窗前可推移的框架；
- 大宽度垂直薄片［图3b）］；
- 外部百叶窗；
- 卷帘式百叶窗；
- 遮篷（391页图1）。

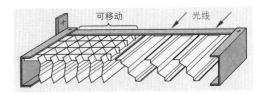

图1　部分可移动的水平遮光板

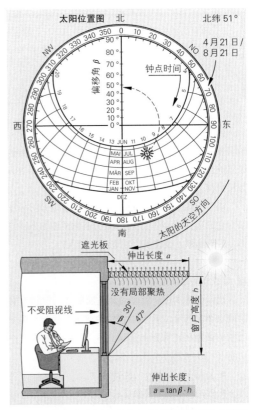

图2　用于确定水平固定式遮光板伸出长度的太阳位置图

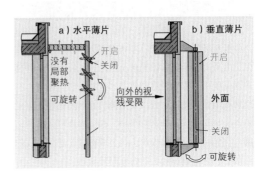

图3　移动式水平和垂直薄片

■ 遮篷

遮篷就是纺织织物制成的遮阳篷。根据其构造划分为遮阳顶篷，弧形或花篮形遮阳篷和卷帘式遮阳篷（图1）以及立面遮阳篷（图4）。

遮阳顶篷是不可调式遮阳篷，装有固定系索。

弧形遮阳篷可提供理想的防晒保护和防风雨保护，同时还具有装饰性外观。它也常用于陈列橱窗。

卷帘式遮阳篷的主要组成零件是篷布卷轴或薄膜卷轴，活节杆或摇臂，遮阳布，下落型材和驱动装置。遮阳布由防水处理或塑料涂层的麻织物或玻璃纤维织物制成。根据其活动度的不同，分别有摇臂式遮阳篷，连杆式遮阳篷，滑座式遮阳篷和活节杆式遮阳篷。

摇臂式遮阳篷（图2）有两个固定的摇臂，用于引导下落型材的走向。通过遮阳布的自身重量，摇臂和下落型材让遮阳篷自行落下（滚卷）。摇臂内的弹簧可降低强烈阵风时向上卷起的危险。但这种结构的缺点是，收起摇臂时需要较高的高度。

连杆式遮阳篷（图3）用于伸出长度超3.5 m的遮阳篷。它仅需要很低的安装高度。遮阳篷伸出长度约三倍于可使用高度。市场上，其他类型的遮阳篷排挤了结构复杂的连杆式遮阳篷。

滑座式遮阳篷［图4a）］有C型材制作的固定导向管，下落管滑座在导向管内运行。滑座式遮阳篷也可用于斜立面或玻璃辅助设施。

屈臂式遮阳篷［图4b）］同样有一个滑座，但它更类似于摇臂式遮阳篷。它可对光线射入室内的影响详细分级，然后据此确定遮阳面积。它的摇臂虽短，但提供的遮阳面积很大。开启时摇臂通过弹簧力回至下落位置，然后滑座向下滑动。

滑座式遮阳篷和屈臂式遮阳篷特别适用于立面和暖房。因此也可以称为立面遮阳篷。

活节杆式遮阳篷常用于带有长玻璃面板的商店和百货商店，因为它驶入的位置占地很少。它有两个或多个空心型材制成的两节活节杆，用于引导下落型材。活节杆的支承位于承重管。

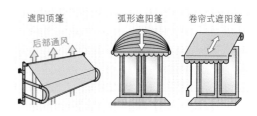

图1　遮阳篷类型

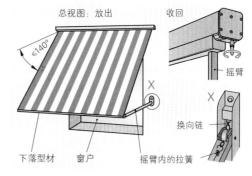

图2　摇臂式遮阳篷

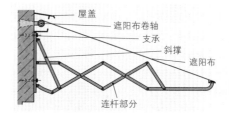

图3　连杆式遮阳篷

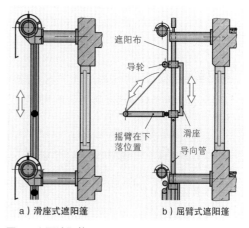

a）滑座式遮阳篷　　b）屈臂式遮阳篷

图4　立面遮阳篷

倾斜活节臂遮阳篷（图1）在承重管上加装一个倾斜活节。它在遮阳篷下落时使活节臂向可调节的下落角度方向倾斜。

两个活节臂部分由中间活节连接。位于活节臂内的拉簧将活节臂伸出，使遮阳篷依靠自重下落并可防风。收回时。活节臂在侧边收拢并放回遮阳篷箱，它所占的空间最小。

在收卷状态，下落型材密封遮阳篷箱，保护遮阳布不受灰尘和气候因素影响。

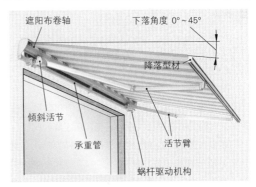

图1　倾斜活节臂遮阳篷

■ 驱动装置

弹簧轴可使中型遮阳篷（最长10m）伸出和收卷。拉杆使遮阳篷伸出，这时导向管旋转，张紧位于遮阳布卷轴内的弹簧。遮阳布卷轴在其终端位置锁定。

较大型遮阳篷通过伞齿轮或蜗杆传动机构由手动收回遮阳布（图1）。这里需通过手摇曲柄和弯杆使伞齿轮或蜗杆转动。

电驱动的电动机，即所谓的插入式驱动装置或管状电机（图2），可不用人力自动放出和收回遮阳篷和卷帘式百叶窗。管状电动机有一个行星齿轮变速箱，其传动轴驱动圆形或六角形卷轴。

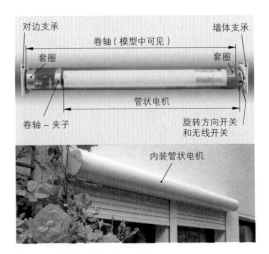

图2　配装管状电机的卷帘式百叶窗

■ 控制系统

现在越来越多地使用自动控制防晒装置。太阳能电池提供优化匹配入射光线情况，风力监视器和风力传感器，在强风时关闭防晒装置，保护装置不受损坏。冬夜里，卷帘式百叶窗自动关闭，降低穿过窗户散发的热量。

知识点复习

1. 可用哪些数值描述防晒装置的防晒效果？

2. 低透射率防晒玻璃有哪些缺点？

3. 数值 $F_c = 0.5$ 对于遮阳篷而言有什么意义？

4. 请判断，相较于外部防晒装置，内置防晒装置的效率如何。

5. 从太阳位置图中可读取哪些信息？

6. 与固定式防晒装置相比，移动式防晒有哪些优缺点？

7. 为什么滑座式遮阳布特别适用于立面？

8. 为什么看不见百叶窗，卷帘式百叶窗和遮阳篷的驱动电机？

9. 通过什么措施避免暴风雨对移动式防晒装置造成损坏？

作业：一个玻璃雨篷的计划，设计和制造

一个两户居民住宅楼的业主计划请人安装一个玻璃雨棚保护大楼的入口大门。他接触了一家金属加工企业，请该企业提出建议。从这份请求延伸出一系列解释咨询的工作步骤。必要的信息参见图1，这是住宅楼入口大门。图2标注着各种要求的尺寸。现在请您完成下述工作任务：

1. 在大楼或大楼前有哪些固定雨篷的可能性？

2. 这种雨篷适宜采用哪些材料制作？

3. 请评估这些材料的固定方法和承载能力，造型可能性和支撑稳定性。

4. 根据当地的实际情况和经济节约的加工制造，建议采用雨篷的哪些尺寸？

5. 雨篷相对于大楼的倾斜角，或雨篷从大楼伸展出来的倾斜角，讨论两种方案的优缺点以及各自的结果。

6. 求出纯玻璃结构的优缺点。

7. 求出塑料加玻璃的优缺点。

8. 设计时，如何考虑冬夏季之间的高温差？

9. 做出两个雨篷可能出现的改型方案并绘制草图，使客户获得雨篷的外观形象。

10. 求出各个方案的优点，便于向客户提出建议并予以解释。

11. 求出各个方案的缺点。

12. 审视各方案的成本并评估结果。

13. 大楼入口朝向南方。建议在那个方向安装侧边装饰？

14. 根据实际情况，侧边装饰还有哪些问题？

15. 审视针对大楼墙体密封侧边装饰的成本有效效益。

16. 制作一份您认为优选方案的加工图纸。

17. 并为此编制零部件明细表。

18. 制定一次小型演示，向客户介绍您的建议。

图1 大楼入口

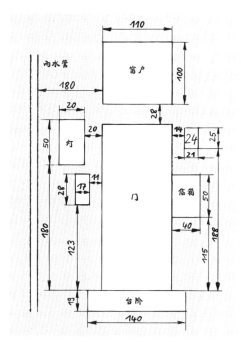

图2 大楼入口草图及尺寸

客户决定选用其中一套方案，即雨篷向后相对大楼主墙倾斜的方案，这里的雨篷只固定在大楼主墙上。雨篷采用纯玻璃（安全玻璃）结构。关于侧边装饰，他首先出于成本原因而予以取消。图1显示这种结构的一份尚未完工的加工图纸。对于订单而言，还有下述任务需要完成：

1. 请根据墙体固定方法，需采用的材料，玻璃板在支梁和密封件上的固定方法等完成现在这份加工图纸。

2. 雨水的流向必须符合现场实际情况。

3. 面对主墙如何密封？

4. 解释为什么墙体支梁的高度高于玻璃雨篷的顶部？

5. 如何计划将纯玻璃结构雨篷与钢支梁对接？您的领导认为，这种砖砌建筑楼墙上固定玻璃雨篷可能导致出现问题。那么他认为是什么样的问题呢？

6. 如何通过另一套设计方案或其他材料解除他的疑虑？

7. 您想使整个结构更轻，因此建议采用铝材加工。那么哪些结构性变化在这里是绝对必要的？

8. 如果用铝材代替钢材且采用相同型材和专为铝结构而更改的型材，计算可节省多少雨篷重量。

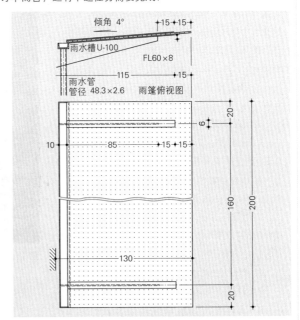

图1　大楼入口大门雨篷的加工图纸草案

9. 与您培训的企业一起解释，铝结构是否比钢结构更贵，或不贵。

10. 假设铝结构比钢结构贵10%，那么向客户推荐哪种方案呢？为什么？

11. 哪种成本在钢结构中必须计算在内，而在铝结构中却可以省略呢？

12. 现在收到的是铝结构制作订单。请编制完整的零部件明细表和原材料采购清单。

13. 鉴于批量的原因，请从互联网上供货商价目表中查取待加工零件的成本和采用标准件的成本。

14. 制作一个简短的演示，向同学介绍这个任务从计划到设计再到加工的完整过程。

学习范围：楼梯和栏杆的制造

22　楼梯

> 楼梯用于通过阶梯式上升方式克服至少两个不同层面之间的高度差。

楼梯与建筑物主体固定连接，其组成成分至少是一个不少于三级台阶的阶梯段。楼梯的坡度必须介于比例 1：6 之间（约 10°），最大 45°。坡度较小时称为斜坡，坡度较大时称为梯子。由于各个联邦州之间总有相互偏差的州建筑条例的建筑细则（LBO），因此很难制定具体名称统一有效的叫法。下文所述内容的基础是 DIN 18065（楼梯，检测规则，主要尺寸）。该标准与材料无关，其 2015 年 3 月版内容适用于任何建筑材料及其组合建造的楼梯。除 DIN 18065 之外，主要还有新版 DIN EN 14122-3，该标准涉及机器和设备以及建筑物通往出入口的楼梯。各联邦州建筑条例的执行法令对于各个联邦州具有法律约束力。

22.1　楼梯类型

位于两楼层之间的楼梯称为楼层楼梯。但如果楼梯仅用于一个楼层之内调整高度差，这种楼梯称为调整梯。

在建筑条例中具有法律约束力规定的楼梯是必需的楼梯，与之相对应的是非必需楼梯，但这种楼梯也可以用作主楼梯。

除使用地点外，楼梯又可分为主通道楼梯和副楼梯（图 1）。由于主通道楼梯较大的人员使用频度，如政府大楼，学校，酒店，住宅楼等，它必须具有良好的可通行性，它必须比副楼梯更宽，坡度更缓。而副楼梯主要用于储藏室，暖气设备房，机床床身楼梯等。

行走方向改变的楼梯按其转弯（向上运动）方向命名为左楼梯或右楼梯（图 2）。

梯子（图 3）和简便梯（图 4）的名称是因其较窄的宽度，较大的坡度角以及节省空间的台阶结构而得名的。常见这些楼梯非常陡，两台阶之间高度差很大，以至于下楼梯时只能倒退着走。

根据楼梯行走线的走向，可将楼梯分为直行梯，螺旋梯和直行与螺旋梯。

直行楼梯常因楼梯平台或小平台而中断。楼梯小平台是楼梯起始段的一个平台或楼梯的终端，在一段楼梯范围之内的平台又称中间平台。

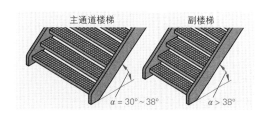

图 1　主通道楼梯和副楼梯

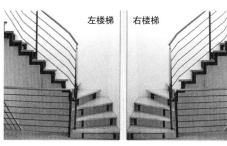

图 2　左楼梯和右楼梯

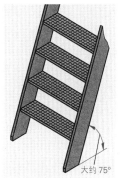

图 3　梯子

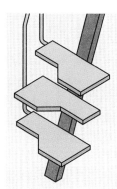

图 4　简便梯

楼梯其实受其若干基本形状（图1至图8）的限制。但在建筑史上诸多著名且具有代表性建筑物中又有许多充满艺术气息的，由多种不同基本形状组合而成的楼梯。

直行梯

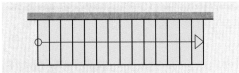

图1 单行程段，直行梯

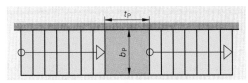

图2 双行程段，直行梯与中间平台

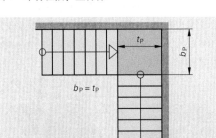

图3 双行程段，向右拐角与四分之一平台

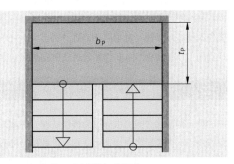

图4 双行程段，左楼梯与半平台

螺旋梯

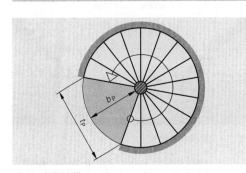

图5 左螺旋梯

平台的尺寸名称：
t_P: 平台深度
b_P: 平台宽度

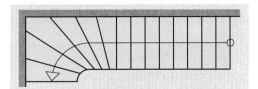

图6 单行程段，出口四分之一圈螺旋左楼梯

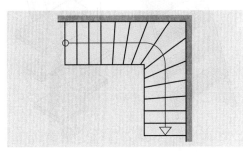

图7 单行程段，拐角，四分之一圈螺旋右楼梯

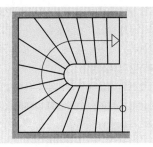

图8 单行程段，半圈螺旋右楼梯

22.2 楼梯的设计类型

22.2.1 斜梁梯

> 两个台阶之间装有用于侧边界限的斜梁的楼梯称为斜梁梯（图2）。

台阶的装配可采用焊接或螺钉连接等方法。这两种方法装配的台阶均可称为中部凹陷的鞍状台阶。

由于侧边斜梁除自身重量外还需承受并传递台阶的重量，对斜梁结构的抗弯强度与刚性提出很高要求。斜梁大多采用宽扁钢或成型钢制成。鞍状台阶即可用钢，亦可用木头，砖头或混合建造方式制成。

22.2.2 支梁梯

常用矩形管材或型材代替斜梁承受并传递力，这种用于支撑的管材称为支梁。

根据所使用型材的数量可称这类楼梯为中部支梁梯（图3）或双支梁梯（图1）。对支梁的刚性要求与对斜梁梯的斜梁一样。支梁梯的台阶必须呈中部凸出的鞍状台阶。

通过紧凑结构造型和合适的材料选择可使楼梯成为大楼的目光焦点。

图2 中部凹陷的鞍状斜梁梯

图3 单支梁楼梯

图1 双支梁楼梯

22.2.3　螺旋梯

　　螺旋梯在坡度允许的条件下相比较而言占用空间最小。

　　这里，力通过垂直的主承重件传递给中心柱（图1）。从中心柱向外伸出台阶并加以固定。这里的固定有两种方式，台阶的直接固定，或将台阶固定在托架上。使用最多的中心柱型材是圆形，正方形或六角形空心管。

　　为使螺旋梯达到所要求的稳定性，必须在多个点位锚固中心柱。中心柱支脚直接与地板连接。第二个固定点常常是中心柱的上端部，这里与出梯平台连接。出于减振原因，中心柱内部空间填充砂子。

22.3　台阶板的类型

　　与楼梯多种建造形状相应的是，金属加工技工也可以使用多种多样的造型用于楼梯台阶的制造。这里主要为结构形状和台阶材料提供各种不同改型。

　　但与造型和材料无关的是，必须始终遵守州建造条例关于设计尺寸的规定。

　　连接两个台阶踏板的竖板降低纵向弯曲并阻止穿过台阶中空空间的视线。此外，竖板还提高安全性，因为没有物件可以穿过这个空间，如工具，污物等（图2）。

　　与竖板和踏板相同效果的还有使用弯曲钢板制成的角板［图2b）］。

　　通过三次回转弯曲将钢板弯曲成三角形横截面的角板型材［图2c）］。

　　也可以通过将板的前后两端回卷弯曲提高抗弯强度。由此产生的凹槽形踏板适宜用作无缝地面地基。主要用于安装格栅形栅板的是箱式踏板［图2d）］，这种踏板由斜面裁切的角型材制成。也出于这个原因，这种踏板主要用于工业建筑的露天楼梯（第399页图1）。

图1　螺旋梯

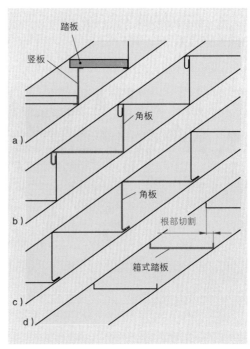

图2　台阶类型

踏板材料除前文已述箱式踏板的格栅形栅板（图1）之外，主要还有工业建筑中的网纹钢板和泪滴纹钢板。

格栅形栅板制造商提供不同规格的标准化格栅形踏板。但住宅建筑却与之相反，这里的凹槽形踏板与无缝地面结合主要用于地毯，塑料或瓷砖等地面铺层。

在商店和住宅建筑领域内，越来越多地使用钢 – 石或钢 – 木组合楼梯，主要用在不锈钢结构中。

无论是斜梁梯还是支梁梯，它们均在可看见的装配中将台阶按预装角度螺钉连接。隐蔽装配时，用专用螺钉将台阶压入相配的膨胀螺钉内（图2），或用永久弹性的黏接剂将台阶粘贴在台阶底座上。

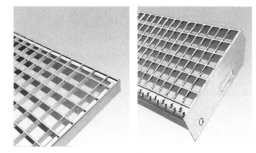

图 1　箱式踏板与格栅形栅板

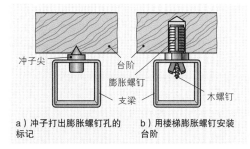

a）冲子打出膨胀螺钉孔的标记　　b）用楼梯膨胀螺钉安装台阶

图 2　楼梯的隐蔽装配

22.4　楼梯的名称

一个楼梯最下面一级台阶称为入口台阶，最上面一级台阶称为出口台阶（图3）。与楼梯中心线相对位置相关的是，每一种多行程段，拐角或螺旋楼梯均有一个内斜梁和一个外斜梁，或一个内支梁和一个外支梁，或根据需要还有一个内扶手和一个外扶手。

扶手垂直和水平方向的改变均称为扶手弯曲部分。

楼梯之间的平台称为中间平台。

楼梯的长度称为俯视方向入口与出口之间的间距。

知识点复习

1. 请区分最重要的楼梯建造类型。

2. 如果按照栏杆所在边的位置可将这种楼梯划分为哪一种类型？

3. 请解释中间凹陷与中间凸起鞍状楼梯的区别。

4. 哪一种型材常用于钢结构建筑的楼梯中心柱？

5. 如何理解单行程段，双行程段和三行程段楼梯？

6. 哪一种台阶形状主要用于钢楼梯？

7. 请列举一个楼梯上最重要的名称。

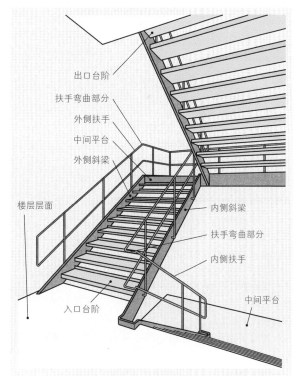

图 3　一个双行程段并带有中间平台的斜梁楼梯各零件的名称

22.5 楼梯的主要尺寸（按 DIN 18065）

楼梯最重要的宽度尺寸是楼梯有效行走宽度。它相当于去除扶手或栏杆后的净宽。根据 DIN 18065 和大楼的建筑类型，这个尺寸至少应达到 50～100 cm（图 2）。楼梯的可通行性则取决于踏步高度 *s* 和踏板长度 *a*。

> 踏步高度 s 是踏板上边棱与踏板下边棱之间的垂直间距。

该尺寸根据大楼类型的不同允许不大于 21 cm（表 1）。

> 一个台阶的前边棱至下一个台阶的前边棱之间的间距称为踏板长度 *a*。

该尺寸必须为 21～37 cm。中等身材人的正常步幅长度约为 73 cm。在倾斜平面上行走时这个尺寸将降至约 63 cm。最舒适的行走感觉是楼梯的坡度与台阶踏板长度之间处于一个合理比例时。计算坡度比例的公式称为步幅规则：

2・坡度 + 踏板程度 = 59～65 cm

$2 \cdot s + a = 59 \sim 65$ cm

根据该公式可计算出正常步幅下一步时两个坡度与一个踏板长度之和。从坡度图（图 3）可计算出各具体情况最合适的坡度比例。

> 踏步高度 17 cm，踏板长度 29 cm，优化坡度比例得出的最合适坡度角为 30°。

楼梯中间平台的设置应在最多 18 级台阶之后，平台的有效深度必须等于楼梯有效行走宽度。

开放型楼梯的根部切割尺寸 *u* 必须 ≥ 30 mm。

DIN 18065 规定楼梯的净通行高度的最小尺寸为 200 cm。墙间距不允许大于 6 cm（图 2）。

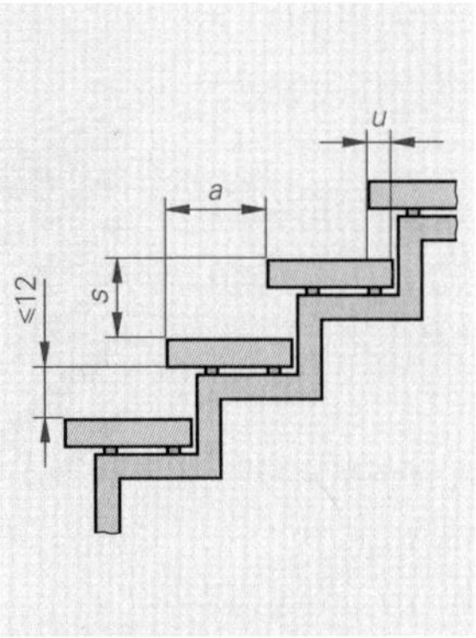

图 1　坡度和踏板长度

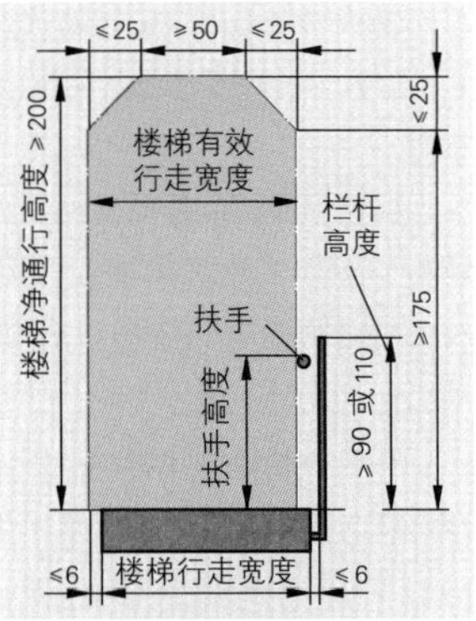

图 2　楼梯的净空间尺寸

表 1：极限尺寸（加工至成品状态的尺寸，单位：cm）

	楼梯类型	楼梯有效行走宽度 cm	坡度 *s* mm		踏板长度 *a* mm	
		最小	最小	最大	最小	最大
普通大楼	建筑法规定必需的楼梯	100	140	190	260	370
	建筑法规定的非必需楼梯（附加楼梯）	50	140	210	210	370
最多两套住宅的住宅楼	建筑法规定的必需楼梯	80	140	200	230	370
	建筑法规定的非必需楼梯（附加楼梯）	50	140	210	210	370

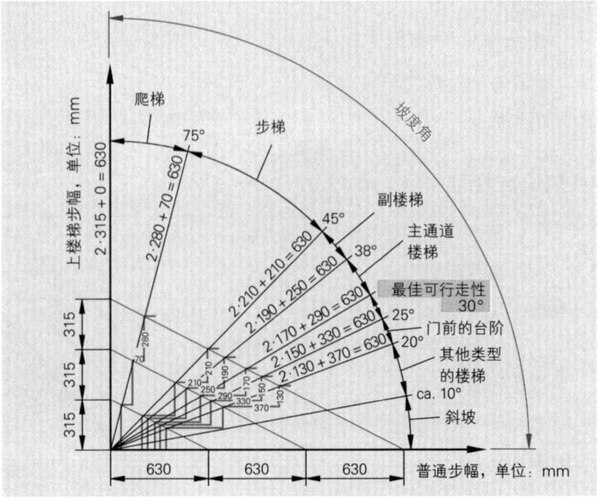

图 3　坡度比例图

行走线位于楼梯行走范围之内,与行走方向相符(图2)。作为一根想象的线它描述的是行人常用的行走路径。在图纸上用一个箭头表示行走线,它从第一级台阶前边棱处的一个圆圈开始,至最后一级台阶或顶板的前边棱结束。

行走范围约为楼梯有效宽度的2/10并位于楼梯的中间区域。行走范围边界线的转弯半径必须至少达到30 cm。每级台阶必须距离内侧斜梁15 cm,斜梁宽度至少应达到10 cm。

图1所示为一张与螺旋梯实例中楼梯有效行走宽度相关的行走范围图。图3显示一个半圈螺旋楼梯的行走范围。

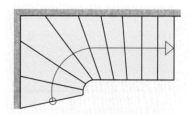

图1 四分之一圈螺旋楼梯的行走线

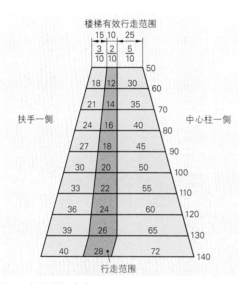

图2 螺旋梯行走范围图

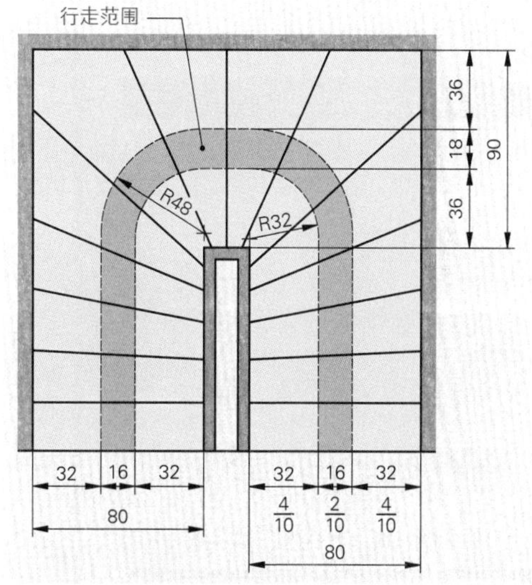

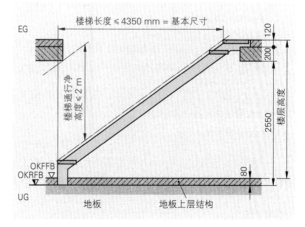

图3 螺旋行程的行走范围

22.6 设计举例

住宅楼地下层至第一层的楼梯应采用单行程段中部凹陷鞍状直行梯,预计其最大基本尺寸为4250 mm(图4)。

22.6.1 层高计算

楼层净高取自建筑图纸的尺寸2550 mm。第一层天花板的厚度为200 mm。由于地下层和第一层从毛坯地板上边棱(OKRFB)至成品状态地板上边棱(OKFFB)各有不同的地板结构尺寸,必须事先询问建筑师或建造商具有法律效力的层高尺寸。

图4 楼层横截面

举例：地板上层结构，用于地下层的为 80 mm，用于第一层的为 120 mm，现在按下述求出楼层高度：

楼层净高
+ 天花板厚度
+ 第一层楼地板上层结构
− 地下层地板上层结构
= 楼层高度

根据前述举例，这个楼层高度应为：

（255 + 200 + 120 − 80）mm
= 2790 mm

22.6.2 踏步计算

理想的可行走楼梯的踏步尺寸以 170 mm 为基础。楼层高度为 2790 mm 时，这个踏步尺寸是 2790 mm : 170 mm = 16.41 mm。但踏步次数数字必须是整数，所以应将该数字取整为 16。

$s = 2790$ mm : 16 = 174.375 mm

由此得出实际踏步尺寸为 174.375 mm。

如果出口台阶并入楼层天花板，则：

踏板数量比踏步次数小 1。

最大可用基本尺寸为 4250 mm 时，由此计算出踏板长度允许最大为 4250 mm : 15 = 283.33 mm。从步幅公式计算得出踏板长度 $a = 630$ mm − $2 \cdot s = 281.25$ mm。

楼梯尺寸 15 · 281.25 mm = 4218.75 mm 是在优化步幅 630 mm 时的允许长度范围之内。

直行梯计算（尺寸单位：cm）

楼层高度	踏步次数	踏步高度	踏板数量	踏板宽度	基本尺寸	基本尺寸范围
272	14	19.43	13	24.14	314	288~342
	15	18.13	14	26.73	374	343~403
	16	17.00	15	29.00	435	404~465
273	14	19.50	13	24.00	312	286~341
	15	18.20	14	26.00	372	342~401
	16	17.06	15	28.88	433	402~463
274	14	19.57	13	23.86	310	284~339
	15	18.27	14	26.47	371	340~399
	16	17.13	15	28.75	431	400~461
279	15	18.60	14	25.80	361	333~390
	16	17.44	15	28.13	422	391~451
	17	16.41	16	30.18	483	452~515
280	15	18.67	14	25.67	359	331~388
	16	17.50	15	28.00	420	389~449
	17	16.47	16	80.06	481	450~513
281	15	18.73	14	25.53	357	329~386
	16	17.56	15	27.88	418	387~447
	17	16.53	16	29.94	479	448~511
290	15	19.33	14	24.33	341	313~369
	16	18.13	15	26.75	401	370~430
	17	17.06	16	28.88	462	431..494
291	15	19.40	14	24.40	339	311~368
	16	18.19	15	26.63	399	369~428
	17	17.12	16	28.76	460	429~492
292	15	19.47	14	24.07	337	309~366
	16	18.25	15	26.50	398	367~426
	17	17.18	16	28.65	458	427~490
293	15	19.53	14	23.93	335	307~364
	16	18.31	15	26.38	396	365~425
	17	17.24	16	28.53	456	426~488
300	16	18.75	15	25.50	383	353~411
	17	17.65	16	27.71	443	412~472
	18	16.67	17	29.67	504	473~538
301	16	18.81	15	25.38	381	351~410
	17	17.71	16	27.59	441	411~471
	18	16.72	17	29.56	502	472~536
302	16	18.88	15	25.25	379	349~408
	17	17.76	16	27.47	440	409~469
	18	16.78	17	29.44	501	470~535
305	16	19.06	15	24.88	373	343~402
	17	17.94	16	27.12	434	403~463
	18	16.94	17	29.11	495	464~529
306	16	19.13	15	24.75	371	341~400
	17	18.00	16	27.00	432	401~461
	18	17.00	17	29.00	493	462~527
307	16	19.19	15	24.63	369	339~398
	17	18.06	16	26.88	430	399~459
	18	17.06	17	28.89	491	460~525

更快的计算是借助上文表格计算楼梯尺寸。利用该表在预设楼层高度后可迅速确定踏板长度，踏步次数和踏步高度以及基本尺寸。确定基本尺寸范围时可通过已选定的坡度数字读取其他尺寸。

读取举例：
上例中，基本尺寸确定为 4250 mm，楼层高度为 2790 mm。从表中查到表值为：
踏步次数 16 踏步高度 $s = 17.44$ mm 踏步长度 $a = 28.13$ mm

将表值与计算值比较，得出近似理想的数值。

22.6.3 斜梁结构

楼梯的承重构件是两块 $120 \times 50 \times 4$ 矩形型材制作的斜梁。台阶结构是凹槽形台阶，稍后可填铺沥青铺层并铺设地毯。制作凹槽形台阶采用 2.5 mm 厚钢板，两边卷边 40 mm，制成两边的槽壁。

型材裁切出缺口用作上部支承，校准后与 8×60 扁钢焊接（图 1）。扁钢用于将支承固定在混凝土天花板上。

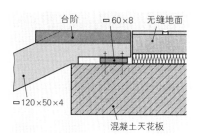

图 1　楼梯上部支承

用相同方法也可以制作下部支承。这里，扁钢用作固定件（图 2）。尤其需认真计算的是至第一级台阶下边棱的总高度。这里需精确考虑的因素是，台阶厚度，包括隔热和走动噪声隔音层的地板上部结构，无缝地面和地板铺层。

较大的困难常出现在计算垂直和水平接头的裁切角度时。

相同的裁切角度才能得到相同长度的切割棱边（图 3）。这里，可从坡度表中查取坡度角，或采用角函数通过斜坡三角形进行计算

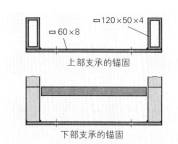

图 2　楼梯上下锚固

求 $\tan \alpha = \dfrac{对边}{邻边}$ （图 3）

计算：$\tan \alpha = \dfrac{踏步高度\ s}{踏步长度\ a} = \dfrac{17.44\ \text{cm}}{28.13\ \text{cm}} = 0.62$

$\alpha = $ 反正切 $0.62 = 31°48'$

在我们举例中适用的是：

垂直接头：

裁切角度 $\gamma = \dfrac{坡度角\ \alpha + 90°}{2} = 60.9°$ （图 4）

裁切角度 $\gamma = \dfrac{180° - 坡度角\ \alpha}{2} = 74.1°$ （图 5）

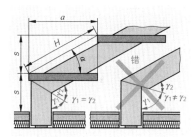

图 3　求坡度角

为给台阶下边棱划线，本例还需求出斜坡三角形的斜边。通过角函数或勾股定律计算该斜边：

斜边 $= H = \sqrt{a^2 + s^2} = 33.09\ \text{cm}$

从斜梁裁切点的上边棱开始，斜边相当于踏步次数 16 乘以斜梁上边棱。用量角器从该点开始各画一条标记台阶下边棱的水平线（图 6）。

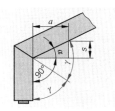

图 4　确定下部裁切角度

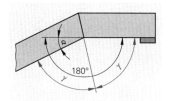

图 5　确定上部裁切角度

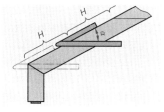

图 6　台阶划线

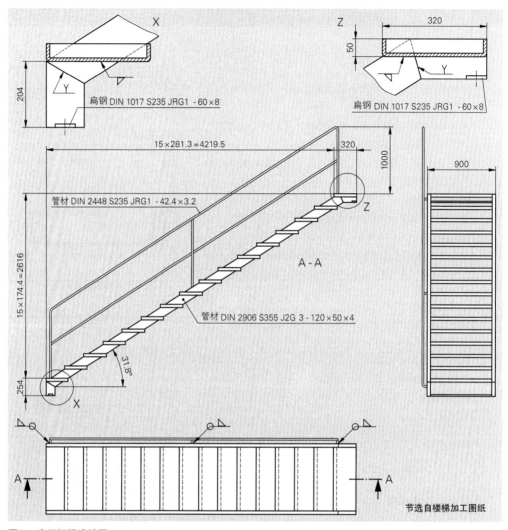

图1　直行钢梯设计图

知识点复习

1. 请解释行走宽度，坡度和踏板长度等概念。

2. 步幅规则有何含义？

3. 楼梯应具有哪种坡度角才能使它行走舒适？

4. 按照 DIN 18065，净通行高度至少应达到多少？

5. 如何理解行走线和行走范围？

6. 右边截图来自一张建筑施工图，请求出台阶数量，踏板长度 a 和踏步高度 s。

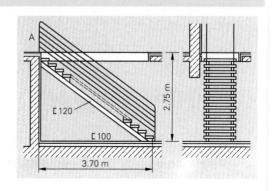

22.7　螺旋楼梯的台阶扭转

螺旋楼梯走向的目的是，在克服规定高度差的同时尽可能节省空间。为达此目的需扭转楼梯台阶。

> 螺旋楼梯的扭转曲线取自平面图和图内按指定规则扭转的台阶。只有严格遵守该规则，才能保证自由斜梁（内侧斜梁）的外缘走出和谐的曲线。

图 1 所示为一个螺旋半圈的楼梯平面图，它的扭转台阶占比太少。这将导致斜梁外缘出现曲折点。曲折点之间的楼梯坡度太大（图 2）。通过多级台阶的扭转才能使斜梁外缘得到和谐理想的扭转曲线。

为在拐角台阶墙壁一侧得到大致相同的宽度，建议给螺旋楼梯加入一个所谓的楔形台阶（图 3）。

> 楔形台阶与楼梯轴线对称排列，其在内侧斜梁处的台阶宽度为最窄。

所有台阶扭转方法均追求相同的目的：内侧斜梁这边的台阶宽度应均匀变窄，然后再次变宽。为达到这个目的，必须在确定平面图并在行走线上标注已计算的台阶宽度尺寸后，确定螺旋台阶的起始点，这与扭转方法无关。这里的基本尺寸建议参照那个双倍台阶宽度的台阶，测量应从楼梯端面开始，至下一个台阶结束。扭转从这里开始，下文描述两种扭转方法，分别用于半圈螺旋和四分之一圈螺旋楼梯。

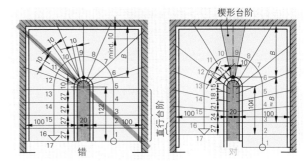

图 1　半圈螺旋的楼梯，有或无楔形台阶

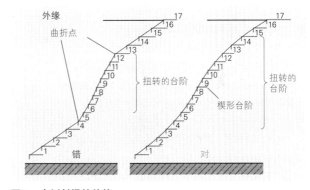

图 2　内侧斜梁的外缘

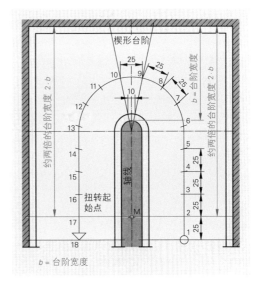

图 3　带有楔形台阶的楼梯平面图

■ **半圈螺旋楼梯的圆弧法**

确定平面图上限制螺旋范围的台阶之后，确定边界线与轴线中点 M 的交点用于辅助圆弧。

弯曲处楼梯轴线与内侧斜梁相交之处产生一个点 F。现以 F 为圆心，以 $\overline{MF}$ 为半径作一个半圆作为扭转圆弧。楔形台阶的最小宽度至少应达到 100 mm，该尺寸以 F 点为中心，在半圆弧上每边各截取 50 mm。接着将圆弧分成相等的多等分，包围螺旋范围的台阶。通过该圆弧等分点在内侧斜梁内侧的水平投影可得一个狭长的踏板宽度。

将这些等分点在内侧斜梁的投影连接行走线上事先确定的点，即可找到台阶边棱（图 1）。

■ **四分之一圈螺旋梯的圆弧法**

为按照圆弧法扭转四分之一圈螺旋梯台阶，要求作出两个四分之一圆（图 2）。该圆弧的中心点 M_1 和 M_2 位于各自螺旋范围边界线的延长线上，它们与内侧斜梁内侧的间距为 r。现以 M_1 和 M_2 为圆心，以 R_1 和 R_2 为半径，各作一个四分之一圆。

接着，按照与半圈螺旋梯类似的作法，求取内侧斜梁内侧的窄台阶宽度。

■ **半圈螺旋梯的角度法**

计算求出待扭转的半个行走线长度 l_1 和位于内侧斜梁的窄台阶的半个总和 l_2。在特殊的垂直投影图（第 407 页图 1）上画出一个垂直边和一个水平边组成的直角。在其水平边上将长度 l_2 截取为距离 $\overline{BD}$。

在与水平边构成约 30° 角时，从该角顶点 B 延出一根辅助线。在该辅助线上，从 B 出发，对应台阶数量求出踏板宽度 A，并加上 $A/2$。从该直线的终点 C 出发，经 D 作出一根直线，该线在点 E 与直角垂直边相交。

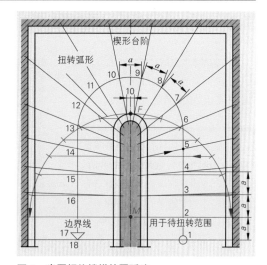

图 1　半圈螺旋楼梯的圆弧法

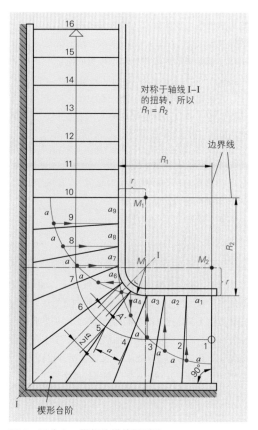

图 2　四分之一圈螺旋梯的圆弧法

所有截成 $\overline{BC}$ 长度的台阶等分均与点 E 相连。它们与 $\overline{BC}$ 的各个交点产生窄踏板宽度。这些宽度转换至内侧斜梁，与行走线各点相连。

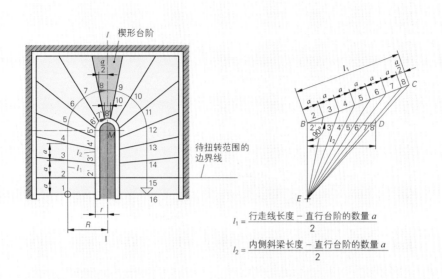

$$l_1 = \frac{行走线长度 - 直行台阶的数量\ a}{2}$$

$$l_2 = \frac{内侧斜梁长度 - 直行台阶的数量\ a}{2}$$

图 1　按角度法半圈螺旋梯的台阶扭转

■ **按角度法四分之一圈螺旋梯的台阶扭转**

原则上，按角度法四分之一圈螺旋梯的台阶扭转与半圈螺旋梯的台阶扭转相同。由于螺旋范围在这里一般也是对称于轴线走向的，所以只要求扭转八分之一圈。

根据已计算的行走线长度和内侧斜梁内侧长度，踏板的结构也以相同方式在辅助线上截取踏板宽度（图2）。由此求取的窄踏板宽度转换至斜梁。

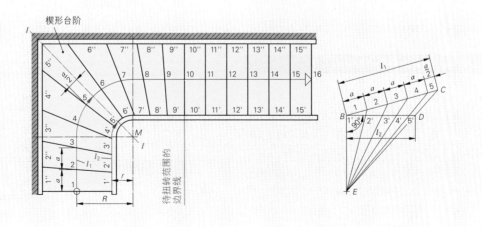

图 2　按角度法四分之一圈螺旋梯的台阶扭转

22.8　斜梁的划线

为按尺寸精确制造斜梁，一般要求按原始尺寸划线。这对于直行梯没有问题，因为所有的踏板尺寸均相同。

螺旋梯的内侧斜梁与外侧斜梁相互偏差极大，但两种斜梁的踏步高度尺寸却完全相同。根据台阶数量，将踏板高度尺寸绘制为水平线。踏板尺寸可从平面图查取，并作为垂直线转换至斜梁平面图。水平线和垂直线各自均有对应台阶的数字。相同数字的水平线与垂直线的交点标记着各台阶的前边棱（图1）。用易弯曲的板条制作斜梁扭转曲线。

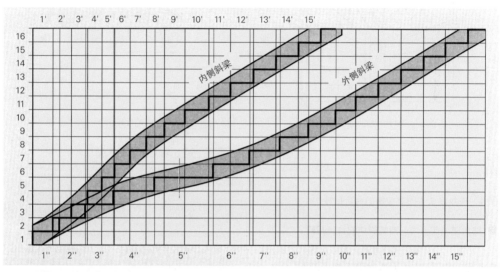

图1　四分之一圈螺旋梯的斜梁平面图

知识点复习

1. 一座公共建筑物中，毛坯建筑的楼梯开口长 7.25 m，宽 1.2 m。楼层高度从 OKFF（成品地板的顶部）至 OKFF 为 4 m。请求出直行梯的踏步高度，踏步宽度和台阶数量。

2. 设计一个半圈螺旋梯，其毛坯建筑开口尺寸：2.1 m×2.1 m，楼层高度 2.75 m。

22.9　采用计算机计算

金属加工技工和结构设计人员的任务是，在建筑工地确定实际的开口尺寸，楼层高度和行走方向，并填入尺寸页（图2）。计算机借助专为此目的开发的软件可计算出任何一种可想象的楼梯形状的必需尺寸。为楼梯计算出的尺寸可用于其制造，例如台阶和斜梁的尺寸作为 CNC 数据直接输入 CNC 气割机，水射束切割机或铣床等机器设备。下面将依据一种钢制楼梯的楼梯制造软件演示其工作方式。

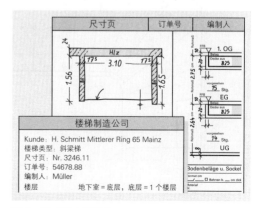

图2　尺寸页（举例）

1. 确定楼梯类型和行走方向

一个楼梯最重要的特征是平面图形状（第396页）。在一个对话框内确定楼梯的几何形状和结构类型（这里指根据规定的墙体尺寸，两个四分之一螺旋）（图1）。

除行走方向外（这里是左楼梯），还需给出位置数据，必要时还有规定的中间平台数据和入口台阶与出口台阶的数据。所有这些数据均需采用现行有效的 DIN 标准进行检验。

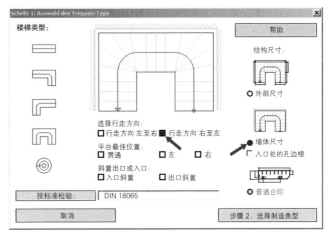

图1 楼梯类型和行走方向

2. 选择制造类型和型材形状

在另一个对话框内确定制造类型的所有必要数据（第397页）。根据支梁梯与斜梁梯之间的区别，检索选定制造类型的理想尺寸（图2）。

有一个表提供所选支梁梯或斜梁梯的多种型材。

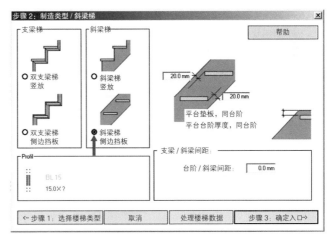

图2 制造类型和型材形状

3. 楼梯入口和出口的结构

与制造类型，楼梯位置和地板结构等相关的是，入口台阶和出口台阶有大量的结构改型（图3）。入口和出口对话框提供所有可能的形状，如有需要，还可以补充尺寸。在该对话框可编辑尺寸，即修改尺寸。

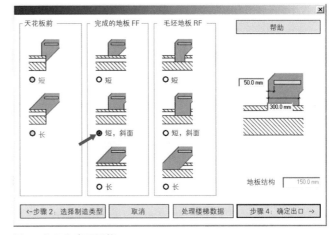

图3 入口和出口形状

4. 输入楼梯尺寸

输入所有结构特征后，将在工地获取的和在尺寸页标记（第408页）的尺寸转换成为符号表达法。这里也可以编辑所有尺寸（图1）。这里还可以连续修改，匹配和优化楼梯。检查所有数据与DIN标准是否一致，有助于防止设计错误。

图1　楼梯尺寸

5. 求踏板长度和踏步高度

楼梯制造软件可从已输入的尺寸和设计说明中求取台阶数量及其所属的台阶长度和踏步高度，这里已考虑步幅公式和DIN标准（图2）。通过限制过滤器，可限制可供选择的可能性的数量。点击选取理想组合。

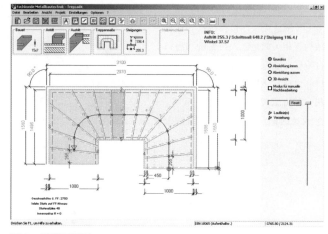

图2　确定踏板长度和踏步高度

6. 楼梯平面图表达法

所有关于楼梯类型，制造类型，行走方向，入口和出口结构类型等所需说明以及楼梯尺寸，如长度和宽度，踏步高度和踏板长度，支梁尺寸和斜梁尺寸等全部输入完毕后，计算机程序编制一个所需楼梯的模型。从该模型可调用平面图（图3），内墙和外墙以及内外支梁等，也可以调用极具说服力的三维图。这里，可随时"人工再次处理"楼梯的全部构件。

图3　楼梯平面图

7. 图纸和零部件明细表

利用现有楼梯的计算机数据模型可制作所有用于楼梯制造所需的图纸和零部件明细表。当然，首先可供使用的是作为带可变比例的图纸并标有所有所需尺寸的楼梯平面图（图1）。同样可以输出斜梁的展开图（图2）。可用所有商业常见且规格不同的打印机和绘图仪执行这里的输入任务。

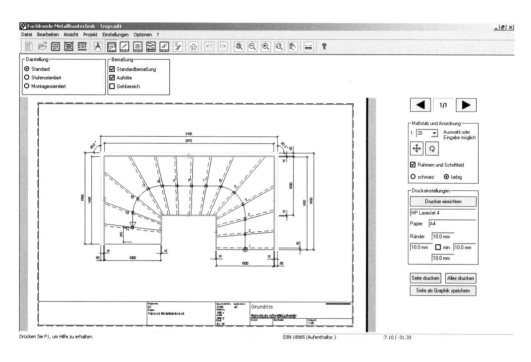

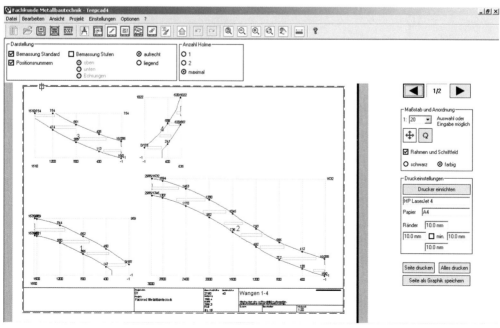

除零部件明细表之外（图1），主要还有台阶的加工图纸（图2），它可简化楼梯并加快制造。所有数据均可通过接口传输进入所有可供使用的 CAD 系统，以及 CNC 加工中心。楼梯直观的三维图支持客户的空间想象力。

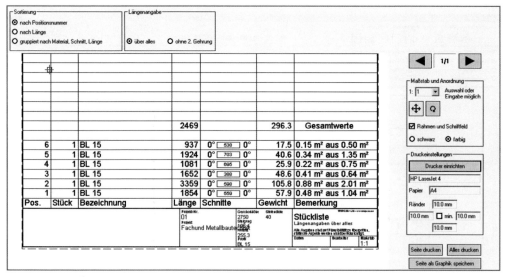

图 1　零部件明细表

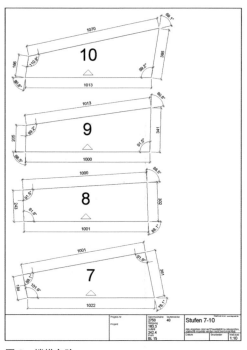

图 2　楼梯台阶

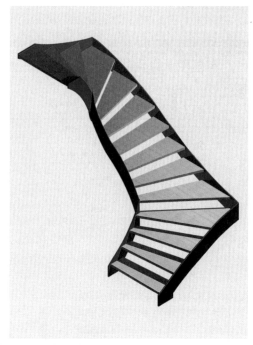

图 3　照相写实表达法

23 栏杆

栏杆属于护栏类，如封锁所需的障碍物，胸墙（半高墙）和胸墙护栏。护栏一般用于防跌落保护和人员引导。通过护栏提供更高的安全性。栏杆的造型风格迥异，它还能收获路人对某个建筑物或设施注视的目光。按照制造技术类型可将栏杆制造划分为钳工活，锻工活或工业制成品的系统建筑构件。

按照栏杆的应用位置又可将它分为楼梯栏杆，阳台栏杆，桥梁栏杆，露台栏杆，通道栏杆，胸墙栏杆和封锁栏杆（图1）。

护栏的任务如下：

- 防止跌落和坠落；
- 划出步行和车行区域的界线；
- 建筑物和建筑设施的装饰。

23.1 栏杆的结构

栏杆由侧柱、扶手、栏杆空区和固定件组成（图2）。水平面和垂直面的栏杆走向同时变化时，栏杆在弯曲范围出现弯曲区（图2和第417页）。

侧柱支撑扶手和栏杆空区。栏杆空区填充物又称栏杆填充物，也有防止从该空挡区跌落，顶住冲击和装饰功能。栏杆空区的填充物可采用例如垂直或斜置的杆子，装饰性钢制品，孔板，波纹栅格，不锈钢拉紧系索或玻璃板。

单层安全玻璃（ESG）材质的防坠玻璃填充物不允许安装在交通要道上空，与之相比，嵌丝玻璃，只需加装肘板构成复合安全玻璃（VSG）即可基本通用。因为玻璃可能破碎，所以对栏杆的玻璃填充物需作软质冲击物的摆动冲击试验，并要求在个别案例中需获得建筑主管当局的批准。除此之外，也可采用装饰用木板，涂层的压制板和铝复合板作为栏杆空区填充物。

栏杆建筑构件必须构成一个能够承受负荷力的牢固稳定的框架（图2）。纵向力 F_L 作用于栏杆扶手方向，例如上楼梯时。横向力 F_V 从上方垂直作用，例如倚靠时。水平方向的侧向力 F_H 横向作用于栏杆，例如靠在栏杆上时。住宅楼内栏杆上所出现的垂直力，纵向力和侧向力均作为均布负荷估算为 500 N/m，会议大厅栏杆的均布负荷估算为 1000 N/m。侧柱固定必须能够安全持续地将这些力传递至大楼主体。

a) 胸墙护栏   b) 封锁栏杆

图1 护栏

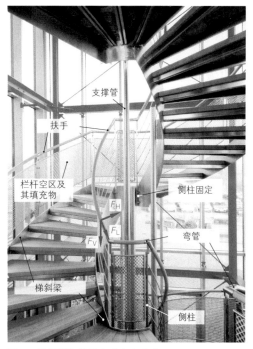

图2 楼梯栏杆构件名称和各种力

23.2 住宅楼内外的栏杆

金属栏杆承重部件可采用结构钢，不锈钢，铝，铜锌合金（黄铜，需要时可镀金）等材料。早期也有采用灰口铸铁制造栏杆。

所有栏杆均必须符合现行有效的建筑和安全条例。联邦州建筑条例（LBO）要求高于 5 级台阶的楼梯或护墙高度大于 1 m 或更高的跌落高度时必须配装栏杆。

根据 DIN 18065 规定，住宅楼内栏杆必须至少达到 900 mm 的高度。栏杆高度的测量从地板开始直至栏杆的上边棱。楼梯栏杆测量从台阶前边棱至扶手的上边棱［图 1a）］。跌落高度大于 12 m 时，规定栏杆高度为 1100 mm。这里的扶手高度必须遵守 80～115 cm 的规定。从墙或支柱开始的扶手必须达到至少 5 cm 间距，防止手夹伤［图 1b）］。

按照 DIN 标准，侧置栏杆空区填充物的内边棱与楼梯或侧柱的间距最多只允许达到 6 cm，防止在边缘区域挤伤脚。栏杆下边棱必须向下延伸，直至它与台阶踏板长度的中间线相交［图 2a）］。

上置栏杆的安装位置必须高于楼梯行走面高度。楼梯栏杆下边缘的安装深度必须能够阻止边长 15 cm 的正方体从下方空隙穿过［图 2b）］。

特殊情况下，护墙栏杆安装在宽墙（护墙）上。20 cm 宽的护墙按 LBO 规定允许扶手上部边棱向上延伸 80 cm（图 3）。

如果考虑到未满 6 周岁无人看管的儿童可能出现，栏杆构件的净间距只允许达到 12 cm（图 2），该间距指楼梯平台面与楼梯栏杆下边棱在任何一个方向的间距。任何一个联邦州建筑条例的法律效力均大于 DIN 标准，在这些条例中还能进一步看到关于栏杆通行安全的规定：栏杆的横向开口的安装高度必须至少达到 60 cm，与下部地面的高度最多 2 cm 的填充物，该填充物的上部间距最多只允许达到 12 cm（图 4）。这样可使儿童无法穿过这种栏杆开口跌落，也能阻止儿童翻越栏杆。按照 DIN 标准，这些儿童保护条例不适用于居民数不大于两家的住宅楼栏杆。立法者设想，在这样的住宅楼内，家长应能照顾他们孩子的安全。

图 1 栏杆尺寸

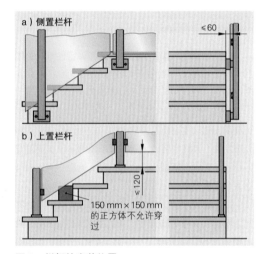

图 2 栏杆的安装位置

图 3 护墙栏杆　　**图 4 防翻越保护**

■ 侧柱和扶手

侧柱和扶手最常用的材料是圆管或四方管,但也有采用 T 型材,L 型材,扁钢或方钢的侧柱。

内部范围的直行和螺旋钢制栏杆也配装木质扶手(图 1 和第 413 页图 2)它们坐落在高边直立的扁铁底座上。

封锁栏杆可用实心材料或管制成。但用于露天的栏杆应封闭所有的边,且不能从任何位置钻穿栏杆,否则栏杆将从内部迅速锈蚀。最好采用热镀锌或不锈钢栏杆。

图 2 展示若干侧柱端部结构。侧柱下部的端部结构可采用直线式,圆弧弯曲式,直角式或折弯式。

■ 系统栏杆

此指其连接是工业化预制的栏杆。制造材料采用钢或铝。图 3a 展示侧边螺孔的热镀锌可锻铸铁连接件。所用管材经过定尺寸裁切,插入并用淬火和镀锌的内六角螺钉夹紧。其适用的管径是 21.3 ~ 60.3 mm。

■ 锻造栏杆

这种栏杆是经锻造火焰加热,纯人工自由打造的实心型材。锻件连接多采用硬钎焊或铆接。图 3b 展示一种青春风格造型的钢栏杆。物美价廉的锻造栏杆也焊上工业化预制的装饰构件。

23.3 工业用栏杆

通往机械设备地点固定的入口通道适用的标准是 DIN EN ISO 14122-3:安全技术要求与楼梯、步梯和栏杆的稳定性。

栏杆的安装地点应是超过 500 mm 跌落高度或存在塌陷或非法闯入危险的地方。这条规则也适用于空隙超过 200 mm 的地方(图 4)。事故预防条例(UVV)要求所有的工作场地必须设置高度 ≥1 m 的栏杆,跌落高度大于 12 m 时,栏杆高度必须 ≥1.1 m。该规定适用于所有的机器设备,且栏杆必须至少配装一个肘板。如果使用垂直杆条,允许其透空间距最大达 180 mm。条例规定在任何情况下底部压条宽度至少 100 mm,它距离平台边棱和通道平面的最大间距 10 mm。

步梯的扶手高度 900 ~ 1000 mm,但出口平台的高度至少应达到 1100 mm(图 4 下)。规定楼梯可以不用底部压条。为使手不会碰触障碍物,规定围绕扶手周边的自由空间应至少达到 100 mm。扶手的固定应位于下部。

测量,目视检查,计算或负荷试验等是确定栏杆是否符合安全要求的方法。最小检验负荷 F_{min} 应达到 300 N/m × 侧柱间距。

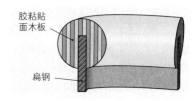

图 1　圆弧弯曲的木质扶手

带间隔件　圆弧弯曲　直角弯曲　折弯

图 2　侧柱端部形状

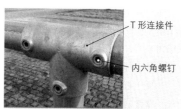

a) Kee Klamp(地名 – 译注)的系统栏杆

b) 青春风格的栏杆

图 3　系统栏杆和锻造栏杆

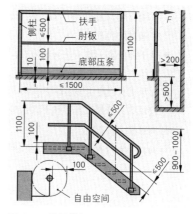

图 4　工业用栏杆

检验: 首先在侧柱上面放置一个 $0.25 \times F$ 的物体一分钟。然后拿掉物体,将千分表回零。现在,测量侧柱满负荷状态一分钟,这个过程中,侧柱的纵向弯曲不允许超过 30 mm。拿掉负荷后,侧柱不允许存在肉眼可见的弯曲痕迹。相同的检验也可以在侧柱之间的扶手上进行。相同应用目的的栏杆也可采用更大的检验负荷,但允许的纵弯数据不变。

这个标准除金属外,还适用于其他新研发的材料。

所有可接触用户的零件均不允许存在锐利边角或未打毛刺的焊缝,避免妨碍通行或导致伤害。

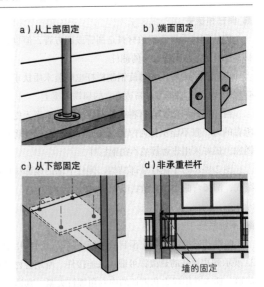

图 1 侧柱的固定

23.4 栏杆的固定

在外部环境固定栏杆必须使用不锈钢膨胀螺钉。由于冰冻时渗透的水分可使混凝土崩裂,宜使用黏接式锚固方法。关于固定的排列位置有如下若干可能:

- 从上部固定 [图 1a]:支脚板直接放置在混凝土板上加膨胀螺钉固定。瓷砖饰面的密封常常是不密封的。
    - 用混凝土浇固的侧柱只能采用实心材料为宜。带孔空心型材镀锌时在其内部易产生凝露水,这种水分将渗入混凝土板并造成损坏。
- 在混凝土板上的端面膨胀螺钉固定 [图 1b]。如果混凝土板装有边缘配筋,允许缩小约 12 cm 的边缘间距 c_{cr}(参见举例)。其他的可能性:
    - 在混凝土板系杆上实施端面夹紧固定。
    - 端面至少深入 100 mm,并用水泥砂浆或快速黏接剂固定。
- 从下部固定 [图 1c],固定在阳台支板。边缘间距在这里不成问题。
- 无承重式固定 [图 1d]:如果只能采用相对较短的直行梯,扶手和下边缘应固定在两个墙壁或支柱之间,

右边所述举例显示计算侧柱的弯曲和膨胀螺钉拉力。

举例: 栏杆侧柱,其侧柱间距 $a = 1.5$ m,在 1 m 高度装有杆条栅格。阳台有加强卷边。现在用 200 mm 空心端面板实施中部固定,这里规定的均布负荷为 $q = 500$ N/m。

按欧洲编码(Eurocode)3 解题:

$F_d = q \cdot a \cdot \gamma_F$

$F_d = 500$ N/m $\cdot 1.5$ m $\cdot 1.5$

$F_d = 1125$ N

力矩平衡:

$$\Sigma \widehat{M} = \Sigma \widehat{M}$$

$F_d \cdot H_{stat} = F_{1.d} \cdot 0.1$ m

$F_{1.d} = \dfrac{F_{1.d} \cdot H_{stat}}{0.1 \text{ m}}$

$F_{1.d} = \dfrac{1125 \text{ N} \cdot 1.2 \text{ m}}{0.1 \text{ m}}$

$F_{1.d} = 13500$ N

力的平衡: $\Sigma \vec{F} = \Sigma \vec{F}$

$F_{1.d} = F_d + F_{2.d}$

$F_{2.d} = F_{1.d} - F_d = 13500$ N $- 1125$ N $= 12375$ N

$M_d = F_{2.d} \cdot 0.1$ m $= 12375$ N $\cdot 0.1$ m $= \mathbf{1237.5 \text{ Nm}}$

$\sigma_{R.d} = \dfrac{f_y}{\gamma_M} = \dfrac{235 \text{ Nmm}^2}{1.0} = 235 \text{ N/mm}^2$

$W_{d.erf} = \dfrac{M_d}{\sigma_{R.d}} = \dfrac{1237.5 \text{ Nm}}{235 \text{ N/mm}^2}$

$W_{d.erf} = 5.27 \text{ cm}^3$

选用:矩形空心型材
DIN EN 10219–2.50 × 30 × 4,
它的 $W_y = 6.1$ cm³
每个膨胀螺钉的螺钉拉力:

$F_{Dü} = \dfrac{F_{1.d}}{2} = \dfrac{13500 \text{ N}}{2} = 6750$ N

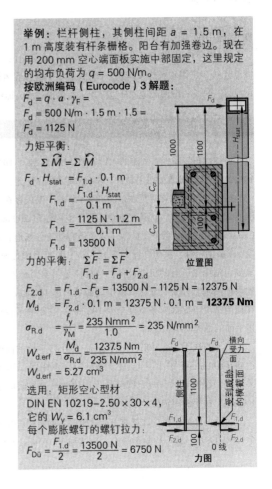

力图

23.5 楼梯栏杆弯管的弯曲加工

半个平台和四分之一平台时，扶手到此中断，这里由连接件保护楼梯洞的安全［图 1a）］。这也简化了装配工作。这些连接件最好还适用于图 1b）。图1c）和图 1d）构成一个空间跳跃，这里可采用一个栏杆弯管予以平衡。由此形成一个连贯的扶手，它在扭转楼梯上具有更好的支撑作用。

> 弯管连接扶手。它必须在一段扭转曲线中水平或垂直弯曲。

最简单的弯曲方法是，将扶手装在现有楼梯上进行弯曲，使弯曲的型材作为弯管均匀地放置在踏板前边棱。

弯管也可在车间按照模板进行弯曲加工（图 2）。在模板上，先划出扶手的展开线，然后标注所涉及楼梯边的台阶踏板宽度和踏步高度。楼梯台阶前边棱连续的连接线产生栏杆线。现在围绕弯曲芯轴弯曲模板，直至栏杆弯曲处的内径与外径相同为止。借助模板可将均匀预热的型材弯成弯管形状。如需制造若干相同的弯管，建议在模板上焊接一个相应的支架。

知识点复习

1. 请列举作用于栏杆扶手的三个力，说明哪个力对于检测栏杆侧柱和侧柱固定是至关重要的。

2. 住宅楼内，栏杆侧柱间距 1.3 m，现问，哪个力作用于栏杆侧柱？

3. 请解释⊥置和侧置楼梯栏杆的区别。它们各自必须遵守哪些尺寸？

4. 哪种膨胀螺钉材料规定用于露天栏杆的装配？

5. 考虑儿童出现的情况时，哪些特殊的规定在栏杆制造时需特别注意？

6. 侧柱固定的哪些位置排列没有边缘间距问题？

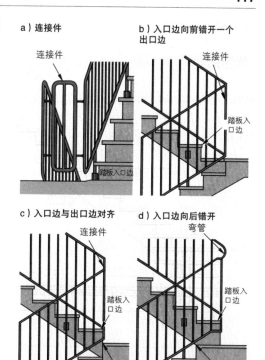

图 1　扶手在平台处的连接

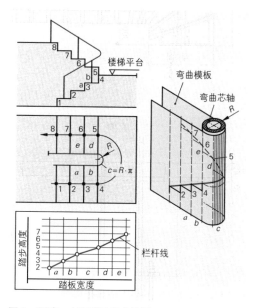

图 2　制造一个弯管的弯曲模板

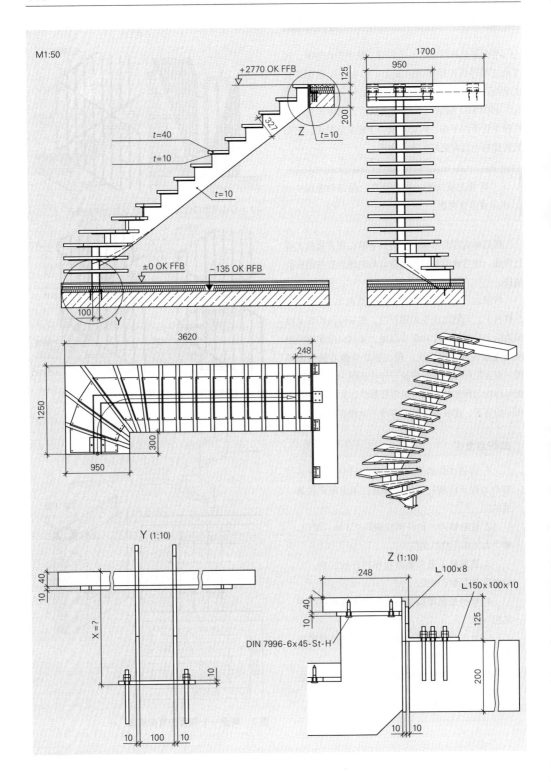

M1:50

+2770 OK FFB

125

950

1700

327

t=40

t=10

t=10

Z

t=10

200

±0 OK FFB

−135 OK RFB

100

Y

3620

248

1250

300

950

Y (1:10)

40

10

X = ?

10

10   100   10

Z (1:10)

248

∟100×8

∟150×100×10

40

10

125

DIN 7996-6×45-St-H

200

10 10

作业：设计一个楼梯

一栋新的单户住宅楼计划安装楼梯。业主与多家楼梯制造商接触。业主说明，他想要楼梯台阶采用橡木，楼梯栏杆用不生锈的贵金属。技工在现场记录所需尺寸。一位师傅绘制第418页所展示的图纸。

1. 技工在现场提取了哪三个主要尺寸？哪两个尺寸他必须根据建筑技术的发展现状进行必要的询问？

2. 楼梯场地在单户住宅楼，其尺寸一般均显局促，以至于常需采用大坡度楼梯。如果楼梯通向客厅，楼梯坡度 s 最大允许多大？

3. 请确定，楼梯有效行走宽度有多宽？楼梯踏板的最小尺寸必须多大？

4. 楼梯制造商建议制造一个什么样的楼梯？

5. 该楼梯与第 184～190 页的楼梯有何区别？

6. 若假设如图纸所绘，行走线位于楼梯中间，而且转弯圆弧的中心点直接就在内角，那么楼梯行走线的长度是多少？平面图上的行走线始终要测量的。

7. 如果先用假设踏步高度 170 mm 除楼层高度，将得出多少个台阶 n？

8. 取整台阶数量 n。那么现在的踏步高度 s 应是多少呢？

9. 如果从已制成地板的高度开始，最上面的一级踏板不计算在内，那么台阶数量为 n 时，一个楼梯有多少踏板？

10. 踏板尺寸应是多少？这是任务 3 所允许的尺寸吗？

11. 为什么楼梯制造选的坡度更小？

12. 已制图的楼梯制造商得到的 s 和 a 尺寸是多少？

13. 上面已计算的踏板是 260 mm。哪一个建筑条例适用于这种楼梯？

14. 这种楼梯没有竖板。规定用于这种楼梯的根部切割尺寸最小应是多少？

15. 楼梯制造商预计 $u = 50\,mm$。这里如何满足任务 13 的条例要求呢？

16. 为什么楼梯不能固定在已制成的地板上？

17. 钢制楼梯易于振动。为什么支座要装橡胶垫片？

18. 为什么上部连接板与天花板之间需留 10 mm 的空隙？

19. 为什么楼梯不是固定在天花板端面，而是用连接角件和膨胀螺钉固定在天花板上面？

20. 请绘出带有角度且长度为 160 mm 的上部连接板。孔径 12 的孔需遵守边缘间距 e_2 的规定。膨胀螺钉的螺纹是 M10。

21. 楼梯的坡度角是多大？请用踏步高度和踏步长度计算坡度角。

22. 螺旋楼梯的行走线允许向外推移楼梯宽度的 10%。这对楼梯有哪些好处？

23. 台阶扭转之后才能得到楼梯的俯视图。请按角度法扭转楼梯，条件：内径 $r = 100\,mm$，行走线向外侧斜梁推移 10%。

24. 下图显示从斜下方观看入口支梁。请描述如何确定内外侧斜梁扭转时的锯切尺寸。Y 详图中 X 的尺寸是多少？

25. 楼梯制造师傅已加工完成一个弯曲支梁。请绘制出下部直至弯曲终端的展开线。

作业：设计一个楼梯栏杆

住宅楼内需考虑儿童出现的场景。因此，栏杆的造型应能防止儿童因跌落造成的伤害。请在互联网上查询关于楼梯尺寸和事故防护方面的信息。

1. 哪些是楼梯上最常见的事故原因？对此有哪些条例规定的措施？

2. 住宅楼内应遵守哪些尺寸规定？请按图 1 绘制草图并标注正确的尺寸。

3. 图 1 所示的栏杆检验正方体有多大？

4. 哪种楼梯规定两边均需扶手？

5. 为什么住宅楼的楼梯栏杆条优先选用垂直的，而不是水平的？

6. 如果侧柱间距为 750 mm，请计算两根加装 ø12 圆铁条的 ø42.4 侧柱之间的净宽度。

7. 中部间距是多大？侧柱外边棱至第一根铁条中部的间距是多大？

8. 请绘制图 1 所示楼梯中装有垂直铁条的栏杆空区，这里，s=185 和 a=250 mm，下边缘 50 mm，栏杆高度 900 mm。边饰用 Fl 40×12。

9. 业主想要木质楼梯台阶外部稳定的栏杆固定。栏杆侧柱采用 ø42.4×5 钢管制成，其安装位置距橡木台阶 25 mm。请用图 2 所示图纸设计一个相应的接头。并用图形符号标注焊缝。

10. 私人住宅楼栏杆必须承受的住哪些作用于栏杆扶手的力？

11. 在公共区域中需考虑到哪些力？

12. 计算力时，侧柱间距起什么作用？

13. 图表手册建议采用哪些侧柱型材？现有的这些侧柱够用吗？

14. 请为侧柱间距 750 mm 和栏杆直至焊接连接板接头的高度计算：

    14.1 作用于侧柱的典型的手力 F_k，

    14.2 用局部安全系数 γ_F=1.5 计算手力 F_d 的设计数值。

    14.3 至张紧位置的杠杆臂 1150 mm 时的弯曲力矩 M_d。

    14.4 查图表手册中焊缝厚度和焊缝长度以及接头板的宽度。

15. 绘制侧柱接头图，标注符合加工技术要求的尺寸和名称。

16. 制造扶手时使用哪些辅助工具？

17. 不锈钢扶手焊接在不锈钢圆钢上有哪些优点？否则栏杆需要镀锌。

图 1　楼梯的安全性

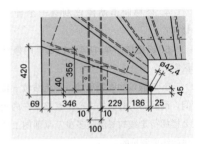

图 2　无侧柱固定的踏板入口

图 3　栏杆的位置

学习范围：金属结构和钢结构系统的维护保养

24 质量管理

工业企业的许多生产车间里悬挂着人人可见、主题为"质量"的展示牌，须知和概览图。企业员工从中增强质量意识，同时向客户传递信号，本企业将为最佳质量产品做出最大可能的努力。但为提高质量而做出的系统性努力并不仅是较大企业所追求的目的。如今，严格遵守质量标准同样也是每一个手工业企业，甚至金属加工企业领域内生存攸关的课题。在当今的许多领域内都笼罩着强化的排挤性竞赛和大规模竞争氛围，以至于客户的满意度依然成为手工业企业的生命保险。客户满意度的实质性要素就存在于建筑构件的质量和符合专业要求的安装之中。

■ 质量的概念

"质量"这个概念如今已出现在各种相互关联的关系之中。诸如一个产品的特性，数值和材质的具体体现就是例如螺钉的质量等级和公差等级，钢的质量标记，以及相同概念在不同应用时产生口语表达的不同质量等级如 1A 和 1B。

在标准中，质量这个概念是按下述尺度定义的：

> 质量是一个产品或一个服务在其性能，已确定和预先规定的要求方面应满足的特征和特征价值的总和。

这种极为普通的表述也可以通过更为简练的语句进行理解：

> 质量就是满足客户的需求。

事实上，除去所有关于质量的思考中的其他观点，客户满意度无疑处于突出的位置。它是每一家手工业企业和每一家工业企业的每一项工作的根本目的。欲在市场上站稳脚跟的企业必须具有强势的质量能力，必须按照下述指导原则行事：

■ 回来的应该是客户，而不是产品。

回来的客户同时也意味着更多的订单，但回来的产品却一般都与退货，返修，降价，法律争端或其他不愉快的事情相关。

但质量不会由本身产生，它必须是在一个多层级的过程中被计划，被产生并不断接受检验（图1）。除产品质量外，主要还有服务质量和企业文化以及企业管理等诸多因素对于企业整体质量具有决定性意义（图2）。

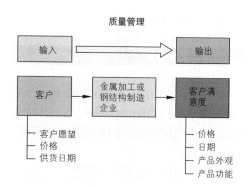

图1 金属加工业的质量管理

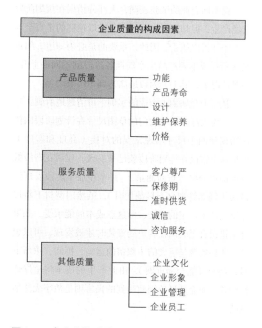

图2 一个企业的质量

24.1 质量管理的任务

"管理"这个概念的意思可自由翻译为"把某事办成",质量管理从其意义上可以定义为"把质量这事办成,管住质量"。事实上,如果一家企业仅在提高质量这个意义上采取各项措施,这种做法从未起过作用或仅有一点作用。只有前后衔接彼此配合的各项措施的总和才能使质量获得持续的提升。

质量管理所要求的措施是超越所有部门和范围界线,在所有与质量相关的领域内所采取的措施(图1)。

质量规划 → 质量控制 → 质量检验 → 质量改进

因此,质量管理的任务是协调上述各领域的质量管理措施,所有这些措施的总和称为质量管理体系。但这种质量管理体系仅在所有参与者,无论其在企业的任务和职位如何,从入职第一年的培训学员到企业老板,均拧成一股绳时才能发挥作用。

24.1.1 质量规划

质量管理体系中的第一个模块是质量规划。它包含生产开始之前计划阶段的所有行动,这个阶段的流程决定着一个产品的质量。这个阶段由企业执行的一些重要过程是:

- 客户愿望和由此产生的产品特性
- 客户这些要求及对其检验的技术可行性
- 材料资源,人力资源和财政资源

在不同企业的试验表明,大部分错误在规划阶段已经产生,但却直至加工阶段,或最糟糕的是直至客户手中才得以纠正。因此,重要的是必须知道,纠正错误所耗成本随产品生产周期各阶段的不同而上升,一般情况下,其上升因数最高达到10(图2)。

从一个金属加工企业的实例中可清楚地看到:

一份大厅双门扇大门的草图尺寸在计划阶段因传输错误使两个尺寸出现错误的对换(高度和宽度)。如果这个错误在计划阶段就已被发现,仅需花费极低成本即可消除(重新测量)。甚至在加工阶段发现该错误(例如管型材下料裁切时),虽然因型材下料尺寸错误产生一定的损失,但这点成本尚能承受。如果这个错误直至大门在客户处安装时才被发现,可以想象,所耗资源是巨大的(双倍的运输,拆卸,重新下料,甚至可能全部重做),由此产生的成本将呈爆炸性增长。而企业形象因此受到的损害则是数字无法估算的。

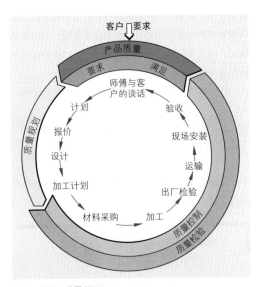

图1 产品质量闭环

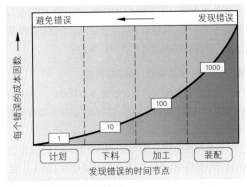

图2 错误成本的十倍规律

24.1.2 质量控制

一个产品（例如大厅大门）的旅程从客户愿望（设定值）开始，经过加工过程，直至可供验收的最终产品状态，可用一个调节回路表示（图 1）。在加工制造过程中，产品受到多方面干扰因素的影响，它们对产品质量产生的是负面影响。这些干扰量被称为"7M（译注：因为这 7 个因素的首字母都是 M）"。

> 人 – 机器 – 材料 – 环境 – 方法 – 可检测性 – 管理

质量控制的目标是，尽最大可能降低这些干扰量的影响。对于金属加工企业而言，这些干扰因素具体体现为例如合适的刀具，机床，检测仪和工作场地等加工要素的就绪状态，当然还有企业员工的技术技能，例如焊接技术教程等。

24.1.3 质量检验

在质量检验这一领域内，一个企业确定产品是否满足已预定要求所采取的全部措施称为质量检验。在工业化系列生产中，针对每一个零件，每一个部件均已制订准确详尽的检验计划，并成文建档。在主要以单件加工或小批量加工为特色的金属加工企业中，这种方法显然不适用。这类企业应在计划阶段便已开始实施检验计划。计划阶段主要确定检验什么，如何检验，用什么检验，何时检验和由谁检验这五项内容。检验可在加工过程中进行，也可在加工过程结束之后进行。

24.1.4 质量改进

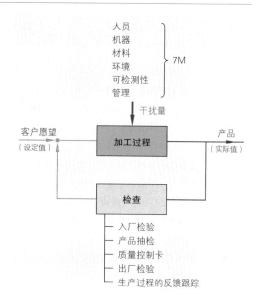

图 1 质量调节回路

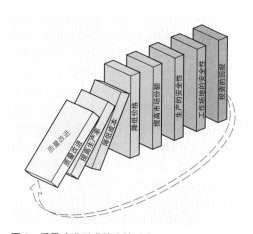

图 2 质量改进形成的连锁反应

一个连贯的质量管理的目标是，持续改进质量。这也适用于企业的所有经营范围。所有涉及企业员工的措施，或所有涉及产品和客户服务的措施均可用作达成质量改进目标的措施。相较于大部分通过设计改进建议或通过改进加工或检验方法来改进产品质量的做法，参与生产全过程的员工的不同观点也扮演着重要角色。首先，应罗列出所有参与员工的动机，交流能力和团队合作能力以及企业的工作氛围等项要素。高度主动的员工，也是与企业高度认同的员工，他们比那些仅把工作认为是一份可以挣钱的"工作"的员工更愿意高质量完成高品质工作和继续在岗培训。

由此达成的质量改进在许多企业中更能触发硕果丰盛的连锁反应（图 2）。

24.2　按照 DIN EN ISO 9000：2015 实施质量管理

在 DIN EN ISO 9000 标准系列中产生了组织模式和管理模式，它们对质量管理体系的建构颇有助益。该标准系列诞生于 1987 年，被视为德国标准（DIN），欧洲标准（EN）和国际标准（ISO）。但标准并不是告诉企业，什么是质量，它只提供一个框架。在之后的日子里，这个标准系列进行了持续改动和改进，直至 2015 年 11 月产生了最新版本：DIN EN ISO 9000：2015。该标准代替了以前所有的旧版本标准。

标准系列 DIN EN ISO 9000 家族实际上由若干普遍有效的部分组成（图 1）。

- ISO 9000 描述质量管理体系的基础，确定质量管理体系的专业术语。
- ISO 9001 确定针对质量管理体系的要求，即企业组织必须表现出它准备生产符合客户要求的产品的能力。这里主要是要求企业需努力获得一份认证。通过这份认证证书，企业让所有参与者看到，也包括客户和供货商，它拥有一个功能齐全的，获得独立机构检验的（审计的）质量管理体系（图 2）。这种证书如今主要对于与大型企业，如汽车工业企业，有合作关系的供货商企业是不可或缺的。
- ISO 9004 提供一个指南，借助该指南的帮助可尝试提高质量管理体系的功效能力和效率。
  除此之外，ISO 9001 还为质量管理体系和环境管理体系的审计认证提供指导说明。

24.2.1　质量管理体系的八项原则

构建在有成效的手工业和工业企业经验基础之上，现已发展出质量管理体系的八项原则。该八项原则有助于改进企业的质量并提高企业的竞争能力。

■ 客户定向

所有的企业终归需要依靠客户。认识了解现在的，很有可能也是未来的客户的愿望并满足这种愿望或必要时超越这种愿望，这种做法现在必须成为一个经济企业的头条原则。所有的企业目标必须排在这个原则下面。

图 1　部分 DIN EN ISO 9000 标准系列

图 2　认证证书举例

■（企业）领导

领导力量（师傅，部门领导，企业领导，企业家，企业所有者）均应关心一家企业的任务与目标是否协调统一。他们主要应创造出一种氛围，一种员工可以为达成企业目标发挥其能力的氛围。这里的重要方法是：榜样的力量，对参与人员组利益的考量，以及关于企业未来发展前景的清晰的想象。

■ 员工参与

每一家工业企业和每一家手工业企业的水平只能以员工为准。为使员工能力尽可能优化地自由发挥并投入工作，有必要塑造员工参与决策过程的形象。为此要求鼓励所有层级的员工具有责任心和解决问题的勇气。

■ 以过程为定向的管理方法

在企业实际工作中，从各个工作步骤到一个制成品作为加工过程结果的顺序被称为过程。如果定义要求的过程步骤，确定、引导并控制输入和输出，可更有效地取得过程的结果。但必须识别可能出现的错误源头，并定义对此源头的责任方。这里可以充分利用改进潜力，提高过程稳定性。

■ 以系统为定向的管理方法

每一个企业都由若干相互影响的部门组成。由于这个原因，认识了解企业运营流程的各个环节并理解、引导和控制它们之间的相互作用是非常重要的。

■ 持续改进

质量及其职权范围并不是静态的量，而是一个动态的过程。这也适用于整个企业，适用于企业的全部员工。"逆水行舟，不进则退"这句话中蕴涵着这样的认知，即只有在所有领域持续努力以求改进，方能使企业保持积极的持续发展。

■ 决策过程的客观方法

有效决策建立在对数据，事实和信息客观分析的基础之上。只有当决策能力持续提升后，才能做出与企业职权范围相关的客观决策，并控制这些决策的执行，检验执行的结果。

■ 相互利用的供货商关系

所有企业均依赖于与其供货商保持良好的商务关系。唯有如此才能保证生产过程中物料的顺畅流程和服务的执行。为此，简单易懂的通讯和相互尊重以及对共同目标的理解缺一不可。

质量管理体系的八项原则构成标准 ISO 9000 家族的基础。

24.3 质量管理模式

图 1 所示是一种功能良好的管理体系模式。嵌入在客户要求与客户满意度之间运行的是企业内部过程所确定的结构和流程。

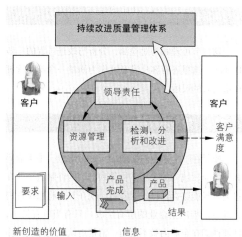

图 1　以过程为定向的质量管理体系模式，按照 ISO 9001：2015

24.3.1　领导责任

排在这种模式第一位的是企业领导以及他们的代理：领导所有任务的负责人。他们负责：

- 通过采集客户愿望与要求确定客户意向；
- 在企业内部对客户的愿望与要求进行转换；
- 取得客户的信任；
- 确定企业目标，企业政策与质量目标（表1）；
- 确定责任与权限；
- 显示系统流程。

24.3.2　管理方式

企业组织必须提供管理的方式与资源，这是建立和改进质量管理体系所要求的。这里涉及人员的措施，改进基础设施的措施，例如通信信道，工作环境，文档管理方式等。

24.3.3　产品的制成与售后服务的实施

产品的制成涉及作为订货者的客户与作为产品接收者的客户之间的所有过程。这些过程步骤的重点可以是如下几点：

- 采集客户要求并检查其可操作性；
- 调整与客户的沟通；
- 转换并实现客户的愿望。

24.3.4　检测，分析与改进

这一节可理解为对检测，分析与改进过程的一般性要求。这里还有客户满意度作为衡量一个质量管理体系功效的尺度。

24.4　质量不仅是领导的事

质量在一个企业内必须处于突出地位。手工业界和大工业领域内的金属结构件和钢结构件制造企业在过去已经能够提供良好的质量。现在只是将系统性的管理方法推广至企业的所有层级。只有当所有员工，即便他们在企业内微不足道，清楚地认识到他们工作的意义时，质量才能产生，并能够精确和认真地贯彻质量管理措施。

表1：质量目标

质量目标举例

长期目标：
- 扩展生产面积
- 购置并集中检测仪
- 引进 KVP 措施
- 成组加工

中期目标：
- 优化刀具业务
- 引进通用工件支架
- 实施企业内部审计，所有部门每年一次
- 降低返工成本

短期目标：
- 改进投诉管理
- 引进新型包装技术
- 扩展在线故障诊断
- 使用条形码作为信息载体

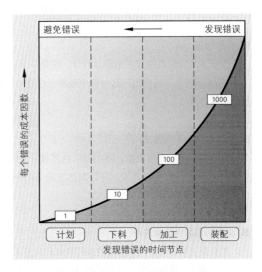

知识点复习

1. 按照 DIN 标准如何定义"质量"？
2. DIN EN ISO 9000–2015 由哪些部分组成？
3. 质量管理体系有哪些任务？
4. 请解释"回来的应是客户，而不是产品"这句话与您培训所在企业的关系。
5. 右图显示在错误地生产或服务时成本的发展。请根据一个院落大门的加工制造来解释这张图。

24.5 焊接技术的质量管理

焊接技术对普通的质量管理有一些特殊的要求，并因此在企业内部提出一些相关的质量管理措施。由于对建筑物或建筑构件焊缝的检验（核查）受场地限制而不能对焊接连接/焊缝具体结构完整地提供质量证明，与此同时，又必须满足对焊接连接/焊缝所提出的质量要求，那么焊缝作为不可拆卸的材料接合型连接符合标准 DIN EN ISO 9000 中"特殊过程"这一概念。

为转换标准中"特殊过程焊接"的规定并保证焊接过程的安全性，专为焊接研发出标准系列 DIN EN ISO 3834：金属材料熔融焊接法的质量要求。其中也考虑到在实际工作中焊工自行负责的质量保证。在焊接技术质量保证的验证方面，满足 DIN EN ISO 9001 的标准要求还不够。

24.5.1 一般性质量要求

焊接连接的质量保证的基本要求是焊接结构件制造商提供适用的技术设备和具有合格技术资质的人员（图 1）。在这层关系上，在保证满足焊接技术要求方面便产生出大量标准化的要求，与之相关的因素是，焊接企业，投入使用的焊工，焊接方法，焊接基底材料，辅助材料，添加材料，焊缝检验和评估，以及劳动安全等。DIN EN ISO 3834 标准系列描述并定义金属材料熔融焊接的质量要求。该标准系统的具体内容：

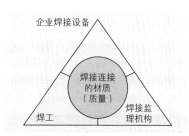

图 1　质量保证与焊接专业企业的相关关系

第 1 部分：选择质量要求合适分级的标准（图 2）

第 2 部分：全面的质量要求

第 3 部分：标准 – 质量要求

第 4 部分：基本的质量要求

可在焊接企业内按照 DIN EN ISO 3834 标准系列引进并建立一套质量管理体系。该标准系列作为高层质量保证体系独立于正在建造的建筑物，并可理解为对法律，条例或普通质量管理体系（例如 DIN EN ISO 9001）的补充。与选择分级相关的是要求验证 22 条重要要素。

序号	要素	ISO 3834–2	ISO 3834–3	ISO 3834–4
1	对要求的检验	要求检验如下内容：		
		要求建档	可以要求建档	不要求建档
2	技术检验	要求检验如下内容：		
		要求建档	可以要求建档	不要求建档
3	初级授权	与特殊产品制造商的处理相同。初级授权的服务和/或行动。与之无关的是，制造商仍保留出厂质量检验责任。		
4	焊工与操作员	要求检验		
5	焊接监理人员	要求检验		无特殊要求
6	核查装置和检验装置	要求具有专业资质		
7	生产人员和检验人员	合适的和可胜任的，如要求所言，应胜任如下工作：准备，过程控制，检验，运输，吊装，需使用安全装置和劳动保护服		
8	设备的维护保养	必要的，如要求所言，保证设备的就绪状态，遵守保养规定，保证产品的一致性		无特殊要求
		要求保养计划和图表建档	推荐保养图表	
9	设备描述	要求设备清单		无特殊要求
10	加工计划	要求制定加工计划		
		要求加工计划和图表建档	要求加工计划和图表建档	无特殊要求
12	焊接操作说明	要求编制焊接操作说明		
13	批量检验	如有要求的话	无特殊要求	
14	仓储和	要求采用一种方法，它与…		相同

图 2　ISO 3834–2，ISO 3834–3，ISO 3834–4 的选择标准节选

24.5.2 钢结构件和金属结构件的特殊焊接要求

制造建筑构件或作为焊接结构的焊接构件需要产品制造和产品"营销"的法律和条例证明（例如资质认证）作为要求焊接企业制造焊接产品的资质证明。如果按照 DIN EN 1090-1 法律框架（建筑监理范围 – 钢承重结构件和铝承重结构件的结构 – 第 1 部分：承重建筑构件证明方法的一致性）的要求得到保证，这就是所谓的"法律范围"。在"非法律调控范围"中，没有要求焊接企业证明其资质的法律和条例。这里的制造遵循制造商自行负责的原则。与之无关的是，订单发出者可以要求，或企业本身的质量要求可以成为企业资质标准化证明的理由，例如通过认证证书证明企业的资质。

DIN EN 1090-1 确定申报钢结构建筑物 CE 标志所应满足的要求，该标志允许建筑产品在欧洲洲内市场和德国市场流通。

DIN EN 1090-2 描述对焊接企业的要求以及对焊接监理机构，检验方法等在制造钢结构建筑物时的要求。它适用的焊接过程的执行要求一份所谓的"焊接合格证书"，用于制造由认证机构许可的建筑产品。必须为待制造的建筑构件和建筑产品附属具备执行等级 EXC（Execution Class 执行等级）资质的结构计划员和设计师。执行等级分为 4 级，分别命名为 EXC 1 至 EXC 4，其要求的内容逐级上升。在 4 个执行等级范围内对下述各项制定了更细致的标准，如一般加工，材料检验，制造商文档和质量建档，焊接过程，焊接方法和焊接人员的资质证明，焊接监理，焊缝预处理，仓储，组装和验收标准等（图3）。（译注：本页没有图 3，估计原文有误）

24.5.3 焊接方法的资质证明

鉴于已描述的标准和法律框架，例如 DIN EN ISO 3834 或 DIN EN 1090 方面的要求，要求焊接方法资质证明的占据多数。标准 DIN EN ISO 15607 定义了 5 种获取焊接方法资质证明的可能性（图 1）。资质证明必须遵循加工流程，从焊接开始，直至焊接构件或焊接承重钢结构件。制造商必须为这个流程编制一份临时的焊接说明（pWPS），保证焊接说明所列举的参数均可用于焊接技术加工。

证明焊接方法资质的方法如下，以供选用：

● 焊接方法检验；
● 先期进行的工作检验；
● 标准焊接方法；
● 使用已检验的焊接添加料。

资质证明方法的选择取决于对建筑物和钢结构件使用地点的要求，还要兼顾法律、标准或质量方面的要求。

资质证明的方法		EXC2	EXC3 EXC4
焊接方法检验	EN ISO 15614-1[1] EN ISO 17660-1/ EN ISO 17660-2[2]	X	X
先期进行的工作检验	EN ISO 15613 EN ISO 17660-1/ EN ISO 17660-2[2]	X	X
标准焊接方法	EN ISO 15612	X	X
	EN ISO 15611	X	X[3]
使用已检验的焊接添加料	EN ISO 15610	X	–

× 允许　　　　– 不允许

[1] 按 DIN EN ISO 15614-1：2017 的焊接方法资质证明必须符合 2 级。
[2] 只在混凝土钢筋与其他钢结构件零件之间的连接才能引用。
[3] 只要结构的技术资料允许即可。

图 1　DIN EN 1090-2 节选：焊接方法资质证明及相关的执行等级 EXC

24.5.4 焊接技术人员 – 焊工和服务人员的资质证明

焊接企业重要的专业人员主要是采用传统手工焊接方法的焊工，或机械化或自动化焊接机器以及焊接设备的操作人员。属于这一行列的还有标准中已描述的实质性要求。对于焊工及其质量要求适用的标准系列是 DIN EN ISO 9606-1，后续标准用于熔融焊接方法的焊接检验。尤其需要提及的是用于钢材料熔融焊接方法的标准 DIN EN ISO 9606-1，和用于铝材料熔融焊接方法的标准 DIN EN ISO 9606-2（图 2）（译注：本页也没有图 2）。对于操作人员的要求请参见 DIN EN ISO 14732。

下一步所需讲述的是焊接企业中焊接监理人员的任务与责任。对此适用的标准是 DIN EN ISO 14731 及其任务的详细描述。

25　维护保养

维护保养措施的准备与执行要求具备工艺，机械制造学，设计，建筑技术，材料科学，电工学，气象学和企业管理等多方面知识。这些知识的应用应是跨学科且相互关联的。基础知识与专业经验的相互结合才能构建维护保养工作的专业基础（图 1）。

25.1　基本概念

每一种金属制造结构件和机械设备均将在其使用过程中遭受不同的环境因素影响，例如潮气和温度波动（图 2），还有机械负荷和受运行限制的磨耗现象。伴随着这些负荷而来的可能是外观受损，功能障碍和整台设备完全停止运转。为保持设备价值，避免故障并维系运行安全性和劳动保护，必须采取维护保养措施，其形式是检查，保养和维修。

> 维护保养一词应理解为在一个设备的全寿命周期内为维持其功能状态或恢复至应有的功能状态而采取的所有技术和组织措施，使设备能够满足所要求的功能（对比 DIN EN 13306）。

为实现维护保养需采用不同的战略（图 3）。

在预防性保养（Präventiv- 拉丁语，意为预防的，防止的）框架内按照已定时间计划在相应的状态下或按照已确定的有效使用数字实施保养。

预见性保养是一种与设备状态相关的保养措施，它是根据系统运行恶化所做的事前研究的结果而采取的保养措施。

修正性保养（korrektiv- 拉丁语，意为缺陷，修缮不良状态）则是在出现故障时采取的措施。

与出现故障相关的保养分为延迟保养和立即保养两种。这与故障后果的预期相关。必要时，立即保养的措施可避免出现某些不可预期的后果。

比布利斯核电站

"凿子竟成火灾原因

某工人检查时忘记的一把凿子在比布利斯核电站引发一场火灾。"

法兰克福（路透社）

摘自：帕骚新闻报，1994 年 3 月 8 日

图 1　维护保养的责任

图 2　气候压力

除文中已解释的类型之外，其他的维护保养类型和战略：

- 计划内的保养
- 预先制定的保养
- 以设备状态为定向的保养
- 远程遥控的保养
- 立即保养
- 运行过程中的保养
- 现场保养
- 操作员实施的保养

图 3　"维护保养战略的结构"，按 DIN EN 13306

保养的形式：

保养包括维持设备设定状态所采取的所有措施。保养和维护的目的是延缓设备的磨耗和磨损，预防故障。

与此同时，保养还提高了部件的可靠性，避免整机设备停止运转（图 1）。一般按照已确定的时间周期，已确定的设备运行时数或已执行的工作过程次数实施保养。保养的成果是避免设备受损，做到这一点的重要因素是保养措施的计划性和执行措施的技术原则性。

保养工作的中心点是润滑材料的供给。由于润滑材料随时间流逝而消耗，并因老化和污损而导致其效能下降，因此必须按一定的时间周期予以补充或更换。机器制造商均制定润滑图和保养图，根据润滑图确定检查润滑材料状况，重新补充和更换润滑材料的时间间隔（图 2）。鉴于特殊的企业状况或气候条件可能需要修改原始润滑图。

保养的另一个重点是清洗。加工过程产生的污物，如金属切屑，氧化皮，油层和润滑脂层，还有从材料表面松脱的油漆层和腐蚀物。来自周边环境的污染物，如灰尘，可提高设备磨损并滋养腐蚀。污染物可掩盖某些进行性损害，如裂纹。此外，覆盖在导轨和主轴上的污染物还将阻碍它们的运动。污染物渗入轴承，提高轴承内部摩擦并造成进一步的损害。污染物沉积在过滤网上，使滤网失去作用。采用机械方法或化学辅助剂即可去除污染物。

机械清洗方法有擦洗，清扫，抽吸或用压缩空气吹洗。采用压缩空气吹洗时务请注意：务必遵守劳动保护条例，如佩戴防护眼镜。

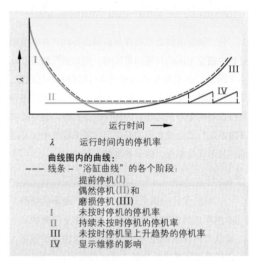

λ　　　运行时间内的停机率

曲线图内的曲线：
--- 线条 – "浴缸曲线" 的各个阶段：
提前停机(I)
偶然停机(II) 和
磨损停机(III)
I　　未按时停机的停机率
II　　持续未按时停机的停机率
III　　未按时停机呈上升趋势的停机率
IV　　显示维修的影响

图 1　典型的停机曲线

保养类型	保养周期					保养的结果	保养位置 / 方法
	每日	每周	每500运行小时	每2000运行小时	每年		
检查润滑油料位	X						
检查漏油状况	X						
检查压缩机温度	X						
排放冷凝水		X					
空气滤清器		X					
更换润滑油				X	X		
检查安全阀					X		
更换空气滤清器			X		X		
……							

图 2　压缩机实例中的保养图结构

不允许使用湿润的压缩空气，因为这会触发内部腐蚀。此外，必须控制压缩空气气流，使之能够吹掉建筑构件上的污物，但又不会顶开轴承开口。

如果机械方法无法去除污物，必须采用化学清洗剂（图1）。为此应使用专用工业清洗剂，溶剂，例如汽油或四氯乙烯（Per）或碱性溶剂（还有水）。使用化学药剂时务请遵守制造商说明，尤其需注意劳动保护和火灾防护。这里主要的危险是点燃汽油挥发气体，例如焊接工作现场或清洗现场附近未加保护的电气设备。

清洗后可修补或涂覆一层保护层用于防腐，例如涂油漆，一层油膜或一层蜡。

还有一个同样非常重要的保养重点：调整和重调，即校准可调的建筑构件以及重新拧紧螺钉连接（图2）。调校时，例如门驱动装置，校准门的可调部分，补偿已出现的偏差，使设备恢复至功能允许的公差范围之内。同样适用的还有链条和皮带的再次张紧，补偿松弛的弹性，即所谓的长度（图3）。如果运行过程中出现现有螺钉连接不能吸纳的颤动和振动，要求重新拧紧螺钉连接。还有沉降现象，例如作为"软"材料的铝，要求重新拧紧。

经验表明，保养的原因可以是多方面的。理想的是在保养合同框架内的定期保养，该合同由设备运营者与设备的金属加工制造企业双方协议签署。此外，职业协会预告的检查，设备运营者变更，设备所有权变更，等等原因也都是保养的原因。一个系统的保养需按照制造商说明予以实施。如果系统使用较为频繁，或外部环境因素较为恶劣，可要求缩短保养周期。常见的保养周期为每月，每季，半年或每年一次。

清洗前　　　　　清洗后

图1　金属表面的化学清洗

图2　门校准的调节机制

图3　皮带传动

如果对一个不是自己建造或建立的系统实施保养，需执行该系统危险分析的规定。

金属结构典型的系统保养应注意下文所述的举例。

私人领域遮篷的保养等级几乎是无须保养的（图1）。驱动装置和推杆的结构均能保证其全寿命周期内可靠地履行功能。与此无关的是必须检查活节杆和导轨的可接近性。遮篷的极限负荷主要因温度的波动和外部来袭的风力。出于这个原因，必须检查遮篷在建筑物墙体上固定件的稳定性，必要时必须更换。大楼装有位于外部范围的隔热层，遮篷安装在该隔热层上。这里易产生强烈沉降并导致遮篷松动（图2）。在这种情况下必须决定，重新拉紧固定件是否够力，或应采用专用膨胀螺钉或用于贯穿螺栓的螺杆。

旋翼门作为大院大门大多数是免维护的。但门的活动部件，如铰链和主轴，需按照制造商说明定期润滑。应先清洗污损的活动部件，接着再润滑。在保养过程中，应检查拉簧和橡胶减震垫的有效性，必要时予以更换。此外还需检查门扇的位置，必要时需重调铰链。与之相关的还需检查门扇回转时是否有翻转运动。翻转的原因可能不是固定使用的门侧柱或运行的铰链和小轴。在这种情况下需更换固定件，并更换已磨损的构件。机动门（DIN EN 12453）需注意遵守制造商的数据。这里的驱动装置一般采用链条永久润滑，很大程度上是免维护的。检查驱动装置解锁后，大门设备的可接近性（停电时的应急操作）。有效解锁后，应可用手动操作门。保养时间点的气候条件可能严重影响按要求采取的保养措施。冰和霜的作用涉及设备的可接近性，这一点对于机动门必须引起注意（图3）。为保证手动门锁的可接近性，要求为锁舌的露天运动部分四周涂润滑脂。

图1　遮篷

图2　用于遮篷墙体固定的专用膨胀螺钉

机动门设备说明：

- 驱动力设定得越小，它关断得越早。
- 出于安全原因并预防受伤，应选用尽可能小的驱动力。
- 在寒冷季节可通过门的"柔和"运行提高无摩擦运行所要求的驱动力。
- 在有效运行过程中出现的门机动性很差现象，此时必须排除机械方面的原因。这里不允许通过重新设定驱动力进行调整。
- 力的检测纪要也应在保养框架内进行编制。
- 通过驱动控制件与数据接口可读取运行纪要。纪要中包含大量数据，例如行程次数和力超过规定数值的次数。

图3　机动门设备说明

卷闸门一般是机动门结构。其保养时必须考虑护板，驱动装置和安全装置（图1和图2）。

这类门的典型薄弱点是：

- 门磨损的关闭边和因此而受损的急停开关的按压结构；
- 冲出导轨；
- 受损的膜片和护板运行导致的故障；
- 变速箱漏油。

卷绕时的磨损痕迹

图1　错误的机械负荷导致膜片受损的图片

机动卷闸门的检查清单：

1　护板
1.1　膜片和格栅
1.2　侧边止动装置，内侧，左侧和右侧
1.3　护板在卷轴上的固定
1.4　底座的固定和状态
1.5　导轨，漏斗形入口和塑料填充物
1.6　卷轴，支承
1.7　防风挂钩，防风辊
1.8　滑动门，用驱动装置实施闭锁
2　驱动装置
2.1　驱动装置套件及其底座的固定
2.2　变速箱机壳的密封性
2.3　润滑油料位
2.4　制动效果
2.5　电线和电气接头的状态

3　驱动链
4　链轮保护
5　控制系统
5.1　终端开关
5.2　急停开关
5.3　电机保护开关
5.4　按键，钥匙开关
6　防滑和防挤压安全装置
6.1　关闭边的接触片
7　防止护板滑落的安全装置
7.1　防坠器
7.1.1　固定
7.1.2　制动机构（棘爪），其他的运动部件
7.1.3　摩擦衬层
7.2　弹簧轴

图2　机动卷闸门检查清单

在检查和核查框架内采集并评估设备或一个观察单元的实际状态。检查的目的是及时识别磨耗和磨损（图3）。

此外，检查还可确定导致与设定状态产生偏差的原因。提前识别这种变化的优点在于，可计划采取必要的维修措施。

通过前述的种种方法可阻止发生故障，例如功能停机。确定重大缺陷后可采取立即保养措施。

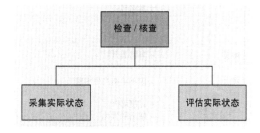

图3　检查的任务

检查的范围和时间间隔大多是强制执行的，具体的执行可分为不同类型。这样的检查可以直接或间接执行。

直接检查又称目视检查（图1）。这种检查形式不需要大型检测仪，但仍包括读取监控仪表和功能检测数据的内容，例如检查润滑装置，制动装置，止动装置与闭锁装置等的状况。功能检测包括注意观察异常噪声和引人注意的振颤，例如错误的支承机构或温度上升以及出现烧焦的异味等（图2）。

一个系统的间接检查并不是检查系统本身，而是分析系统的周边环境。例如润滑材料的使用状态或是否出现漏油等。

通过主观观察和客观检测所获取的关于一个系统实际状态的结果必须联系专业人员进行分析和评估。

采集与设定状态偏差的变化，必要时采取措施，恢复至设定状态。轻微缺陷在检查时即可立即排除。在计划维修框架内备有大量用于排除故障的措施。

目视检查的范围

1. 外观损伤

2. 可识别的磨损现象和磨耗程度

3. 腐蚀现象

4. 螺钉和铆钉连接的位置与状态

5. 焊缝状态

6. 管道与容器的密封状态

7. 气动设备和液压设备的状态

8. 起重设备的状态和承载能力

9. 保护装置与安全装置的完整性与功能

10. 保养与维护状态

图1 目视检查的范围

技术故障诊断	
主观诊断 通过人的感官感知	**客观诊断** 借助检测仪器对比设定值与实际值之间的差别

感官感知	知识	求取	检测仪
看	– 磨耗现象 – 形状变化 – 位置变化 – 因异常温升产生颜色变化 – 裂纹，断裂 – 未密封	**运行状态** 温度 转速 压力	– 温度计 （触点温度计，红外温度计） – 热像仪 – 频闪观测器 – 压力表 – 气压表 – 压力检测喷嘴
听	– 异常噪声	**磨耗** 直接检测	– 钢皮尺，游标卡尺 – 塞规 – 超声波检测仪
触觉	– 异常温升	间接检测	– 振动检测仪
摸	– 因不平衡产生振颤	**磨耗产品的试验**	– 漏油分析
嗅	– 过度温升 – 喷出的气体 – 令人作呕的气味		

图2 技术检查诊断方法一览表

根据已实施的目视检查和诊断，已获取结果的评估构成检查结论。这里，必须评估的是，是否出现异常现象，它们会产生什么影响，在维修框架内应采取哪些措施等（图1）。

检查的实施一般采用检查表的形式进行记录。检查采集的结果和对已确定缺陷的评估构成后续的设备维修的基础。

> 维修包括所有为恢复至设备设定状态所采取的措施。这些措施的目的是设备应有的功能状态。

维修的范围由磨耗程度以及损坏状态决定。重要的是，目前状态下的设备整体是否还有磨耗储备，就是说，设备的功能在限定时间内是否还能运行，之后是否达到磨损极限。或者，设备的状态改变已可能使设备出现功能停机，或可能出现危及操作人员和机器本身的危险。后一种情况时必须立即停机！维修措施的范围和时间点均由下述要素决定：

- 设备的负荷状态（机械的，热学的，气候条件的……）；
- 达到磨损极限所需的可能的运行时限；
- 系统供货商规定的条例；
- 法律规定的检验。

这些影响到维修执行的要素需通过不同的战略予以考虑（图2）。

设定维修战略目标就已决定了具体维修措施时更换还是维修之间的选择。

另一个这里尚未提及的维护保养范围是改进。

> 改进指所有在不改变现有功能的前提下提高功能安全性所采取的措施。这些措施的目的是，消除一台设备经常导致停机的薄弱环节。

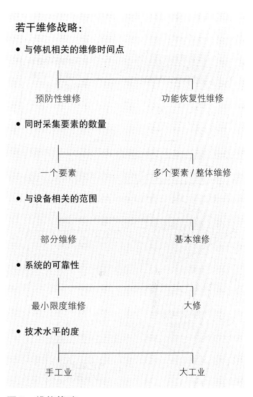

实际状态的评估

- 对比设定状态
  公差 / 极限状态

- 偏差的评估
  目前的偏差 / 对继续运行或进一步发展的诊断

- 计划的措施
  投入经费 / 迫切性

图1 实际状态的评估

若干维修战略：

- 与停机相关的维修时间点

  预防性维修　　　　　　功能恢复性维修

- 同时采集要素的数量

  一个要素　　　　　多个要素 / 整体维修

- 与设备相关的范围

  部分维修　　　　　　　基本维修

- 系统的可靠性

  最小限度维修　　　　　　　大修

- 技术水平的度

  手工业　　　　　　　　大工业

图2 维修战略

保养和检查的结果也取决于执行过程中所设计的执行方法。这样的基础也构成各项措施的执行流程图（图1和图2）。

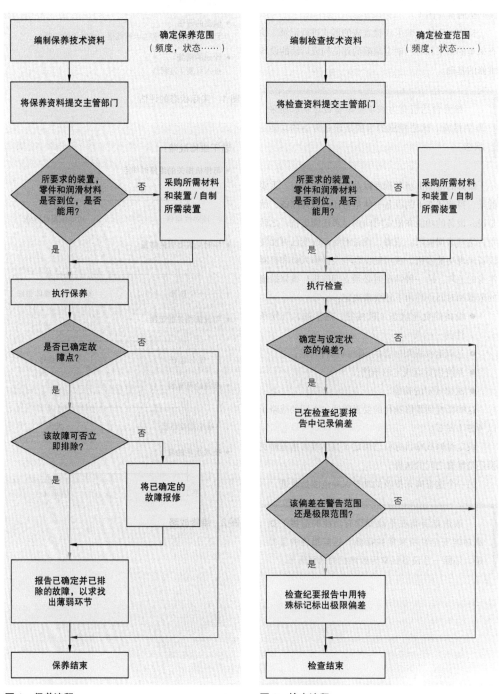

图1　保养流程　　　　　　　　　　　　　图2　检查流程

25.2　金属结构和钢结构系统的维护保养

维护保养的目的是保证系统功能的可靠性。保养时，系统的所有组件及其子系统，例如部件和各个零件等，均需仔细查看。

25.2.1　预防性维护保养措施

预防性维护保养其实在一台设备的计划和设计阶段已经开始。在这个时间点即需做出决定，将采用哪些材料，哪种连接技术和系统组件。同时还需确定，系统在运行中必须承受哪些负荷，因此必须达到何种产品质量。除此之外，预见性设计思路还考虑，在产品的有效使用阶段必须执行哪些维护保养工作。一个以维护保养为定向的设计方案具有如下优点：

- 符合实际负荷状况，避免停机；
- 符合实际功能状况，例如部件的结构造型和可接近性，因此形成更为简便的可维修性；
- 符合实际可操作性，避免因操作失误造成故障；
- 符合保养规律，简化了维护保养工作的执行；
- 符合检查规律，这意味着设备检查点的可接近性，降低了位置改变的构件和磨损件的重调工作难度；
- 符合维修规律，可简便无危险地更换构件和组件。

如此设计的系统的优点在有效使用寿命期内尤为明显，因为维护保养措施的数量和范围相应减少。当然，与其相对应的成本也将受到正面影响（图 2 和图 3 ）。

以维护保养为定向的设计的经济性优点：

- 构件的使用寿命长，例如
  - ➡ 备件成本降低
- 更低的保养费用，例如
  - ➡ 更低的人员成本
- 保养时间短，因此系统的故障停机时间也短，例如
  - ➡ 人员成本低
  - ➡ 没有因生产停止而产生成本
- 可计划的维护保养时间，例如
  - ➡ 没有因突然出现的系统停机产生成本
  - ➡ 没有损坏相邻系统
  - ➡ 避免事故
  - ➡ 没有事故赔偿要求

图 1　以维护保养为定向的设计的经济观点

图 2　门导轨的缺陷

图 3　无缺陷的门导轨

虽然已知这些设计优点，但仍必须确信，这些优点未必能够在实际的具体个例中得以实现。与之相反，要求被迫妥协。例如建筑构件的无损伤拆卸要求，这里只能采用可拆解式螺钉连接。但薄板装配时却优先采用铆钉连接。从结构角度和防腐保护的观点出发，则是焊接连接更为适宜。即便是设备的规格以及各个组件的数量和尺寸也在选择合适连接工艺时颇费周折。此外还需考虑运输物流和在客户处的装配可能性等因素。在这些情况下，必须在工艺和功能的基础上权衡各种观点的利弊。但优先考虑的应是各个系统应用特性以及整体设备在日后的运行状态（表1，图1）。

图 1　螺钉连接和焊接的结构件

表1：以维护保养的视角对比各种连接工艺			
以下述视角：	螺钉连接	焊接连接	铆钉连接
拆卸	对工件和连接件均无损伤	破坏连接，有可能对工件造成损伤	对工件无损伤，但破坏了连接件
连接时改变工件	无	焊接过程材料组织的热学改变	无
腐蚀	在螺钉与工件之间的空隙，例如空隙腐蚀	仅限于工件表面	在铆钉与工件之间的空隙，例如空隙腐蚀
保养	仅有限地利于保养： • 仅限于外部状态可能有利于保养； • 必须检查螺钉的固定位置（必要时重新拧紧）	有利于保养： • 光滑的表面， • 建筑构件良好的可视性， • 易于识别裂纹， • 易于清洗， • 良好的防腐保护	仅有限地利于保养： • 仅限于外部状态可能有利于保养
检查	有利于检查，因为简单的拆卸即可达到良好的可接近性	不利于检查，因为只能通过破坏连接才能达到可接近性	不利于检查，因为只能通过破坏连接才能达到可接近性
维修	非常有利于维修： • 拆卸和装配均简单易行，易于更换零件	非常不利于维修： • 必须破坏连接并存在重要构件受到损坏的危险； • 并非所有连接都可通过火灾保护规定得以保持	不利于维修： • 必须破坏连接； • 重新装配的可能性有限； • 装配有时需昂贵的连接工艺

只有在系统的功能尚未完全丧失时才实施预防性保养措施。但维修则在可预见的时间点实施，系统目前的状态尚能在有限时间内保证系统满负荷运行。

对比其他方法，如有限损伤性维修与再次重调性维修，预防性保养的优点如下：

- 必要的材料均有现存（易损件，润滑材料，……）
- 要求的工具和机床均可供使用；
- 所需人员均已列入计划；
- 与企业其他的工作流程已成功衔接和协调；
- 保养日期已与所有参与员工和供货商以及可能还有客户协调一致；
- 成本仅包括计划内的保养，而且可以核算（图1）。

25.2.2　维护保养条例

维护保养条例应收集在文字资料，企业手册等档案内。这类企业手册包含运行一台设备所需的所有说明和条例（图2）。

与设备的类型，复杂程度和操作条件等因素有关的是下列文档：

- 技术说明（TB）；
- 操作说明书（BA）；
- 维护，保养指南 / 保养证明（PW）（图3）；
- 装配，试运行，调整和安装地样机运行的指南（MIEP）；
- 设备履历档案（LA）；
- 成品卡（EK）；
- 标签（ET）；
- 备件，工具和配件索引（EWZ）；
- 操作手册内容目录索引（IB）。

保养的成本类型：

- 计划内的保养成本
  （例如备件，车间，外协服务等成本，……）

- 计划内的停机成本
  （例如降低盈利，……）

- 非计划内的停机成本
  （例如因有限损伤造成的停机成本，……）

- 损伤成本
  （例如附加的保养成本，……）

- 提高的材料成本
  （例如因材料和辅助材料消耗的增加产生的成本，……）

- 降低功效产生的成本
  （例如因设备功效的降低和能源消耗的增加而产生的成本上升，……）

- 降低质量产生的成本
  （例如设备的产品质量降低，……）

图1　保养的成本类型

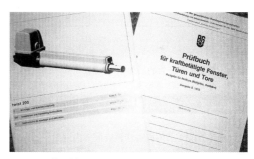

图2　保养文档

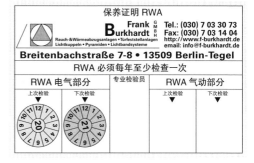

图3　保养证明

遵守维护保养条例可保证设备的无故障运行，并优化设备的使用期限。正因如此，需要相关信息。从操作说明手册获取的知识可能阻止维修和保养过程中某个错误的处理行为（图1）。

与此同时，维护保养条例也是法律与技术之间的交点。尤其在极为特殊的要求时，例如来自劳动保护法和环境保护法的条例，对于保养工作操作人员而言，其产生的威胁性后果可能直至个人范畴（图2）。

受维护保养影响的选定范围：

- 劳动安全
- 车间安全
- 设备安全
- 质量保证
- 环境保护
- 运行性灾难的保护

图1 企业的安全方案构成要素

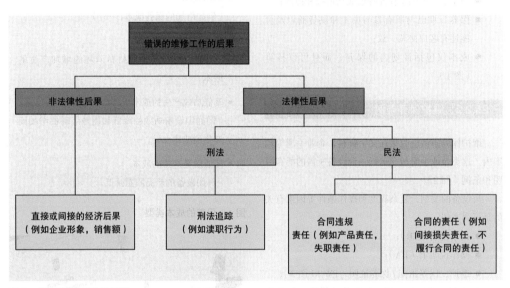

图2 错误保养行为的后果

25.2.3 诊断，故障分析和技术文档

在第25.2.1节的检查和核查框架内列举了诊断学与诊断的要素（图3）。技术诊断的目的是获取一个系统的状态或使用特性。对于技术诊断而言，具有典型意义的是，在不拆卸或较大程度的不拆卸的条件下所采用的方式与方法。

技术诊断学包含为获取一台机器设备或一个系统的状态和／或使用特性所采用的所有较大程度免拆卸的技术和工艺措施。

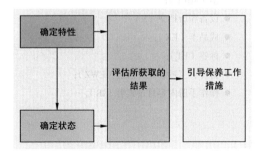

图3 保养中的诊断

根据时间点的不同区分下述诊断方法：

- 在装配（重新装配）过程中；
- 在系统停机状态时；
- 在系统运行过程中。

诊断一个技术系统时，有必要准确了解其特性，例如功能，系统各组件的状态及其共同作用。除此之外，还必须注意维护状态和损伤状态，因为并非所有的缺陷都是肉眼可见的。同时必须注意系统指定使用特性的缺失，因为由此可能获取故障原因，并推导出必要的维修措施。

功能诊断时，通过检测和检验重要参数可获取一个系统的功能能力和工作能力。据此可判断，所获取的数值是否位于允许的公差极限范围之内。如果该数值超出公差极限范围，必须立即确定这个非允许偏差的原因。这就是故障原因诊断。通过这种诊断可找出故障原因的源头零件或影响因素。从预制的故障图中必须能够查出针对故障原因的所有必要的推论，例如过载或保养错误等。

故障诊断的质量决定着维修的下一步步骤，也因此决定着整个维护保养措施的成果。系统性故障原因诊断的特点如下：

- 准确的故障文档资料（例如故障出现的时间点，故障的准确描述……）；
- 现有文档的分析（例如操作说明手册 – 设备履历档案，预给定的保养参数，……）；
- 与操作人员，制造商和／或有经验的同事的谈话，包含请同事咨询的意义；
- 故障查寻的结构性方法（图 1 和图 2）；
- 设立一棵故障树；
- 必要时的计算机故障诊断程序（例如使用故障原因查找程序，读取数据存储，……）。

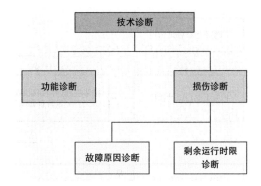

图 1 诊断类型的结构

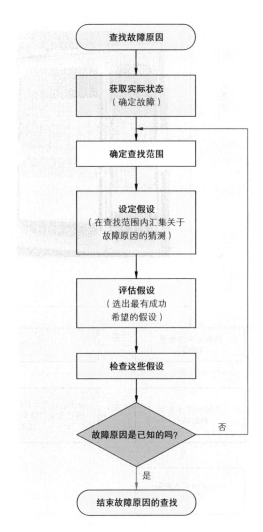

图 2 故障原因查找的结构类型

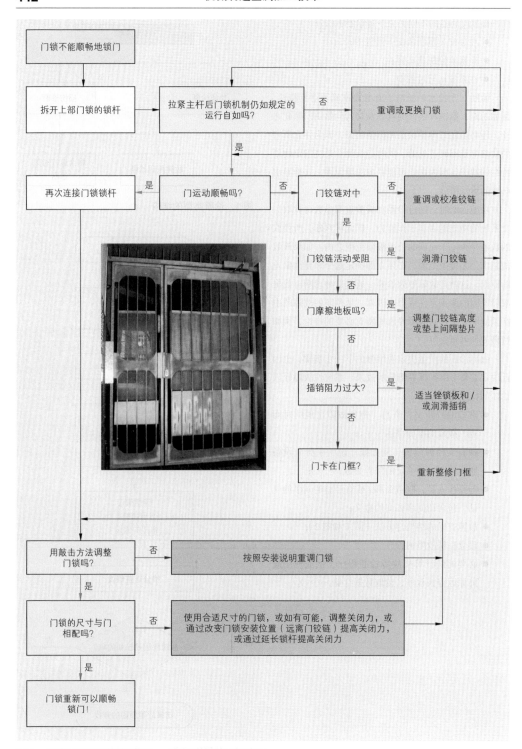

图1　门锁实例中的故障诊断（一个外部设备的过道门）

25.2.4 生产用具的保养

现代生产用具的使用操作如此简单，它的维护保养同样也如此重要而不能稍事忽视。这里的生产用具首先指个人使用的刀具，其次指车间内的各种需要维护保养的机器。保养措施的目的始终如一：延长刀具和机床的使用期限，保证劳动安全。

保证刀具生产安全的前提条件是标记"GS-安全性已检"。该标记由联邦劳动与社会秩序部颁发。其颁发条件苛刻，即只有当按照劳动安全条例成功完成制造样本检验且遵守条例要求时，才予以颁发。德国刀具工业专业联合会还补加一个标记，粘贴这个标记可保证刀具加工步骤的质量基础确实是"Made in Germany（德国制造）"并符合德国标准（图1）。

与刀具质量无关的是，必须实施预防性维护保养。事实上保养在刀具使用之前的抽检和检查阶段即已开始。维护保养意义上的结束终于维修，例如刀具重磨（图2）。

个人工具的保养完全是个人的责任（图3）。这不仅涉及工具应用的类型，例如使用一把已磨损的螺钉扳手和结果肯定受损的螺钉直至损害拆卸工作。这种"手工工具"的特殊意义在于直接与人接触。手工工具停止使用时，例如使用一把缺陷锉刀工作，锉刀锉齿已磨损，或手柄受损或缺失，工作中可能造成使用人的直接伤害。正因如此，专业人士特别重视手工工具的安全和符合专业要求的使用以及可靠的维护保养。

车间内各种机器的维护保养原则上是所有使用者的责任。机器旁每一项形式简单的保养和目视检查仍需专注的工作态度。维护保养精确的规章制度保证的不仅是停机时间内的保养工作。现有机器和成套设备的操作说明手册或操作指南构成具体保养措施的基础。

GS- 标记
安全性已检
BG- 职业协会

德国刀具工业
专业联合会

图1　刀具上的标记

刀具的预防性保养：

- 只允许使用贴有 GS 标记的刀具

- 刀具只用于与其用途相符的目的，例如避免不必要的损伤

- 正确的保存，例如防腐保护

- 只允许使用处于无故障状态的刀具，例如小心爱护

图2　预防性维护保养

个人工具：

- 榔头，有时有不同类型的榔头

- 凿子，冲子，空心冲头，穿孔器

- 螺丝刀

- 锉刀，有时还有刮刀

- 把手

- 钳子

- 剪刀，胶带和电线切割刀

- 锯子

图3　个人工具

■ 举例：车间内通用锯床的维护保养

下文摘自制造商的产品资料。

在保养框架内，应每个班次检查并清洗一次锯床。运行状态的损伤或缺陷或变化均应立即上报企业主管。

下述润滑和保养工作应在功能和安全检验框架内实施（图 2）。

图 1　通用锯床

---

1. 锯片驱动装置的驱动链
 – 需要时润滑。
 – 50 个运行小时后检查一次链条张紧状态，必要时重新张紧，以后每 200 个运行小时检查一次。
2. 台钳主轴
 – 需要时润滑。
 – 每 50 个运行小时检查一次润滑状况。
3. 变速箱
 – 制造商方面实施首次注油！
 –200 个运行小时后换油，以后每 100 个运行小时换一次油。
4. 旋转工作台
 – 每 500 个运行小时检查一次润滑状况。
 – 使用黄油枪加注润滑脂，润滑前注意清洁油嘴。
5. 液压设备
 – 制造商方面实施首次加注液压油！
 – 检查油标的油料位。
 –2000 个运行小时后换油，或污损时换油。
6. 通道过滤器
 –2000 个运行小时后清洗，如污损严重则更换。
7. 锯片 – 冷却润滑装置
 – 只允许使用获准使用的冷却润滑剂。注意使用说明！

图 2　通用锯床润滑保养指南摘选

制造企业的售后服务技术员应负责所有的维修工作，或将机器发回制造企业。

对于不遵守本操作说明而造成的损害和运行故障，制造商不负任何责任和保修。维修工作只针对使用无故障和合适刀具的工作状况，只使用原装备件或由制造商认可的系列备件。

知识点复习

1. 请解释一个与自身职业相关的保养例子。
2. 请列举四个维护保养的形式并做出近似解释。
3. 请根据保养工作描述一个典型的停机曲线的不同段落（"浴缸曲线"）。
4. 请为主观诊断的各种不同感官感知各找出三个具体实例。

5. a）在哪个时间点开始预防性维护保养？
 b）哪些不同观点迫使在预防性维护保养时做出妥协？
6. 请解释操作说明手册对于保养工作人员的意义。
7. a）请指出功能诊断的意义。
 b）请按顺序列举功能诊断的各个步骤。

作业：保养一个双扇防火门

您现在承接一个双扇防火门的保养工作（图1）。

1. 请重点描述这种门的任务和功能原理。

2. 请为这个门编制一份保养图。为此可使用表（表1）中的示意图，请特别注意列出的建筑构件。

3. 请列举保养周期的框架条件和影响。

推荐哪种保养周期？

作业：保养一台加工机床

从您的培训企业中挑选一台加工机床。

1. 从操作说明手册中查取有关保养工作的数据。

2. 了解培训企业如何调控这台机床的保养工作。

3. 分析针对该机床的四种不同形式的保养工作。

4. 获取下列信息：该机床最后一次功能故障发生在何时，并请描述这次故障。

5. 分析可能的故障原因。

6. 获取关于这次故障产生的后果的信息。

7. 评估故障后果与保养工作以及已执行的、旨在消除这次故障的保养措施的关系。

8. 获取关于这台机床每年保养工作的成本信息，参照故障产生的成本来评估这些信息。

作业：维护保养战略

维修工作可分为多种不同战略（对比第435页图2）。

其中之一以系统可靠性为定向，它以机床或产品的维修为基础。

1. 请思考最小限度维修相比大修的优点。

2. 计算何种条件下大修才有意义。

3. 为大修必须做哪些计划性准备工作？请将这些准备工作按时间顺序排序。

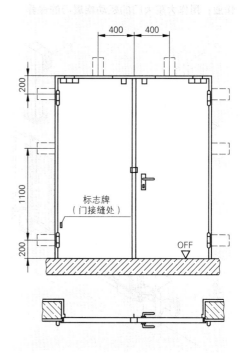

图 1　双扇防火门示意图

表 1：建筑构件的维护和保养工作	
建筑构件	维护和保养工作
门铰链	……
推力滚珠轴承	……
门锁	……
门把手全套配件	……
卡锁（活动门扇）	……
门闩	……
安全螺栓	……
门锁跟踪调节器	……

作业：用作大院大门的机动旋翼门的保养

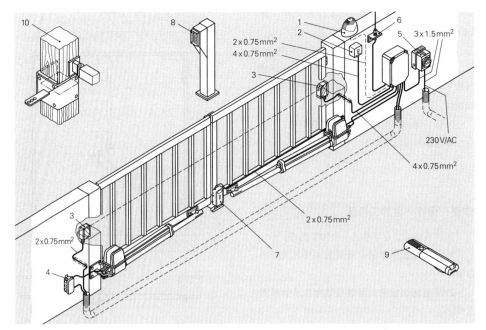

图 1 用作大院大门的机动旋翼门

现对用作大院大门的机动旋翼门实施保养工作。

1. 请列举这种旋翼门重要的建筑构件。

2. 请描述这种门的功能原理。

3. 请为保养编制一份流程图。编制时可采用第 436 页图 1 的结构图。

4. 为这个大门设备编制一份保养计划。请使用下述样本：

建筑构件	功能检验	可能的故障源	维护和保养工作
门铰链	……	……	……
止挡	……	……	……
……	……	……	……

5. 请解释大门设备保养与检查之间的区别。

旋翼门运行时突然出现下述故障：门扇在关闭时停止运动并向反向运动。

6. 请为这个故障展开故障原因查寻。请以第 441 页图 2 和第 442 页图 1 为依据。

7. 请在学习小组内讨论，哪一种故障查寻战略是最有效的。

8. 请思考，为未来避免这种功能故障再次出现，可采取何种措施。

学习范围：跨学科知识

26　材料技术

金属加工技工和机械设计师的工作领域取决于现代材料的加工与符合专业要求的应用。无论待加工的建筑构件和工作场地，还是金属加工技工工作中使用的刀具和机床，它们都由各种材料组成。因此，对于金属加工技工而言，材料科学知识是至关重要的关键性知识。

26.1　材料概论

现代化的，节约能源的大楼外观如今已部分地因其所使用的材料而令人印象深刻，而这些材料在数十年之前尚未被人所知。

在一座现代化工业企业管理大楼入口区域显然使用了多种不同材料（图1）：

- 大楼的建筑主体由钢支梁和钢筋混凝土组成；
- 入口范围的遮篷支梁由非合金结构钢制成；
- 楼梯栏杆由不锈钢管焊接而成；
- 露天的大楼双工通话装置（门铃石柱）的机壳由塑料制成；
- 立面框和窗框以及入口推拉门框均由铝型材制成，卷帘由铝薄片制；
- 窗板由玻璃组成；
- 墙面覆层采用大理石。

图1　一座现代工业企业管理大楼的入口区域

粗略分类可将材料划分为金属，非金属和复合材料（图2）。

铁材料一族中，钢材料对于金属加工业具有非同一般的意义。这一点同样也适用于有色金属家族中的铝材料和非金属材料中的塑料。

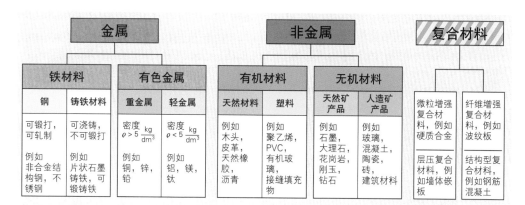

图2　材料分组

26.2 根据性能选择材料

从订单发出者的设想和对加工建筑构件技术要求的角度看，金属加工技工必须选择建筑构件应采用的材料。为此，他必须了解材料的性能。

■ 物理性能

物理性能是一种材料的基本性能（图 1）。

密度 ρ 指一种材料单位体积内的质量。它决定着一种材料是轻还是重。轻材料，如铝，适宜用作轻型建筑构件，例如窗框或梯子。

熔融温度是一种材料例如是否可用作制造防火门材料的决定性因素。

其他的物理性能还有热膨胀性，导热性和导电性以及可磁化性。

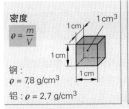
密度

$\rho = \dfrac{m}{V}$

钢：
$\rho = 7{,}8\ \text{g/cm}^3$
铝：$\rho = 2{,}7\ \text{g/cm}^3$

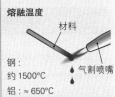
熔融温度

材料

钢：
约 1500℃
铝：$\approx 650℃$

气割喷嘴

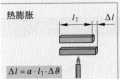
热膨胀

$\Delta l = \alpha \cdot l_1 \cdot \Delta \vartheta$

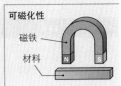
可磁化性

磁铁

材料

图 1 物理性能

■ 机械 – 技术性能

这种性能描述材料在机械力作用下的特性（图 2）。

对于材料用于某种用途特别重要的性能是机械性能数值，如抗拉强度，屈服强度，硬度，断裂延伸率等。这些性能决定着材料是否能够承受施加给该建筑构件的负荷。

特性数值在标准页和制造商产品目录中均有标注，还有部分性能数值可从材料的简称中识读查取。

抗拉强度 R_m 指建筑构件材料单位横截面 S_o 上在其因拉力负荷断裂之前所能够承受的拉力 F_m。抗拉强度的单位是 N/mm²。

$$R_m = \frac{F_m}{S_0}$$

屈服轻度 R_e 指建筑构件材料单位横截面在其因拉力负荷开始持续拉伸时所能够承受的拉力。屈服强度的单位也是 N/mm²。

$$R_e = \frac{F_e}{S_0}$$

例如，某种非合金结构钢的抗拉强度约 400 N/mm²，其屈服强度约 240 N/mm²。常见铝合金的抗拉强度约 250 N/mm²，屈服强度约 200 N/mm²。这种材料可以用作普通负荷的建筑构件，如栏杆，格栅等。

高强度钢的抗拉强度最高可达 1200 N/mm² 和最高可达 900 N/mm² 的屈服强度。这种钢适用于高负荷机器零件，如螺钉和钢丝绳。

抗拉强度

$R_m = \dfrac{F_m}{S_0}$

断裂延伸率

$A = \dfrac{L_{Br} - L_0}{L_0}$

测试棒

材料试样

拉力 F_m

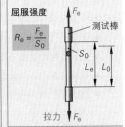
屈服强度

$R_e = \dfrac{F_e}{S_0}$

测试棒

拉力 F_e

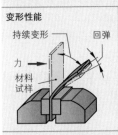
变形性能

持续变形   回弹

力

材料试样

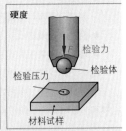
硬度

检验力

检验压力   检验体

材料试样

脆性

玻璃板

石头

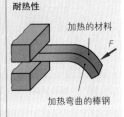
耐热性

加热的材料

F

加热弯曲的棒钢

图 2 机械 – 技术性能

断裂延伸率 A 指材料断裂之前其初始长度所能延伸的延伸百分比。

韧弹性材料，例如结构钢或铝合金，它们的断裂延伸率从 20% 至 40%。用这种材料制成的建筑构件可以承受变形和打击型负荷（第 448 页图 2）。

$$A = \frac{L_{Br} - L_0}{L_0} \cdot 100\ \%$$

脆硬性材料，例如铸铁或玻璃，它们的断裂延伸率从 0.5% 至 3%。当这类材料遭受变形或强烈冲击时会发生断裂。

硬度指材料在遭受硬质检验体顶压时的抵抗力（第 448 页图 2）。硬质材料，例如淬火的工具钢和硬质合金。采用这类材料制成的刀具或建筑构件可经受表面磨损，例如导轨和滚动体。相对较软的材料是非合金铝和铜。它们的表面不允许承受强力负荷，因为这将使它们受损。

■ **加工技术性能**

这种性能提供关于材料针对某种加工方法时的性能数据（图 1）。

可焊接性是金属结构件和钢结构件的一个重要性能。可焊接的材料有结构钢和不锈钢（高级钢 不生锈）以及铝合金。

可锻性主要是对手工加工的金属结构件具有意义。

可淬硬材料一定指这类材料，即采用它们可制成刀具：工具钢。

可切削性对于机器零件的加工是重要性能，例如轴或齿轮。

■ **化学技术性能**

这种性能描述材料与其周边材料的反应，例如侵蚀性工业环境，水和 / 或火（图 2）。

耐腐蚀是不锈钢和阳极氧化铝建筑构件的特性。钢结构用钢必须通过镀锌或防腐涂层等措施保护其表面。

抗氧化是特种钢的特性。

易燃是大多数塑料的特性。因此，塑料一般不允许用于火灾危险区域。

■ **外观，成本，环境，健康**

结构钢制成的建筑构件具有技术功能外观。不锈钢和铝制成的建筑构件则具有装饰性外观。

非合金结构钢是价廉物美的材料。不锈钢和常见的铝合金相对更贵，铜则非常昂贵。

所有的钢，铝和铜材料均是可循环利用的材料，塑料至今仍未能成为可循环利用的材料（图 3）。

金属加工业的材料仅少数具有毒性：镉，铅。应避免使用这类材料。

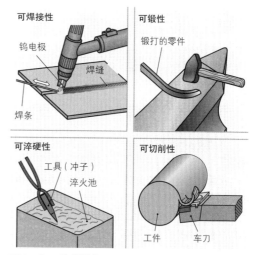

图 1　加工技术性能

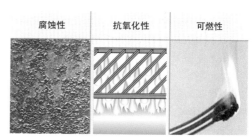

图 2　化学技术性能

图 3　环境保护，健康威胁

26.3 钢和铸铁

26.3.1 铁的制取和钢的炼制

铁和钢材料是金属加工技术领域内最重要的材料。它们的制取分若干个前后衔接的制造步骤（第 451 页概览图）。

■ **制取生铁**

生铁的主要部分在高炉冶炼过程中已经熔化。原始材料是铁矿石，焦炭和助熔剂，它们均从高炉的上部位置填入。高炉的下部焦炭燃烧部分，伴随着吹入的热风，在强烈的热效应下变成二氧化碳 CO_2 和一氧化碳 CO，并将高炉的温度提升至 1600℃。

已产生的一氧化碳气体和剩余的 $Fe_2O_3 + 3\,CO \longrightarrow 2\,Fe + 3\,CO_2$
焦炭 C 将铁矿石（Fe_2O_3，Fe_3O_4）
还原成为金属铁 Fe。 $Fe_3O_4 + 4\,C \longrightarrow 3\,Fe + 4\,CO$

铁熔化后流入高炉封闭的底部。这里将铁水放入一个可行驶的铁水罐车。由此制取的生铁含有约 10% 的杂质和铁的伴生物：3% 至 5% 的碳，少量的锰，硅，磷和硫。

高硅含量的生铁（1.5% 至 3%）是铸铁材料的初始材料。这就是铸造生铁，或因其断面呈灰色，又称灰色生铁。

高猛含量的生铁（大于 1%）称为钢 – 生铁。由于其断面呈亮银色，所有又称白色生铁。这种生铁继续处理制成钢。

通过直接还原法制成低含量生铁。使用这种方法时，竖炉内 1100℃ 炽热还原气体（CO，H_2）吹向倾倒而入的核桃大小的铁矿石颗粒。热气体将铁矿石还原成固态海绵铁（一种有孔隙的铁原料），接着，继续处理，直至炼成钢。

■ **钢的炼制**

从高炉流程制取的生铁，或用直接还原法制取的海绵铁以及废钢铁，它们均是通过后续工序直接从生铁转换成为钢的初始材料。炼钢有多种方法。

最为常见的炼钢法是氧气顶吹炼钢法，它将纯氧通过圆管从转炉（转换器）顶部吹向炉内的生铁熔液。这时，生铁熔液内的铁伴生物（碳，磷和硫）与氧气发生剧烈反应，作为气体物质从熔液中逸出，然后被浮在生铁熔液表面的炉渣所收纳。这个过程称为"精炼"。氧气顶吹后，生铁熔液含碳量已少于 0.2%，同时还残留微量的磷和硫。现在的生铁已经变成钢。若要炼制合金钢，接着还需加入合金元素继续炼制。

电炉炼钢法，将废钢铁，海绵铁，合金元素，造渣剂，还有生铁放入电弧炉内熔炼。通过熔液的强力搅拌融合，生铁伴生物与炉渣成分产生反应并作为气体化合物逸出，或结成炉渣。这时，生铁炼成了钢。

■ **钢的后续处理**

用硅和铝这样的合金成分使钢脱氧（镇静），此法用于结合溶入钢内的氧气，从而形成均匀的钢组织。

对于特殊质量要求的钢，必须继续处理钢熔液：用氩气作为钢熔液的吹扫气体清除杂质。通过添加可与硫化合的添加剂（石灰粉）进行脱硫处理，处理后的硫化物由炉渣吸收。通过真空脱气可进一步去除炼钢过程中溶入钢熔液内的气体（H_2，O_2，N_2），并因此提高钢的抗老化性能。电炉内或重铸硬模内重熔时，通过炉渣的清洁作用可进一步清洁钢熔液，从而熔炼高合金钢和高纯度高级钢。

钢的浇铸。钢提纯之后，液态钢水进入连铸生产线，或在硬模浇铸后形成钢锭，或在铸造车间浇铸成钢的成型铸件。

■ 概览图：制取生铁，钢的炼制，钢的后续处理，浇铸

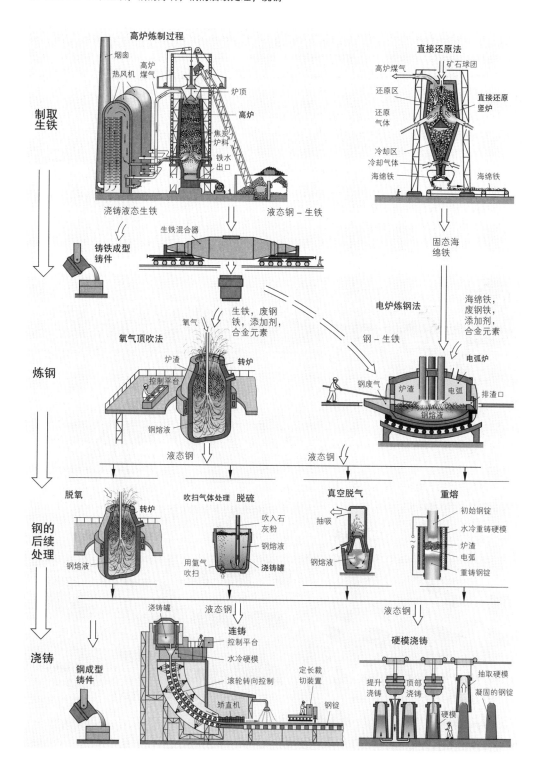

高炉炼制过程

直接还原法

烟囱
高炉煤气
热风机
炉顶
高炉
焦炭炉料
铁水出口

高炉煤气
矿石球团
还原区
还原气体
冷却区
冷却气体
海绵铁
直接还原竖炉
海绵铁

制取生铁

浇铸液态生铁
液态钢－生铁

铸铁成型铸件
生铁混合器

固态海绵铁

生铁，废钢铁，添加剂，合金元素

海绵铁，废钢铁，添加剂，合金元素

电炉炼钢法

氧气顶吹法
氧气
炉渣
转炉
控制平台
钢熔液

钢－生铁

电弧炉
钢废气
炉渣
电弧
排渣口
钢熔液

炼钢

液态钢
液态钢

钢的后续处理

脱氧
转炉
钢熔液

吹扫气体处理 脱硫
吹入石灰粉
钢熔液
用氩气吹扫
浇铸罐

真空脱气
抽吸
钢熔液

重熔
初始钢锭
水冷重铸硬模
炉渣
电弧
重铸钢锭

浇铸

液态钢

液态钢

钢成型铸件

浇铸罐
连铸
控制平台
水冷硬模
滚轮转向控制
矫直机
定长裁切装置
钢锭

硬模浇铸
提升浇铸
顶部浇铸
抽取硬模
凝固的钢锭
硬模

26.3.2　钢制品的后续处理

从钢厂处理的铸锭需送入热轧厂进行后续处理。在热轧厂，铸锭加工成为各种不同的钢制品。硬模铸锭在成形加工厂制成大尺寸的锻造件，例如重型吊钩。

■ 热轧

热轧是最常见的钢制品制造方法。热轧时，加热至赤红色的钢锭送入两个以相对方向旋转的轧辊之间挤压塑形，使其横截面变小。钢锭离开轧辊空隙时已变长，厚度降低（图1）。这时的钢组织晶体向轧制方向延伸。但它们在轧制高温（约200℃）立即又恢复至颗粒状晶体形状；这种现象称为"再结晶"。热轧钢通过再结晶获得均匀的组织，它是非冷硬化的。热轧件的识别特征是其圆形的制品边棱和起氧化皮的表面。

热轧设备包含多个区域，轧制材料从其中间穿过（图2）：首先在加热炉加热，去除钢锭的氧化皮，然后送入轧钢机轧制并修整。

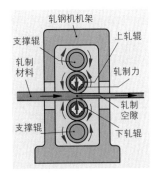

图 1　轧制过程

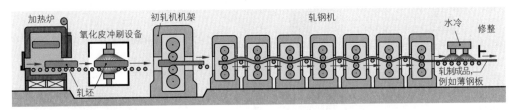

图 2　热轧设备中的热轧过程

轧制过程中，每一个轧制步骤只能将材料有限变形一次。因此，轧制材料必须经过多次连续的轧制，直至将它轧成所需的钢制品。

长制品在型材轧辊中，扁制品在扁轧辊中轧制成形（图3和图4）。

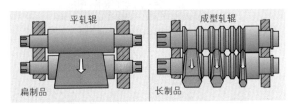

图 3　扁制品和长制品的轧制成形

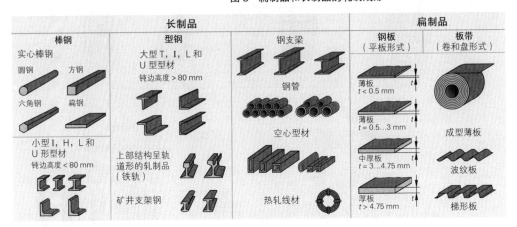

图 4　轧制制成品

■ **挤压**

挤压加工时，加热至白炽色的钢锭（1250℃）从一个压模出来，穿过喷嘴状成型模具挤压成型（图1）。模具的横截面开口就是待成型的型材形状。

在成型模具内置一个芯轴，即可挤压制造管材和空心型材（图2）。厚壁挤压型材用于制造大门和龙门框架以及冷却管和脚手架支杆。

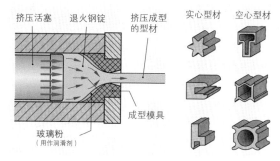

图1 挤压　　　　　　图2 挤压型材

■ **冷加工成形**

冷加工成形是一种在室温或加热至约200℃条件下进行的加工过程，它将热轧预制材料加工成光亮的、尺寸准确的钢制品。

冷加工成形之前，热轧预制材料需经过喷砂，酸洗或打磨光亮等工序处理。冷加工成形后，预制材料变成现在形状和光亮表面。冷加工成形制品具有高尺寸精度，由于采用冷硬化工序，它的强度得以提高。

■ **冷轧**

冷轧的主要应用领域是制造扁钢制品，如使用非合金钢，软钢和不锈钢制成的板材和带材。

冷轧的初始材料是热轧带材，它已经过多道前后排列的连续的热轧机轧制成所需厚度（图3）。经过冷轧后，冷轧带材需再结晶退火，然后经过精轧（平整），提高其机械性能和表面材质。

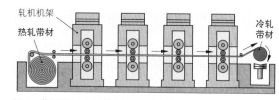

图3 薄板带材（冷轧带材）的冷轧

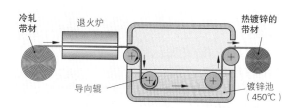

图4 冷轧带材的带材连续镀锌

部分冷轧带材还有防腐的表面保护。最常见的表面保护是带材连续镀锌（图4）。除此之外，还有镀锡（马口铁），镀铝和塑料涂层以及涂漆。

不同横截面的实心棒材和线材和管材也能冷轧成光拔钢材。

■ **成型轧制**

成型轧制，又称滚压成型，用于制造型材板（图5）。一台前后排列成型轧辊的设备连续轧制，最后成型。

现在已能制造各种型材形状的型材板（图6）。它们广泛用于建筑业，金属加工业和安装技术领域。

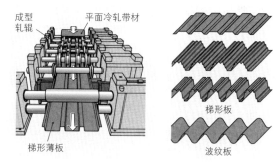

图5 梯形板的型材轧制　　　图6 型材板

■ 冷拉

冷拉时，预制材料穿过一个渐次缩小的成型模具最后拉制成其最终形状（图1）。如果冷拉制品仅需外表面光滑并保持尺寸精度，可采用空心拉制法。

框架型材以及内外尺寸均要求保持精度的型材宜采用芯棒拉制法。

冷拉加工法可制造种类众多的空心型材，例如正方型材，矩形型材或圆型材以及制造门窗框架的RP型材。

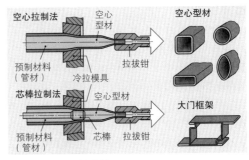

图1 空心型材的冷拉

■ 管材和空心型材的制造

小管径至中管径的管材以及正方型材和矩形空心型材均采用连续成型轧制方法由带钢制成，接着封焊边棱（图2）。

带钢穿过多个成型轧辊，最终轧制成槽管形状。然后封焊槽管的边棱。这里可采用电阻焊或感应线圈预加热后压焊等焊接方法。接着对焊缝进行正火和打磨处理。

管材接着进入轧机轧制成空心型材。

管径达1 m甚至更大的大型管材由板材或带材冷轧后焊接接缝制成。

长接缝的大型管材由滚轧成槽管的钢板制成。长接缝由内部和外部焊接而成。

通过螺旋形滚边轧制带材，接着封焊螺旋状接缝制成螺旋状焊缝的圆管（图3）。滚边轧制和接缝封焊均是连续进行的。

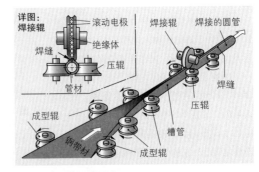

图2 焊接管材的制造

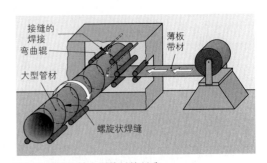

图3 螺旋焊缝大型管材的制造

知识点复习

1. 材料分为哪些主组？

2. 密度指什么？

3. 用哪些公式计算抗拉强度 R_m 和断裂延伸率 A？

4. 请列举金属结构件和钢结构件最重要的加工技术性能。

5. 高炉炼制过程如何把铁矿石转变为铁？

6. 请描述炼钢的氧气顶吹炼钢法。

7. 如何理解精炼一词。

8. 钢制品如何在热轧过程中轧制成型？

9. 热轧时钢组织有何变化？

10. 为什么冷加工成形钢制品的强度得到提高？

11. 采用哪些成形法制造型材板？

12. 请描述圆管的不同制造方法。

26.3.3　钢制品的标准化（形状标准）

　　钢制品的形状由实际需要的要求发展而来。钢制品的准确尺寸和规格分级，尺寸公差以及所采用的材料，表面质量和处理状态等，均已在 DIN 和 DIN EN 标准中制定完毕。这些数据可从各标准页中查取。

　　最为常见的钢制品已汇编成图表手册和钢型材手册。下表是重要钢制品表的节选。

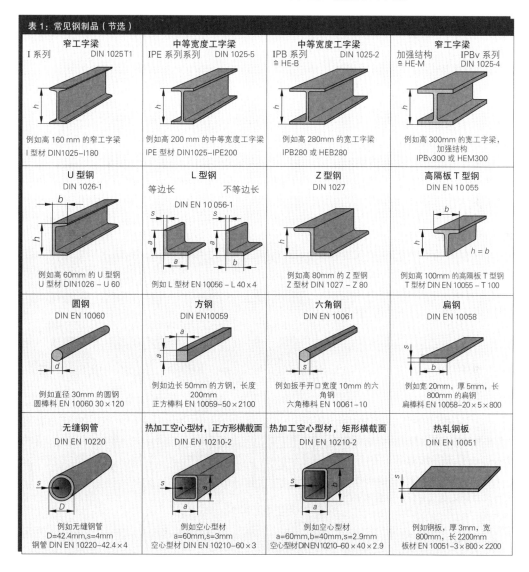

表 1：常见钢制品（节选）

窄工字梁 I 系列　　　　DIN 1025T1 例如高 160 mm 的窄工字梁 I 型材 DIN1025–I180	中等宽度工字梁 IPE 系列系列　　DIN 1025-5 例如高 200 mm 的中等宽度工字梁 IPE 型材 DIN1025–IPE200	中等宽度工字梁 IPB 系列　　　DIN 1025-2 ≙ HE-B 例如高 280mm 的宽工字梁 IPB280 或 HEB280	窄工字梁 加强结构　　IPBv 系列 ≙ HE-M　　DIN 1025-4 例如高 300mm 的宽工字梁，加强结构 IPBv300 或 HEM300
U 型钢 DIN 1026-1 例如高 60mm 的 U 型钢 U 型材 DIN1026 – U 60	L 型钢 等边长　　　不等边长 DIN EN 10 056-1 例如 L 型材 EN 10056 – L 40 x 4	Z 型钢 DIN 1027 例如高 80mm 的 Z 型钢 Z 型材 DIN 1027 – Z 80	高隔板 T 型钢 DIN EN 10 055 h = b 例如高 100mm 的高隔板 T 型钢 T 型材 DIN EN 10 055 – T 100
圆钢 DIN EN 10060 例如直径 30mm 的圆钢 圆棒料 EN 10060 30 × 120	方钢 DIN EN10059 例如边长 50mm 的方钢，长度 200mm 正方棒料 EN 10059–50 × 2100	六角钢 DIN EN 10061 例如扳手开口宽度 10mm 的六角钢 六角棒料 EN 10061–10	扁钢 DIN EN 10058 例如宽 20mm，厚 5mm，长 800mm 的扁钢 扁棒料 EN 10058–20 × 5 × 800
无缝钢管 DIN EN 10220 例如无缝钢管 D=42.4mm,s=4mm 钢管 DIN EN 10220–42.4 × 4	热加工空心型材，正方形横截面 DIN EN 10210-2 例如空心型材 a=60mm,s=3mm 空心型材 DIN EN 10210–60 × 3	热加工空心型材，矩形横截面 DIN EN 10210-2 例如空心型材 a=60mm,b=40mm,s=2.9mm 空心型材DIN EN10210–60 × 40 × 2.9	热轧钢板 DIN EN 10051 例如钢板，厚 3mm，宽 800mm，长 2200mm 板材 EN 10051–3 × 800 × 2200

　　钢制品由钢厂或钢加工企业在仓库加工，订货者可按照订货清单立即购进。

　　非标准化钢制品需视制造商关于形状，规格分级，材料和供货状态等方面的协议而定。这类产品必须从制造商货品清单上查取或直接询问制造商。

■ **钢制品的简称**

钢制品简称发布在钢制品标准页。它由一个钢制品符号，标准编号和主要尺寸以及材料简称（第 457 至 459 页）组成。

右边的举例对简称做出解释。

采用这种简称进行订货。所需的材料数量可用长度数据和件数或重量数据表示。

钢结构件制造企业也采用数据交换名称。

举例：矩形空心型材，DIN EN 10210，主要尺寸 $60 \times 40 \times 2.9$，其数据交换名称是 RRO $60 \times 40 \times 2.9$。

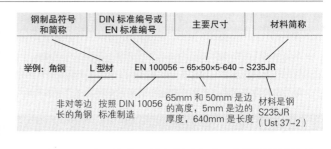

在建筑构件图纸的零部件明细表中，材料也用简称或数据交换名称表示。

非标准化钢制品则需按照制造商的材料与订货清单进行订货。若有疑问，或有特殊需求，需绘制草图加以说明。

■ **其他的钢制品**

其他的钢制品品种繁多，金属结构和钢结构的用途极为广泛（图 1）。

网纹钢板，泪滴钢板和孔板均可用作中间天花板，工作平台和楼梯的铺板。

波纹板和梯形板用作屋顶，天花板和轻型建筑墙板。

卷边型材，空心型材和打孔型材应用于轻型钢结构建筑。

框架空心型材多用于门和窗的制造。

格栅形栅板用于例如楼梯踏板和楼梯间平台，钢丝网可用作栏杆。

装饰条，扶手和它们配属的各种配件均可焊接制成栏杆，格栅和室内屏风。

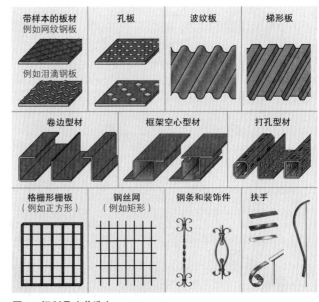

图 1　钢制品（节选）

知识点复习

1. 标准化钢制品订货时采用什么名称？

2. 下列简称的含义是什么：

　　I 型材 DIN 1025－S275JO－I 120？

3. 高 65 mm 的 U 型钢，材料 S235JR，采用的标准是 DIN 1026。请问它的简称是什么？

4. 框架空心型材用于何处？

5. 什么是网纹钢板，什么是卷边型材？

■ 钢和铸铁材料的简称

启用材料简称是为了更快更好地理解。欧洲标准，缩写为 EN，或 DIN EN 发布的简称用于钢和铸铁材料的主要数字。

对于尚未转换成为欧洲标准 EN 的材料仍可沿用迄今为止按有效 DIN 标准颁布的有效简称。

此外，还有按照 DIN EN 10027-2 编号的材料简称。

26.3.4 钢与铸钢的简称

钢和铸钢的名称体系（DIN EN 10027-1）分为两个简称组。

组 1	按其应用目的和机械性能或物理性能命名的钢

这类简称由主符号以及附加符号组成（参见右边举例）。

简称的主符号有一个表示钢种类的识别字母，例如 S，P，L，E 和最小屈服强度（单位：N/mm²）（参见下表，左列）组成。

铸钢的名称前加识别字母 G。

简称的附加符号分为两组（参见表 1）。

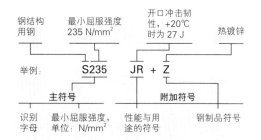

附加符号组 1 包含非合金结构钢的符号，以及指定检验温度条件下的开口冲击韧性，例如 JR 表示：这种钢在 +20℃时的开口冲击韧性达到 27 J。细晶结构钢的附加符号用于热处理，例如 B，A，M，N 或 Q。其他的区别特征由字母 G 和数字 1 或 2 表示。

附加符号组 2 表示特殊性能或对特殊处理方法的特性或应用目的以及特种合金元素的化学符号。

对于钢制品的描述，如挂在加号（+）后面的其他符号表示钢的性能，特殊种类或涂层。

表 1：钢组 1 的简称符号

主符号		附加符号				
识别字母	机械性能	附加符号组 1			附加符号组 2	
S 钢结构用钢 E 机械制造用钢 D 用于冷加工成形的扁钢制品 H 用于冷加工成形的高强度扁钢制品 P 压力容器用钢 L 管道用钢 B 混凝土钢筋 G 铸钢（如有要求）	最小屈服强度 R_{e2}，单位：N/mm²，用于最小制品厚度，或对扁钢制品表示其轧制类型	开口冲击韧性 27 J　40 J　60 J JR　KR　LR J0　K0　L0 J2　K2　L2 J3　K3　L3 J4　K4　L4 J5　K5　L5 J6　K6　L6	检验温度 单位：℃ +20 0 -20 -30 -40 -50 -60	C 具有特殊的冷加工成形特性 D 热浸镀层 E 用于涂瓷漆 H 空心型材 L 用于低温 M 热机轧制 N 正火或正火轧制 O 离岸的 P 板桩墙用钢 Q 调质 S 船舶制造用钢 T 管材用钢 W 气候耐受性 Cu 规定添加元素的化学符号，例如 Cu（如有要求，其含量为 0.1%）	用于钢制品 +C 粗晶钢 +F 细晶钢 +H 具有特殊可淬硬性 +Z 热镀锌 +ZE 电镀镀锌 +A 球化退火 +N 正火 +QT 调质
		A 时效硬化 M 热机轧制 N 正火或正火轧制 Q 调质 G 其他特征用数字 1 或 2 表示 识别字母 A，M，N 和 Q 仅对细晶结构钢有效。				

钢和铸钢材料组 1 举例

S235JR	钢结构用钢（S），最小屈服强度 235 N/mm², 20℃（JR）时的开口冲击韧性 =27 J
S235J2W	可耐受气候影响（W）的钢结构用钢（S），最小屈服强度 235 N/mm²，−20℃（J2）时的开口冲击韧性 =27 J
P275NL	压力容器用钢（P），最小屈服强度 275 N/mm²，正火（N），用于低温（L1），意即冷韧钢
GP 40	用于压力容器（P）制造的铸钢（G），最小屈服强度 240 N/mm²
DC03+Z	扁钢制品（D），冷轧（C），03 组，热镀锌（+Z）

■ 说明：新简称没有中间空格。

组 2	**根据其化学成分命名的钢**

组 2 钢的简称分为 4 个子组。

■ **子组 1：非合金钢，其锰含量中等，< 1%（易切削钢除外）**

这组钢的简称由下列成分组成：

- 识别字母 C；
- 一个识别数字，表示碳含量的 100 倍；
- 一个附加符号，表示特殊含量和用途；
- 必要时一至两个数字，用于区别钢种类（E 和 R 除外）。

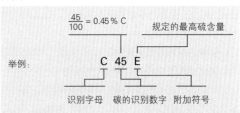

■ **子组 2：非合金钢，其锰含量中等，≥ 1%，非合金易切削钢以及合金钢，其各种合金元素均小于 5%（高速切削钢除外）**

这组钢的简称（参见下例）按其列举的顺序依次由下列成分组成：

- 碳含量数字（碳含量的 100 倍）；
- 重要合金元素的化学符号；
- 相同排列顺序的合金元素识别数字。这里用一个破折号将它们分开。

举例：
$$\frac{39}{100} = 0.39\% \ C \qquad \frac{13}{4} = 3.25\% \ Cr \qquad \frac{9}{10} = 0.9\% \ Mo \qquad 仅含微量的钒$$

39 Cr Mo V 13-9

碳的识别数字　　合金元素　　合金元素的识别数字

这里的简称书写时没有中间空格。

合金元素含量的计算方法：用一个系数除以合金元素识别数字。

这里有三个识别数字系数：

识别数字系数 4 适用于	铬 Cr	钴 Co	锰 Mn	镍 Ni		硅 Si	钨 W
识别数字系数 10 适用于	铝 Al	铜 Cu	钼 Mo	铌 Nb	铅 Pb	钽 Ta	钛 Ti	钒 V
识别数字系数 100 适用于	碳 C	磷 P		硫 S		氮 N	铈 Ce

举例：39CrMoV13−9，一种合金钢，碳含量为 39 : 100 = 0.39 %，铬含量为 13 : 4 = 3.25 %，钼含量为 9 : 10 = 0.9 %，还有微量钒。

■ **子组 3：不锈钢和其他合金钢，其合金元素含量均大于 5%（高速切削钢除外）。**

这组钢的简称由下列成分组成：

- 识别字母 X；
- 碳元素识别数字（碳含量的 100 倍）；
- 主要合金元素的化学符号；
- 按相同顺序排列的合金元素含量（用破折号分开）。

> **举例：**
>
> X15CrNiSi20-12，一种不锈钢，碳含量为 0.15%，铬含量为 20%，镍含量 12%，还有微量硅。

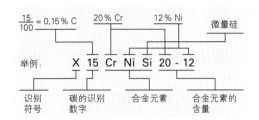

■ **子组 4：高速切削钢**

高速切削钢的简称由下列顺序排列的成分组成：

- 识别字母 HS
- 数字，其顺序为钨（W），钼（Mo），钒（V），钴（CO）。这些合金元素的含量单位均为百分比。简称中用破折号将它们分开。

> **举例：**
>
> HS18-1-2-5，一种高速切削钢，其合金元素含量分别为钨 18%，钼 1%，钒 2% 和钴 5%。

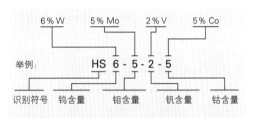

26.3.5　铸铁材料的简称

铸铁简称前面四个符号是 EN-GJ，其中 G 表示铸造，H 表示铁。

后面的识别字母表示铸铁的石墨结构，例如 L 表示片状石墨，S 表示球状石墨，M 表示团絮状石墨，N 表示无石墨。

一个破折号后面是表示机械性能或组织成分的短数据。

用强度分级的铸铁材料简称中的数字表示最小抗拉强度，单位：N/mm^2。

如果列出了第二个数字，该数字表示断裂延伸率。

举例： EN-GJMW 350-4，一种白色可锻铸铁，抗拉强度 350 N/mm^2，断裂延伸率为 4%。

如果铸铁材料最重要的性能是硬度，简称中将列出硬度数值。

举例： EN-GJL – HB 235，一种铸铁材料，其硬度数值是布氏硬度 235。

用组成成分标记的铸铁材料，其简称的铸铁识别字母后是成分简称，这里与合金钢的表达法相同。

举例： EN-GJL-X5NiMn13-7，一种合金铸铁，各元素含量分别为碳 0.05%，镍 13% 和 7% 锰。

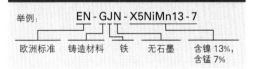

26.3.6 钢与铸铁材料的旧简称

较为老旧的制造商目录和手册中仍常用按照 DIN 标准钢和铸铁材料的旧名称。

将这些旧名称完全转换成为 DIN EN 规定简称的过渡期尚需一段时日和耐心。订货和建档时允许使用按 DIN EN 标准的新名称。为理解旧简称，这里再次解释其中最重要的几项特征。

■ 普通结构钢（现在的名称：非合金结构钢）

所有的简称均由识别字母 St 与一个强度识别数字组成（参见右边举例）。后面还附加一个数字（2 或 3）表示材质组。

强度识别数字相当于最小抗拉强度的约 1/10，单位：N/mm^2。强度识别数字乘以系数 $9.81 \cdot N/mm^2$ 可计算最小抗拉强度，单位：N/mm^2。

举例：St 37-2，一种普通结构钢，材质组 2，其最小抗拉强度为 $37 \cdot 9.81 \cdot N/mm^2$ = 取整后 360 N/mm^2。

为标记特殊性能还可前置字母，例如 K 表示轧制的钢型材，或 WT 表示具有气候耐受性能的钢。

举例：KSt 360-3，WTSt 510-3。

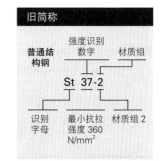

旧简称

普通结构钢 St 37-2

识别字母 最小抗拉强度 360 N/mm^2 材质组 2

■ 适宜焊接的细晶结构钢

适宜焊接的细晶结构钢早期的简称由识别字母 StE 与最小屈服强度组成，单位：N/mm^2。

举例：StE 255，细晶结构钢，最小屈服强度 255 N/mm^2。

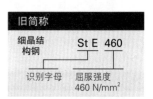

旧简称

细晶结构钢 St E 460

识别字母 屈服强度 460 N/mm^2

■ 铸铁材料

铸铁材料的旧简称由铸铁识别字母（例如 GG）与数字或字母组成（参见右边举例）。

使用最多的铸铁种类：片状石墨铸铁（GG-），球状石墨铸铁（GGG-），可锻铸铁（GTW-，GTS-）和非合金铸钢（GS-）。它们的识别字母后边是强度识别数字。该数字乘以系数 9.81 N/mm^2 即可得出铸铁材料的最小抗拉强度。

举例：GG-30，一种片状石墨铸铁，抗拉强度为 $30 \cdot 9.81$ $N/mm^2 \approx$ 294 N/mm^2。

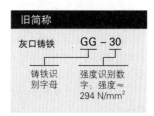

旧简称

灰口铸铁 GG-30

铸铁识别字母 强度识别数字；强度 ≈ 294 N/mm^2

对比 DIN EN 的简称与 DIN 的简称		
按 DIN EN 10027-1 的新简称	按旧 DIN 的旧简称	DIN EN 简称的解释
S235JR	R St 37-2	钢结构用钢，最小屈服强度 235 N/mm^2，+20℃时开口冲击韧性 27 J
S355J0	St 52-3U	钢结构用钢，最小屈服强度 355 N/mm^2，0℃时开口冲击韧性 27 J
S235J2W	WT St 37-3	全气候钢结构用钢，最小屈服强度 235 N/mm^2，-20℃时开口冲击韧性 27 J
P265GH	H II	压力容器用钢，最小屈服强度 265 N/mm^2，耐高温（GH）
EN-GHL-250	GG-25	片状石墨铸铁（灰口铸铁），最小屈服强度 250 N/mm^2

26.3.7   钢，铸铁材料和铸钢的材料代码

除标准化简称外，还以材料代码命名材料。这种名称类型特别适用于订货，仓储等采用电子数据处理（EDV）的区域：从材料代码并不能直接识别材料的组成成分。材料代码的前三个数字只可能是材料组的排序。

■ 钢和铸钢的材料代码

钢和铸钢的材料代码由 5 个数字组成，第一个数字后用一个点分开（参见下例 S275J0）。

第一个数字表示材料的主组：钢和铸钢的主组数字是 1。后面两个数字是组编号，再后面的两个数字是计数编号。根据需要还可以后挂一个附加符号。

钢的组编号根据其组成成分和性能编制。例如非合金钢结构用钢的钢组编号是 00，01 和 91，其他的钢结构用钢的组编号是 02，92，03 至 06 和 93 至 96。高速切削钢的钢组编号是 32 和 33，不锈钢的钢组编号是 40 至 46。

计数编号完全按指定材料编制。

例如，钢 S325J0（St 37-2）钢组编号是 00，计数编号是 38（参见右边举例）。

铸钢材料的材料代码由 5 个数字组成，与钢的材料代码一样，用一个点分开（参见右边举例）。数字 1 表示铸钢，在点之后的两位数字是钢组编号和计数编号。

■ 铸铁材料的材料代码

铸铁材料也可以用材料代码命名。其代码结构类似于钢的代码。

第一个数字表示材料组，铸铁的材料组编号是 5（参见右边举例）。

点之后是一个表示石墨结构的数字（第 2 个数字），后面一个数字表示铸铁的基本组织（第 3 个数字）。第 4 和第 5 个数字是计数编号，用于特殊材料。

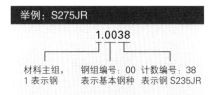

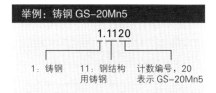

知识点复习

1. 某钢简称 S275J0。从这个简称中可读出什么信息？

2. 下列简称涉及哪些材料：

a）2C30   b）34Cr4   c）X40Cr13

d）EN-GJL-100？

3. 从下列简称中可读出哪些组成成分？

a）45CrV7-7   b）X5CrNiMo17-12-2

c）HS6-5-2

4. 钢的材料代码的结构是怎样的？

5. 在一本旧制造商产品目录中有钢 St 50-2。从这个简称中可读出这是什么钢种，它有哪些特性吗？

6. 从下列简称中可读出它们是什么钢种，什么特性和哪些成分吗？

a）42CrMo4   b）C60   c）X5CrNi18-10

d）HS10-4-3-10   e）DC04   f）C355J2

26.3.8 钢和铸铁材料的分类

称为钢的材料，其主要成分是铁。钢的碳含量一般少于 2%，它还含有其他元素。

铸铁材料是铁基材料，其碳含量一般均为 3% 至 4%。

■ **钢按照用途的分类**

根据用途可将钢和铸铁材料分为四个组：

钢结构用钢

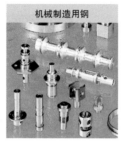
机械制造用钢

工具钢

铸铁材料

钢和铸铁材料在制取过程中均含碳（参见第 450 页）。这里不叫作合金元素，而叫作铁的伴生元素。但碳含量对材料性能具有重要影响。

经验规律：钢结构用钢和机械制造用钢的碳含量为 0.1% 至 0.6%，工具钢 0.35%，铸铁 3% 至 4%。

■ **钢按照化学成分的分类**

钢按照化学成分可分为非合金钢，不锈钢和其他合金钢（图 1）。按照钢成分的纯度又可分为优质钢和高级钢。

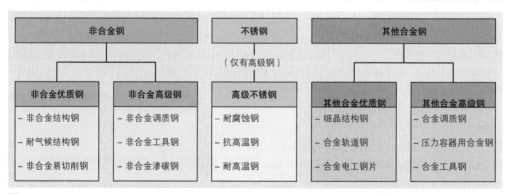

图 1

非合金钢指其组织内的合金元素没有一个达到表 1 所列的极限数值。

不锈钢的铬含量至少应达到 10.5%，碳含量最高 1.2%。属于不锈钢的有耐腐蚀钢，抗高温钢和耐高温钢。

其他合金钢指其组织内至少一种合金元素的含量超过极限数值，但它不是不锈钢。

钢的主材质组。根据钢的纯度和组织成分的精度，钢可分为优质钢和高级钢。高级钢的特征是极高的纯度和经过热处理所保证的硬度和强度。

表 1：合金元素的极限数值	
铝（Al）	0.30%
铬（Cr）	0.30%
铜（Cu）	0.40%
锰（Mn）	1.65%
镍（Ni）	0.30%
铅（Pb）	0.40%
硅（Si）	0.60%
钴（Co）	0.60%
钨（W）	0.30%

26.3.9 金属结构与钢结构用钢

这类钢常简称为结构钢，一般用于钢脚手架，栏杆，钢楼梯，钢门，钢结构骨架大厅建筑，露天电线杆，板桩墙，轨道，汽车车体框架，机床基座等（图 1）。

钢结构用钢来自热轧或冷轧钢制品，其商业形式有支梁，型材，管材，棒料，板材，带材和线材（第 455 页），裁切下料后，经过焊接或螺钉连接制成建筑构件和建筑物。

钢结构用钢用于金属结构，钢结构和机械制造。其使用强度已列入供货状态。这类钢不适宜热处理。

■ 非合金结构钢

非合金结构钢是一大类物美价廉的钢，强度和屈服强度中等，适用于低负荷至中等负荷。它们是镇静（FN）或全镇静（FF）优质钢。

这类钢主要处理成热轧长制品和热轧扁制品（452 页）。

这种制成品经过成形和焊接加工成为建筑构件。

非合金结构钢的热轧钢制品已按照 DIN EN 10025-2 标准化（参见表 1）。

它的简称由字母 S（钢结构用钢的识别字母）或 E（机械制造用钢的识别字母）与单位为 N/mm² 的最小屈服强度组成。后面附加的字母表示其他的特性（参见第 457 页）。

钢 S235JR（旧简称 St 37-2）是最常用于低负荷建筑构件的非合金结构钢。它主要加工成为焊接的建筑物和建筑构件以及低负荷的钢结构（图 1）。

高负荷建筑构件，例如伸出的钢结构或承重的汽车车身，这些用途优先选用非合金结构钢 S355J0（旧简称 St 52-3U）。这类钢的高强度和高屈服强度是通过增加锰含量（约 1.6%）并添加铝元素获得的。这些合金元素作用于细小的组织颗粒，热轧过程中，通过调控温度来调整组织粒度。

表 1：非合金结构钢的热轧制品（DIN EN 10025-2）

简称按 DIN EN 10025-2	旧简称 按 DIN 17100	材料代码	碳含量 %	屈服强度[1] R_e N/mm²	抗拉强度[2] R_m N/mm²	断裂延伸率 K %
用于钢结构的非合金结构钢						
S185	St 33	1.0035	—	145～185	290～510	15～18
S235JR	St 37-2	1.0038	0.17	175～235	360～510	21～26
S235J2	—	1.0117	0.17	175～235	360～510	21～24
S275J0	St 44-3U	1.0143	0.18	205～275	410～560	18～23
S355J0	St 52-3U	1.0553	0.20	275～355	470～630	17～22
用于机械制造的非合金结构钢						
E295	St 50-2	1.0050	—	225～295	470～610	15～20
E335	St 60-2	1.0060	—	255～335	570～710	11～16
E360	St 70-2	1.0070	—	285～360	670～830	7～11

碳含量："—" 意即没有规定
1）钢制品标称厚度是 160～250 mm
2）标称厚度是 3～100 mm
较薄的制品厚度具有更高的强度数值。

图 1 非合金结构钢 S235JR 制成的推拉门

■ 非合金结构钢的焊接

　　钢的焊接主要取决于它们的碳含量。碳含量少于 0.22% 的结构钢（识别字母 S）可以不受限制地焊接制造钢结构。结构钢，例如 S235J0（St 32–3U）和 S355J0（St 52–3U）具有良好的可焊接性，它们的焊缝强度近似等于其基底材料的强度。

　　较不适宜焊接的钢，例如 S185（St 33），其焊缝强度降低。机械制造用的结构钢 E295（St 50–2），E335（St 60–2）或 E300（St 70–2），仅有限适宜焊接。这类钢的连接方式最好采用铆钉或螺钉连接。

■ 耐气候结构钢

　　按 DIN EN 10025–5 的耐气候影响结构钢是非合金钢，它们添加了微量铬，铜和镍，从而改善了钢的耐腐蚀性能。这类钢虽然也会生锈，但其锈蚀发展非常缓慢。通过补加保护涂漆可使耐气候结构钢制成的建筑构件历经数年不受腐蚀侵蚀。因此，这类钢优先用于大型建筑构件，因为这类建筑构件的规格尺寸过大，不宜采用镀锌防腐方法，例如桥梁，高塔，露天电线杆，建筑物钢骨架（图 1）。

　　耐气候结构钢的简称中有一个识别字母 W，例如 S235J2W（旧简称 WT St 37–3）。

图 1　采用耐气候影响结构钢 S235J2W 制造的桥梁

■ 适宜焊接的细晶结构钢

　　对于高负荷和要求焊接特性的建筑构件而言，例如用于支承结构（图 2），在钢结构中采用按 DIN EN 10025–3 和 10025–4 所述适宜焊接的细晶结构钢（表 1）。

　　这类钢的结构是正火轧制（N）或热机轧制（M）的结构以及各种用于最低至 –50℃ 低温的结构（NL 或 ML），例如 S275NL。

　　它们的组织中含有约 0.20% 碳，0.20% 硅，分别含有 0.03% 磷和硫，锰含量视种类不同从 0.5% 至 1.7% 不等，0.3% 至 0.8% 镍，0.3% 铬，0.55% 铜以及微量钒（最高至 0.20%），铌（最高至 0.05%）和钛（0.03%）。

　　0.20% 的微量碳使细晶结构钢具有良好的可焊接性。合金元素锰，铬，镍和铜则提高钢的强度和韧性。铜，铬和镍还能改善钢的耐腐蚀性。

　　微量合金元素钒，铌和钛使组织颗粒细化并在硬质金属碳化物中精细均匀地析出。这两种效果提高了钢的屈服强度。

表1：适宜焊接的细晶结构钢				
按 DIN EN 10025–3 和 –4 的简称	按 DIN 17102 的旧简称	材料代码	屈服强度[1] R_e N/mm²	抗拉强度[2] R_m N/mm²
S275N	StE 285	1.0490	265	370～510
S355M	StE 355TM	1.8823	345	450～610
S420N	StE 420	1.8902	400	520～680
S460M	StE 460TM	1.8827	440	530～720

N: 正火；M: 热机轧制
[1] 标称厚度 > 16 mm ≤ 40 mm
[2] 标称厚度 ≤ 100 mm
断裂延伸率：24% 至 17%

图 2　适宜焊接的细晶结构钢 S355M（涂漆）制成的钢结构

26.3.10 耐腐蚀钢（高级不锈钢）

耐腐蚀钢由于其装饰性外观和耐腐蚀特性而广泛用于富丽堂皇的现代化大楼的建筑构件（图 1）。

这类钢的供货形式是成型型材，空心型材，杆，管和板。

用这类半成品制成栏杆、楼梯、窗框和门框、入口区、护栏、立面装饰等。在手工业工厂又将耐腐蚀钢称为高级不锈钢，并用右边的图形标志标记这类钢种。

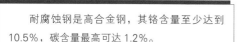

耐腐蚀钢的制造商名称，例如 V2A，V4A，Nirosta 等。

> 耐腐蚀钢是高合金钢，其铬含量至少达到 10.5%，碳含量最高可达 1.2%。

根据耐腐蚀钢的内部结构，即组织，可将这种钢划分为铁素体钢，马氏体钢和奥氏体钢（第 475 页）。

奥氏体不锈钢用于金属结构和建筑业具有最大意义。

这种钢是高合金钢，铬含量至少 17%，镍含量 10%，含硅约 1%，含锰 2%，以及微量的钼、钛和铌。这里的碳含量仅为 0.01% 至 0.06%。

金属结构和建筑业中使用最多的耐腐蚀钢参见右边表 1。

从耐腐蚀钢的简称中也可识读主要合金元素的含量。

图 1 一家商店采用不锈钢建筑元件的入口区

表 1：按 DIN EN 10088-3 的耐腐蚀钢

简称	材料代码	0.2% 屈服强度 N/mm^2	抗拉强度 N/mm^2	用途
X6Cr-17（铁素体）	1.4016	240	400～630	家具支架，书架；外部区域：不适宜
X5CrNi18-10（奥氏体）	1.4301	190	500～700	内部区域：栏杆；外部区域：仅有限适用
X5CrNiMo17-12-2（奥氏体）	1.4401	200	500～700	外部和内部区域均适用
X6CrNiTi18-10（奥氏体）	1.4541	205	510～740	卫生设施，护栏、窗，烟囱入口，楼梯，立面
X6CrNiMoTi17-12-2（奥氏体）	1.4571	200	500～700	
X1CrNiMoCu25-20-5（奥氏体）	1.4529	300	650～850	用于游泳池，地下车库的建筑构件（耐氯化物）

举例：

X6CrNiMoTi17-12-2 含 6：100=6% 碳，17% 铬，12% 镍，2% 钼和无法列出含量的微量钛。

■ **机械性能**

耐腐蚀钢的强度中等（400～700 N/mm^2）。它的韧性好，具有高断裂延伸率（35% 至 50%），且变形极限范围大。

根据建筑监理机构的认可，耐腐蚀钢 X1CrNiMoCuN25-20-7 也可用于承重建筑构件，例如支柱和支梁。

这种钢具有供货状态规定的耐用性，加工时不宜采用热处理。由于其奥氏体组织结构，这种钢不可磁化。

■ **耐腐蚀性**

耐腐蚀钢的材料表面光亮，平滑，可抛光处理。用于内部范围时，即便没有防腐保护，也能耐受腐蚀。在外部区域使用时，宜使用含钼钢，例如 X5CrNiMo17-12-2。打磨，抛光并接着酸洗材料表面可显著提高建筑构件的耐腐蚀性（第 500 页）。

■ 应用领域

耐腐蚀钢 X5CrNi18-10 适宜用于内部区域，用于外部也是有限适用。

含钼的耐腐蚀钢，例如 X5CrNiMo17-12-2，可用于外部区域的普通负荷范围，可作为板材加工成例如屋顶盖板，具有耐腐蚀性。

普通的耐腐蚀钢对氯离子（Cl⁻）没有抵抗力，而氯离子的分布范围很广，例如海洋空气和工业环境以及在空气和游泳池与污水净化工厂的水中。

在这些环境中，常用的耐腐蚀钢将受到点状腐蚀的侵蚀。

因此，这里需要采用特种不锈钢 X2CrNiMoN17-13-5 或 X1NiCrMoCu25-20-5。

图 1　耐腐蚀钢 X5CrNiMo17-12-2 制成的屋顶盖板

■ 焊接性能，可钎焊性

耐腐蚀钢可以焊接（图 2）。适用于此类钢种的焊接方法是钨极惰性气体保护焊（WIG 焊接法）。特别适宜焊接的是含钛或含铌的不锈钢。

待使用的焊接添加料需根据 DIN EN 12072 予以确定。例如采用焊接添加料 G 19 12 3 Nb 焊接不锈钢 X5CrNiMo17-12-2。

冷却后的焊缝需刷净并打磨，然后抛光。使用酸洗膏酸洗后，材料表面呈现出回火色。

耐腐蚀钢也可以采用软钎焊（例如使用焊锡 S-Sn95Ag5）和低熔度银焊料（例如 Ag104）的硬钎焊。

图 2　WIG 焊接法焊接耐腐蚀钢楼梯栏杆

■ 加工

耐腐蚀钢的供货状态一般是板材，管材，型材或成型板材（图 3）。对这些半成品采用裁切，冲压，锯切，打孔和成形等加工方法。必须注意，成形后的制成品可能强烈反弹并具有冷硬化性。合适的成形加工方法是卷边，折边咬合，弯曲和滚弯。

由于耐腐蚀钢的低导热性，切削此类钢时必须足量冷却和润滑。加工耐腐蚀钢时只允许使用专用刀具。否则，外来材料切屑变成腐蚀元素（第 500 页），这里又称外来锈蚀。

图 3　耐腐蚀钢板制成的轧制型材和管材

知识点复习

1. 请解释优质钢与高级钢之间的区别。

2. 请用简称列举两种非合金钢及其主要用途。

3. 哪些成分对非合金结构钢的焊接性能具有决定性影响？

4. 钢 S235JR 可用于什么用途？

5. 耐气候钢与其耐腐蚀性相关的特征是什么？

6. 适宜焊接的细晶结构钢可用于什么用途？

7. 耐腐蚀钢组织中含有哪些主要成分？

8. 如何提高耐腐蚀钢制成的建筑构件的耐腐蚀性？

9. 为什么只允许使用特种刀具加工耐腐蚀钢建筑构件？

26.3.11 钢板材和钢带材

扁钢制品可用平板形式裁切成钢板或成卷的钢带（又称盘）。这类钢材按照它们的厚度划分：

- 超薄钢板：小于 0.5 mm
- 薄钢板：0.5～3 mm
- 中厚钢板：3～4.75 mm
- 厚钢板：大于 4.75 mm

它们由不同材料组成（表 1）。

■ 软钢钢板

软钢钢板用于冷加工成形，它的碳含量较低（0.1%）。在建筑工地用简单工具就可以将这种钢板加工成形，它还具有良好的可焊接性。举例：DC01。

■ 非合金结构钢钢板

这种钢的强度中等。用它制造薄钢板，中厚钢板和厚钢板以及种类繁多的成型板材。它们优先用于工厂车间的建造，例如屋顶装饰板（图 1）。

■ 压力容器钢钢板

这种钢板早期又称锅炉钢板，用于制造压力容器以及低压和高温设备与管道。

这种钢板具有良好的可焊接性和可成形性，不易脆性，还提高了耐高温性能。

■ 耐腐蚀钢（不锈钢）钢板

这种钢又称高级不锈钢，其铬含量约18%，镍含量约 10%。它具有良好的耐腐蚀性，可加工成装饰性建筑构件（第465 页图 1）。

■ 采取防腐蚀保护的钢板

软钢和非合金钢钢板也在供货时做表面保护处理（表 2）。这种保护用于防腐蚀，因此在加工后不需要再做涂层处理。

最为常见的是带材连续双面镀锌的钢板（镀锌层厚从 5 至 20 mm）（表 2 和图 2）。

另外还有涂漆钢板和带材连续镀锌薄膜覆层钢板。

表 1：冷轧扁钢制品（板材和带材）

按 DIN EN 的简称	旧简称	材料代码	屈服强度 R_e N/mm²	抗拉强度 R_m N/mm²	断裂延伸率 A %
用于冷加工成形的软钢（DIN EN 10130）					
DC01	St12	1.0330	280	270～410	28
DC03	RRSt13	1.0347	240	270～370	34
非合金结构钢（DIN 1623）					
S215G	St 37-2G	1.0037G	215	360～510	20
S325G	St 52-3G	1.0570G	325	410～530	23
压力容器钢（DIN EN 10028-2）					
P235GH	HI	1.0345	235	360～480	25
P265GH	HI	1.0425	265	410～530	23
13CrMo4-5	13CrMo44	1.7335	300	450～600	19
耐腐蚀钢（DIN EN 10088-2）					
X5CrNi18-10		1.4301	250	600～950	≈ 40
X6CrNiMoTi17-12-2		1.4571	240	540～690	≈ 40

图 1　非合金结构钢制成的梯形板－屋顶型材（涂漆）

图 2　非合金结构钢板制成的带材连续镀锌钢板冲压件

表 2：带有表面保护的冷轧扁钢制品

按 DIN EN 的简称	旧简称	材料代码	屈服强度 R_e N/mm²	抗拉强度 R_m N/mm²	断裂延伸率 A %
软钢制成的带材连续镀锌钢板（DIN EN 10346）					
DX51D+Z	St 02 Z	1.0226+Z	—	500	22
DX54D+Z	St 06 Z	1.0306+Z	140～220	350	36
用于建筑业的带材连续镀锌钢板（DIN EN 10346）					
S250GD+Z	St E 250 Z	1.0242+Z	250	330	19
S350GD+Z	St E 350 Z	1.0229+Z	350	420	16

26.3.12 机械制造用钢

采用机械制造钢加工制造机器零部件，工作机械和驱动装置，如齿轮，动轴，螺栓，静轴，轴承，螺钉，弹簧，杠杆等。

■ 调质钢

> 调质钢是非合金钢和低合金钢，通过调质获得良好的使用性能：在具有良好韧性的条件下具有高屈服强度和高强度。

调质是一种先淬火接着回火的热处理方法（480 页）。

现有非合金调质钢和合金调质钢（表 1）。

非合金调质钢的碳含量从 0.22% 至 0.60%。合金调质钢还添加了其他合金元素，如铬，镍，钼，锰，钒和硅，其中没有一个合金元素的含量超过 5%。

从调质钢的简称可大致读出其组成成分（参见第 457 页）。

非合金调质钢具有更好的可调质性（E）或更好的可切削性（R）。

> **举例：** C35E，这是一种非合金调质钢（C），其碳含量为 35：100=0.35%，可保证其调质强度数值（E）。
> 34CrMo4 是一种合金调质钢，其碳含量为 34：100=0.34%，铬含量为 4：4=1%，这里没有给出钼含量。

用非合金调质钢制造小型零件，例如螺钉，螺栓以及小型静轴和动轴。用合金调质钢制造可经受打击和冲击等高机械负荷的较大型零件和部件：齿轮，变速箱轴（图 1），锻造件，可承受高负荷的 HV 螺钉。

■ 易切削钢

> 易切削钢是非合金和低合金钢，可用它在自动车床上切削加工机器零件，例如螺钉，轴套，环，螺栓，销钉等（图 2）。

为获得更好的可切削性，在易切削钢中提高了硫含量（0.18% 至 0.4%）和部分铅含量（0.15% 至 0.3%）。这些元素在切削加工时促使产生碎片状切屑，它们从工件上脱落下来，使切削刀具始终保持无切屑附着。

易切削钢的碳含量大于 0.2% 后便具有良好的可调质性。

> **举例：** 10S20，这是一种碳含量为 10：100=0.10% 和硫含量为 20：100=0.20% 的钢。

表 1：按照 DIN EN 10083 的调质钢（节选）

钢种简称	屈服强度[1] R_e N/mm²	抗拉强度[1] R_m N/mm²	断裂延伸率[1] A %
非合金调质钢 DIN EN 10083-2			
C35E,C35R	380	600~750	19
C45E,C45R	430	650~800	16
C60E,C60R	520	800~950	13
非合金调质钢 DIN EN 10083-3			
34Cr4	590	800~950	14
34CrMo4	650	900~1100	12
36CrNiMo4	800	1000~1200	11

1) R_e, R_m, A 在调质状态下其制品厚度: ≤ 16 mm ≤ 40 mm

图 1　调质钢制成的变速箱轴和齿轮

按照 DIN EN 10087 的易切削钢

10S20,	10SPb20,	15SMn13,
11SMn30,	11SMnPb30,	46S20,
35S20,	35SPb20,	46SPb20

图 2　易切削钢制成的车削件

26.3.13 工具钢

使用工具钢加工制造用于加工工件和建筑构件的刀具。工具钢的碳含量相对较高，一般为 0.45% 至 1.15%，工具钢还通过淬火提高其硬度和耐磨性能（第 477 页）。

工具钢分为非合金工具钢与合金工具钢（DIN EN ISO 4957）。根据工具钢的使用目的可将它细分为冷加工钢，热加工钢和高速切削钢。

■ 冷加工钢

冷加工钢适合用于加工时刀具温度低于 200℃ 的加工任务。

非合金冷加工钢加工制作的刀具不能承受高负荷（图 1）。

例如采用工具钢 C45U 制作榔头和钳子。用工具钢 C80U 制作手工凿子和划线工具，用工具钢 C105U 制作丝攻。

合金冷加工钢，例如 100Cr6（银光钢）或 90MnCrV8，通过添加合金元素提高了强度，韧性和耐磨性能。它们用于制作例如攻丝刀具，丝锥和机用插刀等。

■ 热加工钢

热加工钢是合金工具钢，用于加工时刀具表面温度最高达 400℃ 的加工任务。

采用这类工具钢制作挤压凸模，锻模，压铸模，挤压模具和弯曲辊（图 2）。

这里又分为低合金工具钢，例如 55NiCrMoV7，或高合金工具钢，例如 X40CrMoV5-1。

■ 高速切削钢

高速切削钢是高合金工具钢，用于加工时刀具表面温度最高达 600℃ 的加工任务。

高速切削钢的碳含量为 0.8% 至 1.5%，铬含量约为 4%，另外还有不同含量的钨，钼，钒和钴。

高速切削钢的简称由识别字母 HS 与之后的四种主要合金元素含量的百分比识别数字组成，其排列顺序是钨 – 钼 – 钒 – 钴。

> **举例：**
>
> 高速切削钢 HS6-5-2-5 内含钨 6%，钼 5%，钒 2% 和钴 5%。

用高速切削钢制作锯片，麻花钻头，小切削刃的车刀，铣刀等（图 3）。通过一层薄薄的硬质材料涂层，例如氮化钛 TiN（黄铜色），可显著提高刀具的耐用度。

冷加工钢

C45, C60U, C80U, C105U

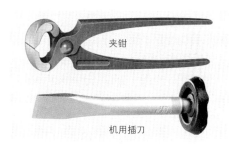

夹钳

机用插刀

图 1　冷加工工具钢制作的工具

热加工钢

55NiCrMoV7, X37CrMoV5-1, X40CrMoV5-1, 32CrMoV12-28

弯曲辊

图 2　热加工钢制造的弯管机弯曲辊

高速切削钢

HS6-5-2C, HS6-5-2-5, HS10-4-3-10, HS2-9-1-8

图 3　硬质材料涂层的高速切削钢刀具

26.3.14 铸铁材料与铸钢

复杂形状的建筑构件，例如杠杆，门扇螺钉，钥匙，管接头附件，叉形拉杆，管接头和机壳等，最为经济的制造方法是铸造。对此要求材料具有良好的可铸造性：铸铁和铸钢－铸造材料。铸铁材料的各种性能均由其碳含量以及碳在组织中的析出形状决定。铸铁材料的简称参见第459页描述。

■ 片状石墨铸铁（灰口铸铁）

片状石墨铸铁是碳含量为 2.6% 至 3.6% 的铁，从组织微观照片中可见，基本组织中的细微片状石墨已结晶析出（图 1）。片状石墨铸铁属硬脆材料，但具有耐压和减振性能。

片状石墨铸铁种类的强度数值从 $100 \sim 300$ N/mm^2 不等。用这种材料可浇铸厚壁电动机壳和机床基座。

> **举例：EN-GJL-250（旧简称 GG-25）**

■ 球状石墨铸铁（球墨铸铁）

球状石墨铸铁含有微量镁，铸铁中约 3% 的碳以球状石墨微粒的形式在组织中结晶析出（图 2）。

> **举例：EN-GJS-600-3（旧简称 GGG-60）**

■ 可锻铸铁

可锻铸铁通过退火处理（退火）提高铸铁韧性。用可锻铸铁制造小型零件、杠杆、钥匙、工具零件、重载膨胀螺钉锚固、管接头附件和叉形拉杆等（图 3）。

> **举例：EN-GJMB-450-6（旧简称 GTS-45-06）**

■ 用于建筑业的铸钢

铸钢具有高强度和良好的焊接性能。根据其用途场地的不同，室内还是露天，分别采用低合金铸钢或高合金铸钢，例如 GS-20Mn5 或 GS-18CrNiMo12-6。它的用途较广，例如屋顶支梁或大型大厅建筑的管接头（图 4）。可锻铸铁和铸钢的防腐保护均采用热镀锌。

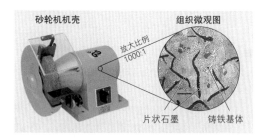

图 1 片状石墨铸铁制造的砂轮机机壳

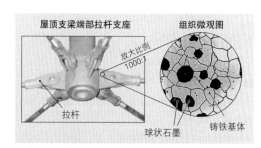

图 2 球状石墨铸铁制造的拉杆

图 3 可锻铸铁制造的螺旋夹钳

图 4 铸钢 GS-20Mn5 制造的屋顶支柱分支管接头

知识点复习

1. 哪些零部件采用调质钢制造？

2. 请解释易切削钢的名称。

3. 带材连续镀锌和涂漆的板材有什么用途？

4. 工作状态下的工具钢具有哪些特性？

5. 冷加工钢制作的刀具的表面工作温度可达到多少摄氏度？

6. 现有哪些铸铁材料品种？

26.4 金属的内部结构

单从表面观察，金属好像一个没有内部结构的整体材料。这时看到的确是典型的金属表面（图1，上）。

26.4.1 组织和晶体结构

只有通过分级放大，例如使用电子显微镜才能辨识金属内部的复杂结构（图1，上部第2，3张图）。

放大1000倍后可见金属分成颗粒状。颗粒的有限面积称为晶界。放大1000倍的图片称为材料组织微观图。

继续放大图片，例如放大100000倍，已能够仔细观看组织颗粒细小剖面，发现金属的分级结构类似于成形的正方体小方块，这是金属的晶体（图1第3张图）。

如果将金属结构中晶体正方体的角部继续放大至10000000倍，已能看到原子的微观结构：金属最小的基本粒子，金属原子[1]，其外层围绕着电子云（图1下）。金属原子与电子云之间以均匀的间距相互隔开排列，构建出正方体形状的微观结构。这种原子均匀排列的结构称为晶体结构。与之相反，非均匀排列的微观结构，例如玻璃，称为无晶形结构。

图形连接金属原子的中心点，得出的连接线构成一个空间晶格，这种晶格可称为空间晶格或晶格。其特征是晶格间距和晶格角度始终相同。

晶格的最小单位称为单位晶胞。它表示某个金属类型的金属原子的典型排列，用于识别各种不同的晶格类型（第472页图1）。

26.4.2 内部结构与特性

所有金属都有一个晶体微观结构。金属原子与电子云一起构成金属典型特性的成因：

电子云的电子吸引力的作用如同某种类型的黏接材料，团团围住金属原子。这就是金属高强度的原因。

围绕着金属原子的电子云可因为例如施加的电压而轻度位移。因此，金属是电流良好的导体，同时也是良好的导热体。

金属原子的各层可在外部力的作用下沿滑移面相向移动，但仍保持着彼此相拥的电子云状态。因此，基本粒子从金属中脱出可使金属变形，但未断裂：金属是可形变的。

加热或冷却可使金属晶格变形，并因此改变金属性能。这个特性可用来提高材料性能，例如淬火和调质：因此，许多金属是可淬硬的。

金属组织的大型晶界是材料的薄弱点。如果向建筑构件施加外部力，将出现首批裂纹。细晶材料的强度大于粗晶组织的金属材料。

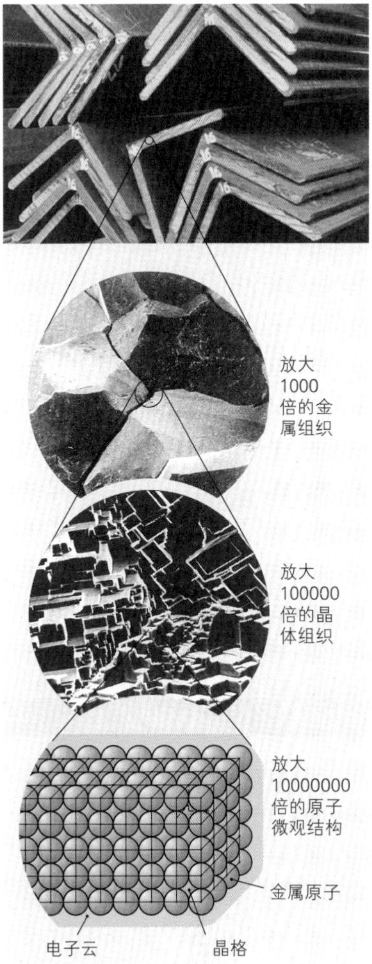

图1 金属的内部结构

放大1000倍的金属组织

放大100000倍的晶体组织

放大10000000倍的原子微观结构

金属原子

电子云　晶格

1）这里已简化对金属原子的讲述。科学精确的表述必须是金属离子。

26.4.3　金属的晶格类型

金属原子可有不同的排列，因此也就构成不同类型的晶格（图 1）。

体心立方晶格的原子排序使它的中心点构成一个正方体（立方体）（图 1 上）。在立方体的中心还附加一个原子。由于用球表述带有原子的晶格不具概观性，一般采用原子中心点连线模型的示意图形式描述晶格。

体心立方晶格的典型金属有例如钨、铬和钒以及温度低于 911℃ 的铁。

面心立方晶格同样有一个正方体作为基体，并在侧面的中心附加一个原子（图 1 中）。具有这种晶格类型的金属是铝、铜和镍，以及温度高于 911℃ 的铁。

密排六方晶格的代表金属是镁，锌和钛。这种晶格结构中，原子与位于两个基面之间的三个原子构成一个六角棱柱体（图 1 下）。

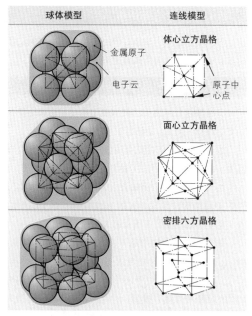

图 1　金属的晶格类型（这里描绘各种晶格类型的单个晶胞）

26.4.4　金属组织的产生

金属基本粒子的组织产生于金属熔液凝固成固态物体的过程之中。整个组织形成过程一直在原子范围内演绎完成（图 2）。

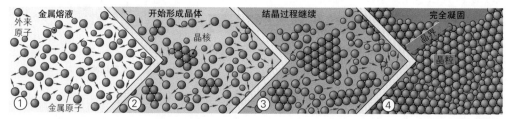

图 2　金属熔液形成金属组织的原子演变过程（示意图）

①金属熔液中，金属原子自由运动，处于无序混乱状态。②如果金属熔液开始冷却至凝固温度，位于熔液各处的金属原子开始按照晶格结构图聚集：这时产生第一个晶核。③在这个晶核周边越来越多地聚集着来自剩余熔液中的金属原子，致使晶体迅速成长。④待熔液完全耗尽能量凝固成固体，成长中的晶体冲击它们相互之间的晶界。晶界不均匀的相邻晶体由此构成组织晶粒。晶粒之间仍保持着一个由未排序的金属原子与外来原子构成的狭窄过渡区：晶界。

为做到肉眼可见地观察金属组织，切割待研究的金属样本，并对剖切面进行打磨，抛光和表面侵蚀。然后放置在金属放大镜下观察。这样产生的图片又称显微照片（图 3）。这种照片可显示金属晶粒的二维剖面。

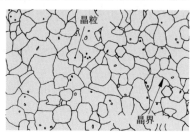

图 3　显微照片中的金属组织

26.4.5 纯金属和合金的组织

■ 纯金属

纯金属有同一的（同质）组织（图1）。所有晶粒均由相同种类的金属原子组成，并有着相同的晶格类型构造图。例如铁的原子按体心立方晶格排列。各个晶粒在晶格不同方向上各有自己的不同定向。

纯金属质软，其强度相对较低，因为同一组织易于变形。

在工业技术上，大部分金属均不以纯金属形式，而是以合金形式得到应用。

■ 合金

合金是多种金属的混合物，或金属与非金属的混合物。合金的制造在液态，即在熔融状态下进行。合金元素添加进入液态基体金属，然后均匀地溶入其中。熔液凝固时构成因基体金属和合金元素的不同而不同的组织类型。

混合晶体合金中合金元素的原子均匀分布在基体金属的晶格内（图2）。这里产生的是混合晶体。在微观图片中可见混合晶体与纯金属的晶体相似。

混合晶体合金比它们的基体纯金属的硬度更大，韧性也更好。一个混合晶体合金的举例：铬镍不锈钢。

晶体混合合金在熔液凝固时，合金元素的原子与基体金属的原子分别形成自己的晶体（图3）。这里产生的是晶体混合，在微观图片中清晰可见各个不同的晶体类型呈现出不同的颜色。

晶体混合合金具有比其基体金属更高的强度；但它们普遍较脆。一个晶体混合合金的举例：铸铁（铁和石墨）。

■ 非合金钢

非合金钢是晶体混合合金，其特性与其组织有关。它由铁（组织成分是铁素体）与0.2%至0.5%的碳组成。碳在钢中的存在形式是化学化合物：碳化铁Fe_3C。在金属学中，这种组织成分又称渗碳体。渗碳体在组织中不形成自己的晶粒，铁晶粒与薄渗碳体条交织在一起（图4）。这种钢组织成分称为珠光体。

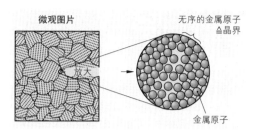

图1 纯金属的内部结构

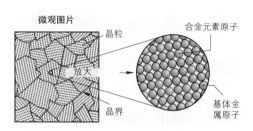

图2 混合晶体合金的内部结构

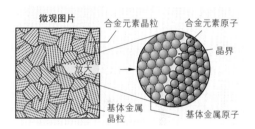

图3 晶体混合合金的内部结构

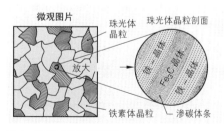

图4 非合金钢内部结构

26.4.6 熔融和凝固特性

■ 纯金属

加热某种纯金属，它的温度首先呈均匀上升态势（参见图 1　熔炼和凝固特性）。达到熔融温度后，金属开始变成液态。经过一定时长，直至完全熔化，这个过程中，温度在晶体 – 液态 – 混合状态中一直保持不变。熔融曲线在熔融过程中有一段呈水平平直状。待金属全部熔化后，如果继续输入热量，熔液温度再次均匀上升。

熔液冷却过程中，熔融曲线与凝固曲线以相对方向交叉而过。在水平曲线段，熔液在凝固温度下变硬。

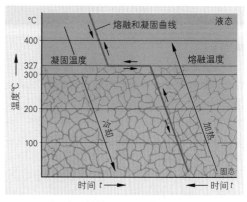

图 1　一种纯金属的熔融和凝固曲线（举例：铅）

■ 合金

合金显示出与纯金属截然不同的凝固和熔融特性。合金的熔融和凝固不是在一个温度下，而是在一个温度范围内进行的（图 2）。

这个熔融和凝固温度范围取决于合金的化学成分。图 3 的左边部分记录着不同成分的铅 – 锡合金的凝固曲线。

将一个合金系统中不同合金凝固范围的开始和结束代入一个将温度作为横坐标，成分组合作为纵坐标的曲线图，由此可得一个合金系统的状态曲线图（图 3 下）。

由此图还可识读出合金系统在不同温度和不同组合时的组织和聚集态。例如，软钎焊焊料铅 / 锡的合金系统在一个熔融温度低点处时的铅含量为 38%，锡为 62%。这样的一种合金称之为共晶合金。它们有一个熔融温度最低值，并有一个均匀的组织。

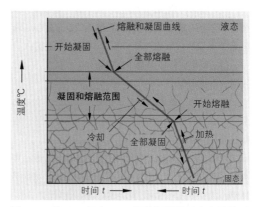

图 2　一种 80% 铅和 20% 锡软钎焊焊料合金的熔融和凝固曲线

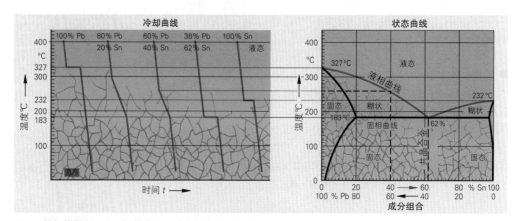

图 3　软钎焊焊料：铅 / 锡的合金系统冷却曲线和状态曲线图

26.4.7 铁－碳－状态曲线图和非合金钢的组织类型

就化学成分而言，非合金钢是铁与碳以及其他极微量成分的合金。根据碳含量的不同，非合金钢的组织也呈现出不同的类型（图 1 的组织小图）。

在指定碳含量和指定温度下呈现出的组织类型概览图显示出铁－碳－状态曲线。图 1 所示是这个曲线图中最重要的区域，"钢相变点"和非合金钢组织类型。

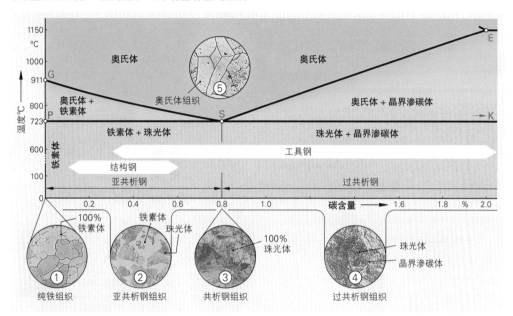

图 1   铁－碳－曲线图的钢相变点与钢组织类型

纯铁。不含碳的铁（铁－碳－状态曲线图左边）构成的组织由四角形铁晶粒组成，称为铁素体（组织①）。纯铁既软又韧。

渗碳体。碳以化学化合物碳化铁（Fe_3C）的形式存在于钢中。在金属学中称这种化合物为渗碳体。它既硬又脆。渗碳体在低碳含量时在珠光体内析出成为条状渗碳体（组织②和③）。在碳含量较高时，它额外析出在晶界边缘成为晶界渗碳体（组织④）。

共析钢。碳含量为 0.8% 的钢（共析钢）中所有的铁素体晶粒与条状渗碳体交织在一起。这种组织由于其珍珠母外观而称为珠光体（组织③）。

亚共析钢。它的碳含量低于 0.8%，它的组成成分有一部分是铁素体晶粒，一部分是珠光体晶粒（组织②）。这种组织类型称为铁素体－珠光体组织。

过共析钢。它的碳含量高于 0.8%，这么多的碳额外形成条状渗碳体沉积在珠光体晶粒和渗碳体的晶界上（组织④）。这种渗碳体称为晶界渗碳体，这种组织称为珠光体－渗碳体组织。

组织中渗碳体占比越大，钢的硬度也越大，但也更脆。

奥氏体。在温度高于 723℃以上的范围中，渗碳体的碳原子熔入铁－基体并形成混合晶体。这种组织称为奥氏体或 γ 铁（组织⑤）。

知识点复习

1. 金属在显微镜下和在原子范围有哪些微观结构？

2. 金属有哪些晶格类型？

3. 混合晶体与晶体混合之间有什么区别？

4. 哪两种温度之间是一种双材料合金的凝固温度范围？

5. 从铁－碳－状态曲线图中可读取哪些信息？

6. 碳含量 0.8% 的钢组织是什么组织类型？

26.5 钢的热处理

为提高钢的机械性能，如硬度，强度和韧性，需对钢实施热处理。通过热作用改变材料的组织来实现材料性能的改变。

热处理方法可划分为如下几类：

| 退火 | 淬火 | 调质 | 表层淬火 | 渗碳淬火 |

26.5.1 退火

> 退火时，缓慢加热建筑构件，待构件热透后保持退火温度一段时间，接着再缓慢冷却。

小型建筑构件先放入一个达到退火温度的退火炉内预热（图1），炉内空间达到退火色后，在炉内保持规定的退火时长，接着取出零件，让其缓慢冷却。

大型建筑构件和焊缝采用大面积气体喷枪或加热垫进行大面积加热至退火温度。

不同的退火方法用于不同的目的，因此也有不同的退火温度和退火时长（图2）。

通过去应力退火消除工件和建筑构件的内部应力，例如因焊接，弯曲或锻打产生的应力。

缓慢加热至550℃至650℃的退火温度，短暂保持该温度一段时间，然后缓慢冷却。

去应力退火特别重要的是承重结构的高负荷焊缝和压力管道。这里需采用大面积气体喷枪，电气或感应加热垫进行去应力退火（图3）。

为避免费用昂贵的去应力退火，细晶结构钢制成的建筑构件在焊接前应将焊接区预热到100℃至300℃。这种措施可避免产生强烈的焊接应力。

再结晶退火的用途是，将因强力冷加工成形而变脆的钢重新恢复其塑性可变形性。遭到扭曲的金属组织在再结晶退火过程（550℃至700℃）中重新熔合并再次组成新的组织（图4）。

再结晶退火也能消除焊接时沿焊缝产生的粗晶粒。

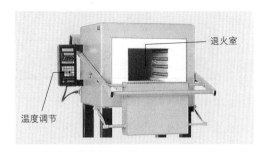

图1 退火－淬火炉的加热室

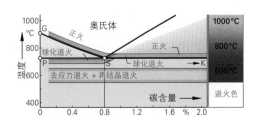

图2 非合金钢退火温度

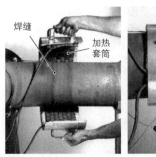

图3 焊缝的低应力退火

图4 再结晶退火过程中的组织变化

球化退火使钢产生更好的可切削性。退火时，加热温度因钢而异：亚共析钢为580℃至720℃，过共析钢为730℃至750℃，并保持该温度数小时。经过退火处理，组织中条状渗碳体转变成为粒状渗碳体（图1）。刀具的刀刃可更轻易地切入材料并切削它。

正火，又称常化或再细化，在制造焊接钢管时使用（第454页）。钢管在焊缝范围是粗晶粒（图2）。通过正火［几乎在GSK线上部范围（第476页图2）］产生一种全新的细晶粒组织。

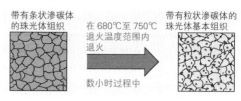

图1　球化退火后的组织变化

图2　正火后的组织变化

26.5.2 淬火

淬火使刀具和零件变硬和耐磨，例如凿子，钻头，划线工具，轴承套圈，轴颈，弹簧等（图3）。

适宜淬火的钢是碳含量大于0.2%的非合金钢和合金钢，尤其是工具钢（第469页图1）。

准确的淬火需用时间和温度均可精确控制的淬火和回火炉进行（第476页图1）。

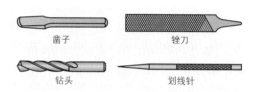

图3　已淬火刀具

> 淬火分四个工作步骤：加热，保持淬火温度，骤冷和回火。

在一个预加热的淬火炉内进行加热（图4，上部）。待淬火零件出现与炉内空间相同的退火色时，需再保持10分钟。然后将零件从炉内取出并立即投入骤冷池内骤冷。这时材料变硬（第479页）。这时的钢如同玻璃，硬脆易折。

为消除钢的脆性，骤冷后的零件立即送入150℃至300℃的回火炉（具体温度视钢种而定），这个步骤称为回火。回火后，让零件自然冷却或骤冷。

这时的零件已具备其使用硬度，且已无脆性。

淬火时，零件必须在规定的淬火温度和回火温度中连续进行（图4，下部）。

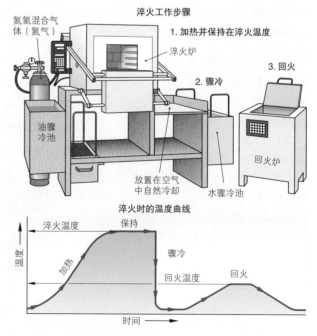

图4　淬火工作步骤和温度曲线

■ 淬火温度与回火温度

> 淬火温度与回火温度均以钢的组成成分和钢种为准。

非合金钢的淬火温度取决于碳含量,可作为一个温度范围记入铁–碳–状态曲线图(图1)。它的淬火温度应略高于铁–碳–状态曲线图中 GSK 线 30℃至 60℃(标记为黄色的区域)。这样可保证钢组织中的珠光体完全熔化并转变成为奥氏体。

回火温度则根据待消除的脆性程度从 100℃至 300℃不等。

合金钢一般要求更高的淬火温度和回火温度。具体数据可查阅钢制造商的材料数据页或图表手册。

右边表1显示典型的工具钢热处理条件。

■ 正确的骤冷

浸入骤冷池使待淬火的工件范围迅速且均匀地骤然冷却。浸入池内时,必须轻轻旋转工件并来回运动(图2)。

- 狭长工件,例如钻头或凿子,需纵向浸入;
- 不均匀工件,应先浸入重量更大的部分;
- 带有孔和开口的工件浸入时,孔口朝上。

根据钢种的不同而采用不同的骤冷介质。非合金钢采用水冷(水淬火)。低合金钢采用油或水/油乳浊液(油淬火),高合金钢同样采用油骤冷或流动的空气(空气淬火)。

■ 淬硬深度

非合金工具钢仅需在约 5 mm 的边缘层淬硬。这被称为淬硬深度(图3)。刀具内核仍保持未淬火状态并因此仍具韧弹性。合金钢则相反,它的淬硬深度更深或完全淬透。

许多应用钢种不需"淬透",例如凿子或钻头,它们只需硬质的切削刃,但仍具韧性的内核。另外一些应用目的则需将工件完全淬透,例如刀子和弹簧。

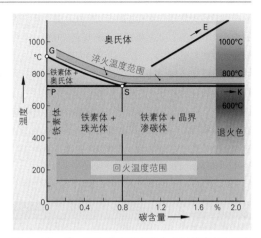

图 1 铁–碳–状态曲线图中非合金钢的淬火和回火温度

表1:若干工具钢淬火条件			
钢种	淬火温度,单位:℃	骤冷介质	回火温度,单位:℃
C70U	790~820	水	180
X210CrW12	950~980	油,空气	180
HS6-5-2C	1190~1230	油,空气	560

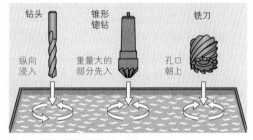

图 2 骤冷时的正确浸入方法

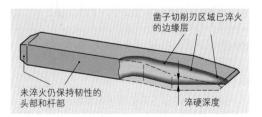

图 3 非合金工具钢凿子淬火后的剖面图

■ 淬火时原子的运动过程

钢加热超过铁 – 碳 – 状态曲线图 GSK 线（第 478 页图 1）后，其体心立方铁素体晶格开始转变为面心立方奥氏体晶格（图 1 左上部）。晶粒中间的空白位置由一个来自组织成分渗碳体（Fe₃C）的碳原子占据。在微观图片中，这个转换为奥氏体组织的过程清晰可见。

缓慢冷却。缓慢冷却奥氏体钢，使上述过程逆进行。由此再次恢复到体心立方晶格。其组织也重回珠光体组织（图 1 左边部分）。

骤冷。但若奥氏体钢极其迅速地冷却，位于 GSK 线上方的面心立方奥氏体晶格断崖式地迅速转换为体心立方铁素体晶格。晶格内的碳原子被锁住（图 1 右边部分）。由此导致晶格严重扭曲。

这时产生一种细针状淬硬组织，马氏体。它极硬且脆。

马氏体只在工件足够迅速地骤冷时（最低冷却速度）和钢的碳含量至少达到 0.2% 时才会产生。

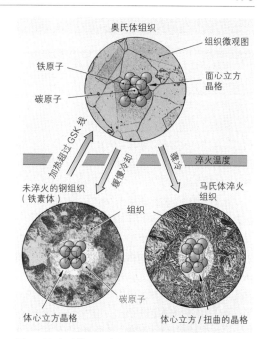

图 1　淬火时的组织变化和晶格变化过程

■ 车间内简单的淬火工作

简单的淬火工作，例如凿子或锤子的淬火，可在车间现有设备上进行（图 2）。

使用锻工火或气割喷枪将工件加热至淬火温度。温度的掌控全靠金属加工技工的经验，所需的淬火温度，例如材料为 C70U 的凿子约 800℃，根据加热工件的退火色进行判断（图 3）。

在水槽中进行骤冷。因为只需淬硬凿子的刃口部分，将凿子的刀刃部分在水中来回轻微搅动。

用淬火的剩余温度进行回火，这被称为内部回火。为此将刃口部分骤冷的凿子在骤冷后直接从水中抽出即可。温度仍很高的凿子杆部的温度流向凿子刀刃部并加热它。对比回火色色标可识别出刀刃部是否已达到回火温度（例如 200℃）（图 3）。接着，将整个凿子浸入水中冷却。

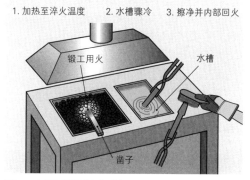

图 2　车间里凿子淬火过程

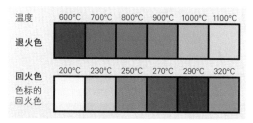

图 3　退火色和回火色

26.5.3　调质

> 调质是一种热处理方法，它使调质钢制成的工件和建筑构件达到所需的理想组合：高屈服强度和高强度与高韧性。

调质过程由若干工作步骤组成：加热并保持淬火温度 – 骤冷 – 再次加热并保持高回火温度 – 接着骤冷或缓慢冷却（图1上部）。

调质时的回火温度450℃至650℃，远高于其淬火温度（100℃至300℃）。

在各个调质步骤过程中，钢经历了多个组织状态（图1下部）：骤冷时，原来的铁素体/珠光体组织转变成为马氏体组织。通过回火由马氏体组织构成小晶粒调质组织。

在各个调质工作步骤中，钢的机械性能也发生着变化：

骤冷后，钢变得极硬，但很脆且易折。接着，回火后的钢硬度下降，与此同时它的抗拉强度和韧性（断裂延伸率）却得到增强。

根据回火温度可调控钢机械性能屈服强度，强度与断裂延伸率之间的理想比例。从回火曲线图中可读取上述信息（图2）。

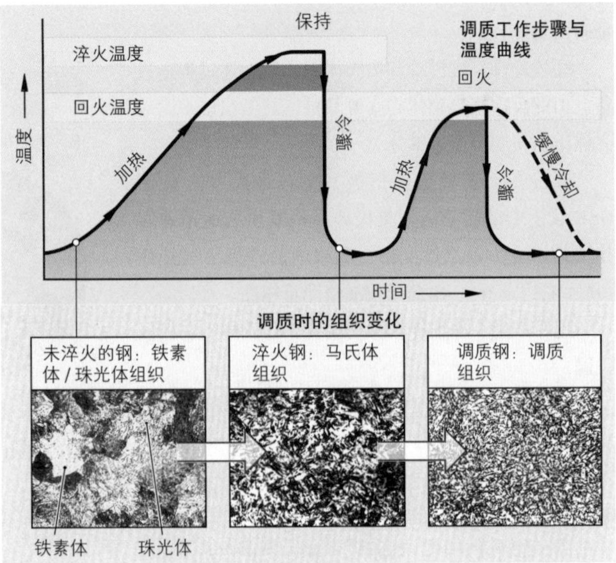

举例：

> 横向支撑的拉杆用 42CrMo4 钢制成，现需调质至 600 N/mm² 屈服强度。从图2读取其回火温度为 640℃。这时的断裂延伸率约为 40%。

高机械负荷零件如静轴，动轴，齿轮，HV 螺钉等均可调质。这些零部件均由调质钢制成。

图1　C45 钢调质时的温度曲线和组织变化

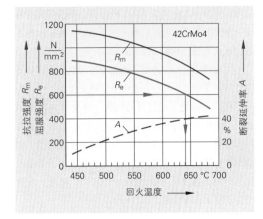

图2　调质钢 42CrMo4 的回火曲线图

26.5.4　表面区域淬火

表面区域淬火用于需要硬质耐磨表层的同时也需要柔韧弹性内部组织的建筑构件。这样的建筑构件要求它的表层耐磨，同时必须能够承受大力，例如钢索卷筒，导向轮，主动轮，导轨，小轴等。表面区域淬硬有许多方法。

■ 表层淬火

> 表层淬火是一种热处理方法，通过集中对准的强力热源输送使工件薄薄的表层迅速加热至淬火温度（奥氏体）并立即骤冷（图1）。这种方法只淬硬工件极薄的奥氏体表层。

工件表层迅速加热的方法有多种，如强烈的燃气火焰（又称火焰淬火），或采用通电的感应线圈（又称感应淬火）。

骤冷采用喷水设备。

> 表层淬火之前先对工件调质。接着进行工件的表层淬火，这样就使工件具有调质的内核，并具有淬硬的表层。

■ 渗碳淬火

渗碳淬火是以特殊的渗碳方法将碳富集在低碳钢工件表层（渗碳），接着进行淬火的一种热处理方法（图2）。

碳含量0.1%至0.2%的渗碳钢适用于渗碳淬火。它们由于碳含量低原本并不具备可淬硬性。在工件表层富集碳，又称渗碳，将工件放入可释放碳元素的渗碳剂中，加热至退火温度850℃至930℃并保持若干小时。这个过程中，碳元素扩散至工件材料表层，并以此增加这种材料的可淬硬性。

在固态渗碳剂中渗碳（粉末渗碳），是将工件包裹在一个灌满碳颗粒材料的箱体内，然后将箱送入退火炉。在液态渗碳剂中渗碳（盐浴渗碳），是将工件浸入一个释放碳元素的盐溶液池内并保持一定时间。

气体渗碳是将待淬火工件置入一个气密退火炉，然后向炉内输送可释放碳元素的气体。

渗碳后，工件直接从渗碳温度骤冷，或在淬火炉中加热至淬火温度，然后骤冷。这时淬火的只是渗碳的工件表层，低碳的工件内核仍保持未淬火状态。

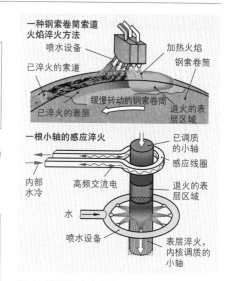

图1 表层淬火方法图

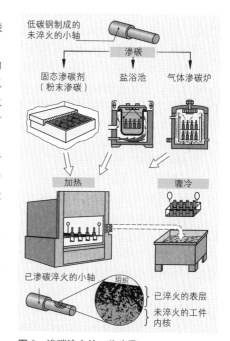

图2 渗碳淬火的工作步骤

知识点复习

1. 为什么高负荷建筑构件的焊缝需退火？

2. 淬火包括哪些工作步骤？

3. 非合金钢的淬火温度是多少（铁－碳－状态曲线图）？

4. 淬火会产生哪些组织？

5. 通过什么特征区分淬火与调质？

6. 从调质钢的回火曲线图中可读取哪些信息？

7. 请描述渗碳淬火。

26.6 铝和铝合金

轻金属铝是继钢之后在建筑金属结构中使用最广泛的结构材料（图1）。

铝材料在建筑技术领域中所占据的这种非同一般的地位主要还是因为它的若干特殊性能。

铝材料质轻。铝材料突出的性能是低密度和由此产生的结果：铝材料建筑构件的重量轻。

图1　铝型材和隔热玻璃制成的暖房

> 铝材料的密度约为 2.7 kg/dm^3，约等于钢密度的三分之一。

铝建筑构件的重量仅及同等大小钢建筑构件重量的三分之一。这导致铝建筑构件和装置的易加工性，例如铝窗框，铝轻型建筑支架或机床的铝机壳。

铝材料可承受机械负荷。常见铝合金制品的抗拉强度达到约 200 N/mm^2。高强度铝合金的抗拉强度可达 400 N/mm^2，已达到非合金结构钢的同等强度。因此，采用铝合金材料可制作普通负荷的建筑构件，如窗框，也可制造高负荷的机器零件和飞机零件以及承重结构（图2）。

图2　高强度铝型材建造的大厅结构

铝材料易变形，可多种方法加工。它可以轧制，挤压，弯曲，压制，锻打以及锯切，钻孔，车削，磨削和抛光。铸铝合金还有良好的可铸造性。

铝材料在窗框和门框以及立面和屋顶型材系统的应用，除它所具有的足够强度外，耐腐蚀和重量轻也是它的突出特点，铝材料还有用于制造型材的优秀的可挤压性（图3）。

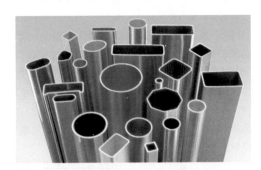

图3　铝制轻型结构型材

铝材料耐腐蚀。铝材料的表面自行形成一层具有防腐功能的薄氧化层。通过阳极氧化（第501页）形成一层氧化层，并据此显著增强材料的耐腐蚀性能。铝材料阳极氧化的建筑构件可以耐受普通的气候影响因素。铝制窗框，立面或屋顶盖板（图4）的使用寿命在一般的环境条件下可达 30 至 50 年。

铝材料可循环利用。铝制建筑构件使用后可再次熔炼并加工成新的铝制品。

图4　用于屋顶盖板的铝制梯形板

26.6.1 铝材料

铝材料划分为非合金铝材料，铝塑性合金和铸铝合金（图1）。

在建筑金属结构中主要使用铝塑性合金。由这种材料制成的是商业常见的铝型材系统，它们作为初始材料用于窗、门、屋顶和立面的制作。

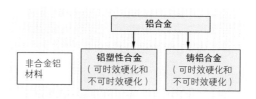

图1 铝材料的划分

■ 铝材料的简称

铝材料可按欧洲标准 EN 命名其简称。铝材料简称由缩写字母 EN，字母 AW（铝塑性合金的缩写）或 AC（铸铝合金的缩写）以及材料代码和括号内一个加上化学符号的简称组成。请参见右边举例。

简化的表述也可仅用一个带料代码的缩写名称，如 EN AW–6060，或仅带化学符号的缩写名称，如 EN AW–Al Mg Si。

订购铝制成品时，需后挂字母和数字附加说明材料状态（例如退火，冷硬化等），例如 EN AW–6060[Al MgSi]–T4。

这里描述的是大部分铝合金。下文描述若干典型的铝合金。

■ 不可时效硬化的铝塑性合金

铝合金 EN AW–5745[Al Mg3] 轧制工厂的标准材料，它的强度中等（抗拉强度 R_m 最高可达 250 N/mm^2）。这类合金已提高耐腐蚀性能，主要耐受海水，尤其适宜抛光和阳极氧化。这类材料可加工制作成承重结构和饮料容器以及船舶制造的构件。

■ 可时效硬化的铝塑性合金

可时效硬化的铝塑性合金通过热处理，又称时效硬化，使其抗拉强度和硬度数值两倍于未淬火材料。

时效硬化分为三个工作过程：

1. 固溶退火，温度约为 500℃。

2. 在水或油中骤冷（合金在骤冷后还未立即变硬）。

3. 室温下冷却放置 14 天或约 200℃热放置约 24 小时。之后，铝合金才能完全达到时效硬化的硬度。

铝合金 EN AW–6060[Al MgSi] 是用于价廉物美挤压铝型材的标准材料，其抗拉强度最高可达 250 N/mm^2。从挤压成型模具出来的热型材吹风直接骤冷，接着在约 180℃温度条件下热放置。这种直接利用挤压成型热量的节约成本的时效硬化方法使 EN AW–6060 铝型材尤具价格优势。铝合金是建筑业和建筑金属结构制造中使用最多的铝材料。它具有良好的可焊接性，可阳极氧化，但其焊接点的强度已降低。用这种材料制造框架型材广泛用于窗户，卷帘门，建筑小五金，梯子和小型承重结构件。

铝合金 EN AW–7020[Al Zn4，5Mg1] 是一种用于轻型金属建筑结构中高负荷焊接结构件的特种材料。焊接后，变软的焊接区通过自动的时效硬化，即不必采取特别措施，仅放置若干天后便已恢复至初始材料的高强度：350 N/mm^2。

■ 铸铝材料

铸铝合金 EN AW–44200[Al Si12（a）] 是使用最多的铸铝材料，它具有良好的可浇铸性和耐腐蚀性。它可时效硬化，可加工制造例如圆锯床工作台和手工钻机机壳。

26.6.2　铝建筑构件的处理与加工

铝制半成品必须给予精心放置和处理。竖放时必须具备足够的木质支撑点，避免纵向弯曲和由此带来的变形。取出工件时必须从上部抽取。拉或推均会损坏阳极氧化表层。

加工铝建筑构件的刀具和工装必须事先清除黏附在上面的其他金属的微粒，否则可能导致外来锈蚀。

装夹铝建筑构件的台钳需配装铝保护钳口。冷作敲打工作需在一个木质底座上进行。铝件上的划线宜使用铅笔。

管材和挤压型材的弯曲采用与其他金属同类工艺相同的技术和工装（参见第 23 页）。铝工件可以冷弯曲和热弯曲（图 1）。预制的弧形型材已是市场常见商品。

铝材料具有良好的可切削性。可实施锉，锯，钻，车和铣等切削加工方法。但需注意使用专用刀具和标准加工数值。

表面处理。铝建筑构件，焊接或切削后其表面不平整，必须打磨和抛光。铝建筑构件制成品需进行阳极氧化处理，有时还需增加涂漆工序（第 501 页）。为保护表面不受损伤以及防腐，建筑构件制成品需进行喷水泥和喷砂浆处理，例如窗户，其表面采用可剥离的贴膜保护，直至成功安装后才撕去贴膜。加工时不允许损坏保护层。

图 1　弯曲挤压型材

26.6.3　铝建筑构件的接合

专用铆钉，如盲铆钉（快装铆钉），拉拔铆钉和锁定环螺栓等经常用于铝建筑构件。采用实心铆钉的铆接只在飞机制造中才有意义。

螺钉连接用于要求采用可拆卸连接时。这里使用不锈钢螺钉进行螺钉连接。这样的连接虽会产生腐蚀元素（第 493 页）。但使用对象并非可溶解的贵金属，它们只是铝建筑构件。就螺钉连接占用铝表面面积的比例而言，铝建筑构件的腐蚀侵蚀已不重要。

与焊接连接不同的是，螺钉和铆钉连接不会导致材料强度下降。但螺钉连接所需的螺孔仍会减少建筑构件的横截面。

焊接（图 2）。无瑕疵的高强度焊缝源自 WIG（钨极惰性气体保护焊）焊接法和 MIG（熔化极惰性气体保护焊）焊接法。气体熔焊和电弧手工焊不适宜用于铝材料。

时效硬化铝合金制作的建筑构件，由于加热了焊接区，其强度下降至非时效硬化材料的强度。但可自行时效硬化的铝合金不会出现这种现象，如型号为 EN AW-7020［AlZn4，5Mg1］的铝合金，它在焊接后放置数天便又恢复至原有强度（第 483 页）。

图 2　焊接铝结构件

知识点复习

1. 铝材料有哪些特殊性能？

2. 从简称 EN AW-3103[Al Mn1] 中可读取什么信息？

3. 在手工加工和建筑金属结构中使用最多的是哪种铝合金？

4. 用什么焊接法焊接铝建筑构件？

26.7 铜和铜合金

铜和铜合金是建筑业和建筑金属结构常用材料。

铜是一种半贵重金属，新切割的表面呈现出具有金属光泽的红色（图1）。随着时间的推移，并取决于当地的大气环境，其表面形成一层红褐色至绿色的覆盖层（铜锈）。该覆盖层保护金属不受大气环境的腐蚀，并赋予铜典型的装饰性外观（图2）。

铜是重金属，密度达 8.93 kg/dm^3，熔点温度为 1083℃。

铜原本是一种具有良好可加工成形性的软金属。通过冷成形加工可显著提高它的硬度和强度。球化退火后的铜强度可达 200 N/mm^2，冷加工成形后的强度则可达 350 N/mm^2。但铜的可延展性在冷成形加工后则从约 50% 直降至 3%。

应用。铜是一种昂贵的金属。因此它的用途只在那些特别需要或想要发挥它特性的地方。在建筑金属结构中，铜的耐腐蚀性和它的装饰性外观，这些特性在屋檐，升降管和立面面板方面得到应用（图2）。由于铜具有良好的导电性，铜的主要用途是电线电缆的原材料。

加工。铜在柔软状态下极易成形。软钎焊可适用于所有种类的铜，无氧铜种还可以电焊和硬钎焊。

26.7.1 非合金铜材料

在建筑金属结构中主要使用无氧铜种（表1）。它在焊接和硬钎焊后不会变脆。

铜在建筑金属结构中主要用于制造建造构件和装饰面板，在管道附件和管道制造方面主要制造管道的各种组件。

按照 DIN EN 1976 所述，非合金铜材料的简称由化学符号 Cu，表示铜种类的三个字母（例如 DHP = 脱氧铜，意即带有高磷剩余含量的无氧铜）和一个表示强度的 R 数字（例如 R220 = 220 N/mm^2 最低抗拉强度，参见右边举例）组成。在旧制造商目录页中还可见按 DIN 标准制定的旧简称。

铜合金的简称由化学符号 Cu 与主要合金元素加含量百分比数据组成。具体实例请参见右边举例。铸铜合金在其简称前加一个字母 G。

除此之外，铜材料还有材料代码。铜材料代码由字母 CW（塑性合金）或 CC（铸造合金）与数字组成。

图 1　非合金铜材料半成品

图 2　铜板制成的屋顶面板和墙面板

表1：用于建筑金属结构和设备制造的非合金铜种类

按下述标准制定的简称		性能，主要用途
DIN EN 1976	**旧 DIN 1787**	
Cu–DHP（CW024A）	SF–Cu（2.0090）	可电焊和硬钎焊，具有良好的可加工成形性。半成品用于建筑金属结构和管道制造。
Cu–DLP（CW023A）	SW–Cu（2.0076）	可电焊和硬钎焊，具有良好的可加工成形性。半成品用于设备制造。

一种非合金铜材料的简称

举例：无氧铜，最低抗拉强度为 200 N/mm^2。

按 DIN EN 1976	旧简称	材料代码
Cu–DHP–R220	SF–CuF22	CW024A

铜合金简称

举例：铜塑性合金，含锌38%，含铅2%。

Cu–Zn38Pb2　材料代码：CW608N

举例：铸铜合金，含锡12%。

G–CuSn12–C　材料代码：CC483K

26.7.2 铜合金

基底材料铜通过添加锌，锡，镍和其他合金元素制成铜合金，铜合金提高了耐腐蚀性和机械性能，部分材料还具有极强的装饰效果。

铜合金的名称按其主要成分命名，例如铜锌合金或简称为 CuZn 合金。此外还有历史上产生的口语化名称，例如将铜锌合金称为黄铜，或将铜锡合金称为青铜。

铜合金的简称由所含元素的化学符号以及它们的含量百分比组成（参见第 485 页下）。此外，每种铜材料都有按欧洲标准 DIN EN 制定的材料代码（表 1）。

■ **铜锌合金（黄铜）**

含 5% 至 45% 锌（Zn）的铜合金的外观颜色从金褐色至亮黄色（图 1）。因此在口语中称之为黄铜（表 1）。

黄铜具有与纯铜相当的良好的耐腐蚀性，但导电性以及导热性却已降低。可加工性能，例如切削和可浇铸性，均好于纯铜。

为获取特殊的性能，铜锌合金还可以加入其他少量合金元素，例如改善切削加工性能的铅（Pb），具有良好滑动性能的铝（Al）和硅（Si），耐受气候条件影响的锰（Mn）。

根据锌含量的不同，处于球化退火状态的铜锌合金的抗拉强度可达 200 ~ 350 N/mm² （图 2）。

铜锌合金不可淬火。

通过冷作硬化（延伸）可大幅度提高合金的抗拉强度和硬度。随着合金中锌含量的提高，合金的抗拉强度最高可达 600 N/mm²。

但冷作硬化降低了合金的可延展性（断裂延伸率），从 50% 降至 10%。

锌含量大于 40% 的铜锌合金脆性增加，不宜进行冷作硬化。其原因在于组织中的 β 黄铜成分占比增大（图 2）。只有 α 黄铜组织成分占优的铜锌合金才适宜冷作硬化。

订购铜锌合金半成品时需给出所需的强度状态。通过后挂的识别数字表述所需强度状态。

图 1   内部扩建中铜锌合金制造的建筑构件

表 1：铜锌合金（黄铜）

简称	材料代码	特殊性能 主要用途
CuZn10	CW501	良好的冷加工成形性 薄板，大批量车削件
CuZn40	CW509L	良好的冷、热加工成形性 用于门把手配件，管道附件
CuZn36Pb3	CW603N	良好的可切削性和可成形性 车削件，建筑型材，扶手

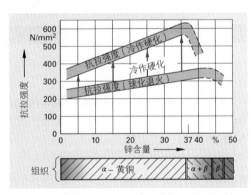

图 2   球化退火状态和冷作硬化状态下的铜锌合金抗拉强度

举例：

CuZn30R340 是一种铜锌合金半成品，含锌30%，冷作硬化后达到抗拉强度 340 N/mm²。

这里需要区分铜锌合金与铜锌铸造合金。

铜锌塑性合金的商业供货形式是板材，棒材和空心型材。通过成形加工或切削将这些半成品制造成为建筑构件（图 1）。

附加铅含量的铜锌塑性合金，例如 CuZn39Pb3 特别适宜切削加工和热压成形。用这种合金可制造小型固定件，气割喷嘴以及燃气管道和水管的管道附件，还有卫生设施管道（图 1）。

由于这种合金加工出的螺纹不会出现锈死现象，利用这种特性用它制造螺纹连接件。

铜锌铸造合金同样含锌 5% 至 45%，例如 G-CuZn37Pb。通过压铸和切削加工可制成管道附件和管接头配件。

■ **铜锡合金（锡青铜）**

铜锡合金含锡（Sn）4% 至 12%（表 1）。另加入 0.1% 至 0.5% 的磷用于脱氧。此外，还可添加其他一些合金元素（Zn，Pb）。

铜锡合金的历史名称是锡青铜或简称青铜。

铜锡合金拥有若干特殊性能并构成其应用的基础：

● 良好的气候影响因素耐受性和耐腐蚀性：

→露天楼梯的扶手，把手配件，管道附件，雕塑艺术品，纪念碑

● 良好的滑动性能和高耐磨性能：

→滑动轴承套圈（图 2），导轨，锁具零件和钥匙

● 可冷作硬化至弹簧硬度：

→用于复位件的小型弹簧

● 良好的导电性和弹簧硬度：

→弹性电子触点

■ **铜镍锌合金（新银）**

被称作新银的铜镍锌合金含铜 47% 至 64%，含镍 10% 至 25%，含锌 15% 至 42%。

举例：CuNi12Zn24，CuNi25Zn15

这种合金的特性是其类似银子的外观，良好的耐腐蚀性和良好的滑动性。

采用这种合金制造的建筑构件在建筑金属结构和建筑业中广泛使用，例如安全锁具和钥匙，建筑小五金配件，楼梯扶手，卫生设施，装饰性入口大门等（图 3）。

还有所谓的银币也由铜镍锌合金制成，例如 1 欧元和 2 欧元硬币的银色部分。

螺纹连接件　　　　管道附件

图 1　由 CuZn39Pb3 制成的小型零件和管道附件

表 1：铜锌合金（青铜）		
简称	材料代码	特殊性能 主要用途
CuSn4	CW450K	良好的导电性 达到弹簧硬度的冷作硬化性 弹性电子触点
CuSn8P	CW459K	良好的滑动性能和耐磨性能 滑动轴承，轴套，配件

滑动轴承套圈　　　　弹性触点

图 2　铜锌合金制造的零件

图 3　铜镍锌合金制造的门框和门槛

26.8　其他重要金属

除钢和铝，铜等材料外，只有少数几个其他金属可在建筑金属结构中具有应用价值。它们是以锌，锡和铅为基础的材料。由于这类材料的硬度较低，它们不宜用作结构件材料。

■ 锌（Zn）

锌是熔点相对较低的金属（419℃），密度为 7.1 kg/dm³。锌材料表面发出淡蓝色金属光泽。放置在空气中，随着时间的推移在材料表面形成一层薄薄的暗灰色碳化锌覆盖层，它具有耐受空气，水和气候条件影响等侵蚀因素的性能。

由于锌的强度较低，仅约 150 N/mm²，可延伸性为 35%，虽然形状稳定性尚可，但易于加工成形。尤其是锌具有良好的可软钎焊性。耐气候条件和易加工性等性能的组合使锌材料以板材形式成为用于装饰面和封闭面受人喜爱的材料，例如烟囱，老虎窗（屋顶伸出的垂直窗），立面和屋顶（图 1）。

图 1　钛锌薄板制造的屋顶盖板

为此采用钛锌板材，一种钛含量为 0.2% 和铜含量为 1% 的锌合金。其供货厚度为 0.6 至 0.8 mm。钛锌板材制作的建筑构件在露天条件下仍有数十年的使用寿命。钛锌板材的供货形式有平板，板带和预制带有升降管的屋檐排水沟。

钛锌板材物美价廉，更胜铜板材一筹，并可根据颜色提供造型选择。

锌的最大用途用于钢结构件的防腐涂层（图 2）。

薄钢板和薄钢带在制造商手里已经实施了带材连续镀锌处理，就是说，将钢带浸入锌熔液，使钢带表面涂覆一层薄锌层（参见第 453 页）。型材，厚板材，管道和空心型材以及钢建筑构件制成品等，均在焊接后通过浸入法进行热镀锌（参见第 498 页）。

热镀锌的建筑构件从其灰色表面即可认出。

图 2　热镀锌的钢结构件

■ 锡（Sn）

锡的熔点仅为 232℃，是一种熔点极低的金属。它的密度达到 7.3 kg/dm³，材料表面发出亮银色光泽。锡可耐受气候条件的影响和弱酸弱碱（如食品）的侵蚀。

在建筑业金属构件中，锡因其低强度而不能用作结构材料。它的意义在于与其他材料的组合：

- 作为基底元素或合金元素用于软钎焊焊料（图 3）。软钎焊焊料熔点极低（180℃至 300℃）的锡铅合金，与所有金属都具有良好的可润湿性（第 110 页）。例如 S-Sn60Pb40 就是一种典型的软钎焊焊料。
- 作为合金元素用于铜合金（第 487 页）和铝合金（第 483 页）。
- 作为薄钢板的涂层材料（马口铁），例如用作罐头材料。

图 3　锡铅合金制成的软钎焊焊料

■ 铅（Pb）

铅是一种表面呈暗灰色的金属。其熔点达到 327℃，密度达到 11.3 kg/dm³。铅很软，以至于用手指甲就可以在它表面划出痕迹。

在建筑业和建筑金属构件中最重要的铅材料是硬铅，一种铅合金，内含最高可达 13% 的锑（Sb）。硬铅的强度和硬度均大于非合金铅。硬铅板材还用于烟囱镶框和屋顶天窗（图1）。这里是用手工按压成形的。铅可以耐受气候因素影响，耐受含二氧化硫的烟囱废气和烟灰沉积。此外，铅与锡组合制成软钎焊焊料（第488页），并与锑（Sb）和锡构成轴承合金（例如 PbSb15Sn10）。在钢和铝合金中，微量铅可改善材料的可切削性（第468页）。

铅和铅化合物有毒。因此，不允许吸入铅灰，涉铅工作场地不允许饮食，涉铅工作之后必须彻底洗净手上的残留物。

图1 壁炉烟囱镶柜

■ 合金金属和涂层金属

合金金属和涂层金属作为纯金属或基底合金金属并不用于建筑金属结构。但它们在许多材料中用作合金元素，例如在不锈钢或工具钢中。此外，例如用于防腐的铬或镍均只在建筑构件表面薄涂一层。

使用最多的合金金属和涂层金属已列入下表，该概览表中还列出它们的主要用途（表1）。

金属简称	密度 单位：kg/dm³	熔点温度 单位：℃	特殊性能	应用
表1：合金金属和涂层金属的性能与应用				
铬 Cr	7.1	1900	光亮的金属光泽，耐腐蚀	保护覆层（镀铬） 不锈钢的合金元素
镍 Ni	8.9	1455	明亮的金属光泽，耐腐蚀	保护覆层（镀镍） 耐腐蚀钢的合金元素
锰 Mn	7.3	1250	硬，脆	韧硬钢种的合金金属
钴 Co	8.8	1490	韧，耐腐蚀	钢的合金元素 硬质合金的结合金属
钒 V	6.0	1720	硬，脆	韧硬钢种的合金金属
钼 Mo	10.2	2000	耐腐蚀，耐氧化	耐高温钢和导热材料的合金元素
钨 W	19.3	3380	韧硬，耐腐蚀，熔点最高	WIG 焊接设备和 MIG 焊接设备的电极，白炽灯的灯丝，高速切削钢的合金元素

知识点复习

1. 铜有哪些特性并由此产生哪些用途？

2. 哪些铜种优先选用于建筑金属构件，其理由是什么？

3. 哪些合金在口语中称为黄铜，青铜和新银？

4. 如何才能提高铜合金的强度？

5. 从简称 CuZn40R340 中可读取哪些信息？

6. 铜锡合金有哪些特殊性能？

7. 钛锌薄板与铜板相比有哪些优点？

8. 锡铅合金在建筑金属构件中有哪些用途？

26.9　烧结材料

在多级制造过程中，将金属粉末压制成压坯，接着烧结成为成型零件，这就是烧结材料零件。

> 烧结一词可理解为一种根据温度和时间控制的热处理方法，它将金属粉末微粒焊接成为一个紧凑的成型零件。

26.9.1　烧结零件的制造

混合。第一个生产步骤是将金属粉末按制成品零件所需成分比例混合在一起（图1）。第二步，用压力机将金属粉末压坯压制成稍后制成品的工件造型。压坯连续运行，接着进入由保护气体吹洗的隧道炉（烧结炉）。炉内将压坯加热至低于烧结材料熔点温度约25%的温度，例如烧结钢加热至1000℃至1200℃。这时，粉末微粒相互焊接并形成一个紧凑的成型零件。

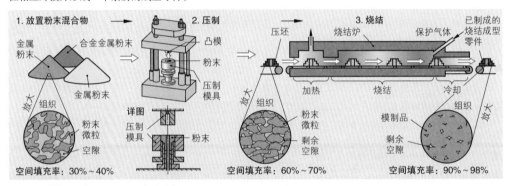

图1　成型烧结零件的制造过程示意图

■ 烧结技术的优点

- 使用烧结技术可大批量制造小型零件，其经济性高于用半成品浇铸或切削加工小型零件；
- 成型零件烧结后已经完成制成品的形状，已不需要或仅需少量的后续加工工序。只有与压制方向垂直的孔必须钻孔；
- 可制造材料组织极为密实且组织空隙占比极低的成型零件。

■ 烧结技术的限制

- 由于高昂的压制模具成本，单个零件的制造极不具经济性；
- 只能制造相对较小的零件。

■ 烧结材料的分类

烧结材料的分类一部分按其材料，例如烧结钢，烧结黄铜等，一部分按其组织空隙占比及其空间填充率进行分类。

26.9.2　典型用途

烧结成型零件（剩余空隙占比1%至10%）。

大量具备机械功能且形状极其复杂的小型建筑构件需要批量很大，宜采用烧结技术进行制造（图2）。在建筑金属结构制造领域，钥匙，锁具零件和门金属配件等可由非合金和耐腐蚀烧结钢以及烧结铜镍合金制造。

除此之外，几乎所有的机器，装置设备和半成品中都含有烧结成型零件，例如齿轮，杠杆，垫圈，力传递零部件，法兰，永磁体等。

图2　金属构件和设备制造中的烧结成型零件

■ 烧结金属制成的滑动轴承

　　烧结金属制成的滑动轴承（图 1）的空隙占比为 15% 至 25%，并浸泡过液体润滑材料。在运行状态下，滑动轴承发热升温，使液体润滑材料从空隙中流出并构成一层润滑膜。由于这种自形成润滑效应使得烧结金属滑动轴承免维护。烧结滑动轴承的材料采用烧结铜锡合金或烧结钢，并嵌入石墨微粒。

■ 高空隙烧结制品

　　高空隙烧结制品由球状的金属微粒球烧结而成，其内部形成相互连通的空隙空间，占比大于 27%。

　　这类烧结零件一般采用耐腐蚀铬镍钢以及铜锡合金和铜锌合金（青铜，黄铜）作为原料。高空隙烧结制品的用途有，例如金属过滤器用于焊接气体和气焊气体以及压缩空气等气体管道的清洁，还有用于焊接气瓶减压阀的火焰止回装置，以及空气压缩机溢流管口的消声器（图 2）。

26.9.3　硬质合金

　　硬质合金是一种烧结材料，它由微观上极微小的硬质碳化物微粒与韧弹性结合金属组合，这些结合金属大部分是钴，然后通过压制和烧结制造而成。

　　最重要的碳化物成分是碳化钨（化学符号 WC），它们在硬质合金中占比高达 60% 至 90%。剩余的碳化物构成成分是碳化钛 TiC，碳化钽 TaC 和碳化铌 NbC。结合金属是韧性的钴，根据硬质合金的种类不同，钴的占比分别从 5% 至 25%。

　　外表上看不出硬质合金的组成成分结构，因为各组成成分分布范围的规格均小于 μm（图 3）。可以看见的是微观组织图中的复合结构。

■ 硬质合金的性能与用途

　　硬质合金的硬度双倍于高速切削钢，并具有足够的韧性，良好的耐磨强度和高达约 900℃ 的高耐热性。其用途主要用于配装切削刀具的可转位刀片，岩石钻孔和岩石锯切（图 4）。硬质合金配装的切削刀具耐用度大于工具钢刀具 50 至 100 倍。

　　通过对硬质合金刀片涂覆硬质涂层（例如 TiN）可提高其耐磨强度。这种切削刀片的外观呈金色。

图 1　烧结金属制成的自润滑轴承

图 2　高空隙烧结金属制成的金属过滤器

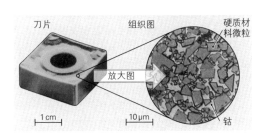

图 3　硬质合金刀片及其组织

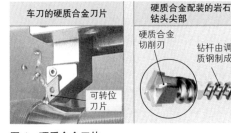

图 4　硬质合金刀片

26.10　腐蚀与防腐

金属材料的外观随着时间的推移发生变化，尤其是安装在露天和侵蚀性环境中的建筑构件（图1）。原先光亮的表面变得黯淡无光并蒙上一层锈迹，例如钢的表面蒙上一层褐色铁锈。这个过程称为腐蚀。任由腐蚀发展下去，有可能完全毁掉整个建筑构件。

> 腐蚀一词可理解为金属材料从表面开始发生的化学破坏过程。

26.10.1　电化学腐蚀

金属建筑构件的常见腐蚀，例如露天的钢建筑构件的生锈，其基础是存于金属表面的湿气。湿气在金属表面形成一层肉眼无法看见的薄如蝉翼的湿气层。

在这层薄薄的水层中正在进行着带电材料微粒（离子）之间的化学反应过程。因此，这种因湿气影响而引发的腐蚀称为电化学腐蚀。

■ 潮湿的钢材料表面的电化学腐蚀

例如湿气作用于置于露天的钢建筑构件。通过钢表面的水滴可直观地演示这个变化过程（图2）。在水滴中央部分，铁溶解为铁 Fe^{2+} 离子。它始终与水中现有的 OH^- 离子发生反应，并在一系列链式反应后形成铁锈 $FeOOH$。

$$Fe --→ Fe^{2+} --→ Fe^{3+} --→ Fe^{3+} + OH^- --→ 铁锈\ FeOOH$$

这个反应过程发生在遭受腐蚀的钢建筑构件表面数不清的地方，并首先产生锈斑，它在继续的演变过程中逐渐形成一个闭合的铁锈层（图3）。已形成的铁锈层呈碎屑疏松状并继续吸收水分，从而使腐蚀过程在铁锈层继续发展。

■ 腐蚀元素形成的电化学腐蚀

这种称为接触性腐蚀的腐蚀原因是在建筑构件的某个位置形成了电镀元素。

电镀元素的构成是两个不同的金属工件（电极）相互连接并浸泡在一种导电液体，电镀液中（图4）。贱金属在这样的连接中溶解。在图4的锌/铁金属组合中，贱金属是金属锌，它作为锌 $^{2+}$ 离子逐渐溶解。

在电镀元素中哪个金属是贱金属并遭到破坏，从金属的电压等级可读取这个信息（图5）。该图的左边远端是金属对中将溶解的那个金属。

图1　已腐蚀的钢建筑构件

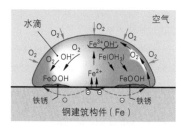

图2　潮湿钢表面的电化学过程

图3　已腐蚀的钢表面

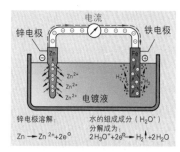

图4　电镀元素（示意图）

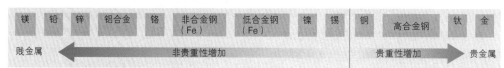

图5　金属和材料的电压等级

■ 电镀元素中溶解举例:

电镀元素锌 / 非合金钢（Fe）

→ 锌逐渐溶解

电镀元素铜合金 / 非合金钢（Fe）

→ 非合金钢逐渐溶解

建筑构件和机器上存在着大量具备电镀元素形成条件的区域。这些区域可称为腐蚀元素。它们位于两种不同金属相互接触之处并有液体存在。这里只需形成一层薄薄的湿气层，液体的条件便已具备。

建筑构件上典型的腐蚀元素是:

● 锌涂覆在钢表面涂层的受损之处（图 1 上部）

→ 锌涂层溶解。只要剩余的锌涂层仍在，它们便继续保护钢建筑构件。

● 两种不同材料的接触位置，例如黄铜螺钉拧入钢建筑构件（图 1）。

→ 钢建筑构件逐渐溶解并因此受到损坏。

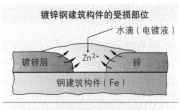

镀锌钢建筑构件的受损部位

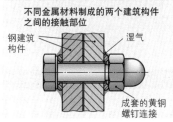

不同金属材料制成的两个建筑构件之间的接触部位

图 1 腐蚀元素

26.10.2 腐蚀的产生形式

腐蚀可根据材料，腐蚀原因和侵蚀性材料类型等因素的不同而呈现出多种不同形式（图 2）。

均匀的面腐蚀的特征是其腐蚀侵蚀的形式类似于均匀的面蚀刻加工。腐蚀以相同的速度向前扩展。建筑构件也就在使用寿命到来之前便已断裂。

均匀的面腐蚀出现在例如未施加保护的非合金钢结构件或位于露天状况下的耐气候钢种。

洼槽腐蚀和穴状腐蚀指材料在某一个位置受到侵蚀。受侵蚀之处形成孔穴，有些部分还形成深度裂纹。这种腐蚀类型出现在例如不锈钢与含盐水分的接触之处。盐水中所含的氯离子局部破坏钝化层，使受损部分出现腐蚀。

接触腐蚀产生于两种不同材料的接触之处。这里的有效腐蚀元素导致贱金属的局部溶解。这种腐蚀形式非常危险，因为它主要出现在连接点。

间隙腐蚀出现在两个建筑构件之间的窄间隙处，当该间隙处至少局部灌满湿气，便会逐渐出现这种腐蚀。间隙腐蚀常见于两种板材的卷边折合处，两种配合零件的接合处（摩擦腐蚀）或螺纹连接的间隙处（定点腐蚀）。

晶间腐蚀时，腐蚀沿发丝般细微裂纹向材料内部发展。它主要沿晶界向前延伸（晶间）或穿过晶体（穿晶）继续发展。这种腐蚀也极具危险，因为从材料外表根本无法辨识这种腐蚀。

应力裂纹腐蚀和振动裂纹腐蚀所涉及的建筑构件受到腐蚀侵袭并承受强烈的拉应力或振动负荷。由此产生的腐蚀裂纹横向穿过组织晶粒。

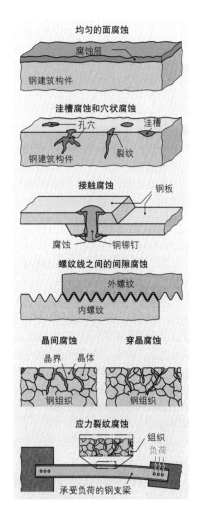

图 2 腐蚀形式

26.10.3 高温腐蚀

高温导致材料与空气的氧气成分发生化学反应。因此，这种腐蚀类型又称化学腐蚀或高温腐蚀。首先在约 $600℃$ 时才开始发生这类反应，例如对钢结构件实施热轧，焊接或锻打等工序时在钢表面形成氧化皮（氧化铁 Fe_2O_3）（图 1）。

通过尽可能缩短高温停留时间可以减少高温腐蚀的发生。必须长时间置于高温条件下的建筑构件，例如炉条或供暖锅炉内的管道，必须采用耐氧化的钢种制造。

氧化皮

图 1　起氧化皮的锻件

26.10.4 建筑构件腐蚀的影响因素

■ **环境物质**

环境物质，又称腐蚀性介质，它们是腐蚀的触发要素。纯净、干燥、温暖的空气，如供暖的大楼内部环境，不会导致出现腐蚀。在很少污染的乡村和小城市大气环境中仅可能发生微量直至温和的露天条件下的腐蚀。大城市，工业区域大气环境（含 SO_2）以及海洋环境（含氯离子 Cl^-）则是导致腐蚀发生的强烈的外界因素。这条规律同样适用于置于水中或土壤中的钢建筑构件。

■ **合适的材料**

是否与环境物质，例如水或空气，发生化学反应，即化学腐蚀或电化学腐蚀，具有决定性意义的是材料本身。

■ **与外来金属接触的不洁净的建筑构件表面**

外来金属微粒飘落到例如建筑构件表面，例如在装配时附近有打磨或切割工件产生的火花四溅，或加工非合金钢与加工不锈钢时共用刀具等。还有随着雨水飘来的外来金属微粒也可能落在建筑构件表面（图 2）。在外来金属微粒落脚处形成点状腐蚀点（腐蚀元素）。这类腐蚀称为外来腐蚀。

图 2　非合金钢制成的垫圈在镀锌建筑构件表面导致外来腐蚀

■ **钝化和防腐层的形成**

若干金属的性能并不像金属电压等级所预期的那样（第 492 页图 2）。

例如铝，锌和铬，它们与非合金钢相比，处于左边更远端的位置，就是说，它们是比铁更贱的贱金属。根据电压等级表，这类金属的腐蚀应强于非合金钢。但经验表明，它们的耐腐蚀性能远高于非合金钢。其原因在于钝化和防腐层的形成。

钝化一词可理解为一个仅几个原子层厚的氧原子层堆集在材料表面。它出现在例如铬保护层或含铬的钢种，它使这类材料极具耐腐蚀性（第 495 和第 500 页）。

铝则自身与空气中的氧形成一层薄薄的氧化铝层（Al_2O_3）。这层氧化膜薄且透明，以至于金属表面发出金属光泽。

锌较长时间置于大气环境后形成保护层。锌与空气中的二氧化碳反应，产生一层具有防腐作用的灰白色保护层—碳化锌。

非合金钢轧制的型材也在表面形成一个保护层—轧制氧化皮。这层皮产生于轧制高温时的高温腐蚀。这时形成的 Fe_2O_3 层经过轧制受到压缩，牢固密实地轧压在轧制型材表面。轧制氧化皮暂时保护型材在仓储过程中防止腐蚀进一步发展。

■ **防腐保护措施**

防腐保护措施对于建筑构件的腐蚀具有重要影响。这种防腐保护分为主动与被动两种类型。

所有预防腐蚀发生的保护措施均属于主动防腐保护。例如选择对于计划用途具有防腐特性的材料（参见本页下文）以及选择符合防腐要求的建筑构件和钢结构件的排列位置（结构）（参见第496页）。

被动防腐保护指通过涂覆油漆或金属涂层，将易于引起腐蚀的物质（例如潮湿空气或水）隔离在金属材料表面之外。

26.10.5 根据腐蚀特性选择材料

关于材料腐蚀特性的知识对于金属加工技工具有突出重要的意义。只有在选对指定用途合适材料时，或采取了正确的防腐措施时，建筑构件才能保证其功能和外观的长期寿命。

非合金钢（第463页）较少耐腐蚀。非合金结构钢仅在低于60%空气湿度并加热的室内才具有耐腐蚀性。在外部环境中，这种钢的腐蚀现象很严重。比洁净空气环境中腐蚀更严重的是处于污染废气，工业和海洋空气环境，海水或土壤中的非合金结构钢。

非合金结构钢在外部环境应用时必须采用合适的防腐保护措施（第498页）。

耐气候影响的钢种和适合焊接的细晶结构钢（第464页）属于低合金的，含铬、镍和铜的结构钢。它们可以不采取防腐措施而在露天环境下使用，但仅是有限使用。它们虽然也会腐蚀，但腐蚀损耗速率约低于非合金结构钢四倍，以至于这类建筑构件使用多年后仍能保持其重要功能。但它们遭到腐蚀的外观还是有碍观瞻。不过部分锈蚀的外观却用作建筑风格的造型元素。

耐气候影响的钢种和适合焊接的细晶结构钢制成的，外观尚未出现锈蚀迹象的建筑构件必须采取合适的防腐保护措施（第498页）。

耐腐蚀钢与非合金钢和低合金钢相比，显示出明显得到改善的防腐性能。铬含量至少达到12%和镍含量至少达到8%（例如X5CrNi18-10）的钢在其表面已形成一个钝化层（第494页）。

这种成分组合的耐腐蚀钢可用于室内区域以及空气洁净的露天区域，它们不会锈蚀。工业大气和海洋空气环境中只能使用添加钼和钛元素的耐腐蚀钢种（例如X6CrNiMoTi17-12-2）。

即便这类钢种，随着时间的推移，它们也将遭受侵蚀性物质，如盐溶液或酸的侵袭而形成晶间腐蚀。不正确的加工也能降低耐腐蚀钢的耐腐蚀性能。例如外来金属微粒导致腐蚀元素形成的例子。因此，加工耐腐蚀钢的刀具不允许再用于加工其他材料。

铝和铝合金天然耐腐蚀，因为铝材料表面形成了一个具有防腐保护功能的氧化铝层。通过阳极氧化（501页）可增强天然氧化层，从而提高铝材料的耐腐蚀性能。非合金铝和含镁、锰和硅的铝合金制成的阳极氧化的建筑构件具有良好的耐腐蚀性能。这类铝材料根据阳极氧化程度也可用于工业大气环境和海洋环境的露天用途。耐腐蚀性能较低的是含铜铝合金。

铜对于露天场地的应用具有极佳的耐腐蚀性能。铜表面经过数年时间形成一个保护层，铜锈（碳酸铜）。首先出现的是褐色铜锈，数年后铜锈变绿，极具观赏性。甚至在侵蚀性大气环境中，铜锈的腐蚀损耗速率也极低（每年约5 μm）。铜锌合金（黄铜）以及铜锡合金（青铜）也具有类似的良好耐腐蚀性能（第486页）。耐腐蚀性更佳的是铜镍锌合金（新银）。

　　锌本身是一种贱金属。但它在大气环境中形成一个碳酸锌天然保护层。保护层的作用只是让锌的腐蚀过程极其缓慢。腐蚀损耗速率均匀，根据气候条件的不同为每年 0.25 μm 至 10 μm。因此，锌板（锌化钛）可以用作屋顶盖板，而锌本身可用作钢建筑构件的防腐镀层（第 492 页）。

　　铅在大气环境中也能形成一个氧化铅天然保护层。铅板的腐蚀损耗速率每年为 1 μm 至 4 μm。其特殊之处在于铅对含硫的酸和硫酸均有耐腐蚀性。烟囱出口端的铅板可以耐受家用采暖设备燃气形成的硫酸。

　　铬和镍均为极耐腐蚀的材料。它们用于镀铬和镀镍的原材料。镀铬和镀镍建筑构件还具有装饰性外观，可用于露天环境。

26.10.6　符合防腐保护要求的结构

　　建筑构件符合防腐保护要求的结构造型应能避免产生导致或促使腐蚀发生的条件。例如，这类保护措施能够阻止在建筑构件的某些位置形成积水或聚集潮湿的污物。

　　这些措施也必须能够避免建筑物中由两种不同材料制成的零件相互接触之处产生腐蚀元素。

　　符合防腐保护要求的结构造型中必须注意遵守如下若干基本原则：

- 结构应尽可能少分节。应尽可能采用表面闭合的型材，如选用圆形，正方形或矩形型材［图 1a）］。
- 型材的所有面均必须易于接近，便于采取防腐保护措施，如涂漆等。
- 应避免出现易于积水积尘聚集污物的位置。为此应将型材均向下开放式安放。宜采用倾斜面并预制排水孔［图 1b）］。
- 应避免相邻建筑构件之间出现敞口的空隙和浅槽。如果有要求且有可能，应采用连续的焊缝将其封闭［图 1c）］。
- 焊缝，卷边，弯边不能设计位于具有腐蚀危险的位置。
- 窗户和立面应具有良好的排水和通风以及密封接缝。
- 由不同材料制成的建筑构件应采用隔绝的中间层将两者隔开，避免产生腐蚀元素［图 1d）］。
- 建筑物总装后不易接近的建筑构件，例如固定件，宜选用不锈钢制造。这样，建筑构件可在遭受腐蚀侵袭的状况下仍可保持超过建筑物使用寿命的承重能力。

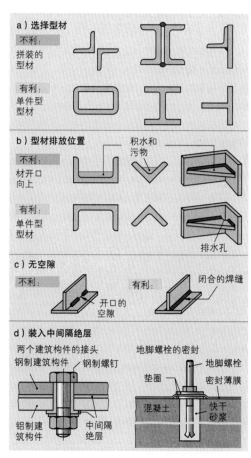

图 1　符合防腐保护要求的结构件造型提示图

26.10.7 钢结构件的防腐保护

由非合金钢制成的建筑构件必须采用防腐保护措施，否则，短时间即可出现腐蚀。这里采取的被动防腐保护措施如下：

1. 热镀锌，必要时再增加一层或两层镀锌层。
2. 防腐保护涂层（涂漆，粉末喷涂保护层），一至四层。
3. 发蓝和发黑处理（传统的防腐保护措施，仅有较弱的保护效果）。

保护措施的有效时长取决于一系列因素，如：

- 待涂层钢材表面认真细致的前期准备
- 符合操作规范的防腐材料涂覆作业
- 选择正确合适的涂层材料
- 钢制建筑构件符合涂层要求的结构造型

26.10.8 钢表面的预处理

污物，油或油脂污损的建筑构件应通过冲洗，热蒸汽吹洗或用洗涤液清洗等方法洗净其表面。

生锈和产生氧化皮的钢建筑构件必须进行除锈处理。最有效的除锈方法是喷砂或喷丸。小型或中型建筑构件在连续运行的设备中喷砂处理（图1）。这种工作场地需穿戴防护服并注意遵守职业协会的相关规定。工作量更大的是使用旋转钢丝刷，打磨机或手工刮刀进行除锈工作。这些除锈工具用于小型建筑构件除锈或用于修缮工作。同样可采用的除锈方法是火焰喷射表面清理法。

焊缝也必须做后续处理：必须清除焊渣残留物和电焊时的飞溅物，用打磨的方法整平有裂纹的焊缝。此外，还需剥去涂层（图2）。

为防止除锈后的建筑构件立即又开始新的腐蚀，除锈后应喷一层薄薄的加工底漆（shop primer）。它可涂覆在焊缝上。

■ 钢表面的标记符号

钢表面的标记采用已标准化名称。

已腐蚀钢表面的初始状态采用从 A 至 D 的锈蚀程度予以标记（表1）。

必须除锈的钢表面所应达到的材质采用表面处理程度 1，2，2½或3予以标记。这些标准均是通过描述和照片对比之后确定的（图表手册）。使用最多的除锈标准是表面处理程度 2½。

举例: 钢建筑构件，其锈蚀程度为 C，现喷砂除锈（Sa），要求达到表面处理程度 2½。

这里的标记符号：C Sa 2½

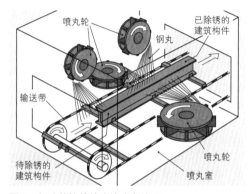

图 1　钢建筑构件的连续喷丸处理

图 2　锈蚀侵袭未按要求处理的焊缝涂层

表1：钢 – 建筑构件的表面		
初始状态， 例如锈蚀程度 C	喷砂除锈后的表面处理程度	
	例如 C Sa 2	例如 C Sa 2½
钢表面完全被锈迹覆盖	疏松的铁锈几乎已经清除完毕	铁锈几乎完全清除

26.10.9 钢建筑构件热镀锌防腐保护

热镀锌（又称热浸镀锌）是最有效且最经济因此也是最常用的钢建筑构件防腐保护措施。这道工序在镀锌车间完成（图1）。除锈后的建筑构件先经过若干个池进行脱脂，酸洗和冲洗，然后浸入灌满液态约450℃熔锌的镀锌池，接着再从池中取出构件。

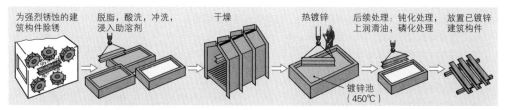

图1 热镀锌的工作流程（单件镀锌）

在钢建筑构件表面保留着 50 μm 至 100 μm 厚的镀锌层，它在一个反应层上面，固着在钢表面（图2）。在腐蚀危险最大的建筑构件边缘区自行形成一个更厚的保护层。

最后，已镀锌的建筑构件通过钝化处理和 / 或涂防锈油。

镀锌层不仅作为钢表面的防腐覆层，它还能隔绝空气和水。通过与贱金属锌形成腐蚀元素（第492页），还对钢建筑构件构成电化学保护。

热镀锌是一种行之有效的防腐措施，其使用寿命可达20至40年。

待镀锌的钢建筑构件的造型必须符合镀锌技术要求：这里优选狭长的和平面的建筑构件，因为这类造型容易镀锌。建筑构件也可以通过焊接或使用镀锌螺钉与建筑主体螺钉连接（图3）。超大型或卷曲的建筑构件无法镀锌。这类建筑构件无法穿过镀锌池（最大 15 m × 2.5 m × 2 m）。

待镀锌的空心钢型材制成的建筑构件必须为每一个空腔至少打两个孔，使液体熔锌可从这些孔进出，并使空腔内的空气能够逸出（图4）。做孔的方法是打孔或切出缺口。

镀锌后建筑构件的放置姿态必须使任何一处都不可能积水。若有积水，积水处将会产生白色的氢氧化锌硬结，又称白锈。

承重建筑构件必须按 DASt 规则 022 款实施热镀锌。否则存在着产生应力裂纹的危险。

已热镀锌的钢建筑构件应尽可能避免焊接作业。如果焊接已无法避免，必须在被焊缝破坏的镀锌层区域通过喷涂镀锌，用镀锌焊料补焊或涂锌粉漆等多种方法再造镀锌层。

热镀锌加上涂漆可达到极长时间的有效防腐保护，这个又称双重保护系统。涂覆油漆之前，必须对镀锌的建筑构件表面进行预处理（酸洗），涂漆也必须使用专用漆。只有通过这样的处理，才能使漆层牢固地附着在镀锌的建筑构件表面。

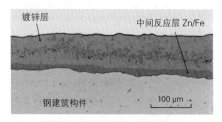

图2 热镀锌建筑构件的表面微观图

图3 热镀锌的盖板接头

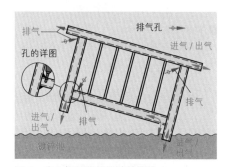

图4 空心框架建筑构件的镀锌

26.10.10 钢建筑构件防腐涂漆

防腐涂漆（又称涂漆或上油漆）是针对钢建筑构件的一种重要的防腐保护。涂漆主要用于无法镀锌的状况（建筑构件过大）或希望建筑构件具有装饰性多色彩的外观时。

防腐涂漆由一层或两层底漆加上一层或两层面漆构成（图1）。

空气纯净地区仅需经受风雨的露天建筑物，它的总漆层厚度至少应达到 150 μm。若处于侵蚀性工业大气环境中，总漆层厚度应达到 250 μm。

涂漆材料（防腐保护漆）主要由液体结合剂和粉末状颜料组成（表1）。混合后的油漆可涂刷和喷涂。醇酸树脂和丙烯酸树脂适用于耐受普通风化作用。氯化橡胶树脂，聚氨酯树脂和环氧树脂均用于侵蚀性环境条件。底漆中的活性颜料，例如锌粉，具有电化学防腐作用。

针对放置于水中或土壤中的钢建筑构件还需添加树脂构成的结合剂和煤焦油或沥青。

防腐漆最常用的涂覆方法是刷子刷漆或喷漆，又称高压喷漆或无空气喷漆（图2）。尤其是首次上底漆时，宜采用刷子涂覆，"可渗入工件表面内部"，表面上所有不平整和裂纹之处均被油漆填充覆盖。涂面漆时，较为经济的做法是喷漆。滚刷和浸渍也可用以面漆涂覆。

预先用磷化溶剂清洗（磷化处理）钢建筑构件表面可使防腐涂漆达到非常优秀的附着效果。

在普通的乡村，城市和工业区环境下，多层防腐涂漆的使用寿命（耐用度）最多可达 25 年。在侵蚀性工业区和海洋大气环境中，则只有 5 至 15 年。

防腐涂漆的使用寿命取决于漆层厚度。随着时间的推移，漆层首先因风吹雨打而降低了寿命。通过测量漆层厚度可确定剩余漆层的厚度（图3）。当剩余漆层厚度低于 120 μm 时，必须重新再次涂漆。

如果已发现肉眼可见的锈迹，则要求局部重新涂漆。

图1 人行天桥的防腐涂漆

表1：涂漆材料的成分		
有大气环境影响因素的结合剂	底漆颜料	置于水中和地下的建筑构件涂漆结合剂
醇酸树脂 丙烯酸树脂 聚氨酯树脂 氯化橡胶树脂 环氧树脂	锌粉 磷酸锌 铝粉 氧化钛	聚氨酯树脂与环氧树脂混合物以及煤焦油或沥青

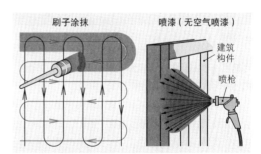

图2 防腐漆的涂覆方法

图3 涂漆的层厚测量

26.10.11 钢建筑构件的阴极防腐保护

阴极防腐保护用于地下填埋管道和油罐以及水下钢制建筑物和船舶制造等方面，它是在沥青隔离涂层基础上附加的防腐措施。其基础是，在建筑构件构成的电路中，建筑构件在电镀元素排列中作为贵金属的阴极。

■ **采用消耗阳极的阴极防腐保护**

待保护的建筑构件通电连接一块贱金属（例如镁）制成的导电板，该导电板埋置在建筑构件附近的地下（图1）。

建筑构件和导电镁板与作为电镀液的土壤湿气共同构成一个电镀元素，这里，钢制建筑构件是贵金属阴极，镁板是贱金属阳极。贱金属随着时间的推移逐渐溶解，因此该阳极又称消耗阳极。阴极钢建筑构件作为贵金属电极（阴极）却保持完好状态，未受腐蚀的损害。

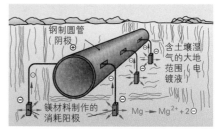

图1 采用消耗阳极的阴极防腐保护

■ **采用外接电流的阴极防腐保护**

待保护的钢建筑构件，例如油罐，接入一个电池的正极作为阴极 $\oplus$，与此同时，石墨阳极（－）接入电池负极（图2）。在施加电压（保护电位）的作用下，钢建筑构件始终是贵金属阳极而受到保护。

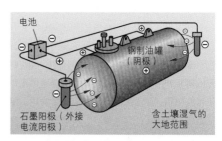

图2 采用外接电流的阴极防腐保护

26.10.12 不锈钢的防腐保护

耐腐蚀钢，例如 X5CrNiMo17-12-2，因其主合金元素铬而拥有一个钝化层（参见第494页）。钝化层不允许受到损坏，或当它受损时必须得到修复。

如果例如建筑构件加工时出现划痕或锐利边棱，这个锐边必须磨圆，划痕必须打磨消除（图3）。这里只需打磨时轻压砂轮机即可，否则会造成局部过高温度而出现氧化色。最后的不平整和氧化色均可通过电抛光予以消除。

为进一步提高建筑构件的耐腐蚀性能，用20%硝酸清洗建筑构件表面，或浸泡在硝酸中。这种措施可形成一个特别稳定的钝化层。钝化处理后的建筑构件必须仔细小心地用水洗去硝酸残留物。

图3 耐腐蚀钢板材边棱打磨

针对因焊接而产生的氧化色和氧化皮，必须实施打磨作业，直至氧化皮和焊缝的不平整处完全消除为止。接着，将已打磨和去色的面用含硝酸的液体或酸洗膏进行酸洗（图4）。它将去除最后还附着的氧化色并形成一层新的钝化层。最后，仔细冲洗干净。

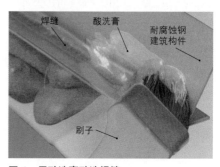

图4 用酸洗膏酸洗焊缝

 注意：使用硝酸工作时务必佩戴面部防护装置，防护手套和防护服。

26.10.13　铝建筑构件的防腐保护

铝材料表面天然附着一层氧化层（Al_2O_3）。但这层天然防腐保护层尚不足够应对露天环境的应用场景，因此必须予以加强。

所有应用于露天环境的铝建筑构件，例如窗户或立面型材，可通过阳极氧化获得一个增强型防腐保护层，或通过涂漆加强防腐保护（图 1）。

阳极氧化是一个多步骤的工作过程：首先预处理建筑构件表面，如打磨，抛光和酸洗。然后悬挂建筑构件放入灌满硫酸或草酸的阳极氧化池，并将构件作为阳极接入直流电（图 2）。这时在建筑构件表面产生原子氧，它与材料发生反应并形成一个氧化铝层：$2\,Al + 3\,O \rightarrow Al_2O_3$。

建筑构件表面产生的是一个厚度为 15 μm 至 30 μm 的防腐氧化层。它在原有的表层上增长约 1/3，另外的 2/3 则深入金属材料内部。这个氧化层也可以上色。最后，通过水中煮沸使阳极氧化层压缩致密。

为防止材料表面受到划痕和水泥以及砂浆的喷溅，经过阳极氧化处理的铝建筑构件表面均贴有保护膜，这层膜直至安装完毕后才撕去。

为铝建筑构件烘漆也是一种防腐保护措施，还可为建筑物增加色彩造型。铝建筑构件烘漆不耐磨，但却具有极佳的化学腐蚀耐受性。

26.10.14　机器的防腐保护

位于车间内的机器也有因潮湿空气而导致腐蚀的危险。机器罩壳和不运动的机器部件可采用涂漆方法进行防腐保护。而运动的机器部件必须保持金属的表面亮泽，以满足其顺畅的运动功能要求。这些部件的防腐保护需按照维护保养计划实施定期的清洁并涂润滑脂或润滑油（图 3）。导轨，滑轨，机器主轴，齿轮和滚动轴承等运动部件需涂抹一种防腐保护油脂或实施润滑。螺纹，螺钉连接和可拆卸零件等只需上油润滑即可防止固体锈蚀。

图 1　阳极氧化的立面和屋顶材料

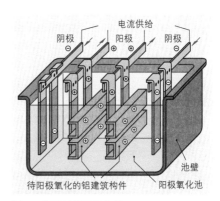

图 2　窗型材的阳极氧化

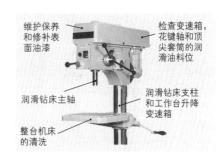

图 3　一台钻床的防腐蚀保护

知识点复习

1. 请描述潮湿钢建筑构件表面遭到腐蚀时铁锈的形成过程。

2. 请列举两种腐蚀元素并解释那里所发生的腐蚀过程。

3. 不锈钢表面穴状锈蚀的原因是什么？

4. 如何理解接触腐蚀这个词？

5. 请列举影响建筑构件腐蚀的两个因素。

6. 建筑构件有哪些腐蚀特性？

7. 如何理解钝化这个词？

8. 哪些钢种适宜用于露天环境且不做防腐保护？请列举实例。

9. 铝材料的腐蚀特性是什么？

10. 表面处理度的作用是什么？

11. 钢建筑构件的热镀锌过程是如何进行的？

12. 如何对一个已完成加工的耐腐蚀钢建筑构件进行钝化处理？

13. 铝建筑构件的阳极氧化由哪些工作步骤组成？

26.11　塑料

塑料是人工制造的有机材料。它的主要原材料是石油，天然气和煤以及其他原始材料。这些原材料经过化学转化过程，即合成过程，制造出塑料。塑料称为有机材料是因为它的组成成分是有机碳化合物或有机硅化合物。

26.11.1　塑料的特性和用途

塑料在技术上具有非常重要的意义。它在许多应用领域中成功地排挤掉传统材料，并继续占领新的应用领域。

塑料多方面的可应用性源自它固有的特性以及根据需要制造具有极为特殊性能塑料的众多可能性。现有塑料品种繁多，各具特色，如硬质的，坚固的，有回弹性能的，还有软的，具有橡胶弹性的，甚至还有可塑性形变的，可浇铸的等，不一而足。此外，大部分的塑料都是价廉物美。

所有的塑料都具有共同的，影响其应用的，典型的特性：

典型特性	》》》	由此而产生的应用可能性	
低密度 大部分为 0.9～1.5 kg/dm³，少数最大可达 2.2 kg/dm³	》》	运输容器： 桶，罐，瓶 轻型建筑构件： 波纹板，薄膜，罩壳	油箱　　工具箱　　薄膜
可变的机械性能：从坚硬，坚固至软和类似橡胶	》》	硬塑料：机器零件，齿轮，配件，型材 软塑料：软管，泡沫材料，密封件	齿轮　　软管　　泡沫材料
良好的可成形性和易加工性 可发泡 可上色	》》	复杂形状的建筑构件，如齿轮，配件，小型零件，家用物品，运动器材，机壳	机壳　　门配件　　桶
隔热和低温绝缘（尤其作为泡沫材料）	》》	隔热材料，低温绝缘材料，衬层材料，包装材料	隔热板　包装填充物　管道隔热外包材料
非导电体 （绝缘）	》》	电子元件，如插头，插座，工具的绝缘把手，电缆包皮，机壳	绝缘件　绝缘把手　电缆包皮
耐腐蚀，部分耐受化学侵蚀	》》	化学药品容器，罐，管道，防腐保护涂层，建筑物防水保护	容器　防护手套　涂层

塑料还有一些有限的性能：

- 塑料耐热性差（大部分塑料仅耐热至150℃）；
- 部分塑料可燃，可被溶剂溶解；
- 与钢铁相比，塑料强度很低。

26.11.2　塑料的制造和内部结构

塑料的制造分为两大步骤（图1）：

1. 用原材料（例如石油）制造具有反应能力的初级产品。这些初级产品由极少原子组成的分子构成（小分子）。

2. 通过化学反应将初级产品转化为塑料。这里，成千上万的小分子结网联接构成巨大分子（巨分子）。

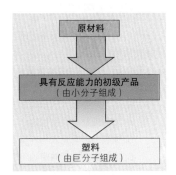

图1　塑料制造过程（示意图）

小分子堆积而成巨分子是根据不同的反应机理进行的。

聚合反应产生延伸很长的线状巨分子（图1左）。这种塑料称为聚合产物。

> **举例**：乙烯 C_2H_4 的小分子通过聚合反应生成聚乙烯 – $(CH_2)_n$ – 的巨分子。

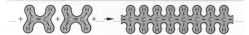

缩聚反应和加聚反应产生巨分子，这种巨分子在许多点位相互连接构成一个空间网（图1右）。这种塑料称为缩聚产物或加聚产物。

缩聚产物：聚酯树脂，聚酰胺树脂。

加聚产物：环氧树脂，聚氨酯树脂。

26.11.3 工艺分类

根据塑料的内部结构和加热时的特性，可将塑料划分三个组：热塑性塑料，热固性塑料和弹性塑料。

热塑性塑料由非交联的线状巨分子构成（图2）。室温下热塑性塑料坚固坚硬。加热超过 100℃后开始变软，可轻易加工变形。继续加热，塑料变成糊状，最终变成液态。冷却时的变化过程与加热相反：重新变得又硬又坚固。

> 热塑性塑料加热后即变软。它具有热成形性和可焊接性。

热固性塑料在制成状态下由小网眼交联的巨分子构成（图2）。它在室温下坚固坚硬，但加热仅略微改变其机械性能。这种塑料不会变软。但强烈加热后它会分解。

> 热固性塑料不会变软。它不具有热成形性和可焊接性。

弹性塑料由大网眼交联的巨分子构成（图2）。在力的作用下这种塑料可延伸至其原长度的数倍，去除负荷后，它可重新恢复至原状：它具有橡胶弹性。加热后弹性塑料变软，但不会变成液态。因此，这种塑料具有有限的热成形性，但不具备可焊接性。

> 弹性塑料具有有限的热成形性，但不具备可焊接性。

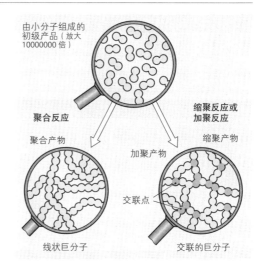

由小分子组成的初级产品（放大 10000000 倍）

聚合反应

缩聚反应或加聚反应

聚合产物

加聚产物

缩聚产物

交联点

线状巨分子

交联的巨分子

图1 塑料的化学合成法

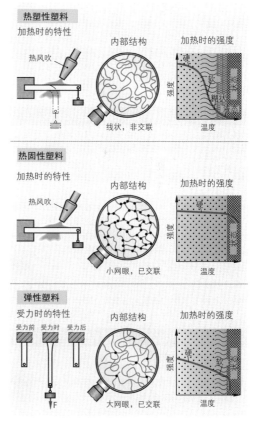

热塑性塑料

加热时的特性

热风吹

内部结构

加热时的强度

线状，非交联

温度

热固性塑料

加热时的特性

热风吹

内部结构

加热时的强度

小网眼，已交联

温度

弹性塑料

受力时的特性

受力前 受力时 受力后

内部结构

加热时的强度

大网眼，已交联

温度

图2 各组塑料的内部结构和它们加热时的典型特性

26.11.4　热塑性塑料

热塑性塑料是产品范围最为广泛且应用数量最多的塑料组。采用这种塑料可加工制造日常用品，管道，机器和设备的零件以及建筑构件。这种塑料的加工成本低廉，而且易于加工。

聚乙烯（PE）和聚丙烯（PP）		
商业名称： Hupolen Hostalen Lucalen Novolen	**性能：** 无色至奶白色；光滑，表面具有滑动性 密度：约 0.92 kg/dm³ 可耐受洗涤剂，油，油脂，酸和碱，溶剂可使之泡胀。 使用温度：最大至 80℃ 软 PE：软，皮革韧性 硬 PE：僵硬，韧硬	**典型用途：**  桶，油罐　　　　软管

软 PE：密封带，薄膜，软管，柔性管
硬 PE：管道，容器，油罐，水管，桶，矮桶，啤酒桶，大桶

聚氯乙烯（PVC）		
商业名称： Vinoflex Vinidur Vinuran Hostalit	**性能：** 无色至奶白色 密度：约 1.35 kg/dm³ 可耐受油，油脂，酸和碱，溶于三氯乙烯和四氯化碳 使用温度：最大至 65℃ 硬 PVC：硬，难以破碎	**典型用途：**  排水管　　　　窗型材

硬 PVC：窗框，排水管，屋檐，波纹板，焊接的大型机壳
软 PVC：密封条，软水管

聚苯乙烯（PS）与聚苯乙烯共聚物（ABS，SAN）		
商业名称： Polystyrol **聚苯乙烯共聚物：** Styroflex Styrolux Lustran ADS Bayblend **聚氯乙烯硬泡沫材料：** Styropor Styrodur	纯聚苯乙烯质脆，因此其使用性有限。通过混合其他塑料初级产品制成初级聚苯乙烯，这种材料已克服纯聚苯乙烯的脆性。这种所谓的聚苯乙烯共聚物又称为抗冲击聚苯乙烯。根据混合物添加量的不同，可分别制成 SAN 苯乙烯（苯乙烯－丙烯腈共聚物），SB－苯乙烯（苯乙烯－丁二烯共聚物）和 ABS 苯乙烯（丙烯腈－丁二烯－苯乙烯共聚物） **性能：** 无色，透明，玻璃般透亮，质硬，断裂时支离破碎。 密度：约 1.05 kg/cm³ 可耐受稀释的酸，碱和盐溶液 不耐受溶剂 可发泡制成密度为 20 kg/m³ 硬质泡沫材料	**典型用途：**  安全头盔　　　　对讲机 （ABS 共聚物）　（ABS 苯乙烯）

纯聚苯乙烯：观察窗玻璃，汽车后灯
聚苯乙烯共聚物：机壳，灯罩，安全头盔
聚苯乙烯硬质泡沫材料：隔热/隔寒包装材料

聚酰胺（PA）		
商业名称： Durethan Ultramid	**性能：** 奶白色，材料表面具有滑动性并耐磨。因品种不同质地从韧至硬不等。 密度：约 1.14 kg/dm³ 高硬度：最高可达 70 N/mm² 可耐受弱酸和弱碱，溶剂，汽油，油。 可纺制成抗拉线绳	**典型用途：**  推拉门滑轮　　　接合榫护套

用途：门把手配件，齿轮，轴承套圈，滑轨，凸轮盘，导轮，手工钻机机壳，接合榫护套
聚酰胺纤维：绳索，起重吊带

有机玻璃（聚甲基丙烯酸甲酯 PMMA），聚碳酸酯（PC）

商业名称：	性能：	典型用途：	
Acryglas（有机玻璃）；Plexglas Polycarbo-natglas（聚碳酸酯玻璃）：Makrolon Apec	玻璃般透亮，日晒不褪色，无光学变形的玻璃片 硬和韧，难以破碎 密度：约 1.18 kg/dm³ 可耐受弱酸和弱碱，盐溶液，汽油和油。 可耐受气候影响因素	 天窗　　 空腔板	栏杆和运动大厅的安全（PMMA）（PC）玻璃，淋浴间，防护眼镜，防碎裂玻璃，体育馆和大厅屋顶

聚四氟乙烯（PTFE）

商业名称：	性能：	典型用途：	
Teflon Fluon	奶白色，材料表面具有滑动性，软和韧，耐磨耗，极佳的耐化学药品性能，耐温范围动 −150℃至 +280℃ 密度：2.2 kg/dm³ 相对较贵	焊接件表面涂层 密封环　　 滑动涂层	小型滑动轴承的套筒导轮，主动轮，密封环，导轨和加热元件的滑动涂层，外壳，润滑剂

26.11.5　热固性塑料

热固性塑料可作为已硬化的制成品供货，例如油罐、建筑构件和机壳，或作为液态初级产品供继续深加工，例如作为维修树脂、油漆或黏接剂。液态初级产品涂覆在建筑构件表面后会硬化。

不饱和聚酯树脂（UP）

商业名称：	性能：	典型用途：	
Palatal	无色，玻璃般透亮，良好的黏附性能，良好的可浇铸性能。根据不同的制造方法，质地从硬弹性至软弹性不等 密度：1.2 kg/cm³ 可耐受许多化学品和溶剂。可纺制成线	 波纹板（加玻璃纤维的 UP）　　 建筑型材（加玻璃纤维的 UP）	纯树脂形式：黏接树脂，维修树脂和油漆树脂黏接树脂用于玻璃纤维增强型聚酯树脂建筑构件作为纤维形式：过滤器滤布，绳索

聚氨酯树脂（PU）

商业名称：	性能：	典型用途：	
Baydur Bayflex Desmopan Elastopo	无色至蜜黄色。其质地根据交联度分为：硬质，韧软直至软和橡胶弹性。良好的黏接性。密度：1.26 kg/dm³ 可耐受弱酸和碱，溶剂。可发泡	 机壳　　 隔热材料	液态形式：黏接剂，油漆固体零件：弹性轮泡沫材料：隔热板，填充泡沫

环氧树脂（EP）

商业名称：	性能：	典型用途：	
Araldite Epikote	无色至蜜黄色，质地硬韧，强度大。良好的黏附性能，良好的可浇铸性。极佳的化学品耐受性。 密度：1.2 kg/dm³	化学品罐（EP 加玻璃纤维）　　 双组分黏接剂	纯环氧树脂形式：黏接树脂，浇铸树脂，油漆树脂纤维增强型树脂形式：用于侵蚀性液体的罐，船体

26.11.6 弹性塑料

弹性塑料又称弹性体，橡胶，可制作成制成品形式供货，如密封件或软管。也可以膏状状态供货，例如接缝填充材料。制成品已硬化，初级产品则在涂覆后硬化。

苯乙烯－丁二烯橡胶（SBR）

性能：
根据含硫量不同，质地从硬弹性至软橡胶弹性不等。弹性相对较低，耐磨耗，物美价廉

橡胶锤

典型用途：
汽车轮胎，橡胶锤，缓冲器，止挡器，橡胶弹簧，密封环，轴环，软管

氯丁二烯橡胶（CR）

性能：
突出的弹性体性能，抗老化
商业名称：
Neopren
Baypren

弹性排气软管

典型用途：
波纹软管，成型密封件，外壳，涂层

丁烯橡胶（IIR），乙丙三元共聚橡胶（EPDM）

性能：
突出的弹性体性能以及空气，燃气和水蒸气等 极低的气体通透性，良好的气候影响因素耐受性和化学品耐受性

窗框型材密封件

型材密封件横截面

典型用途：
窗框和其他建筑型材密封件，立面密封薄膜，电缆外包皮密封件，轴环，软管

26.11.7 塑料在建筑金属结构中的特殊用途

大量工程材料和辅助材料应用于建筑金属结构的特殊用途之中，其中部分是或完全是塑料或塑料初级产品。

■ 黏接剂

现代化黏接材料是特殊的塑料制备产品。接触黏接剂由一种橡胶类的塑料成分，例如 SBR 橡胶，CR 橡胶或 PU 橡胶，与一种稀释成可涂抹形式的溶剂组成。它在涂覆和溶剂挥发后形成黏接效果，例如黏接窗户的角件（图 1）。

双组分反应型黏接剂建立在热固性弹性塑料的基础上，例如环氧树脂，聚氨酯树脂和不饱和聚酯树脂。它由两种组分组成，黏接前直接混合，且必须在反应型树脂有效使用时间内完成所有黏接步骤。

图 1 黏接窗户角件

■ 密封薄膜

密封薄膜用于密封平板屋顶，用于阻止水的渗入。这种薄膜必须绝对水密。它由织物增强沥青毡带或厚约 3 mm 的聚乙烯毡带组成。

密封建筑物防止空气侵入的密封薄膜，例如顶楼房间屋顶或窗户接头，这些位置易于使热量随穿堂风流失。但它们又能使空气湿度从室内逸出，避免因湿气聚集产生凝露水或形成霉菌。为此采用特殊的，可使水蒸气穿透逸出的，厚度约为 1 mm 的聚乙烯薄膜，或多层这类薄膜。

图 2 屋顶密封采用水蒸气可穿透逸出的密封薄膜

■ 接缝密封胶

采用接缝密封胶可封闭伸缩缝和安装缝。这类密封材料是一种纯塑料制品，或与填充材料混合的塑料制品，如硅橡胶（SIR），聚硫橡胶（SR）或聚氨酯树脂（PU）等。密封材料以手工胶筒形式供货，并带有一个可伸入接缝内的喷嘴（图1）。密封胶从胶筒挤压出来之前，先在喷嘴处与一种硬化剂或发泡剂混合。喷出后涂抹在接缝处，密封胶由原先的膏状接缝密封胶凝固成为一种橡胶类或泡沫材料类的密封带。

图1　接缝密封胶

■ 泡沫材料

泡沫材料由一种小蜂窝状塑料组织组成，塑料组织内90%或更多的是充满空气的空隙空腔。它的密度仅为5至10 kg/m³。

条状泡沫材料采用聚苯乙烯（商业名称：Styropor，Styrodur®）或热固性塑料聚氨酯（商业名称：Baymer®）制成。

软弹性泡沫材料由弹性聚氨酯（商业名称：Bayfit®）制成。

泡沫材料的主要应用领域是隔热（图2）和走动噪声的隔音。

图2　隔热泡沫材料成型件

■ 金属零件的涂层材料

金属零件的涂层材料，口语称之为油漆，主要由一种溶剂稀释的塑料与颜料组成（图3）。

使用最多的是醇酸树脂漆和丙烯酸树脂漆。用于特殊目的的还有氯乙烯漆和氯化橡胶漆以及聚氨酯树脂漆，环氧树脂漆和硅树脂漆。涂漆后，溶剂挥发，留下的塑料涂层材料硬化并形成一个相互关联的涂层。它保护涂漆的建筑构件免受腐蚀的侵袭（第499页）。

图3　油漆颜料罐

■ 建筑物保护性涂漆

墙体内外涂漆和装饰性涂漆是丙烯酸树脂和醇酸树脂为基础的塑料/水扩散物（图4）。它们又称塑料胶乳。其中可以混合加入颜料和颗粒状矿物质。涂漆在墙体表面形成一个雨水，但该层又能使水蒸气穿透逸出（透气性良好）。硅树脂成分改善涂漆的防水作用。

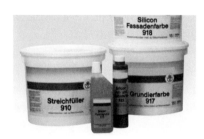

图4　墙体涂漆和装饰性涂漆

■ 快干砂浆和混凝土

固定墙体和混凝土内的钢筋部分时采用快干砂浆和混凝土（图5）。它们由砂浆或混凝土基体与一种人工树脂添加剂组成。这种材料遇水后仅几分钟即已硬化，以至于建筑构件必须在极短时间内固定完毕，例如采用螺丝夹钳。混合添加的人工树脂是甲基丙烯酸盐树脂（MMA），不饱和聚酯树脂（UP），环氧树脂（EP）或聚氨酯树脂（PU）。

重负荷膨胀螺栓（第177页）构成的复合锚固也采用人工树脂砂浆固定。

图5　使用快干砂浆安装

26.11.8　塑料制品的继续加工

塑料继续加工的可能性取决于塑料的类型以及温度。图 1 展示了硬 PVC（聚氯乙烯）的实例。

1. 最高至 75℃：在热状态下使用建筑构件并进行切削加工。

2.120℃至 140℃：成形在热弹性状态下进行。这只在热塑性塑料制品出现，因此，只有这类塑料才能加工成形。

3.150℃至 180℃：热塑性塑料的成形和焊接在热塑性状态下进行。

分割，切削加工。薄塑料板可进行直接切割，较厚的塑料板或型材只能采用锯切方法才能分割。后续处理工作由手工进行，例如精锉，粗锉或锯，可使用特殊成型刀具。机床切削加工，如钻、车和铣，仅适用于硬质塑料。切削加工条件必须严格遵守塑料制造商的产品说明。

■ **热塑性塑料半成品的热成形加工**

这类半成品裁切加工的加热温度最高只能达到其热塑性状态，然后夹紧成形工装并加工至所需形状（图 2）。然后让工件冷却，直至完全硬化为止。

热焊接时，用热风加热焊接区并使之液化（图 3）。同时液化的焊接添加材料也与焊缝边融合成一体并填满焊缝。

加热元件焊接时，将待焊接的建筑构件压在加热板上使其接缝面融化（图 4）。然后抽出加热元件，并紧压已融化的接缝面。

黏接。可溶性热塑性塑料可达到良好的黏接连接效果，如 PVC（聚氯乙烯），PMMA（有机玻璃）和 PS（聚苯乙烯）。非可溶性热塑性塑料如 PE（聚乙烯），PA（聚酰胺）和 PTFE（聚四氟乙烯）实际上是不能黏接的。

热固性塑料和弹性塑料均具有良好的可黏接性。例外的是：硅树脂。

黏接时务请遵守制造商的黏接工作规范。

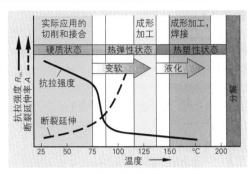

图 1　硬质 PVC（聚氯乙烯）的加工范围

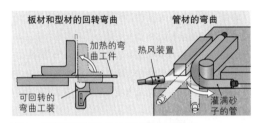

图 2　热塑性塑料半成品的弯曲成形加工

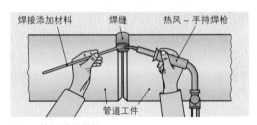

图 3　管材的热焊接

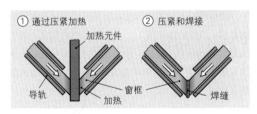

图 4　窗框的加热元件焊接

知识点复习

1. 塑料有哪些典型特性？

2. 塑料可分为哪些组？

3. 哪些塑料可进行热成形加工和焊接？

4. 聚氯乙烯（PVC）的用途是什么？

5. 请列举三种热固性塑料？

6. 哪些塑料可用作窗框型材的密封材料？

7. 密封薄膜有哪些类型？

26.12 复合材料

复合材料指两种或两种以上的单个材料组合成一个新材料。

这种材料组合的原则也见诸自然界，例如木材，它就是由木纤维成分加结合剂成分组合而成的。人类早期也利用过组合建造的优点：人类发明了例如麦秆增强的黏土砖。

现代技术中的重要复合材料是玻璃纤维增强型塑料，钢筋混凝土，硬质合金（参见第491页），磨具或三明治型建筑构件。

复合材料中组合的材料都是性能相符的材料，这样才能使复合材料具备两种单个材料的优势性能，并压住单个材料的弱势性能。

复合材料的划分按照其原始单个材料的几何形状进行（图1）。

纤维增强型复合材料由嵌入基体材料的纤维组成。

举例：玻璃纤维增强型塑料。

微粒增强型复合材料由一般为韧性的基体材料内嵌入不规则形状的微粒组成。

举例：硬质合金，模压塑料

层压和结构型复合材料一般为分层结构，由两层或更多层不同材料组合而成。

举例：加中间塑料层的铝板，石膏 – 硬质泡沫材料 – 板。

图1 复合材料

26.12.1 纤维增强型复合材料

玻璃纤维增强型塑料，简称为GFK，它集合玻璃纤维的高抗拉强度和刚性与塑料的韧性和良好的可成形性构建成为一种新的材料。两种单个材料的低密度缺点在复合材料中得到克服。

因此，玻璃纤维增强型塑料成为一种轻型建筑材料，密度为1.8 kg/dm³，它具有令人侧目的高强度。这种材料在建筑业中加工成板材，型材，管材和平板等形式（图2）。此外，还可用这种材料加工制作机动车和飞机零件，机壳和风力发电机转子。

纤维增强型水泥（商业名称：Eternit）用于加工制造屋顶盖板，立面板，管材，容器和植物栽培桶（图3）。它的强度可达从硬木至岩石类的强度，具有最佳的气候条件耐受性和腐烂坍塌耐受性以及天然岩石的特性，例如石板岩或砂岩特性。这里的增强纤维是玻璃纤维和塑料纤维。

旧纤维水泥波纹板含有石棉纤维。由于石棉具有损害健康的作用，现在已经禁用石棉纤维增强型水泥。含石棉纤维的旧材料必须拆除并作为特殊垃圾进行处理。处理时必须佩戴防护面具，避免吸入石棉粉尘。

图2 玻璃纤维增强型塑料用作屋顶盖板的波纹板

 石棉纤维增强型水泥不允许进行切割打磨！

图3 纤维增强型水泥制成的屋顶盖板

钢筋混凝土是一种数百年前已经开始使用的钢筋增强型复合材料（图1）。置入的钢条（钢筋）使建筑构件具有高抗拉强度。混凝土作为基体材料赋予建筑构件抗压强度和刚性以及很大的重量。

钢筋混凝土建筑构件长使用寿命的前提条件是钢条周边足够的混凝土厚度。

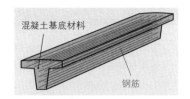

图1　钢筋混凝土制成的桥梁支梁

26.12.2　微粒增强型复合材料

模压塑料由热固性塑料模料加入细微粒形状的填充料微粒（例如岩石粉末，木屑）加工制成。与未增强的普通热固性塑料相比，它的强度性能得到明显提高。用这种材料加工制作配件，机壳，杠杆，把手，电子组件等（图2）。

磨具由锐利边棱的硬质材料颗粒（白刚玉，碳化硅）与塑料结合剂或陶瓷结合剂压制而成（图3）。磨削时，磨料颗粒具有切削作用，而塑料结合剂将磨料牢固黏接。

硬质合金由淬硬的碳化物微粒与韧性金属基底材料钴结合而成（491页）。硬质合金的硬度接近于碳化物，但它同时还具有韧性。

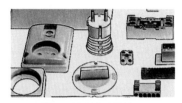

图2　模压塑料制成的零件

图3　硬质材料制成的磨具

26.12.3　层压和结构型复合材料

多层材料和结构型复合材料指将多种具有优良性能的材料集成到一个建筑构件中。

石膏硬质泡沫复合板具有良好的隔热性能，可用作内墙壁纸装饰材料。

由矿物棉／铝薄膜／塑料薄膜制成的屋顶隔热板同时具有良好的隔热性能和水蒸气密封性能（图4）。

屋顶纸板是一种复合建筑材料，由多层沥青浸渍纸板或毛毡组成。为保护纸板不受磨损，硬纸板的外边是一个砂层。

工厂车间屋顶镶板和墙壁镶板由两个钢板组成的天花板模板构成，中间填充的是聚氨酯硬质泡沫或压制的矿物棉黏接而成的硬板（图5）。这种系统建筑构件质轻，形状稳定，隔热，它的商业名称是：例如 Hoesch-Isowand®。

钢支梁－钢筋混凝土复合材料由例如钢支梁与梯形型材组成，梯形型材用现场混凝土与钢条配筋浇注成盖板制成品（图6）。钢支梁和钢筋网垫在复合材料中的作用是增强抗拉强度。梯形型材的作用是盖板，它创造出一个铺设动力管线的通道。混凝土是建筑物的基底材料，其作用是牢固黏接和抗压强度。

汽车轮胎也是一种复合组件。它由橡胶混合物加最高达20%的烟尘颗粒以及置入的塑料织物和钢丝制成。烟尘微粒改善橡胶的耐磨性能，塑料织物和钢丝则增强轮胎的强度和稳定性。

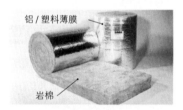

图4　岩棉制成的隔热条

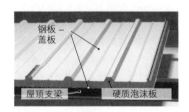

图5　天花板镶板

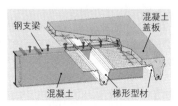

图6　钢筋混凝土复合盖板

26.13 辅助材料

辅助材料的作用是使机器无摩擦地顺畅运行，或用于加工建筑构件和对建筑构件处理或使用前的准备工作。

■ 润滑材料

润滑材料的任务是减少两个相对运动的零件之间的摩擦和磨损。在运动零件之间有一层润滑材料层在移动。这个润滑材料层可使机器零件运行轻便灵活，延长机器或建筑构件的使用寿命。

润滑油用于润滑机器零件和封闭机箱内的轴承，例如加工机床的变速箱（图 1）。

润滑油最重要的性能是黏度（黏滞性）。它作为一个特性数值发布，从低黏度（类似于水）的小数值至高黏度（类似于蜂蜜）的大数值。

使用最多的润滑油是矿物油。为改善矿物油的抗老化性能，防锈保护性能以及防摩擦性能，需加入某些添加剂（活性剂）。

对机器的每一个润滑点均应使用机器制造商推荐的润滑油。润滑油采用特性标志命名，这个标志贴在润滑油容器和机器润滑位置上（参见右边举例）。

润滑脂是润滑油与肥皂的膏状混合物（图 2）。润滑脂用于必须长期保持润滑的位置（免维护），或仅偶尔才运动一下的部件，例如铰链和锁具。

润滑脂的特性标志由一个（三角形或菱形）符号组成，该符号内填写一个标记字母和一个稠度指数数字（参见举例）。

固态润滑材料。最重要的固态润滑材料是石墨粉（C），二硫化钼（MoS_2）和聚四氟乙烯（PTFE）。它们由小片状具有滑动性能的粉末微粒组成，它们在润滑间隙内相互滑动。固态润滑材料主要用于那些仅偶尔运动一下的部件，例如圆柱锁具或 HV 螺帽。此外，还给固态润滑材料添加润滑油或润滑脂，目的是保证其防摩擦性能（自润滑）。

滑石粉（滑石）也可用作润滑材料。它在橡胶与金属之间产生轻便灵活性，例如型密封件与铝框架之间。

■ 冷却润滑材料

冷却润滑材料在切削加工时向切削点提供足量液流（图 3）。它降低切削刀具与工件之间的摩擦并通过自身的流动性带走切削产生的热量。

冷却润滑乳浊液是矿物油，添加剂与水的混合液，外观看似牛奶。此类乳浊液用于钻削，车削和锯切这些特别需要冷却作用的加工方法。

切削刀具润滑油（大部分是矿物油）在攻丝或铣削时用于降低摩擦。

图 1　变速箱机油

矿物油基润滑油

N 150	符号：正方形 举例：普通润滑油（N）， 黏度特性数值 150
合成润滑油	符号：矩形
E 68	举例：合成酯类润滑油 （E），黏度特性数值 68

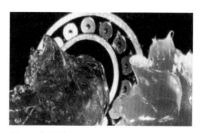

图 2　润滑脂

矿物油基润滑脂

K 3 N	符号：三角形 举例：润滑脂类型 K，稠度 指数 3，使用温度范围 N

图 3　钻孔时的冷却润滑材料

■ **清洁剂**

清洁剂用于清除污物，以及用于建筑构件的脱脂和去油，例如对防护保护涂层之前的涂层区域实施前期处理。

水基清洁剂由水与添加的洗涤活性物质组成（表面活性剂）。用手工刷子或压力喷枪将清洁剂涂抹在建筑构件表面，或使用清洗设备。对于普通污损程度的建筑构件，这样的操作已能达到足够的清洗程度。

有机清洁剂（溶剂）用于消除顽固的油或润滑脂残留物以及涂层材料（油漆）残渣，建筑构件上的密封泡沫材料或黏接剂等残余物，例如向窗框空腔灌入泡沫材料或防腐涂层后。

现在已有种类众多化学溶剂物质：松节油，漆溶剂，清洗汽油，酒精（丙醇），甘醇，丙酮，酯和硝基碳氢化合物。它们均是有机溶剂，但均不含氯化烃（CKW）。

商业常见溶剂（又称清洗剂）常根据用途由一个或多个上述溶剂组成（图1）。

清除未凝固变硬的颜料或油漆残迹适宜采用松节油基溶剂，溶漆剂和硝基碳氢化合物（硝基清洗剂）。它们也用于稀释涂层材料和油漆。

未硬化的装配泡沫材料和由聚氨酯、氯丁橡胶和环氧树脂组成的黏接剂残迹宜使用丙醇和甘醇基溶剂清除。

图1　清洁剂（溶剂）

消除颜料，泡沫材料和不明成分黏接剂的残留物，以及清洗工作设备一般使用上述多种溶剂的混合物。它们又称通用清洗剂。

涂层材料（油漆），泡沫材料和黏接剂制造商均会提供对其产品适用的清洁剂。出于保证清洗效果的原因，建议使用制造商推荐的清洁剂。

> ➜ 　有机溶剂易燃，可燃且危害健康。使用有机溶剂的工作现场不允许抽烟，不允许使用明火，工作场地必须通风良好。

含氯化烃（CKW）的清洁剂，如三氯乙烯（Tri），四氯乙烯（Per）和四氯甲烷（Tetra）均具有强烈的健康危害性（致癌），已不允许继续使用。

■ **酸洗剂**

酸洗剂由酸溶液组成，用于侵蚀金属表面。

钢建筑构件，例如在热镀锌之前，短暂浸泡在稀释盐酸池内（参见第498页），目的是为镀锌留下一个光亮的金属表面。

耐腐蚀钢制成的建筑构件在磨削和焊接之后用硝酸溶液酸洗，目的是产生一个新钝化层（参见第500页）。

■ **发蓝剂和发黑剂**

发蓝和发黑均为金属表面蒙上一层颜色并产生一定的防腐保护作用。

发蓝处理时，钢建筑构件悬挂浸入水性溶剂池，此类溶剂由氰铁酸钾与氯化铁组成。构件浸泡至出现所需的棕色为止。

发黑处理时，将炉温锻件浸入亚麻油槽，然后放入锻工火中燃烧。接着刷擦工件表面并涂抹防腐保护油。

> ➜ 　酸洗，发蓝处理和发黑处理工作时必须佩戴防护眼镜和工作服。

26.14 玻璃和玻璃建筑构件

玻璃是现代化管理大楼和商务大楼决定外观的重要材料（图1）。

大楼外立面的主要部分均铺装玻璃。也许这是因现代玻璃的性能所致：

- 玻璃表面对气候影响因素的耐受性；
- 隔热涂层玻璃的高隔热性能；
- 玻璃表面有选择的透视度和镜面效果。

图1　现代化大楼的玻璃立面

■ 平板玻璃的制造

玻璃是由组成玻璃的矿物材料制成的透明的产品。

制造玻璃的初始材料是由75%的石英砂（SiO_2），15%的纯碱（Na_2CO_3）与15%的石灰（$CaCO_3$）组成的混合物。

玻璃的工业化熔融在一个长度达50 m的巨大玻璃熔窑炉内进行（图2，图左边部分）。原始混合物料在炉的一端连续加料。炉温下，玻璃原料熔化融合成为玻璃液，并在继续加热的状况下以黏稠状液体向前流动，直至炉的另一端。定向吹向熔融物的燃烧火焰继续加热玻璃液。在炉子的取料端，熔化的玻璃以黏稠液体状玻璃液从炉内流出，并流向成型辊。

平板铸造玻璃。从玻璃熔窑炉流出的黏稠液态玻璃流穿行在两个水冷成型辊之间并逐渐轧出所需的玻璃板厚度（图2，图右边部分）。呈现退火红色的玻璃板现在流向冷却隧道，玻璃在这里缓慢冷却。由此制造的平板铸造玻璃是透明的，但并不清晰，透光没有变形。通过不同表面结构轧辊便可制造出不同类型的平板铸造玻璃（514页）。

窗玻璃和镜玻璃。这种玻璃必须清晰透明，透射光线无扭曲变形。这些性能必须采用特殊的平板玻璃制造法才能达到：浮法玻璃制造法（该词来自英语的float，意为流动）。采用此法制造玻璃时，从成型辊出来的火红色玻璃带进入一个温度约为600℃的液体锡金属池（图2）。

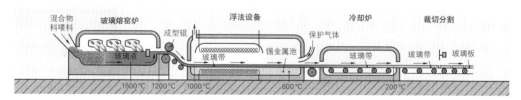

图2　采用浮法制造窗玻璃和镜玻璃（示意图）

池内，黏稠液态的玻璃液在锡池上面游动展开（$\rho_{玻璃}$ = 2.5 kg/dm³，$\rho_{锡}$ = 7.3 kg/dm³），构成一块两面均完全平整且无光学变形扭曲的玻璃表面。在锡池超过60米长度上，玻璃带缓慢冷却降温至400℃。接着，玻璃带进入冷却炉，然后进行裁切分割。

玻璃的性能。玻璃最重要的性能是透明度，根据玻璃类型的不同，各类玻璃的透明度也不相同（图1）。玻璃的密度达到2.5 kg/dm³。它是一种良好的电气和热量的绝缘体。室温下，玻璃质地硬脆且易碎成碎片。玻璃在700℃时开始软化，从1000℃开始可轻易成形。

■ 平板铸造玻璃类型

平板铸造玻璃应用于需要良好透光度，清晰透明但又不希望透视或过度透明的地方：卫生设施使用范围的窗户，大楼入口，门和分隔墙等。

毛坯玻璃是一种铸造玻璃，光滑但略显浑浊的表面。

装饰玻璃的表面具有强烈的结构化倾向，除装饰性作用外，还有防眩光和大幅度光散射作用。

嵌丝玻璃内含嵌入的钢丝编织网，当玻璃破碎时，钢丝牵拉碎片使之不会散落，防止玻璃碎片伤人并有阻止非法侵入的作用（图1）。

仿古玻璃通过给玻璃液添加颜料，玻璃熔液的不完全脱气，给玻璃轧制表面缺陷，给玻璃修整出"仿古"效果。

图1　嵌丝玻璃

■ 窗玻璃和镜玻璃

按浮法制造的平板玻璃完全平整光滑，平行表面。其透光清晰无扭曲变形。这类玻璃主要用作窗玻璃。玻璃单面镀层后，便加工制成镜子。

由于现在建筑对隔热保护要求的提高，用单层玻璃板为窗户配装玻璃的做法已经不再允许。

如今常见用法是预制多层隔热玻璃，其结构是，两层或三层玻璃板，还有玻璃板之间空间灌充的气体和薄如蝉翼的玻璃表面涂层（图2）。这种玻璃结构的透光度达到70%至80%。

这已近似于第20章窗户一节所述的玻璃建筑物和特种功能玻璃（自第359页起）。

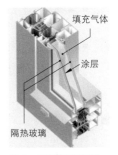

图2　双层隔热玻璃

■ 安全玻璃

栏杆玻璃和暖房屋顶玻璃板均由安全玻璃构成。单层安全玻璃经过热处理，使之硬度增强。这类玻璃只能通过强力冲击才会破碎成为小碎片。多层安全玻璃（复合玻璃）由采用透光塑料薄膜黏接在一起的两层玻璃板组成。玻璃打破后，黏接薄膜将玻璃碎片仍粘在一起。一块复合玻璃板也可与另一块玻璃板组合构成隔热玻璃。

图3　防火破璃

■ 防火保护玻璃

防火玻璃可耐受一定时间的火焰侵袭而不会破裂形成火焰扩散至其他空间的缺口（图3）。防火玻璃由多层复合玻璃组成，例如4层薄玻璃板，其中3层用不易熔化的特殊薄膜黏接在一起。发生火灾时，薄膜阻止玻璃板爆裂，并通过玻璃板层间的破裂延缓火势的继续蔓延。

■ 玻璃砖

玻璃砖是边长20 cm至30 cm，厚度最大为10 cm的空心玻璃体。用砂浆将它们与固定安装的透明窗户组装在一起（图4）。这种结构提供隐私保护和隔音保护（降噪程度可达40分贝）和防火保护（最高达60分钟）。

图4　玻璃砖

知识点复习

1. 复合材料结构的特点是什么？

2. GFK（玻璃纤维增强型塑料）由何种材料制成？

3. 磨具由什么材料制成？

4. 钢筋混凝土建筑构件中配筋的功能是什么？

5. 如何理解黏度一词？

6. 润滑脂由什么成分组成？

7. 何时使用固体润滑材料？

8. 通用清洁剂有何作用？

9. 窗玻璃采用什么方法制造？

10. 为什么不允许住宅房间使用单层玻璃板？

26.15 材料检验

材料检验的任务主要有二:

求取材料性能 例如:强度,硬度,可锻性	从中得到材料可负荷性能和使用可能性的提示。
检测已制成建筑构件的材料缺陷,如裂纹,杂质,孔	找出建筑构件上的缺陷并能够消除它。

26.15.1 工艺检验方法

工艺检验方法的主要目的是对一种材料或半成品在某指定用途或加工方法方面的性能检验和总体判断(图1)。

扩锻试验检验钢材的可锻性。试验时将一块平面试样加热至火红色,用手工锤的锤头将试样锻打至原宽度的1.5倍。这时不允许出现裂纹。

焊缝检验用于判断焊缝质量。检验时,锤击一个焊接试样使之弯曲直至断裂。这时评判试样断口组织和可能出现的焊接缺陷。

工艺弯曲试验(弯曲试验)用于检验钢材料和焊缝的成形能力。试验时,将试样夹在一个弯曲工装内使之弯曲,直至出现裂纹。这时测量弯曲角度。如果没有出现裂纹,接着折叠试样。

往复弯曲试验检验钢制板材和带材多次弯曲的性能。试验时,往复弯曲试样(需统计次数),直至出现裂纹。

图 1 工艺检验方法(节选)

26.15.2 Charpy 缺口冲击弯曲试验

缺口冲击弯曲试验的目的是,检验一个材料试样遭受连续打击后的断裂特性。从试验中可获取一个材料的韧性特性信息。

实施试验。将一个标准化试样的两端夹紧在一个摆式冲击试验装置的底座上(图2)。释放摆锤使之沿一个弧形轨迹落下,在水平方向打击试样,直至击穿试样或受底座牵拉变形。这时摆锤停止运动:击穿或打击变形韧性材料试样所需打击能量更多,而平整顺利地击穿脆性材料试样所需打击能量更少。

显示仪器上可直接读取试验所需的冲击功。冲击功作为试验结果给出,单位:焦耳(J)。

一次检测举例: $K_U = 74\,J$(缺口冲击功 74 J,普通试样,U 形缺口)。

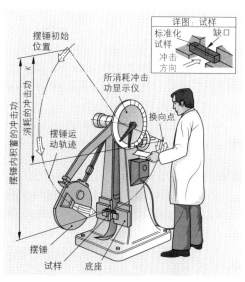

图 2 Charpy 缺口冲击弯曲试验

26.15.3　硬度检验

硬度检验用于确定材料硬度。硬度一词可理解为材料给予压入材料表面检验体的抵抗力。

■ 布氏硬度检验

硬质合金球以预选定检验力 F 在 10 至 15 秒内压入受检试样并求出球体产生的压痕直径 $d = (d_1 + d_2) : 2$（图 1）。

经查表可计算得出硬度值。现代化检验仪在显示屏上直接显示硬度值（图 4）。

布氏硬度值是一个缩写名称，它由硬度值，布氏硬度识别字母 HBW 与检验条件组成（参见右边举例）。

布氏硬度检验适用于软质或中等硬度的材料。

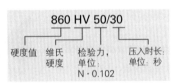

320 HBW 2.5/187.5/30

硬度值　布氏硬度　检验球直径，单位：mm　检验力，单位：$N \cdot 0.102$　作用时长，单位：秒

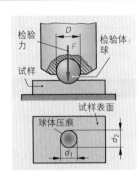

图 1　布氏硬度检验

■ 维氏硬度检验

四边平底金刚石棱锥体的尖部（锥尖角度 136°）以预选定检验力在 10 至 15 秒内压入受检试样，然后测量棱锥体压痕的对角线（图 2）。采用计算对角线平均值 d 的方法 $d = (d_1 + d_2) : 2$ 计算硬度值并显示出来。

维氏硬度的缩写名称由硬度值，维氏硬度识别字母 HV 与检验条件组成（参见右边举例）。

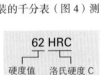

860 HV 50/30

硬度值　维氏硬度　检验力，单位：$N \cdot 0.102$　压入时长，单位：秒

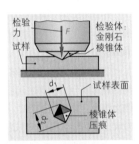

图 2　维氏硬度检验

■ 洛氏硬度检验

平底金刚石锥体或硬质合金球以指定检验力压入受检试样，然后撤销检验力（图 3）。检验体留下一个"压入深度"。用检验仪配装的千分表（图 4）测量压入深度，由此得出的数值便是洛氏硬度值，该值以数字形式显示出来。

检验硬质材料时使用金刚石锥体，锥尖角度为 120°（HRC 和 HRA 检验法）。检验软质材料时使用硬质合金球（HRB 和 HRF 检验法）。

洛氏硬度值的缩写名称由硬度值和识别字母组成，例如 HRC。

62 HRC

硬度值　洛氏硬度 C

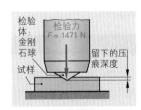

图 3　洛氏硬度检验

■ 硬度检验仪

多种不同的硬度检验一般都使用通用硬度检验仪（图 4）。此类硬度检验仪由一个高度可调的试样支架，检验体夹持器和发力系统组成。在一个麻面玻璃板上可测量布氏硬度检验和维氏硬度检验后放大的检验体压痕。测量结果输入仪器，仪器计算硬度值并以数字形式显示出来。

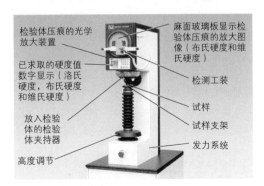

检验体压痕的光学放大装置

已求取的硬度值数字显示（洛氏硬度，布氏硬度和维氏硬度）

放入检验体的检验体夹持器

高度调节

麻面玻璃板显示检验体压痕的放大图像（布氏硬度和维氏硬度）

检测工装

试样

试样支架

发力系统

图 4　通用硬度检验仪

26.15.4　拉力试验

拉力试验用于确定一种材料在拉力负荷下的机械性能数值。

实施试验：将一个标准化拉力试样的端部放入检验仪夹头夹紧（图1）。启动检验仪：检验仪横梁带动上部夹头开始缓慢并始终向上运动，使拉力试样承受逐步增加的拉力负荷。在拉力作用下，拉力试样被拉长，开始时并没有肉眼可见的横截面变化。一段时间后，试样某处被拉成长条并最终断裂（图2，上部）。拉力试验过程中，检测方向是作用于拉力试样棒的拉力 F 的作用方向和试样的拉长长度 ΔL 的拉长方向，检测必须连续进行。

检验仪计算单元用拉力试样的检测数据（L_0，S_0）按照公式 $\sigma = F/S_0$ 计算拉应力 σ，按照公式 $\varepsilon = D_l/L_0$ 计算断裂延伸 ε。

计算单元显示屏在一个曲线图表上连续显示应力数值及其所属的断裂延伸数值。从这里可获取应力－断裂延伸曲线图（图2，下部）。

材料特性数值。未淬火钢的应力与断裂延伸在初始范围成比例上升。应力 σ 与断裂延伸 ε 之间的这个比例关系称为霍克定律：$\sigma = E \cdot \varepsilon$。

恒定系数 E 称为弹性模量。它是材料刚性的衡量尺度。

在 S 点之后，σ–ε–曲线围绕着一个中位数值波动。在这里，拉力试样被保持恒定不变的拉力拉长，它被"延伸了"。这个应力称为屈服强度 R_e。该数值可从曲线表中读取，或用拉力和距离 F_e 和拉力试样横截面 S_0 计算得出。

$$R_e = \frac{F_e}{S_0}$$

应力－断裂延伸－曲线图中的最大数值称为抗拉强度 R_m。从曲线图表中可直接读取抗拉强度的数值，或用最大拉力 F_m 和拉力试样横截面 S_0 计算得出。

$$R_m = \frac{F_m}{S_0}$$

试样断裂后仍保持的断裂延伸称为断裂延伸率 A。用试样延长长度 ΔL_{Br} 可计算得出该数值。

$$A = \frac{\Delta L_{Br}}{L_0} \cdot 100 \%$$

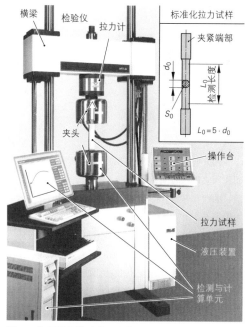

图1　使用通用检验仪进行拉力试验

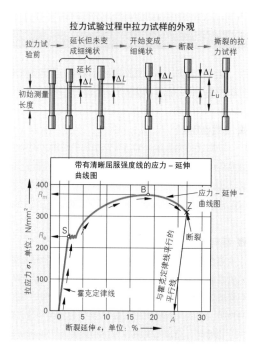

图2　拉力试验中的拉力试样和未淬火钢 S235JR 的应力－延伸曲线图

举例： 某钢拉力试样，横截面 $S_0 = 50.26$ mm²，所受拉力达到 17850 N 时开始拉长，拉力达到 28150 N 时断裂。初始测量长度 $L_0 = 40$ mm 的试样在断裂后仍保留的拉长长度达到 $\Delta L_{Br} = 8.8$ mm。

现在需计算该钢材的屈服强度，抗拉强度和断裂延伸率。

屈服强度：$R_e = \dfrac{F_e}{S_0} = \dfrac{17850\ N}{50.26\ mm^2} = 355\ \dfrac{N}{mm^2}$；　抗拉强度：$R_m = \dfrac{F_m}{S_0} = \dfrac{28150\ N}{50.26\ mm^2} = 560\ \dfrac{N}{mm^2}$

断裂延伸率：$A = \dfrac{\Delta L_{Br}}{L_0} \cdot 100\ \% = \dfrac{8.8\ mm}{40\ mm} \cdot 100\ \% = \mathbf{22\ \%}$

淬火钢以及铝和铜材料的应力–断裂延伸–曲线图表中的屈服强度线没有这么清晰（图 1）。它们的应力–断裂延伸–曲线在开始时持续上升，达到最高值后又持续下降，未出现拐点。由于这些材料缺失屈服强度，对此引入一个 0.2% 屈服点 $R_{p0.2}$（简称屈服点）代替屈服强度。这是一个拉应力数值，达到这个拉应力数值时拉力试样断裂，但在断裂后仍继续延伸 0.2%。这个 0.2% 屈服点是通过与应力–断裂延伸–曲线初始段平行的线段继续延伸 0.2% 来确定的。该平行线与应力–断裂延伸–曲线的交点产生数值 $R_{p0.2}$（图 1）。

这些材料的曲线最高点的应力也是它们的抗拉强度 R_m。

$$R_m = \frac{F_m}{S_0}$$

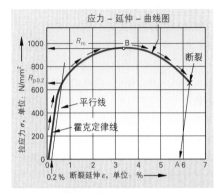

图 1　无清晰屈服强度线的应力–延伸曲线图（钢 34CrMo4）

26.15.5　无损伤检验方法

这种检验方法不需要提取材料试样，也不会对建筑构件造成损伤。无损伤检验法的任务是，检验建筑构件和焊缝是否无缺陷，以此保证运行安全和建筑构件的安全。

■ 渗透检验法

采用这种称为颜料渗透检验法和毛细渗透检验法可检验出通达建筑构件表面的最细的发丝裂纹。给待检建筑构件表面喷涂或涂覆稀液状颜料（一般是红色）。在毛细作用下，颜料被现有的发丝裂纹吸收。接着，彻底除去或洗去建筑构件表面的颜料。并在建筑构件表面喷涂一种具有吸收能力的白粉（显影剂）层。白粉吸收已渗入发丝裂纹的颜料残余并在白粉层相应位置显示颜色，例如红色。

■ 超声波检验

超声波检验用于检验建筑构件和焊缝内部的裂纹，杂质和空腔。这种检验法建立在超声波物理特性的基础上，即高频声波（超声波）可穿透固体材料，并在建筑构件缺陷处发出回波。超声波检验仪可随身携带，它由一个超声探头与一个带有显示屏的计算器组成（图 2）。

检验时，超声探头放在建筑构件表面。碰到材料缺陷和建筑构件后壁后超声波返回（回波），回波仅需几微秒即可达到装有回波接收器的超声探头。探头内将超声回波转换为电子信号，并向便携式显示仪发出可视的脉冲信号。从显示屏上脉冲的形状和间距可确定材料缺陷的类型和位置。

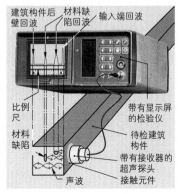

图 2　一个建筑构件的超声波检验

焊缝检查是超声波检验的一个重要应用领域（图1）。由于焊缝不平整的表面，采用普通超声探头检验将会出现很多错误，所以这里需使用有角度的超声探头。探头在指定角度向工件内部发出超声波。碰到建筑构件后壁超声波返回并从另一边穿透焊缝。为检验全部焊缝，超声探头在平行于焊缝的条状区域内做锯齿状回转运动。用这种方法可检出焊缝内各种不同类型的缺陷。

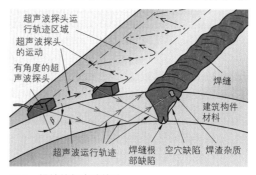

图 1   焊缝的超声波检验

■ 采用伦琴射线和伽马射线实施透视检验

透视检验主要用于检查焊缝和铸件。这种检验的理论基础是伦琴射线和伽马射线可以穿透钢的物理特性：伦琴射线可穿透最厚达 80 mm 的钢，伽马射线的穿透能力最厚达 200 mm。

透视建筑构件时，射线因材料的厚度不同而造成不同程度的衰减，最后照射在一张置于建筑构件后面的胶片上，形成建筑构件的透视照片。在这张照片上，建筑构件的缺陷表现为一个斑点。

伦琴射线检验时，将建筑构件置于伦琴射线发射管的射线通道（图 2）。

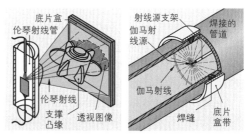

图 2   支撑凸缘的伦琴射   图 3   焊缝的伽马射线检验
          线检验

伽马射线检验时，放射源（一般为放射性钴60）放置在可使胶带上形成透视图像的位置（图 3）。

    注意：伦琴射线和伽马射线均能导致严重的健康损害。

26.15.6   金相试验

金相试验使材料的纤维走向和组织成为可视。

为进行金相检验，需切割一片待检材料并打磨切割面，然后抛光，接着用含酸液体侵蚀。最后所得称为打磨 – 组织显微图（图 4）。

宏观组织图制作的目的是，例如检验焊缝缺陷（左图）。未放大的焊缝组织依然可见。但材料的微观组织若不在金属显微镜下观察，是看不见单个晶粒，晶界和不同组织成分的（右图）。微观显微观察用于例如检查钢在热处理时的组织变化。

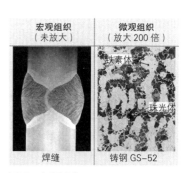

图 4   金相试验

知识点复习

1. 材料检验的任务是什么？

2. 火花定碳法用于检验什么？（译注：原文没有述及这个内容）

3. 拉力试验得出哪些材料特性数值？

4. 屈服强度表明什么，它的计算公式是什么？

5. 如何实施扩锻试验？

6. 哪一种硬度检验法即可用于软质材料又可用于硬质材料？

7. 如何用超声波检验焊缝？

8. 微观组织显微图显示出什么？

26.16　材料和辅助材料 – 环境和健康保护

为一个建筑构件选择材料，或为某个指定任务选择辅助材料，这些选择首先均必须遵循这个原则：材料或辅助材料鉴于其物理性能和材料技术性能能否很好地满足它们的功能。

除此之外，还需检验材料和辅助材料是否能被环境接受，是否危害健康。

只允许制造、加工和清理不危害健康同时也不危害环境的材料和辅助材料。

26.16.1　材料和辅助材料的使用

采用成本高昂的制造方法才把蕴藏于自然界中的原材料制造成为材料和辅助材料。

例如，铸铁，钢和铝的材料采用烧煤或用电的方式通过反应从矿石中提炼出来（图 1）。

例如，塑料或润滑材料和冷却润滑材料通过许多步骤的化学合成方法从石油和其他许多化学原料中提取出来（图 2）。

从原材料中提取材料和辅助材料的这些初级制取过程需耗费大量的能源，耗能始终与显著增加环境负担密不可分。

初级制取过程的高耗能尤为明显地出现在铝和铜材料的制取过程（图 3）。

但从废旧金属中制取金属的过程能耗则明显低于上述过程的能耗（循环利用材料）。

循环再制取，例如铝和铜，这个过程的能耗仅及它们初级制取过程能耗的约 1/8。

环境负担。金属的初级制取过程产生大量废气，烟尘，泥浆和废渣，造成严重的环境负担。造价不菲的废气清理设备将材料制取设备排入大气的废气和烟尘浓度降低至令人可以接受的程度。而清理废渣和泥浆又必须建造垃圾填埋场。

节约使用材料和辅助材料，并在使用之后再次利用（循环利用）是对环境保护重要的贡献。

节能材料和辅助材料减轻环境负担，因为这样可以取消废物清理和清理所需耗费的能源以及由此造成的环境负担。

图 1　炼铁造成的环境负担

图 2　塑料生产设备

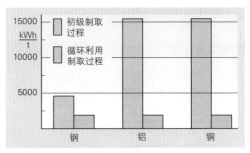

图 3　制造各种不同材料的吨能耗

26.16.2   金属加工企业的循环利用与清理

金属加工企业中存在着大量建筑构件以及材料与辅助材料的循环利用可能性。下面是一个窗框和门框以及铝制立面构件的材料循环利用实例（图 1）。

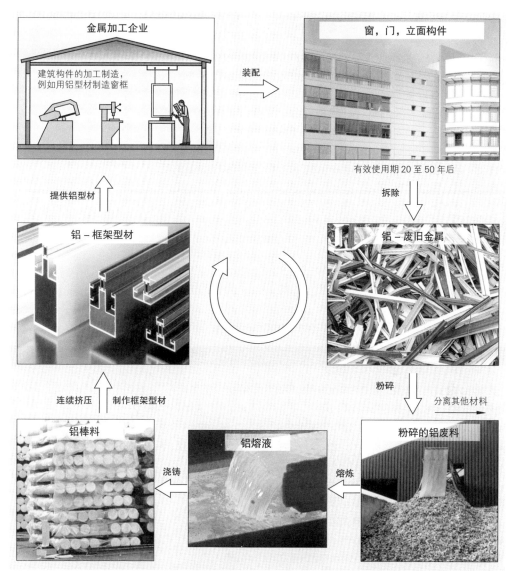

图 1   窗框和门框以及铝制立面构件的材料循环利用

建筑构件有效使用期限过后，以及在改建和修缮大楼后，堆积着大量不再使用的铝框架型材。将这些铝废料收集，粉碎，熔炼，浇铸成铝棒料并再次回到框架型材连续挤压生产线上。

这样的材料循环几乎可以 100% 地利用回收废料，用回收旧材料完全可以用更低的能耗和更低的环境负担制造新的、高品质的建筑构件。

金属废料是我国最大的和最具经济价值的原材料宝藏。

除此之外，金属加工企业还有其他材料循环利用的领域。

金属加工废料，例如下脚料，切屑和废品，可收集并售卖给废品收购商，投入材料再利用的循环之中。

达到相应的数量，将材料按照材料组分类收集更具有意义：

非合金钢	耐腐蚀钢	铝材料	铜材料

预分类的废品实际上可比未分类的金属废料卖出更高的价格。

即便对于许多金属加工企业使用后的辅助材料，也有许多循环利用的渠道：

冷却润滑材料，例如，钻床，铣床和车床切削加工过程中使用后的冷却润滑材料。

使用后的旧油，例如，润滑油，浸满油的抹布，维护保养机器流下的润滑油。

颜料残渣和常见防腐保护措施中使用过的溶剂和酸洗剂。

所有这些材料必须首先分类收集在专用容器内，最好交给它们的制造商或这些废旧材料制备或清理的专业企业。对于这些废旧材料，其制造商有回收的义务。这样可降低清除成本。

使用后的冷却润滑材料，旧机油和溶剂均属于特殊垃圾，不允许随意丢弃下水道系统，自然水体和土壤中。必须将它们收集，循环利用或进行符合专业要求的清理。

使用和处理材料和辅助材料时应遵循如下措施顺序：

1. **避免**：理智地选用材料和辅助材料将尽可能少地产生垃圾和旧材料。
2. **循环利用**：分类收集垃圾，废金属，用过的材料和辅助材料并输送给循环利用。
3. **清理**：移交已进行符合专业要求清理的无法循环利用的废弃材料。

26.16.3 避免有害物质

比清理更好的是避免。通过对环境有利的转换方法避免产生有害物质。这类做法不仅有利环境，同时也使企业节约了大笔清理有害物质所需的费用。下文列举几种避免有害物质的可能性：

金属零件的脱脂。表面处理之前，例如油漆或热镀锌之前，必须为金属零件脱脂。现在虽然禁止，但仍有部分使用所谓的冷清洗剂的个例。它们是氯化烃（CKW），如三氯乙烯（Tri），四氯乙烯（Per）和四氯甲烷（Tetra）。它们对环境和人体健康均具有强烈的损害作用。

金属零件的脱脂也可采用零件穿过工业清洗机内清洗溶剂的方法。清洗溶剂由水与清洗活性物质（表面活性剂）组成。这些清洗溶剂可像家用洗涤剂一样排入下水道。

金属建筑构件涂层。许多金属建筑构件必须涂覆防腐涂层（第492页）。这里使用的是涂覆材料（油漆）。油漆的选用必须参照环境保护的观点。含溶剂油漆涂漆时应使用挥发性溶剂，减轻油漆对环境造成的压力。通过换用不含溶剂油漆还可以避免溶剂对大气造成的环境负担。

涂漆方法也可以转换为无溶剂涂漆法。

保护环境的涂漆方法，例如静电粉末喷涂或将加热的建筑构件浸入塑料粉末的流化床（流化床涂覆法）。涂覆后，塑料粉末牢固地粘附在建筑构件表面，通过加热与涂层熔合为一体。溶剂挥发不会对环境造成任何损害。

26.16.4　金属加工中危害健康的物质

虽然全力以赴地替代危险物质，但在金属加工企业中仍必须继续使用若干危害健康的物质。

为在使用这些物质工作时避免对健康造成危害，必须采取预防措施并严格遵守职业协会要求的操作规范。危害健康的物质可分为现场毒性和长期毒性。

■ 现场毒性

这类物质在吸入或接触后直接触发对健康的损害。

金属零件酸洗时所使用的酸和碱：皮肤接触这类物质立即导致皮肤损伤，吸入它们的蒸气将刺激呼吸道。因此，工作时的防护眼镜，防护手套和防护服必不可少。工作场地必须配装空气抽风或足量排风的相关设备。

焊接废气和焊接粉尘：这些废气中含有毒性气体，例如一氧化碳 CO，以及含铬，镍，钼，锰和锌等重金属的烟尘。

含铅和镉的蒸气：这类蒸气产生于软钎焊时，具有高毒性。

焊接和钎焊时，工作场地必须通风良好或配装空气抽吸设备（图 1）。

淬火盐（氰盐）：它用于淬火盐浴池，具有高毒性。工作时不允许进食和饮水。工作间必须配装空气抽吸设备。

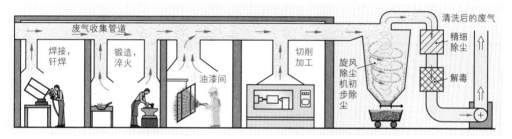

图 1　含毒性和有害健康蒸气和粉尘

■ 长期毒性

它对健康的危害经过长时间的发展才会发作，但即便是极微量的浓度也能造成长期危害。因此，必须严格控制工作场地空气中有害健康物质的最高浓度：AGW 数值（工作场地极限值）。

氯化烃（CKW），如三氯乙烯（Tri），四氯乙烯（Per）和四氯甲烷（Tetra），以及油漆中的若干溶剂，它们都有严重的致癌性。因此，三氯乙烯，四氯乙烯和四氯甲烷的 AGW 数值，例如不允许超过 50 ppm，ppm 是英语 part per million 的缩写，意为百万分之几。50 ppm 指工作场地空气中，每百万空气微粒中的有害物质微粒含量不允许超过 50 个。而无论任何地方，应完全取消氯化烃（CKW）及其溶剂的使用。

氯化烃（CKW）及其溶剂不允许接触皮肤，也不能吸入体内。

车床和铣床高速切削加工时会产生冷却润滑乳浊液的雾气。这类雾气的内容物除油之外，还有一系列添加剂（活性剂），例如为避免腐蚀、润滑油固化、泡沫形成、稳定等使用的添加剂。呼吸时，这类雾气有损健康。因此，必须通过对机床配装罩壳和抽吸设备等措施将加工产生的雾气抽吸干净（图 1）。

已不再允许使用含石棉的建筑材料和制成品，因为它们严重危害健康。拆除旧的含石棉建筑构件时，例如含石棉的波纹板，必须穿防护服，佩戴呼吸防护装置。拆卸时，应尽可能避免产生粉尘（不用分割锯）。拆卸废物应使用专用垃圾袋收集和清理。

知识点复习

1. 为什么循环利用旧铝窗框很有意义？

2. 如何处理使用过的冷却润滑材料和旧机油？

3. 选用油漆时应注意什么？

4. 焊接和钎焊时应采取哪些保护健康的预防措施？

总结性作业：选择楼梯栏杆材料

订单：为一家百货商店大楼楼梯制订楼梯栏杆计划。

金属加工企业也包括在该计划之中并将贡献他们的金属加工经验以及材料科学知识。

任务：检验多种材料的应用可能性，对即将采用的材料类型及其结构做出推荐。

前提条件：订单发出者已对楼梯的造型结构做出一般性描述。

现有实例：楼梯栏杆应给人以亲切，轻巧和富有装饰效果的印象，但不能奢华炫耀。栏杆应坚固结实，便于维护且使用寿命长。订货价格应尽可能具有经济性（图1）。

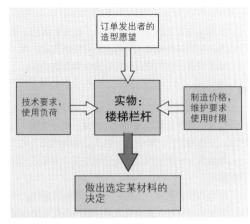

图1　影响建筑构件选材的因素

■ 栏杆结构的可能性

楼梯栏杆可采用不同材料制作出不同结构。每种材料都有它自己的特性和优缺点（表1）。

表1：用于楼梯栏杆的材料性能（节选）				
材料	造型效果	维护成本 长使用寿命	价格	特殊性能
木头	有居家气息和装饰性	要求约每3年一次定期清整	有利	可燃
非合金钢（油漆或发蓝）	实心，坚固	要求约每3年一次定期涂漆	有利	可能生锈
耐腐蚀钢	亲切友好型，质轻，有装饰效果	要求约每2年一次彻底抛光	价格上升	特别结实，易于维护
铝（阳极氧化）	明亮，质轻，有装饰效果	要求约每2年一次彻底抛光	价格上升	轻型结构，易于维护

■ 推荐

经过彻底甄选各种材料的优缺点后推荐选用下述结构：

楼梯栏杆由耐腐蚀钢（高级不锈钢）制成的系统建筑构件组成，采用聚碳酸酯玻璃板做栏杆中间挡板。通过系统建筑构件制造商实例向订单发出者做出说明（图2）。

■ 解释说明：

1. 耐腐蚀钢由于强度高而使其结构苗条轻盈。这种材料外观亲切，具有较好的装饰和务实效果，此外，这种材料易于维护，可保持长期光亮的外表。

2. 采用系统建筑构件可保证有利的制造价格。

3. 栏杆中间挡板采用不易碎的聚碳酸酯玻璃板，优点是透明，优美雅致，安全牢固，易于维护，使用寿命长。

图2　为一家百货商店推荐的楼梯栏杆结构

27 交流与演示

27.1 交流

交流是人类共同生活的基础，其作用是人与人之间的信息交换。

> 人际之间的信息交换称为交流。

描述人际之间的交流有着许多不同的可能性。原则上可区分为在哪一个层面上的交流（交流层面）和以何种方式进行交流（交流类型）。

为描述交流过程需使用交流模式。除此之外还需确定，在一个交流框架内的参与者将采取何种交流战略（交流战略），以期不受干扰地进行交流或排除交流时出现的干扰。

27.1.1 交流层面

两个人之间的交流在两个层面上进行。那么两个人之间进行了信息交换，与此同时，两个人之间还存在着某种关系。第一个层面称为交流的内容层面。第二个层面称为交流的关系层面（图1）。

> 交流在两个层面进行，内容层面和关系层面。

内容层面的交流是至少两个人之间进行的纯信息交换。通过获取新的信息，相互关联和对已知旧信息的对比，可让人检查他手头现有的信息并继续扩展新的信息（求知欲）。

关系层面的交流是从已交换信息中得出的结论。交流的关系层面用于建立两人之间的情感联系，巩固并改善这种联系。

图1 交流层面

27.1.2 交流类型

人类交流可分为两种交流类型。交流可使用语言进行。这就是言语交流。

但人类也可以通过其他形式如肢体语言进行交流，这就是所谓的非言语交流。

> 人类相互之间的交流可分为言语交流和非言语交流。

非言语交流中占绝大多数的是肢体语言交流。

属于非言语交流的还有：

- 外部现象（例如护理动作，剃须）
- 服装（例如整洁，服饰风格）
- 体态（挺直身板或含胸缩背，身体的张紧度）
- 走路的类型
- 手势语（例如手插在裤袋内，胸前抱臂）
- 面部表情（例如露齿而笑，梦想）
- 语言的语调表述如
  - 重音
  - 音量
  - 音区
  - 语速

大声坚定的语调表示自信和自知；轻声柔和的语调表示矜持，信任和理解。

由于我们人类的肢体语言发挥着如此大的作用，以至于我们交流时总是使用它，即便是有时我们什么也没说，我们的身体已经告诉我们了一切。

举例：

　　某次产品演示会结束后的提问环节，报告人耸着肩，背对与会者。所有到会的人都觉得，这个报告人对自己的产品没有把握。报告人已无法让他的听众继续相信他的产品。

　　人不能不会交流（Watzlawick）[1]

实际上，言语交流和非言语交流在同时使用，图 1 照片所示。

图 1　交流层面

1）Watzlawick，保罗·瓦茨拉维克，心理学家，社会学家和哲学家，他研发出一种在其身后才知名的交流理论。

在人们相互的理解中，语言不是最重要的。比言语交流更重要的是信息的其他部分，是肢体语言，是非言语交流。言语交流范围在信息交流中仅占有很小的比例，而交流信息的绝大部分属于非言语交流范围。

举例：

工长从培训学员手中取回一个零件，说："这可真是一个顶尖产品。"如果没有后续的其他信息，我们不能说，这句话表达的是一种诚挚的表扬，表明培训学员确实交出了一份极佳的产品，或这里表达是一种讽刺式的批评，表明培训学员交出的是一份糟糕透顶的产品。

交流的大部分是通过肢体语言，仅有很小一部分交流是通过口语表述的词汇。

27.1.3 交流模式

正如前文所及，人际交流是多方面的，实际交流中存在着数不清的交流方式。为更好地描述交流过程，需采用一种模式。一种极为著名的交流模式是发出者–接收者模式（图1）。发出者一词可理解为表述并发出某个信息的人。接收者一词可理解为收到这个信息的人。在发出者–接收者模式中，信息又称消息。

为解释信息需要模式。最著名的交流模式是发出者–接收者模式。

图1　交流模式

27.1.4 交流中的问题

只要交流能够无障碍地顺畅进行，交流者之间就不会产生什么问题，但交流过程中出现阻碍却是常态。这就是人际之间出现纠纷的症结所在。

正确理解他人的话语在大部分情况下非常简单，但更为困难的是共同理解消息中的剩余部分。

在这个理解过程中，对于信息发出者和信息接收者而言，除智力之外还有其他重要因素，如注意力，人际交往知识和移情能力等。正是因为这个交往过程要求如此之多的社会能力，导致在这方面不断地出现误解。当接收者对所接收信息的理解偏离了信息发出者的原意，误解便出现了。因此，信息的发出者和接收者均需为一次成功的交流负责。

举例：

马库斯一天漫长的职业培训已经精疲力竭，几乎无法跟上最后一个小时的报告。他躺在椅子上，几乎已经完全丧失了对身体的控制力，抑制不住地哈欠连天。报告人在报告接近尾声时问与会者："大家是否还有兴趣，我再给大家播放一段有趣的录像，我们把报告会时间略微拉长一点，好吗？"马库斯想要表现得礼貌得体一点，他说："好吧，是挺有趣的……"报告人把这句话理解为一个清晰的"是"并开始播放录像。马库斯倍感失望，对报告人十分生气，因为马库斯的本意是更想坐上回家的地铁。报告人现在也许可以播放录像并说出他想要表达的，但马库斯却没能达成他的愿望。

就信息发出者而言，避免误解可采取下述措施：

- 发出清晰和单义的信息。
- 确定对方没有正确理解（实施反馈，提出反问，解释误解）。

如果发出者想要通知接收者某些信息，当接收者认为出现误解的责任都应由发出者承担，那么什么措施也没用。任何一种形式的误解都会影响相互之间的合作并阻止接收者达成自己的目标。因此，接收者出于为自身利益着想，也应对信息的正确理解担负责任。

所以，就信息接收者而言，避免误解可采取如下措施：

- 正确且完整地理解对方信息的就绪状态。
- 精力集中的聆听者，坦率诚实，移情能力，就绪状态，能通过反问避免误解。

缺乏专注度是误解的常见原因。尤其在身体疲乏和／或空气中略微缺氧时，集中精力的能力迅速下降。

移情能力指换位思考的能力，让对方为自己解释清楚，对方的兴趣何在。只有当自己能够理解对方的角色并能够对对方做出正确反应时，才能与对方进行真正的交流。

人际交流在正常条件下，如前文所述，并非那么简单。这里还存在着诸多为继续交流增加难度的干扰因素。对消息的理解实际上刻着发出者和接收者两人情感关系的烙印。我们尝试在理解信息时考虑我们与发出者交往的经验（以前的经历，我们对他人的评价），所以我们尝试使我们之所听与我们以往的经验相互吻合。

负关系层面，就是说，关系紧张，先入为主和怀有敌意等，均会导致出现心理效应，其结果是忽视消息的部分内容。由此可能导致更多的误解。这种心理效应在每一次对谈话对方的批评和攻击中均会受到触发和增强。

若能得到信息发出者的正面看法，会提高信息接收者的自我价值感。信息发出者每次的攻击都会在接收者身上引发负面感觉，这种感觉增加高层次交流的难度。这种局面是危险的，因为它会促使做出错误（情感的）决定并导致出现激烈反应。

对我们个人的每一种尊重或我们成绩的每一个认同都会提高我们的自我价值观念，促进正面的交流。

因此，发出者不应通过批评将接收者带入交流敌意的局面之中。但批评常常是不可避免的。如果在双方合作的状态下可以达成目标，必须允许表述各种观点的讨论。但这里应重视良好关系层面的意义，密切注意观察交流中出现的误解。

成功的交流还可以称为：尊重他人的自我价值观，不对他人做非必要的批评。必须始终采用令人可接受的方式进行批评，千万不要吝啬对对方的赞扬和认可。

我们必须不断地交流。在我们的交流中可能会出现问题，这些问题的一部分甚至会引发严重的纠纷。为能够在谈话伙伴之间进行无障碍的交流，可以采用交流战略。

27.1.5　交流战略

可资利用的交流战略多种多样。交流战略第一组，其目的是保证交流的无障碍进行，避免交流冲突。

交流战略第二组，目的是消除现存交流冲突。下文有代表性地讲述每一组实施交流战略的一个成功实例。

27.1.5.1 避免冲突的战略"主动聆听"

主动聆听属于接收者的责任范围。对于一次成功交流而言，聆听的重要性大于讲话。正确的聆听并不意味着是一种被动行为和让谈话对方讲话或认为对方所讲全对。正确聆听的意思是：尝试去感受谈话对方的感觉，在谈话时与对方共同思考，向对方展示自己的注意力和兴趣。下文所列属于主动聆听的技巧：

1. 重复：用自己的语言重复发出者的看法。

"他先是大声咆哮。"

2. 反射：接收者将发送者的感觉反射过去。

"她为这个生气就过分了。"

3. 反问：不是应答式的提问。

"您说出这些之后，同事们没有反应吗？"

4. 总结：用简短几句话总结刚才所听的内容。

"总体来讲这是一个糟糕的局面。"

5. 解释：解释不清楚的内容。

"您说过，您立即做出反应。那么当天又发生了什么事情？"

6. 继续进行：

"同事们试图进行对话。他的行为又是怎样的呢？"

7. 权衡利弊：

"攻击性行为还是受到伤害，哪一样更糟糕？"

除此之外，主动聆听还包括：

设定谈话中可令人舒适的框架条件。注意，谈话不应受到干扰，为谈话设定足够的时间，让对方充分讲话，尽可能不对谈话对方讲述的内容作出评判，自己也不要通过指责和批评让安静的谈话场面陷入混乱。表现出对非语言层面的注意力和兴趣（目光接触，点头，坦率的，让谈话对方可感受到的身体姿态），主要是坚持用足休息时间，让谈话对方有充分的时间补充他的想法。这里应注意个人的感觉，让谈话对方感觉到，我并没有被那些负面的东西所困扰。认可谈话对方所扮演角色后面的那个人，认可他的感觉和他的需求。

27.1.5.2 消除现存冲突的战略"原始信息交流"

如果交流出现障碍，原始信息交流（原文意为"元信息传递"，指用比较直观的方式传递信息，如人的肢体语言等 — 译注）可作为交流战略予以应用。

原始信息交流一词可理解为通过交流理解交流。这里指的是交流过程。

"我一直在试图让你明白，为什么我对你今天早上的行为那么生气。但你总是打断我。"

采用原始信息交流时，发出者和接收者之间的交流应明白无误。原来的谈话偏离了。现在大家退回到一座"小山"上，即原始层面，并从这里重新开始我们的交流（图1）。

让谈话的内容和话题公开，然后在一定的间距之外，如鸟瞰一样观察整个对话过程。这样就能与谈话各方，必要时还有不持立场的中性旁听者参与对交流过程进行的分析。

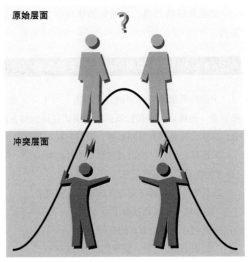

图1 原始信息交流

举例：

"昨天在你很快就掐断我们电话通话时，我们两人之间究竟发生了什么。我感觉你的态度太粗暴。你误解我了吗？你的语调似乎与我或与你对你的培训职位的担忧有点关系？"

许多冲突，第一眼看上去是无解的，因为冲突双方在冲突层面上卡住了。双方均坚持自己的观点，根本不认同对方的观点。这样的僵局只能借助原始信息交流的方法予以化解。冲突双方应尝试一起进行原始信息交流，找出因固守而陷入争执的观点，为什么双方的谈话会走到现在这种地步。分析冲突的触发点并研究究竟有多少个交流的片段对另外一方产生了负面影响，为交流的继续展开定下规则。

原始信息交流的小贴士：

1. 谈话双方应统一认识，即双方应进行的是一场纯原始信息交流的谈话。通过这种认识的统一，使谈话双方保持在内容交流的层面上。

2. 原始信息交流的谈话要重新从头再开始一次。

3. 在冲突谈话与原始信息交流谈话之间设置一个较长的间隔时间。

4. 目标应是在冲突双方之间制定和约定简单明了的规则，以便继续交流。

5. 出现冲突的谈话应由一个中性观察者进行分析。这里不应使用"你"和"我"，而是使用"我们之间的一方"和"我们之间的另一方"进行描述。

6. 在原始信息交流谈话时应找出，谈话双方的任何一方在谈话过程中都做了什么，他们坚持的观点是什么。

7. 每一个谈话方都应对他自己影响范围内发生的一切负责。

原始信息交流的优点：

● 原始信息交流可在冲突出现后的短时间内迅速得到应用，并以此达到快速消除冲突的目的。

● 任何一方都可以使用这种方法，但前提是双方均已做好引入这种方法的准备。

原始信息交流的缺点：

● 当冲突双方已无法从冲突层面脱身而出时，原始信息交流也已无法再使用了。

● 纯话题或内容的冲突，而非交流层面的问题，不适宜采用原始信息交流法。

原始信息交流法是一种化解冲突的可能性。但它常因内容方面的意见分歧而无法解决双方共同的冲突。

27.2 演示

如今，在企业的实际运作过程中非常重要的一点，除专业知识外，还有关于演示的相关知识。重要的是应充分展示演示者本人，他的业绩和他的产品。当一个人或多个人向一个选定的人员圈子 – 目标组 – 介绍指定的内容，陈述事实或产品时，称之为演示。在企业中经常采用多媒体形式在屏幕上或借助投影设备（例如投影仪）举行这样的介绍演示。演示后常常接续着提问环节或讨论。

一次演示的成功很大程度上取决于如何进行这次演示。但成功的演示早在演示开始之前已经在进行之中。在演示的各个具体阶段可应用不同的演示技巧，其相关知识和应用均可帮助本次演示取得最大可能的成功。

演示可分为三个阶段：

前期准备阶段

演示进行阶段

后续准备阶段

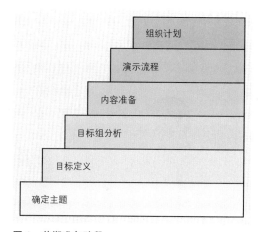

图 1   前期准备阶段

前期准备阶段分为六个步骤（图 1），从确定演示主题开始。第二个步骤目标定义。为此，首先确定本次演示应达到何种目标：

● 发布信息（同事，客户），例如上个月的投诉索赔信息

● 确立信心（客户，主席），例如新加工方法的优点

● 激励动机（同事，员工），例如激发大家为新研发项目共同努力

演示的目标常与演示的主题混淆。如果已确定一次演示的主题，但演示的目标却还没有确立或相反。

为确定演示的内容，必须尽可能清晰地表述本次演示的目标。唯其如此，才能保证演示的主题不会与目标脱节。其他的计划步骤必须服从这个目标，所使用的信息也必须为这个目标服务。

第三个步骤是目标组分析。演示的听众称为目标组。对此必须回答下述几个问题：

● 谁是本次演示的参与者？

● 本次演示参与者有哪些关于本次演示的背景知识，兴趣，期待和设想？

目标组分析有助于避免演示过程中可能出现参与者表现出的失望和因此产生的负面气氛。报告人也可以用这种思考方式尝试与演示参与者的预期协调一致。

第四个步骤是内容准备。在这个步骤实施时，应确定演示的内容并选定有助于达成演示目标的内容。内容准备又可分为如下几个具体步骤：

- 信息的收集与整理
- 选择重要信息及其与最重要表述的内在关系
- 观点表述所使用的图示和文本

对演示中待介绍的内容做出图示和文本准备以及所使用的媒体工具准备，这种准备工作的细致具有重要意义。最常用的媒介：信息栏，活动挂图，悬挂式投影仪以及连接个人电脑（PC）的投影仪。媒介的有效使用都绝对离不开前期有效的准备工作：事先熟悉待使用的媒介工具。此举的优点在于，自己进行设备的整理和准备工作。演示开始前务必测试投影仪，并准备可能投入使用的替代方案（投影仪的备用灯泡），在口袋中备有一套应付最糟糕场面的资料。

第五个步骤是确定演示流程（图1）。这个步骤包括必须做好准备的三个部分：开场白，主要演示内容和结束语。

图1　演示流程

演示均以一句问候语开始。这种问候应属于准备阶段的内容，无论在什么情况下，均应首先表达向大家致以问候的想法。在开场部分以同样的理由向听众逐一列举本次报告的主题和目标。开场阶段的最后一步必须开始协调参与者对主题的思想准备。展示利益或采取激励策略。

主要演示内容部分：现在，系统地向参与者介绍演示主题。为此必须在预制方案中将主要观点与次要观点分开。演示主题的论证部分必须结构合理，符合逻辑，使参与者充分理解主题。重要的是如何保持参与者的注意力和专注度的保持能力。这一点可通过提问，转换使用多媒体，中间休息，高效的可视化展示或使用多个报告人等方式来达到目的。在演示主要内容行将结束时应对主要内容做一个简短的总结。

演示的结尾部分是整个演示的一个重要组成部分。演示的结尾应在听众的记忆中留下深刻印象，因此，为避免演示失败，结尾部分必须纳入整个计划之中。

第六个步骤是组织计划。组织糟糕的演示，虽然内容计划良好，但仍难逃整体演示失败的命运。

因此，良好的组织准备工作所指，是对地点 / 房间，媒介，时间点 / 时长 / 休息，邀请参与者，参与者所获资料的准备以及个人做好充分的准备。

首先应考虑，演示可在或应在何处举行。演示所用房间在演示举办的时间点上应处于整洁有序状态。这里需检查房间是否已满足演示所需的所有要求（插座，遮光的可能性）。还需检查通往演示举办房间的道路是否需要装饰。准备工作中还必须考虑参与者合适的座位排序。

时间框架的定义无论如何都应属于组织计划工作。演示应在哪个时间点举行为宜？重要的是，选择一个能够不过多牵涉参与者精力和注意力的时间点（例如直接在午饭后）。此外，演示的时长不允许超过指定的时限。否则会引起参与者内心的拒绝。

邀请参与者参加演示会。这个邀请发出的时间必须足够早，便于与会者将他参加的时间纳入他的工作日程。

一般而言，为参与者准备一份相关资料是很有意义的。资料可在事先或在迎接参与者入场时递交。资料中载明演示所涉所有重要观点。资料章节分目应清晰明了，应考虑到目标的设定以及参与者本身。

属于个人准备的工作是熟悉房间各项设施和条件，测试待使用的媒介工具，练习演示过程，必要时背诵开场白和结束语，准备一张夹带纸条，上书重要分节点和转换点，必要时全部试讲一遍。

演示执行阶段的成功与否取决于良好的准备工作，它对成功起着最大的优化作用。

演示的成功取决于报告人是否能在内容上 / 专业上使参与者确信演示内容，但主要还是是否能对报告人报以信心。

演示过程中，报告人应注意如下几点：

通过以下几点表达对所有与会者的尊重：

- 整洁的外表，与目标组相适宜且得体的理由和服饰
- 准时开始，遵守已宣布的时间点
- 注意使所有参与者均能看到薄膜或图片的演示
- 始终面向参与者讲话，切忌面向墙壁
- 认真对待参与者所有的表述
- 避免不知所云的陈述（"现在我要结束了"）
- 要以对所有参与者表达谢意为结束语。

以参与者为定向的行为和语言：

- 与参与者的目光接触。开始时，报告人应选择与所有他认为值得信任的与会者逐一进行目光接触。
- 展示友好的微笑
- 讲话声音洪亮清晰，遣词造句用语适当（忌用未知的专业概念和缩略语）
- 强调某节点时，语调与肢体语言应施以变化，以期产生对参与者注意力的牵引。
- 一目了然地展示内容概要。

良好成功的演示不应结束于执行过程的完成，而应以后续处理阶段为结束点。为改进已实施的演示技巧和演示行为，应从具体的演示过程中学习。为此，必须将已做的演示在智慧之眼面前再次演绎一遍，并思考在各个具体阶段哪些是成功的，哪些是下次必须改进的。

为此，报告人应对自己提出如下问题：

- 这次我达到目标了吗？如果没有，症结在哪里？
- 我演示的内容能使参与者理解吗？
- 演示的进行是我计划的流程吗？如果不是，如何加以改变？我的开场白成功吗？
- 在主要演示部分出现批评局面了吗？
- 我的结束语成功吗？
- 这次演示的组织成功吗？
- 媒介工具的使用正常吗？
- 与参与者的接触进行得怎样？

如果在小组中进行后续谈话，应在后续谈话之前说出建设性的批评意见（反馈）。

反馈意见不应是伤害性的，而必须是建设性的（事实描述性的，具体的，可实现的，直接的和期待性的），应能起到帮助作用。

后续处理阶段有时还需做一份关于已做演示的纪要。从提问环节或讨论环节应能提出坦率的，演示之后必须处理的问题。

知识点复习

1. 交流在哪些层面进行？

2. 可将交流划分为哪两种交流类型？

3. 请在角色扮演中找出两种交流类型之间的分歧所在。

4. 请列举最知名的交流模式。

5. 交流中可能出现哪些问题？

6. 请描述一个交流战略。

7. 演示可分为哪三个阶段？

8. 在演示前期准备阶段应实施哪六个步骤？

9. 报告人在演示过程中应注意哪些观点？

10. 报告人在后续处理阶段应提出哪些问题？

关键词索引

C

D

E

F

G

H

N

Nachschließsicherheit

O

S

T

V

W

标准和规范

金属加工技工和机械设计人员的工作领域存在着数以百计的标准和规范。这些标准和规范调控材料的性能，要求和供货形式以及许多零件和组件，它们命名加工技术的基础，制定技术概念的唯一性，服务于行业的合理化，质量控制，劳动安全和车间内以及建筑工地的环境保护。

下文节选仅是金属加工业和建筑技术领域众多规则标准的一小部分。这里选用的原则是为每个专业领域选出一批典型的规范和标准。它们并不一定能为本书所述专业提供说明。主要是将数量繁多的标准的标题进行实质性简化。多部分组成的标准一般仅选用部分 1，而对其他标准和规范仅作一般概览介绍。

劳动保护和环境保护

DIN 4422-1	可行驶的工作平台
DIN 33409	吊装工和通讯员的手势
DIN EN 166	眼睛保护
DIN EN 363	防坠落装备
DIN EN 379	眼睛保护，自动焊接保护滤镜
DIN EN ISO 13857	机器旁的劳动安全
DIN EN ISO 60745-2-1	手持电动工具
ArbSchG	劳动保护法
ArbStättV	工作场地条例
Bau-BG	危险物质
BaustellV	建筑工地条例
LärmVibrations-ArbSchV	噪声-振动-劳动保护条例
NachwV	废物清理
BGHM 102	危险的判断
DGUV 112-194	听力保护
DGUV 201-011	工作脚手架和保护脚手架
DGUV 209-023	工作场地的噪声
DGUV 212-515	人员保护装备
TRGS 001	危险物质技术规则

建筑技术

DIN 107	建筑业的左和右
DIN 1946-6	住宅通风
DIN 4108	隔热保护
DIN 4109，第 2 页	噪声保护
DIN 4172	高层建筑的尺寸规则
DIN 18040-1	无障碍建筑
DIN 18202	建筑物，高层建筑公差
DIN EN 12114	建筑构件的通风性能
DIN EN ISO 717-1	大气噪声的隔音
DIN EN ISO 6946	建筑构件的热量计算
DIN EN ISO 7345	隔热保护，物理量及其定义
DIN EN ISO 9972	建筑物的通风性能

DIN EN ISO13790	建筑物的能效
DIN EN ISO 14683	高层建筑的热桥
DIN EN ISO 52016-1	建筑物的能量计算
EnEV 2016	节能条例
GEG 2020	建筑物能源法

固定技术

DIN EN	混凝土内的固定
样品建筑条例 §3（1）	承重结构

防火保护

DIN 14095	建筑物消防图
DIN 14676	烟尘报警器
DIN 14677	消防固定设施的维护保养
DIN 18093	内置防火门
DIN EN 357	防火玻璃
DIN EN 1363-1	阻燃性能检验
DIN EN 1634-1	室内门，大门，窗户，接合面的防火检验
DIN EN 12201-1	阻烟挡板
DIN EN 13501-1	建筑产品的防火性能
DIN EN 14600	对室内门，大门和窗户的防火要求

窗和门

DIN 18055	窗和门的标准
DIN 18101	住宅建筑的门
DIN 18357	门配件安装工作
DIN 18111-1	门框
DIN 18545	配装玻璃和密封材料
DIN 18650-1	自动门
DIN EN 447	旋翼门
DIN EN 1026	窗和门的通风性能
DIN EN 1096-1	建筑业的玻璃
DIN EN 1125	逃生门锁

DIN EN 1154	门锁
DIN EN 1627	防盗
DIN EN 12207	通风性能
DIN EN12208	暴雨密封性
DIN EN 12210	风阻力
DIN EN 12217	操作力
DIN EN 12519	概念
DIN EN 12978	自动门
DIN EN 13115	窗户，垂直负荷
DIN EN 13126-16	窗户配件
DIN EN 14351-1	窗与门
DIN EN 16361	机动门
DIN EN ISO 10077-1	窗与门的热技术性能
DIN EN ISO 12567-2	隔热保护
DIN EN ISO 14438	建筑业的玻璃

| DIN EN ISO 17637 | 焊接连接的检验，钢–信息中心；钢的 380 黏接 |

立面

DIN 18516-1	外墙包层，要求
DIN EN 12153	幕墙，通风性能
DIN EN 12154	幕墙：暴雨
DIN EN 13022-1	SSG 立面
DIN EN 13116	幕墙，风力负荷
DIN EN 13119	幕墙，专业术语
DIN EN 13830	幕墙，产品标准
DIN EN 13947	幕墙，隔热保护
DIN EN 14019	幕墙，耐冲击强度
DIN EN 12631	幕墙，隔热保护
DIN EN ISO 16283-3	立面隔音

加工技术

DIN 1837	金属圆锯片
DIN 2310-6	热切割
DIN 6935	扁平制品的冷弯曲
DIN 8522	乙炔技术的加工方法
DIN 8580	加工方法，概念
DIN 8586	弯曲成形
DIN 8589-0	加工方法，切削
DIN 8593-0	加工方法，接合
DIN 31051	维护保养基础知识
DIN EN 1045	硬钎焊
DIN EN 20273	螺钉通孔
DIN EN ISO 636	WIG 焊接法的焊接添加料
DIN EN ISO 2560	用于非合金钢和细晶钢的包皮电焊条
DIN EN ISO 2768-1	未注公差
DIN EN ISO 3834-1	焊接技术质量要求
DIN EN ISO 9001	质量管理
DIN EN ISO 9013	热切割，质量要求
DIN EN ISO 9606-1	焊接检验
DIN EN ISO 9692-1	焊缝的准备工作
DIN EN ISO 13920	未注公差，焊接技术
DIN EN ISO 14171	电焊条
DIN EN ISO 14174	焊药
DIN EN ISO 14175	电弧焊的气体和混合气体
DIN EN ISO 14341	MSG 焊接法的焊接添加料
DIN EN ISO 15607	焊接法的资质证明
DIN EN ISO 15609-1	电弧焊焊接说明
DIN EN ISO 17632	管状焊丝

半成品

DIN 1026-1	U 型钢；倾斜凸缘面
DIN 1027	Z 型钢，热轧，圆边
DIN 1623	板材，冷轧
DIN 18807-9	铝梯形型材
DIN 59051	T 型钢，热轧，锐边
DIN 59200	宽板钢材，热轧
DIN 59370	角钢，光亮，锐边
DIN EN 485-1	铝的带材，板材和平板
DIN EN 755-1	铝棒和铝管
DIN EN 1386	铝样本板材
DIN EN 1396	铝板材，铝带材涂层
DIN EN 10021	钢制品，供货条件
DIN EN 10029	钢板，热轧
DIN 10055	T 型钢，热轧，圆边
DIN 10056-2	角钢
DIN EN 10059	方钢，热轧
DIN EN 10060	圆棒，热轧
DIN EN 10088-1	不锈钢
DIN EN 10111	软钢带材和板材
DIN EN 10149	用于冷加工成形的板材制品
DIN EN 10152	板材制品，冷轧
DIN EN 10169	板材制品，涂层
DIN EN 10210-2	钢空心型材，热轧
DIN EN 10219-1	钢空心型材，冷加工
DIN EN 10220	钢管，无缝和焊接
DIN EN 10279	U 型钢，热轧，平行凸缘面
DIN EN 10305-1	无缝冷轧钢管

大厅大门

DIN EN 12424	抗风力
DIN EN 12426	通风性能
DIN EN 12428	导热系数
DIN EN 112453	机动门，要求
DIN EN 12604	要求
DIN EN 12635	安装与使用
DIN EN 12978	保护装置
DIN EN 13241	功效性能

起重设备

DIN 582	环首螺栓和环首螺帽
DIN 685-4	吊链挂钩和检验钢印
DIN EN 818-4	吊链，GK 8
DIN EN 1492-1	吊带，塑料纤维制成的扁平带
DIN EN 13414-1	钢制吊索

制锁技术和安全技术

DIN 18250	防火门插芯锁
DIN 18251-2	用于圆管框架的插芯锁
DIN 18252	锁芯型材
DIN 18257	保护配件
DIN 18263-1	液压缓冲门锁
DIN 18273	防火门的门把手圈
DIN EN 179	紧急出口关闭装置
DIN EN 1125	逃生关闭装置
DIN EN 1155	旋翼门电动锁定装置
DIN EN 1158	闭锁顺序调节器
DIN EN 1522	窗与门的隐私保护
DIN EN 1627	窗与门的防盗保护
DIN EN 1906	门把手和球形把手
DIN EN 12209	锁具及其安装配件
DIN EN 12519	窗与门，概念
DIN EN 15684	机电一体锁芯
DIN EN 50131-1	警报装置

螺钉和螺纹

DIN 13-1	米制螺纹
DIN 78	螺钉突出部
DIN 202	螺纹类型
DIN 267-2	机械连接件
DIN 267-24	螺帽的硬度等级
DIN 267-27	带有黏接涂层的螺钉
DIN 267-28	带有锁紧涂层的螺钉
DIN 660	半圆铆钉

DIN 962	螺钉和螺帽
DIN 7990	六角螺钉和六角螺帽
DIN EN 10226-1	管螺纹，密封
DIN EN 14339-1	用于金属加工的 HV 成套设备
DIN EN 14399-4	HV 六角螺钉
DIN EN 14399-8	HV 密配螺钉
DIN EN ISO 888-1	螺钉的机械性能
DIN EN ISO 1478-1	自攻螺钉的螺纹
DIN EN ISO 3506-1	不锈钢螺钉的机械性能
DIN EN ISO 4016	带杆六角螺钉
DIN EN ISO 4027	螺纹销
DIN EN ISO 7092	垫圈
DIN EN ISO 10513	锁紧螺帽
DIN EN ISO 10684	热镀锌连接件
DIN EN ISO 15480	自攻丝螺钉

防晒保护

DIN EN 1932	遮阳篷，抗风力
DIN EN 1933	遮阳篷，抗积水能力
DIN EN 12833	屋顶窗和暖房的卷帘式百叶窗，雪负荷承受能力
DIN EN 13363-1	防晒保护，计算
DIN EN 13561	遮阳篷，安全要求
DIN EN 13659	外部百叶窗，安全要求

钢结构和金属结构

DIN 1478	钢管材质的夹紧螺帽
DIN 1480	锻打夹紧螺帽
DIN 6600	钢制液体容器
DIN 7989-1	钢结构板
DIN 18335	设计功效的颁布和合同条例（VOB），C 部分，金属结构制作
DIN EN 1090	承重结构计划，基础知识（欧洲码）
DIN EN 1090-2	钢承重结构
DIN EN 1090-3	铝承重结构
DIN EN 1991-1-4	对承重结构施加的作用（欧洲码 1）
DIN EN 1993-1-12	钢结构建筑物的设计尺寸和结构（欧洲码 3）
DIN EN 1999-1-1-1	铝结构（欧洲码 9）

楼梯和梯子

DIN 18065	大楼楼梯；概念，主要特征
DIN 24531-1	栅板用作台阶，格栅形栅板
DIN EN 131-1	梯子，概念，功能尺寸
DIN EN ISO 14122-3	楼梯，步梯，机床设备的栏杆

信息源和通信地址索引（节选）

标准组织

DIN Deutsches Institut für Normung e. V.
Burggrafenstraße 6
10787 Berlin
http//www.din.de

CEN European Committee for Standardization
36, rue de Stassart
B-1050 Brussels
http//www.cenorm.be

ISO International Organization for Standardization
1, Rue de Varembé
CH-Genf 20
http//www.iso.ch

金属加工手工制造业和其他机构的行业联合会

Bundesverband Metall
Huttropstraße 58
45138 Essen
http//www.metallhandwerk.de

许多联邦州还有本州的州金属加工手工制造业行业联合会

GDA – Gesamtverband der Aluminiumindustrie e.V.
Am Bonneshof 5
40474 Düsseldorf
http//www.aluinfo.de

Bundesverband des Glaserhandwerks
An der Glasfachschule 6
65589 Hadamar
http//www.glaserhandwerk.de

VFT – Verband für Fassadentechnik e.V.
Ziegelhüttenstraße 67
64832 Babenhausen
http//www.v-f-t.de

Industriefachverband Dichtstoffe e.V.
Marbacher Straße 114
40597 Düsseldorf
http//www.ivd-ev.de

VDI Verein Deutscher Ingenieure
VDI-Platz 1
40468 Düsseldorf
http//www.vdi.de

Zentralverband des Deutschen Handwerks
Mohrenstraße 20/21
10117 Berlin
http//www.zdh.de

Bundesverband Flachglas
Mülheimer Straße 1
53840 Troisdorf
http//www.bundesverband-flachglas.de

BVT – Verband Tore
An der Pönt 48
40885 Ratingen
http//www.bvt-tore.de

Bundesverband Wintergarten
Kohlisstraße 44
12623 Berlin
http//www.bundesverband-wintergarten.de

Bundesverband für Sicherheitstechnik e.V.
Feldstraße 28
66904 Brücken
http//www.bhe.de

Fachverband Schloss- und Beschlagindustrie e.V.
Offerstraße 12
42551 Velbert
http//www.fvsb.de

建筑技术领域的科学装置

BAM Bundesanstalt für Materialforschung
und Prüfung
Unter den Eichen 87
12205 Berlin
http//www.bam.de

Deutsches Institut für Bautechnik
Kolonnenstraße 30 B
10829 Berlin
http//www.dibt.de

Fraunhofer-Institut für Bauphysik IBP
Nobelstraße 12
Stuttgart
http//www.ibp.fraunhofer.de

Institut für Fenstertechnik Rosenheim
Theodor-Gietl-Straße 7-9
83026 Rosenheim
http//www.ift-rosenheim.de